U0186671

海面之下

THE MARINE BIOLOGY COLORING BOOK

后浪出版公司

SECOND EDITION

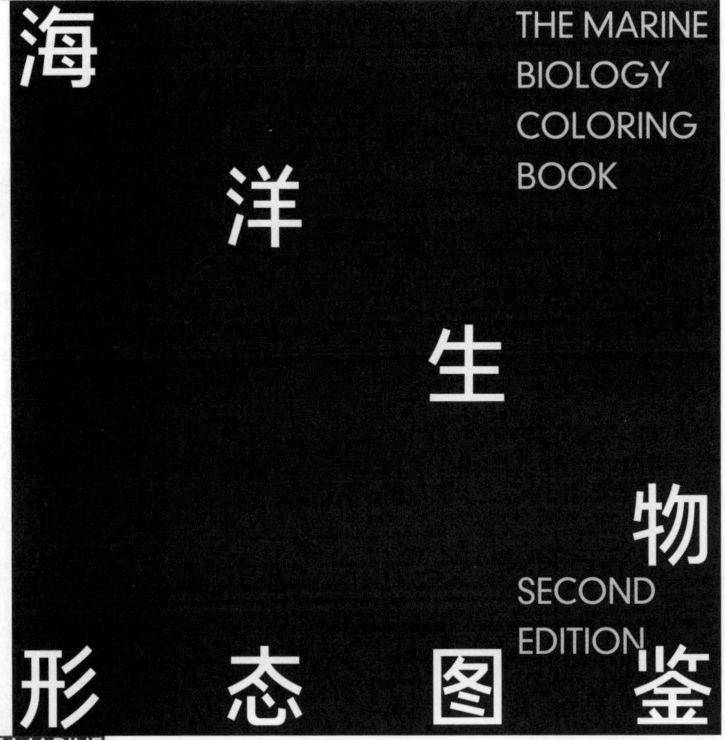

THE MARINE BIOLOGY COLORING BOOK

THOMAS M. NIESEN

[美] 托马斯 · M. 尼森 —— 著

曾千慧 —— 译

SECOND EDITION

海峡出版发行集团 THE STRAITS PUBLISHING & DIBLISHING GROUP | 海峡书局

谨以此书铭记马特·吕尔肯（Matt Luerken），一位英年早逝的老友

同时，将本书献给我的家人——安妮、埃米、安迪与玛吉

此外，将本书献给我执教 30 年间的学生们，是他们让海洋生物学永葆活力

目 录

序 言

自 1982 年本书第一版问世以来，我继续进行着海洋生物学领域的授课与研究工作。本书是我为非专业人士编写的海洋生命科普图书，涵盖了相关领域基本且重要的精华知识点。新版中增添了对海洋生物栖息地的描述，补充了海鸟及海中发声的内容，扩展了海洋生物共生关系的相关章节，并更新与完善了海洋无脊椎动物、鱼类及爬行类动物的知识点。此外，我增加了关于海洋科技的两节，内容包括应用遥感控制的水下交通工具，以及装有微型计算机、能够通过卫星向沿岸传输重要数据的鱼标。希望读者能够在阅读与涂色的过程中享受学习的乐趣。

致 谢

首先，衷心感谢能力出众的团队为本书出版所付出的心血。卡拉·J. 西蒙斯（Carla J. Simmons）将我的构想变为精美的艺术画作，与她共事是一种享受。琼·埃尔森（Joan Elson）在珍妮弗·沃林顿（Jennifer Warrington）的协助下乐此不疲地履行着自己主编的职责。在出版过程中，博闻强识的克里斯托弗·埃尔森（Christopher Elson）是必不可少的功臣。在本书第一版面世之时，我的女儿埃米年仅 7 岁，她尽职尽责，为书中的所有底图上色。如今，在文稿终校中，她补充了自己作为沟通专家新习得的技巧。

谢谢大家。

再者，多位同事参与了本书的汇总工作。拉尔夫·拉森（Ralph Larson）为我悉心解答了数不胜数的鱼类问题。肯·戈德曼（Ken Goldman）信任我，将自己在大白鲨方面的研究成果以幻灯片的形式进行了分享。海迪·迪尤尔（Heidi Dewar）则向我细致地讲述了新一代鱼标的知识。真诚感谢他们的慷慨帮助。

最后，感谢我的妻子安妮，多年以来，她在情感与财务上无私地支持着我。若无她的爱，我将一事无成。

涂色指南

1. 本书提供了一系列海洋环境与海洋生物的插画（底图）及相关知识点的文字介绍。你需要为每种事物（每个结构）涂上相应的颜色。每种事物（每个结构）的底图与其名称之间由相同的字母相联系（如尾注a、b、c）。你能够根据这些尾注字母，迅速地将需要上色的部分与其名称对应起来。

2. 你需要提前准备上色工具。本书中，使用彩色铅笔或细至中等粗度的毡头笔涂色最为合适。一般会用到12支彩笔，当然了，色彩越多越好。

3. 本书的架构基于作者对“海洋生物”主题的宏观理解，因此内容会遵循正式的教学课程的顺序展开。为了达到最佳学习效果，建议按照字母顺序来为书中的底图上色，或者至少在某个分主题或是当节内容中按顺序涂色。一旦你在某节内容里根据文字介绍的顺序查找名称和对应的事物（或结构），你就能够逐步理解知识点的意思，并且掌握各部分内容之间的关系。

4. 每次上色前，请先浏览整个底图，留意各名称的位置和顺序。你可以数数尾注字母的个数来准备彩笔。具体的涂色方法可参照该节的加粗语句。请按加粗语句指示的顺序上色。通常从底图最上方的字母a对应的部分开始上色，然后按字母的顺序依次上色。在着色前，先思考一下颜色的搭配方式。在某些情况下，你可能要用同一种颜色在相应的地方画上不同深度的阴影；在其他情况下，使用对比色会更出众。为获得最自然的上色效果，你可以参考加粗语句，或者基于自己的知识积累和观察来选择色彩。在上色过程中，最应当注意的，就是将底图中的事物（或结构）及其对应的名称（镂空的文字）涂上相同的颜色。如果某一部分需要涂不止一种颜色，那么它对应的名称也要搭配相应的花色。建议你先为名称上色，再为与名称对应的事物（或结构）上色。

5. 在某些情况下，填充底图所需的颜色数量会多于你所持有的彩笔的数量。如果不得不在同一底图上多次使用某种颜色，那你必须要留心。建议使用同种颜色填充的区域距离越远越好，这样一来，你在识别这些事物（或结构）的过程中才不会混淆。有时，加粗语句会要求你在底图上为此前出现过的某事物（或结构）涂上与之前相同的颜色。这种情况下，不管其出现在底图中的哪个位置，先为它的名称上色，再回到底图顶端，按照正常顺序着色。这样可以避免你提前将该事物（或结构）对应的颜色分配给其他事物（或结构）。

6. 一旦理解并掌握了涂色方法，你就可以在此基础上进一步发挥和创造。现在请翻到本书的任意一节，然后参考以下文字观察底图：

（1）底图中，不同着色区域会被加粗的轮廓线隔开，而较细的线条代表底纹或某种上色形式。如果你选择的色彩够淡，这些底纹就会显示出来，有时你可能要选择更深的颜色，借助底纹体现一种三维的效果。部分上色区域之间的边界线是由点构成的虚线，以便区分事物（或结构）的名称，这种虚线并非某种事物（或结构）真实的边界线。

（2）一般而言，较大的区域涂浅色，而较小的区域涂深色。请谨慎使用颜色特别深的色彩，因为这些颜色可能会完全覆盖细节、结构边界线或底纹。在一些情况下，某种事物（或结构）拥有两个尾注（如a+d）。这意味着该事物（或结构）由两个次级事物（或结构）组成，其中一个覆盖于另一个之上。这样的话，建议使用淡色填充这两个部分，以免重合区域颜色过深。

（3）当一幅底图里某种事物（或结构）重复出现时（如左右对称的结构、分支，或者一系列片、段结构），我们只为一个代表性部分标明字母。在没有边界线限制或相反涂色指示的情况下，请为这些同名的事物（或结构）涂上同种颜色。

（4）请观察第6节对应的底图，你会看到如下符号：✲符号表示把名称涂为灰色。请将与名称a对应的事物（或结构）涂上与a名称相同的颜色。这通常是指一大类事物（如珊瑚藻），在这里，你只需为该类事物的两个代表结构上色。a^1、a^2等具有上标的字母意味着名称对应的事物（或结构）可使用同一色系中的颜色着色，因为它们是同一大类事物的不同类型（如，同为珊瑚藻）。

7. 书中有些文字为斜体。根据国际惯例，一般动物或植物属、种的拉丁学名用斜体表示（例如*Chaetoceros denticulatus*）。此外，当需要上色的事物（或结构）**第一次**出现之时，其名称以加粗字体标明。

8. 若想获取色彩搭配方面的建议，请阅读“最佳色彩使用指南”一节。

1
洋流和全球气候

海洋是地球上最庞大的生境[①]，它的存在对陆地生境而言至关重要。海洋能够调节地球的气候模式。

太阳能是影响全球气候的主要因素之一。地球是一个球体，无法均匀地接收阳光。近赤道处相对于地球其他区域更靠近太阳，且阳光能直射至此，因此，赤道地区能够接收到更多的太阳能。而由于阳光只能斜照至地球的两极地区，大量的阳光被反射，两极地区接收的太阳能较少。根据太阳辐射程度的差异，我们或许会推想，赤道地区的海水会沸腾，而两极地区的海水会冻结。但这是不可能发生的，因为直射至赤道的太阳能被海洋及其上方的大气层重新分配到了全球各地。

请给太阳及其辐射的能量上色。为地球上色。使用不同的颜色给三圈环流上色。

赤道附近海域上空的太阳辐射能够使表层海水升温，并引发水体的蒸发现象。在地球接收的**太阳能**（solar energy）中，近一半的能量用于将高密度的液态水转化成低密度的气态水。当水蒸气上升至远离赤道的大气层中时，它们就开始冷却，进而凝结，最后变成落下的雨滴或露水。随着液态水转化为密度更小的水蒸气，空气变得更轻、更湿润；而干燥的空气密度更大，会下沉。这样一来，赤道附近较轻的上升空气形成了一个大气低压区；而赤道以南及以北的空气由于密度大而下沉，形成了大气高压区。

高压区和低压区的相互作用导致了大气环流圈的生成。无论是在北半球，抑或是在南半球，我们都能找到三个大气环流圈（即三圈环流）：除前文描述的**赤道环流圈**（equatorial cell）之外，还包括**中纬度环流圈**（mid-latitude cell）和**极地环流圈**（polar cell）。这些全球性的大气环流圈如由太阳辐射和海水蒸发所驱动的热力泵般运作。当大气层中的水蒸气凝结时，其储藏的能量被释放了出来，加热了高纬度区上方的空气。在大气环流的作用下，辐射至赤道地区的三分之二的太阳能被重新分配给了地球的其他地区，而剩下的三分之一则通过洋流的运动来分配。

请给行星风的底图上色。注意观察图中风的运动方向，为不同方向的风涂上对比色。

地球上方的气压始终趋向平衡状态，因此，高压区的空气会流向低压区。我们将这些流动的空气称之为“风”。赤道环流圈内的风是吹向赤道的。气流走向的偏移与地球自转相适应的现象被称为科里奥利效应（Coriolis effect）。从两个半球吹向赤道的风受到了西向推力的影响；相反，中纬度环流圈内的风则受到了东向推力的作用；而极地环流圈内的风则受到西向推力的作用。这些在全球大气环流圈里流动的风就被称为行星风（planetary wind）。

风的命名取决于其生成方向。在赤道环流圈里，吹向赤道的行星风为**东信风**（eastern trade wind）。中纬度环流圈内的风被称为**西风**（westerlies，又叫西风带）。

请给太平洋的表层洋流上色。

东信风吹过海水表面时，海水变得温暖，开始运动，形成了表层洋流。海水自东向西流动，当洋流迎面遇到大陆时，它们就会分开，向北或者向南流动，最终完成整个大洋环流过程，回到赤道。在太平洋地区，南北半球的大洋表层环流是呈对称分布的。

请为北美洲涂色。用冷色给加利福尼亚寒流上色，用暖色给墨西哥湾流上色。

全球尺度的海水表层洋流影响着各地的天气。在北半球大洋盆地[②]的上方，海洋表层水体形成了一个巨大的顺时针环流。在太平洋海区，海水在赤道地区被加热，而后沿着亚洲海岸线向北流动，再向东流向寒冷的北方高纬度区。当流到北美洲时，海水会改变方向，开始沿着加利福尼亚州的海岸线向南流动，进而形成**加利福尼亚寒流**（California Current）。至此，这条洋流在赤道处吸收的热量都已释放完毕，水体温度降低。生活在加利福尼亚州的人们来到海边游泳时，能够体验到加利福尼亚寒流带来的寒冷。加利福尼亚寒流继续向南流动，流至赤道海区，循环重新开始。该寒流冷却了其上方的空气，也调节了沿岸地区的气候。

在美国的东海岸地区，夏季期间，**墨西哥湾流**（Gulf Stream）沿着海岸向北流动，为赤道至墨西哥湾之间的海域带来了温暖的海水，也提高了沿岸地区的气温。

① 生境是指生物的个体、种群或群落生活地域的环境，包括生物必需的生存条件和其他对生物起作用的生态因素。——译者注

② 大洋盆地是海洋的主体，是介于大陆边缘与洋中脊之间较平坦的地带，约占海洋总面积的 45%。——译者注

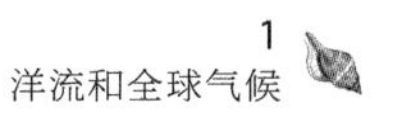

洋流和全球气候

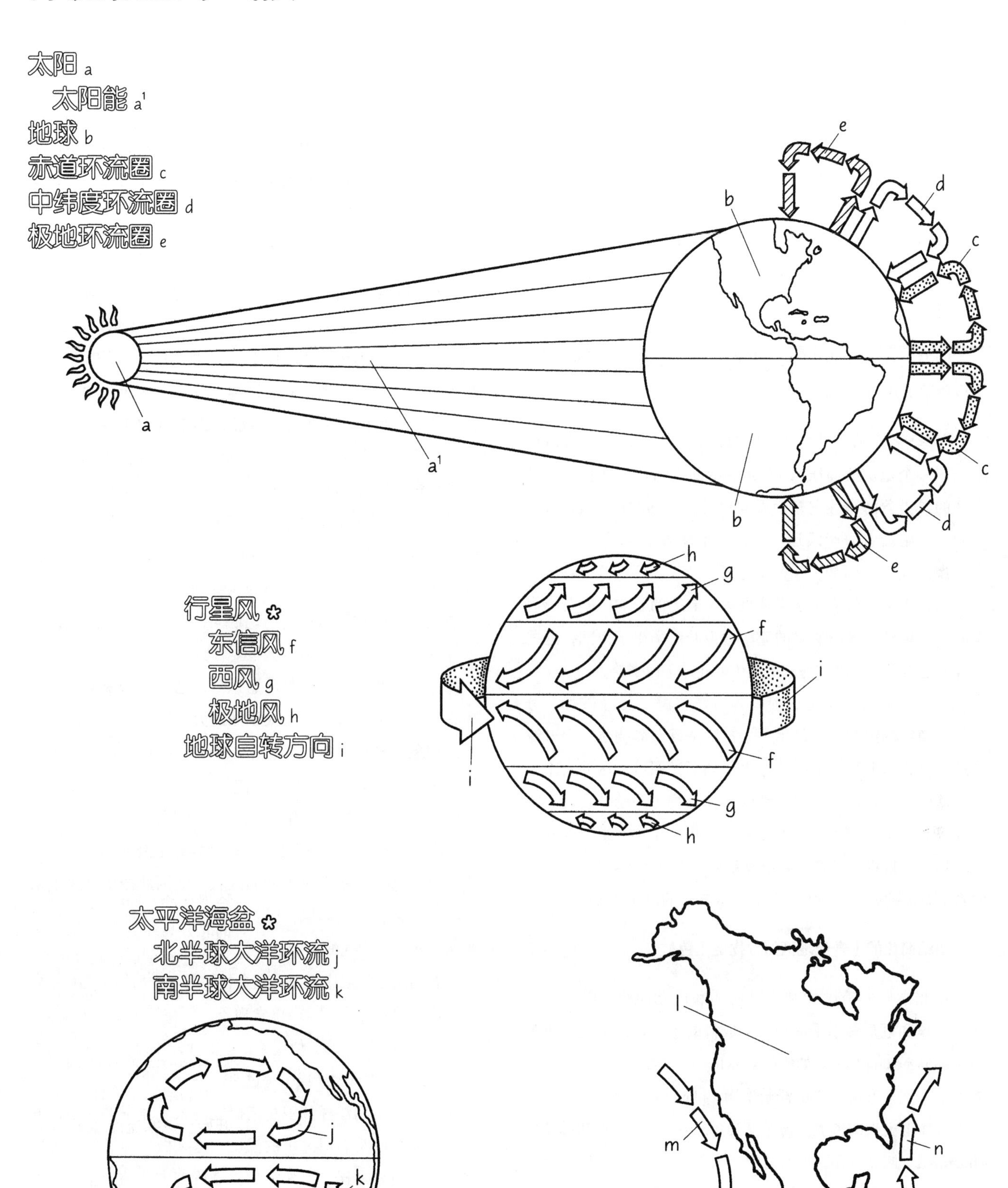

北美洲 l
加利福尼亚寒流 m
墨西哥湾流 n

2
上升流和厄尔尼诺现象

在第 1 节中，我们介绍了海水表层洋流。这些全球性运动模式体现了每年风和海水大致的流动规律。局部地区的风与海水同样具有季节性的规律。早春之际，在中纬度地带，大洋盆地东部会形成稳定的高压区，这些高压区将持续整整一个夏季。而来自这些高压区的风沿着海岸吹动海水，形成上升流。

请为上升流的底图涂色。其中，用暖色给表层洋流上色，用冷色给上升流上色。

春季，空气在北半球太平洋海盆的上方，美国的西北部，形成了一个稳定的**高压区**（high pressure zone）。来自这一高压区的风沿着海岸线向东南方向运动。当**西北风**（northwest wind）开始沿着海岸线运动，并且推动**表层**（surface layer）海水向南流动的时候，上升流形成。在表层海水流动期间，其受到科里奥利效应（定义请见第 1 节）的影响，向背离海岸的方向偏转。离岸海水的流动给上升流腾出了空间，这些上升流是由下层寒冷的海水**上涌**（well up）而来的。

在无光的海水深处，细菌等海洋分解者已经破坏、分解了动植物的组织，释放出了丰富的基础营养物质。上升流将这些富含营养物质的寒冷海水带到了光照可抵达的海水上层。这些营养物质促进了单细胞海洋植物（浮游植物，见第 14 节）的生长，极大地提高了光合作用的生产水平。高水平的植物生产量贯穿了整个春季及夏初，丰富了食物链。因此，发育上升流的海域是世界上营养最为充足的海洋环境。

请给简化的上升流地区的食物链上色。

在北半球的美国加利福尼亚州和俄勒冈州，以及南半球的秘鲁和厄瓜多尔沿海地区，成群的小型**食浮游生物鱼类**（plankton-feeding fish），如鳀鱼（anchovy）和沙丁鱼（sardine），能够享受到上升流提供的**浮游生物**（plankton）盛宴。而这些鱼类被**体形更大的鱼类**、**海洋鸟类**（marine bird）和**哺乳动物**（mammal）捕食。在这场盛宴中，**人类**（human）同样收获颇丰，尽管采用的方式并不明智。不健全的捕捞方式导致了渔业资源的崩溃，曾经鱼类族群繁盛的地方，如今只剩下少量的鱼类种群。

请给底部的两幅底图上色。这两幅底图分别展示了在正常情况下和在厄尔尼诺情况下，中太平洋南部的风向，以及表层海水的流动情况。

上升流是可预测的，且每年都会形成，但其偶尔会被全球气候格局的变化所干扰。在中太平洋的南部，有时，赤道以南的**东信风**风力会降低，或者转变风向。**表层暖水**（surface warm water）通常会受到风的影响而向西流动，但有时会被风向东推进，流到南美洲，然后继续沿着海岸向南流动。这一反常的暖水流被秘鲁的渔民称为**厄尔尼诺**（El Niño）（圣婴）。之所以取名“厄尔尼诺”，是因为渔民们遇到这一暖水流时，往往是每年的年初，即圣诞节之后。

渔民们并不欢迎厄尔尼诺的到来，因为该现象的出现通常意味着渔获量①的减少。随着这一暖水流的出现，原本在春季和夏季中盛行于南美洲西岸的风受到了干扰，进而影响了上升流的形成。在厄尔尼诺出现期间，上升流极少形成，依赖上升流提供营养物质的食物链也就此瓦解。

海洋学家和气候学家目前意识到，厄尔尼诺现象不仅仅出现在太平洋的南部。由南太平洋的大气压和风的格局改变造成的现象，被称为南方涛动（southern oscillation）。厄尔尼诺导致的大气变化影响了热带急流②，并进一步改变了全球的气候格局。这些全球活动有时被称为恩索现象（ENSO，厄尔尼诺 – 南方涛动现象），即在全球范围内，上升流消失，表层海水温度升高。一些常年干燥的区域可能因此经历季风带来的降雨。热带台风、飓风，以及强暴风雪也可能席卷往年不曾遭遇这些恶劣天气的地区。

没有两次厄尔尼诺现象是完全相同的。平均每 7 ~ 10 年会出现一次强烈的厄尔尼诺 / 恩索现象，而在接下来的几年内，会接连出现强度较小的类似现象。据估计，1982—1983 年发生的厄尔尼诺 / 恩索现象造成了超过 80 亿美元的损失。

科学家们运用浮标和卫星来研究南太平洋东部和中部的风速、风向，以及表层海水的温度。这么做是为了监测可能正在生成的厄尔尼诺，以便全世界做好多方面的准备，就像 1997—1998 年那次。许多科学家认为，厄尔尼诺现象的增加是全球变暖所导致的气候格局的变化之一。

① 渔获量是指人类在天然水域中获得的具有经济价值的水生生物的质量或重量。——译者注

② 这里的急流（高空急流）指的是对流层上层中风速大于 30 米 / 秒的窄而长的强气流带，其具有强水平、垂直风切面。热带急流即热带东风急流，主要是指出现在北半球夏季亚洲和非洲热带的对流层顶部附近的一支东风急流。——译者注

上升流和厄尔尼诺现象

上升流 ✿
高压区 a
西北风 a¹
表层海水 b
上升流水体 c

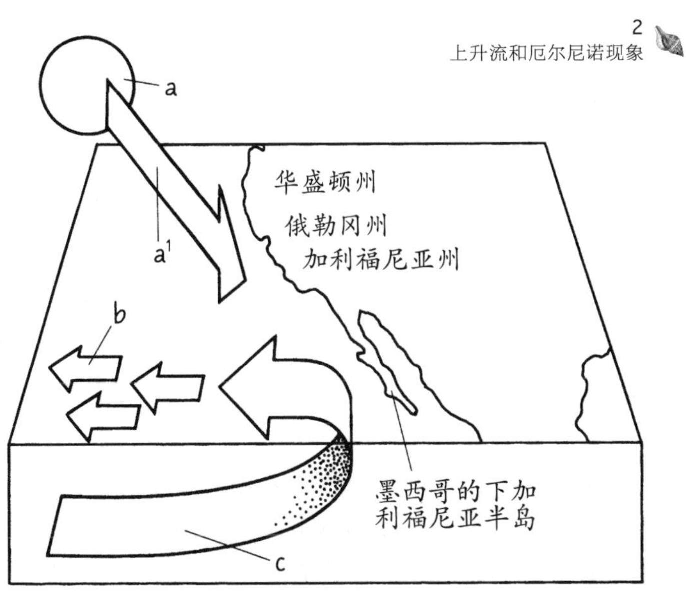

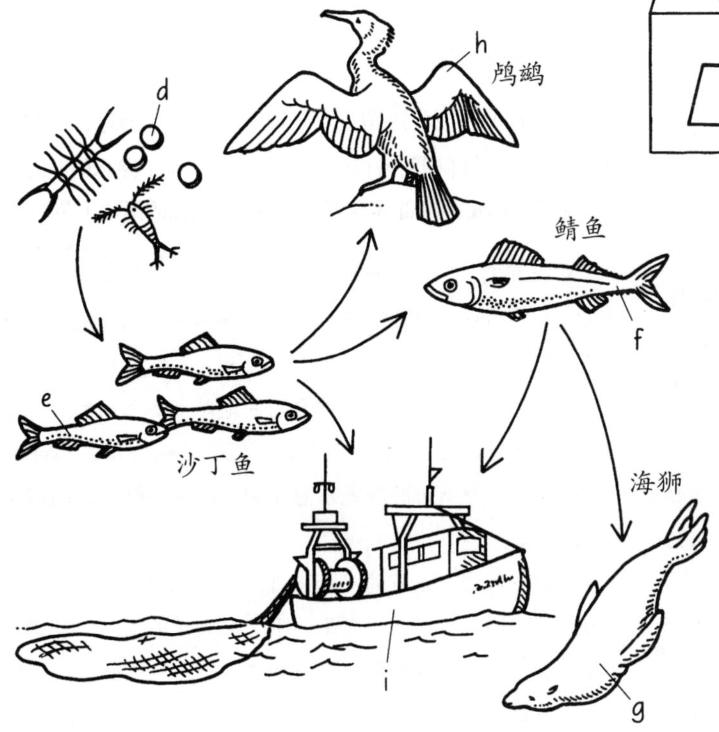

上升流食物链 ✿
浮游生物 d
食浮游生物鱼类 e
体形更大的鱼类 f
海洋哺乳动物 g
海洋鸟类 h
人类 i

东信风 j
表层暖水 k
寒流 l

厄尔尼诺海流 k¹

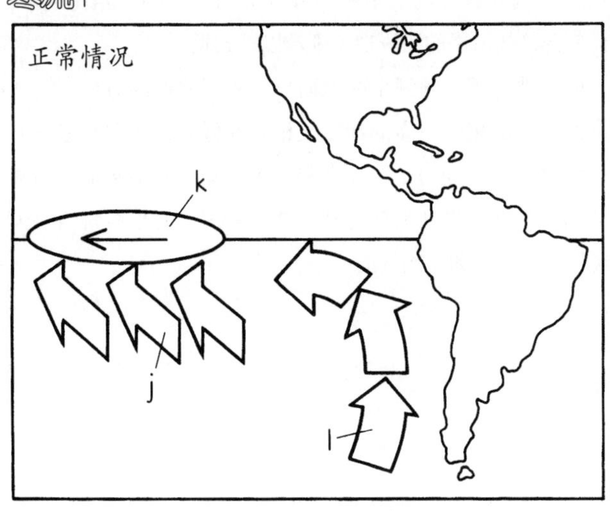

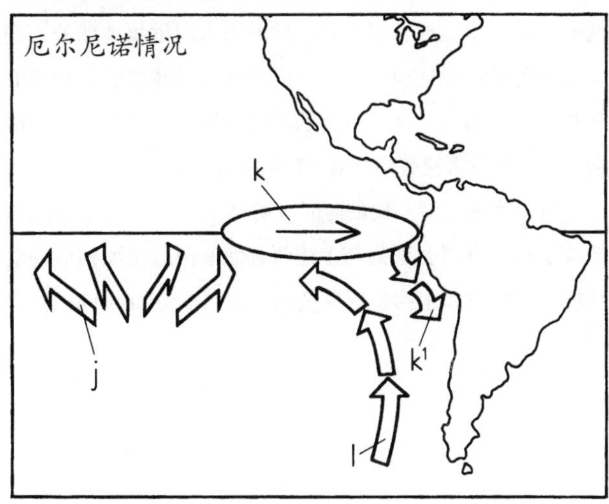

3
潮　汐

通过前两节我们认识到，表层海水受到风和波浪的影响而发生运动，形成了缓慢、恒定的全球性洋流运动。相较之下，潮汐活动则是区域化现象。本节将探索潮汐的性质及其形成的原因。

潮汐是由**地球**（earth）、**太阳**（sun）和**月球**（moon）之间的相互作用造成的。当月球围绕着地球转动的时候，两者共同沿着更大的轨道围绕太阳旋转。三者之间的引力合力与其他因素的共同作用使地球表层海水时涨时落，这种现象就被称为潮汐（tide）。

请给页面左侧的地球、月球和太阳的运动图解上色。然后，请为页面右上角的三个地球上色，其中，最上方的图体现了月球引力对地球表面海水造成的拉力；中间的图显示了离心力所引发的潮汐现象（同样是对地球表面海水造成的拉力）；最下方的图体现了两个力的共同作用。

引力（gravitation）是两个物体之间的相互吸引力，**地心引力**（gravity，即重力）是引力中的一种。引力的大小与物体质量的乘积成正比，与物体之间距离的平方成反比。因此，虽然月球比太阳小得多，但是由于它与地球相距较近，在引发潮汐现象时起到了主要作用。

设想一下，一个表面完全被海水覆盖的地球正绕着自己的轴心自转。当月球绕着太阳转动的时候，月球的引力会拉动地球正对着月球的那一面。此时，地球表面的海水就会被**拉向**月球，向月球所在的方向凸起。

地月之间的旋转运动产生了**离心力**（centrifugal force）。这一力量会使地球背对月球一侧的海水向**远离**地球的方向运动，并向远离月球引力的那一面凸起。月球的引力和离心力互相修正，然后在某个特定的时间，迎向月球那一面的海水会凸起，然后再交替向背对月球的一面凸起。

由于地球自转一周的时间大约是 24 小时，在 24 小时内，地球上每一点都会遇到与上述两种海水凸起情况相似的受力环境。这两种海水膨胀现象被称为太阴潮（lunar tide）。海水凸起至最高点时，为高潮（high tide）；落至最低点时，为低潮（low tide）。

在孤立的地月系统中，地球上的每个点在每个太阴日（平均时长为 24 小时 50 分钟）中，将经历 4 次潮汐——规模（潮水高度）与量级相同的 2 次高潮和 2 次低潮。然而，太阳的存在不可避免地影响了地月系统的潮汐现象。

请给页面中央的底图上色。该底图展示了地球、太阳和月球在月相变化[①]期间各自的位置，并且描绘了潮水的凸起过程。随后，给页面底部体现潮差[②]和潮水变化的图片上色。

月球每 27.5 天绕着地球旋转一周（旋转一周所用的时间就是一个太阴月），在这个过程中，月球相对于太阳的位置时刻在变化。在新月期和满月期中，太阳、地球和月球位于同一直线上，它们之间的引力的合力使地球上的海水形成异常高的高潮和异常低的低潮。这类潮水现象被称为**大潮**（spring tide），在页面左下方的潮差示意图中，木桩左侧显示的就是大潮的潮差。

当上弦月和下弦月的月相出现之时，地球、太阳和月球并没有处于同一直线上。太阳的引力最大化地削弱了月球对地球的引力，潮汐的变化量级也随之骤降。这样的潮汐现象被称为**小潮**（neap tide），如潮差示意图中木桩的右侧所示。

地球上的潮汐变化非常明显。地理位置、大洋盆地的形状，以及其他区域性、全球性或由行星引发的因素，都会改变潮差和潮汐频率。在向陆地延伸的海水通道末端，由于大量的海水涌入狭窄的通道中，潮汐会明显增强。相比之下，大洋中部岛屿沿岸的潮汐现象则难以被察觉。

同样地，潮汐的频率因地而异。欧洲北部的海岸一天之中会经历 2 次相同的高潮和 2 次相同的低潮，加利福尼亚海岸一天之内也会经历 2 次高潮和 2 次低潮，但是两地从高潮到低潮和从低潮再到高潮的潮差并不相等。而墨西哥湾每天只经历 1 次高潮和 1 次低潮。

① 月相是指在地球上看到的月球被太阳光照亮的部分。由于月球、地球和太阳的相对位置始终在改变，我们在地球上看到的月球的形状也在不断地变化，这就是月相的变化。——译者注

② 潮差是指一个潮汐周期内相邻高潮位与低潮位间的差值，又称潮幅。——译者注

潮汐

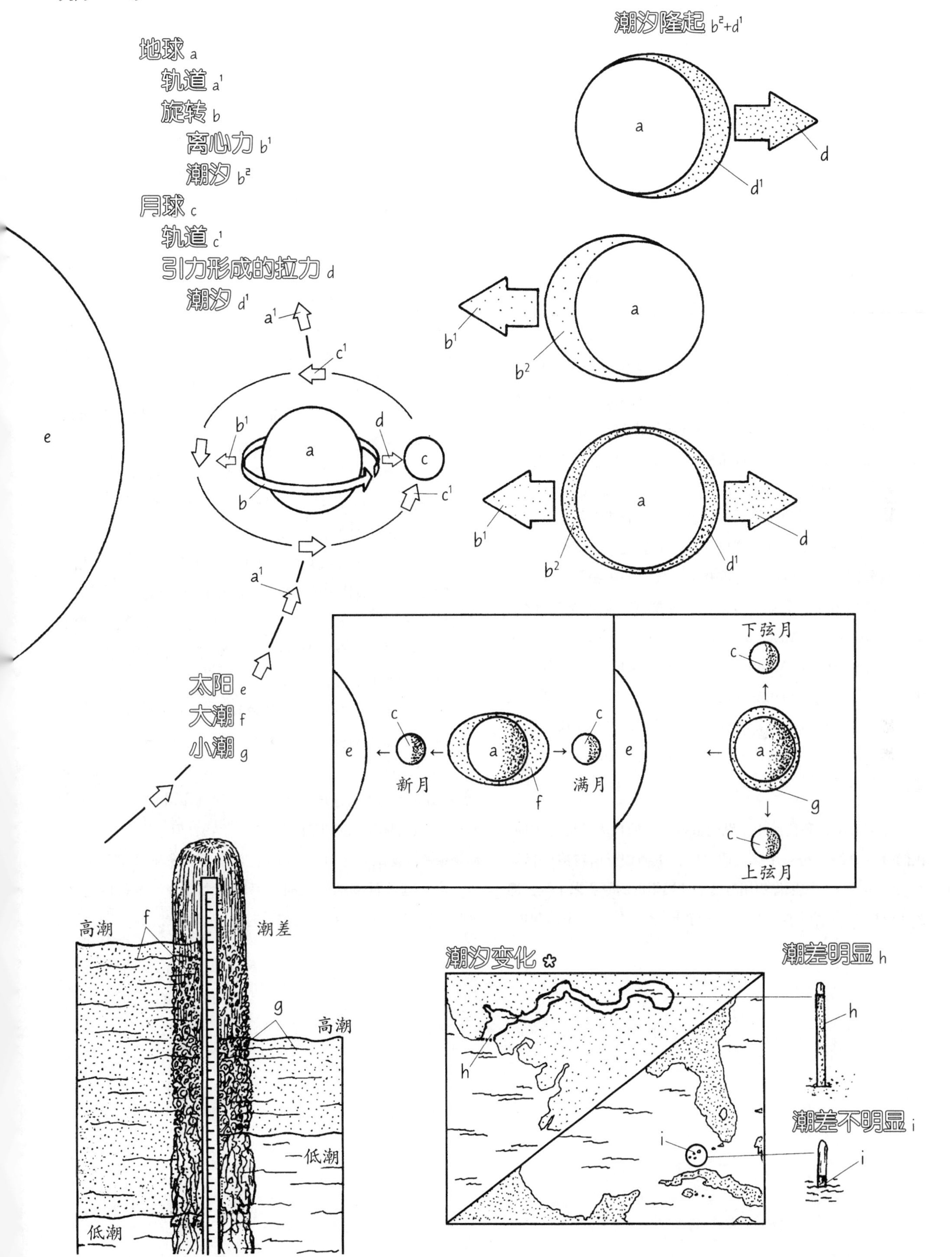
潮汐隆起 b²+d¹
地球 a
轨道 a¹
旋转 b
离心力 b¹
潮汐 b²
月球 c
轨道 c¹
引力形成的拉力 d
潮汐 d¹
太阳 e
大潮 f
小潮 g
下弦月
新月
满月
上弦月
高潮
潮差
低潮
潮汐变化
潮差明显 h
潮差不明显 i

4
潮间带格局

潮间带（intertidal zone）也被称为“潮汐带”，是我们最容易接触到的海洋栖息地。随着海平面发生周期性变化，潮间带会在高潮时被海水淹没，而在低潮时露出地表。潮间带是海洋和陆地交会的地方，受到海陆多种作用的影响。在高潮期间，尽管潮间带的栖息地会遭受波浪及其携带物质的冲击，但水温变化相对平缓；而当潮水远离海岸时（低潮期），潮间带完全暴露于地表之上，会受到温度、光照及淡水的强烈影响。在某些地区，潮间带内甚至会出现冰雪天气。

根据潮间带暴露于空气中的时长和频率，我们能够确定海洋或陆地条件对潮间带的影响程度。潮间带地势较高的地区受到陆地的影响多一些，而在潮间带地势较低的地区，海洋的影响更大。在丰富的物理条件的影响下，生活在潮间带中的生物变得多样化，与潮汐环境相应的潮间带格局形成。

在生态环境保护完好的海岸地区，我们能在低潮期内清楚地观察到潮间带的分区现象，沙滩上会显示出清晰的水平条纹或分区。这些区反映了占有空间优势的生物的结构或颜色。全世界岩岸（见第5节内容）的潮间带格局基本相似。安妮·斯蒂芬森（Anne Stephenson）和T. A. 斯蒂芬森（T. A. Stephenson）在长达30年的研究中分析了全球的潮间带格局，建立了岩岸潮间带格局的通用模型。通过这一模型，我们能够了解美国俄勒冈州库斯湾的岩岸潮间带格局。该模型适用于世界上的任何一个岩岸，尽管不同潮间带中的生物之间可能存在差异。

在本节中，我们画出了潮间带各个区的代表性优势生物。我们分别介绍了每一个区，请为优势生物和其所对应的区涂上相同的颜色。如果你想用与真实环境相近的颜色来上色，那么建议把（a）涂上淡绿色，（b）涂上灰色，（c）涂上浅灰色，（d）涂上中等深度的绿色，（e）涂上深绿色。

潮上带（supralittoral zone）是高于高潮线的地带，受到浪花的溅射或海水雾气的影响。这里生活着陆上生物，例如青苔，它们能够忍受与少量海水的接触。潮上带中还生活着一些海洋动物，相较于生活在潮间带较低地区的动物，这些海洋动物较少依赖海水，或者较难适应海中的生活（以较大的等足类动物为例，详细内容请见第35节）。在潮上带中，我们能发现小小的**绿藻**（见第20节），渗入岩石内的淡水和向上喷溅的海水为这类植物提供了独特的生存环境。

位于潮上带下方的是**上滨缘/浪溅区**（supralittoral fringe/splash zone）。此处是高潮带的上部，当潮水涌来的时候，这里会受到规律性的海浪溅射。在这里，我们可以找到海洋生物**滨螺**（periwinkle）。滨螺能够长时间暴露在空气中，它所需要的水分只由溅射的海水提供。

上滨缘的下边界线是藤壶生长区的起始线。这条起始线以下的一定区域被称为**中潮带**（midlittoral zone），其占据了潮间带的大半部分。中潮带能够向下延伸到大型褐藻栖息地的上边界。中潮带养育了大量海洋生物，其中包括**藤壶**（见第35节）和贻贝（见第5节）。

褐藻（见第21节）中的**翅藻属**（*Alaria*）是**远岸缘**（infralittoral fringe）的标志性生物。只有在大潮的最低潮时，生活在远岸缘的生物才会暴露于空气中。而褐藻中的**海带属**（*Laminaria*）的生活区域则从远岸缘延伸至远岸带（infralittoral zone）。虽然翅藻和海带都属于褐藻生物，但它们呈现的颜色却是绿色。海绵、海胆和鲍鱼也生活在远岸缘和远岸带中。

当大潮的低潮期到来时，海岸的大部分形态得以呈现，这是我们观察潮间带格局的最佳时机。

潮间带格局

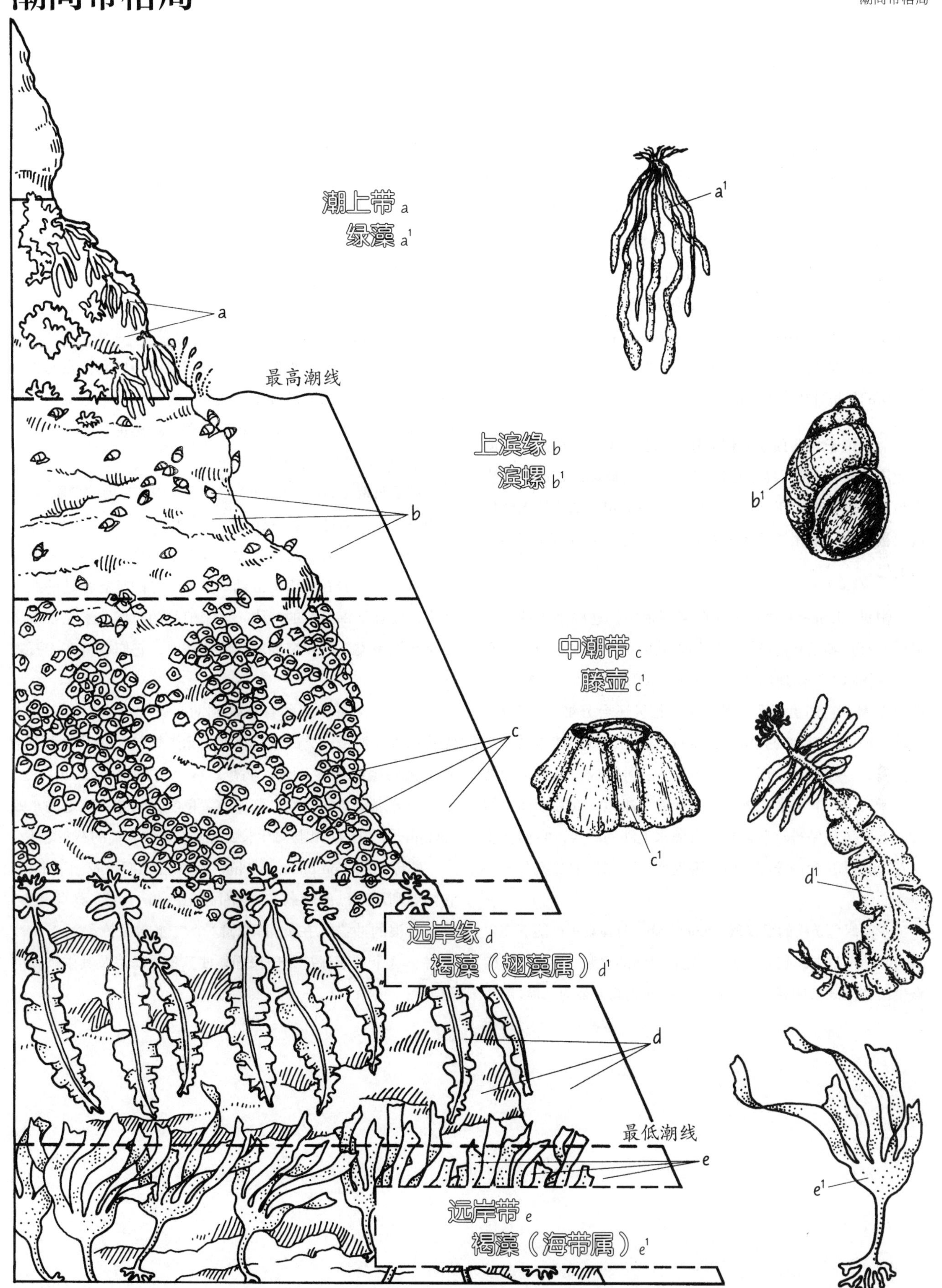
潮上带 a
绿藻 a¹
a
a¹
最高潮线
上滨缘 b
滨螺 b¹
b
b¹
中潮带 c
藤壶 c¹
c
c¹
远岸缘 d
褐藻（翅藻属）d¹
d
d¹
最低潮线
e
远岸带 e
褐藻（海带属）e¹
e¹

5
岩 岸

被海水冲刷的岩石分布于陆地与海洋的交会之处，我们可以通过岩石上的痕迹研究地球曲折的地质史。一些岩岸潮间带地势平缓，表面几乎没有隆起；另一些岩岸潮间带则非常陡峭，分布着巨砾、暗礁、悬岩和潮汐通道。不规则且多样的潮间带表面给生物提供了大量潜在的生存空间。

所有开阔海岸的岩岸潮间带均易受到波浪冲击和阶段性暴露于空气环境中的影响。在这一节中，我们将介绍北美洲西海岸常见的几种岩岸潮间带动物，解释它们是如何适应这种严酷的环境并生存下来的。

请从位于岩石顶端的帽贝开始着色，接着，按照文中所述顺序给每种动物着色。请不要给岩石基质和未说明的植物上色。注意，海水正处于低潮期，高潮位和低潮位的大致位置已被标出。请用淡蓝色或者淡绿色的笔，从海面往下给海水上色。

帽贝（limpet）常常出现在高潮带中。这些小小的、灰褐色的腹足类动物能够依靠它们强壮的足吸附在岩石上。它们会寻找暗礁和洼地栖息，以免受到太阳光直射，这样的话，即便退潮，它们也不至于被晒干。帽贝还会分泌一种黏液，这种黏液能将它们的壳密封在岩石表面上，以防其体内的水分蒸发。一些物种会用它们的齿舌（一种排成一列的生理结构，见第 106 节）来挖掘岩石，打造小洼地。低潮期间，帽贝能够完美地钻进这些洞里。当潮水上涨的时候，它们就在岩石上移动，食用藻类，然后再返回自己制造的“家”——浅浅的沟。

带有绿色条纹的**厚纹蟹**（shore crab）身体扁平，能够在岩石之间钻来钻去，避免被暴晒。这种灵活的食腐“清道夫”能够生活在潮间带的高处，它们在夜间和满潮时最为活跃。

贻贝（mussel）常出现在中潮带里，而且往往数量巨大。这类双壳类软体动物（见第 30 节）将自己固定在岩石上或其他贻贝身上。通过紧闭深蓝色的外壳，贻贝能够防止自己在落潮的时候变得干燥（脱水）。贻贝常成群聚集在一块，这能够为其他小小的海洋生物提供生存空间。

另外一种在高潮带和中潮带里大量出现的生物是**华丽黄海葵**（见第 96 节）。这种小型海葵（直径 2.5 厘米）往往由成百上千个个体组成。集群生活的方式能够帮助它们在暴露于空气与阳光中的时候减少水分流失。这些海葵呈灰绿色，它们往往被一些贝壳和岩石遮挡、覆盖，这样也进一步减少了它们与外界环境的直接接触。

髯毛石鳖（mossy chiton）是生活在中潮带内的食藻动物。作为一类软体动物，髯毛石鳖的外壳由八块灰色的壳板组成，这些壳板一块接着一块地运动，像关节一样，更易于髯毛石鳖在不规则的岩石表面上活动。髯毛石鳖的足有强劲的抓地能力，能够抵御海浪的冲刷。风平浪静的时候，髯毛石鳖会寻觅小型藻类；而在高潮期和低潮期时，它们则待在岩石表面上一动不动。

岩岸低潮带中往往存在锋利的暗礁和悬岩。由于阳光无法深入此地，藻类的生长也就受到了抑制。这里的水下暗礁上主要生长着亮红色、橘色、绿色的**海绵**（sponge），以及其他外观精巧的动物，例如淡黄色的犹如鸵鸟羽毛的**水螅**（hydroid），它们互相接触生长，躲藏在保护它们的石头之下。

紫球海胆（purple sea urchin）生活在低潮带及潮下带里，它能够利用自己的棘刺在岩石上挖出一个小坑，藏身其中，躲避海浪的冲击。在低潮时，这个坑能够保持湿润；在高潮时，这个坑能保护紫球海胆，使其免受海浪及其中杂物的撞击。

岩 岸

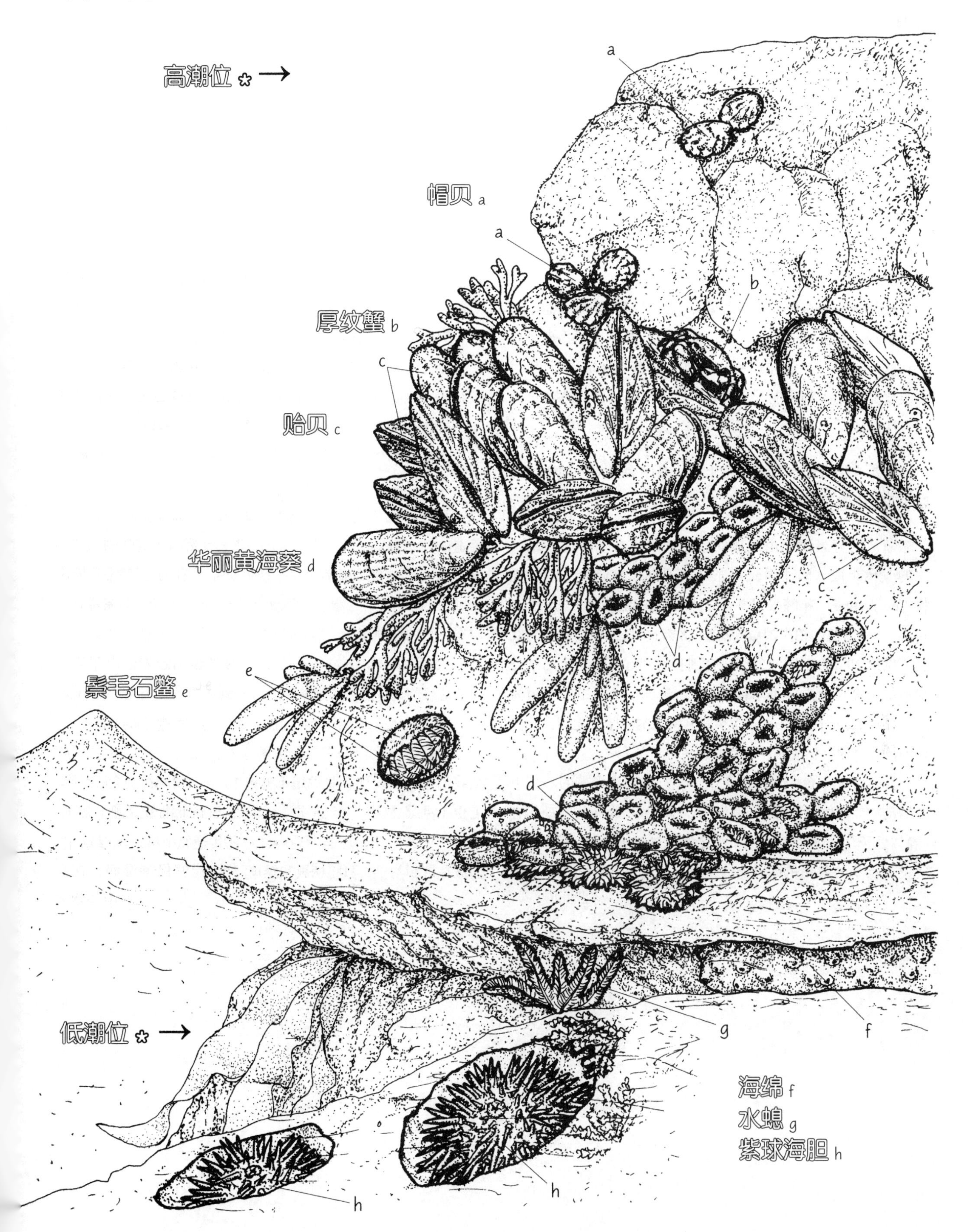
高潮位
帽贝 a
厚纹蟹 b
贻贝 c
华丽黄海葵 d
鬃毛石鳖 e
低潮位
海绵 f
水螅 g
紫球海胆 h
a
a
b
c
c
d
d
e
f
g
h
h

6
潮　池

在低潮期中，我们更容易观察和接触潮池（tide pool），这里的小生命是生活在低潮线以下的海洋生物的缩影。潮池形成于岩岸的凹陷处，贮藏着一些海水。潮池里既居住着一些固着附生的动植物，也居住着一些小型的可游动的生物。这些生物或长期居住于此，或只在潮水退去之时把这里当作临时的庇护所。

虽然潮池分布于潮间带各处，但是只有低处的潮池里才生存着最丰富多样的生物，因为地势较低的潮池的物理条件变化相对较小，生活在这些潮池内的生物不容易受到惊扰。本节要介绍的生物是加利福尼亚中部海岸低潮带的潮池里的代表性物种。

请给文中介绍的每种生物上色。文中会介绍每种生物的原色，可供参考。

潮池的背景颜色由基质的颜色和附生在基质上的动植物的颜色组成。潮池内光照充足的地方长有淡粉色的**结壳状**（encrusting）和**膝曲状**（articulated）的**珊瑚藻**（coralline algae）、亮绿色的**拍岸浪草**（见第 18 节）、淡红色和紫色的**红藻**（见第 20 节）；潮池的阴暗带则长有亮红色和黄色的结壳状**海绵**及亮橘色的小型**单体珊瑚**（solitary coral）；一些**黄海葵**（giant green sea anemone）生长在潮池的阴暗带之间，静静地等待大意的猎物或死亡生物的碎屑。

在这五光十色的海洋景色中，穿行着许许多多的小型甲壳纲动物、软体动物和蠕虫（图中未画出）。大一些的动物有"静如处子，动如脱兔"的**寡杜父鱼**（tidepool sculpin），寡杜父鱼斑点状的灰褐色体表能够帮助它隐匿于环境之中。这些鱼类（体长 5 ~ 7.5 厘米）往往能在涨潮的时候离开潮池，游到相当远的地方，而在潮水退去之后，它们又能回到同一个潮池中。

潮池里另一类善于伪装的动物是**七腕虾**（broken-back shrimp），七腕虾能够利用它强大的腹部弯曲力量快速地运动。这类甲壳纲动物（体长 2.5 厘米）色彩缤纷，从纯绿色到带斑点的多色组合都有。有时，我们能在潮池中看见几只七腕虾，但它们拥有优秀的伪装能力，通常很难被识别出来。

相比之下，潮池里的**寄居蟹**（hermit crab）倒是容易被一眼认出。这类螃蟹常寄居在空海螺壳中，随着个体长大，寄居的壳也会更换。一旦感受到外界扰动，寄居蟹就会马上钻进它的庇护所中；在没有外界威胁的时候，寄居蟹会在潮池的底部漫步，搜寻食物。

和寄居蟹不同，**小螺笠贝**（dunce cap limpet）的壳是自己造的，而不是"顺"来的。小螺笠贝以结壳状珊瑚藻为食。结壳状珊瑚藻很难被消化，小螺笠贝是少有的能够消化这类珊瑚藻的动物之一。人们甚至在它的贝壳上发现了这种藻类，遍布贝壳的珊瑚藻把小螺笠贝洁白的"帽子"给染成了粉色。

六辐海星（six-rayed sea star）（体长 5 ~ 7.5 厘米）会在潮池的池底和边缘漫游。这些暗红色或暗绿色的食肉动物对食物不挑剔，潮池里许多固着生活的小型动物都是它们的美味。

如果潮池底部分布着松散的岩石，以及一些沉积物，那么我们还可以发现一些**蛇尾**（见第 16 节）和藏在洞穴中的**多毛虫**（见第 27 节与第 28 节）。如果潮池底部蓄积了足够厚的沉积物，那么我们还能发现砖红色的**黄道蟹**（rock crab），它们藏在沉积物里，只将柄眼和触角露出来。

潮 池

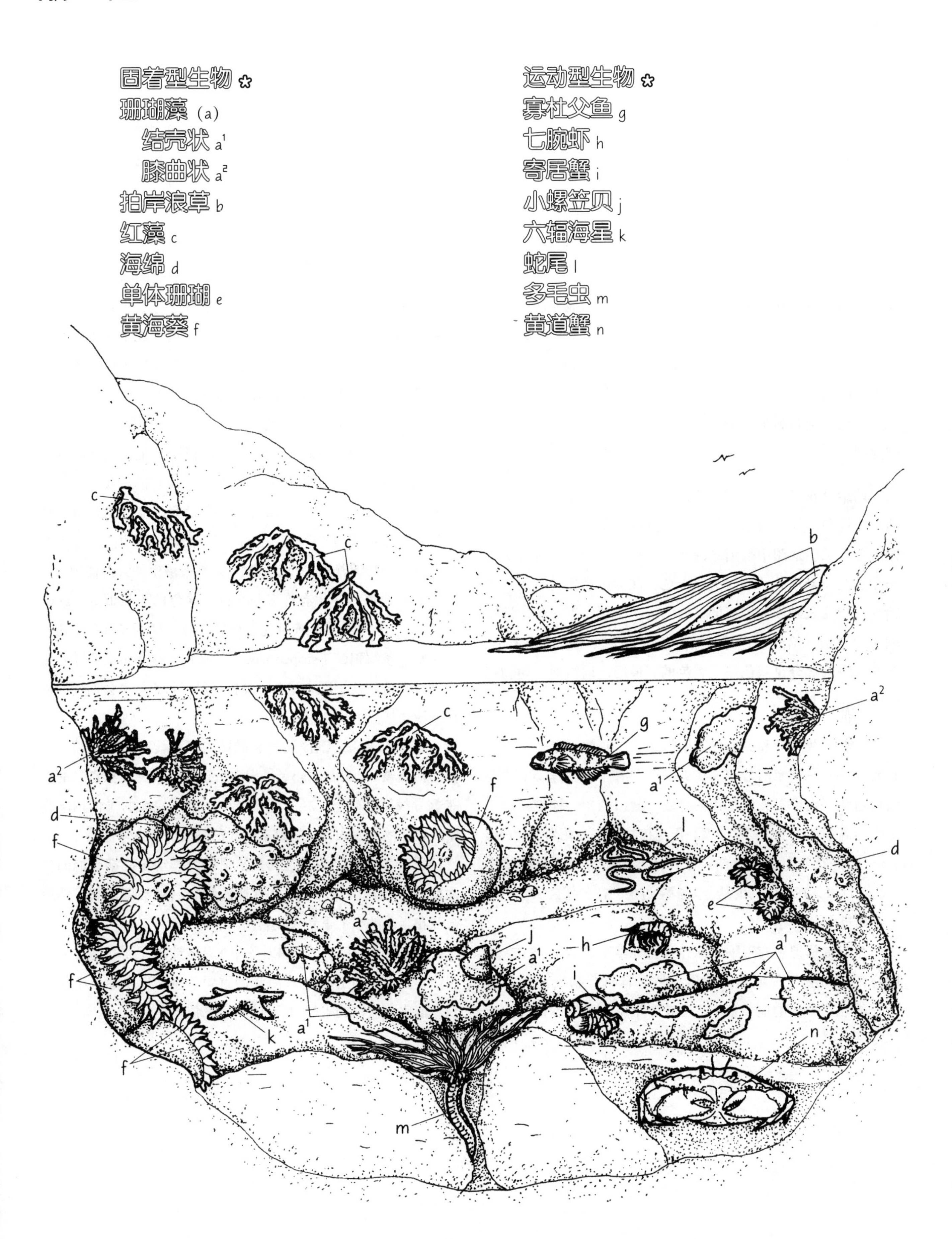
固着型生物
珊瑚藻 (a)
结壳状 a1
膝曲状 a2
拍岸浪草 b
红藻 c
海绵 d
单体珊瑚 e
黄海葵 f
运动型生物
寡杜父鱼 g
七腕虾 h
寄居蟹 i
小螺笠贝 j
六辐海星 k
蛇尾 l
多毛虫 m
黄道蟹 n

7
盐 沼

前面两节介绍了硬质岩石基底的海洋生境。虽然岩石基底的生境具有很高的生物多样性，但是大部分的潮间带生境拥有软质基底。

许多沿着海岸线分布的区域并不会受到海浪的直接冲击，这些区域被称为滨海湿地（coastal wetland）。滨海湿地包括沿海潟湖、海湾、河口和潮汐沼泽。河流与小溪为这些环境提供了淡水资源。在滨海湿地的平静水域中，河流或潮汐海流运来了细粒沉积物和有机质。位于中潮带或更高处的盐沼分布着软泥质沉积物，盐沼（salt marsh）是滨海湿地中最明显、最重要的栖息地之一。中潮带以下，位于盐沼下方的是一片处于开放环境的**潮滩**（tide flat）。关于潮滩，我们将在第 8 节中介绍。

请给互花米草涂上浅绿色，为潮汐通道涂上蓝色，给潮滩涂上棕色。先从页面中部的单株互花米草（连同草根）开始上色。然后给图中盐沼区的互花米草丛上色。接着给页面顶端的互花米草叶片的放大图上色，注意体现排盐现象。请给标示出流入潮汐通道区的碎屑的箭头上色。下一步，请根据文中介绍，给潮汐通道、潮滩及栖息于其中的动物上色。这些动物大部分是灰色或土黄色的。最后，请给指示动物代谢废物的箭头上色。

沿着墨西哥湾和美国的东南海岸，广阔的海岸平原上分布着数百万平方米的盐沼。在美国东北海岸和西海岸的主要河口边缘，也可以见到盐沼的身影。盐沼的核心地带，即中潮带与高潮线之间，“铺”满了开花植物——**互花米草**（cord grass）。互花米草是少有的能够在咸水中生存的开花植物之一，一旦聚集在其体内的盐分太多，过量的盐分就会从它的叶子表面排出。

互花米草把它的根须深深扎入营养丰富的盐沼泥中，从腐烂的有机物里汲取营养物质，然后将营养物质输送到新生长的互花米草的地下茎中。互花米草可以迅速占领一片区域，蔓延的互花米草能够束缚住更多的沉积物，建立基质，扩展盐沼。在美国佐治亚州的盐沼区中，互花米草的年平均产量能够达到 20 000 吨 / 千米^2，那里是世界上生产力最高的生境之一。

盐沼里的动物只能直接消耗大约 10% 的互花米草。大部分的互花米草会死亡、分解，然后在海水退潮的时候被送入**潮汐通道**（tidal channel）。在潮汐通道里，互花米草被细菌和真菌分解，变为**碎屑**（detritus）。这些碎屑构成了食物链的基础，喂养了美国东部海岸主要的鱼类。大部分植物碎屑被退去的潮水直接运离盐沼，流入近海的食物链中。

在互花米草的根部附近，许多贻贝沿着潮汐通道分布，这些**贻贝**以滤食水中的碎屑和微小的植物为生。其他滤食性生物也食用碎屑，例如在周边潮滩里生活着的**牡蛎**（oyster）和**蛤**（clam），还有**鲱鱼**（menhaden）幼鱼。盐沼是鲱鱼的育幼场，在鲱鱼长到 8 个月大之前，它们都在这里生活。8 个月之后，它们会随着海水移动，加入东部海域里的大群体中。

潮汐通道里还生有许多小小的、绿色的**小长臂虾**（grass shrimp），它们也以碎屑为食。小长臂虾是**比目鱼**（flounder）和年幼的**条纹狼鲈**（striped bass）的食物，这些鱼类会随着潮水的上涨游到盐沼区来觅食。**蓝蟹**（blue crab）也会悄悄潜伏在潮汐通道里伺机捕猎。

当潮水退去，潮汐通道和低矮的潮滩就露出了全貌。成群的**招潮蟹**（fiddler crab）从泥穴里现身，来到食物富足的潮滩上寻找植物碎屑。在交配季节中，个体较大的雄性招潮蟹站在自己的泥穴入口，挥舞着巨大的螯吸引异性伴侣。

所有生活在潮汐通道和盐沼里的海洋动物都把它们的代谢废物留在盐沼底部，这些**代谢废物**随后被细菌分解，然后被互花米草的根部重新吸收利用。

在盐沼区中，我们可以听到海岸鸟类、迁徙的鸟类的鸣叫声。盐沼是连接陆地和海洋的重要角色，近岸渔业丰收与否，取决于盐沼的生产力及其滋养生物的能力。

盐 沼

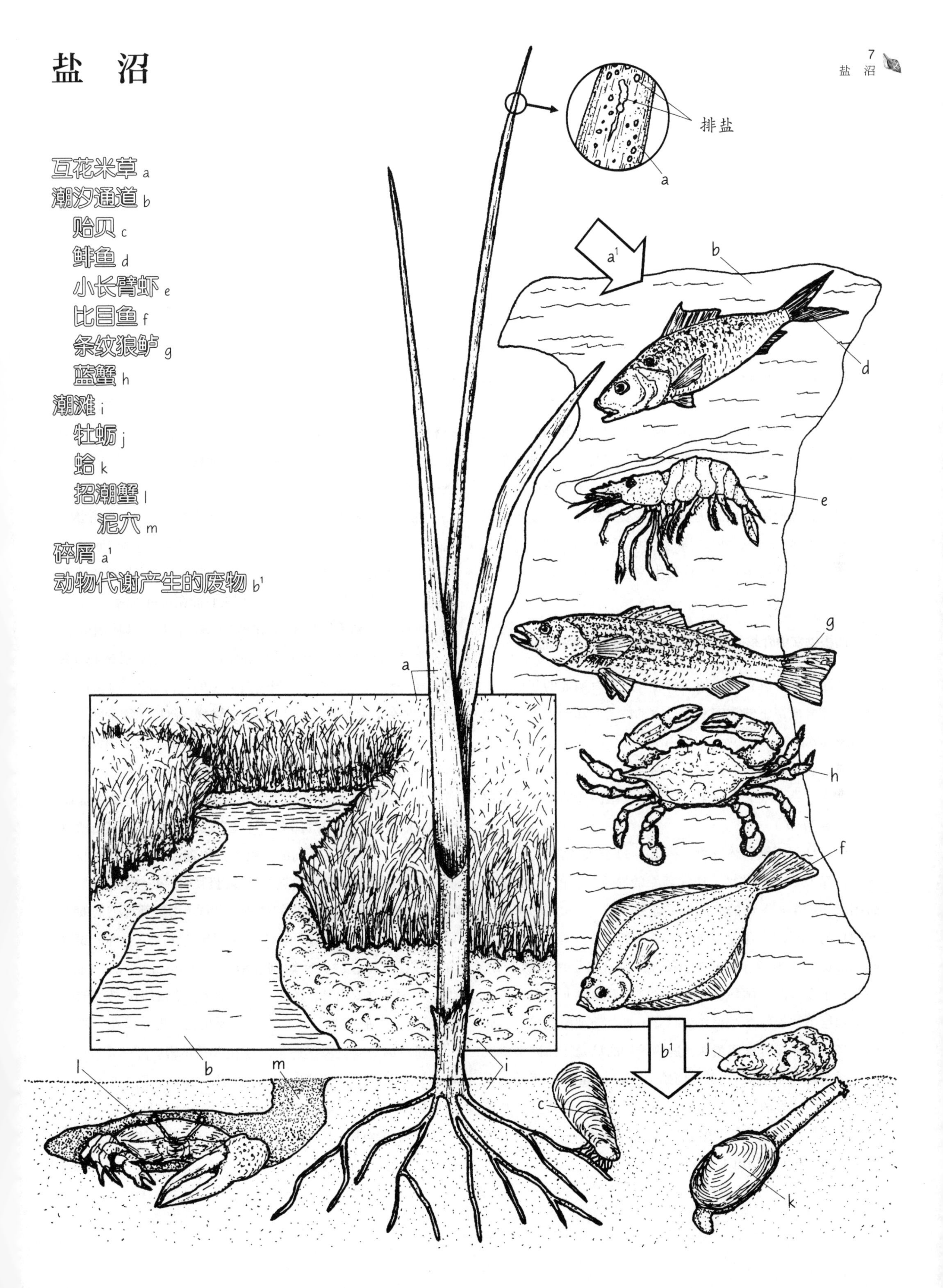
互花米草 a
潮汐通道 b
贻贝 c
鲱鱼 d
小长臂虾 e
比目鱼 f
条纹狼鲈 g
蓝蟹 h
潮滩 i
牡蛎 j
蛤 k
招潮蟹 l
泥穴 m
碎屑 a1
动物代谢产生的废物 b1
排盐
a
b
c
d
e
f
g
h
i
j
k
l
m
a1
b1

8
潮　滩

大部分海洋环境的底部是由泥或沙组成的。海水的运动直接影响了这些软质海底的形成。流速快的水体具有更大的能量，能够运送较大的悬浮颗粒；流速下降后，水流能量也会降低，进而水中较大、较重的颗粒就会下沉，形成沙质沉积物。在潮汐海流或河流流速较高的沙滩、河口和海湾处，都能见到沙质沉积物（见第 9 节）。在平静的海域中，只有最小、最轻的颗粒能够悬浮并下沉到海底。这些下沉的颗粒就形成了海底的淤泥和黏土。

有机物颗粒既小又轻，其沉降模式和黏土颗粒相近。有机物颗粒的沉降能够直接影响海底沉积物及生存于其中的生物。海泥含有大量的有机物碎屑，这些碎屑是生物体潜在的食物来源，因此潮滩里的优势生物主要是食碎屑动物（见第 27、28、30 节）；而在沙质海底生境中，有机碎屑仍然处于悬浮状态，在这样的生境中，优势生物主要是滤食性动物（见第 29、30、105 节）。

请根据文中介绍的顺序给底图里的每一只生物上色。

潮滩是逐步沉积而成的，表面几乎没有明显的起伏。生物在潮滩表面留下的洞穴和摄食活动的遗迹四处可见。粉色或暗绿色的**沙蠋**（lug worm）能摄取沉积物，然后消化其中的有机质。剩下的未能消化的物质则会被排到潮滩表面的粪土堆中，这些粪土堆非常显眼，一下子就把沙蠋的踪迹给暴露了（见第 27 节）。

蛤蜊是双壳纲软体动物（第 29 ~ 30 节），其在受保护的潮滩栖息地中十分常见。通常潮滩的底质受到的干扰较小，蛤蜊能够在半永久性的洞穴里保持身体直立。蛤蜊的背部生有细长的水管，水管能够伸入水中滤取食物，同时保持身体其他部位安全地待在洞穴中。蛤蜊生活在表层沉积物下方，那里几乎没有海水循环，因此水管结构对蛤蜊非常重要。在此沉积层下，氧气已经被作为“分解者”的细菌耗尽，底质颜色变暗，还伴有臭鸡蛋味。这些蛤蜊的贝壳往往被染成黑色，例如美国西海岸常见的**马珂蛤**（gaper clam）。马珂蛤的大水管是无法完全收回的，它的背部呈打开状，以便身体其他位置的壳能够闭合。马珂蛤体长可达 20 厘米，重可达 2.8 千克，它可钻到沉积物内 1 米深处。

弯鼻樱蛤（见第 30 节）躺在沉积物中，身体左侧接触底面，其后方灰白色的弯曲面则朝向上方。这种蛤蜊的水管色泽偏黄，又长又瘦，出水管和入水管相互分开。入水管伸向沉积物表面寻觅有机质，将食物吸入外套膜腔中——滤食性的蛤蜊也是用相同的方式摄食，并把有机物颗粒截留到鳃的表面（见第 29 节）；它的出水管则没在沉积物下，远离忙碌的入水管。

暗棕色的**织纹螺**（mud snail）是美国东部沿海的土著种。这种体长约 2.5 厘米的腹足类生物遍布河口滩涂和盐沼水流通道。织纹螺伸出长长的吻部，活跃地在滩涂里来回搜索、摄食沉积的有机碎屑。

加州美人虾（ghost shrimp）是活跃在沙滩里的甲壳纲穴居动物，其开凿的洞穴可达 1 米，甚至更深。这种青白色的虾能够把埋在沉积物中的有机颗粒筛选出来并吃掉。它们每年的挖穴活动会把当地潮滩的表层沉积物翻上好几遍。

独居的**玉螺**（见第 31 节和第 79 节）常见于沙质潮滩中，我们通常能在沙地的隆起处找到它们，也可以通过肉眼观察它们浅棕色的外壳顶端 。当这些大型的食肉海螺在低潮期内现身的时候，它们往往正用伸展的足包裹着双壳纲猎物。

沙地很容易受到强劲海流的影响，有时还会受到沿岸海湾区海浪活动的影响。对生活在沙地里的蛤蜊来说，这意味着它们的洞穴偶然会被海浪干扰或埋没。**大篮鸟蛤**（basket cockle）生活于美国西部海岸（见第 29 ~ 30 节），其外壳粗糙、厚重，带有白褐相间的棱纹，壳体直径可达 10 厘米。大篮鸟蛤的水管非常短，勉强能够伸出后缘开口，但其足很大，完全伸展时能够达到体长的两倍，这样一来，大篮鸟蛤即使暴露在外，也能够快速回到洞穴中。因为大篮鸟蛤生活的地方很浅，所以它的天敌**短刺豆海星**（short-spined star）能够很轻松地把它挖出来。不过，大篮鸟蛤能够利用自身的套管（或贝壳）快速地逃脱。

粉色的短刺豆海星通常出现在沙滩、岩岸潮间带、码头桩上，以及潮下带的沙质和泥质沉积物里。它们主要捕食双壳纲软体动物。短刺豆海星将特有的长长的管足伸入基质中，寻找穴居的蛤蜊。管足的尖端生有吸盘，吸盘能够把蛤蜊吸住，并将其拉至沉积物表面。

潮　滩

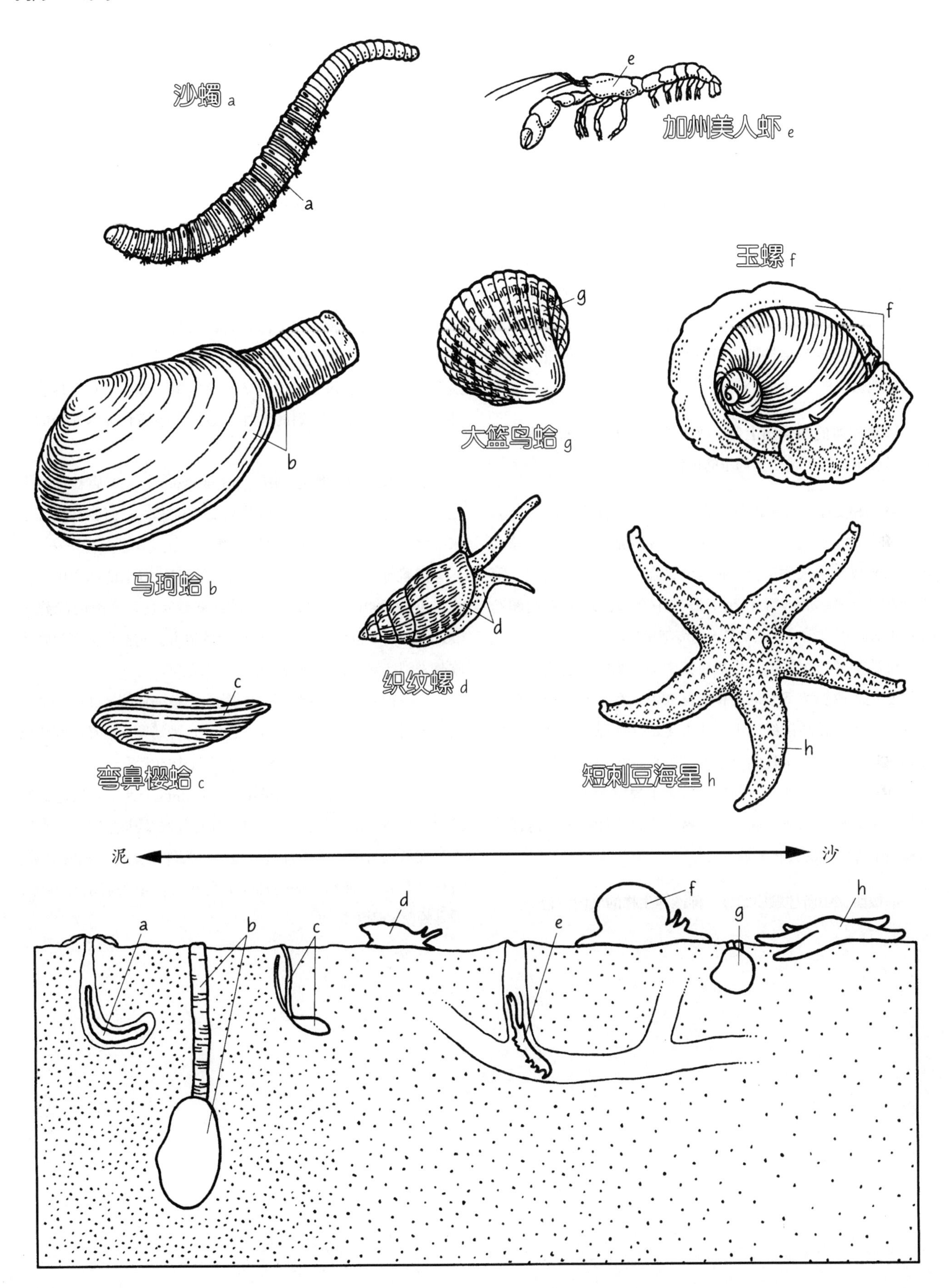
沙蠋 a
a
加州美人虾 e
e
玉螺 f
f
大篮鸟蛤 g
g
马珂蛤 b
b
织纹螺 d
d
弯鼻樱蛤 c
c
短刺豆海星 h
h
泥
沙
a
b
c
d
e
f
g
h

9
沙　滩

在开放海岸地带，海浪的搬运作用将沙粒累积起来，形成了我们常见的景观——沙滩。沙滩上的沙粒可能是因侵蚀而破碎被河流或风输送到海里的陆源颗粒，也可能是海浪冲击近岸栖息地所形成的颗粒。典型的大陆海滩是由石英和长石矿物的颗粒组成的；热带岛屿的海滩有时是由受到侵蚀的珊瑚礁或贝壳组成的；一些夏威夷岛屿海滩上的黑色沙子则来自受侵蚀的熔岩流。

海滩自形成起会持续不断地变化。随着季节变迁，海浪会不断地搬运沙子，重塑海滩。

请给沙滩的四季图上色。秋季沙滩图里，弯曲的箭头指示的是波浪将沙子输送至海里的过程。

春季和夏季，轻柔的**海浪**将**沙子**输送至**海蚀平台**（wave-cut platform），形成了一片广阔的沙坡或**沙堤**（berm）。秋季的第一场暴风雨带来的巨浪则把海滩储藏的沙子搬离海岸，形成沙洲。冬季，海滩上仅留下海蚀平台，台地上的**鹅卵石**（cobblestone）过重，无法被冬天的海浪带走。

海滩的环境很严酷，生活在其中的生物必须适应沙和海浪的变化。成功留下来的物种能够乘浪、在沙滩上挖出深深的洞穴，或者在高潮线以上的地方生活。沙滩生境支持的物种相对较少，但由于种间竞争强度降低，每个物种的数量会相应增多。海浪给沙滩上的生物带来了稳定的碎屑和大量有机物，例如松散的海草和死鱼，这些原料为沙滩上的海洋生物提供了可依赖的食物来源。

请按照文中所述顺序给每一种沙滩生物的底图涂色。

深灰色的**蝉蟹**（sand crab）能够充分利用翻涌的波浪。它将身体后端埋入沙子当中，然后将长长的触角伸入回流的上覆水体里滤取食物（第 36 节）。

小小的（体长 2.5 厘米）、楔形的、浅黄色的**斧蛤**（bean clam）是一种能够乘浪的快速挖洞专家，它们喜欢待在海水最活跃的地方，因为在那里能够获得最充足的悬浮食物。

沿着美国西北部海滩，我们可以在低潮线周边找到**刀蛏**（razor clam）。刀蛏以碎波带的硅藻（一类微型植物）为食，这些硅藻在春季和夏季期间暴发性繁殖。每一个对刀蛏感兴趣，并且试图逮住它们的人都知道，这些拥有黄色外壳的动物挖洞速度相当快。

和刀蛏一样，**刚毛蠕虫**（bristle worm，一类腐食性的多毛纲虫）也生活在海滩上地势较低的位置，它们能够在潮水来临之前快速打洞，躲过海浪冲袭。

滩跳虾（beach hopper）生活在高潮线以上的洞穴中，它们会在夜间出现，以漂到岸上的藻类为食。食肉的**隐翅虫**（rove beetle）也生活在高潮线以上的地方。它们也会在夜晚降临时来到沙滩上，寻找警惕性低的滩跳虾。

另一种在夜间活动的食肉动物是白色的**沙蟹**（ghost crab），它们生活在热带和亚热带的沙滩上。这种螃蟹栖居在高潮线以上的洞穴中，能够忍受长期暴露在空气中的生活。

呈金属蓝色光泽的**梭子蟹**（swimming crab）与银色的**海鲫**（见第 86 节）则会乘浪上岸来捕食蝉蟹及其他穴居动物。

在低潮带中，鸟类捕食者也会到海滩上觅食。翅膀深灰、身体雪白的**三趾鹬**（sanderling）会在海浪退去后前往沙滩，捕食蝉蟹和刚毛蠕虫。

沙 滩

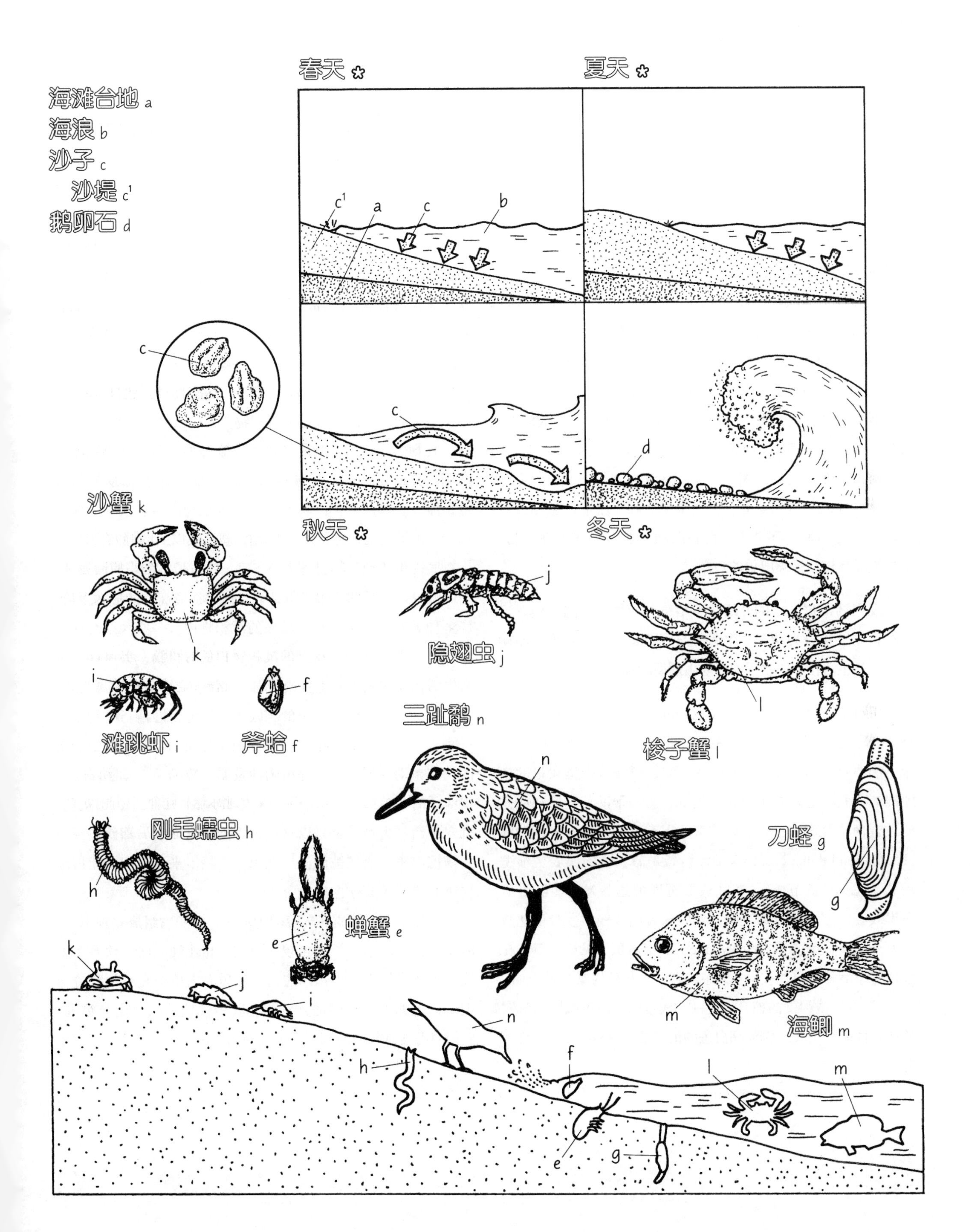
海滩台地 a
海浪 b
沙子 c
沙堤 c1
鹅卵石 d
春天
夏天
秋天
冬天
沙蟹 k
隐翅虫 j
梭子蟹 l
滩跳虾 i
斧蛤 f
三趾鹬 n
刚毛蠕虫 h
刀蛏 g
蝉蟹 e
海鲫 m

10
潮下带软质底

在上 6 节中，我们介绍了潮间带生境。在接下来的 4 节里，我们则要介绍潮下带生境。潮下带生境指的是从潮间带最低处的区域开始，往下直至大陆架边缘的近岸海域。影响潮下带软质底类型与分布的因素和前面介绍的影响潮间带软质底的因素相同，水流运动的剧烈程度与水中悬浮物的特征共同决定了潮下带底部的类型和沉积物组成。

大陆架上的软质海底主要由无机物组成，这些无机物或来自河流，或由风携带而来。最靠近海岸的软质海底承受着最强的波浪和海流的影响，通常最容易形成沙质海底。随着水深的增加，或是在一些分布着阻挡海流的地形的区域内，海水运动强度减小，更细的颗粒物得以沉淀下来，形成海泥。这样一来，潮下带软质底的类型就随着水深改变发生变化：近岸海底由粗糙的沙子组成，而越接近大陆架，组成海底的沉积物颗粒就越细密。海水在离岸海底归于平静，悬浮有机碎屑沉降至海底，在那里，食底泥动物要多于滤食性生物，生物组成结构就像潮滩里的一样。

现在请根据文中的介绍顺序给每种动物的底图上色。这些动物主要被分为两类：生活在海底表面上的底表生活型动物，以及生活在沉积物里的底内生活型动物。

墨西哥三角文蛤（Pismo clam）体形硕大，体长可达 15 厘米。它们生活于加利福尼亚州中部海岸低潮线以下区域。墨西哥三角文蛤生活在蛤蜊层里，以碎波带里大量的悬浮碎屑为食。它们的贝壳相对较沉，能够帮助其停留在原先的位置而不被海浪冲走。碎波带之下有可能出现**太平洋沙钱**（Pacific sand dollar）层，太平洋沙钱是滤食性的底表生活型动物（见第 105 节）。这些沙钱层宽度可达数米，能够沿着海岸线在沙滩上蔓延数千米，其中深紫色沙钱的数量可达数百万。腐食性的**菱蟹**（elbow crab）和**寄居蟹**（见第 6 节）在沙钱层里活动，寻找被困在其中的食物。灰色的**槭海星**（sand star）是以沙钱为食的捕食者之一。浅黄棕色的**玉螺**则以掘穴的滤食性蛤蜊为食，例如亮白色的**海鸟蛤**（sea cockle）。许多种类的比目鱼在此生境内出现，包括伪装能力高超的**太平洋副棘鲆**（Pacific sanddab）。太平洋副棘鲆将自己与沙子融为一体，伺机捕食沙蚕和甲壳纲动物。体形较大的动物，例如**扁鲨**（angel shark），在日常不捕猎的时候，便将自己扁平的身子埋入沙中，直到捕猎时才会暴露自己，它们主要以掘穴生活的猎物为食。其他扁扁的软骨鱼，例如鳐鱼和魟鱼（它们缺少真正的骨骼，具体见第 52 节的介绍），也在软质底猎食。它们经常将宽阔的胸鳍当作工具，挖掘深坑，寻找躲在其中的蛤蜊和其他猎物。

更深、更平静的海域内聚集着大量的浅灰色的**蛇尾**。它们挤在一起，以海底表层的沉积物为食，或是将腕插入泥中，寻觅食物。在这里，我们还可以找到另外一种动物——**心形海胆**（heart urchin），也被称为“海刺猬”。心形海胆呈深灰色，体表多刺。它们一边在海底的沉积物内沿着水平方向挖掘，一边摄食沉积物，然后消化掉这些沉积物含有的有机物。

底内生活型动物里种类最丰富、数量最多的当属沙蚕了。它们的身体长长的，很光滑，能够完美适应高效的掘穴生活。许多种类的沙蚕生活在软质底的沉积物内。一些沙蚕会在掘穴过程中消化它们所挖掘的沉积物里的有机物；另一些沙蚕则生活在软质底里的垂直栖管内，以沉积在海底的碎屑为食。此外，一些沙蚕躲在安全的洞穴里，只把自己精巧的触手伸进海水之中，滤取水中悬浮的碎屑（见第 28 节）。图中绘制的正在扭动身子的沙蚕是齿吻沙蚕属（*Nephtys*）动物，一类很活跃的**多毛虫**。齿吻沙蚕一般体长为 5 ~ 10 厘米，银灰色，掘穴生活。齿吻沙蚕是以食肉为主的腐食动物。即使被别的生物挖出来，或是被海浪从沉积物中翻出来，它们也能再次快速地钻进沉积物里。

大陆架上的软质底环境较为均一，沉积物组成差别不大，因此动植物的生境类型也较为单调。相比硬质底，软质底生境的生物多样性并不高。然而，软质底内单个类群的数量却很高，比如上文提到的沙钱层，其中沙钱的数量十分惊人，它们对海洋食物网起到了不可或缺的作用。

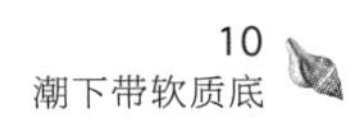

潮下带软质底

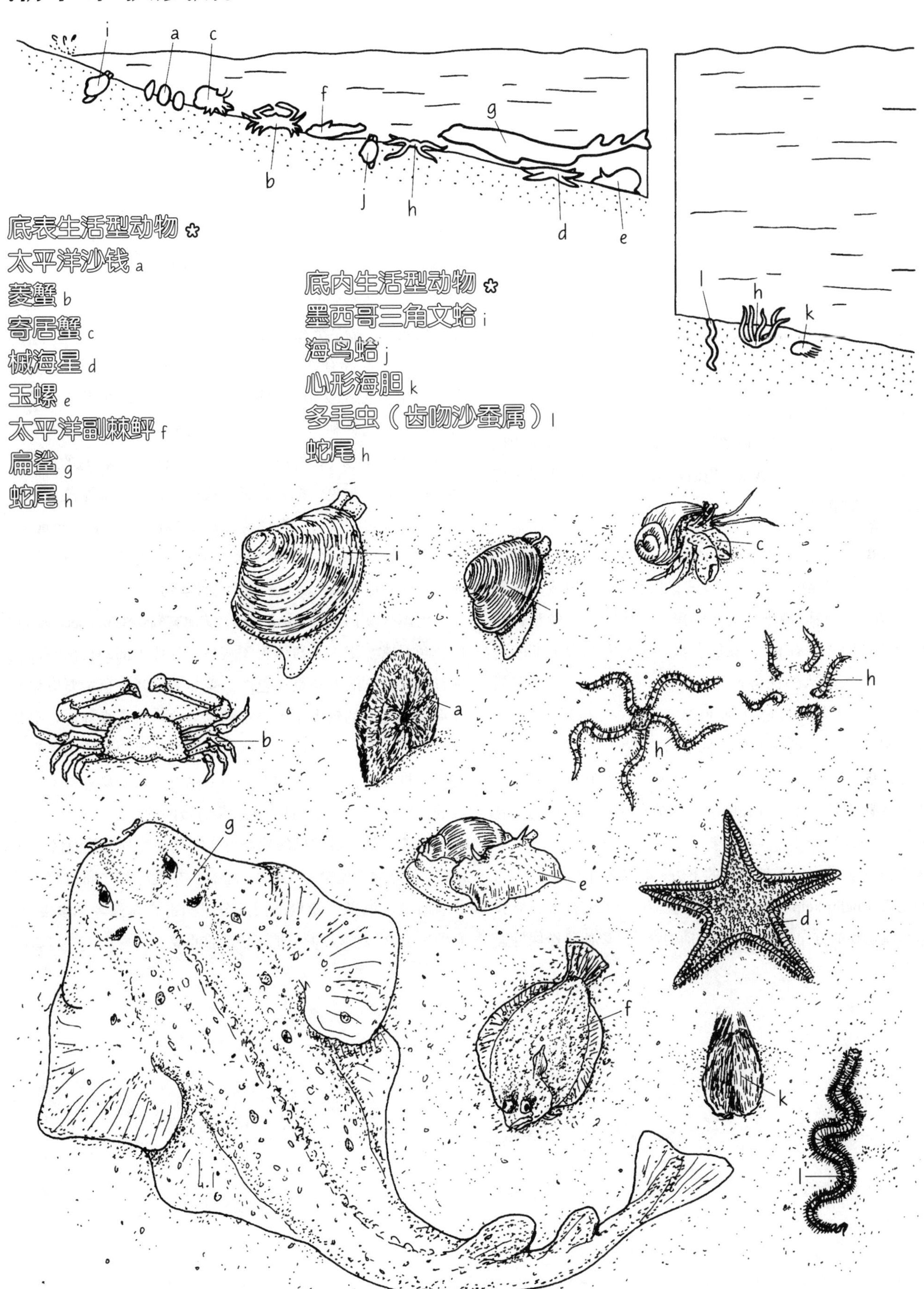
底表生活型动物
太平洋沙钱 a
菱蟹 b
寄居蟹 c
械海星 d
玉螺 e
太平洋副棘鲆 f
扁鲨 g
蛇尾 h
底内生活型动物
墨西哥三角文蛤 i
海鸟蛤 j
心形海胆 k
多毛虫（齿吻沙蚕属）l
蛇尾 h

11
海藻床

海藻床（kelp bed）是生产力最高、最有趣的冷水海洋生境之一。海藻床位于近岸海域，生活在其中的优势生物是大型的褐藻。寒冷的海水和坚固的岩石是这类海藻所需要的基本生活条件。此外，褐藻还需要活跃的水流运动，水流能为它们的光合作用提供充足的溶解营养。海藻床一般生活在深20米左右的水体环境中；如果海水足够清澈，那么它们能够生活在深达30米的水体环境里。本节中，我们将讨论海藻床的结构，以及其中惹人注目的栖居生物。

请按照文中介绍的顺序给每一种生物上色。请注意，为了优化上色效果，底图“近景”中的无脊椎动物和鱼类相比于海藻有所放大；在“远景”里绘制海狮和海獭是为了体现海藻床广阔的范围。

海藻床分布于太平洋和大西洋的冷温带水域。在某些区域中，优势海藻的长度较短，只有几米，它们组成了海藻“床”；在另一些区域中，优势海藻的个体较大、较长，它们则组成了海藻“森林”。在加利福尼亚州南部和中部的离岸海域里，海藻床的优势种类为**巨藻**（giant kelp）。巨藻的藻柄（见第21节）能够达到30米长，从它固着的岩石一直延伸到海面。它的藻叶能够伸展开，形成“穹顶”，更高效地吸收光合作用所需的太阳能。这些巨藻的叶片之所以能在水里浮动，是因为每片藻叶的基部都有一个气泡状的气囊（pneumatocyst）。

在由巨藻形成的天然穹顶的下方，生长着个体小一些的**棕榈海带**（palm kelp）。这种藻类的藻柄厚且具有弹性，能够顺着水流运动的方向弯曲，不过藻柄的弹性足以使藻株保持直立。棕榈海带能够利用透过其穹顶的阳光来进行光合作用。

小型的犹如毛发一样的**红藻**（red algae）贴在岩石表面上生长。如果其上方的海藻将射入海水中的光遮挡得足够严实，那么红藻丛里会出现多种多样的无脊椎动物——**海绵**、**海葵**、海鞘和藤壶（图中没有绘出）。在这些附着于红藻生长的生物之间，生活着数以亿计更小的自由活动的动物，例如，蛇尾纲、腹足类、端足类和等足类动物。

海藻床底部有许多植食动物（即吃植物的动物），如**海胆**、**海兔**（见第32节）和**鲍鱼**（见第31节），它们在海藻森林里漫步，充分利用了这里生产的大量植物食材。**海燕**（sea bat）是杂食动物（即既吃植物也吃动物的动物）。它的色彩多样，有红色、橘色、棕色、黄色或绿色，因此是海藻森林里相当引人注目的成员。肉食动物**多腕葵花海星**（sunflower sea star）的个体则较大，色彩粉嫩，粉色到紫色都有，它们捕食刺海胆、其他海星，以及多种无脊椎动物。

海藻穹顶下的鱼群丰富多样。**美丽突额隆头鱼**（sheephead）的体色异常显眼，其通体为深灰色，身体中部却长出一段玫瑰红色，而它的下颌是白色的。美丽突额隆头鱼主要以生活在海藻柄之间的较大型无脊椎动物为食。海藻森林还是**平鲉**（见第86节）的栖息地，这些鱼以海藻丛里的其他鱼类和多种无脊椎动物为食。不同种类的平鲉占据着海藻森林不同区域的亚生境单元，这样能避免发生直接的种间竞争。

海藻森林里最常见的两类海洋哺乳动物分别是**海狮**（sea lion）和海獭（见第113节）。海狮会在大海藻之间追踪鱼类或者玩耍。海獭生命里的大部分时间都在海藻森林里度过，它的生态位①对这片栖息地来说非常重要。

① 生态位是指一种生物在生物群落中的生活地位、活动特性，以及它与食物、敌害的关系等的综合情况。——编者注

海藻床

海獭 n
海狮 m
巨藻 a
美丽突额隆头鱼 k
平鲉 l
棕榈海带 b
红藻 c
海兔 g
海胆 f
海燕 i
鲍鱼 h
海葵 e
海绵 d
多腕葵花海星 j

12
珊瑚礁类型

珊瑚礁（coral reef）是一种壮丽的海洋生境。珊瑚礁独一无二的硬底基质是由活体珊瑚和死亡珊瑚的碳酸钙骨骼组成的。

珊瑚礁的下伏台面由生活在礁上的大型珊瑚群体的骨架组成，这些珊瑚死后，骨架也就变成了基质的一部分。这些大型珊瑚骨架之间的空间被许多含钙物质填充，这些含钙物质包括个体更小的珊瑚物种、其他珊瑚礁居民的骨骼、钻孔生物在珊瑚身上挖掘的产物、鹦嘴鱼（见第13节），以及其他以珊瑚为食的生物的排泄物。溶解在海水里的碳酸钙将这些混合物固化，从而形成了珊瑚礁的硬底基质。活体珊瑚群体在珊瑚礁台的表面生长，维持礁石的形态，使礁石免受海浪的冲击和钻孔生物的侵蚀。

珊瑚是结构简单的动物，属于刺胞动物门，水母和海葵也是此门的成员。单体珊瑚被称为珊瑚虫，外观非常像海葵，以海水中的浮游动物为食（见第23节）。珊瑚虫会分泌碳酸钙，形成“杯”，虫体可以栖息于其中。随着珊瑚虫的生长，新的碳酸钙杯会覆盖在旧的杯上。珊瑚群体会向四周或上方生长。只有珊瑚群体的表面才有活体珊瑚虫。

造礁珊瑚对环境有十分苛刻的要求。它们只在清澈的浅海区内生长，平均水温至少要达到20摄氏度，因此造礁珊瑚只生活在热带海域中。现代珊瑚礁分布于北纬30°到南纬30°之间的加勒比海、印度洋和太平洋热带海域。

珊瑚虫体内含有单细胞植物虫黄藻（Zooxanthellae，一类特化的甲藻，见第19节）。珊瑚虫与虫黄藻之间是一种互利共生的关系（见第91节）。珊瑚虫为虫黄藻提供了舒适安全的生活环境，而虫黄藻能够将珊瑚虫的代谢产物（硝酸盐和磷酸盐）当作自己的营养物。珊瑚虫能够把虫黄藻通过光合作用形成的大量产物作为自己所需的营养和能量，如果没有这些能量输入，珊瑚虫就没有办法分泌足量的碳酸钙来维持珊瑚礁形态。当然了，浅海生境对造礁珊瑚虫来说也是非常重要的，因为只有光照充足时，虫黄藻才能进行光合作用，进而帮助珊瑚虫造礁。

请给珊瑚礁的轮廓图涂上较浅的颜色。

所有珊瑚礁的基本轮廓都是相似的。向海的一侧，珊瑚礁生有倾斜的延伸到海水深处的**礁前**（reef front）。礁前并不是完整的固态“墙面”，其内部生有许多通道，这些通道能够疏散波浪的能量，让海水和沉积物围绕礁石流动。**礁顶**（reef crest）位于礁前上方，能够拦截海浪的冲击，海浪一般无法越过礁顶。礁顶的后方是受到保护的逐渐倾斜的**礁坪**（reef flat），礁坪的末端是岸礁的海岸或者堡礁和环礁的**潟湖**（lagoon）。礁坪可能是狭窄的，抑或是宽广且有很深的海水通道、多种多样基质的。以上三种珊瑚礁区域暴露于光照之中的程度和经受的海浪袭击的强度有很大的差异，但珊瑚能够适应这些特定的环境。

请按照文中的介绍顺序给岸礁和堡礁上色，注意观察其中复杂的珊瑚礁和潟湖格局，上色的时候要仔细一些。最后请为简单介绍的环礁上色。底图中的这三种珊瑚礁并没有按照相同的比例绘出。

岸礁（fringing reef）是最常见的珊瑚礁类型。这类珊瑚礁由**海岸**（shore）向海延伸。礁坪区里常有珊瑚碎石、小型珊瑚，以及聚集着沉积物的**海草床**（sea grass bed）。

堡礁一般出现在热带大陆浅海陆架的离岸海域中。澳大利亚东北部的大堡礁（Great Barrier Reef）和伯利兹东海岸的堡礁是两处最典型的堡礁。由于堡礁分布于离岸海域，大陆与珊瑚礁之间的潟湖可达数千米宽。堡礁其实是由许多更小的**礁元**（reef element）组成的，这些礁元共同构成了最复杂的海洋生境之一。堡礁拥有极高的生物多样性，还是许多海洋生物进化的起点。

环礁的初始形态是与陡峭的海岛相连的岸礁。这里说的海岛实际上是随着地质历史发展而演变的海底**火山**（volcano），由于火山活动或海平面下降，火山口升到了海面之上。如果海平面上升和水深的变化是逐步且缓慢的，珊瑚礁向上生长的速度就不会太快。如果火山下沉很快，那么珊瑚礁的形态会变成环形或马蹄形，其中央会形成一个潟湖，潟湖的底部分布着宽广而复杂的**点礁**（patch reef），主要环礁的礁坪区则会被暴露出来，化为中央潟湖外围的**岛屿**（island），珊瑚沉积物在此聚集，漂流过来的植物种子在此生根发芽，形成了热带太平洋独特的环礁景观。

珊瑚礁类型

珊瑚礁轮廓图 ✿
礁前 a
礁顶 b
礁坪 c

岸礁 d
海草床 e
海岸 f

堡礁 ✿
礁元 g
潟湖 h

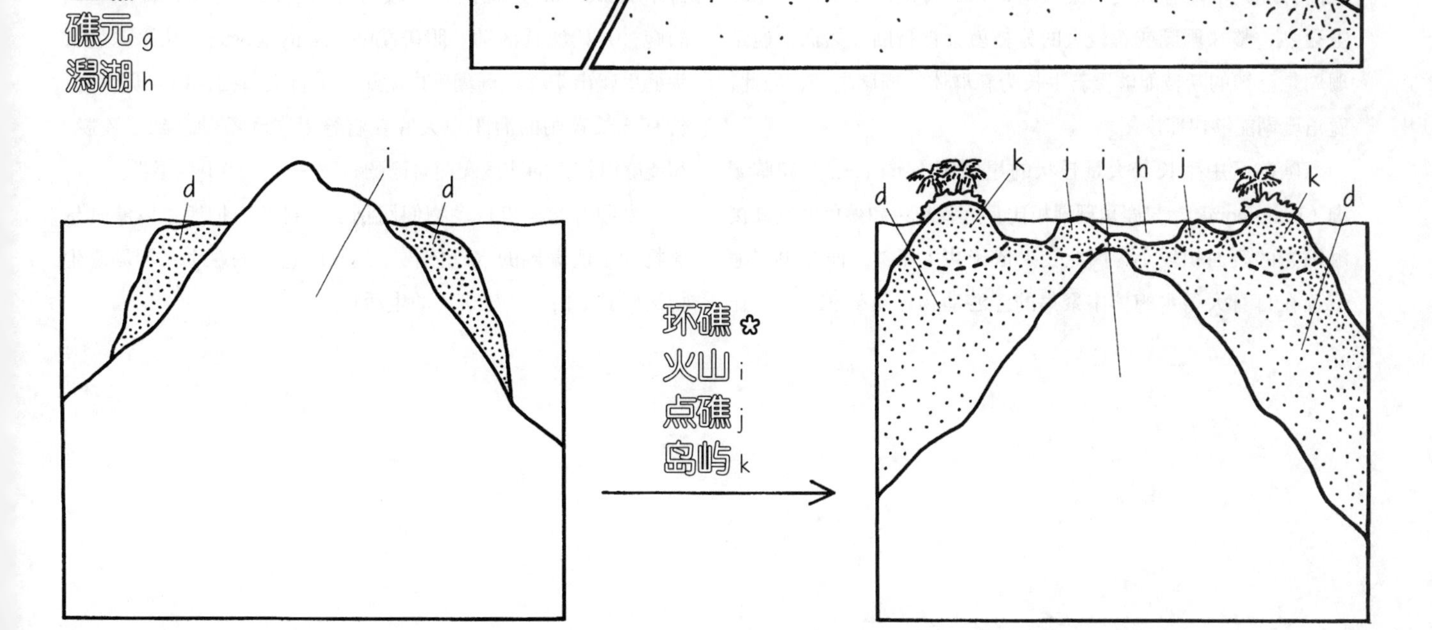

13
珊瑚礁生物

前一节中，我们提到，珊瑚虫的健康依赖共生藻类提供给它们的光合作用产物。随着生物逐渐适应环境，体态发生演变，许多珊瑚虫已经形成了能够让共生藻类最大程度地接触到阳光的结构，这与陆生植物十分相似。这些珊瑚虫尽可能地收集阳光，承受波浪的冲击，互相争夺生存空间，这使得珊瑚拥有奇妙多样的形态和大小。此外，其他固着在海底某一点向上生长的动物，例如直立的圆柱形紫色**海绵**和向四周伸展的红色和橘色的**海扇**（sea fan），也是珊瑚礁生物群落的成员。总体说来，这些生物创造了一个充满了狭小空间、洞穴和悬垂物的迷宫，这个迷宫供可自由活动的动物栖息。本节主要介绍一些生活在珊瑚礁里的生物，还列举了一些生活在不同海水深度的珊瑚种类。

请按照介绍顺序，先给上半幅图里的生物上色，上半幅图描绘了白天的珊瑚礁景观。下半幅图画的是与上半幅图对应的珊瑚礁的夜间景观，建议给下半幅图的海水和未标出名称的动物涂上灰色。

珊瑚礁的礁顶是阳光的穿透力和海水活动能力最强的地方，在这里，大型浅棕色的**鹿角珊瑚**（elkhorn coral）是优势种群。每一株珊瑚都是完整的珊瑚虫群体，其骨架由珊瑚虫的碳酸钙产物累积形成，能够长到好几米宽。鹿角珊瑚的生长速度很快，每年最多可生长 15 厘米。由于生长区的地势较高，鹿角珊瑚经常受到暴风雨带来的海浪的冲击，一旦冲击猛烈，整株珊瑚或者较大的分枝就会被折断。然而，鹿角珊瑚是已知的断枝能够重新生长为新群体的珊瑚之一，因此，鹿角珊瑚能够快速恢复。

礁前区中生长着大量丘状的**星珊瑚**（star coral）和**脑珊瑚**（brain coral）。与鹿角珊瑚相比，这些灰色和褐色的珊瑚接触阳光的表面积较小，因此较少依赖共生藻类，而是更多地依赖在自身大型水螅体中聚集的浮游动物（见第 91 节）。丘状珊瑚的生长速度比鹿角珊瑚慢得多。珊瑚死亡后留下的骨架是珊瑚礁台的重要组成部分（见第 12 节）。由于这些珊瑚的水螅体个体较大，很容易成为食用珊瑚的鱼类的捕食目标，因此这些水螅体在白天是闭合的，只在夜间展开。这样看来，珊瑚虫好像很难吃得饱。然而，许多珊瑚礁浮游生物，包括一些出没于白天的鱼类的猎物，都只在晚上出现。

在礁前的基部，光照较弱。这里生长着白色的**盘状珊瑚**（plate coral）。盘状珊瑚物如其名，外观如同平板，并尽可能地向外生长，以获得更多的光照。

珊瑚礁生物遵循昼夜“轮班”的生活模式。白天，亮橙色的**石斑鱼**（grouper）、金黄色的**蝴蝶鱼**（butterflyfish）、暗灰色的**雀鲷**（damselfish）、铁青色的**鹦嘴鱼**（parrotfish）等动物在珊瑚礁之间穿梭。身上长着鲜艳条纹的**清洁虾**（cleaner shrimp）挥舞着长长的白色触须，招呼鱼类到它们的“清洁站”里进行身体清洁（见第 92 节）。

夜幕降临，动物们回到各自的庇护所里休息，这些庇护所可能是珊瑚礁里的洞穴，也可能只是岩石的小裂缝。鹦嘴鱼还能分泌薄薄的黏膜层来覆盖、保护自己的身体。长着一双大眼睛的橙色的**金鳞鱼**（squirrelfish）和长有亮色条纹的**石鲈**（grunt）则从自己的庇护所里探出头来，开始它们的夜间觅食行动。褐色和绿色的**海鳝**（moray eel）也会出来活动和觅食。

一些大型的无脊椎动物也出现在夜间。色彩缤纷的**海百合**（feather star）[①] 爬到一个较为舒适的栖息地中，伸展它们的腕，开始滤食活动。**眼斑龙虾**（spiny lobster）从深深的石头缝里爬出来，在珊瑚礁内游逛，进行大清扫，以寻觅食物。长有长长棘刺的**海胆**白天躲在石缝里一动不动，到了夜晚，却能够以惊人的速度爬向自己的猎物——一些小型藻类。

太阳升起，夜行动物们回到了各自的庇护所，以滤食悬浮物为生的珊瑚的水螅体再一次收回它们的触手，珊瑚礁生物又变成了白天“坐班”的生活状态。

① 海百合分为以柄终生固着的柄海百合和无柄以卷枝暂时固着的海羊齿（见第 40 节），本节画的是后者。——译者注

珊瑚礁生物

海绵 a
海扇 b
鹿角珊瑚 c
星珊瑚 d
脑珊瑚 e
盘状珊瑚 f

白天景观 ✿
石斑鱼 g
蝴蝶鱼 h
雀鲷 i
鹦嘴鱼 j
清洁虾 k

夜间景观 ✿
金鳞鱼 l
石鲈 m
海鳝 n
海百合 o
眼斑龙虾 p
海胆 q

14
真光层

远洋带（pelagic zone）是海洋环境中面积最广阔的区域。它从海水表面延伸到海底，从海岸延伸到大洋中部。远洋带是根据真光层与陆地之间的距离和水深来划分的。这一节，我们将介绍远洋带的上层区域。在那里，阳光能够穿透海水，因此该区域被称为真光层（又叫透光带，photic zone）。

光照对于植物的生长和（以视觉觅食）动物的生活来说十分重要。水温会大大地影响生物的生长速率和新陈代谢状况。另外，远洋带的海水运动会影响海洋生物的活动范围，因为有些生物会自主运动，而有些生物只能随波漂流。

请按照文中的介绍顺序，先为属于漂浮生物类群的三种动物上色。

漂浮生物（neuston）指的是在海水表面生活的生物。漂浮生物会随着**风**和**表层洋流**而漂流，其中风是最主要的推动力。最常见的沿海漂浮生物之一就是**帆水母**（by-the-wind sailor）。帆水母是一种刺胞动物，事实上，它是由一群单体生物组成的群体生物，它们共同生活、摄食和漂浮。帆水母群体能够产生一层亮蓝色的坚硬薄膜，这层膜垂直地立在帆水母椭圆形浮囊的对角线上，成为由风驱动的**帆板**（sail），因此整只帆水母如同一艘小帆船。伴随着海风的吹拂，一群帆水母在海水表面漂动，成员们执行着不同的任务，位于群体中央的个体的任务是觅食，而其他个体的任务是防御或者繁殖。

我们要介绍的另一种营群体生活的刺胞动物是**僧帽水母**（亦叫作葡萄牙战舰水母，Portuguese man o'war）。其自身的**浮囊体**（gas-filled sac）既能当浮体，又能当"帆"，而长长的触须能够深入海水里捕捉猎物。

海蜗牛（violet snail，因其螺壳的色彩为靓丽的紫色，也常被称为"紫螺"）也是漂浮生物的成员。海蜗牛会分泌泡泡，形成**浮囊**，这些泡泡能够帮助它浮在海面上。海蜗牛以僧帽水母为食。

请给图中随波漂流的浮游生物的放大图上色。

浮游生物（plankton）包括在水体不同深度营浮游生活的生物。单细胞的**浮游植物**（phytoplankton）极其微小，它们仅生活在远洋带的最上层区域里，因为它们需要获得充足的阳光来进行光合作用。最常见的浮游植物有硅藻和甲藻（详见本节和第19节），还有那些能够被标准浮游生物网[①]捕获的较大的单细胞藻类。现在，海洋生物学家已经认识到，个体直径小于浮游生物网孔径的浮游植物才是真光层中进行光合作用的主力军。这些小小的、带有鞭毛、能够进行光合作用的细胞，是原生生物的成员（图中未画出）。原生生物都是单细胞的真核生物，包括鞭毛虫、异养纤毛虫和具有伪足的肉足虫，这些成员与细菌一同构成了海洋里的微食物环（microbial loop）。这些生物一度因个体微小而被忽视，但现在它们已经"反客为主"，因为生物学家发现，它们在真光层食物链里扮演着关键的角色。

浮游动物，比如**桡足类动物**（copepod，见第35节）和**磷虾**（euphausiid 或 krill），以丰富的浮游植物为食。此外，两类个体较大、具有骨骼和肉足的原生生物也被归为浮游动物，它们分别是具有硅质骨骼的**放射虫**（radiolaria）和具有钙质骨骼的**有孔虫**（foraminifera），它们能够伸出原生质丝，形成伪足来捕捉其他浮游生物。作为掠食者，毛颚动物门的**箭虫**（arrow worm）胃口巨大，被视为"浮游动物里的老虎"。这种小型动物能够吞食跟自身体积差不多大的猎物。浮游动物在食物网中起着重要的作用，是许多幼鱼和大型滤食性动物的主要营养来源。

请给能够自主运动的游泳生物上色。

游泳生物（nekton）也称"自游生物"，是能够迎着海流自主运动的生物类群。这一类群包括地球上最大的哺乳动物——体长可达27米的**蓝鲸**（blue whale）。蓝鲸和部分鲸类一样，是海洋里的滤食者。它们主要以浮游动物为食，特别是磷虾。游泳生物有许多游泳速度快、效率高的成员，例如**鱿鱼**（squid），它能够利用自身的结构喷气式前进。**长鳍金枪鱼**（albacore）则捕食体形比自身小的**鲱鱼**（herring）。鲨鱼是海洋里捕食成功率很高的游泳生物，本节中出现的代表物种是**大青鲨**（blue shark）。

生活在光照充足的真光层里的浮游植物支撑了整片大洋上层水体里的生命。因此，浮游植物的生产力直接影响整个大洋上层水体里的生物数量。这也就解释了为什么随着海水的深度或海水与陆地之间距离的增加，生物数量反而会减少。

① 浮游生物网是采集水中浮游生物的各种网具的统称。——编者注

真光层

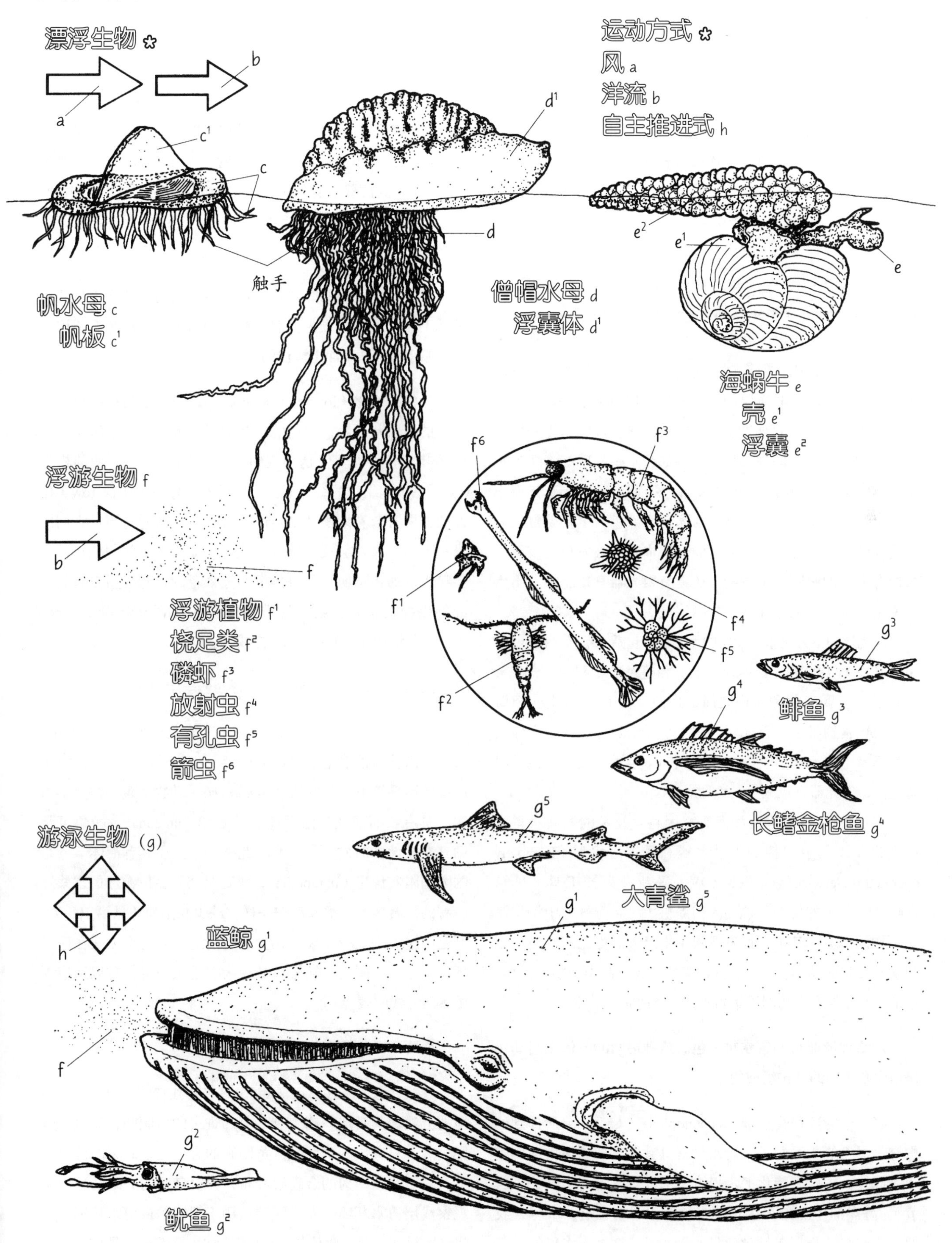
漂浮生物
运动方式
风 a
洋流 b
自主推进式 h
a
b
c¹
c
d¹
d
触手
e²
e¹
e
帆水母 c
帆板 c¹
僧帽水母 d
浮囊体 d¹
海蜗牛 e
壳 e¹
浮囊 e²
浮游生物 f
f
f¹
f²
f³
f⁴
f⁵
f⁶
浮游植物 f¹
桡足类 f²
磷虾 f³
放射虫 f⁴
有孔虫 f⁵
箭虫 f⁶
鲱鱼 g³
长鳍金枪鱼 g⁴
游泳生物 (g)
大青鲨 g⁵
蓝鲸 g¹
h
g¹
g²
g³
g⁴
g⁵
鱿鱼 g²

15
弱光层与无光层

在透明度高的海域里，真光层可延伸至水下 300 米。真光层以下则是神秘的海洋中深层区——真光层和海底之间的过渡带。世界大洋的平均水深为 3 800 米，因此，中深层区实际上是地球上体积最大的海洋生境。

海洋中深层可以依据水深分为两个部分。首先是位于真光层下方的弱光层（中层带，mesopelagic zone），该部分水深大约在 200 米到 1 000 米之间，其范围取决于海水的透明度、地理位置等诸多因素。在弱光层中，光照强度低，不足以支持生物的光合作用，但允许一些生物对外界的视觉影像刺激做出辨别和反应。弱光层的生物数量和种类都很丰富，这主要是由于它与上方的真光层挨得很近，能够接触到真光层的浮游生物。弱光层的许多居民，例如哲水蚤、磷虾、虾和小型鱼类（见第 14 节和第 48 节），能够在夜晚移动到真光层中觅食。在弱光层中，鱼类常见的体色为黑色，甲壳类常见的体色为红色，因为这些色彩在弱光层内较难被发现。该层生物拥有大大的眼睛，不少物种还具有发光器官，能够发出生物荧光（见第 69 ~ 70 节）。

弱光层的下方是永久黑暗的无光层，包括深层带（bathypelagic zone）、深渊带（abyssal zone）和超深渊带（hadal zone），无光层介于弱光层和海底之间，我们将在第 16 节中介绍海底。由于食物稀少，无光层内的生物无论是种类还是个体数量都不及上层水体。动物的体色倾向于半透明或者白色，眼睛退化，发光器官也减少了（见第 48 节）。

在过去的 50 年里，深海研究因科学技术的发展获得了极大进步，其中包括载人潜水器和遥控潜水器（Remotely operated underwater vehicle，ROV）等新型采样工具（见第 114 ~ 115 节）的发明，这为人们提供了一睹奇妙的中深层海洋生物的机会。其中，最有趣的成果是人们史无前例地采集到了凝胶状的动物。此前，人们未曾采集到此类动物的活体，也未曾利用浮游生物网采集到此类动物的完整个体。

请给钟泳亚目的管水母上色。这种透明的群体生活动物是由完全不同的结构组成的。

底图中的这种管水母（siphonophore）与上一节所提到的僧帽水母亲缘关系很近。管水母是具有多态现象的大型刺胞动物群体，主要由特化的水螅体和水母体组成（见第 23 ~ 24 节）。海洋的中深层里生活着多种管水母。在这一节里，我们介绍的是一类属于钟泳亚目的管水母。这类管水母的前部发育**泳钟体**（nectophore），泳钟体外形犹如火箭，功能与水母的钟体相同，能够帮助管水母在水里运动。管水母里负责觅食的成员位于泳钟体下方的**垂管**（stem）上。长长的**触手**（tentacle）上长着危险的被称为刺丝囊的细胞器官（见第 23 节）。这类管水母的触手能够伸出体外好几米，形成一片“死亡之帘”，等待浮游动物上钩。

请为同样透明的叶状栉水母上色。请给叶状栉水母的栉带涂上较淡的明亮颜色，然后给它的口瓣涂上深色。建议给叶状栉水母的体壁涂上浅浅的色彩。

叶状栉水母（lobate ctenophore）是一类生活在海洋中深层内的凝胶状动物，它们的外观同样引人惊叹。中深层海水里的叶状栉水母就像是小型的“宇宙空间站”。它们的栉板（多纤毛细胞组成的纤毛横板）沿着八条**栉带**（ctene row）延伸的方向有节奏地摆动。当遥控潜水器发出的光照在它们的栉板上时，栉板会反射出五颜六色的光泽（见第 69 节）。叶状栉水母通体透明，是海洋里的掠食者，它们会用充满黏液的触手捕捉猎物，或者将猎物困在巨大的**口瓣**（oral lobe）里，这些结构在右侧的底图中都能找到。

接着，请给浮游多毛虫——浮蚕——上色。

大部分多毛虫（见第 27 ~ 28 节）常见于底层生境之中。然而，部分科的多毛虫是纯粹的浮游生物，广泛分布在海水的中深层环境里。浮蚕属（*Tomopteris*）动物体色偏白、半透明，具有长而僵硬、向后伸展的**触角**（antenna），触角可帮助其在游泳的时候维持平衡。此外，浮蚕还具有沿体节分布的大型附肢**疣足**（parapodia），疣足是浮蚕用以游泳的“桨”。所有的浮游多毛虫都和浮蚕一样，缺少几丁质（见第 106 节）刚毛。这类刚毛较坚硬，缺少这类刚毛的多毛虫无法在底栖环境里生活。刚毛的缺失还被视为多毛虫减轻体重以适应浮游生活方式的表现。

请给异帆乌贼涂上深红色。

异帆乌贼（cock-eyed squid）有一套独特的适应弱光层环境的方法。其头部一侧生有一只凹进去的**蓝眼睛**，而另一侧则生有一只突出的**黄眼睛**，黄眼睛的直径是蓝眼睛的两倍以上。对于这一结构的合理解释是，异帆乌贼的大眼睛适用于观察浅层海水环境，而小眼睛适用于观察深层海水环境。异帆乌贼呈深红色，**躯体**长 20 厘米，体表覆盖着一排排小型的白色发光器官。

弱光层与无光层

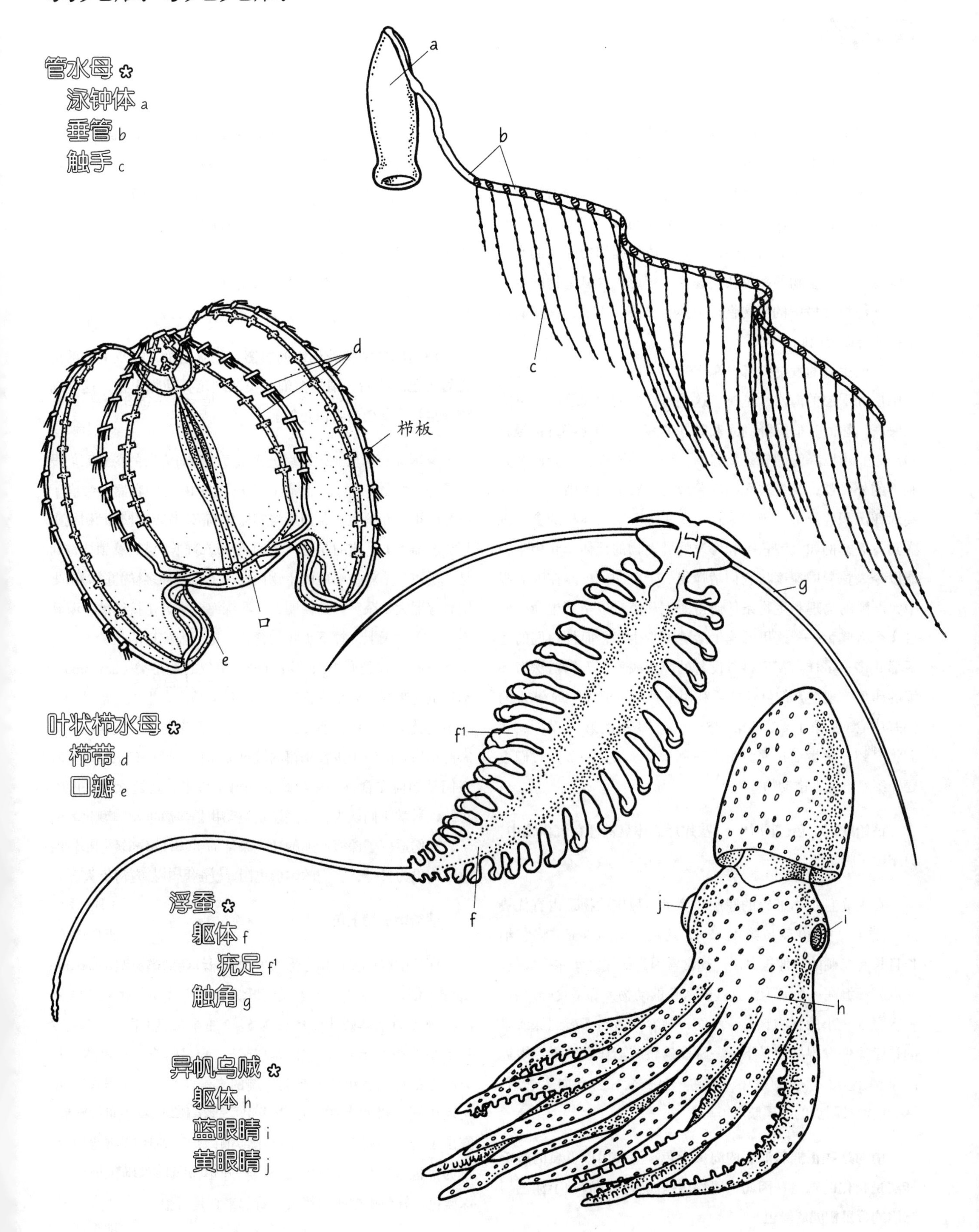
管水母
泳钟体 a
垂管 b
触手 c
a
b
c
d
栉板
口
e
叶状栉水母
栉带 d
口瓣 e
g
f1
f
浮蚕
躯体 f
疣足 f1
触角 g
j
i
h
异帆乌贼
躯体 h
蓝眼睛 i
黄眼睛 j

16 深海海底

深海的底栖带（benthic zone）往往寒冷且黑暗，除发光生物以外，见不到其他的光源。海底沉积物的类型反映了上方水体中发生的生物、物理过程。这些海底沉积物由浮游植物和浮游动物的残体或者沉淀的化合物组成。深海的平均水温为4摄氏度。除低温之外，上方水体所施加的强大的水压也降低了底栖生物的新陈代谢速率。因此，底栖生物的生长速度比浅海环境中的生物慢，个体也更小。不过，许多底栖生物的寿命也因此较长。

底栖生物的食物大部分源于其上方的真光层。食物穿过了中层和深层的海水，越过了这些水体里的生物群落，沉降到海底，然而它们沉降到海底时并非底栖生物能够直接摄食的形态。难以降解的有机物碎屑，例如浮游动物的粪便及其蜕下的外骨骼，会先被底栖细菌分解，底栖动物则主要以这些附在沉积碎屑上的细菌为食。偶尔也会有大体积的食物沉降到海底，例如大型鱼类和海洋哺乳动物的尸体，底栖生物能以令人惊异的速度将它们啃噬得一干二净。虽然在人类眼中，严酷的物理和生物条件使得海底环境难以孕育生命，但事实令人咋舌——这里的确生活着不少生物，而且它们的生活形式多种多样。新型科考设备的应用颠覆了人们对深海环境的印象，现在人们已经能够利用工具探索地球上约98%的深海环境（见第114节与第115节）。在本书的第48节中，我们将介绍一些生活在深海里的底栖鱼类。而这一节，我们主要介绍底栖无脊椎动物。

请给蛇尾上色。图中，一些蛇尾的体盘被埋在沉积物中，只露出了腕。

在无光且食物细碎的底栖环境里，棘皮动物是占有优势的类群（见第40节与第41节）。**蛇尾**（brittle star）将它细长且长有棘刺的腕伸进海底，却常常因为蛇尾之间靠得太近，所以腕都缠在一块儿了。这些暗灰色的动物大都是食碎屑者，一次只吃小小的食物颗粒。然而，乘着深潜器下潜到深海里的科学家们发现并记录下了一种能够将腕当作套索猎食附近的小型鱼类和鱿鱼的蛇尾。猎物一旦被套住就会向上逃窜，结果反而被附近的蛇尾肢解了。

请为这些正抓着海底的海参上色。海参用以觅食的触手其实是特化的管足，因此，请给这些海参口部的触手涂上与它们的管足相同的颜色。

另一类奇妙的深海棘皮动物便是海参（sea cucumber），比起海胆和海星这两类亲戚，海参的躯干较为细长（见第39~41节），而且外观十分古怪。我们在这里要介绍的一类海参**躯干**如香肠，**管足**（tube feet）就像脚一样将身体撑起来。这种海参会用它的口和**触手**在海底搜寻有机碎屑。我们可以想象一下这种奇妙的海参成群在软软的深海海底漫游的样子。

请给底图中装着诱饵的容器、延时相机，以及上方的闪光灯上色。接着，请给深海鱼类及端足类动物上色，这些动物通常是浅灰色或者白色的。

美国加利福尼亚州斯克里普斯海洋学研究所的科学家们设计了一个巧妙的实验。他们在容积约为19升的**容器**里装满了作为**诱饵**的新鲜鱼类，而后将容器放到海底。一台延时**相机**则悬在容器上方，定时拍摄诱饵的照片。令科学家们感到惊奇的是，诱饵马上就被海底的生物们发现了，多种多样的深海**鱼类**围着容器大快朵颐。这说明，一些深海鱼类处于持续的漫游状态，等着“天上”掉下美味的食物。更令人惊讶的是，平日里扮演着收拾残羹剩饭的“清道夫”角色的**端足类**（amphipod）动物也跑来容器处享受盛宴了。端足类是浅海生境里常见的小型甲壳类动物，体长通常只有几厘米，甚至更短。然而，科学家们拍摄到的跑来进食诱饵的端足类动物，足足有25厘米长。它们是如何在食物如此稀缺的深海生境里长得这么大的呢？对此，科学家们认为，这些端足类动物是深海生物巨型化的例子，它们适应了深海严酷的环境条件，生长速率减缓，相较浅海生物更为长寿，它们的体形也因此受到影响，变得巨大。

请给幽灵蛸上色。

深海中有许多长相恐怖的生物，深红色的**幽灵蛸**（vampire squid）便是其中之一。幽灵蛸既分布在水体中，也出现在海底。幽灵蛸个体娇小（体长为5~7厘米），**躯干**两侧各有2只小小的**鳍**（fin）[①]，它们是“桨”。幽灵蛸有8只短腕，每只腕上都排列着粗壮的棘刺，腕的末端还长有发光器官。在一段由遥控潜水器拍摄的影像里，幽灵蛸将它的腕向外翻，露出了腕上的棘刺，这可能是幽灵蛸为了诱捕猎物所做出的行为，也可能只是它的防御性姿态。幽灵蛸的**眼睛**硕大，呈深蓝色，好似摄像机的镜头，看起来真是可怕。

① 幽灵蛸个体早期长着2只鳍（两侧各1只），成长阶段中期有4只鳍（两侧各2只），完全成长为成体时鳍又变回了2只（两侧各1只）。——译者注

深海海底

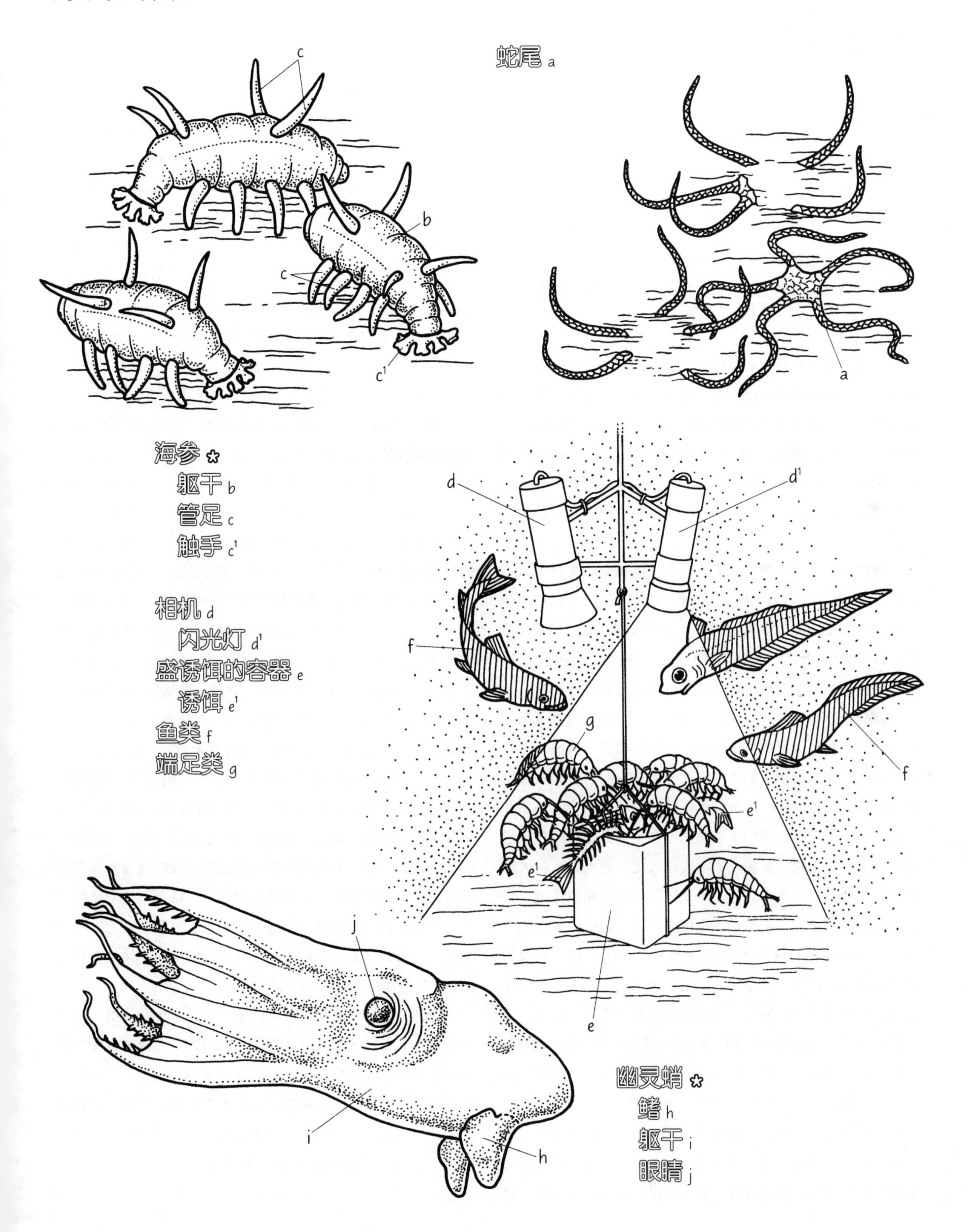
蛇尾 a
海参
躯干 b
管足 c
触手 c¹
相机 d
闪光灯 d¹
盛诱饵的容器 e
诱饵 e¹
鱼类 f
端足类 g
幽灵蛸
鳍 h
躯干 i
眼睛 j
a
b
c
c¹
d
d¹
e
e¹
f
g
h
i
j

17
深海热液喷口

地球的表面是一层由薄薄的岩层组成的外壳，即岩石圈，其包裹着柔软的软流圈。这些漂浮在软流圈上的岩层，包括大陆型地壳（陆壳，continental crust）和大洋型地壳（洋壳，oceanic crust）。

请给沿着洋中脊分布的中央裂谷带的底图上色。接着，请给阿尔文号深潜器上色。请根据文中的介绍顺序给热液喷口的生物群落上色。

沿**洋中脊**（mid-oceanic ridge）发育的断裂带被称为中央裂谷带（mid-oceanic rift zone）。沿着裂谷，火山活动发生得十分频繁，地球深处的**岩浆**（magma）自裂缝喷涌而出。岩浆在洋壳的边缘聚集，扩大了板块的面积，导致**海底扩张**（sea-floor spreading）。洋壳增生，自裂谷带向外扩张，挤压较轻的陆壳。由于质量较大，洋壳沿着板块边缘俯冲，进入软流圈。

1977 年，海洋地质学家乘着科考深潜器**阿尔文号**（见第 114 节）探索了距离加拉帕戈斯群岛东北部 368 千米的中央裂谷带。科学家们原以为会观察到一片死火山的废墟，结果却惊奇地在深 2 700 米的海底处发现了一个生机勃勃的底栖生物群落。这个生物群落完全自给自足，无须依赖真光层的生产力。

目前，科学家们对生活在中央裂谷带内的生物群落已有深入认识。海水沿扩张的洋壳的裂隙向下渗透，接触到洋壳下方的新生高温岩层，被加热成了温度超高的海水。热液自喷口喷出，回到海底。在高温海水被喷出的过程中，许多金属元素从岩石和沉积物中淋滤出来，在重返海底的过程中遇到冷海水，发生化学反应，产物快速沉淀。热水含有高浓度的以上物质，尤其是硫化氢。厌氧细菌能够氧化硫化氢，将反应释放的能量用于自身的新陈代谢。这一过程被称为化能合成（chemosynthesis）。化能合成与光合作用不同，光合作用将光能当作能量，而化能合成则是利用化学能来合成碳化合物。硫化氢对呼吸氧气的生物来说具有高毒性，它能够与生物呼吸过程里的关键化学成分结合，关闭呼吸通路。然而，随着生物的进化，一些海洋动物类群已经适应了与硫化细菌共生的生活，由此获得来自热液喷口的能量。

巨型管虫（*Riftia pachyptila*）是热液喷口生物群落中最引人注目的共生成员。这类管虫体长达 1 米，栖息在白色的几丁质管的内部，而管往往有 3 米长。管虫会从栖管的开口处伸出羽状的触手，触手可伸出管外 30 厘米长。这些触手垂直生长在坚硬的柄上，层层相叠，从管虫的循环系统里获得血液，因此触手呈亮红色。巨型管虫的血液中含有两种血液蛋白：一种是血红蛋白，用于携带和运输管虫呼吸所需的氧气；另一种血液蛋白则用于结合硫化氢，使管虫免受硫化氢的伤害。与这种蛋白所结合的硫化氢通过管虫的循环系统被输送到特定的器官中，即营养体（trophosome），这里储存着与管虫共生的硫化细菌。硫化细菌能够代谢硫化氢，其转化的能量的一部分被输送给了管虫；而管虫也完全依赖这种共生关系，因为它们已经彻底丧失了消化系统，无法独立生存。

壮丽伴溢蛤（*Calyptogena magnifica*，一种热泉蛤）和**嗜热深海偏顶蛤**（*Bathymodiolus thermophilus*，一种深海贻贝），都是双壳类软体动物，它们也会与细菌共生，这些细菌就藏在它们的鳃里。科学家们对它们的生活史进行了研究，发现这些软体动物受到环境里高能量的影响，生长迅速，与浅海群落里的软体动物长得差不多快，甚至更快，它们的生长速度远远超过了其他生活在食物资源稀缺的深海环境里的动物。

一些生活在中央裂谷带中的生物直接以海底表面的**细菌席**（bacterial mat）为食，还有一些生物会滤食悬浮在水中的微生物。**庞贝虫**（Pompeii worm）就是一种滤食悬浮生物的大型管栖多毛虫。此外，中央裂谷带中有**热泉蟹**（vent crab）和**热泉虾**（vent shrimp），它们通常是掠食者或者食腐者。

热液喷口生境的海水温度差异很大。**热液**从“**黑烟囱**”（black smoker）的喷口处射出时，温度可达 300 ~ 400 摄氏度；而以涓涓细流的形态流出时，温度仅为 25 摄氏度。“黑烟囱”产生的“烟”实际上就是含有大量金属元素的高温海水与冷水相遇时产生的物质。在热液喷口附近，巨型管虫生活的地方，高温海水受冷水的影响快速冷却，这里的温度约为 16 摄氏度。热液喷口生物群落的分布与水温的分布相适应，因为每一种生物都有其最适宜的生态位。

目前已知的热液喷口生物群落多见于洋中脊。由于受火山影响的中央裂谷带具有高度的不稳定性，热液喷口生物群落的寿命都相当短暂。科学家们发现了不少位于中央裂谷带的“黑烟囱”废墟，在那里，热液不再从海底喷发，食物链已然崩溃，热液喷口生物群落不复存在。据估计，每个热液喷口的生物群落仅能够存活 20 ~ 75 年。

深海热液喷口

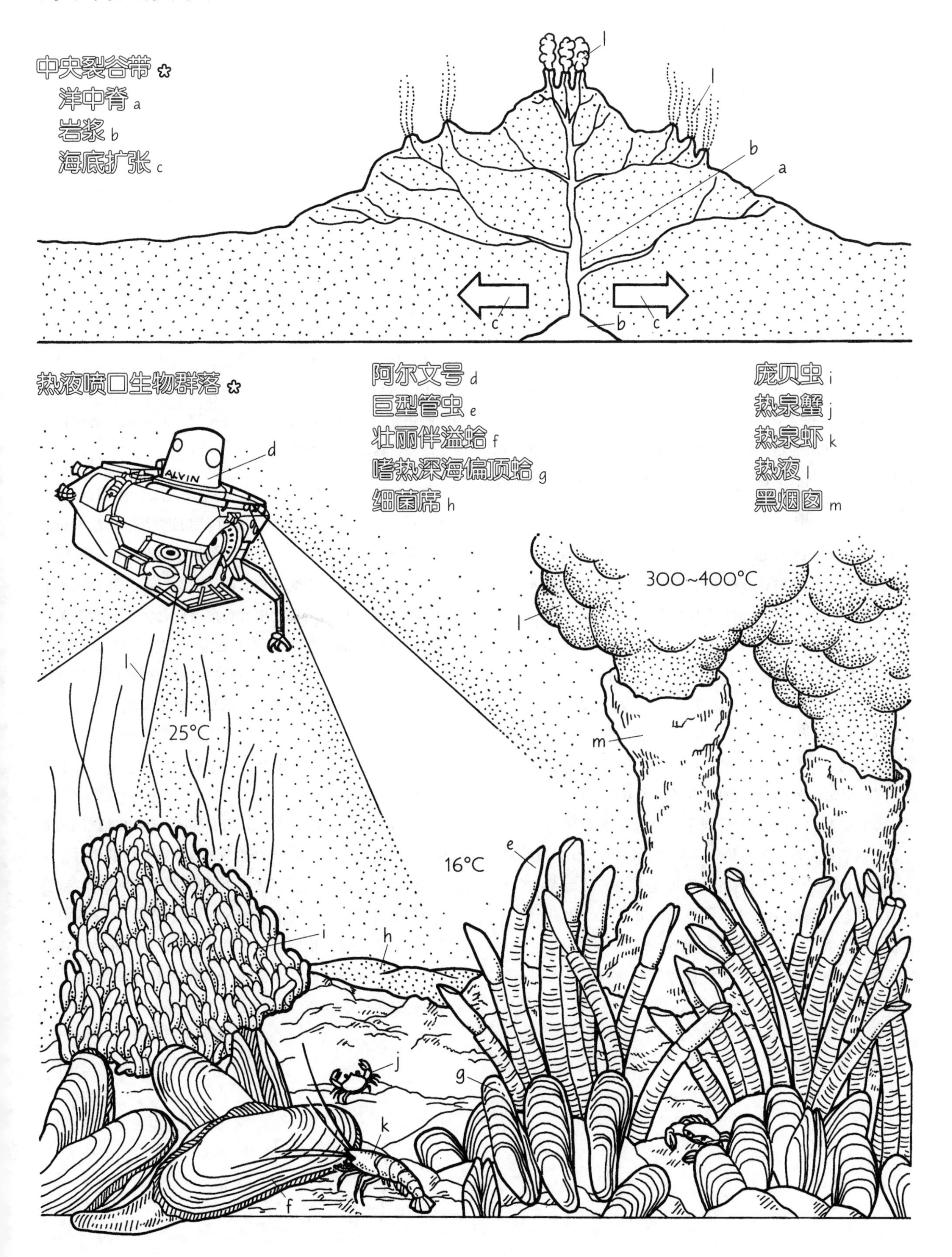
中央裂谷带
洋中脊 a
岩浆 b
海底扩张 c
热液喷口生物群落
阿尔文号 d
巨型管虫 e
壮丽伴溢蛤 f
嗜热深海偏顶蛤 g
细菌席 h
庞贝虫 i
热泉蟹 j
热泉虾 k
热液 l
黑烟囱 m
ALVIN
300~400°C
25°C
16°C

18
海洋有花植物

由于大部分有花植物不具备代谢高盐物质的结构，在其接触到海水之后，新陈代谢会受到不良的影响。这种代谢压力最终会导致植物的死亡。

然而，一些种类的陆地植物成功进入海洋并适应了新的生境，在多种海洋生境里“开花结果”。与藻类不同，这些陆地植物只能在为其根部提供营养的地方生长。此外，这些高等植物还需要近乎直射的阳光，因此，它们也只能在浅海水域里生存（水深一般为 1 ~ 30 米）。

请先从底图右下方的大红树支柱根开始着色。在上色过程中，请注意位于高潮线标识处的“树干”与根的连接部位。请给大红树的整丛树冠涂上绿色。给正在下落的种子和从种子里伸出的根上色，同时注意观察种子上新生的四片叶的形态。

大红树（red mangrove）是成功适应了海洋环境的大型有花植物之一。大红树林分布于美国佛罗里达州与南美洲的热带和亚热带区域，树木的高度为 1 米至 3 米，甚至更高。大红树林最适宜的生境在河口、沿海潟湖和大型河流的入海口附近。大红树将自己硕大的拱形**支柱根**（prop root）深深扎进土壤中，以保持树体稳定。高潮线是大红树的支柱根与“**树干**”的分界线。大红树下方的支柱根能够继续增殖，抓住更多的沉积物，提高底土层的高度，为大红树林提供更多的生长空间，由此一来，大红树林便向着海的方向蔓延。

大红树的根部为无数附着其上生长的藻类和海洋动物提供了栖居的生境，这些海洋动物包括海鞘、海绵和海葵。大红树林的根所形成的网格状环境还为珊瑚礁鱼类和龙虾提供了护幼、育幼的场所。大红树的**叶**落入水中分解，为许多动物提供了碎屑食物源，这些食物不仅供应了生活在大红树林周边的动物，也为生活在海里的动物提供了一定的营养。

大红树的**种子**在离开母体之前便开始生根发芽。种子上可长出约 36 厘米长的纤细的根，以及些许树叶。当种子在低潮期间落入水中时，它便像飞镖一样射入母体周边的软泥中，继续生长；而当种子在高潮期间落入水中时，它有可能被海水带走，远离母体。潮水退去后，倘若种子还在泥滩之中，且其根部仍然朝下，它便会在海浪微弱的干扰下，坚持在软泥中扎根，由此开始繁育出一片新的大红树林。

现在请给泰来藻和拍岸浪草上色。请注意给这些海草的茎涂上与大红树的树干一样的颜色，而叶的颜色要与大红树的叶颜色相同。这是因为以上高等植物之间对应的结构具有同源性，且具备的功能相同。

海草作为海洋有花植物，可以完全没入海水中生长。从潮间带至水下 30 米深处，到处都有海草的踪影。泰来藻（turtle grass）也是一类海草，分布于美国佛罗里达州的东部、墨西哥湾沿岸，以及加勒比海，它们能在遍布淤泥、贝壳或沙子的软质底表面生长。一旦扎根，泰来藻便会将自己藏于地下的**根状茎**（rhizome）向外延伸，根状茎上生长着泰来藻的**叶**，这些叶向上生长，随着波浪摇摆。泰来藻可以在浅海区里形成大片的海草床，许多珊瑚礁幼鱼常常光临海草床。夜晚，鹦嘴鱼和海龟也会来觅食。泰来藻的茎和**根**与底质牢牢结合，给一些掘穴生活的动物提供了栖居之地，例如星虫和海参（见第 25、41 节）。

大部分海草生活在平静的海水环境中，而拍岸浪草（surf grass）则生活在温带岩岸潮间带中海浪频繁冲刷的地方。拍岸浪草的种子有两个直立、坚硬的突起结构。种子落在藻类身上便开始发芽，长出的根顽强地抓住沉积物。在潮池或低潮线以下的生境里，拍岸浪草的根部能够抓住沉积物，随后长出一片片长而纤细的亮绿色叶子。拍岸浪草的叶片为许多种类的蠕虫和其他小型生物提供了庇护场所。

海洋有花植物

大红树
支柱根 a
树干 b
叶 c
种子 d
泰来藻
根 a^1
根状茎 b^1
叶 c^1
拍岸浪草
根 a^2
茎 b^2
叶 c^2
种子 d^1
高潮线
藻类

19
浮游植物：多样性与结构

在海洋有花植物和大型海藻生长的浅水海域以外阳光照射得到的水层里，单细胞植物占据了优势，这些单细胞植物被称为浮游植物。浮游植物为自养生物，拥有多种多样的植物形态。它们从阳光中获得能量，利用养分（磷酸盐、硝酸盐等）和二氧化碳（CO_2）进行光合作用，制造有机物。一升营养丰富的近岸海水中可能含有几十种不同的浮游植物，而且这些单细胞藻类的个体数可达到一两千万。有些浮游植物具有鞭毛，但由于个体太过微小，即使是网目最细密的浮游生物网，也无法捕获它们。而硅藻或甲藻等生物因为个体较大，能被温带海水之中的浮游生物网捕获，所以更为"常见"。这些浮游植物的直径可以达到1毫米左右，但是大部分浮游植物的个体较小。

请给底图左上角的硅藻着色。根据文中介绍的顺序给硅藻的每个结构上色。请给气孔涂上深色。

硅藻（diatom）既可见于海洋生境，也可见于淡水生境。海洋硅藻有两种基本类型：一种是伸长型的羽纹硅藻纲，例如生活在十分浅的海水里的**斜纹藻属**（*Pleurosigma*）植物；另一种是呈圆形或车轮形的中心硅藻纲，例如**圆筛藻属**（*Coscinodiscus*）植物。从圆筛藻的结构中，我们能看出，中心硅藻纲植物由两部分的**细胞壳**（frustule）组成，细胞壳是硅质的，在显微镜下如玻璃制的珠宝一样。细胞壁上排布着精致的花纹，花纹由硅藻的**气孔**（pore）从中央向周围辐射所形成；硅藻的气孔能够减少硅藻整体的重量，使其更易浮在水中，它们还为营养物质和代谢产物进出细胞提供了路径。从侧面观察，细胞壳由两部分组成：上半部分被称为**上壳**（epitheca），下半部分被称为**下壳**（hypotheca），上壳比下壳要大一些，下壳是嵌在上壳内的。细胞壳内部生有细胞核和叶绿体等物质，**细胞核**（nucleus）内储存着硅藻的遗传物质，而**叶绿体**（chloroplast）则是执行光合作用的细胞器。

除了营浮游生活的硅藻，我们还能在硬底基质或软质海底的表面找到附着生长的硅藻。不少羽纹硅藻纲和中心硅藻纲物种都会附着在硬底基质表面。以附着形式分裂之后，硅藻往往无法分开，进而形成了硅藻链或是硅藻群。一些羽纹硅藻纲植物会长成扁平的分枝状，这些群体像一簇细丝一样，因此常常会被人们误认为是海草或多细胞的大型海藻。在每年的某段时间中，羽纹硅藻纲植物可以大量生长，形成一张棕色、湿滑的"毯子"，覆盖潮间带的岩石。这张"毯子"可是以石鳖和帽贝为首的潮间带植食性动物的重要食物来源。其他羽纹硅藻纲植物生活在滩涂表面，在春季和初夏时节，成群的棕绿色羽纹硅藻纲植物可以覆盖泥滩表面。此外，中心硅藻纲的短链还可以附生在活的生物体上，例如水螅体（见第23节），硅藻会从附生之处向外生长，水螅看起来就像被挂上了一串珍珠项链。

接着，请为角毛藻属的几个物种上色。请注意几种角毛藻的刚毛的差异。

硅藻在水体之中无法自主游泳，但是它们已经演化出了能够维持自身浮力的结构。**角毛藻属**（*Chaetoceros*）的成员分布广泛，它们适应浮游生活的结构较为直观。单个角毛藻细胞从个体两端各伸出一对纤细的**刚毛**（seta），这些刚毛可与其他硅藻细胞结合，形成长链，进一步增加硅藻的浮力。从底图中我们能看到，刚毛的长度和形状因物种而异。**并基角毛藻**（*Chaetoceros decipiens*）生活在寒冷、高密度的海水中，因此其只需要较短的刚毛就可浮在水中；而生活在较温暖、密度较低的海水里的角毛藻，则需要较长的刚毛来提供更大的浮力，防止下沉。**细齿角毛藻**（*Chaetoceros denticulatus*）所处环境的水温更高一些，因此它们的刚毛还具有二级棘刺，以便自身能够浮在水中。

现在，请给位于底图右上角的甲藻上色。

甲藻（dinoflagellate，又叫腰鞭毛藻）与硅藻不同，前者具有一定的游泳能力，可以在水中上下运动。甲藻具有长长的用于运动的**鞭毛**（flagellum）结构。形如其名，鞭毛的确长得像一把鞭子，其位于甲藻的**纵沟**（sulcus）和**横沟**（cingulum）内。甲藻表面覆盖着多层细胞。部分甲藻（如**多甲藻属**，*Peridinium*）外部包裹着一层细胞**甲片**（又叫甲板，thecal plate）；而裸露的甲藻则不具有这样的甲片，例如**裸甲藻属**（*Gymnodinium*）。许多甲藻以发光能力而闻名，其中包括那些能够引发海水赤潮的成员（见第72节）。此外，同样属于甲藻的虫黄藻，常与许多无脊椎动物共生，形成互利共生的种间关系（见第12、91节）。

多样性与结构

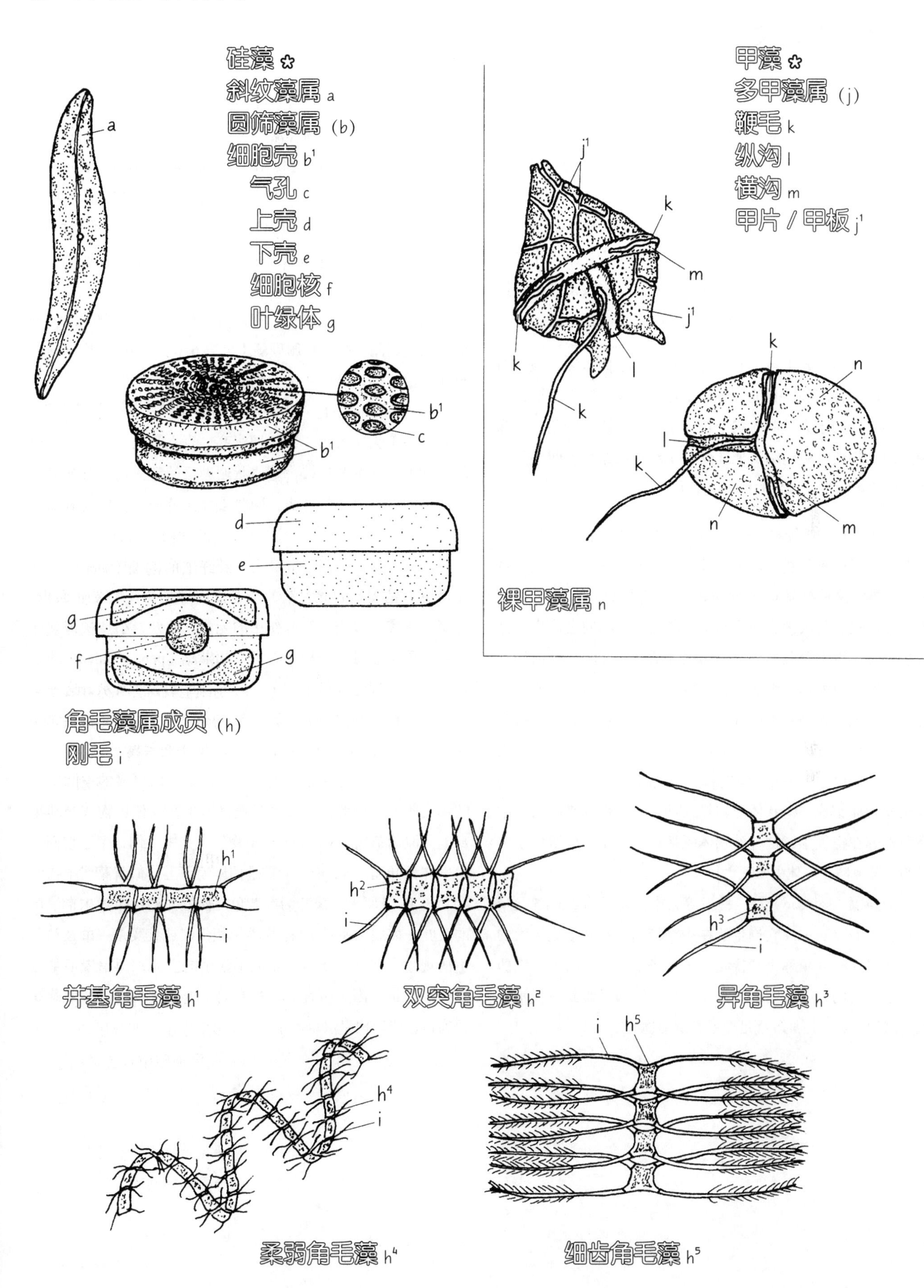
硅藻
斜纹藻属 a
圆饰藻属 (b)
细胞壳 b¹
气孔 c
上壳 d
下壳 e
细胞核 f
叶绿体 g
甲藻
多甲藻属 (j)
鞭毛 k
纵沟 l
横沟 m
甲片 / 甲板 j¹
裸甲藻属 n
角毛藻属成员 (h)
刚毛 i
并基角毛藻 h¹
双突角毛藻 h²
异角毛藻 h³
柔弱角毛藻 h⁴
细齿角毛藻 h⁵

20
海藻：红藻与绿藻

多细胞海藻（multicellular seaweed），即大型藻类，为了适应近岸浅海环境，进化出了十分重要的结构。多细胞海藻主要的生活区域被局限在浅海和岩岸，这是由于以上地区能够为藻类的光合作用提供充沛的阳光，此外，礁岩的硬底基质便于多细胞藻类固着。然而，近岸生境也为这些藻类带来了挑战。波浪的冲击、低潮期的失水状态，以及多种植食性动物的捕食行为，都是多细胞海藻潜在的威胁。

请从石莼开始上色。底图右上方绘制了固着生长在岩石表面上的多种藻类，其他底图则是这些藻类的特写。请根据文中的介绍顺序为这些藻类上色。请给绿藻涂上绿色，给珊瑚藻涂上粉色，然后给其他红藻涂上红色和紫色。图中的似紫菜属植物附生在绿色的拍岸浪草上。

大多数种类的绿藻（green algae）生活在淡水生境里，出现在海洋里的种类相对较少。较为常见的生活在海洋潮间带里的一类绿藻是**石莼**（sea lettuce），也就是海莴苣。它们的藻叶很薄，只有两层细胞那么厚。石莼在低潮期间会流失自己的水分，变得十分脆弱，但是仍能存活；当潮水上涨时，石莼会再次吸收海水，恢复柔软的状态。一些生活在平静海域内软质底上的石莼会附着在贝壳、岩石等物质上，长度可超过 1 米。**刚毛藻属**（*Cladophora*）的绿藻生活在中潮带里，它们往往长成厚厚的一小簇。这些刚毛藻由成千上万个微小的分枝丝状体组成，丝状体能够抓住沙子。当低潮来临时，刚毛藻裸露在空气中，这些丝状体既抓住了沙子，也留住了宝贵的水分，防止藻体失水死亡。

盐囊藻（salt sac）是一种中等大小，直径为 2.5 ~ 5 厘米的红藻（red algae）。它们生活在中潮带内，常常形成较大的群体。将这种红藻称为“盐囊”再恰当不过了，因为它们的内部是中空的，能够储存海水，防止低潮的时候藻体失水而死。这种藻类还是某种桡足类甲壳纲动物的家。

植食性无脊椎动物对藻类的捕食会严重危害藻类的生长，对此，某些藻类已经进化出了对策。**珊瑚藻**（coralline red algae）是红藻门的成员，其细胞壁能够分泌碳酸钙，为自己覆盖上坚硬的外壳。大部分植食性动物对珊瑚藻都不感兴趣，但也有例外，例如小螺笠贝（见第 6 节）和条纹石鳖（见第 107 节）。

在潮间带海洋生境里，我们可以见到两大类珊瑚藻——**结壳状珊瑚藻**和**膝曲状珊瑚藻**（见第 6 节）。结壳状珊瑚藻分布在潮池里的荫蔽区中，它们覆盖在岩石上，形成了一层薄薄的凹凸不平的粉色膜。膝曲状珊瑚藻同样分布于低潮带，它们个头不大，大约 5 ~ 7.5 厘米高，直立且具有分枝，钙化部分都由柔性关节连接。膝曲状珊瑚藻的整体钙化特征能够帮助藻体抵御海浪的冲击，同时柔性关节便于藻体随海浪灵活运动。

许多红藻都是高度分枝的，随着生长，这些藻体的外观变得更加精美。如此复杂的形态能够增加藻体的受光面积，为藻类收集更多用于光合作用的能量。此外，小型的植食性动物也更难接触到分枝的藻类。**胡椒藻**（pepper dulce）的结构恰好为此理论提供了例子。另外，正如名字所示，这种藻类口感辛辣，好似胡椒。胡椒藻还能将有毒的化学物质储存在某些组织内，让植食性动物对自己提不起兴趣。

潮间带生境往往是植物的天堂，腾不出更多的空间给新的藻类附着。因此，一些藻类选择附生在其他植物或是动物身上。**似紫菜属**（*Smithora*）植物便是其中一例，不过它们只附生在大叶藻（eel grass）或是拍岸浪草上。似紫菜属植物的叶片长 1 ~ 2 厘米，藻叶为红紫色，能够完整地覆盖拍岸浪草的藻叶（如底图所示）。生物学家相信，这其实是一种互利共生的现象：似紫菜属植物获取了附生的空间，而拍岸浪草也受到了保护，因为植食性动物倾向于进食更茂盛的似紫菜属植物，这能让拍岸浪草逃过一劫。

红藻与绿藻

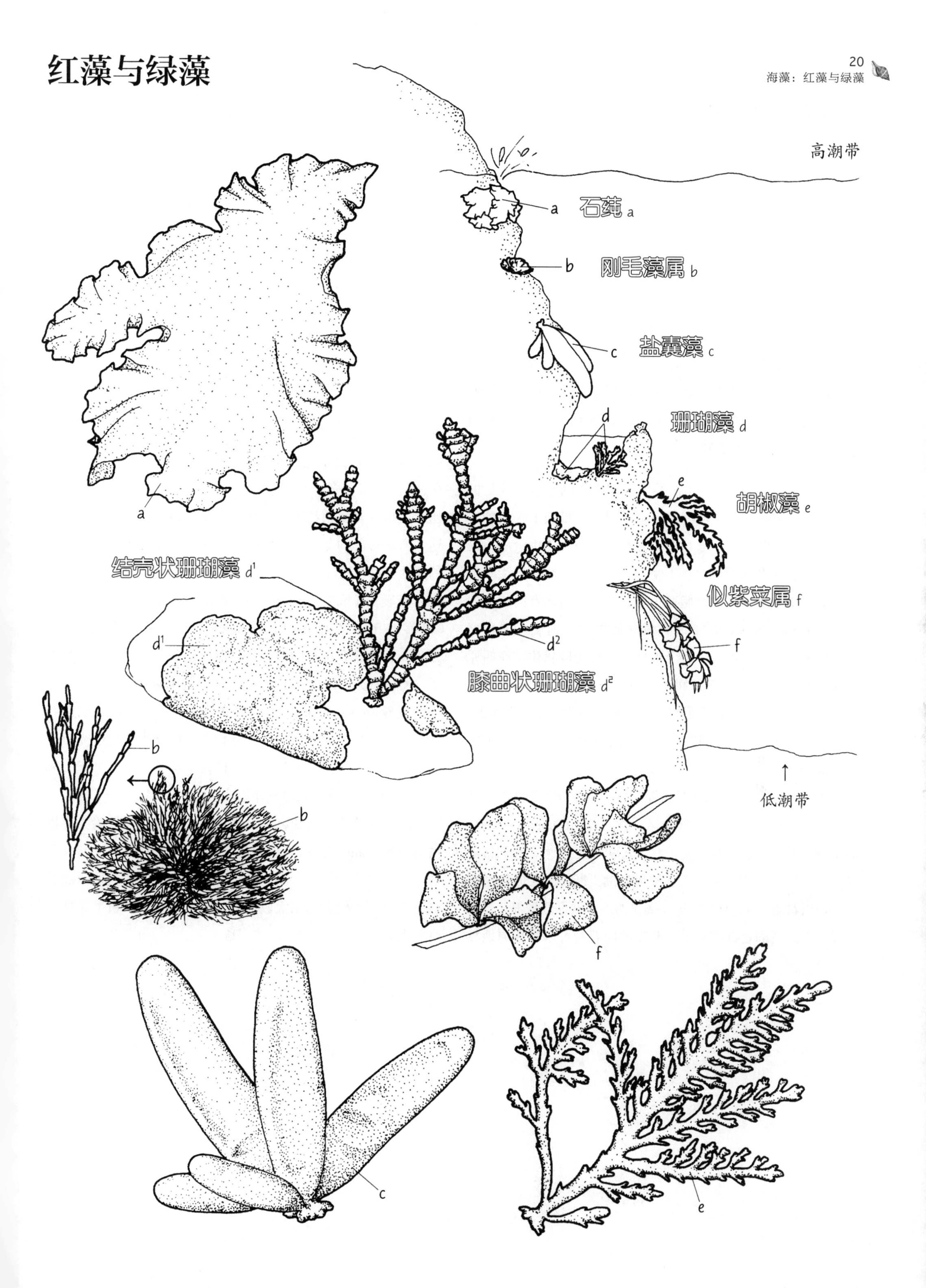
高潮带
石莼 a
刚毛藻属 b
盐囊藻 c
珊瑚藻 d
胡椒藻 e
结壳状珊瑚藻 d1
似紫菜属 f
膝曲状珊瑚藻 d2
低潮带

21
海藻：褐藻

褐藻（brown algae）与红藻和绿藻一样，容易受到环境压力带来的影响——海浪冲刷、失水、捕食者的威胁，以及为了光合作用所需的有效生长空间与其他藻类进行的竞争。一些褐藻的体积比其他藻类大得多，这是它们的生存优势。除此之外，一些种类的褐藻演化出了其他的有利于生存的机制。

现在请给页面左上方的墨角藻上色。接着，请根据文中的介绍顺序为每类褐藻上色。上色过程中，请注意分析这些藻类之间固着器、藻柄和藻叶的区别。图中的优秀藻具有特别长的藻柄和小巧的藻叶。

墨角藻（rockweed）是一类生长在岩岸潮间带中高处的常见褐藻，遍布全球。潮间带环境给墨角藻带来了很大的生存挑战。在低潮期间，墨角藻频繁暴露于空气之中。墨角藻之所以能够在潮间带里生存下来，是因为它们能够忍受一定程度的失水。墨角藻的细胞壁很厚，且藻体内含有高浓度的多糖（polysaccharide），可以有效降低失水的速度。墨角藻的藻柄和藻叶并不明显，整个藻体可被称为**叶状体**（亦叫原植体，thallus）。在高潮期间，沿着叶状体两侧分布的小气囊（图中未画出）内充满了空气，以便藻类能够浮在水面上，更易接触到阳光。叶状体膨胀的尖端是生殖结构，即**生殖托**（receptacle）。

巨藻（kelp）是一类大型褐藻，它们主要分布于波浪运动猛烈的潮下带及潮间带的低潮区。优秀藻（feather-boa kelp）的**藻柄**（stip）长而柔软，呈带状，长度可达 10 米，它们常随着海浪的运动摇摆。藻柄常常被风暴潮折断，只在原地留下硕大的**固着器**（holdfast）。这些褐藻的固着器好似盘根错节的树根，将藻体固定在物体上。断裂的固着器可以锚在原地熬过一整个冬季，当次年春天来临，固着器上将生出新的藻柄。

海带（oar weed）是海带属的成员（见第 4 节），同样生活在波浪作用较强的地区。海带也生有牢固的固着器，此外，海带的藻柄同样柔软、中空，藻叶则具有粗锯齿形的边缘。藻柄的弹性能够使藻叶向上挺立，更接近海面，获取更多的阳光。

拟巨藻属（*Lessoniopsis*）植物是一类分布于低潮带、最容易遭受海浪“袭击”的褐藻。其巨大的固着器形似粗壮的树根，能够帮助它牢牢地抓住基底，使其免受恶劣环境的影响。拟巨藻属植物是多年生的藻类，可存活许多年。每年，藻体的“躯干”外会再生长出新的一层，“躯干”直径可达 20 厘米。拟巨藻属植物的藻柄高度分叉，每根枝丫上都生有长达 1 米的薄薄的藻叶。一株硕大的状态良好的拟巨藻属植物的藻叶数量可超过 500 片。

海囊藻（bull kelp）是巨型褐藻的成员，为一年生植物（见第 73 节），生活在潮下带的浅水区至水深 30 米之间的地方。海囊藻具有很长的藻柄，且藻柄生长迅速。在理想状态下，藻柄每天可以生长 10 厘米。藻柄的末端生有充满气体的巨大**气囊**（pneumatocyst），可使藻体浮于水面。巨大的藻叶从气囊中伸出，向外生长，充分利用了生境中能接受光照的海水。秋季和冬季，风暴潮引发的海浪会将海囊藻冲走，海囊藻们缠结在一起，被带到岸上。

巨型褐藻生长极快，且经济价值大。褐藻能够为人类提供褐藻胶（algin），褐藻胶是一种应用广泛的稳定剂和乳化剂，用于制作颜料、冰激凌及化妆品等产品。在美国南加利福尼亚州，人们会运用大驳船上带桨轮的“割草机”来捕捞海藻床上的褐藻。

褐　藻

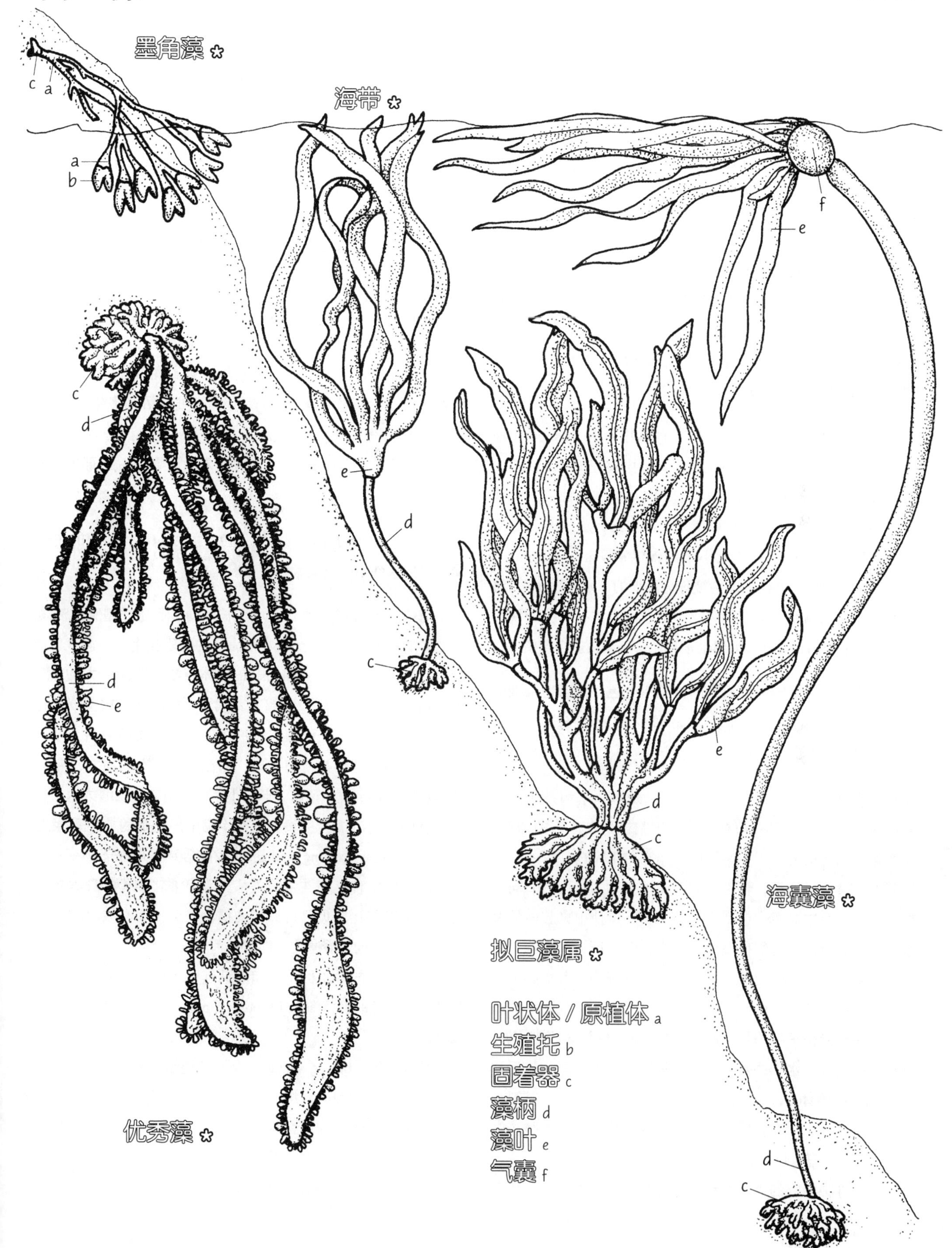
墨角藻
c
a
a
b
海带
e
d
c
f
e
c
d
d
e
e
d
c
海囊藻
拟巨藻属
优秀藻
叶状体 / 原植体 a
生殖托 b
固着器 c
藻柄 d
藻叶 e
气囊 f
d
c

22
海绵动物：海绵形态学

多孔动物门（Porifera）的海绵是结构最简单的多细胞生物。约 5 000 种海绵中，仅有少数海绵营淡水生活。所有的海绵都是滤食性动物，它们通过收集流经体内的海水里的有机颗粒来获得食物。

请先给页面右上方的海绵剖面图上色，该图体现了海水在海绵内部流动的方向。请为海绵的体壁和进水孔（孔细胞）上色。注意，活体海绵体壁上的小孔非常小，底图中的小孔已被放大。接着，请给鞭毛室、中央腔和出水孔上色。最后，请为指示海水流向的箭头上色。

海绵的**体壁**（body wall）生有许多**进水孔**（ostium，即孔细胞），海水就从这些小孔流入海绵的**中央腔**（atrium）。在结构简单的海绵里，海水直接流入中央腔，最后从**出水孔**（osculum）流出；而对于结构稍复杂的海绵，如本节底图所示，水流先通过进水孔流入小小的**鞭毛室**（filter chamber），再从出水孔流出。这样的结构被称为海绵的“水沟系统”，海绵就是通过水沟系统来获得海水中的食物、进行气体交换和排出代谢废物的，此外，海绵也常利用这一结构进行繁殖。

首先，请给圆圈里被放大的鞭毛室上色。然后为领细胞的放大图上色，注意体现水流在领细胞内的流动路线。最后，请给海绵骨针的放大图上色。

领细胞（collar cell 或 choanocyte）是海绵水沟系统的关键结构。在结构简单的海绵里，领细胞排列在体壁的内侧；而在稍微高等的海绵里，领细胞分布在鞭毛室内。每一个领细胞都长有一条鞭毛，鞭毛会有节奏地摆动。当鞭毛们同时摆动时，海绵中央腔内会产生一股压力，迫使中央腔内的海水从出水孔流出，海绵体壁外的海水也受该压力的影响流入体壁上的进水孔，如此循环往复。在此过程中，海水必定会经过海绵的领细胞。海绵领细胞上的**领**（collar）犹如一圈栅栏，由一簇簇微绒毛组成，微绒毛之间有间隔。当海水流过领细胞的时候，水中的颗粒物就会被困在绒毛之间，然后被领细胞的**细胞体**（cell body）吸收，或者被灵活的变形细胞（amoeboid cell）拾获，输送到食物泡内消化。变形细胞还会吸收卡在鞭毛室入口或者海绵体表小孔里的食物颗粒。

不同种类海绵的大小和形态差异很大，有小小的块状个体，也有巨大的花瓶状个体。组成海绵骨骼的单元结构为**骨针**（spicule），它们位于海绵的体壁之中，支撑海绵的身体。在大部分海绵体内，骨针分散排布，如底图所示。然而，在硅质海绵（glass sponge）及其他一些海绵的体壁内，骨针则有组织、精致地排列成网格状的结构。有些海绵没有长出钙质或硅质骨针，取而代之的是由蛋白质组成的纤维状海绵丝（spongin）。

依据海绵水沟系统的复杂程度，我们可以将海绵分为三类：只含有非常简单的管状结构的海绵、具有鞭毛室的海绵，以及体壁多处折叠、藏有许许多多小鞭毛室的海绵。鞭毛室越多，流入海绵中央腔内的海水也就越多，进而海绵可滤取的食物更多。一只体积为 10 立方厘米的海绵，一天能够过滤 20 000 立方厘米的海水。

请给图中四种不同的海绵上色。可以为每种海绵的主体涂上自然条件下的真实颜色。

海绵的形态极大地受到可生长空间、底质类型和水流强度的影响。大部分海绵生长在浅海区的硬质底面上。

紫色的**结壳海绵**（encrusting sponge）生长在岩岸潮间带中，通常可形成大片“地毯”。这类海绵可长到 2.5 厘米厚，出水孔非常大。结壳海绵在海浪较强的地方长得不高，因为其稍微长高点就会被海浪拍碎；而在海浪轻柔的地方，海绵的出水口会高于海绵整体，形成小小的火山口形状的结构。

有些结壳海绵会生长在活体生物上。光滑的粉色**黏附山海绵**（pecten encrusting sponge）就生长在扇贝的壳上——它们之间存在一种互利共生的关系。海绵柔软多孔的身体在一定程度上能够让扇贝躲避海星的捕食，而作为交换，海绵也获得了可移动的附着基质（即扇贝）。

在潮下带的静水区（例如珊瑚礁区）中，大型海绵十分繁茂。天蓝色的**管状海绵**（tubular sponge）就是一例，它们的高度惊人。

穿孔海绵（boring sponge）是一类能够在鲍鱼、牡蛎等软体动物的壳上钻洞的海绵。本节底图中绘制的穿孔海绵可利用自身分泌的化学物质在贝壳上“钻”出洞穴，然后生活在其中。穿孔海绵对贝类的侵蚀严重地削弱了贝壳对软体的保护能力。有些穿孔海绵还会侵蚀珊瑚，破坏珊瑚礁体。

海绵形态学

体壁 a
骨针 a^1
进水孔 b
鞭毛室 c
中央腔 d
出水孔 e
领细胞 f
鞭毛 g
水流 g^1
领 h
细胞体 i

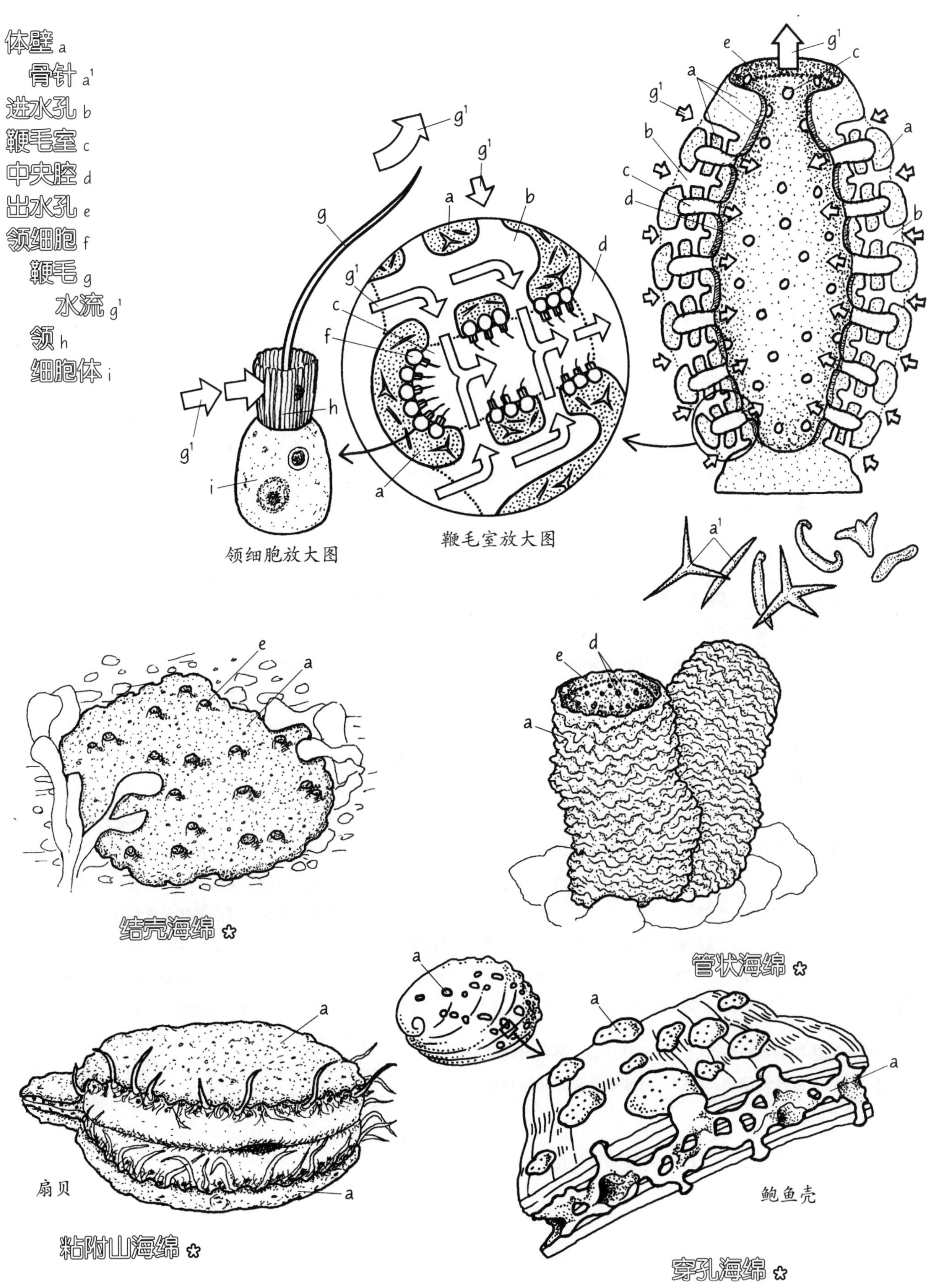

23
刺胞动物多样性：水螅体

刺胞动物门（Cnidaria）的动物结构简单，各器官的功能性强。它们是有口无肛门的动物，消化道只有一端生有开口。体壁所包裹的囊袋为消化循环腔。

请为页面上方的水螅体和水母体上色，躯体使用浅色。

刺胞动物有两种基本生活形式——自由生活的水母体（medusa）和固着生活的水螅体（polyp）。这两种形式的**躯体**形态均为辐射对称型（即沿着任意一个穿过身体中轴的切面都可以把身体分成相同的两部分，见第39节），**消化循环腔**（coelenteron，又叫作原肠）就位于身体中央。水螅体和水母体之间的基本差异在于：水母体能够自由生活，**口**和**触手**在游动时朝下（与运动方向相反）；而水螅体固着生活，它的**足盘**（pedal disc）吸附在基底上，口和触手朝上。

请给刺丝囊的放大图上色。

刺胞动物的口部被一圈触手包围，这些触手由高度特化的刺细胞组成。刺细胞中含有**刺丝囊**（nematocyst），刺丝囊拥有带刺的像鞭子一样的结构，能够对外界的化学、物理刺激，抑或是直接的神经刺激做出响应。

当水螅体的触手接触到猎物的时候，刺细胞受到刺激，促使刺丝囊快速伸展，有时刺丝囊还会发射可穿透猎物皮肤的物质。一些种类的刺丝囊内含有有毒的液体，能够控制猎物；有些种类的刺丝囊具有钩刺，或是黏性较强；部分种类的刺丝囊能够将猎物包裹起来。在猎物被控制后，水螅体可操纵触手，将猎物经由口部送入消化循环腔。未消化的部分通过反刍作用从水螅体的口中排出。

水螅体和水母体都是被动的捕食者。水螅体会在原地等待猎物靠近自己致命的触手；而水母体则会拖曳着触手，随着水流漂浮在水中，静待捕获猎物的时机。

请给不同类型的水螅体上色。从海葵开始，然后给珊瑚虫上色，最后为薮枝螅涂色。注意，薮枝螅外部的鞘体是透明的，无须上色。

在岩岸地区，我们常常可以看到一类海葵，其往往是大型的水螅体个体。海葵的外形呈圆柱状，顶端生有**口盘**（oral disc），底端生有足盘，足盘固定在坚硬的附着物上。部分种类的海葵会向足盘与附着物之间的空隙中注入自身分泌的黏液，黏液与特殊的带有黏性的刺丝囊可确保个体紧贴附着物。虽然大部分海葵选择附着在坚硬的底质上，但一些海葵特立独行，它们倾向于在沙质或泥质环境里穴居，此外，一些海葵选择附着在其他动物的外壳上。不同种类海葵的个体大小相差很大，小的直径约为几厘米，大的单是口盘的直径就在30厘米以上。

底图中“矮矮胖胖”的海葵是太平洋海岸潮池里的黄海葵（见第6节）。这种海葵的直径可达25厘米，甚至更大，不过它可以把自己淡绿色的身体压缩到几厘米高。生物无论是被海水冲刷到黄海葵身边，还是不小心游到黄海葵身边，都会被黄海葵伸出的触手一网打尽，吞入囊中。

底图中细长的圆柱形细指海葵属（*Metridium*）生物可以长到30厘米高。这种海葵生活在潮下带水深约20米（甚至更深）的地方。它的触手众多，如同白色羽毛，细致且紧密，能够捕捉海流带来的微小生物体。

珊瑚虫（见第12节）的结构与海葵相似，但通常小得多（直径小于1厘米）。珊瑚群体里的水螅体之间由覆盖体表的一层连续的组织层相连。本节介绍的珊瑚虫拥有钙质**骨骼**（skeleton），在遇到危险时，整个虫体都可以收缩进骨骼中。虫体的骨骼具杯状结构，由珊瑚虫的表皮分泌而来，是整个热带珊瑚礁最基本的结构单元。造礁珊瑚以群体形式生活，这些珊瑚虫骨骼较大，且色彩缤纷、形态各异（见第12节）。

海生水螅通常和珊瑚虫一样以群体形式生活。水螅可以在多种基质上固着，且生有多个分支。水螅个体通常很小（小于1厘米），且特化后功能单一——摄食或者繁殖。底图里的海生群体水螅为薮枝螅（Obelia），薮枝螅中为群体摄食营养的个体被称为**营养体**（gastrozooid），每一只营养体的口部都被触手包围。此外，底图里还绘出了薮枝螅的**生殖体**（gonozooid）。生殖体通过无性繁殖孕育许多芽体，芽体最后变成水母芽，开始浮游生活。

水螅体

躯体 a
消化循环腔 b
口 c
触手 d
足盘 e
刺丝囊 f

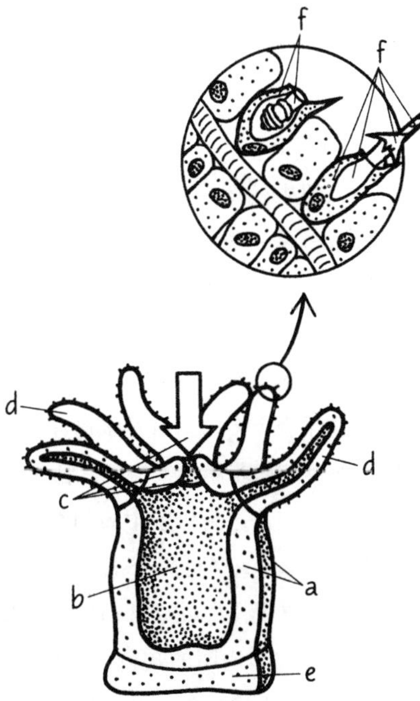

水母体 ✿

水螅体 ✿

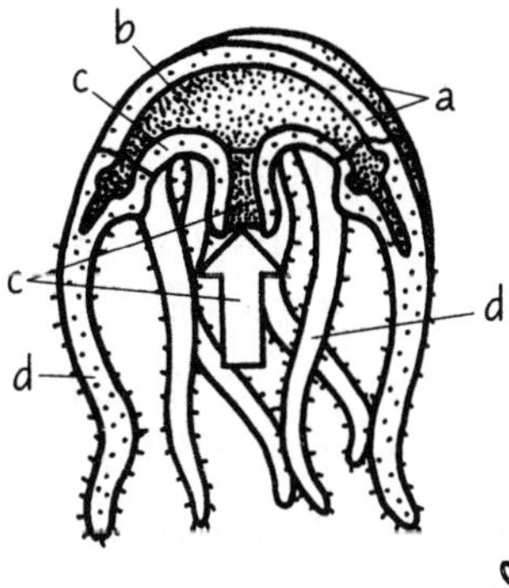

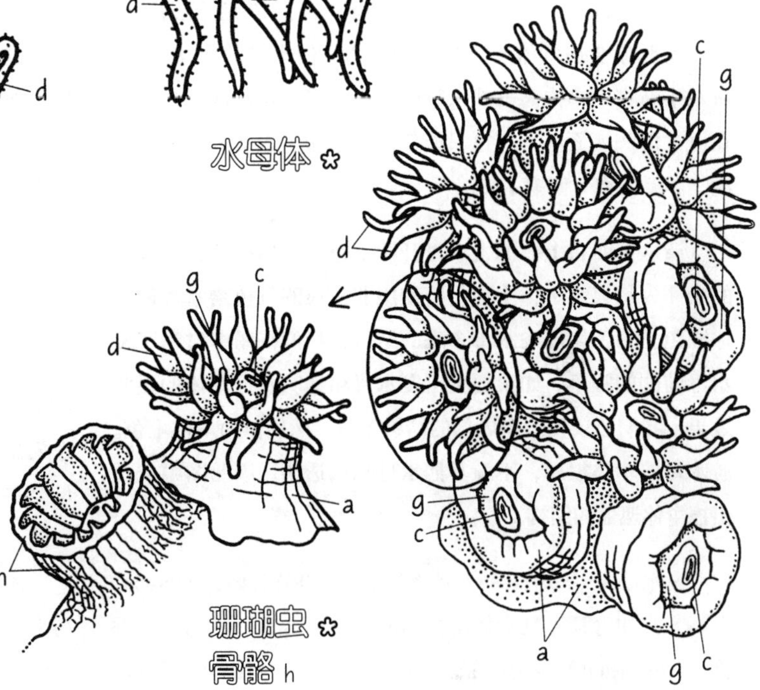

珊瑚虫 ✿
骨骼 h

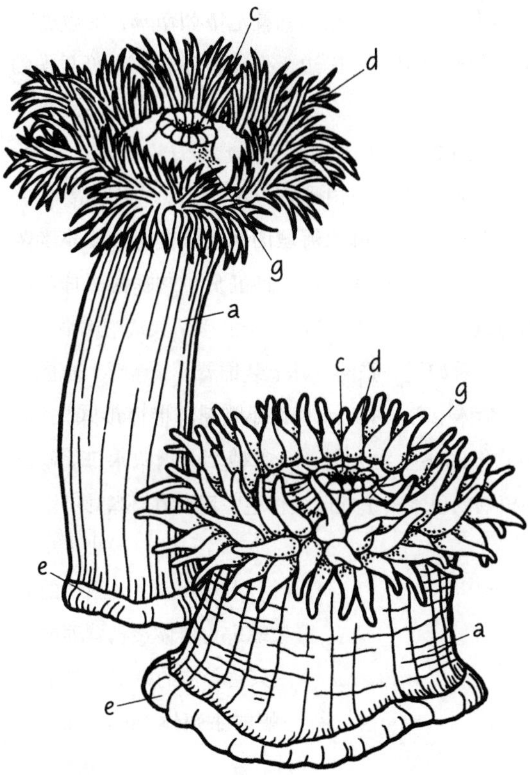

海葵 ✿
口盘 g

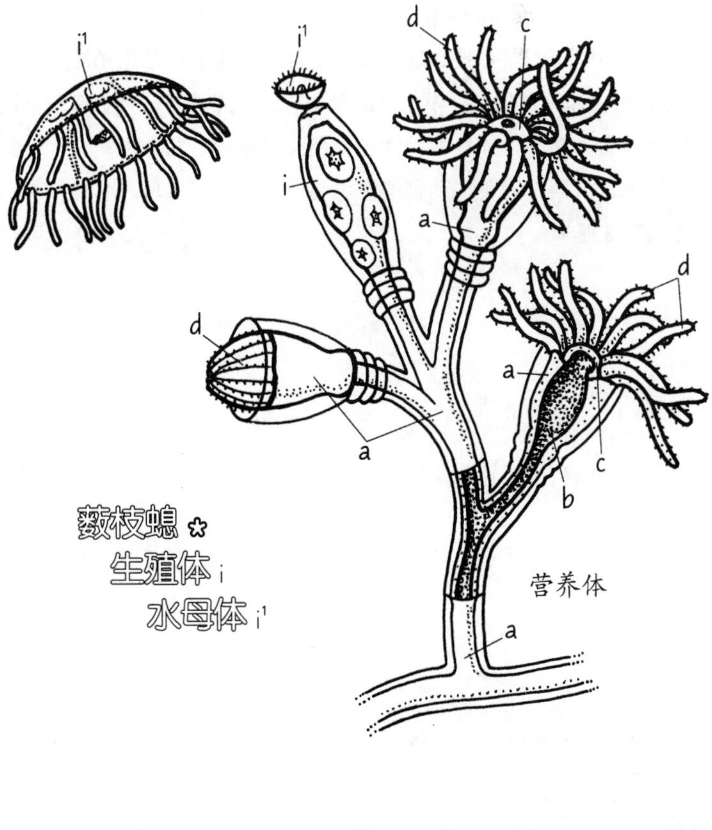

薮枝螅 ✿
生殖体 i
水母体 i^1

营养体

24
刺胞动物多样性：水母体

水母体代表刺胞动物生活史中非固着生活的阶段，在这个阶段内，刺胞动物能够自由地在水里游动。水母的游动依靠伞体来完成，通过伞体的肌肉收缩，伞内的海水会被挤出体外，推动水母体向相反的方向游动。随着水母的伞体肌肉收缩，伞内的胶原蛋白纤维受到挤压；当肌肉变得松弛时，压缩的胶原蛋白纤维受到反冲的弹力，使水母的伞体舒展，海水重新进入伞内。虽然水母体具有一定的运动能力，但是在巨大的海流面前，它也只能任海流摆布。因此，水母体仍属于浮游动物（见第 14 节）。①

请从页面右上方的发水母开始上色，然后按照文中介绍的顺序为每只水母体上色。请使用非常浅的颜色给水母的伞体涂色。为了体现发水母伞底的结构，我们在图中省略了发水母前侧的触手。如果要突出发水母和喇叭水母伞体的透明效果，我们建议先给伞内部的结构上色，然后再为伞体上色。游水母的伞体很厚，不像其他水母那么透明，因此图中未画出被伞体遮盖的结构。

发水母属（*Polyorchis*）动物的**伞体**（亦称钟体，umbrella）很高，犹如穹顶，且伞体十分透明，内部器官一览无遗。**垂管**（manubrium）连接口部的一端向外延长，超出伞部开口；垂管的另一端通入水母的**胃**（stomach）中，胃则连接着**辐管**（radial canal）。悬挂在这些辐管下方的细长结构是**生殖腺**（gonad），即繁殖器官。发水母的触手长且伸展性好，其上布满刺丝囊，能够蜇捕浮游动物等小型海洋动物。发水母是常见于加拿大西部和美国西部的海湾与河口地区的水母。伞体常高达 5 厘米。

底图中较矮较扁的水母是海月水母属（*Aurelia*）动物，海月水母是一类牛奶色半透明的水母。海月水母没有垂管，且触手比其他水母短。四条口腕很长，围绕着口部分布。海月水母在大西洋和太平洋的暖水沿岸十分常见，数量众多。海月水母和发水母不同，它不用触手捕食猎物，而是以海水中的悬浮物为食。当海月水母在水中漂浮的时候，它会用伞体内的黏液捕获浮游生物。被黏液包裹的食物会被送到伞缘，被口腕刮碎，之后口腕中间的纤毛沟能将食物送入口部。海月水母的伞体直径可达 15 厘米。

游水母属（*Pelagia*）动物的外观很有特色，它的伞体颜色由紫色和半透明的灰色组成，伞体直径通常可超过 75 厘米。游水母广泛分布于美国加利福尼亚州的中部和南部沿岸。一只大型游水母的口腕可达 2.5 米，口腕长满了刺丝囊，非常灵活，能够诱捕、制伏小型生物。游水母的口腕能够将猎物送入位于伞体中央的口部。在加利福尼亚州南部，大量游水母会在夏季期间被海浪冲到岸边，引发游泳者被水母蜇伤的事件。

体形较小的（2.5 厘米）喇叭水母属（*Haliclystus*）动物与大部分水母不同，无法自由地营浮游生活。它们附着于岩岸潮间带中的拍岸浪草和静水海域中的大叶藻上。小小的**附着盘**（attachment disc）连接着柄，柄的另一端连接伞体的中心，伞体则为倒置的喇叭状。喇叭水母的生殖腺从伞体中心向外辐射，从上方看如同一张网，其上装饰着 8 簇触手。喇叭水母的口部位于伞体中心。喇叭水母以小型浮游生物和与自己附着在同一植物上的小生物为食。一些种类的喇叭水母能够吸收被附着的植物的色素，由此改变体色，隐藏在环境中。

① 本节介绍的几类水母，除了发水母属归于水螅纲（Hydrozoa），其他均为钵水母纲（Scyphozoa）的成员，钵水母纲的动物无水螅体阶段，或是水螅体小且寿命短。——译者注

水母体

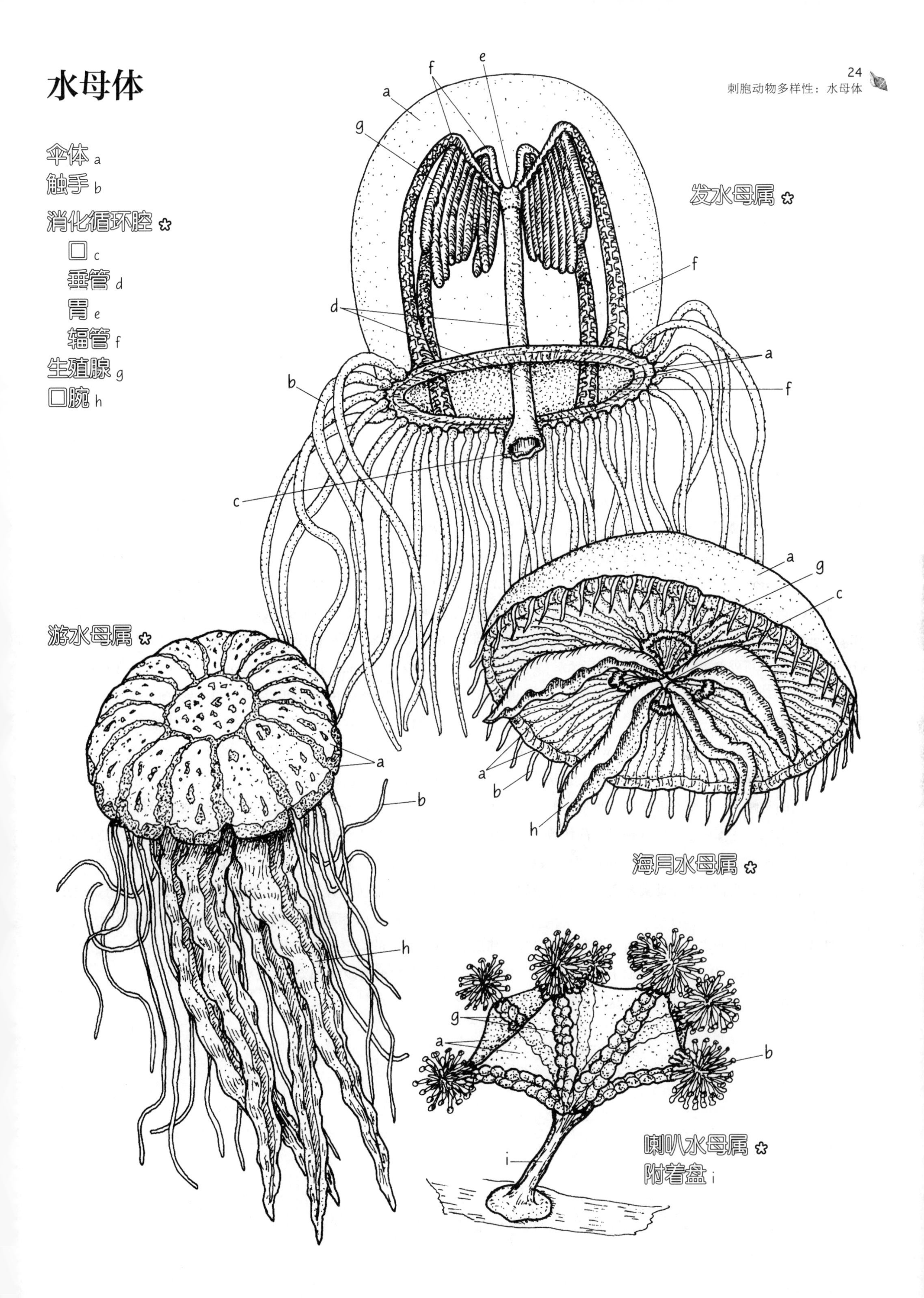
伞体 a
触手 b
消化循环腔
口 c
垂管 d
胃 e
辐管 f
生殖腺 g
口腕 h
发水母属
游水母属
海月水母属
喇叭水母属
附着盘 i
a
b
c
d
e
f
g
h
i

25
海洋蠕虫多样性：常见蠕虫

海洋蠕虫包含多个门类。不同种类蠕虫的大小、形态与色彩具有很大差别。

请按照文中介绍顺序为每一类蠕虫上色。先给涡虫涂色，在涡虫的俯视图中，我们可以透过其薄薄的身体看到位于腹面的咽部。

自由生活的涡虫（flatworm）有大有小，小的涡虫需要借助显微镜才能看清，而大的涡虫长度可达60厘米。在已知的3 000种涡虫中，绝大部分涡虫生活在海洋里，且其中大多数为底栖者，生活在海底岩石和藻类下方的泥沙中。我们在这里介绍的物种是海洋涡虫的代表（如薄背涡虫属），具有涡虫的基本特征。薄背涡虫属（*Notoplana*）动物广泛分布于全球的岩岸潮间带，它们生活在巨石下，利用腹部的纤毛在岩石上爬行。薄背涡虫的**身体**呈棕灰色，躯体前部有两只深色的**眼点**（eyespot）。其腹中线处的深色区域是口部，即**消化道**（gut）的唯一开口。口部下方的褶皱是涡虫收缩的**咽部**（pharynx），咽部可外伸摄取食物（如底图所示）。底图里的涡虫是在夜间活动的食肉动物，主要以小型软体动物、甲壳动物等无脊椎动物为食。

科学家们普遍认为，纽虫（ribbon worm，已知种类至少有600种）与涡虫的亲缘关系很近。纽虫能够极大程度地纵向拉伸自己的身体。一条压缩状态下长20厘米的纽虫，可以伸长至1米以上！底图中绘出的这种纽虫营管栖生活，住在好似羊皮纸做成的**栖管**（protonephridium）中，藏身于海藻、贻贝等生物之间，它们分布于北美洲西海岸低潮带和潮下带的岩石上。

纽虫与涡虫的不同之处在于，纽虫拥有一个完整的前后贯通的消化道（前端为口，后端为肛门）。纽虫用于收集食物的结构为**吻部**（proboscis），可外翻，这与多毛虫可外翻的咽部不同（第27节），因为纽虫的吻部并非消化系统的一部分。当吻部不工作的时候，它会收入消化道上方的吻腔内；而当吻部工作的时候，它会外翻，向前方射出，缠绕猎物。它的吻部会分泌一种十分黏稠的液体来捕获猎物。吻部可能比虫体还长，还可能生有倒刺、吻针或者毒腺。大部分纽虫都是夜行的食肉动物，主要以其他蠕虫、软体动物、甲壳动物和小型鱼类为食。

已知的星虫（peanut worm）大约有300种，它们在泥沙滩、岩缝和珊瑚礁缝隙里掘穴生活，有些星虫还会占据腹足类的空壳或者管栖多毛虫的空管。星虫的体长介于0.2厘米与72厘米之间，平均体长为10厘米。它们的身体由两个基本部分组成——球根状的**躯干**（trunk）和窄窄的**翻吻**（introvert）。翻吻位于星虫身体前部，可以收回躯干里。口部位于翻吻的顶端，其上围着一圈纤毛状的**触手**，触手用于滤取食物。一只躯干约5厘米长的星虫在搜寻食物的时候可以将翻吻向前伸出约15厘米，同时保证躯干仍安全地待在石缝中。

线虫（nematode或roundworm）是蠕虫里最常见的一个类群，我们可以在陆地和水生环境里找到它们。然而，由于线虫个体很小（体长通常只有几毫米，甚至更短），人们往往在日常生活中忽略它们。几乎所有的线虫外观都差不多。线虫的外表平滑，包裹着一层半透明、具有弹性的**角皮**（cuticle）。线虫的**口部**位于身体前端，被三瓣钝圆的**唇部**（lip）包围。线虫的后端逐渐变细，呈尖锥状。某些种类的线虫是非常成功的寄生虫，它们的角皮很厚，能够抵御化学物质（如动物胃里面的酶）的侵害。许多线虫是脊椎动物的肠道寄生虫。此外，线虫也会寄生在植物上，以植物的细胞液为食。还有许多种类的线虫并非寄生动物，它们自由地生活在陆地的土壤及海底的泥沙里，以吸收底质内的有机物为生。

常见蠕虫

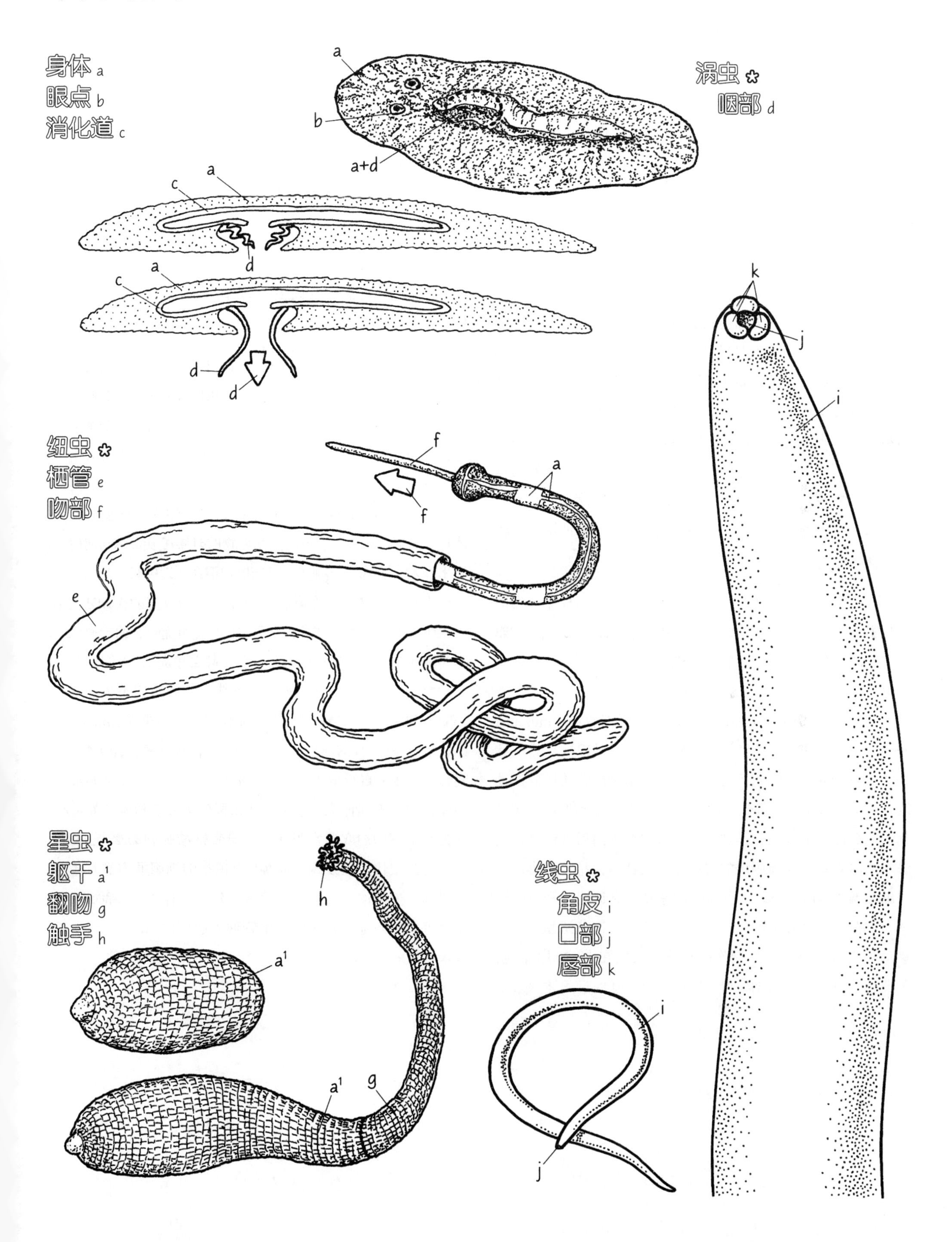
身体 a
眼点 b
消化道 c
涡虫
咽部 d
a
b
a+d
c
d
纽虫
栖管 e
吻部 f
f
a
e
k
j
i
星虫
躯干 a1
翻吻 g
触手 h
h
a1
g
线虫
角皮 i
口部 j
唇部 k
i
j

26
海洋蠕虫多样性：穴居蠕虫

美洲刺螠（fat innkeeper worm，俗名为海肠）是一种有趣的穴居蠕虫，这类穴居蠕虫又被称为“看护虫”[①]。美洲刺螠通常分布于沙质泥滩里的半永久洞穴管道（以下简称穴管）中。美洲刺螠的体长一般为20厘米左右，胖乎乎的身体前端生有一个弹性极高的吻部及一对金色的钩状刚毛，肛门被一圈刚毛（与前端刚毛相似）包围。

请为页面上方的美洲刺螠上色，在自然条件下，其体色为肉粉色。接着请给美洲刺螠的蠕动示意图上色。这里需要用到两种颜色，一种涂躯体，另一种涂肌肉压缩的部分。此外，记得为体现肌肉收缩方向和水流方向的箭头上色，然后为水流涂上浅蓝色。随后，请给栖息在泥滩生境里的蠕虫上色。注意，要为穴管上方的海水和穴管里的海水涂上相同的颜色，以体现穴管被海水淹没的场景。给泥滩涂上浅褐色。给洞穴里蠕虫的吻部上色，最后给吻部上方的黏液网涂上相同的颜色。

本节介绍的穴居蠕虫美洲刺螠能够用**吻部**和身体前端的钩状**刚毛**（bristle）挖掘**洞穴管道**。**肛门**（anal）处的刚毛和**躯体**在运动时能够将挖出的东西带出洞穴。“竣工”后，除非受到惊扰，否则美洲刺螠会一直待在穴管中。

美洲刺螠的体壁能够进行波浪状的**肌肉收缩**（muscular contraction），驱动穴管里的海水流动，这个过程被称为波状蠕动（peristaltic action）。美洲刺螠的身体通过蠕动形成蠕动波，而躯干肌压缩的部位好似一个“瓶颈”，蠕动波沿着美洲刺螠的身体向下移动，推动躯体前方的**海水**向后方流动，使海水流出穴管。美洲刺螠的进食方法很特别，它会分泌出一张**黏液网**（mucous net），并将该网紧贴在靠近洞穴开口的墙壁上。在制作黏液网的过程中，美洲刺螠会边分泌黏液，边移动到穴管的下方。当制作的黏液网长度在5~20厘米时，美洲刺螠就会停止造网，躲在网的下方，开始运用波状蠕动方式驱动海水。海水流进穴管，经过非常细密的黏液网，在网上留下许多食物颗粒。此时，美洲刺螠向上移动，将这些小小的食物颗粒连同黏液网一并吃进去，而将大块的物质丢弃。由此我们可以看出，美洲刺螠是一种将滤食装置安在体外的滤食者。

请为与美洲刺螠共同生活的海洋动物上色，注意观察它们在穴管里的姿势。

其实，前文提及的被美洲刺螠丢弃的大块食物并没有被浪费掉。事实上，美洲刺螠建造的穴管里还居住着其他居民，它们既能够获得安全的居住环境，还能获得额外的食物。两种，甚至更多种生物共享同一穴管的现象，也是共生（见第91节）。

底图里小小的**豆蟹**（pea crab）在一般情况下仅2厘米长，体色是浅浅的棕色。图中半透明的白色**多毛虫**体长一般在4厘米左右。豆蟹与多毛虫就是和穴居蠕虫共享洞穴管道的生物代表，它们常为争夺食物而打架。因为豆蟹的行动速度很快，所以为了在争取食物方面获得更大的优势，多毛虫选择与共栖的穴居蠕虫保持联系，以免被豆蟹抢先。

常见的穴居共栖生物还有个别种类的**箭鰕虎鱼**（arrow goby）和一种小型**蛤**。加拿大箭鰕虎鱼（*Clevelandia ios*）的体表呈灰绿色，带有斑点。它将洞穴当作自己的家，在高潮期间爬到泥滩上自行觅食。加州隐海螂（*Cryptomya californica*）的体长约为1.7厘米，这种小型蛤并不打算在泥滩表面掘穴，因为其挖掘的洞穴通常很浅，一下子就被海浪淹没，进而自己也可能很快就被发现或吃掉。因此，这种浅白色的蛤会在穴居蠕虫生活的穴管的出口底部挖洞。这样一来，加州隐海螂就可以放心地将它短短的水管伸入蠕虫挖掘的穴管中，吸取水流带来的食物。

① 原文“innkeeper worm”直译为“看护虫”，结合文中的内容可知，穴居的刺螠与其他小动物共栖于洞穴管道中，刺螠就像在看护它们一样。——译者注

穴居蠕虫

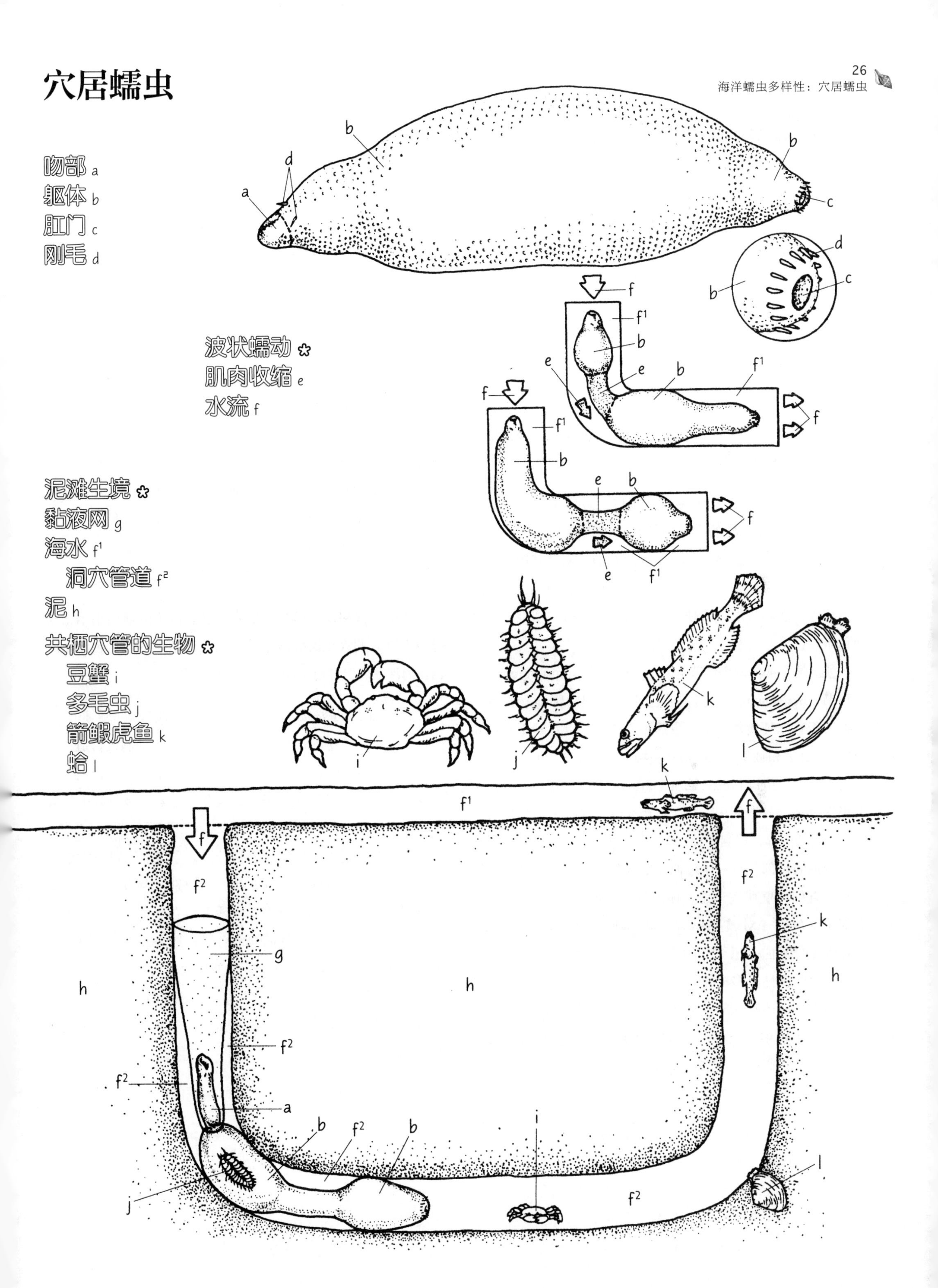
吻部 a
躯体 b
肛门 c
刚毛 d
波状蠕动 ✿
肌肉收缩 e
水流 f
泥滩生境 ✿
黏液网 g
海水 f1
洞穴管道 f2
泥 h
共栖穴管的生物 ✿
豆蟹 i
多毛虫 j
箭鰕虎鱼 k
蛤 l

27
海洋蠕虫多样性：多毛虫

海洋蠕虫包括许多门类，其中最多姿多彩的蠕虫当属环节动物门（Annelida）动物。环节动物门动物里有我们熟悉的陆栖蚯蚓、淡水蚂蟥，还有生活在海洋环境里的多毛纲动物。已知的海生多毛虫有 5 000 多种。

环节动物的身体由许多小节组成，这限制了体液的流动。身体分节的现象使环节动物能够更高效地挖掘洞穴。在这一节中，我们将介绍三类多毛虫。

请给沙蚕整体和位于右方的结构特写图上色。沙蚕的体色通常为艳丽的蓝绿色。

沙蚕属（*Nereis*）多毛虫分布很广，而且体征特化程度小。沙蚕拥有最典型的多毛虫躯体，其由完全相同的**体节**（body segment）组成。每一体节两侧各生有一对桨状附肢——**疣足**（parapodium）。疣足向外凸起，末端长有**刚毛**。刚毛与肌肉相连，能够收缩或者伸出。当沙蚕爬行时，刚毛能够帮助它抓牢底质。

沙蚕的头部由两个体节组成——**口前叶**（prostomium）和**围口节**（peristomium）。口前叶位于沙蚕的**口部**前端，其上长着用于感知环境的结构，包括感光的眼，以及**触手**和**触角**（palp），触手和触角为化学信号和触觉的接收器。围口节位于口前叶后方，由口和三对**触须**（cirrus）组成，这三对触须也被当作触觉接收器使用。当沙蚕运动时，这些感知结构会集中在沙蚕的头部，探测环境，提供信息。

沙蚕的口部长有一个可伸缩的**吻部**。吻部平时保持收缩状态，直到体壁肌肉压缩，体液的压强增加，它才会伸出。吻部末端生有一对**颚**（jaw），当吻部伸出时，颚是张开的；随着体液的压强减小，吻部缩回，颚将会闭合。

沙蚕的食性呈多样化。有些沙蚕是肉食者，有些沙蚕是杂食腐食者，还有一些沙蚕是植食者。沙蚕属动物分布在多种类型的生境中，既可以在岩岸潮间带等环境里自由生活，也可以在泥滩或沙滩里掘穴生活。

请给吻沙蚕上色，注意不要忽视了它突出的吻部。吻沙蚕呈深粉色或者浅红色。然后，请为住在地下甬道里的吻沙蚕上色。最后，请为没入地下甬道里的水和覆盖在沉积物表层上的海水涂上浅蓝色。

吻沙蚕属（*Glycera*）动物是生活在泥滩或沙滩中的栖居者，为肉食性蠕虫。吻沙蚕的吻部长达体长的四分之一，其上生有四个粗壮的颚，颚上生有毒腺。吻沙蚕能够在地下建造出由穴管组成的纵横交错的**地下甬道**（gallery），甬道的出口位于泥滩或沙滩的地表。

吻沙蚕的口前叶是圆锥形的，上面有四个短短的触手。口前叶对水压的变化非常敏感，一旦猎物来到其巢穴上方附近，吻沙蚕就能够马上发现。吻沙蚕主要以其他多毛虫等无脊椎动物为食。一些种类的吻沙蚕体长在 50 厘米以上。

请给海沙蠋及其栖息的洞穴上色。图中的箭头指示了新鲜海水进入洞穴和流经沙子的方向，请给这些箭头也涂上颜色。海沙蠋的自然色从粉色至暗绿色不等。

海沙蠋（*Arenicola marina*）生活在泥质沙滩里，是一种摄食沉积物的动物。海沙蠋会先挖掘“L”形的**洞穴管道**，然后调整自己的姿态，使头部位于穴管的底部，尾部朝上。海沙蠋能够吞下沙子，让沙子进入消化道，然后吸收其中的有机物。在海沙蠋吞下洞穴一侧的沙子后，新的沙子就会陷下，填补原本被吞的沙子的空缺，从沙滩表层来看，可以发现一处明显的凹陷。海沙蠋的洞穴很容易识别，因为洞穴的开口处分布着一叠海沙蠋的**粪堆**。海沙蠋会有节奏地蠕动，为自己的洞穴通风。**富含氧气的海水**会通过地表的开口被泵入穴中，流过海沙蠋体表的**鳃**（gill），然后散布到沙子里，为泥滩或沙滩较上层的沉积物增加含气量（**充满空气的沙子**）。海沙蠋的进食和掘穴活动给沉积物及其中的营养物质提供了循环和再暴露的机会。

多毛虫

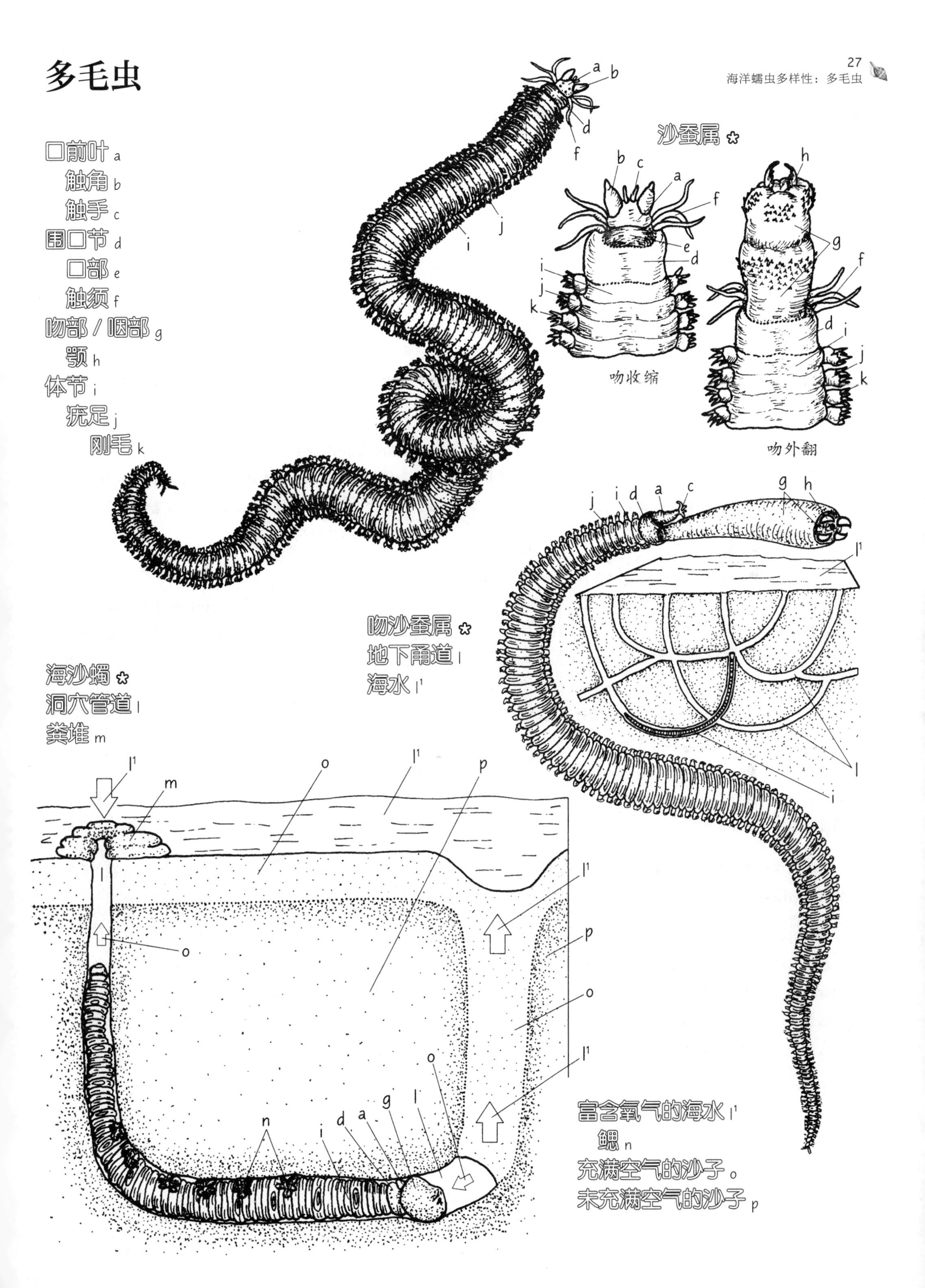
口前叶 a
触角 b
触手 c
围口节 d
口部 e
触须 f
吻部 / 咽部 g
颚 h
体节 i
疣足 j
刚毛 k
沙蚕属
吻收缩
吻外翻
吻沙蚕属
地下甬道 l
海水 l¹
海沙蠋
洞穴管道 l
粪堆 m
富含氧气的海水 l¹
鳃 n
充满空气的沙子 o
未充满空气的沙子 p

28
海洋蠕虫多样性：用触手摄食的多毛虫

以沙蚕属多毛虫为首的自由生活的多毛虫，能够主动穿梭在索饵场所与栖息地之间。然而，对于那些定居（如管栖、穴居或躲在岩石裂缝里生活）的多毛虫而言，觅食活动受到空间的限制，于是它们将自身特有的触手伸入海水之中获取食物。本节我们列举了两种运用触手获取食物的定居的多毛虫，一种为管栖生活的缨鳃虫属动物，另一种是穴居生活的叶蛰虫属动物。

请给页面左上方的缨鳃虫上色，建议给缨鳃虫的鳃丝涂上鲜艳的色彩，鳃丝通常是红色或者橘色的。接着，请给缨鳃虫的鳃丝和栖管的特写图上色。自然条件下，栖管并非透明的，但是为了方便给缨鳃虫棕褐色的体节上色，我们绘制的是栖管的透视图。

缨鳃虫属（*Sabella*）动物是码头桩上和珊瑚礁里常见的生物，它们的外观十分显眼。美丽的鳃冠犹如一朵花，实际上，它是由一簇触手状的结构组成的，这些结构为**鳃丝**（或放射肋，radiole），鳃丝从口前叶中伸展而出（见第 27 节）。每条鳃丝两侧的分支被称为**鳃羽枝**（pinnule），其上覆盖着细密的纤毛。当缨鳃虫的上部从好似羊皮纸材质的**栖管**里伸出时，鳃丝就会展开，围绕着**口**形成漏斗状的冠。微小的纤毛有节奏地摆动，推动水流，让水不断地流经鳃冠。水中的**食物颗粒**会被鳃丝上的纤毛截住，沿着鳃羽枝被输送到鳃丝中央的**食物沟**（food groove）里。

请给鳃丝和鳃羽枝的放大图上色，图中指示了食物颗粒在鳃丝里的移动路径。

被纤毛截住的食物颗粒会沿着食物沟进入缨鳃虫的口中，鳃丝基部的挑选器会依据颗粒的大小筛选可进入口中的食物。大的食物颗粒无法入口，而是沿着**触角**的特殊纤毛轨道被排出，随着水流一同离开鳃冠的中央位置；而小的食物颗粒会被送入口中，然后被消化掉；中等大小的食物颗粒则会被运送到特殊的**腹囊**（ventral sac）中贮存，用于建造栖管。

鳃冠的基部生有肉质的褶皱组织——**领**，领能够帮助缨鳃虫安全、稳固地待在栖管上部。领的腺体及**腹板**（ventral plate）的腺体所分泌的黏液混合腹囊里储存的中等颗粒，组成了薄薄的线状建管材料。缨鳃虫的栖管虽然单薄如纸，却弹性十足。在建管过程中，缨鳃虫会缓慢地旋转，将线状建管材料沿栖管缓慢叠加，逐渐修复栖管的残缺之处，或者将栖管加长。

请给叶蛰虫的触手涂上米白色，然后为它的鳃涂上红色，接着为其所有体节涂上棕褐色。页面右下方绘出了叶蛰虫的触手运送食物颗粒的三种方法，触手会筛选食物，决定哪些颗粒被消化，哪些颗粒被弃用。

叶蛰虫属（*Amphitrite*）动物生活在潮间带泥滩或者岩石缝隙里的半永久洞穴中，主要以沉积在底质表面的有机颗粒为食。叶蛰虫生有许多中空的**触手**，这些触手位于口前。叶蛰虫会将它的触手沿着底质表面外翻并扩张，以搜寻食物颗粒。针对不同大小的食物颗粒，触手有三种运输方法：如果颗粒非常小，那么触手就会形成一道浅浅的具有纤毛的食物沟，将食物输送到口部；对于稍微大一点儿的颗粒，触手会利用向着口部蠕动和收缩触手的方法扩大食物沟，运送食物颗粒；对于非常大的颗粒，触手会将它稳稳地裹起来，然后收缩，将大的食物颗粒送到口部。每一条触手都是由叶蛰虫口外褶皱的**唇**单独拉动的，唇能够依据食物大小筛选颗粒，然后将需要的食物颗粒送入口中。

叶蛰虫头部附近的**鳃**之所以是亮红色的，是因为鳃里充满了血液。虽然鳃和触手都有可能被捕食者伤害或扯下，但是这些结构能够再生。叶蛰虫的触手具有弹性，能够向外伸得很长。为搜索食物，整簇触手可以扩大觅食范围，例如，一只 4 厘米长的叶蛰虫的触手伸长后可覆盖直径约为 20 厘米的底表区域。

用触手摄食的多毛虫

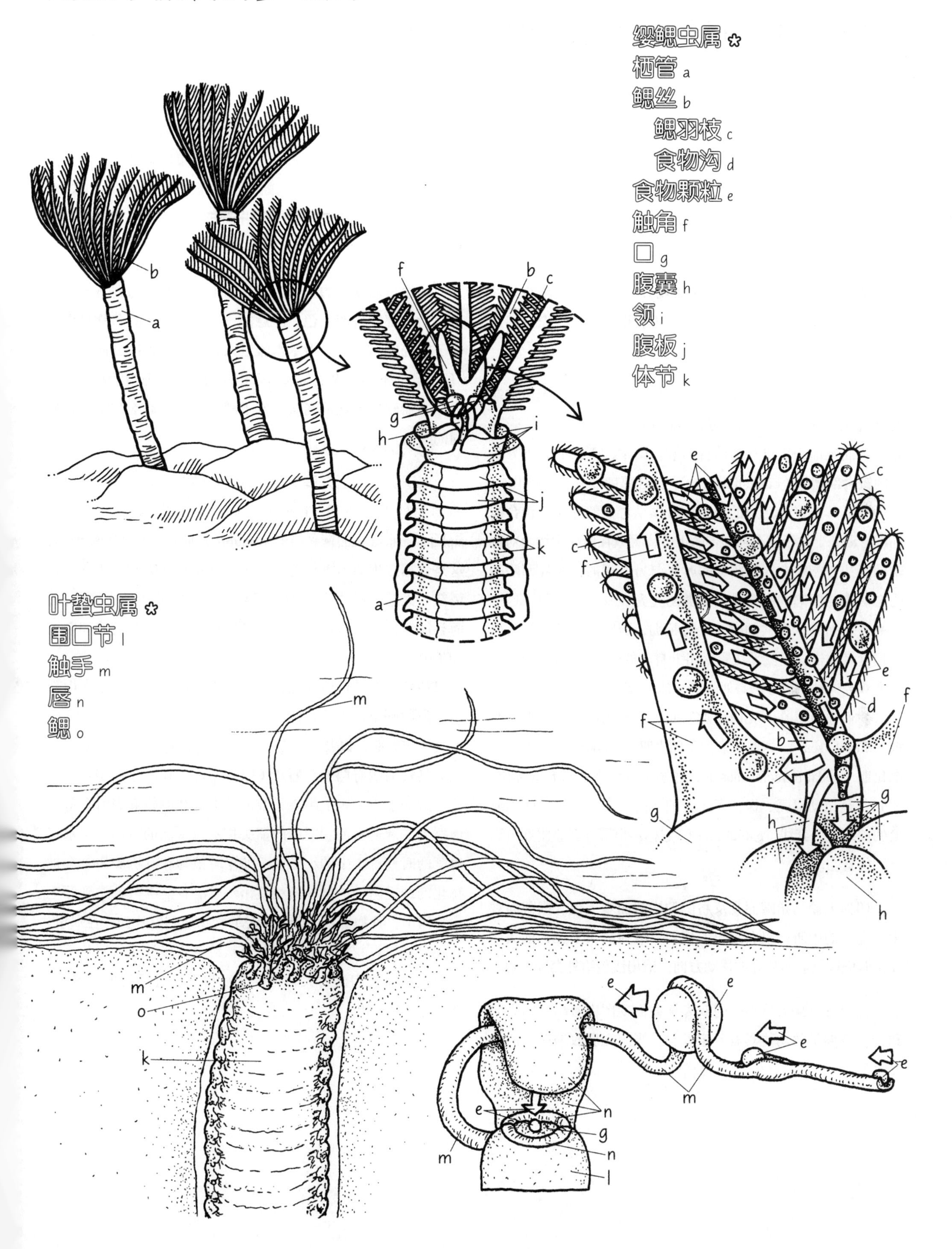
缨鳃虫属 ✿
栖管 a
鳃丝 b
鳃羽枝 c
食物沟 d
食物颗粒 e
触角 f
口 g
腹囊 h
领 i
腹板 j
体节 k
叶蛰虫属 ✿
围口节 l
触手 m
唇 n
鳃 o

29
软体动物多样性：双壳纲内部结构

若要介绍海洋生物的多样性与美丽，那么贝类动物是相当具有代表性的例子。虽然搜集与鉴赏贝壳十分有趣，但是生活在贝壳里的软体动物更令人着迷。这一节我们将以大篮鸟蛤（见第8节）为例，帮助大家了解双壳纲软体动物的大致结构及其功能。

请从页面右上角的右壳内面观开始着色。在自然条件下，大篮鸟蛤的外壳通常呈白色，带有褐色斑点，壳内部也是白色。

如底图中的右壳内面观所示，位于大篮鸟蛤右壳最左端的是**壳顶**（umbo），壳顶是**壳**（valve）形成的起点。从壳顶看，顶面观即为大篮鸟蛤的背面观。图中，壳顶的右下方是壳的**铰合部韧带**（hinge ligament）。铰合部韧带由蛋白质组成，可压缩，其连接着两边的壳，并且操纵着壳的开闭。**铰合齿**（hinge teeth）位于铰合部韧带的下方，大致在以壳中线为对称轴的旁边，能够在双壳闭合的时候与另一壳的铰合齿凹陷相吻合。齿与凹陷的有序排列能够防止壳在咬合时错位。这一功能在大篮鸟蛤掘穴的时候大有帮助，否则，一旦大篮鸟蛤被捕食者攻击，它就无法紧紧闭上自己的壳，会很快被吃掉。闭上双壳这种防御方法看似简单，却十分有效。

我们还可以在右壳内面观的底图中看到四个椭圆形的**肌痕**（muscle scar）。这些肌痕位于**闭壳肌**（adductor muscle）和**缩足肌**（pedal retractor muscle，底图中未体现）附着的部位。闭壳肌是拉动双壳、保持壳闭合的肌肉。图中连接着闭壳肌痕的曲线为**外套线**（pallial line），它标示出了外套膜附在贝壳上的位置。

请为大篮鸟蛤端面观及右侧的横截面观上色。横截面观中，壳内的内脏团没有绘出。接着，请为箭头上色，箭头体现了肌肉收缩后两片壳的移动方向。请用浅色给外套膜上色。

我们可以从大篮鸟蛤的双壳横截面观图中看出，闭壳肌和铰合部韧带的功能具有一定差异。当闭壳肌收缩时，两片壳向内闭合，此时图中较低的韧带区会收缩，较高的韧带区则会拉伸；当闭壳肌舒张时，压缩的韧带区会舒展，而拉伸的韧带区则会收缩。大篮鸟蛤只能在壳张开后伸出足和水管。此外，大篮鸟蛤的肉质**外套膜**（mantle）完全藏在壳内，它的作用是分泌建造外壳的物质，维持外壳的完整。

请给页面顶部的整只大篮鸟蛤上色，然后为右下方的大篮鸟蛤内部结构图上色。注意，一些相关结构的名称也出现在了空壳图里。请为指示水流进入大篮鸟蛤软体方向的箭头（位于鳃的下部）涂上与入水管相同的颜色；为指示水流流出大篮鸟蛤软体方向的箭头（位于鳃的上部）涂上与出水管相同的颜色。

底图页面的上方展示了大篮鸟蛤的左侧观，并且画出了伸到壳外的**入水管**（incurrent siphon）和**出水管**（excurrent siphon）。水管从大篮鸟蛤的末端伸出，而**足**从它的前端伸出，这是营掘穴生活的大篮鸟蛤在过滤食物和呼吸时的正常行动姿势。大篮鸟蛤壳上辐射状的脊纹不仅能够使外壳更坚固，而且能增加壳与沙质底面之间的摩擦力，将大篮鸟蛤固定在沙子中。

为了更清楚地体现大篮鸟蛤的内部器官，本节未在内部结构图中画出左壳和左侧的外套膜。我们可以看到大篮鸟蛤大大的闭壳肌，以及水管是如何与壳内的肉质外套膜相连的。大篮鸟蛤的**鳃**有两片，**唇片**（labial palp）比鳃小，与足一样位于鳃的下方。鳃上生有无数的纤毛，纤毛能够同时有节奏地摆动，制造水流。图中的箭头指示了水流的方向。当水流过鳃的时候，水中的小颗粒（如浮游植物和有机碎屑）会被特化的纤毛阻挡，被黏液粘住，然后沿着鳃缘被输送到纤毛食物沟里。食物沟将混合着黏液的食物送到唇片处，在那里，食物要经过颗粒大小的筛选。小颗粒会直接被送入唇片下方的口里，而被淘汰的大颗粒则会在鳃下靠近足的地方聚集，然后定期被排出。

双壳纲内部结构

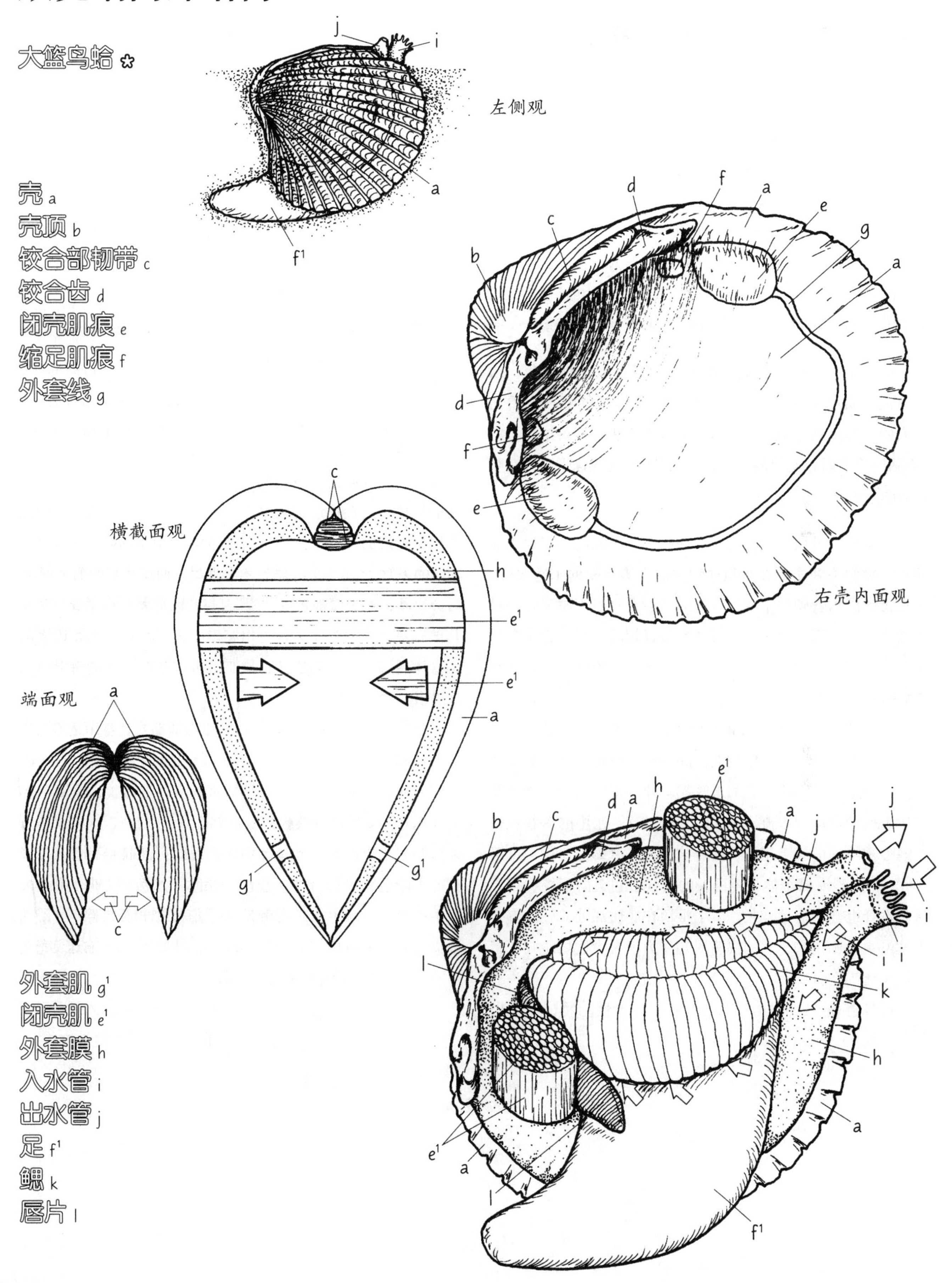
大篮鸟蛤
左侧观
右壳内面观
横截面观
端面观
壳 a
壳顶 b
铰合部韧带 c
铰合齿 d
闭壳肌痕 e
缩足肌痕 f
外套线 g
外套肌 g1
闭壳肌 e1
外套膜 h
入水管 i
出水管 j
足 f1
鳃 k
唇片 l

30
软体动物多样性：双壳纲

双壳纲（Bivalvia）软体动物的外观与内部结构的变化反映出了它们对不同环境的适应能力。大多数软体动物学家认为，双壳纲动物是由在软质底（如沙质或泥质环境）内部生活的生物进化而来的，其中一部分生物出现在了底质表层，适应了底表生活。在本节中，我们要介绍双壳纲动物中的大篮鸟蛤、砂海螂和弯鼻樱蛤（生活在软质底里的底内生活型动物），以及生活在底质表面的紫贻贝和扇贝（底表生活型动物）。

请根据文中的介绍顺序给每一只双壳纲动物上色。请给它们的贝壳涂上非常浅的颜色，但要保证能够一眼看出它们的色彩。然后为扇贝的外套膜涂上浅色，接着给扇贝的“眼睛”涂上对比明显的深色。请为扇贝的足丝涂上与外套膜相同的颜色。

大篮鸟蛤虽然是底内生活型动物，但所处位置与地表非常近，它们主要生活在沙质底质中。大篮鸟蛤的水管很短，**入水管**和**出水管**朝向不同，以保证不会重复吸入原来过滤过的水流。正是因为大篮鸟蛤所处的位置较浅，所以它常常被水流冲刷出地表，甚至直接被冲走。大篮鸟蛤巨大的**足**适宜挖掘洞穴，也便于逃离捕食者。

砂海螂（softshell clam）呈白色，生活在非常柔软的沙质泥滩中。在那里，它可以挖掘很深的地下甬道，然后躲在其中。作为滤食性动物，它的水管能够伸展得很长，直接触及底质表面的水流。水流经由入水管流过鳃，水中的食物颗粒在鳃处被特殊的纤毛阻挡，然后被送入砂海螂的口中（见第29节）。当砂海螂个体长得更大的时候，它会向下挖掘得更深，水管也会相应地伸长。由于生活在底质深处，砂海螂很少被海水冲刷出来，它的快速掘穴能力没有大篮鸟蛤强，足也比大篮鸟蛤小。

弯鼻樱蛤（bent-nosed clam）并非滤食性动物，而是以沉积物为食的动物。弯鼻樱蛤会将长长的入水管探出底质，沿着底质表面寻找沉积物里的有机颗粒。其之所以得名“弯鼻”，是因为它的**壳**后部有明显的曲线线条。底图中，弯鼻樱蛤左侧壳朝下，后部的“弯鼻”向上弯曲，淡黄色的入水管伸出泥滩表面。入水管将含有食物的水流带到体内的外套腔中，在鳃上收集食物。和以滤食为生的双壳纲动物不同，滤食性甲壳纲动物可以在原地停留，静候水流带来食物；而弯鼻樱蛤等摄食沉积物的双壳纲动物能够快速地消耗一个区域里的食物，然后移动到另一处觅食。为了更灵活地移动，弯鼻樱蛤的身体非常单薄，足则又宽又薄（亦适于挖掘）。

本节介绍的贻贝以紫贻贝（*Mytilus edulis*）为例，其生活在潮间带和浅海潮下带的码头桩或者岩石上，是人类可以食用的贝类。紫贻贝经常聚集在一起，形成紫贻贝群。它们能够用足附近的腺体分泌的蛋白质**足丝**（byssal thread）将自己附着在基底上。足丝刚被分泌出来时呈液态，但与海水接触后会变硬，成为深褐色的“线”，将紫贻贝固定在原处，防止其被海水冲走。紫贻贝未生出突出的大型水管，取而代之的是身体后端的小块褶皱区，褶皱区可在紫贻贝滤食时引导水流进出。

扇贝（scallop）能够灵活、自由地活动，其身体结构与生活习性相适应。扇贝是滤食者，生活在底质表面，无须依附任何基质，因此，扇贝既不需要水管来辅助滤食，也不需要足来掘穴。扇贝的**外套膜**边缘长着许多“眼睛”，这些眼睛可以探测海水里的影子和运动物体，帮助自己躲避捕食者。扇贝的眼睛色彩缤纷，包括蓝色、红色、金色等。外套膜的边缘生有触手，触手上长有触觉感受器和化学感受器，可帮助扇贝在游泳的时候感知周遭环境。扇贝通过不断开闭双壳获得前进的动力，游泳时好似在“鼓掌”。

双壳纲

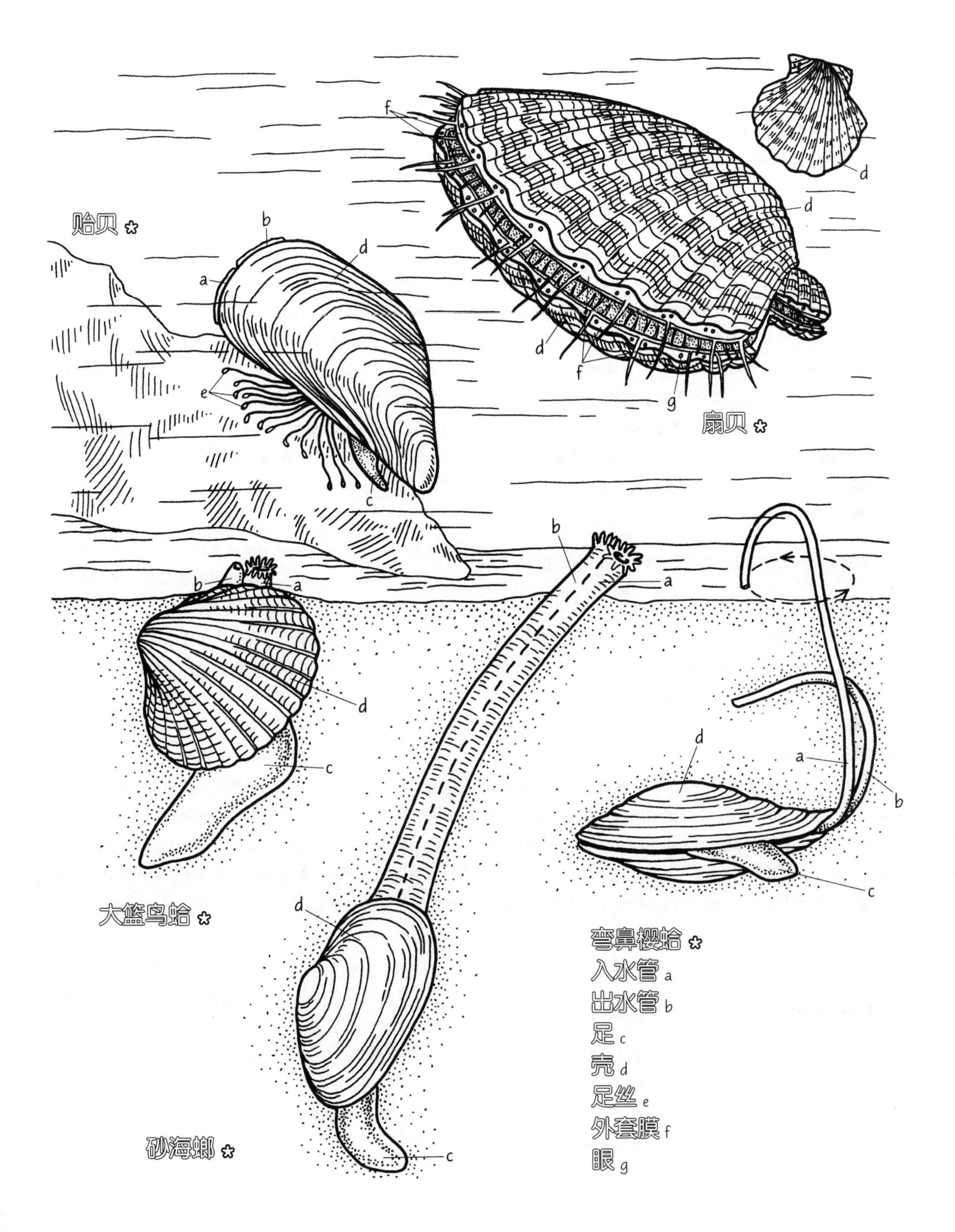
贻贝
a
b
c
d
e
扇贝
d
f
g
大篮鸟蛤
b
a
d
c
砂海螂
b
a
d
c
弯鼻樱蛤
d
a
b
c
入水管 a
出水管 b
足 c
壳 d
足丝 e
外套膜 f
眼 g

31
软体动物多样性：有壳腹足纲

腹足纲（Gastropoda）属于软体动物门，是软体动物门最大的纲。目前，科学家们已经通过化石鉴定出了15 000种不同形态的腹足纲动物，并发现了35 000种以上现存的腹足纲动物。

自然状态下的郁金香旋螺呈淡紫色。请为郁金香旋螺的空壳上色，注意给体螺层涂上浅色。

大部分腹足纲动物的壳上生有一圈圈旋转的纹路，这种纹路被称为壳阶（whorl）。壳的顶部，即**螺顶**（apex），是海螺在生活史早期建造的最小的螺层。随着螺体长大，层层相叠的螺层形成了螺壳的**螺旋部**（spire），螺旋部末尾最大的螺层为**体螺层**（body whorl），体螺层的终点是螺的**壳口**（aperture）。壳口在前部延长，形成**管沟**（siphonal canal），海螺的入水管会从管沟中伸出，在壳外进行呼吸。

请为页面右上角完整的郁金香旋螺上色，为眼涂上深色。

郁金香旋螺（tulip snail）的壳口处生有一个由蛋白质形成的坚硬的圆形结构——**厣**（operculum）。当郁金香旋螺移动的时候，厣就被大大的**足**牵引着前进。一旦受到外界刺激，郁金香旋螺就会先将自己的**头部**收回，然后收缩足，把软体部完全收回螺壳里，最后用深褐色的厣遮盖壳口。厣能够把软体部严严实实地藏在螺壳里。

底图中，郁金香旋螺的前部伸出了**水管**，其功能是帮助鳃部吸收水流，进行呼吸。它的鳃的附近藏着特殊的化学感受器。郁金香旋螺的**触角**用于感知化学信息与触碰物体；**眼**则用来感受光和探测周遭环境。

郁金香旋螺是掠食性动物，以其他软体动物为食，尤其是双壳类。郁金香旋螺常出没于加勒比海、墨西哥湾及美国南部沿岸，体长可达10厘米。

请给鲍鱼的两幅底图（页面中部）上色。

鲍鱼（abalone）是一类常见的大型植食性动物。鲍鱼生活在浅浅的岩岸地区，因为岩岸海浪汹涌，所以鲍鱼的外壳较为扁平，以减弱水流对自身的冲刷作用。鲍鱼宽扁的体螺层和其末端的壳口一样大，足则完全填满了壳口。由于足的表面积很大，鲍鱼能够用惊人的力度牢牢吸住基质，即使遭遇强大的海流，或是被捕食者打扰，它都能纹丝不动。

鲍鱼有一对感受触角和一张大大的**口**。鲍鱼的足附近生有**外套膜**，外套膜周围伸出了许多**上足触手**（epipodial tentacle）。一旦上足触手触碰到物体，外套膜就会缩回，足的肌肉会随之强力收缩，使壳紧紧贴住岩石表面。

部分种类的鲍鱼壳体长达37厘米，壳上生有一些开口，开口能够让水流通过，便于呼吸。海水从鲍鱼前部的**入水口**进入，流经鳃部，然后从后方的**出水口**流出。从出水口流出的还有鲍鱼的代谢产物。此外，在繁殖期间，其产生的生殖细胞也会从出水口流出（见第79节）。鲍鱼壳的颜色十分丰富，有红色、绿色、黑色与粉色等，人们通常会依据壳的颜色来为鲍鱼命名。

请按照介绍的顺序给页面下方的宝贝和玉螺上色。

宝贝（cowry）是外壳图案精美的腹足纲动物，具有很高的观赏价值，分布于热带和亚热带海域。宝贝的外壳带有光泽，仿佛精心打磨过一般，这是因为宝贝的外套膜能将壳完全包裹起来。两瓣巨大的外套膜能够沿着壳的两侧拉伸，然后在背部的中线处相接，此外，外套膜也可以完全缩回壳里。宝贝的外套膜色彩鲜艳，带有花纹，有时膜上镶嵌着一些微小的肉质结构——乳突（papillae）。宝贝用足行动，会在移动过程中将触角和水管伸出。触角用于探测周围环境，而短短的水管则用于呼吸。宝贝主要以小型的底栖无脊椎动物和死亡的动物为食。宝贝的外壳会随着软体部的生长而增大，盖过原来的壳，因此，在宝贝的成体期中，我们只能看到其体螺层，其他螺旋部已经消失。宝贝的大小介于6毫米至150毫米之间。

玉螺（moon snail）生活在泥沙滩上，硕大的足能够帮助它在软软的底质上行动。玉螺的**前足**（propodium）同样会辅助它移动，前足是足的延伸部位，让玉螺在泥滩或沙滩上行动的时候好似犁地。前足生有一片扁平的结构，在玉螺移动时，这一结构会盖住玉螺的头部，只将水管和触角暴露在外，使其免受捕食者的威胁。请仔细观察底图中玉螺壳上的螺旋部和体螺层。玉螺的壳呈浅褐色。

有壳腹足纲

壳部特征 ✿
螺旋部 a
螺顶 b
体螺层 c
壳口 d
管沟 d¹

软体部 ✿
厣 e
足 f
水管 g
触角 h
眼 i
口 j
头部 k
外套膜 l
上足触手 m
入水口 n
出水口 o
前足 p

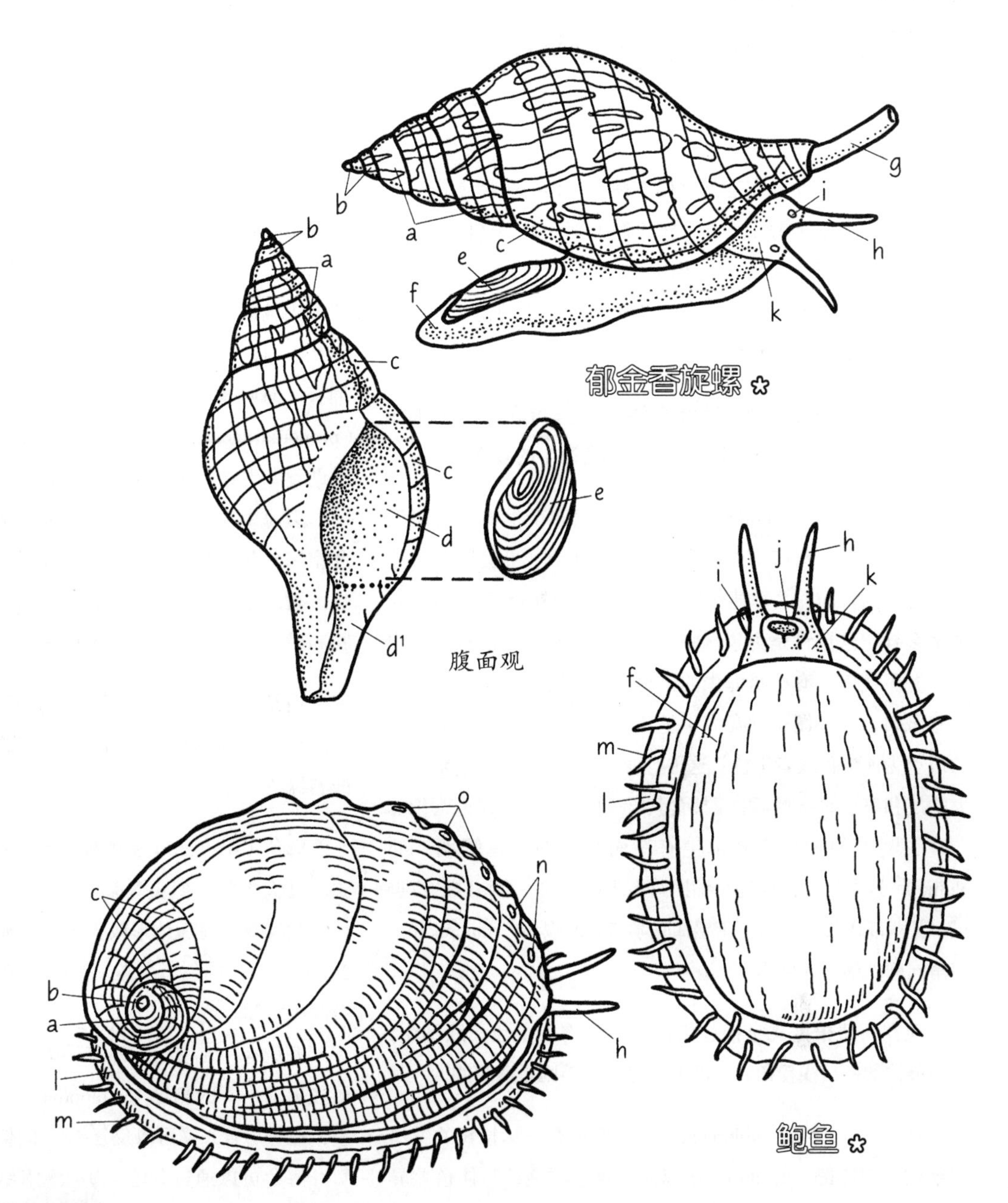

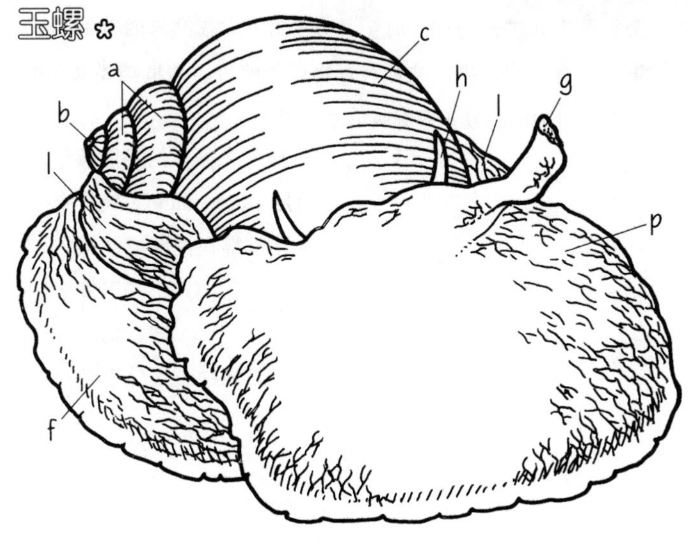

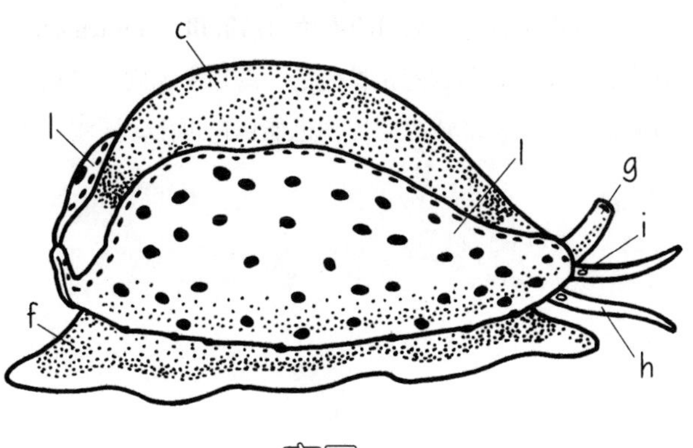

32
软体动物多样性：无壳腹足纲

无壳腹足纲动物在进化过程中卸下了作为防御装备的外壳和厣，采取复杂的化学和生物机制抵御天敌。它们身上鲜艳的色彩具有警示捕食者的作用，部分无壳腹足纲动物还被称为“海里的蝴蝶”。本节将要介绍两种裸鳃类动物，以及与它们亲缘关系相近的海兔。

请根据文中介绍的顺序给盘海牛上色。请为结壳海绵涂上紫色或红色，结壳海绵是底图中这种盘海牛的食物。

盘海牛（dorid nudibranch）的足迹遍布全世界的岩岸潮间带。底图中，盘海牛的**外套膜**上布满斑点，外套膜覆盖住了盘海牛的背面，并垂挂在**足**上。盘海牛的外套膜色彩艳丽、图案多样，这或许是为了恫吓捕食者——它们可能有毒，吃起来并不美味。有些盘海牛的体色与其食物的色彩相近，便于隐藏自己。底图中的盘海牛呈灰色或者浅棕色，外套膜上的斑点为深棕色或者黑色。这种盘海牛体长约为 7.5 厘米，巨大的足和扁平的身躯有助于捕食其唯一的猎物——结壳海绵。

底图中的盘海牛背部生有一圈突出的白色**鳃羽**（gill plume），这圈鳃羽能够完全缩回盘海牛体内的一个特殊的口袋里。其背部还长有一对用于感知化学信息的**嗅角**（rhinophore），嗅角同样能够缩回体内。

现在，请根据文字描述给图中的蓑海牛上色。底图中，水螅群体的柄呈浅粉色，上部为红色，触手则是透明的。

蓑海牛（aeolid nudibranch）的背部生有一丛长长的突出的结构，即**露鳃**（cerata），露鳃往往色彩鲜艳，与体色差异明显。蓑海牛的露鳃之所以夺目，或许是为了吸引捕食者的注意，以保护自身较脆弱的嗅角和**口触角**（oral tentacle）。本节绘制的蓑海牛的露鳃是棕色的，露鳃尖端则为橘色。露鳃即使被捕食者破坏或者吃掉，也能快速再生。露鳃位于蓑海牛体表的呼吸器官，每条露鳃内部生有消化腺叶（glandular digestive lobe）。有些蓑海牛的露鳃内部含有特殊的孢囊，孢囊里装着它们从刺胞动物体内卸下的刺丝囊（见第 101 节）。蓑海牛的防御“武器”包括毒腺、锋利的钙质骨针（取自其猎物），以及自身分泌的有毒黏液。蓑海牛也和盘海牛一样拥有一对嗅角。此外，蓑海牛还生有成对的口触角和**足触角**（propodial tentacle），它们位于足的前方。这些感官结构能够帮助蓑海牛寻找和捕食刺胞动物。

蓑海牛主要以水螅群体（见第 23 节）为食。长长的躯体和窄窄的足（长 5 厘米）有利于蓑海牛牢牢地抓住直立的水螅。蓑海牛分布于全世界的岩岸潮间带、平静港湾里的漂浮物和桥墩上，具体出没地点因季节而异。

请给海兔（右下）上色。海兔的足向两侧延伸，形成“侧足”，请为侧足涂上与足相同的颜色。请为海藻涂上红色或者绿色。

海兔（sea harc）是裸鳃类动物的近亲，“海兔”这个名字源于其大大的形似兔耳朵的口触角。此外，海兔还是贪婪的植食性动物。海兔体形较大，部分种的体长可达 40 厘米，重 2 千克。海兔的色彩多样，包括褐红色与紫色，身上通常会生有浅色斑纹。

海兔有一对嗅角，外套膜覆盖鳃部，而足两侧向外延伸，形成扁扁平平的**侧足**（parapodia）。海兔的侧足既可以向上折叠，覆盖后背，又可以反复拍打水体，制造水流供鳃呼吸。

海兔可以通过分泌牛奶状物质，以及用腺体排出紫色的染料等方式进行防御。海兔的外套膜里储藏着从藻类体内收集来的有机化合物，这种有毒物质能够进一步抵挡捕食者的攻击。海兔广泛分布在温暖的水域里。

无壳腹足纲

外套膜 a
足 b
嗅角 c

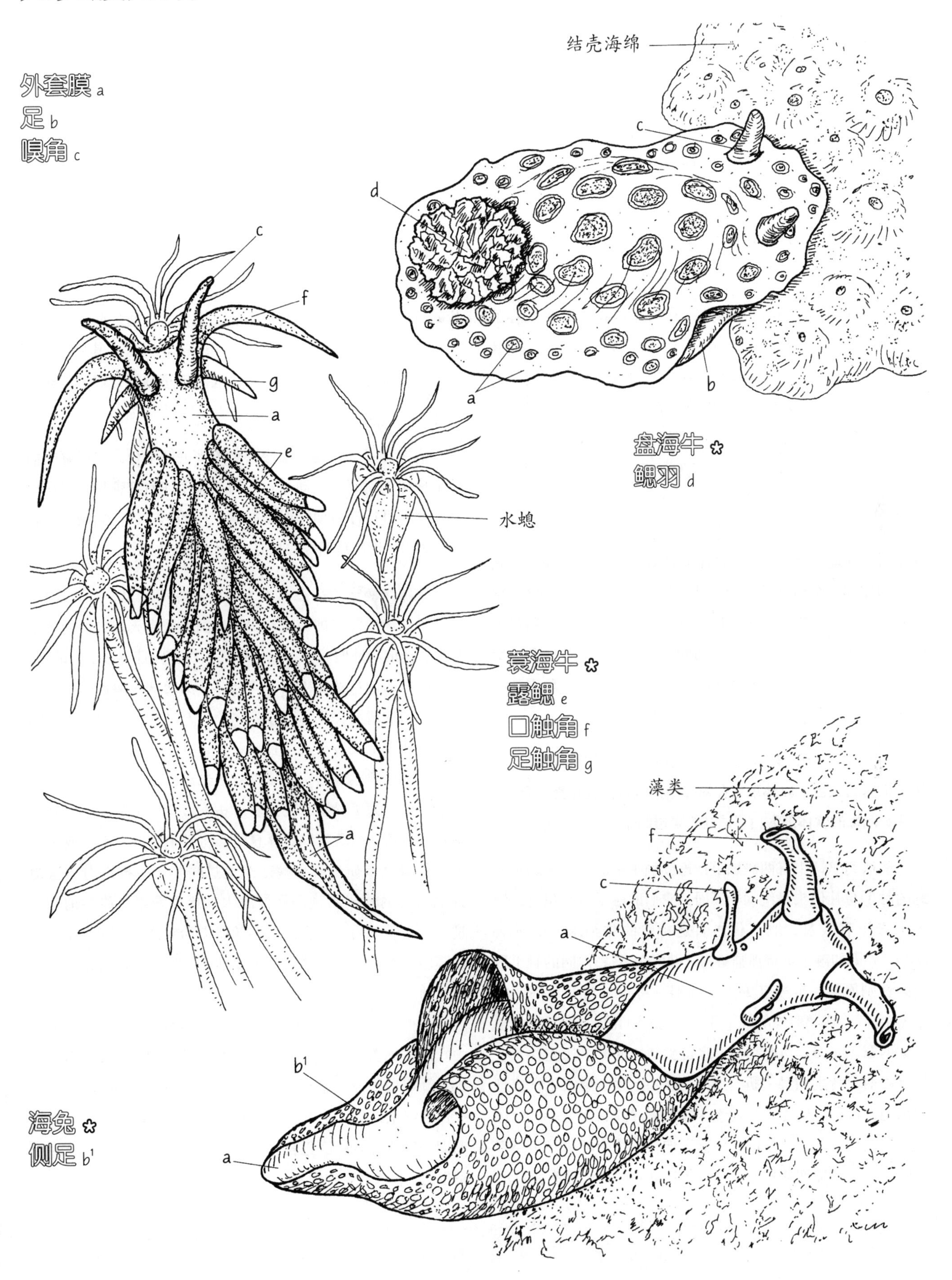

33
软体动物多样性：鹦鹉螺

软体动物门头足纲（Cephalopoda）的成员包括鱿鱼、章鱼、鹦鹉螺等。头足纲动物具有高度进化的头部，它们的眼睛硕大，结构精妙。

请给页面上方的珍珠鹦鹉螺和页面右方螺壳的截面图上色。

鹦鹉螺（nautilus）的**螺壳**被分为许多腔室，在现存的头足纲动物中，仅鹦鹉螺具有这种特殊的壳，因此鹦鹉螺被认为是现生头足纲动物里最原始的物种之一。鹦鹉螺的进化历史可以追溯至4.5亿年前，在此期间，共出现过约3 500种鹦鹉螺。目前，世界上仅存6种鹦鹉螺。珍珠鹦鹉螺（chambered nautilus）的壳为双层，薄且轻，壳内部呈珍珠白色，米白色的外壳分布着浅红色条纹。与螺壳材质相同的**隔板**（septum）将壳分成了许多腔室。随着珍珠鹦鹉螺长大，壳被周期性地向外推（大约每几个星期一次），然后在外套膜后方构建起一个崭新的隔板，进而形成一个更大的腔室。据记载，一只珍珠鹦鹉螺共生有38个腔室（已知的最大数量）。随着珍珠鹦鹉螺成熟，腔室之间的隔板会变厚。珍珠鹦鹉螺的螺壳最外面的腔室为**住室**（body chamber）。一只珍珠鹦鹉螺的螺壳直径为15～25厘米。

请为珍珠鹦鹉螺软体部的底图上色。建议给软体部涂上与住室相同的颜色，以体现它在螺壳里的位置。在自然条件下，珍珠鹦鹉螺的软体部为白里透红的半透明体。

珍珠鹦鹉螺生有两簇**触手**，每簇触手呈圈状。珍珠鹦鹉螺的触手与其他头足纲动物不同，它们的触手由鞘包裹，触手上未生有吸盘，取而代之的是特殊的黏细胞（adhesive cell）。外圈的触手负责抓捕猎物，共有38只；内圈的触手数量因性别而异，雄性有24只，而雌性有48～52只（底图中未绘出）。珍珠鹦鹉螺的触手可以完全缩回壳里，然后被一层坚韧的**罩**（hood，功能类似于腹足类动物的厣）遮盖住，这层罩由两只特别的触手折叠形成。触手上生有感知化学信息的细胞，这种细胞能够帮助珍珠鹦鹉螺寻找猎物。一旦珍珠鹦鹉螺发现了猎物，它的触手就会伸长，长度可达其螺壳直径的两倍。珍珠鹦鹉螺和其他头足纲动物一样，拥有强壮的喙形的颚（见第34节），并且以藻类、鱼类、虾蟹等无脊椎动物为食。

珍珠鹦鹉螺**眼睛**的进化程度不如其他头足纲动物，其眼睛缺少晶体，工作原理与针孔摄影机相似。珍珠鹦鹉螺的**漏斗**（funnel）位于触手下方，由古老的软体动物的足进化而来，并由两个边缘互相包裹的叶状组织组成。珍珠鹦鹉螺囊状的**身体**（软体部）含有内脏和鳃室，器官通过漏斗与外界相通。**连室细管**（siphuncle）是一条特殊的管道，其从珍珠鹦鹉螺的背部伸出，穿过各腔室之间的**连室细管开口**，连通所有腔室。

请为页面下方的三幅珍珠鹦鹉螺底图上色，这三幅图描绘了珍珠鹦鹉螺的运动方式。为了体现连室细管和腔室在珍珠鹦鹉螺进行浮力调控时是如何工作的，在第三幅图中，我们只画出了珍珠鹦鹉螺的螺壳，未绘出软体部。

珍珠鹦鹉螺生活在热带太平洋的深海区里，直到现在，人们仍对珍珠鹦鹉螺知之甚少。美国夏威夷火奴鲁鲁的怀基基水族馆成功地圈养了一只珍珠鹦鹉螺，并且孵化了它的卵。孵化而出的两只幼体生活了一年多，为珍珠鹦鹉螺的生长及发育方向的研究提供了初步资料。怀基基水族馆在捕获的珍珠鹦鹉螺壳上安装了声波传感装置，并从获得的声波信息中发现，珍珠鹦鹉螺白天通常在485米深的水域**休息**，这样的作息或许是为了躲避它的捕食者——鲨鱼、鳗鱼和同为软体动物的章鱼。珍珠鹦鹉螺休息时会将触手收进壳里，或用触手抓住海底基质。珍珠鹦鹉螺通过喷气产生**推进力**，这与其他头足纲软体动物一样。海水从珍珠鹦鹉螺眼后的开口进入外套膜腔后，又会因漏斗的肌肉和软体部收缩被压出外套膜腔，然后从漏斗喷射而出，推着珍珠鹦鹉螺向相反的方向运动。

入夜后，珍珠鹦鹉螺会增加自身**浮力**，上浮到浅海水域中。连室细管会产生气体，将气体送入珍珠鹦鹉螺的腔室，再重新吸收海水。这样一来，珍珠鹦鹉螺的重量就会减轻，螺体能向上浮动。上升到浅海水域中后，珍珠鹦鹉螺会游到珊瑚礁区或者岩岸区觅食。黎明将至，珍珠鹦鹉螺又会将腔室里的气体吸收，以海水代之，下沉到深海中。

鹦鹉螺

螺壳 a
隔板 a^1
腔室 b
住室 b^1
连室细管开口 c

头部 ✿
眼睛 d
触手 e
罩 f
漏斗 g
身体 b^2
连室细管 c^1

运动 ✿
推进力 g^1
浮力 c^2

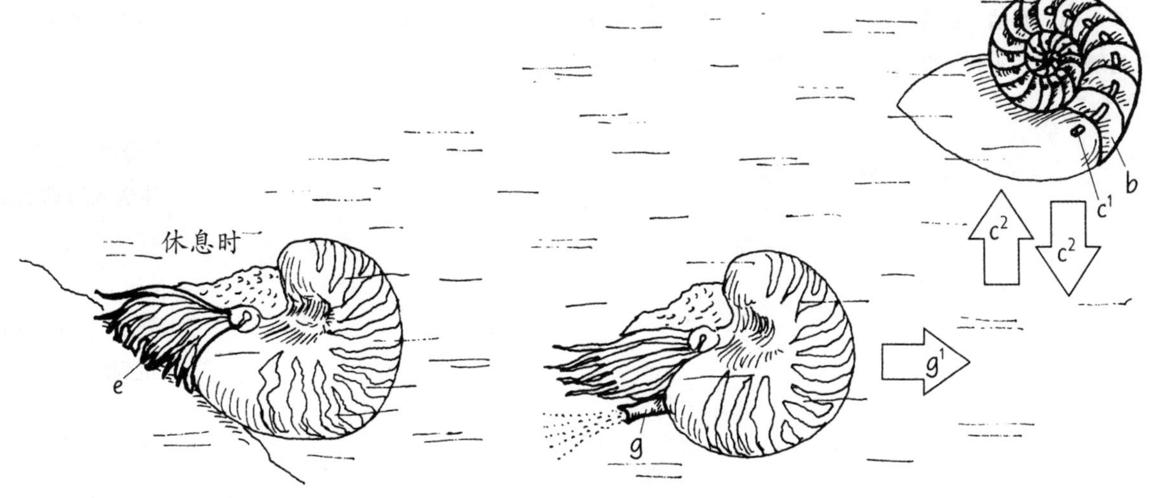

34
软体动物多样性：鱿鱼和章鱼

鱿鱼和章鱼是两类高度进化的头足纲动物。比起我们在第 33 节中提到的依赖壳的保护和浮力调节的鹦鹉螺，鱿鱼仅在外套膜里生有一层薄薄的退化的壳，至于章鱼，它的壳已经完全消失了。

请先从页面中大幅的鱿鱼底图上色。

鱿鱼（本节以乳光枪乌贼为例，*Loligo opalescens*）的**外套膜**十分强壮，位于外套膜内的胶原鞘强化了它的外套腔，能够维持外套膜的形状和大小。鱿鱼采用喷气式推进的游泳方法，它会先让外套腔充满海水，再将海水从**漏斗**压出，利用产生的推进力运动。一般来说，鱿鱼向后运动，其凭借由锥状的身体和宽稳的**鳍**带来的优势，成为非常高效的游泳动物——鱿鱼是短距离游泳的好手，在所有海洋生物里名列前茅。大型鱿鱼每小时可以游 24 ~ 32 千米。

除了向后游泳，鱿鱼也能够向前运动，但这需要通过改变漏斗的朝向来完成。当鱿鱼向前游动时，它会舒展八条**腕**，让身体成为一个流线型的“船头”，移动起来更为顺畅。鱿鱼还能够在水中悬停，或者仅靠鳍在水中漫游。为了能在海水中灵活又优雅地行动，鱿鱼会将喷气式推进方式和摆动鳍的运动方式相结合。许多种类的鱿鱼会集群行动，它们的运动轨迹相当同步，鱿鱼群还能够快速转弯，这进一步体现了它们高超的游泳技术。

请为鱿鱼的正视图上色，然后给其喙状颚上色，接着请给被放大的吸盘上色。

作为海洋掠食者，鱿鱼的极大优势是精湛的游泳技术与能够成像的**眼睛**。鱿鱼能够游进鱼群中，用长长的、布满吸盘的**触手**迅速地捉住猎物。只要被鱿鱼的**喙状颚**（beak，也称“喙”）咬一口，猎物就会死去。鱿鱼的喙状颚位于腕根部的中央，突出于口部。喙状颚能够帮助鱿鱼把猎物撕成碎片，然后将食物由齿舌（图中未画出，详见第 106 节）送入口内。

鱿鱼的腕上分布着具柄的黏性盘状结构，即**吸盘**（sucker）。一些种类的鱿鱼的吸盘可强化为角质环或钩状结构。当吸盘接触到固体时，其相连的肌肉会收缩，产生吸力。鱿鱼的触手长是腕长的两倍，只有扁平的触手末端才长有吸盘。

请给章鱼的两幅底图（右下）上色。底图中未画出章鱼的喙状颚。

除非生命受到威胁，否则章鱼（octopus）在水中不怎么游泳。章鱼的外套膜就像背包，当其游泳时，游泳方向与外套膜的朝向一致，而头部和 8 条腕跟在后面。章鱼的运动方式是典型的头足纲动物的运动方式：漏斗朝向与运动方向相反，海水流入外套腔后从漏斗喷射而出，形成类似喷气式推进的方法。

与鱿鱼不一样，章鱼没有明显的流线型外表，因此章鱼的游泳能力不如鱿鱼。章鱼倾向于操纵吸盘，吸附在某个固体上，但其移动起来还是很灵活的。

大部分章鱼每条腕上约有 240 个吸盘，吸盘通常排成两列。章鱼的吸盘与鱿鱼的不同，不具柄，亦不具有角质环或钩状结构。一只章鱼的吸盘直径，小至几毫米，大到 7 厘米。直径范围如此大的吸盘们让章鱼的行动十分灵活，使其能够精确地控制小物体。一个直径为 2 厘米的吸盘能够提起 170 克的物体。因此，请想象一下，被 2 000 多个吸盘吸住的物体要摆脱章鱼是多么困难！

章鱼往往单独活动，定居在洞穴内或岩石下方的裂缝里（见第 104 节）。

鱿鱼和章鱼

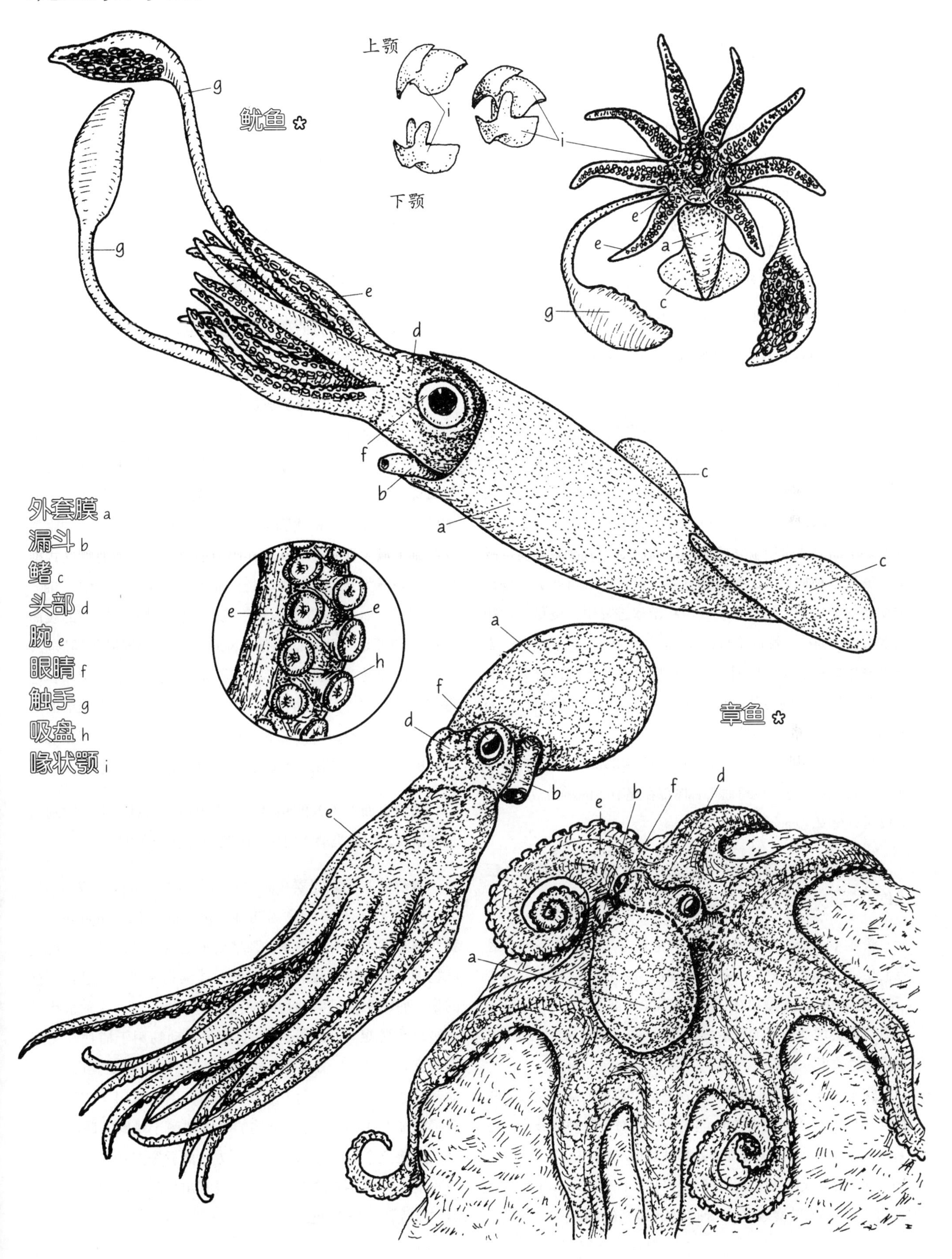
上颚
下颚
鱿鱼
章鱼
外套膜 a
漏斗 b
鳍 c
头部 d
腕 e
眼睛 f
触手 g
吸盘 h
喙状颚 i

35
甲壳动物多样性：小型甲壳类

甲壳动物隶属于节肢动物门（Arthropoda）。陆生昆虫（如苍蝇、蜜蜂、蚂蚁等）也是节肢动物门的成员。节肢动物门是地球上类群最丰富的一个动物门类，无论个体数，还是物种数，都独占鳌头。节肢动物有两个特征：体表覆盖外骨骼，以及身体和附肢有接缝或分节。甲壳动物的外骨骼是由碳酸钙组成的化学络合物，就像盔甲，这便是“甲壳”一名的来源。本节我们将介绍五类常见的小型甲壳动物。

请为页面右上方的桡足类动物上色。图中的小箭头指示水流的方向。

桡足类动物是个体最小（0.5 ~ 10 毫米）、但数量最多的甲壳动物，通常是海洋浮游动物中的优势类群。浮游桡足类动物最明显的特征是有一对长长的**第一触角**（1st antenna），触角位于其**前体部**（prosome）头部前端的两侧。这对触角是桡足类动物游泳时用来掌控方向的“舵”，在遇到危险时，触角能够快速地向后转，躲避捕食者。长长的触角增加了桡足类动物的表面积，使浮力变大。在游泳过程中，桡足类动物通常将较短的第二触角（2nd antenna）有节奏地向后滑动，来推进身体向前运动，同时，**口器**周围会产生水流，有利于滤食。桡足类动物的另外一个特征是生有用于感光的单一的**无节幼体眼**（naupliar eye）①。

桡足类动物的身体分节，只有前体部的前方和**后体部**（urosome）的后方可以弯曲。后体部在**尾节**（telson）处分叉，形成两只**尾叉**（caudal ramus）。

请为藤壶和茗荷上色，给它们蔓足上细密的毛涂上一层浅色。

藤壶（barnacle）直径为 5 ~ 50 毫米，其附着在坚硬的底质上生活，如岩石、码头桩、鲸类动物或轮船的底部。藤壶（和其他附着生物）聚集在船只上的现象被称为污损（fouling）。污损现象会增加船只的重量，降低船只的速度，减少 20% 以上的燃料效率。

藤壶好似一座小小的堡垒，灰色的“墙壁”其实是藤壶的**壳板**（shell plate），壳板内部可伸出 3 ~ 6 对分节的双肢型**蔓足**（cirriped）。不同种类的藤壶的蔓足活动情况也不一样。有些藤壶的蔓足会形成浮游生物网一样的结构，固着不动；还有一些藤壶的蔓足会有节奏地摆动，捕食水流带来的食物。

茗荷（stalked barnacle）是蔓足动物，其特征是生有肉质的灵活而健壮的**柄**（stalk）。茗荷的柄能够伸缩，即茗荷既能够把头状部伸长来获取食物，也能够将头状部拉回基底附近。茗荷可以生活在漂浮的生物或残骸上，也可以附着在硬底基质上。茗荷的个体直径在 5 ~ 25 毫米范围内，长度介于 1 毫米与 100 毫米之间。

请给页面右下方的等足类动物上色。

等足类（isopod）动物的大小介于 1 毫米与 275 毫米之间。底图中绘制的等足类成员是个体较大的“海蟑螂”，它呈深灰色，个体长 50 毫米。海蟑螂和陆地上常见的潮虫（sow bug）亲缘关系近。我们从底图中的背面观中可以明显地看见海蟑螂的**复眼**（compound eye）、**头部**的触角及体节。海蟑螂的前七个体节合称为**胸部**（pereon），胸部各体节上的附肢为**胸部附肢**（即胸肢，pereopod）或“步足”。所有的胸部附肢外形差异无几，等足类动物由此得名（“isopod”中，“iso”表示相同，而“pod”代表足）。我们还可以从底图中的腹面观中看到等足类动物的**腹部**（pleon）和**腹部附肢**（即腹肢，pleopod，也称“游泳足”）。腹部附肢的主要功能是游泳和进行气体交换。等足类动物身体的最后一节是尾节，尾节的两侧生有**尾肢**（uropod）。此外，我们还能够从底图中的腹面观中看到用于进食的口器。等足类是生活在潮间带里的食腐动物。

请给页面左下方的端足类动物上色。注意，由于绘制的是侧面观，端足类动物的每对附肢在图中仅绘出了一只。

本节绘制的端足类（amphipod，其中“amphi”表示双，而“pod”代表足）动物为钩虾（generalized gammaridian），我们熟悉的生活在沙滩上的滩跳虾便是钩虾的成员。端足类动物的结构与刚才我们介绍的等足类动物相似。不过要注意的是，底图中端足类动物的前两对胸肢呈螯状，这种螯状附肢被称为**腮足**（gnathopod），是端足类动物用于捕食和交配的器官。腮足的后方发育 5 对步足，其中 2 对步足朝向后方，而其余 3 对步足朝向前方。胸部后方生有 3 对用于游泳的腹肢（游泳肢）。钩虾身体末端的尾肢则用于跳跃（跳跃肢），它会先将整个后体部卷入身体下方，然后突然伸直，将自身弹入空中。沙滩上的端足类动物具有出色的弹跳力，因此得名“滩跳虾”和“沙蚤”。

① 一般认为浮游动物的感光器官分为两类——复眼和单眼，其中单眼又称无节幼体眼或杯状眼（cup eye）。——译者注

小型甲壳类

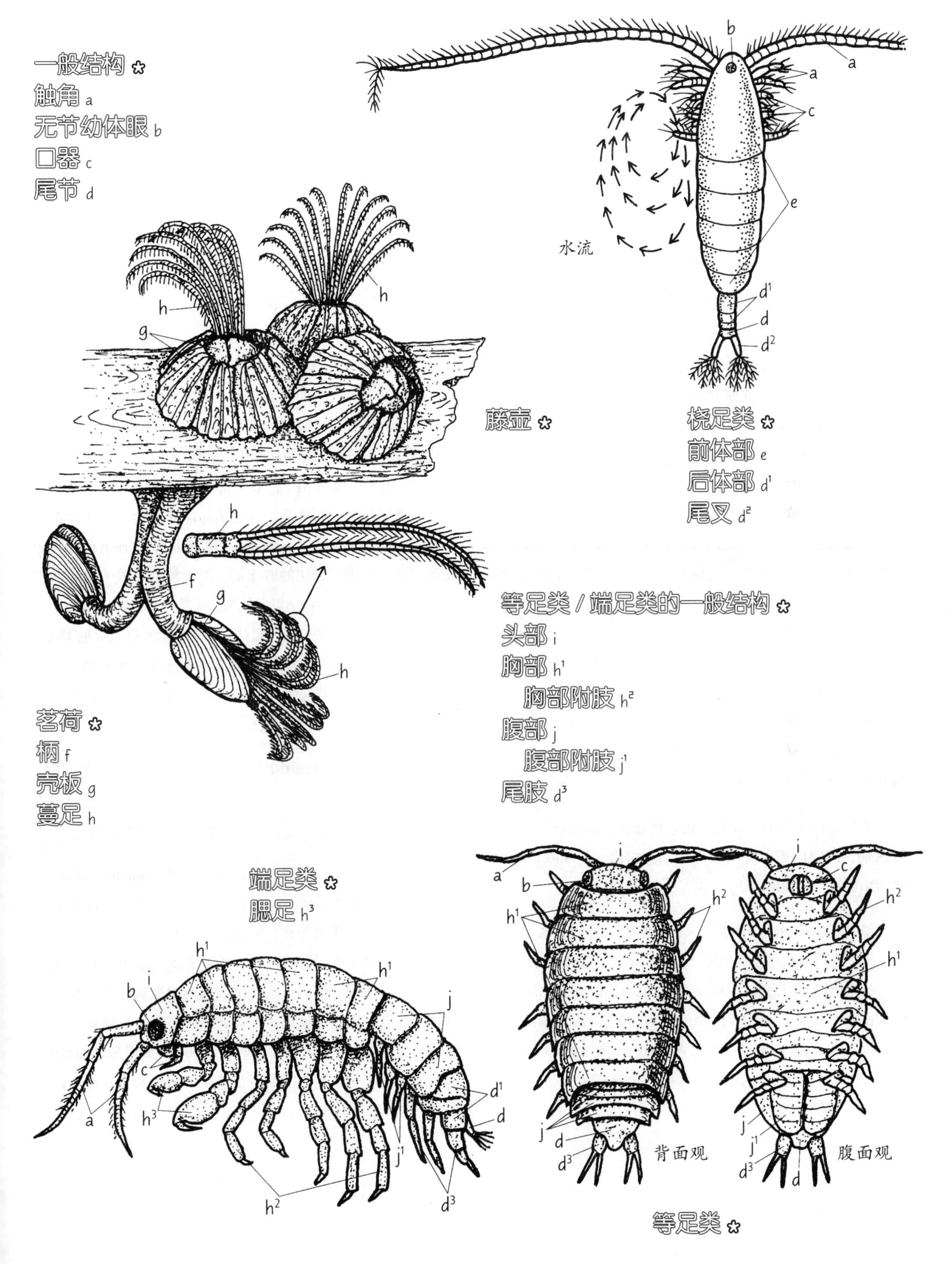
一般结构
触角 a
无节幼体眼 b
口器 c
尾节 d
水流
藤壶
桡足类
前体部 e
后体部 d1
尾叉 d2
茗荷
柄 f
壳板 g
蔓足 h
等足类 / 端足类的一般结构
头部 i
胸部 h1
胸部附肢 h2
腹部 j
腹部附肢 j1
尾肢 d3
端足类
鳃足 h3
背面观
腹面观
等足类

36
甲壳动物多样性：十足目

我们熟悉的甲壳动物大都是十足目（Decapoda，“deca”代表十，“poda”则表示足），它们的体形比第35节介绍的甲壳动物要大一些。

请根据介绍顺序给每一类十足目甲壳动物上色。先从右上角的虾开始，除了尾肢，每对附肢仅显示一个。

我们首先要介绍的十足目动物是虾，以藻虾科（Hippolytidae）的七腕虾属（*Heptacarpus*）动物为例。图中，虾身上长长的有接缝的后部为**腹部**（abdomen）。腹部的五个腹节上的双叉型附肢被称为**游泳足**（swimmeret）。在虾游动时，游泳足会有节奏地摆动。连接着最后一个腹节的结构是**尾肢**，这是一对双叉型的附肢，位于**尾节**的两侧。尾节和尾肢共同组成了虾的尾扇。

在虾的前部，大大的马鞍状的光滑结构是它的**头胸甲**（carapace）。头胸甲覆盖了虾的头部和胸部。胸部下方连接着八对附肢。其中，前面的三对胸部附肢被称为**颚足**（maxilliped），颚足向前伸，用于进食；后面的五对胸肢是单叉型附肢，为**步足**，十足目由此得名。步足中的前两对或三对有可能特化成钳状，这样的步足被称为**螯足**（cheliped）。虾的头部则生有两对分叉的**触角**，以及一对长在眼柄上的大大的**复眼**，眼柄可以移动，以此最大限度地扩展视野范围。头部内还生有一对咀嚼大颚，以及两对较小的进食附肢，进食附肢被称为“小颚”，图中未体现。

请给页面下方的螯龙虾上色，注意左螯和右螯在外形上的区别。图中的螯龙虾附肢未被完全绘出，但尾肢、螯足、触角和颚足均有绘出。

螯龙虾（lobster）的体形较大，体色为褐红色或橄榄绿色。螯龙虾是底栖的潜居生物，分布在北美洲大西洋沿岸水温较低的环境里。因为螯龙虾拥有硕大的腹部和螯足，所以它的体重比虾大得多。两只大螯的形状、大小和功能均不相同，较大的大螯用以钳碎带有硬壳的无脊椎动物，例如贝、螺。较小的大螯里排列着锋利的小锯齿，能将猎物撕成碎片。

螯龙虾腹部的游泳足已退化，雌性螯龙虾会用退化的游泳足来孵化卵。然而，灵活的腹节与可扩展的尾扇（尾肢和尾节的组合）可共同帮助螯龙虾快速地向后移动，使其在遇到紧急情况时能够迅速撤退。

请为寄居蟹的两幅底图上色，图中画出了寄居蟹在壳内的模样，壳的轮廓也已用虚线绘出。注意，请不要给寄居蟹寄居的壳上色。

寄居蟹（见第10节）生活在全球海洋的浅水区里。它们通常栖息在腹足类动物的外壳中，很少爬出这些“借住”的家，即尽量不离开它们的庇护所。寄居蟹的腹部很大，外骨骼也没有一般甲壳类动物所拥有的钙化结构，因此其腹部柔软且脆弱。倘若没有贝壳这件“防护服”，寄居蟹的腹部将不堪一击。此外，寄居蟹的腹部为非对称结构，与腹足类动物锥形的螺旋状贝壳相适宜。寄居蟹的尾肢很小，恰好贴着贝壳内部的壳顶。寄居蟹的腹部右侧没有游泳足，只有雌性的腹部左侧长有用于孵化的游泳足。寄居蟹身后的两对步足较小，尖端有钩，能够帮助寄居蟹抓住壳的内部。

从居住的壳里露出来的，则是寄居蟹全副武装的螯足、两对步足、具有眼柄的复眼，以及两对触角。寄居蟹每天背着它的壳在海底漫游，寻找腐肉吃。一旦敌人靠近，寄居蟹就会快速收缩腹部的肌肉，钻回保护壳里。

请为蝉蟹的两幅底图上色。蝉蟹巨大的触角上的毛用以滤食食物。

蝉蟹（见第9节）常见于美国大西洋海岸和太平洋海岸潮湿的沙滩。蝉蟹的作息与潮汐同步，其追随潮水生活，一旦栖息的洞穴被浪搅动过，它们就可能会重新挖洞。蝉蟹以海水里的悬浮颗粒物为食，海水能够给它们带来源源不断的食物。它们的头胸甲呈浅灰色，外形犹如一颗蛋。有了这样的头胸甲，蝉蟹能够用步足和尾肢快速地拨动沙子，轻松地钻进沙子里。蝉蟹的腹部折叠在头胸甲之下，很灵活。它们钻进洞内，面向大海，将长长的触角伸进扑面而来的海浪中。触角上的毛十分粗壮，能够卡住悬浮的食物颗粒，然后，蝉蟹会将这些悬浮颗粒扫入口中。

十足目

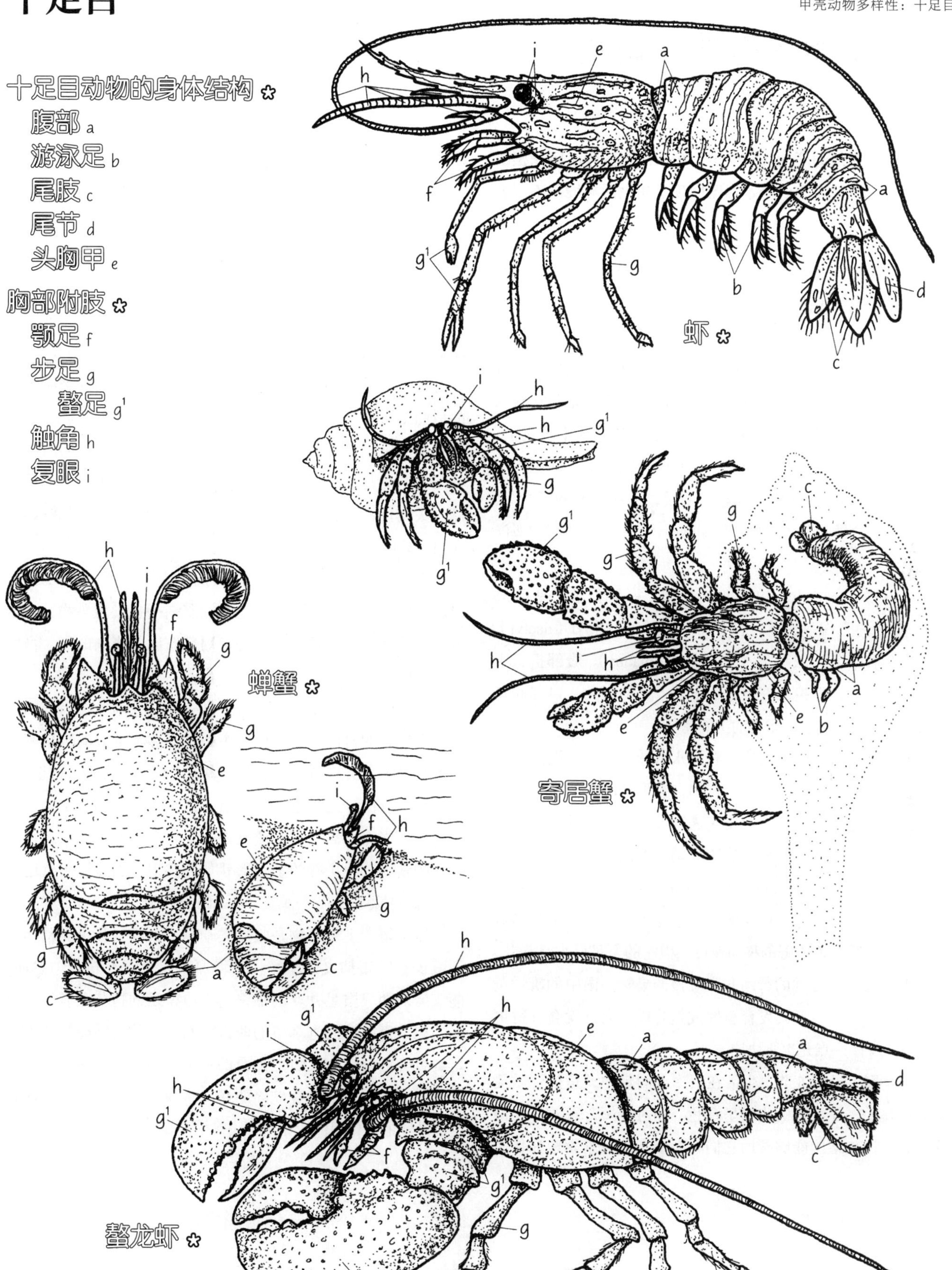
十足目动物的身体结构
腹部 a
游泳足 b
尾肢 c
尾节 d
头胸甲 e
胸部附肢
颚足 f
步足 g
螯足 g1
触角 h
复眼 i
虾
寄居蟹
蝉蟹
螯龙虾

37
甲壳动物多样性：螃蟹

请依据介绍顺序为每只螃蟹上色，注意区分不同螃蟹的特点。每只螃蟹旁边的小示意图展现了其生活环境，不需要上色。

在第36节中，我们介绍了一些十足目动物，它们的外观各不相同。螯龙虾和虾的腹部非常显眼，而且很脆弱，因此它们难以抵御天敌对其腹部的袭击。而对于真正的蟹类，腹部在很大程度上已经退化，向前弯曲，折叠在胸部之下，这样降低了腹部受到危害的可能性。将退化的腹部贴附在胸部之下的方式也改变了螃蟹的重心，将重心转移到了步足上。这样一来，无论是向前、向后，还是向两侧行走，都更为敏捷。此类进化取得了极大的成功，目前，大约有4 500种“真正的”蟹类，即短尾派动物（Brachyura），生活在浩瀚的海洋环境里。

黄道蟹（cancer crab）有四对**步足**，一对螯足（见第36节）。螯足的末端呈钳状，长有一个可活动的**指节**（dactyl），以及连接着指节的像手掌一样的**掌节**（manus）。**腹部**折叠于**头胸甲**的后方，即蜷曲在蟹体的下方。蟹的**触角**、口部和具眼柄的**复眼**，是真正的蟹类的主要特征。

黄道蟹分布于全球的冷水和温水水域，生活在潮间带和近岸生境中。部分黄道蟹，如人们在太平洋沿岸的海鲜市场里见到的黄道蟹，生活在沙质底表环境中。它们的外骨骼相对较薄，便于蟹体在底质上快速移动。然而，大部分的黄道蟹（如本节绘制的触角黄道蟹，*Cancer antennarius*）生有十分厚重的外骨骼，外骨骼能够保护它体内的结构。虽然厚重的外骨骼降低了黄道蟹的移动速度，但它的螯足巨大且强壮，能够钳碎螺和贝之类的行动非常缓慢的猎物。图中的雄性黄道蟹呈砖红色，一旦其发育至性成熟阶段，大螯就会长得更大，与其身体一点儿也不协调。

厚纹蟹（见第5节）生活在岩岸潮间带中，是灵巧敏捷的攀爬高手。厚纹蟹的步足呈绿色，相对较短，每对步足最后一节的特殊结构能够帮助它们在海浪来袭时紧紧地抓住底质。在生活于岩岸潮间带的螃蟹里，厚纹蟹是最为引人注目的，因为它们栖息在潮间带的高处，在白天和低潮期间活动，且广泛分布于全世界的温暖海域。许多厚纹蟹为植食动物，它们特化的螯肢能够采割生长在岩石上的藻类。厚纹蟹的指节和掌节末端犹如一把勺子，能够将藻类和食物碎屑舀到嘴巴里。

生活在大西洋和墨西哥湾中的蓝蟹（见第7节），属于游泳蟹类[①]。蓝蟹最后一对步足的末节特化成了扁平的桨状足。非游泳蟹类的后部步足与蟹身呈垂直状，而蓝蟹这类游泳蟹的后腿则可扭转至与蟹身近乎平行的位置。这些附肢十分灵活，甚至可以在蓝蟹划水时旋转至头胸甲的上方，同时给予蓝蟹上升力与推进力。蓝蟹的游泳方向并非正前方，而是两侧。头胸甲两侧横向突出的尖刺能够像船头一样划破水流。在短距离内，蓝蟹的游泳速度可达每秒1米。

作为掠食者，蓝蟹会将自己的躯体埋入松软的沉积物内，只露出眼睛和触角，静待猎物的到来。一旦发现猎物，蓝蟹就会迅速用螯足夹住它，其螯足内部布满了锋利的齿，可以将小鱼拉出水面。

馒头蟹（box crab）指的是一类头胸甲形状十分特殊的螃蟹。在休息的时候，黄褐色的头胸甲能够将下方的步足完全包裹起来。馒头蟹的螯足上生有多条毛茸茸的脊（ridge），有助于在松软的沙地上挖坑。平时，馒头蟹总是用螯足紧紧捂住身体，当充满氧气的水流到来时，脊上的毛还可以截留水流里的食物。馒头蟹的螯足形状如同鸡冠，因此馒头蟹还获得了另一种称呼——公鸡蟹（rooster crab）。

馒头蟹的主要食物是腹足类动物。大部分腹足类动物为了减少被螃蟹捕食的概率，会增厚自身贝壳开口处。然而，馒头蟹的两只螯足并非对称——右边螯足的指节上有一个明显的齿，齿能够嵌进掌节的两齿之间。这种大螯能够插入腹足类贝壳的开口，用齿把加厚的贝壳开口压碎。接着，馒头蟹就能“优雅地”沿着破碎的螺口将薄薄的贝壳剪碎，让腹足类动物的软体暴露出来。

① 根据蟹类的生活习性，大致可将蟹类分为走蟹、游泳蟹、穴居蟹、隐蔽蟹及共生蟹五个类群。——译者注

螃 蟹

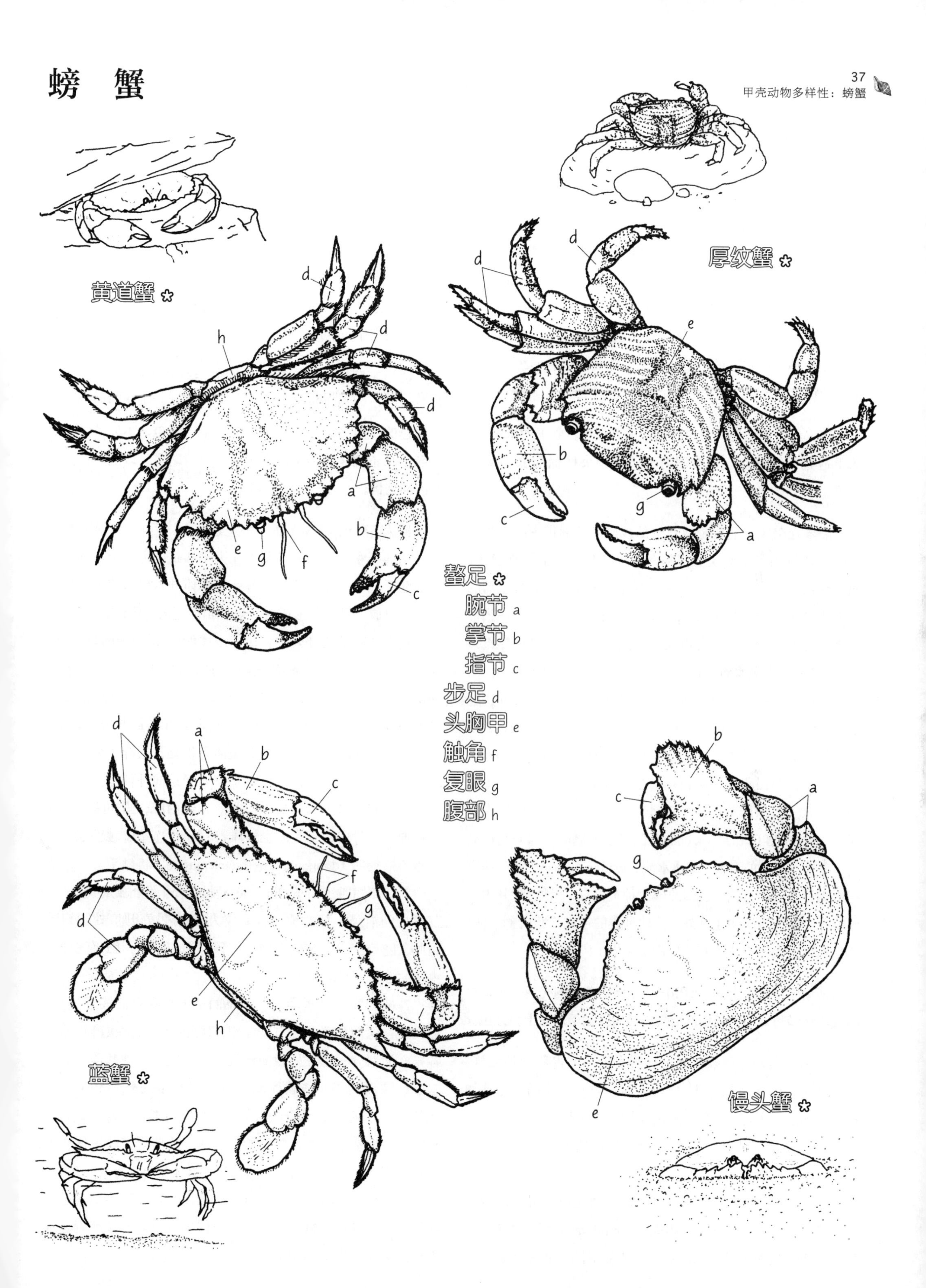
黄道蟹
厚纹蟹
螯足
腕节 a
掌节 b
指节 c
步足 d
头胸甲 e
触角 f
复眼 g
腹部 h
蓝蟹
馒头蟹
a
b
c
d
e
f
g
h

38
触手冠动物

触手冠（lophophore）是指触手冠动物（lophophorate animal）用以滤食海水中悬浮物的U形或环形的触手群，这些触手中空，上皮生有纤毛。触手冠动物分属于三个海洋无脊椎动物门，分别是帚形动物门（Phoronida）、苔藓动物门（Bryozoa）和腕足动物门（Brachiopoda）。以上三个门的动物都具有这种“优雅”的摄食结构，因此我们将它们统称为触手冠动物。

请先给帚虫上色。帚虫的栖管呈砂灰色，躯干为米黄色，触手冠则是浅绿色。顶视图为了体现中央槽而隐去了部分触手。

漫步在美国加利福尼亚州中部沙滩的低潮带中时，我们可能会留意到脚下斑块状的基底，这些基底似乎异常稳固。如果我们深入挖掘，就会发现一些被紧紧包裹着的可扭动的几丁质管子，它们是帚虫（phoronid worm）的栖管。一张帚虫床（phoronid bed）可能有几千条**栖管**，管中的帚虫体长为7~10厘米。当潮水淹没帚虫时，它们就会从栖管中向上伸出浅绿色的双螺旋形的**触手冠**。从上往下，我们可以看到，触手冠的**触手**排列成两层，被**中央槽**（trough）分隔开来。触手上的纤毛有节奏地摆动，产生了**摄食水流**（feeding current）。纤毛能够截留微小的食物颗粒，让食物颗粒沿着纤毛摆动的路线进入中央槽的基部，然后到达帚虫的口部（底图中未体现）。帚虫的**肛门**和**肾**（kidney）位于触手冠的外部，它们利用纤毛摆动带出的海水（**出水水流**，exiting current）将代谢废物送离触手冠。目前，已知的帚虫种类仅有12种。除其中一种帚虫会钻入岩石中生活外，其他种类的帚虫均营管栖生活，栖管垂直插入软质基底中，或附着在岩石上。

请给腕足动物上色。请用浅色给腕足动物的壳瓣上色，再用浅色涂满腕足动物的内部结构，最后给触手冠涂上亮红色。

因为腕足动物固着生活，且腹壳轮廓似古罗马的油灯，所以又被人们称为“灯贝”（lamp shell）。化石中的腕足动物种类要远远多于现生种类。腕足动物生活在两片壳里，因此，在19世纪之前，人们将它们归于软体动物中的双壳类。事实上，双壳类软体动物的贝壳由两片侧面的壳瓣组成（见第29节）；而体长为2~10厘米的腕足动物的壳瓣，由一片**背壳**（dorsal valve）（顶）和一片**腹壳**（ventral valve）（底）组成。如此看来，这两类动物壳瓣的朝向明显不同。从腕足动物较大的腹壳中伸出的蛋白质**壳柄**（pedicel）能够将腕足动物固着于硬质基底的表面。当腕足动物的壳瓣打开时，一簇大大的马蹄形触手冠会伸出，十分显眼。对于许多种类的触手冠动物而言，触手冠末端会变成紧密的螺旋状。腕足动物的摄食方式及水流在触手冠内的运动方向与帚虫相同。

请为苔藓虫上色。苔藓虫的触手冠多呈透明或浅白色。苔藓虫的虫室为浅褐色或灰色。大部分苔藓虫的前膜是棕色或深色的，而小部分苔藓虫的前膜呈亮红色。不同苔藓虫厣的颜色也不同。底图中，虫室前壁被省略了，以展现苔藓虫的内部结构。

虽然苔藓虫（bryozoan）与上述两个门类的触手冠动物具有相同的摄食方式，但苔藓虫在大小和结构上与上述两个门类的触手冠动物差异明显。苔藓虫单体的触手冠仅由一排纤毛触手组成，呈马蹄形或者环形。触手冠的直径仅有几毫米，触手冠会从碳酸钙外壳中伸出。虫体的外壳和体壁部分被称为**虫室**（zooecium），许多苔藓虫的虫室顶部为柔韧的**前膜**（frontal membrane），前膜连接着**牵引肌**（protractor muscle，又称壁肌，parietal muscle），牵引肌能够锚定虫室的底部和侧面。当牵引肌收缩时，前膜会被向下拉动，这样一来，虫室的体积减小，虫室内的液压增加，触手冠向外伸出。许多苔藓虫的虫室开口处覆盖着一层带有铰链的**厣**，当苔藓虫的触手冠伸向外界时，这片厣会被推开；而在连接着触手冠底部的**触手冠缩肌**（lophophore retractor muscle）将触手冠拉回虫室内后，**厣缩肌**（operculum closer muscle）会再次将厣盖上。苔藓虫的前膜十分柔软，容易成为捕食者攻击的首要目标，因此，随着演化，苔藓虫的虫室顶部逐步钙化，触手冠伸出虫室的方式也变得多样化。

苔藓动物是群居动物。小小的菱形虫室之间相互连接，形成了苔藓动物群体独有的编织筐形结构。苔藓虫群体形态各异。大部分苔藓虫外观简洁，就像覆盖在坚硬基质（例如岩石、漂浮的码头、软体动物贝壳或螃蟹的外骨骼）上的“纸”一样。此外，部分纸状的苔藓虫群体覆盖在巨藻宽阔的藻叶上。虫室之间的连接处柔软灵活，这使得苔藓虫群体可以随着藻叶弯曲。其他类型的苔藓虫群体呈直立分支型生长，常被人误认作水螅或者小型红藻。然而，若近距离观察这些群体，你会发现，每一个虫室都能伸出触手冠，触手冠是水螅和红藻所不具备的结构。

触手冠动物

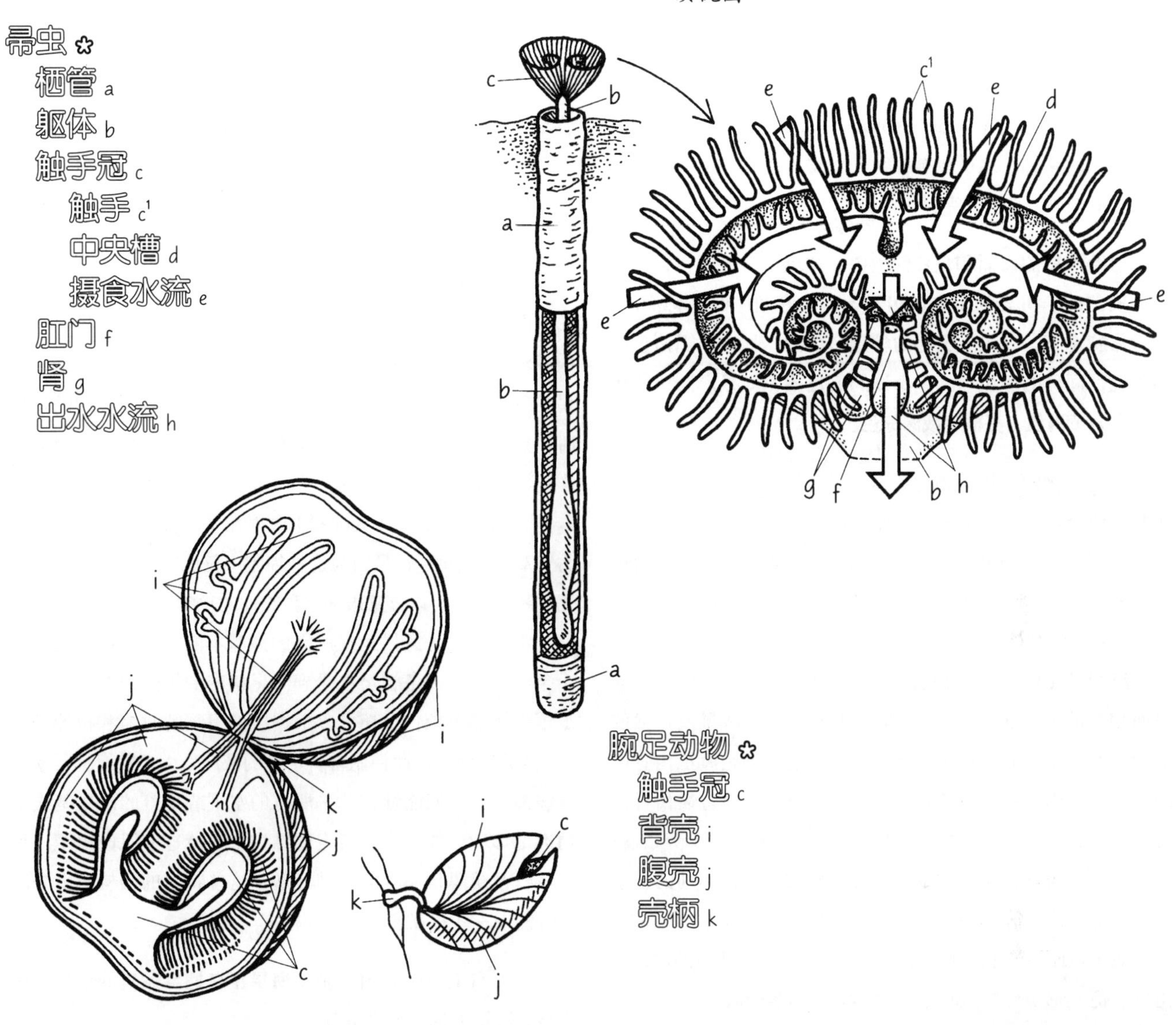
顶视图
帚虫
栖管 a
躯体 b
触手冠 c
触手 c¹
中央槽 d
摄食水流 e
肛门 f
肾 g
出水水流 h
腕足动物
触手冠 c
背壳 i
腹壳 j
壳柄 k

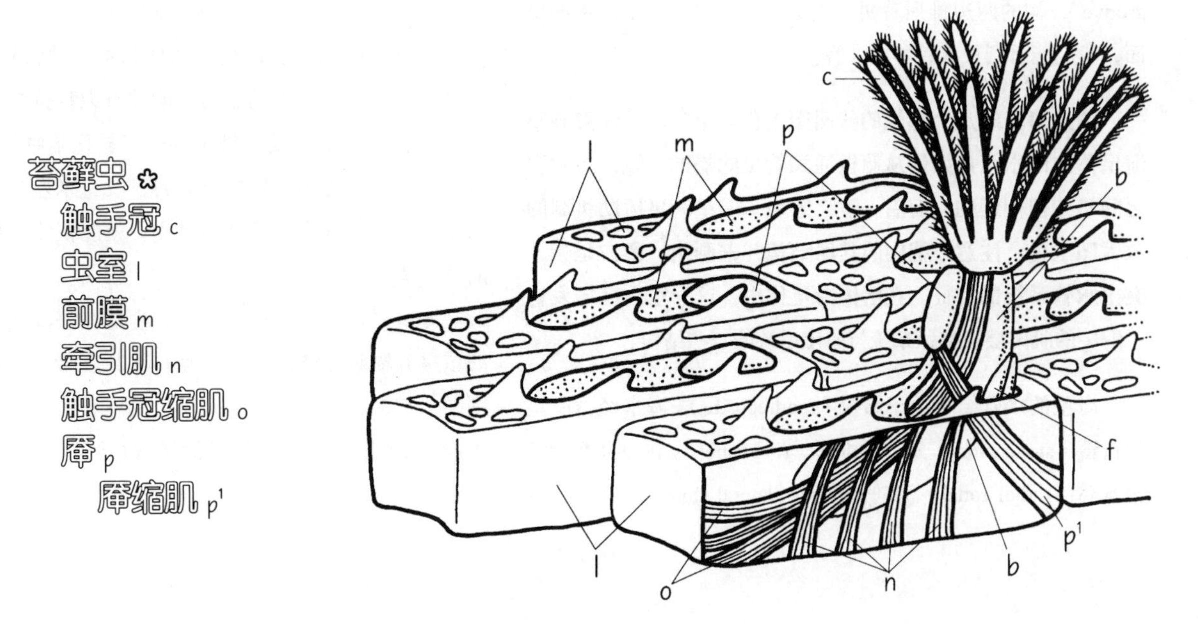
苔藓虫
触手冠 c
虫室 l
前膜 m
牵引肌 n
触手冠缩肌 o
厣 p
厣缩肌 p¹

39
棘皮动物多样性：海星

在棘皮动物门（Echinodermata）中，具有五条腕的海星最为大家所熟知（之所以被称为“棘皮”动物，是因为它们的表皮不光滑，常生有突起和棘）。

请给海星的口面和反口面上色。注意，一般而言，上表面（反口面）可分为中央盘和五条腕。底图中的这种海星，在活体状态下，表皮上突起的棘是白色的，棘被一圈蓝色圆环包围，圆环的颜色与海星身体的底色相差明显。海星的体色通常为黄褐色、亮橘色或深棕色。

棘皮动物的身体呈辐射对称。也就是说，它们的身体并非简单地沿着一条中线对称（如人类），而是由一模一样的基本单元围着一块中央盘排列而成的。海星等棘皮动物通常由五个相同的基本单元构成，这些基本单元呈环状排列，形成了五辐对称的结构。

海星（sea star）的**口部**位于口面（oral surface），与其口面相对的另一面为反口面（aboral surface）。海星反口面的表面凹凸不平，有的还长着棘。这些突起和棘是海星内骨骼的一部分，内骨骼上覆盖着一层表皮。海星的内骨骼由**骨板**（ossicle）组成。在一些种类的海星体内，骨板之间十分紧凑；在另一些种类的海星体内，骨板排列松散。骨板排列的松紧程度决定了棘皮动物的躯体是僵硬坚固的，还是柔软灵活的。

海星口面的各个腕上分布着一条与腕长度相适应的沟，沟由口沿**腕**（ray）[①]向外辐射。这些沟被称为**步带沟**（ambulacral groove），沟的两边排列着两行或更多的**管足**。观察海星的口面，我们能看到长着棘的内骨骼。

请为海星的几个部位的截面图上色。上色时，注意观察海星体内的水管是如何从筛板通到管足的罍的，以及各水管之间是如何相连的。而后，请给体现了海星管足运动机制的放大图上色。注意，腕内的其他结构并未画出，留白是为了突出水管系统的特征。在活体海星体内，这一空白区域发育了海星的肌肉层及繁殖系统与消化系统的一些结构。

海星的水管结构始于**筛板**（madreporite），海水经由海星的**石管**（stone canal）到达**环水管**（ring canal），再自环水管经**辐水管**（radial canal）流向**侧水管**（lateral canal），最终到达管足。如此独一无二的水管系统需要肌肉与液压共同控制。

海星的管足为中空的肌肉质结构，连接着像气球一样的用以储存液体的小囊——**罍**（ampulla）。罍的表面具有弹性，上面覆盖着网状的肌纤维。当罍的肌纤维收缩时，罍会变瘪，液体会被压入管足中，进而管足的肌肉被拉伸，管足变长，向步带沟的外部延伸；而当管足的肌肉收缩之时，管足内的液体会被压回罍中，罍环肌拉伸，罍变得膨大。许多海星的管足底部生有肌纤维，当管足的底部接触到坚硬的基质时，这些肌纤维会收缩，产生真空，使得管足能够像吸盘一样牢牢吸附在基质上。除了产生吸力，管足还可以用自身特殊的“双重性细胞”（duocell）吸附在基质表面。之所以被称为“双重性细胞”，是因为这种细胞不仅能够分泌带有黏性的化学物质，还可以分泌破坏这种黏性的化学物质。

水管系统是海星运动所需的最基本的结构，包含成百上千条管足。每一条管足都受到海星精密的神经的调控——管足不仅能够被拉伸，还可以根据肌肉组织的收缩和拉伸进行360度的转动，以此控制罍所带来的液压。大多数海星行动相当缓慢，但它们能够在几乎所有的水平或垂直的硬质基质上精准地移动。如果没有特定的结构来支持这些肌肉组织，那么水管系统恐怕不会高效地运转。这些特定的结构，由海星内骨骼中一些相互连接的骨板构成。

页面右上方的底图绘制了海星正在捕食贻贝的场景。请为这只海星上色，贻贝留白。

海星可以利用管足捕捉活体猎物，并将猎物送入口中。海星的管足具有强大的吸力，能够有力且持续地拉扯双壳纲软体动物（如蛤蜊或贻贝）的壳，弱化猎物闭壳肌的力量。海星只需将双壳纲动物的贝壳打开几毫米左右，然后将自身的胃外翻，伸入猎物的开口之中，就能在体外将双壳纲动物的软体消化。

海星通常为肉食性捕食者，生活在海洋底部。大部分的海星呈五辐对称结构，直径为10～25厘米。一些种类的海星则要大许多，而且生有5条以上的腕。例如，生活在美国太平洋一侧海岸上的多腕葵花海星就有至少26条腕，腕的直径可达1米（见第11节）。

① 腕应为“arm”，此处认为“ray”代表“辐射”之意，可直译为“辐射腕”，但中文无此说法，故单译作“腕”。——译者注

海 星

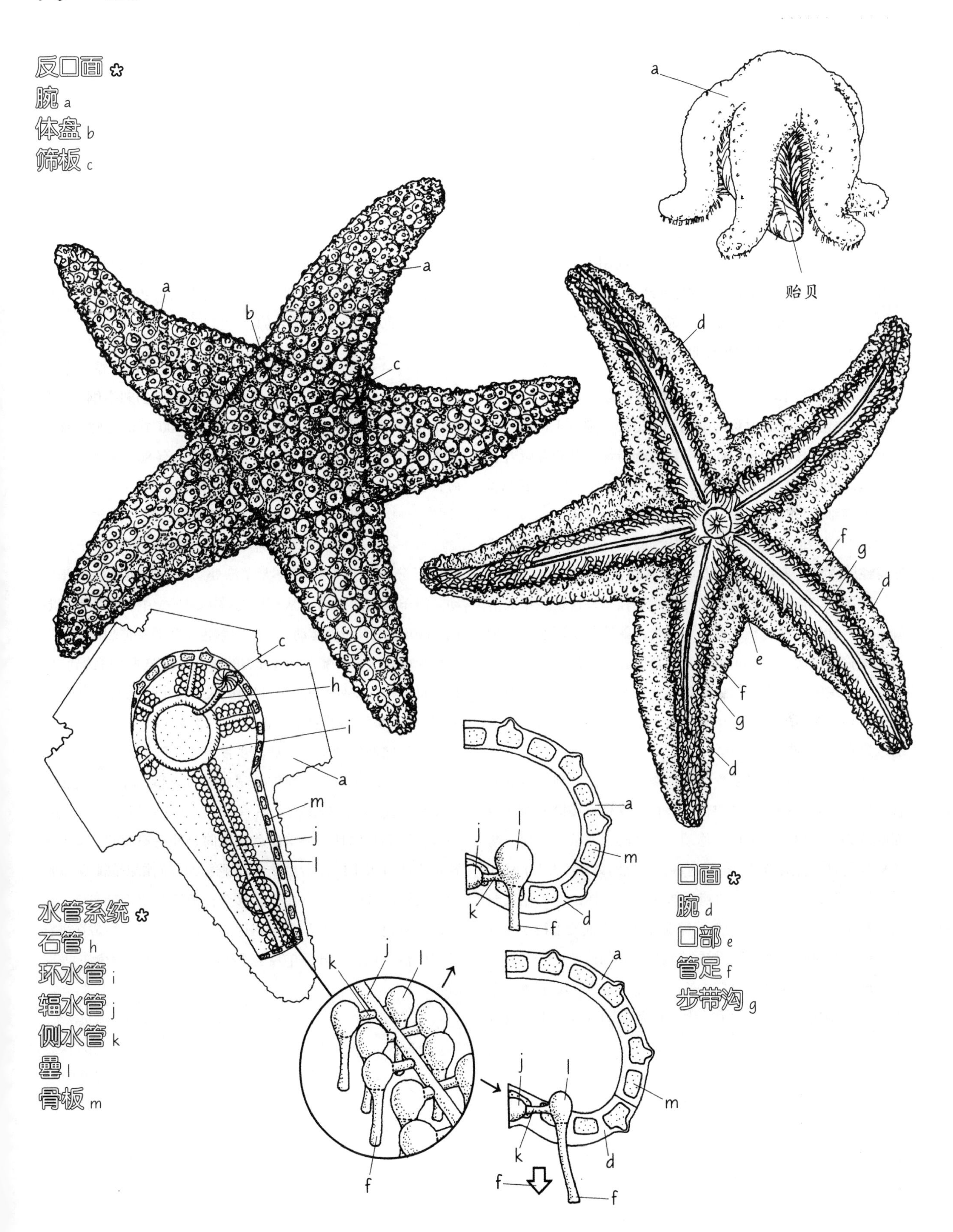
反口面
腕 a
体盘 b
筛板 c
贻贝
口面
腕 d
口部 e
管足 f
步带沟 g
水管系统
石管 h
环水管 i
辐水管 j
侧水管 k
罍 l
骨板 m

40
棘皮动物多样性：蛇尾和海百合

蛇尾和海百合分属于两个纲，但两者与海星同属于棘皮动物门。

请从页面右端的小海星开始上色，接着给它的截面图上色，截面图展现了海星的反口面、口面和口部的位置。然后，请为蛇尾的截面图（上）和海百合的截面图（下）上色。这三幅图体现了这三类棘皮动物的相同结构所处位置的差异。

最后，请给蛇尾的整体图、蛇尾腕部的放大图，以及右上方展示蛇尾运动和自切过程的步骤图上色。

蛇尾（见第16节），又称“海蛇尾”或者“蛇星”，它们与海星一样具有五辐对称的结构。蛇尾的**口部**位于**口面**。与口面相对的另一面为**反口面**。海星的**腕**与体盘是相互融合且自然过渡的，与海星不同，蛇尾的腕与体盘的分界相当明显。蛇尾的腕细长，长有棘刺，腕上的结构相互铰接，这与人类的脊柱非常相似。这些铰接的结构为**骨板**，骨板的铰接方式使得蛇尾的腕能够呈波浪形扭动，就像蛇在**运动**一样。

蛇尾腕上连接骨板的肌肉可以承受强压，这是蛇尾的防御机制。过于强劲的压缩可能导致受困蛇尾的腕断裂，这种情况被称为**自切**（autotomy）。自切能够让蛇尾断腕，帮助其逃脱。蛇尾的英文俗名“脆海星”就是源于其遇到危险时可快速自切逃脱的能力。蛇尾和海星一样具有再生能力，断腕的位置不久后会长出新的腕。

许多种类的蛇尾是杂食性的食腐动物，它们利用自身的管足来抓取悬浮在海水中的食物颗粒，或是直接捡取海底表面的食物。蛇尾的腕则用于移动：移动时，两条腕向前、两条腕分别向左右两侧、一条腕向后；蛇尾的**体盘**（disk）从底质上被抬起，而后，蛇尾的腕就像在划船一样，推动蛇尾向前跳跃（短距离）。腕上的**棘**能够避免蛇尾在底质上行动时打滑。在所有的棘皮动物中，蛇尾在海底运动的速度是最快的。

已知的蛇尾种类有2 000多种。大部分的蛇尾生活在潮下带的栖息地、浅海、深海、大洋底及珊瑚礁区域中，只有一些体形较小的种类可以经受得住严酷的生存考验，生活在岩岸潮间带里。大部分蛇尾的个体都不大，体盘直径为1～3厘米，腕长为5～6厘米；而一些种类的蛇尾腕很长，末端很细，腕长可达15～25厘米。

请给海百合的底图上色，并为其腕部的放大图上色，放大图画出了海百合的步带沟及管足。海百合色彩丰富，有纯褐色的，也有猩红色和蓝色的。

海百合是棘皮动物中唯一一个口部向上的类群。此外，许多人认为，海百合是棘皮动物门中最古老的现生纲，这是因为已知的海百合纲（Crinoidea）有5 000个化石种，而现生种只有620个。在现生海百合物种中，有80种被称为“柄海百合”（sea lily），它们依靠柄终生固着在底质上。柄海百合（图中未画出）通常生活在水深为100米及更深的海域中。

另一类海百合被称为海羊齿或者羽星（见第13节）。它们广泛分布于热带浅海与大洋深处，可以自由地在海里活动。海羊齿可以用自己从杯形的**萼**（calyx）中长出的螯状**卷枝**（cirri）沿着海底爬动。细长的腕也是从萼中伸出的，海羊齿最少可长出5条腕，有些种类的海羊齿的腕甚至可达到200条。每条腕上排列着可向两侧伸展的**羽枝**（pinnule），如同羽毛簇，“羽星”因此得名。海羊齿的**步带沟**沿着腕的中央分布，并且向两侧的羽枝伸展。步带沟的两侧长着触手状的**管足**，沿着沟还生有一列能够分泌黏液的突起。海羊齿是夜行滤食者，其从隐蔽处出现，而后移动到水流环境适宜的地方。一旦移动到目的地，海羊齿就将腕向上伸进流动的水中，用管足拦截海水中的浮游生物和其他悬浮有机物，进行被动滤食。被管足截取的食物会被转移至长满纤毛的步带沟中，然后被黏液包裹，顺着步带沟到达海羊齿的口部。倘若在进食过程中被干扰，部分海羊齿会上下摆动它们修长的腕，及时游走。

蛇尾和海百合

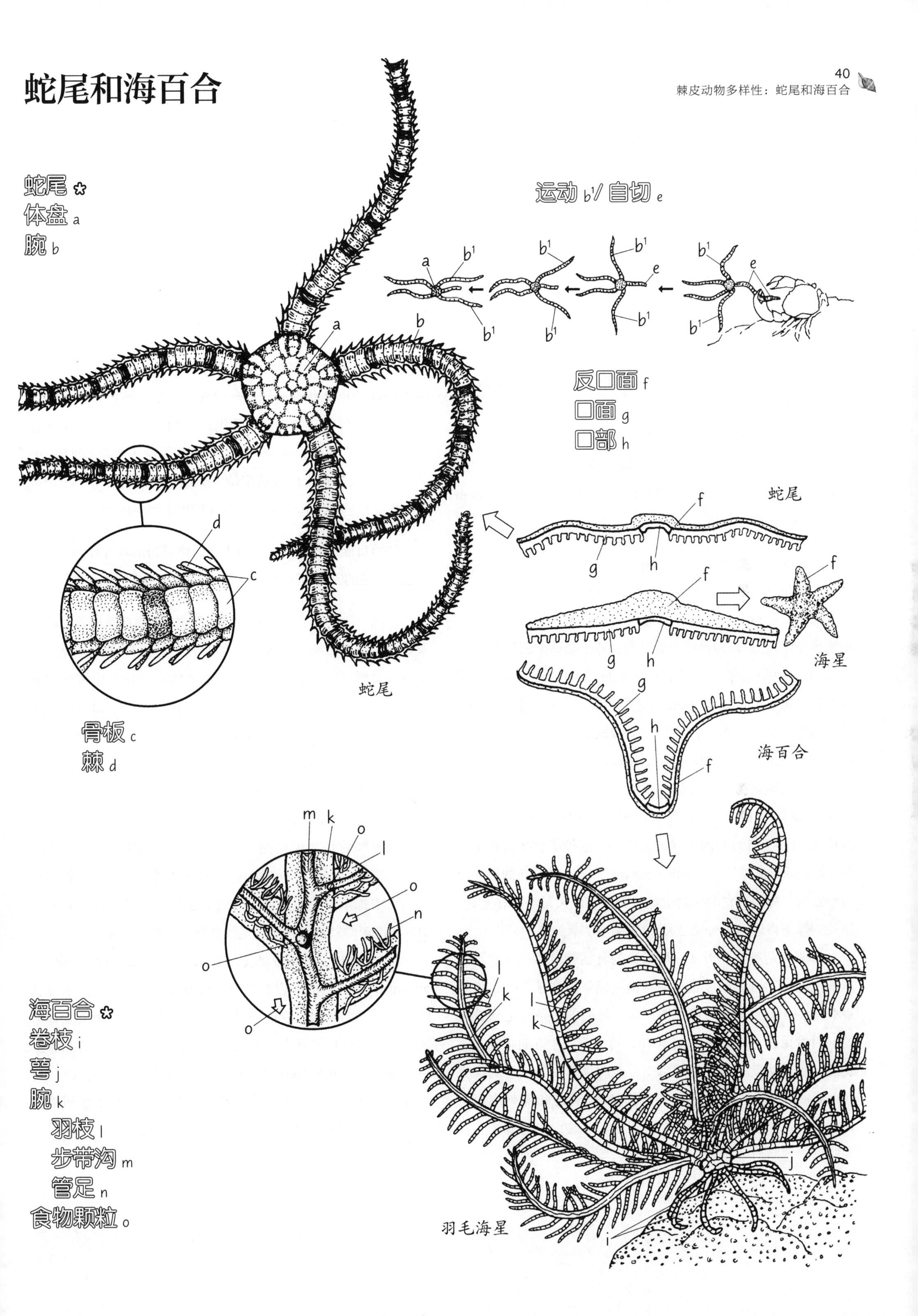
蛇尾 ✿
体盘 a
腕 b
运动 b1/ 自切 e
反口面 f
口面 g
口部 h
蛇尾
海星
海百合
骨板 c
棘 d
海百合 ✿
卷枝 i
萼 j
腕 k
羽枝 l
步带沟 m
管足 n
食物颗粒 o
羽毛海星

41
棘皮动物多样性：海胆纲动物和海参

海胆纲（Echinoidea）动物和海参与棘皮动物门下的其他纲动物不同，前两者缺少腕，而且躯干是沿着口面 / 反口面的轴向伸展的。

请先为海胆的骨骼上色。在上色过程中，我们会注意到，海胆骨骼上的步带和间步带交替分布，这种排列效果使得海胆的骨骼似被剥了皮的橘子。请给步带和间步带涂上浅色，在活体海胆身上，这些部位呈紫色。接着，请给骨板和疣突的放大图上色，放大图中还画出了棘刺等结构。

请给沙钱的三幅底图上色。从沙钱的侧面观可以看出，它非常扁。此外，我们还可以观察沙钱的瓣状步带大概分布在反口面上的哪个位置。

海胆和沙钱都是海胆纲动物。海胆纲动物的**骨板**紧密结合，使整个骨骼的硬度非常大，坚固无比。

海胆（sea urchin）的形状多为圆形或椭圆形，骨板纵向排列成 10 排，自口面排列至反口面的孔。躯体表面可分为 10 个辐射分布的区域，5 个**步带区**（ambulacral plate）和 5 个**间步带区**（interambulacral plate）交替排列。海胆的**管足**具柄，位于步带区。步带区和间步带区的表面都生有长长的可移动的**棘刺**和用于防御的**叉棘**（pedicellariae）。

海胆长期生活在坚硬的底质上。它们的**口**和口面都朝向基底；**颚**从口中伸出，刮食、咀嚼藻类和附着在底质上的其他生物。颚与海胆的摄食结构相连，这种摄食结构被称为“亚里士多德提灯”（Aristotle's lantern），是一种精巧的摄食与咀嚼器官。海胆摄食的生物量惊人，若它们大量出现在某处，该处的藻类将遭遇“灭顶之灾”（见第 107 节、第 113 节）。

海胆有两种运动方式：用长长的具柄管足移动，管足的末端生有吸力强劲的吸盘，可帮助它们吸附在基质上；依靠棘刺运动。如页面上方的底图所示，海胆的每条管足从骨板的一对**管足孔**（pore pair）中伸出，可向着多个方向行动。棘刺的长度约为管足的两倍或以上，棘刺可以以骨板上的**疣突**（tubercle）为轴，自由旋转。在移动时，管足和棘刺协调运作，使海胆沿着自身的计划路线行走。有些海胆的棘刺非常长，因此它们仅运用棘刺就能快速移动。

叉棘的作用是防御和清洁，它们从骨板中伸出，依赖颚片的支撑移动。海胆水管系统的部分元件，例如**鳃**，就位于骨板的下方。

活体沙钱（sand dollar）呈紫灰色，它们的棘刺非常短小。位于**口面**的棘刺围绕着口部排列，看上去就像一圈毛，而沙钱就利用这些棘刺运动。沙钱的管足（图中未画出）很小，分布于棘刺之间，能够帮助沙钱收集食物。沙钱生活在软质底内或者底表，多为食碎屑者，少数是滤食者（见第 105 节）。沙钱**反口面**上的**瓣状步带**（pedal）与海胆的五个步带区相对应。这些瓣状步带上长着特殊的用于呼吸的管足。

请给页面下方的两种海参上色，然后为海参骨片的放大图上色。上色的时候要注意，右侧的海参缺少步带区和间步带区。

大部分海参（见第 16 节）**躯干**的体壁厚且强韧，体壁内未发育大型的骨板，只有微小的骨片。分散排列的骨片给予了海参灵活的蠕动方式，还让海参能够在沉积物中进行挖掘活动（事实上，许多种类的海参都是掘穴能手）。海参的身体长长的，具“头部”区、“尾部”区、背面和腹面。海参的**肛门**很明显，树枝状的“呼吸树”由肛门向体腔内延伸。海水从肛门进入呼吸树，海参以此进行呼吸，海水在肛门处的吸入和排出是依靠肌肉的收放来控制的。

右侧画的是一种挖掘底表以摄食沉积物中的碎屑的海参——刺参（*Apostichopus*）。它能够利用自己的**口部管足**从沉积物中拣取食物。而位于腹面的管足则帮助其在底质上行动。底图中绘制的这种海参呈浅橘色，体长可达 40 厘米。

左侧画的是一种滤食性海参——红海参（red sea cucumber），其生活在岩石当中。这种海参呈橘红色，生有五排用于行动的管足。它的口部管足高度分叉，表面覆盖着黏液，当口部管足展开时，黏液可以粘住悬浮在水中的浮游生物和碎屑。这种海参在进食过程中会将管足依序放入口中，而后吃掉这些被粘住的食物颗粒。海参广泛分布于潮间带至大洋深处的各种类型的底质上。

海胆纲动物和海参

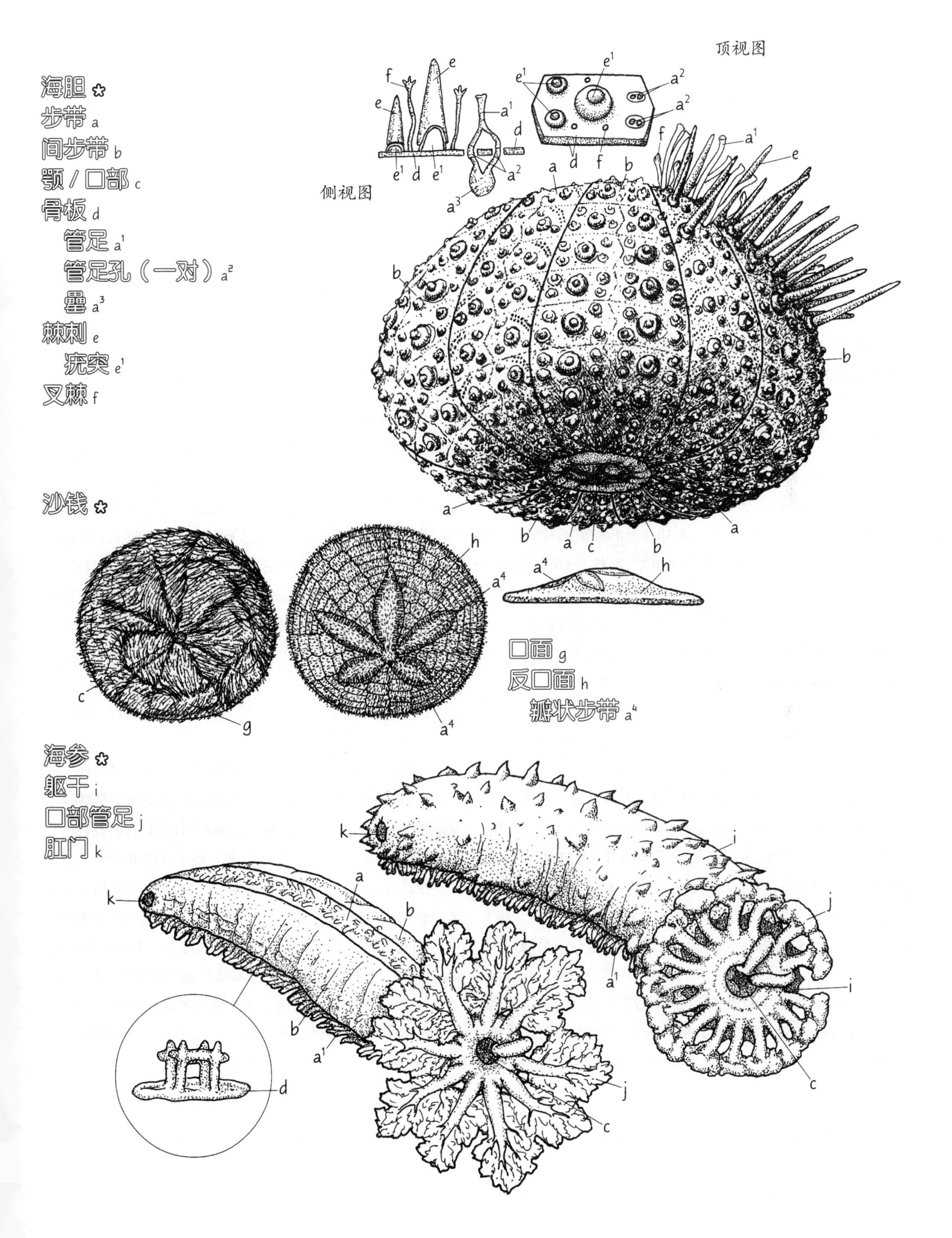
海胆
步带 a
间步带 b
颚 / 口部 c
骨板 d
管足 a1
管足孔（一对）a2
罍 a3
棘刺 e
疣突 e1
叉棘 f
顶视图
侧视图
沙钱
口面 g
反口面 h
瓣状步带 a4
海参
躯干 i
口部管足 j
肛门 k

42
海洋原索动物：海鞘和住囊虫

原索动物（protochordate）是脊索动物门（Chordata）的一大类群，其具备的一些特征将它们与更高等的海洋脊索动物（如鱼类、哺乳动物等脊椎动物）相联系。原索动物中演化得最为成功的类群是被囊动物（tunicate，即尾索动物亚门，Urochordata），其由约 1 300 种过着固着和浮游生活的种组成。在尾索动物亚门[①]里，海鞘是个体数量最多的一个类群。

请先为附着在码头桩上的单体海鞘上色。请选择一种浅色给海鞘的被囊上色。接着，请为单体海鞘的纵向截面图和横向截面图上色。图中，空心箭头指示着水流在海鞘体内的运动方向，而带点的箭头指示的是食物颗粒在海鞘体内的运输方向。

海鞘（sea squirt）中，既有以单一个体形式生活的物种（单体海鞘），也有以集群形式生活的物种（群居群体海鞘）。在这里，我们首先要介绍的是一种中等大小的单体海鞘——玻璃海鞘（*Ciona intestinalis*），体长约为 7.5 厘米。海鞘也被称为"被囊动物"，该名字源于动物体表的一层**被囊**（tunic）。被囊的形态因物种而异，一些被囊薄而透明，而一些被囊非常厚实。被囊含有一种十分坚韧的结构性碳氢化合物复合材料，这种材料与纤维素相似，被称为被囊素（tunicin）。被囊素由被囊动物**体壁**（body wall）上的外胚层组织分泌而来。

海鞘的体壁内分布着环形、纵向的肌肉，当这些肌肉收缩时，海水就会被挤压出体外，从出水孔喷出。

海鞘是一种滤食性动物，其滤食结构很简单。海水从海鞘巨大的**口部水管**（buccal siphon，即入水管）流入，进入**咽部**。海鞘的咽部生有许多孔，这些孔是长有纤毛的**鳃裂**（gill slit）。纤毛有节奏地摆动，产生水流。水流通过鳃裂进入**围鳃腔**（atrium），然后从**围鳃腔管**（atrial siphon，即出水管）流出体外。海鞘的**内柱**（endostyle）能够持续分泌黏液，黏液沿咽部的纤毛表面横向摆动，形成了一层**黏液膜**（mucous sheet）。食物颗粒被黏液膜截留，经由**背板**（dorsal lamina）到达海鞘的**胃**，而胃正好位于咽部的底端。海鞘的**肛门**和**生殖腺**都生有连接围鳃腔的管子，它们的代谢产物会被流出身体的水流带走，从出水管排出。

请给位于码头桩底部的海葡萄海鞘上色。

部分种类的海鞘通过无性的出芽生殖进行繁殖，它们从基部出芽，形成了由个体聚集而成的群体，即群居群体海鞘（social sea squirts）。底图中，俗名为海葡萄海鞘（sea grape）的乳突皮海鞘（*Molgula manhattensis*）便是群居群体海鞘的代表种之一：中等大小，体长在 4 厘米到 5 厘米之间，呈淡绿色，常附着在码头桩及浮动码头上，分布于北美洲的大西洋和太平洋沿岸。

接下来，请给附生在码头桩中央的复海鞘上色。然后，为放大的复海鞘截面图上色。箭头指示了海水的流动方向。

复海鞘（compound tunicate）的内部结构比我们前面介绍的两类海鞘更为复杂。复海鞘是通过无性繁殖产生的群体，在相对干净而平静的海水里，它们可以附生在岩石上、船底，以及几乎所有硬质底的表面。复海鞘会在硬质底的表面形成一层薄薄的膜，膜一般约 6 毫米厚。底图中绘制的菊海鞘属（*Botryllus*）一般由 7 个乃至更多的白色个体组成，群体外层的组织膜上面会形成亮橘色或紫色的花朵图案。个体均具有独立的入水管和咽部，但围鳃腔和出水管则由整个群体共同享有。

请为住囊虫上色。这类微小的动物体长为 2~3 毫米，居住在透明的胶质住室内，这种复杂的住室由皮肤分泌的黏液形成。

住囊虫（larvacean tunicate，别名为幼形虫）即使到了成体期，仍然保持着幼体的特征。住囊虫会分泌胶质黏液，将**身体**完全包裹起来，形成**住室**（house）。住室结构的复杂程度因种而异。

住囊虫是滤食性动物，其通过有节奏地摆动由肌肉组成的**尾**（tail）来制造水流。海水会先通过一个网目较粗的**入水滤筛**（筛）（incurrent filter），大颗粒的悬浮物质会被阻拦在外。随后，水流会通过住囊虫体内一个更为细密的**过滤筛**（捕食网）（fine mesh filter），然后从位于虫体后方的**出水阀**（exit valve，出水孔）流出。若是体内的过滤筛阻塞，住囊虫便会从**小室孔道**（escape hatch）逃出。一旦离开原来的住室，住囊虫就会再次制造一个住室，这种情况通常每几个小时就会发生一次。

① 脊索动物门可以分为尾索动物亚门、头索动物亚门（Cephalochordata）和脊椎动物亚门（Vertebrate）。其中，尾索动物亚门和头索动物亚门的动物可以合称为"原索动物"。——译者注

海鞘和住囊虫

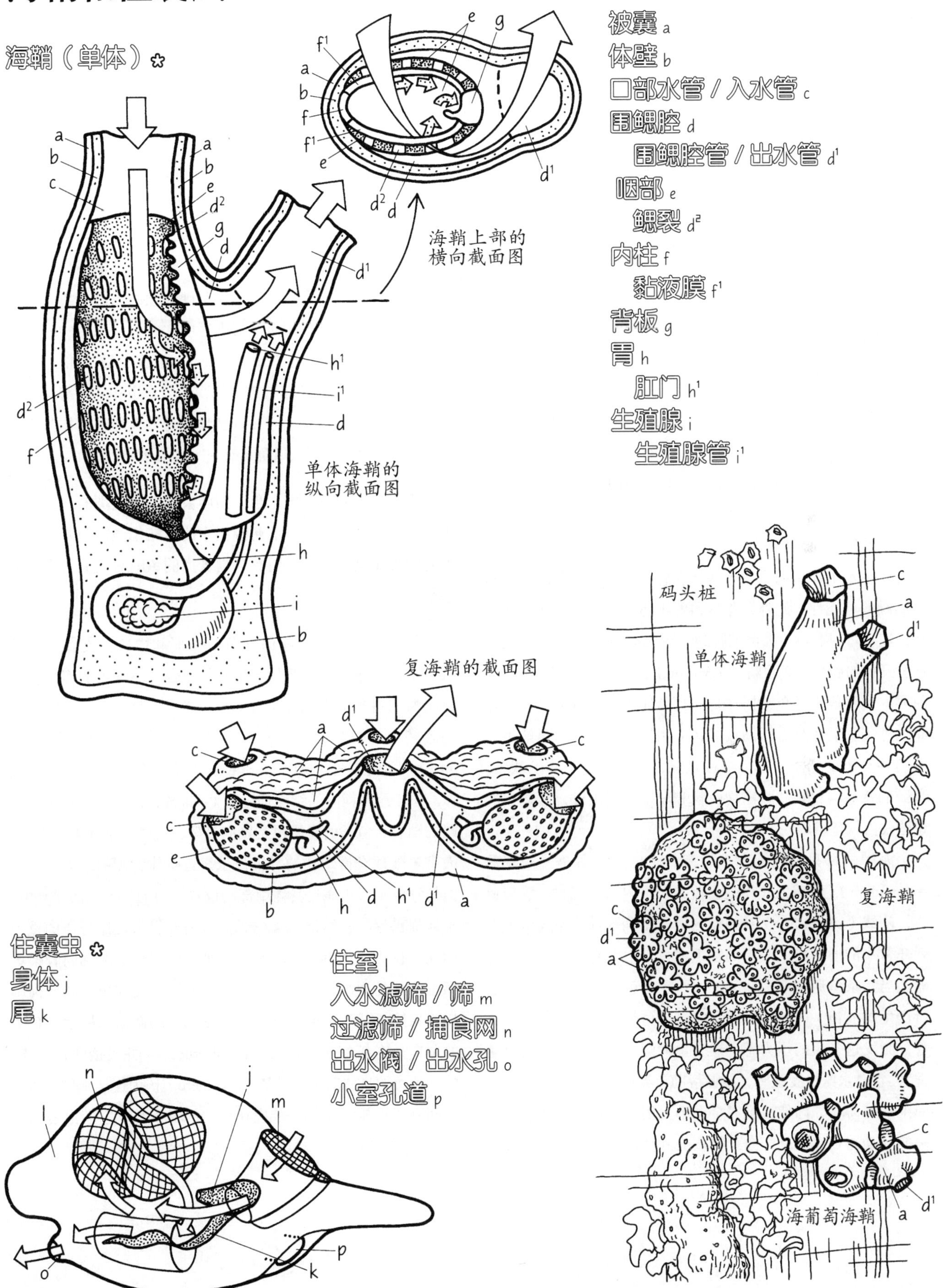
海鞘（单体）
被囊 a
体壁 b
口部水管 / 入水管 c
围鳃腔 d
围鳃腔管 / 出水管 d1
咽部 e
鳃裂 d2
内柱 f
黏液膜 f1
背板 g
胃 h
肛门 h1
生殖腺 i
生殖腺管 i1
海鞘上部的
横向截面图
单体海鞘的
纵向截面图
复海鞘的截面图
码头桩
单体海鞘
复海鞘
海葡萄海鞘
住囊虫
身体 j
尾 k
住室 l
入水滤筛 / 筛 m
过滤筛 / 捕食网 n
出水阀 / 出水孔 o
小室孔道 p

43
硬骨鱼多样性：鱼类形态学

要认识海洋硬骨鱼（bony fish）的多样性，我们首先要了解鱼类的基本特征。本节底图中的海鲈，被认为具有一般鱼类最基本的形态学特征。我们将以海鲈为例，认识鱼类主要的身体外部结构及其功能，并且大致了解鱼类体内的骨骼和肌肉系统。在第 44 节中，我们则要探究硬骨鱼外观的多样性及运动的特性。

请从页面上方的两幅底图开始上色。根据介绍顺序给海鲈的外部结构涂色。

海鲈（sea bass）的身体呈纺锤形，这种流线型结构能够最大限度地减少海鲈在水中游泳时遇到的阻力。从正面和侧面看，海鲈突起的鱼鳍十分显眼。通常，**尾鳍**（caudal fin）提供了主要的推进力。位于海鲈身体中线上的不成对的鱼鳍，分别是**背鳍**（dorsal fin）和**臀鳍**（anal fin）。这些鱼鳍能够帮助海鲈在水中保持稳定，尤其是在它们缓慢地游动时减少鱼体侧翻的可能性。此外，背鳍和臀鳍还可以有效地防止海鲈在快速转弯时翻倒。海鲈的**胸鳍**（pectoral fin）位于鱼体两侧鳃腔开口的后方，而**腹鳍**（pelvic fin）位于鱼体腹部，臀鳍的前方。这些成对的鱼鳍同样是保持鱼体稳定的重要结构。除此之外，它们还具有帮助鱼体转向和停止的功能。鱼鳍主要由两种类型的鳍条支撑，一种是棘，另一种是分节的软条。海鲈的背鳍、臀鳍和腹鳍均由棘和软条共同组成，而剩下的鱼鳍仅由软条组成。

海鲈的每只胸鳍前方都生有一个巨大的骨瓣——**鳃盖**（operculum），鳃盖的作用是遮盖并保护内部的鳃腔。顺着鱼体，**侧线**（lateral line）从鳃盖延伸至尾柄基部。侧线由一系列非常小的通向皮肤表层的管组成，管中生有许多压力感受器。当一条鱼遇到海水运动（如由一条正在向自己靠近的鱼所产生的波浪）时，水压就会向这条鱼袭来，进入其侧线小管，激发这条鱼的压力感受器。鱼的侧线又被称为“远距触觉”，它对水压极度敏感，能够帮助鱼类在浑浊的水流中感知周围的障碍物，即使视觉完全派不上用场，鱼类也能找到正确的行动路径。此外，海鲈明显的外部形态特征为——**发育眼**（鱼类的视觉往往不错）、**鼻孔**和**颌**。一般说来，鱼类的身体两侧各有两个鼻孔，它们是嗅窝（olfactory pit）的开口，用于闻气味，而非鱼类的呼吸器官。

鱼类颌的形态、大小和位置因种而异，并且与摄食习性有关。海鲈是一种肉食性鱼类，其“食谱”范围很广。海鲈的头部前端生有一个较大的**口**，坚硬的颌的内部有折叠的**食道**（esophagus）开口，而食道则通向它的胃。海鲈的**鳃**由鳃耙（gill raker）和鳃丝（gill filament）组成，被拱形的鳃弓（gill bar）支撑。鳃位于食道前端，且与食道相连。鳃耙有时可帮助海鲈摄食，鳃丝可在海鲈呼吸时增大呼吸结构与海水之间的接触面积，以获取更多氧气（见第 49 节）。

请给鱼类的骨骼图上色。图中只画出了鱼类的一小部分肌肉。请为鱼鳍涂上与前两幅图中的鱼鳍相同的色彩。建议给肩带骨和腰带骨涂上与其各自支撑的鱼鳍对应的色彩的加深色。

硬骨鱼的骨骼能够保护鱼的头部和内脏，支撑它们的肌肉结构。硬骨鱼的颌骨、**头部**的愈合骨、鳃盖的扁平骨及背鳍棘和鳍条的**支鳍骨**（support）都很显眼。硬骨鱼的胸鳍和腹鳍由环带状的骨骼支撑，它们分别是**肩带骨**（pectoral girdle）和**腰带骨**（pelvic girdle），结构与我们的肩膀和髋相似。位于尾鳍前方的结构是**尾柄**（caudal peduncle），尾柄是尾鳍的轴点。鱼类的脊椎也是轴向骨架，这种脊椎和人类不同，人类等陆地脊椎动物的脊椎位于靠近身体背侧的地方，而鱼类的脊椎则位于靠近身体中部的位置。因为鱼类生活在水中，水体提供浮力，所以鱼类的骨骼不需要提供支撑身体的重力的反向拉力。从重力之中解放出来，使得鱼类的轴向骨架更靠近身体的中央，能更好地在鱼类游泳时支撑鱼体的肌肉结构（见第 44 节）。单个**椎骨**（vertebra）的截面图展示了鱼类的肌肉是在何处连接**背突**（dorsal process）并铰接**肋骨**（rib）的。鱼类的身体肌肉由**肌节**（myomere）作为连接单位。肌节之间互相连接，就像一堆叠在一起的玉米粒，它们沿着鱼的身体纵向排列。

鱼类形态学

身体 a

鳍 ✿

背鳍 b　尾鳍 c　臀鳍 d
腹鳍 e　胸鳍 f

眼 g

颌／口 h

鳃盖 i

侧线 j

鼻孔 k

食道 l

鳃 m

肌节 n

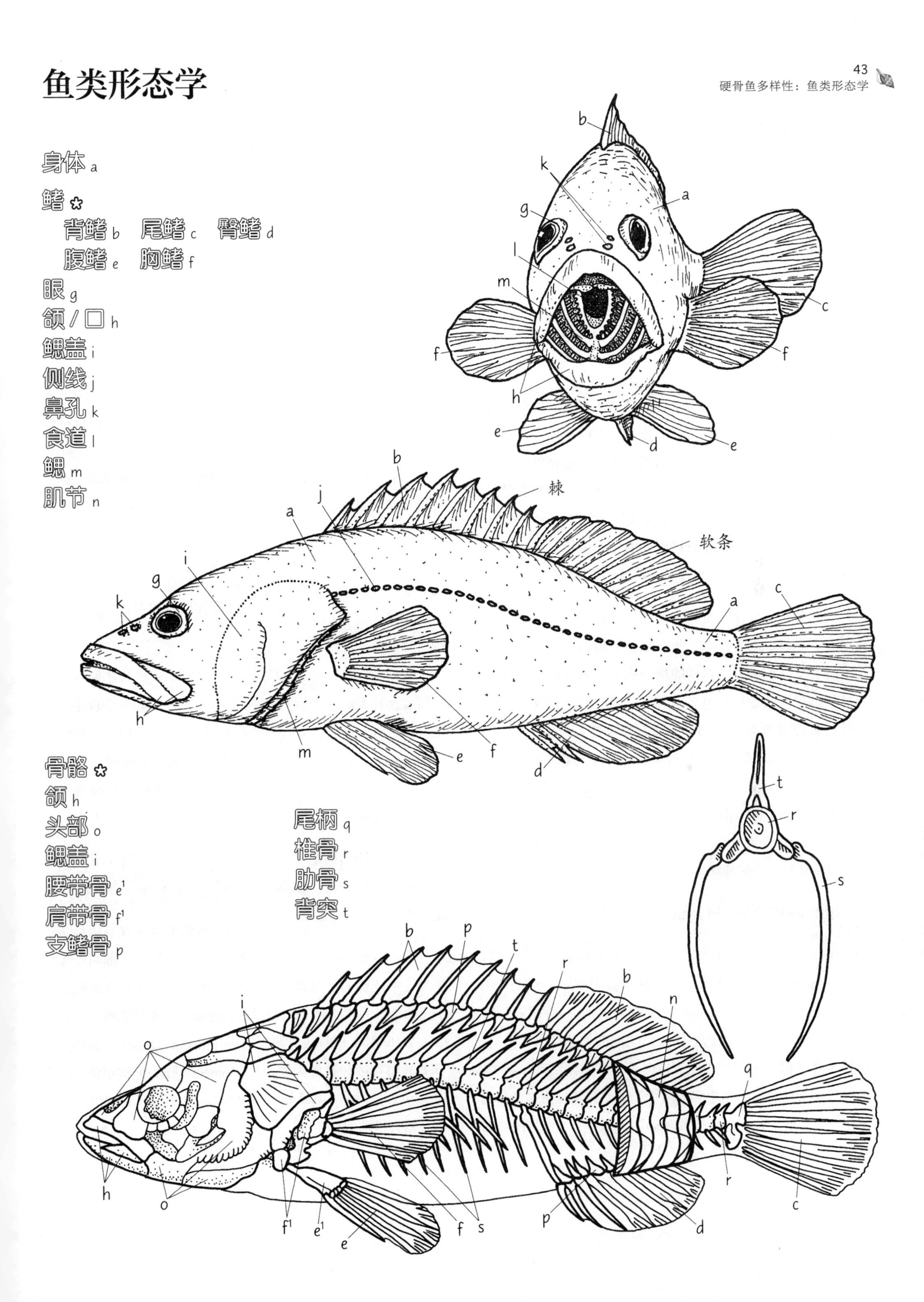

骨骼 ✿

颌 h

头部 o

鳃盖 i

腰带骨 e[1]

肩带骨 f[1]

支鳍骨 p

尾柄 q

椎骨 r

肋骨 s

背突 t

44
硬骨鱼多样性：运动方式

对于动物而言，比起在空气中运动，在水中运动需要消耗更多的能量，因为动物在水中受到的摩擦力和阻力比在空气中要大得多。而且，鱼类在运动时要将身体周围的海水排开，为了提高排开海水的效率，鱼类必须具备流线型的身体。底图中的海鲈身体呈纺锤形，这就是鱼类满足形态学条件的一种有效的办法。

请给页面左上方的底图上色，这只正在游泳的海鲈身体扭成弧形，该动作使它向着前方推进。海鲈身体中线两侧的曲线纹理代表它的肌节，图中对肌节进行了透视处理。位于鱼体弧线内侧的肌节是收缩的，而位于弧线外侧的肌节是放松且伸展的。建议给各类鱼鳍分别涂上与第43节中的结构相同的颜色。然后为右上角方格里的海鳝和金枪鱼涂色，方格内的小格子体现了这两类鱼在运动时身体的摆动状况。

大部分鱼类靠摆动身体来游泳，通过摆动，**尾鳍**能够快速地左右晃动，划开海水，制造强劲的**推力**。鱼类从头部开始，沿着身体长出纵向排列的块状**肌节**，肌节在鱼类游泳时会持续有序地收放。肌节在鱼类的身体两侧交替收缩，产生波动，这使得鱼类的中轴骨骼也开始弯曲，身体左右摇摆。鱼类的尾鳍则以**尾柄**为轴在水中摆动，摆动程度因种而异。此外，脊柱的刚度和肌节之间的连接程度也会对摆动程度造成影响。例如，身体细长的**海鳝**（见第13节）的运动姿态为“蛇行”，而**金枪鱼**（tuna）则在运动的过程中保持刚硬的状态，只有尾鳍在快速地摆动。

请给不同形态的尾鳍上色。

尾鳍在鱼类游泳的过程中提供了主要的推力。我们可以依据尾鳍的大小和形状来了解某种鱼在海水中的活动能力。海鲈的尾鳍呈**圆形**（rounded），柔软而灵活，表面积也相对较大。这样的尾鳍可以给鱼体提供明显的加速效果，也易于操控鱼体，但不适用于长距离持续不断的游泳活动，因为圆形的尾鳍会给鱼体带来更多的阻力，致使其消耗更多的体力。**叉形**（forked）尾鳍给鱼类带来的阻力较小，能够有效地提升游泳速度。我们再看长距离持续游泳的鱼类，例如金枪鱼，它们的尾鳍呈**新月形**（lunate）。新月形的尾鳍可以提供极高的推进效率，表面积也相对较小，由此带来的阻力较小。不过，新月形尾鳍过于刚硬，可操纵性不强。

请给金枪鱼、金梭鱼和蝴蝶鱼的底图上色，在上色过程中，请注意区分鱼体的轮廓和尾鳍的形状。

生活在上层海水中的金枪鱼游速很快，且能够保持**持续游泳状态**，它的持续游速可达每小时8～16千米（见第45节）。然而，并非所有鱼类的生活习性都相同，每种鱼都有独特的生活习性，因此不同种类的鱼的身体形态和运动能力也不同。金梭鱼（barracuda）常常在水中悠闲地游泳，静待猎物上门。一旦发现猎物，它就会直冲而上（见第109节）。因此，金梭鱼需要**加速能力**和爆发力，而细长健壮的身体和硕大的尾鳍为其提供了这样的力量。人们估计，金梭鱼在追捕猎物时的游速可提高到每小时80千米。

蝴蝶鱼（可参考第47节）的猎物较小，它们在追捕猎物时需要运用自己灵巧且**可操纵性**强的身体。蝴蝶鱼的身体极度扁平，近似碟状。其**背鳍**和**臀鳍**很大，几乎绕着全身分布，以便蝴蝶鱼在运动时操纵身体，改变方向。必要时，蝴蝶鱼能利用灵巧的身体快速逃离危险。此外，其**胸鳍**和**腹鳍**同样很大，易于操控。

最后，请给描绘了鱼类运动过程的底图上色，图中展示了不同的推进方法。注意，仅为在推进过程中发挥作用的鱼鳍上色。

大部分鱼类的运动模式是根据自身的生活习性，从续航能力、加速能力和可操纵性这三个方面做出的折中选择。并不是所有的鱼类都依赖尾鳍提供的推进力。裸背电鳗（naked-back knifefish）的推进力来自臀鳍的起伏；扳机鲀（见第102节）利用背鳍和臀鳍运动；杜父鱼和隆头鱼利用胸鳍提供前进的动力；海马（seahorse）和海龙（pipefish）则垂直运动，用背鳍提供动力。

运动方式

游泳 ✿
- 身体 a
- 鳍 ✿
  - 背鳍 b
  - 尾鳍 c
  - 臀鳍 d
  - 腹鳍 e
  - 胸鳍 f
- 眼 g
- 颌/口 h
- 尾柄 i
- 肌节 ✿
  - 收缩 j
  - 舒张 k

推力 l

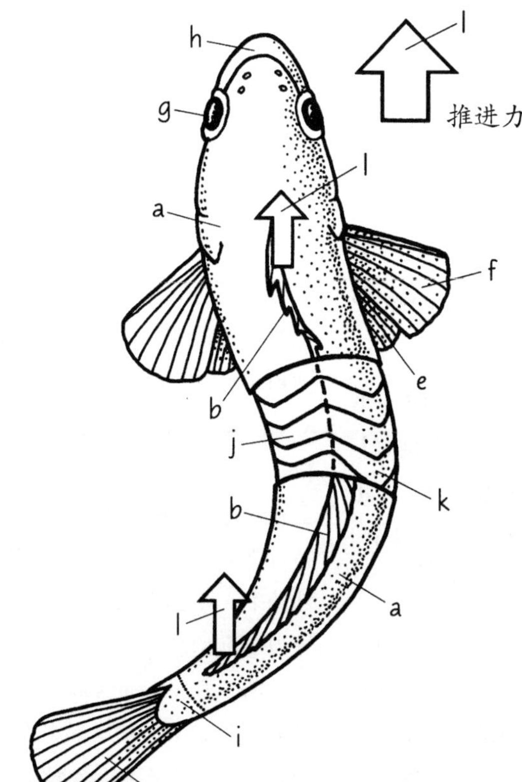

海鳝 m

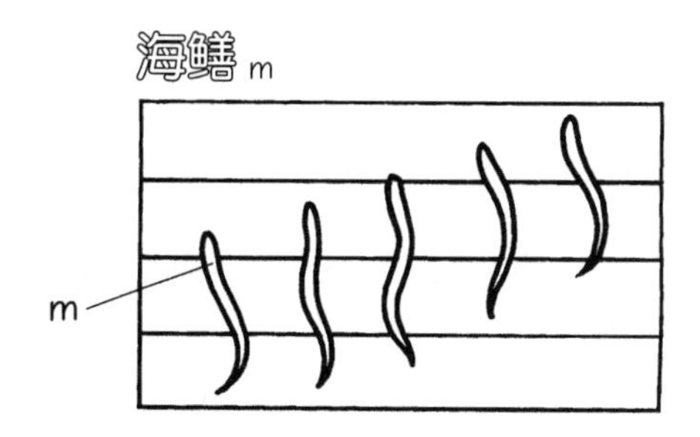

金枪鱼 n

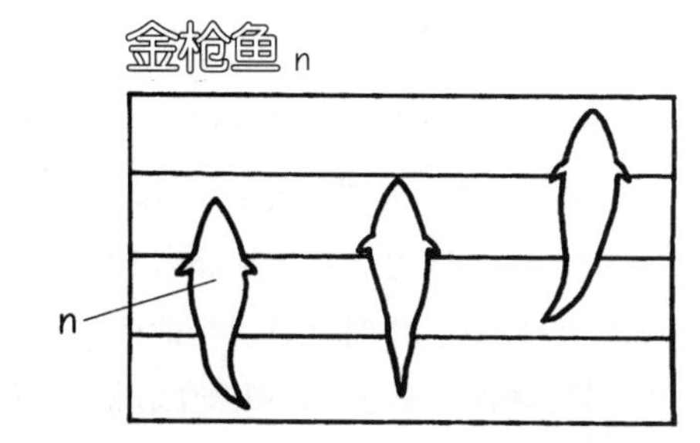

尾鳍 ✿

圆形 c^1

叉形 c^2

新月形 c^3

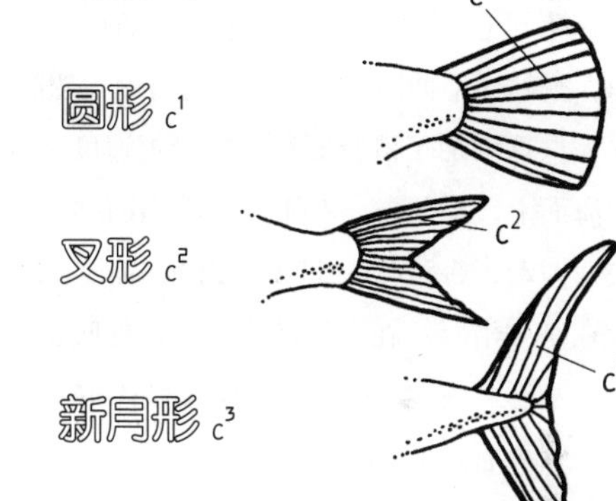

推进力 ✿

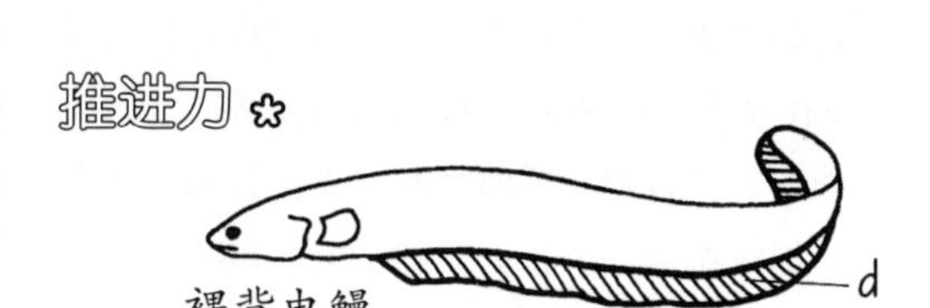

裸背电鳗

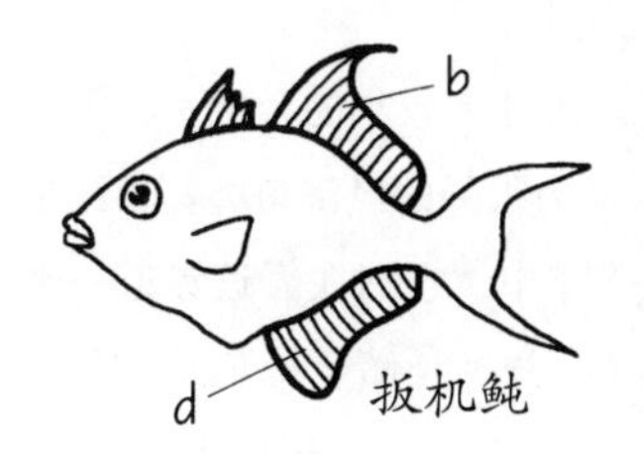

扳机鲀

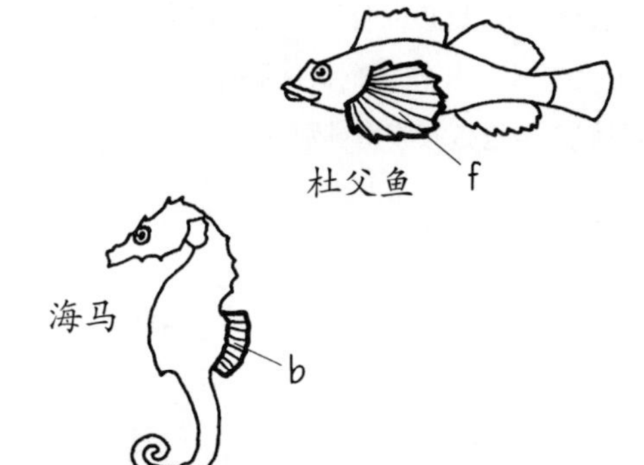

杜父鱼

海马

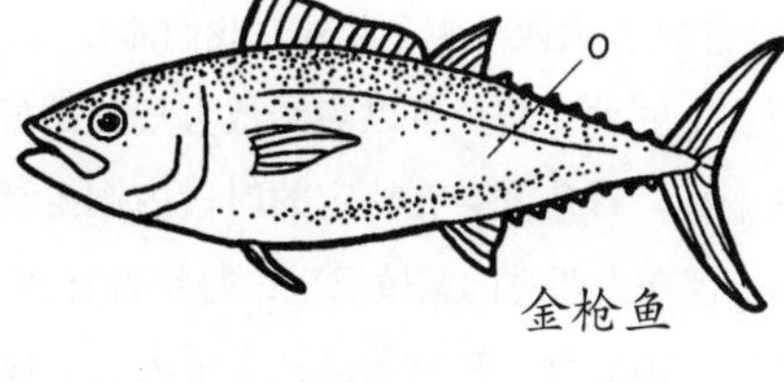

金枪鱼

加速能力 p

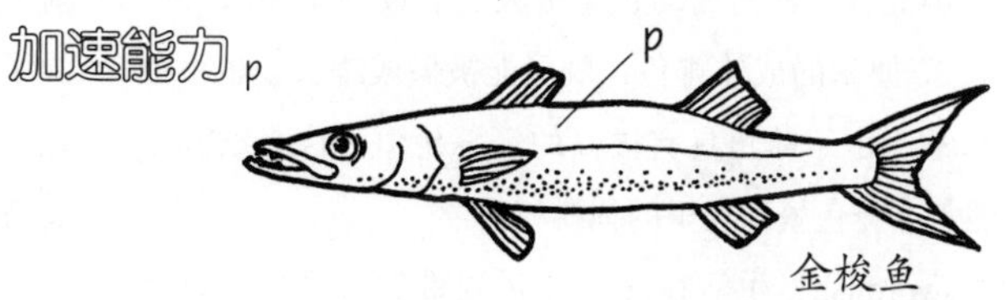

金梭鱼

可操纵性 q

蝴蝶鱼

45
硬骨鱼多样性：中上层鱼类

海洋鱼类有的生活在水体之中，有的潜居在海底。鱼类的身体结构会因生活环境的不同而有所差异，这些差异使鱼类适应了各自所在的环境，一些鱼类的身体结构能够适应多种环境。生活在开阔海域中阳光照得到的水层里的鱼类，被称为**中上层鱼类**（pelagic fishes）。

本节绘制的鱼类都具有相似的色彩构成——身体的上半部呈深色，下半部则呈浅色。因此，我们建议给每条鱼的上半部涂上深灰蓝色，给下半部涂上银色或者白色。然后，建议为结构（b）到（h）涂上与前两节（第43节与第44节）中的结构相同的颜色。请根据介绍顺序给每条鱼上色。

飞鱼（flying fish）具有特殊的能力，它可以跃出海水，并在海面上滑行。在被水下的捕食者追赶时，飞鱼冲出海面的速度可达到每小时64千米。飞鱼巨大的**胸鳍**与鱼体呈直角，胸鳍向上伸出，就像一对滑行的“翅膀”。飞鱼的**腹鳍**也很大，这增加了滑行面积。在滑行速度下降之后，飞鱼会落在海面上，尾部先“着陆”，然后**尾鳍**的下叶会在海水表面上快速搅动，每秒高达50次。由此一来，飞鱼可再次加速，继续在空中滑行。在大西洋和太平洋的暖水海域里均可见到飞鱼的身影。最大的飞鱼物种体长可达46厘米，其生活在美国南加利福尼亚州的离岸海域中。

鲱鱼（见第14节）是一种非常重要的小型鱼类，以浮游动物为食，尤其喜爱桡足类动物。大西洋鲱（northern herring）生活在大西洋中，此外，我们能在太平洋里见到大西洋鲱的一个亚种。鲱鱼可以集结成大规模的群体，成员数量可达数十亿。鲱鱼群会在特定的时段内洄游至位于浅海区的繁殖场。仅在大西洋的繁殖场里，每年就有20亿～30亿千克的鲱鱼被人类捕食。鲱鱼的幼鱼会被人类制成沙丁鱼罐头①，而体长约为30厘米的成体鲱鱼，既可能被做成罐头，也可能用以制作鱼油。由于鲱鱼具有极高的经济价值，许多欧洲国家都在激烈争夺鲱鱼繁殖场里的捕捞权。

剑鱼（swordfish）生活在热带和暖温带的海域中。这是一种续航能力强的游泳鱼类，常常与鲭鱼、鲱鱼和沙丁鱼鱼群一同活动。剑鱼是凶猛的掠食者，在猎食时，剑鱼会游向鱼群，晃动上**颌**（或称**喙**）击昏猎物，然后将猎物撕碎或整只吞食。剑鱼的喙长占到了其完整体长的三分之一，而剑鱼的体长通常为1.8～3.6米。据记载，人们曾捕捞过一些体长达到6米的剑鱼。

剑鱼身体呈流线型，喙部很尖，这种身体结构将它塑造成了绝佳的“游泳大师”。剑鱼未长出腹鳍，它长长的胸鳍也会在快速游泳时收于身体下方。剑鱼的背鳍很高，且永远保持直立的状态。剑鱼坚硬的**尾鳍**呈新月形，这极大提高了游泳效率。其尾部区域发育的硬骨质的侧突**棱脊**（keel）使尾部更为强劲。

翻车鱼（ocean sunfish）是一种行动缓慢的游泳动物，身体十分扁平。其体形很大，可以长到3～4米，体重可达2 000千克，翻车鱼是硬骨鱼当中最重的鱼。人们经常可以在海面上看到正在“晒太阳”的翻车鱼，此时，它们会将身体的一侧浮于海面，然后缓慢地拍动小小的胸鳍。然而，近期的研究结果表明，翻车鱼通常生活在较深的海域里，反倒是我们能见到的生活在海水表面的翻车鱼，才是不寻常的个体。

翻车鱼没有腹鳍，其**背鳍**和**臀鳍**都非常大，分别位于**身体**的上方和下方，提供游泳的推进力。翻车鱼的尾鳍呈狭窄的带状，紧贴身体后方，对游泳起不到帮助作用。翻车鱼主要以水母和其他较小的浮游动物为食。

长鳍金枪鱼（第14节）是一种体形较小的金枪鱼，平均体重约为4.5千克，它也是运动能力很强的经济鱼类。长鳍金枪鱼的鱼群分布在大西洋和太平洋中，它们在靠近赤道一带的暖水域里觅食和产卵。与剑鱼一样，长鳍金枪鱼是一种续航能力很强的游泳动物，尾鳍也是新月形的，尾部生有棱脊。除了臀鳍和背鳍，长鳍金枪鱼的身上还长有许多“小鳍”，以提高自身的水动力效率。长鳍金枪鱼的胸鳍较长，可作为分类特征，帮助我们在金枪鱼家族里辨别它们。

① 我们通称的“沙丁鱼”其实不是一种鱼，而是泛指那些在远洋带中活动的被做成罐头的小型鱼类，它们通常是鲱科鱼类。在生物学上，真正的沙丁鱼指的是拉丁文名为“*Sardina pilchardus*”的物种。——译者注

中上层鱼类

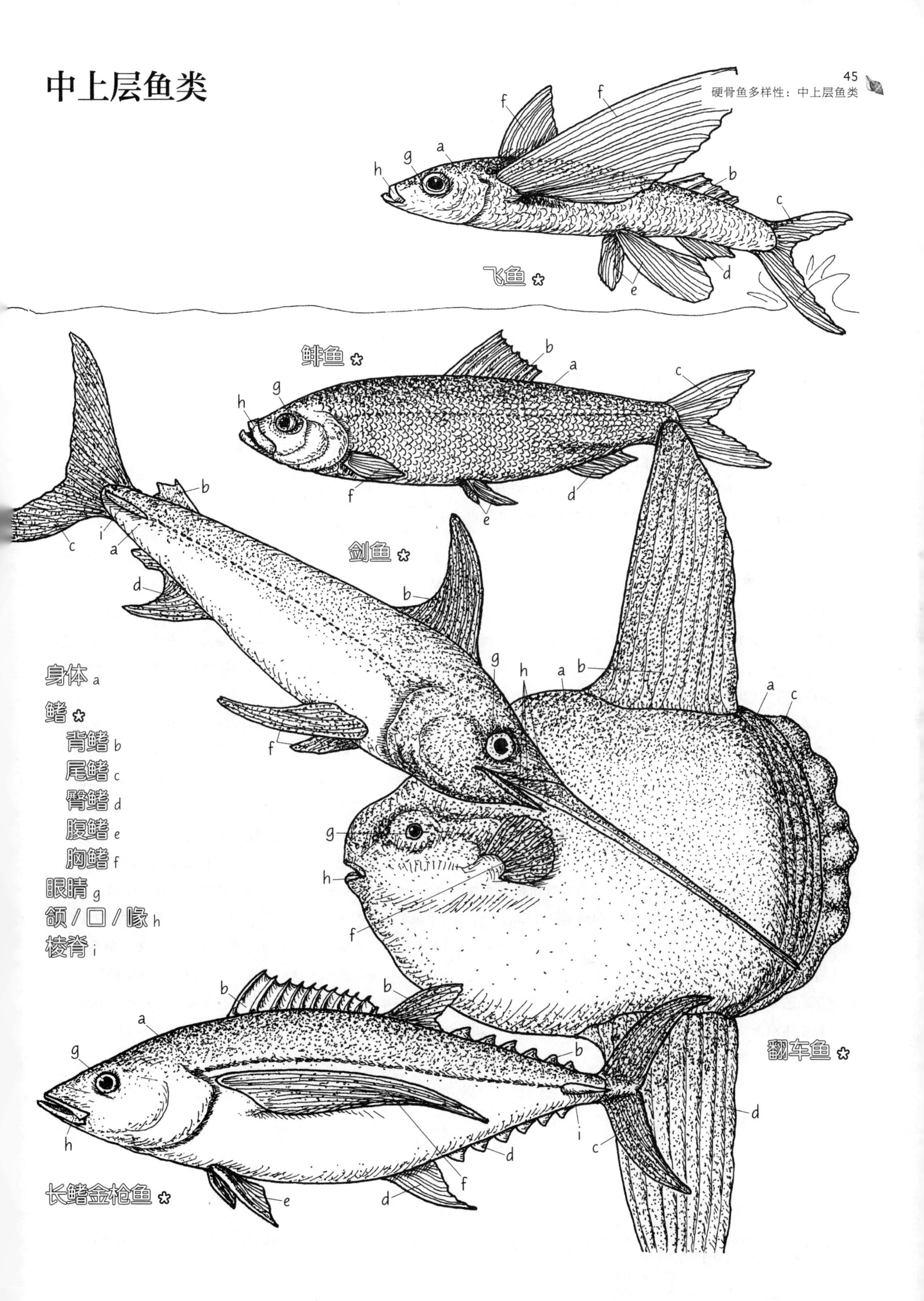
飞鱼
鲱鱼
剑鱼
翻车鱼
长鳍金枪鱼
身体 a
鳍
背鳍 b
尾鳍 c
臀鳍 d
腹鳍 e
胸鳍 f
眼睛 g
颌／口／喙 h
棱脊 i

46
硬骨鱼多样性：底层潜居鱼类

生活在海底表面或是海底附近的鱼类（底栖鱼类）很少连续地游泳，它们与中上层鱼类不同，无需较强的续航能力，因此它们的身体也不像远洋带鱼类那样呈流线型。在本节中，我们将要介绍寡杜父鱼、鲂鮄、星螣鱼和形态高度特化的星斑川鲽，它们的躯体形态与海洋底层潜居生活十分契合。

请根据介绍顺序给每一个种类的鱼上色。这些鱼的体色各不相同，但从总体上来看，它们身上的斑点区域呈深灰色或者棕色，而其他区域则呈浅色。与第45节的上色要求一致，请为这些鱼类结构的（b）至（h）涂上与前三节中的结构相同的颜色。星螣鱼的发电器官位于皮肤下方，请为其涂上与其他结构不同的颜色，然后将星螣鱼的肤色覆盖在发电器官上方。

寡杜父鱼（见第6节）是一种小型鱼类，体长约为8厘米，常见于北美洲太平洋一侧海岸的潮池。寡杜父鱼以潮池中藏在石头和藻类之间的小型甲壳类动物等无脊椎动物为食。这种杜父鱼的颜色以灰色为主，夹杂红色或者绿色，如此斑驳的体色可以让寡杜父鱼与背景融为一体，避免暴露自身的轮廓。寡杜父鱼通常以巨大的**胸鳍**为支撑，一动不动地待在潮池底部，一旦遇到情况，它就能够一跃而起，在短距离内连续弹跳数次。许多底栖鱼类的外观都与寡杜父鱼相似，它们的身子较长，但体积不大，例如鳚鱼（blenny）、鲥鱼（clinid），还有鰕虎鱼（见第26节），它们在海岸的礁石区里十分常见。

鲂鮄（sea robin）的头部很大，外部包裹着粗糙的犹如盔甲一般的骨板。鲂鮄可以依靠胸鳍和**腹鳍**维持**身体**的平衡，用胸鳍的前三条游离的鳍条沿着海底走路。这三条游离的鳍条生有关节，鲂鮄能够将它们当作手指使用，不仅可以用它们走路，还可以用它们翻开岩石，觅食藏在岩石下方的甲壳动物和软体动物。鲂鮄通常出现在沙质或泥沙质海底，海底的深度在19米到45米之间。除了极寒冷的海域，人们能在大部分海域里见到鲂鮄。鲂鮄的个体大多数偏小，不过部分种类的鲂鮄可长至1米。在盛产鲂鮄的海域中，人们会将鲂鮄当作经济鱼类。

星螣鱼（stargazer）是体形中等的鱼类（体长可达51厘米），游泳能力很弱，通常会将自己的身体埋在泥沙里。希腊人称星螣鱼为"圣鱼"（holy fish），因为它的**眼睛**位于近似方形的脑袋顶部，让星螣鱼看上去像一位正在仰望天空的智者。部分种类的星螣鱼巨大**口部**的底部长着一个肉质的诱饵，这个诱饵能够吸引其他鱼类，一旦猎物进入星螣鱼**发电器官**（electric organ）的攻击范围内，星螣鱼就会放电将猎物击晕。发电器官位于眼部的后方，因此人们认为其与眼部肌肉和视神经相连。在攻击猎物时，星螣鱼的发电器官能够产生50伏特的电压。

星螣鱼的另一个特征就是它们的毒刺（poisonous spine，图中未画出）。星螣鱼的毒刺位于鳃盖后方或胸鳍上方。这些棘刺上有沟，基部有毒液囊。一些种类的星螣鱼的毒性很强，可致人死亡。

星斑川鲽（starry flounder）是一种温和的鱼类，它们的外观特化得十分明显。星斑川鲽是鲽科的成员，其眼睛位于身体的左侧，在幼体发育阶段中，星斑川鲽右边的眼睛会从原本的位置逐渐向鱼体的另一侧移动，但是它们的嘴仍然留在原来的位置①。星斑川鲽的身体高度侧扁，平时，它的身体的一侧就贴在沙质底面上，仅露出眼睛和鳃盖孔。当星斑川鲽游泳的时候，它会保持这样的姿势横向运动。星斑川鲽在太平洋的暖水浅海中十分常见，其幼鱼经常出现于靠近淡水的河口海域。星斑川鲽的体长可达90厘米，体重可达9千克。星斑川鲽贴着海底的那一面是没有特殊颜色的，而它暴露在海水中的那一面的鱼鳞则呈星点状，这就是其名字的由来。

① "左鲆右鲽"是我们分辨鲆科（Bothidae，俗名为 lefteye flounder）和鲽科（Pleuronectidae，俗名为 righteye flounder）两类鱼的口头禅。根据 Fishbase 的权威内容，鲽鱼的眼睛应该发育于鱼体右侧。——译者注

底层潜居鱼类

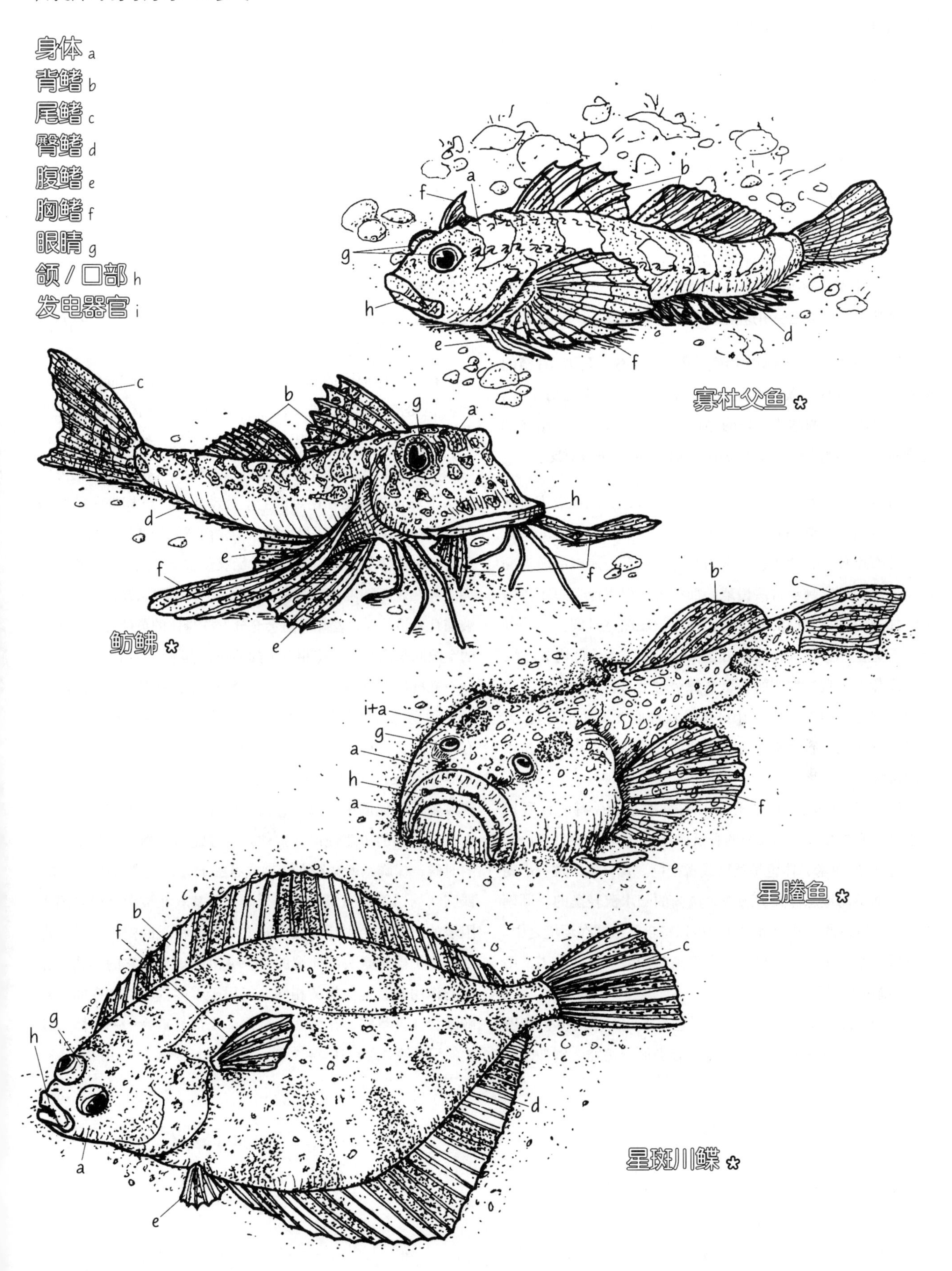
身体 a
背鳍 b
尾鳍 c
臀鳍 d
腹鳍 e
胸鳍 f
眼睛 g
颌 / 口部 h
发电器官 i
寡杜父鱼
魴鮄
星騰鱼
星斑川鲽

47
硬骨鱼多样性：珊瑚礁鱼类

与珊瑚礁生境相比，海洋的中上层水体和均匀的软质海底都是单一的环境。珊瑚礁生境不论是在结构、组成还是色彩上，都比后两者要复杂许多。虽然珊瑚礁生境的范围不大，但栖息在珊瑚礁里的鱼群种类相当多，令其他海洋生境相形见绌。在这一节中，我们将要介绍五种鱼类，以它们多样化的形态来体现珊瑚礁鱼类的多样性。实际上，珊瑚礁鱼群的种类非常多，根本无法用这五类鱼代表。

请根据文中的介绍顺序给底图中的鱼上色。与第 46 节的要求一致，这些鱼类结构的（b）至（h），须涂上与第 43 节至第 46 节中的结构一样的颜色。在上色过程中，请仔细观察鱼体结构的变化，将本节中不同种类的鱼进行对比。

石斑鱼（见第 13 节）常常在珊瑚之间或是珊瑚上方自由穿梭。页面中绘制的青星九棘鲈（*Cephalopholis miniata*）就是一种石斑鱼，它的体色通常为粉色，或是与周围的珊瑚颜色相近。青星九棘鲈常缓慢地向前行进，但也能在短距离内突然加速游动。它们的身体呈纺锤形，**尾鳍**宽且圆。一些种类的石斑鱼体形很大，体重可达 230 千克，体长可达 2.1 米，它们没什么天敌。大型的青星九棘鲈对潜水员较为友好，它们愿意接近潜水员，并且让潜水员轻轻地抚摸和拍打自己。青星九棘鲈也很容易被驯化，稍加训练就懂得食用潜水员手中的饵料。

管口鱼（trumpetfish）是一种有趣的鱼类，有时候我们会看见它们跟在青星九棘鲈的身后游泳。管口鱼的身段细长，体长可达 76 厘米，体色呈黄色或者橙色。管口鱼常常头部朝下，一动不动地悬浮在海绵或是高高的随水流轻摆的软珊瑚之间。管口鱼的这种狡猾的行为可以将自己藏匿在环境之中。一旦发现小型鱼类，管口鱼就会像离弦的箭一样冲出去，用自己的**颌**抓住猎物。

箱鲀（boxfish）的体色属于暖色，如此鲜艳的体色能够警告捕食者——它的体表下方藏着有毒的分泌物。例如，粒突箱鲀（golden boxfish）的身体呈亮黄色，在珊瑚礁中极为突出。捕食者在看到这种体色之后，自然会理解其中的含义，然后默默地远离粒突箱鲀（见第 63 节）。箱鲀又称硬鳞鱼（trunkfish），除了体色，其还拥有第二道防御机制，那就是骨板——箱鲀的整个**身体**都被骨板包裹，形成了一层盔甲，在捕食者看来，这可一点也不好吃。不过，盔甲也让箱鲀身体的灵活性降低了，游泳能力变得很弱。箱鲀身上缺少腹鳍，因此它们主要靠**臀鳍**、**背鳍**和**胸鳍**划水游泳。

相比动作僵硬的箱鲀，丝蝴蝶鱼（threadfin butterflyfish）的游泳姿势显得优雅而轻盈。这种鱼的身体短（体长为 13 ~ 20 厘米）而侧扁，因此动作相当灵活。丝蝴蝶鱼的体色为灰色或者白色。其在游泳时可以急速转弯和停止，也可以在水中静止或后退，还可以上下移动头部。丝蝴蝶鱼的胸鳍和**腹鳍**在其活动时起了极大的作用，而宽阔的背鳍和臀鳍则在急转弯时保持了身体的稳定。丝蝴蝶鱼常常在珊瑚中穿梭，尖尖的嘴在礁石缝隙里“戳来戳去”，寻找小型无脊椎猎物。在被捕食者追赶时，丝蝴蝶鱼会充分发挥身体的灵活性，在狭窄的空隙间来回躲藏，将相对笨拙的捕食者抛在身后。

裸胸鳝与丝蝴蝶鱼不同，一般不会在距离巢穴太远的区域里活动。裸胸鳝的体色多样，常见棕色、绿色和金黄色，有纯色的，也有带斑点的。裸胸鳝既没有腹鳍，也没有胸鳍，其身子很长，如同一条蛇。背鳍生于背部，沿着身体排列，臀鳍则从身体的中后部一直长至尾部，与位于尾部的背鳍相连。裸胸鳝的游速慢，其游动时就像蛇一般蜿蜒前行；不动的时候，裸胸鳝就盘绕在珊瑚或石头下方，或是藏在洞穴里。裸胸鳝的**口部**长满了锐利的牙齿，但其只在被激怒或是陷于困境的时候才会用牙齿攻击对方。部分种类的裸胸鳝具有毒性。位于裸胸鳝头部前端的两个突出的短管是它的**鼻孔**，鼻孔的作用和其他鱼类的相同，仅用于嗅闻气味。在夜间，裸胸鳝会离开巢穴，在海底爬行，寻找鱼类猎物。一些体形较大的裸胸鳝长度可达 2 ~ 3 米。

珊瑚礁鱼类

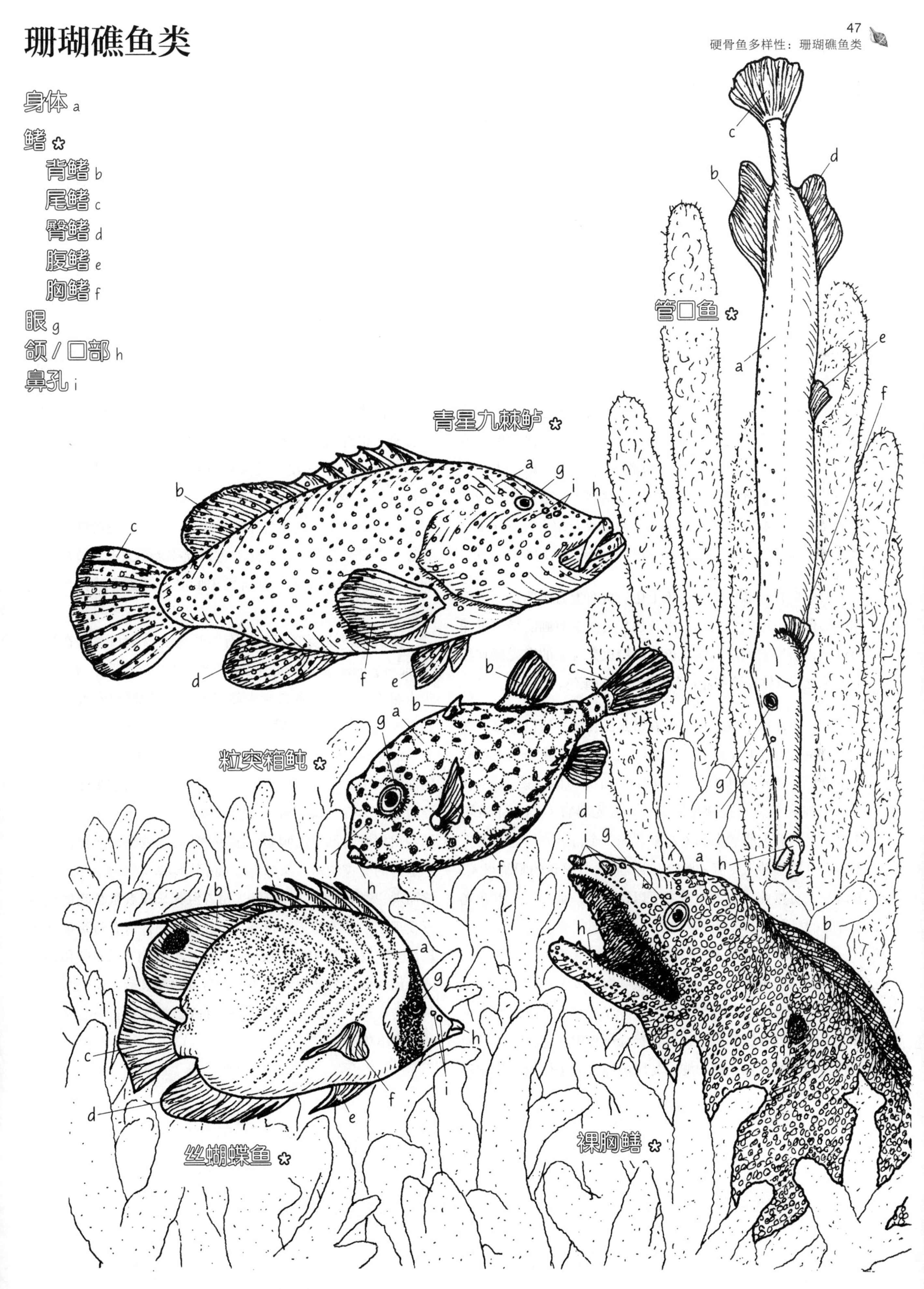
身体 a
鳍
背鳍 b
尾鳍 c
臀鳍 d
腹鳍 e
胸鳍 f
眼 g
颌 / 口部 h
鼻孔 i
管口鱼
青星九棘鲈
粒突箱鲀
丝蝴蝶鱼
裸胸鳝

48
硬骨鱼多样性：海洋中层和深海鱼类

海洋的大部分水体位于可透光的真光层之下（见第14节），从真光层向深海延伸，眼前是无尽的黑暗。随着水深的增加，海水的温度会下降，最终稳定在4摄氏度左右。在真光层之下，植物无法进行光合作用，因此，海洋深处的生物可获得的食物稀少。虽然环境艰苦，但是在海水中层区及深海生境中，仍然生活着不少已经适应了如此恶劣的环境条件的鱼类。

海洋水体的中部区，即海水中层区，是光逐步减弱至完全消失的过渡带。在这里，许多鱼类会自己制造光亮，利用这种光进行种内的交流、捕捉猎物，或是达到其他目的。海洋的深层区中生活着深海鱼，深海鱼的个头不算太大，但它们长着巨大的嘴巴、尖尖的长牙，这些器官有助于抓捕和吞咽庞大的猎物。在这一节里，我们将要介绍六种海洋中层鱼类与深海鱼类，帮助大家体会海洋中深层生物的奇妙之处。

请根据介绍顺序给每条鱼上色。页面上方画的是三种海洋中层鱼类，请为它们涂上浅灰色；页面下方画的是三种深海鱼类，请为它们涂上深灰色。请给鱼类身上的发光器官涂上蓝绿色，以体现这些器官发出的光亮的颜色。

因为海洋的上层水体蕴含着富足的食物，所以许多海洋生物会在入夜后上浮到上层水体中觅食。灯笼鱼（lanternfish）就是这样一类能够垂直迁移的物种。灯笼鱼的体长为4～10厘米，其名字源于腹侧长出的一排**发光器官**（photophore），这些发光器官使得整条鱼看起来就像一个灯笼。灯笼鱼的发光器官可用于种内交流，例如识别配偶。灯笼鱼的**眼睛**很大，据研究人员推测，它的眼睛之所以这么大，是为了能够在光线昏暗的海水之中看得更清楚。

马康氏蝰鱼（Pacific viperfish）以灯笼鱼和鱿鱼为食，每到夜晚，马康氏蝰鱼会跟踪猎物来到海洋的上层区。与灯笼鱼相似，马康氏蝰鱼的身上也生有发光器官。马康氏蝰鱼长着大大的**口部**和锋利的牙齿，在摄食过程中，它会将头部向上倾斜，伸展下**颌**，露出**鳃**。马康氏蝰鱼的个体较小，体长介于22厘米到30厘米之间，背部生有一条长长的**诱饵**，用于引诱猎物上钩。

银斧鱼（hatchetfish）是一种生活在距海水表面数百米的中层区之中的鱼类。银斧鱼的眼睛朝上，可以在光线微弱的海水里搜寻浮游动物。其依靠双目观察事物（这种方法在鱼类身上并不常见），由此来判断猎物在自身上方悬浮的位置。银斧鱼的发光器官是一种精巧的防御结构，可以让鱼体在海水之中产生特殊的逆光效果（见第70节）。

约氏黑犀鱼（black devil）亦被称为“鮟鱇鱼”，其背鳍上长有一根特化的硬棘，硬棘上长着一个硕大的发光器官。这个发光器官垂挂在约氏黑犀鱼长满尖牙的口前，引诱猎物靠近，以便约氏黑犀鱼将猎物一口吞下。约氏黑犀鱼等深海掠食鱼类的消化道里布满了深色的色素，这种现象十分有意思，研究者们认为，此类色素能够帮助掠食者遮掩被它们吞咽的猎物的发光器官所发出的光，以免暴露掠食者的踪迹。

我们接下来要介绍的深海鱼长着血盆大口——宽咽鱼（pelican gulper），体长可达76厘米。宽咽鱼的消化道能够扩张得很大，这让宽咽鱼常常能吞下比自己体形更大的猎物，其猎物主要是一些甲壳类动物。

深海狗母鱼（tripodfish）生活在北大西洋至加勒比海一带的深海区中。其为底栖鱼类，主要以悬浮在海底附近的小型浮游动物为食。深海狗母鱼的身体拥有“三脚架”结构，该结构由深海狗母鱼的**腹鳍**、**尾鳍**的下叶（腹侧叶）组成。有了这样的支撑结构，深海狗母鱼在水体里觅食时无须为了游泳而耗费过多的能量。研究人员在深海狗母鱼的生活区域附近发现了一系列的运动轨迹，由此推测，深海狗母鱼平时依靠作为“双腿”的腹鳍在海底“走路”。深海狗母鱼凭借伸展的鱼鳍探测浮游动物的踪迹，一旦动物撞到鳍上，深海狗母鱼就会发现。深海狗母鱼的体长可达25厘米。此外，它的眼睛相当小巧。

海洋中层和深海鱼类

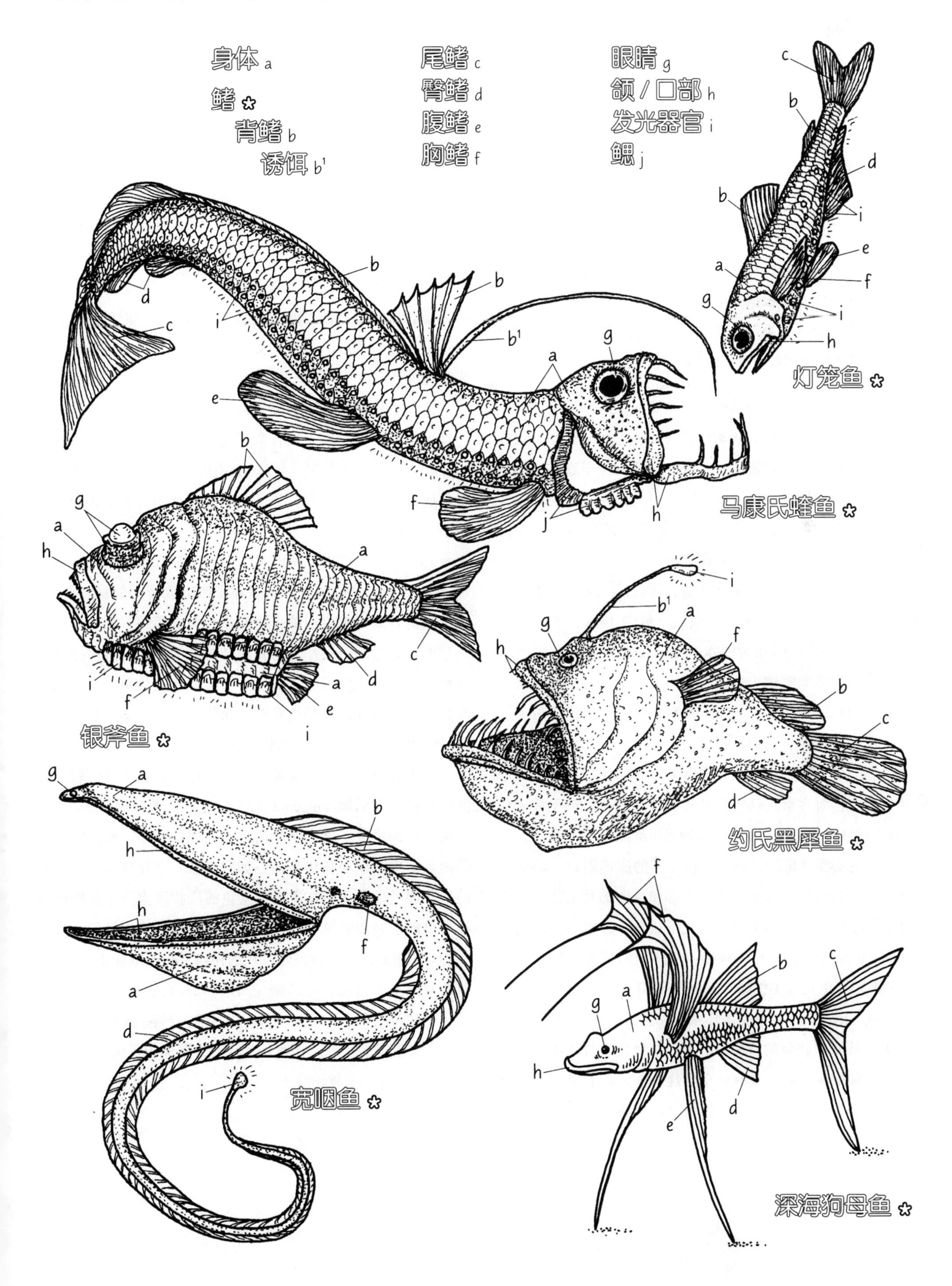
身体 a
鳍 ✿
背鳍 b
诱饵 b1
尾鳍 c
臀鳍 d
腹鳍 e
胸鳍 f
眼睛 g
颌 / 口部 h
发光器官 i
鳃 j
灯笼鱼 ✿
马康氏蝰鱼 ✿
银斧鱼 ✿
约氏黑犀鱼 ✿
宽咽鱼 ✿
深海狗母鱼 ✿

49
硬骨鱼和鲨鱼：结构对比

在前6节中，我们主要介绍了硬骨鱼的形态多样性。在了解软骨鱼鲨鱼和魟鱼之前，我们需要将硬骨鱼和软骨鱼这两个类群进行比较。其中，我们将着重对软骨鱼与硬骨鱼的主要器官和系统的特征进行对比。

两幅大图为硬骨鱼和鲨鱼（软骨鱼）的内部结构提供了非常直观的对比。请根据文中的介绍顺序，分别在两幅大图中找到对应的器官或系统，然后为其上色。注意，只需给带有名称的结构及用粗线勾勒轮廓的结构上色。

让我们从每条鱼的前端或者说鱼嘴的端部开始观察。在观察过程中，我们会发现鱼类的**脑**（brain）相对较小。接在脑后面的结构是鱼的**脊髓**（spinal cord）；而位于脑前端的结构是鱼的**嗅叶**（olfactory lobe），嗅叶很大，证明敏锐的嗅觉对这两大鱼类非常重要。嗅叶一直延伸至盲囊（blind sac）的基部，盲囊的开口位于鱼类的**鼻孔**处。鱼类的鼻孔与哺乳动物不同，前者的鼻孔不与咽喉相通，因此，大部分鱼类必须用口腔吸收富氧的水流来获得氧气。魟鱼（ray）等潜居于海底表面的软骨鱼则通过**喷水孔**（spiracle）来摄入富氧的水流。通过收缩咽喉壁上的肌肉组织，鱼类将海水送过**舌头**（tongue），让海水穿过位于咽喉两侧的鱼**鳃**。这些携带着氧气的海水穿过**鳃丝**，为血液供氧。而**鳃耙**位于支持鱼鳃的骨性支架（即鳃弓）的内表面，能够防止异物堵塞鱼鳃。对于硬骨鱼来说，海水最终从鳃室经鳃盖被泵出；而对于像鲨鱼（shark）这样的软骨鱼而言，海水则通过鳃裂流出体外。

鱼类的**心脏**（heart）较小，位于鳃的底部附近。心脏将血液泵出，血液经过鱼鳃，到达头部和身体的其余部分。鱼的**肾脏**能帮助鱼类调节血液中的化学成分，并能通过泄殖孔（urogenital opening，图中未画出）将体内的代谢废物排出体外，而泄殖孔也是鱼类**性腺**（gonad）开口。

肝脏（liver）是与鱼类循环系统相关的另一个大型器官，主要功能是储存剩余的营养和解毒。在鲨鱼及与其亲缘关系相近的物种中，肝脏还具有一个功能——为鱼的身体提供浮力。之所以具备这一功能，是因为鱼的肝脏中储存着油，而油的密度比水的密度小。鲨鱼的肝脏之所以比硬骨鱼的肝脏大，也是因为鲨鱼的肝脏中储藏着更多的鱼肝油。大多数硬骨鱼为了保持自身的浮力，会将体内充满气体的**鱼鳔**（swim bladder）当作浮力调节装置，这种方式的效果比鲨鱼的更高效一些。鱼类可通过在水面上大口吸收空气或者让血液携带气体，令气体进入鱼鳔。通过对鱼鳔内的气体进行微妙的调节，硬骨鱼能够用最少的能量来维持其在水中的位置。相比之下，软骨鱼的游泳方式则类似于飞机，只能通过持续前进来避免沉到海底。

鱼类消化道的长度和复杂性主要取决于物种特定的饮食习惯，而与该物种属于硬骨鱼还是软骨鱼关系不大。**螺旋瓣**（spiral valve）是鲨鱼等软骨鱼[①]特有的消化结构。螺旋瓣能够增加**肠道**（intestine）的内表面积，帮助肠道更有效地吸收食物中的营养。

其实，我们可以从“硬骨鱼”和“软骨鱼”的名字中看出这两大群体之间最明显的差异，即组成骨骼的材料不同。软骨鱼的骨骼由软骨组成，比起硬骨鱼的骨骼，软骨相对灵活且柔软。然而，软骨鱼的骨骼结构并没有硬骨鱼衔接得那么精细，因此软骨鱼的灵活性和适应性比硬骨鱼要差。通过观察两大鱼类的骨骼结构及两大鱼类对鱼鳍的运用程度，我们可以明显地感受到不同的骨骼材料为二者带来的差异。

大多数鱼类的体表都覆盖着一层保护性的鳞片。软骨鱼的鳞片被称为**盾鳞**（placoid scale）或皮齿鳞（denticle），“皮齿鳞”一词体现了这种鳞片与牙齿之间的联系。鲨鱼的牙齿的确是从皮肤层中长出来的，如同鱼鳞。在显微镜下，盾鳞的形状如牙齿；从整体上看，鲨鱼的皮肤因为分布着盾鳞而显现出砂纸一样的纹理。硬骨鱼鳞片的种类比软骨鱼稍微多一些。图中画出的鳞片是硬骨鱼的**栉鳞**（ctenoid scale），这种鳞片薄且呈半透明。栉鳞缺少盾鳞所具有的釉质层（enamel layer）和齿质层（dentine layer），然而，栉鳞表面有骨脊与凹陷交错形成的纹理。栉鳞相互交叠，既保护了鱼类的体表，也保证了鱼体的柔软性。

① 也包含少数硬骨鱼类。——译者注

结构对比

脑 a
　嗅叶 a^1
　脊髓 a^2
鼻孔 b
舌头 c
鳃（d）
　鳃丝 d^1
　鳃耙 d^2
心脏 e
肾脏 f
性腺 g
肝脏 h
胃 i
肠道 j
肌肉 k

硬骨鱼 ✿
鱼鳔 l
硬骨 m
　脊椎 m^1
　肋骨 m^2
　支鳍骨 m^3
栉鳞 n

鲨鱼 ✿
喷水孔 o
螺旋瓣 p
软骨（q）
　脊椎 q^1
盾鳞 r

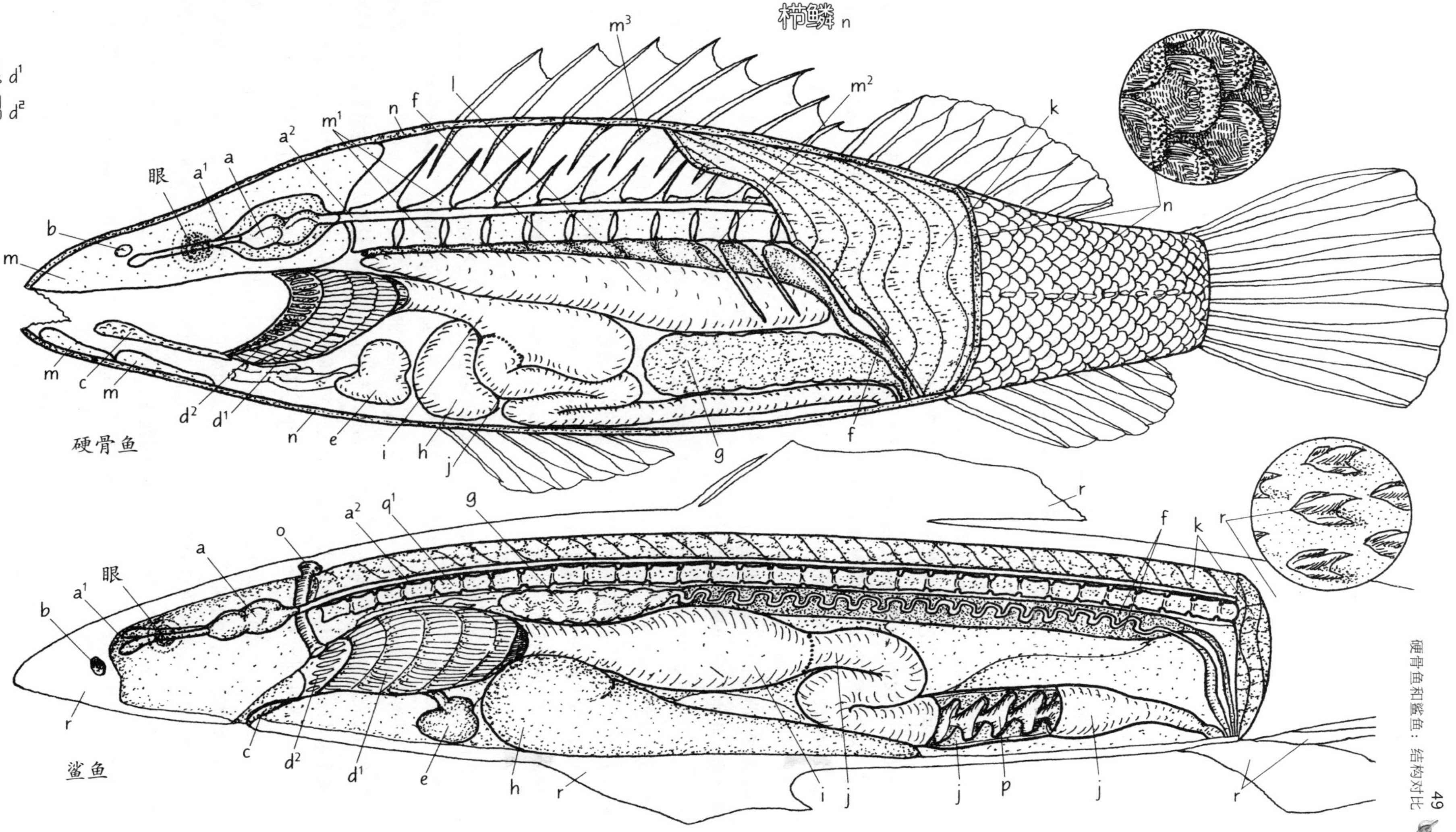

50
软骨鱼多样性：形态与功能

软骨鱼具备柔软灵活的软骨骼。其与硬骨鱼的区别主要在于两个方面：第一，软骨鱼没有硬骨鱼所具有的鳃盖[①]，取而代之的是鳃裂；第二，软骨鱼体内没有鱼鳔。以上特征对软骨鱼的生存模式具有深远的影响。本节将要介绍三种软骨鱼。

请为白斑角鲨的底图上色，包括页面右上方体现角鲨下颌的单排齿的底图，这张图画出了角鲨正在使用的向前移动的牙齿，以及被弃用的牙齿。

白斑角鲨（spiny dogfish shark）的身体呈流线型，体长约为 1 米，体色为深灰色。其**身体**上发育着和硬骨鱼相似的一对**胸鳍**、一对**腹鳍**，以及不成对的**背鳍**与**尾鳍**（见第 43 节）。然而，这些鱼鳍与硬骨鱼的鱼鳍还是存在些许不同。鲨鱼的背鳍更为僵硬，没有办法向后折叠，且与背部同高。白斑角鲨发育有两片背鳍，但是它们并没有沿中线对称分布，而是沿着鱼体一前一后分布，因此它们被称为“成对的背鳍”也不合适。此外，白斑角鲨尾鳍的上下叶也非对称，尾鳍的上叶更大。白斑角鲨的脊椎一直延展至尾鳍上叶接近尖端的位置，脊椎在鱼体运动时同时提供了向上和向前的力量，防止鱼体下沉。类似地，白斑角鲨的胸鳍比硬骨鱼的大，也更坚硬。腹鳍在保持水平时会轻微上斜，能够托举鱼体。雄性白斑角鲨的每片腹鳍内部都有一个长长的**鳍脚**（clasper），鳍脚用于为雌性白斑角鲨授精（见第 85 节）。

体内缺少硬骨鱼所具有的鳃盖，意味着鲨鱼没有办法主动将海水泵入鳃中，因此，其必须时刻保持游泳的状态，让富含氧气的海水流经鳃的表面。不过，许多潜居于海底表面的鲨鱼的体表生有**喷水孔**，喷水孔与它的鳃相连，利用喷水孔吸水可让鳃保持与流通的海水时刻接触的状态。鲨鱼的喷水孔里有一个止回瓣（non-return valve），止回瓣会随着鲨鱼的呼吸一开一合。水流只能从喷水孔进入，然后从**鳃裂**排出。

鲨鱼**口部**的位置往往很低，位于头部后下方，而鼻子则向前伸出一段距离。当鲨鱼发起攻击时，它会抬起自己的口鼻部，向前张开**颌**，接着大咬一口。鲨鱼的**牙**往往十分锋利，在牙老化或是损坏后，新长出的牙齿将取而代之，替换方向如页面右上方的底图所示。与其他脊椎动物不同的是，鲨鱼的牙并非从颌骨中生出，而是从皮肤内长出的。鲨鱼牙其实是它的盾鳞，也称为**皮齿**（鳞），它们与覆盖鲨鱼体表的基本结构相同，纹理就像砂纸一样。鲨鱼的牙齿常排列成五排或六排（可多可少，因种而异），当前端的牙因老化或是损坏而掉落时，后面长出的牙就会缓缓向前移动到旧牙的位置。

请给双斑鳐的底图（腹面观）上色。

鳐鱼（底图中为双斑鳐，big skate）是一类体形极度扁平化的软骨鱼。白天，鳐鱼会躲在海底的沉积物中，只露出眼睛和喷水孔；夜晚，鳐鱼便会抖落身上的沙，用长长的胸鳍游泳，好似在水中飞翔。鳐鱼以潜居在海底的甲壳类和软体类动物为食，其使用位于腹面的嘴巴抓住猎物，然后用扁平的块状牙压碎猎物。鳐鱼体态“曼妙”，常沿着背部发育多排较大的小齿。鳐鱼的腹鳍上长有很长的用于交配的鳍脚，没有臀鳍和尾鳍，背鳍则十分小巧。鳐鱼在全球海域中分布广泛，体长达 1 米，最长可达 3 米，甚至以上（如滑鳐，*Dipturus laevis*）。鳐鱼的腹面呈白色，背面则呈褐色或深褐色。

请为美洲魟及页面右下角的棘刺的放大图上色。

刺魟（stingray）的胸鳍、口部、喷水孔、鳃裂、生活习性、觅食行为和捕食的猎物都与鳐鱼很像。刺魟也躲在软质沉积物中，直至夜晚降临才出现，它们会捕食底层潜居的甲壳类和软体类动物。刺魟与鳐鱼不同的地方在于，刺魟不发育背鳍，尾巴形似长鞭，并长有一根或多根棘刺。棘刺由皮齿特化形成，就像鲨鱼的齿一样，因损坏或老化而脱落的棘刺会被新生的棘刺替代。平时，刺魟躲在沙子中，难以被其他生物发觉。当警惕性差的生物经过时，刺魟便会甩起尾巴，用棘刺将对方刺穿。刺魟的棘刺有毒，每一根棘刺的两边都分布着毒腺，毒液沿着棘刺的沟流入猎物的伤口之中，随之发挥作用。刺魟的棘刺造成的伤害往往伴随着剧痛，甚至会导致人类死亡。美洲魟（*Dasyatis americana*）生活在大西洋和加勒比海的水域里，其腹部为白色，背部呈棕色。

① 实为软骨鱼的鳃盖不发达。——译者注

形态与功能

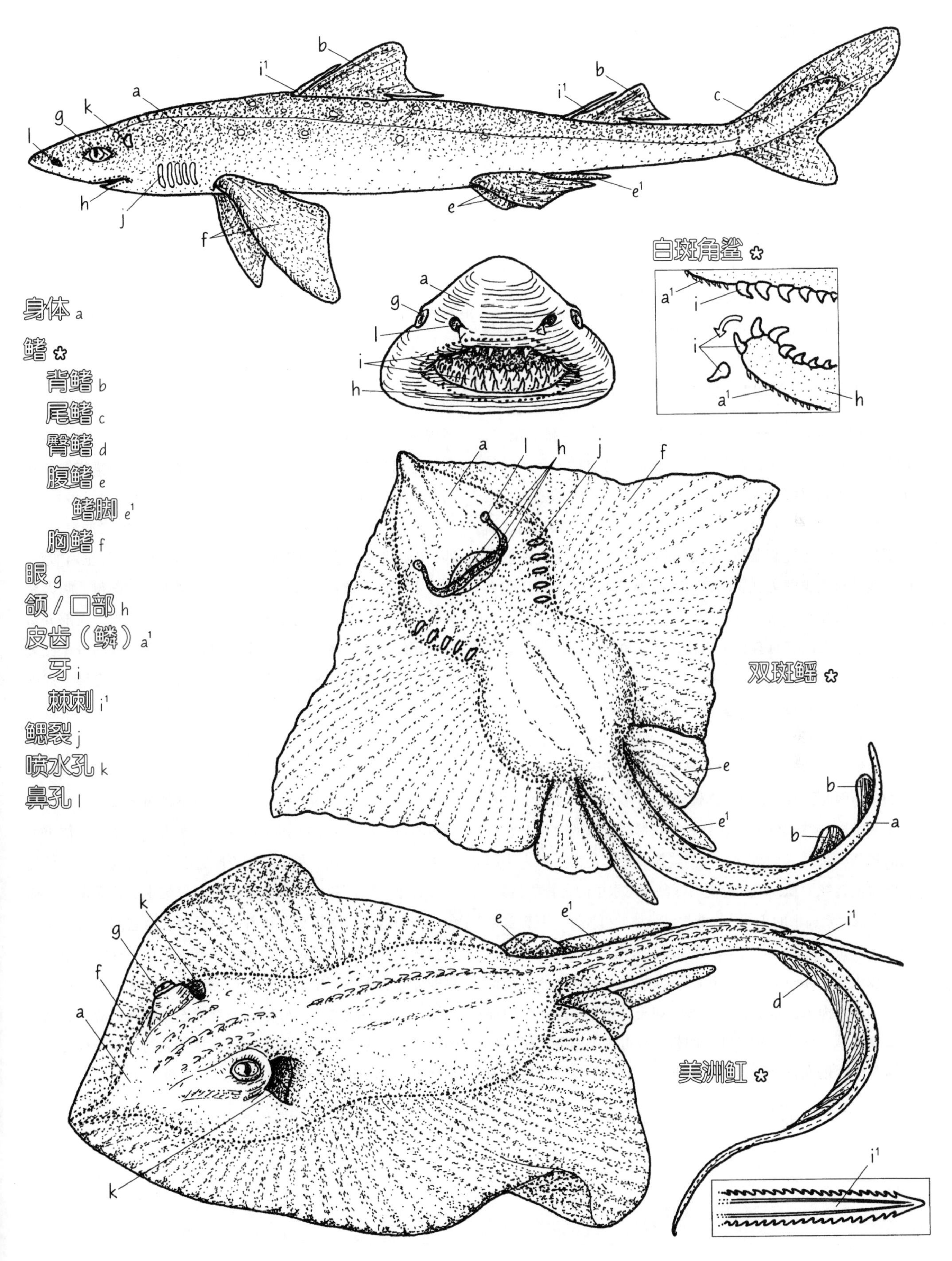
白斑角鲨
双斑鳐
美洲魟
身体 a
鳍
背鳍 b
尾鳍 c
臀鳍 d
腹鳍 e
鳍脚 e1
胸鳍 f
眼 g
颌/口部 h
皮齿（鳞）a1
牙 i
棘刺 i1
鳃裂 j
喷水孔 k
鼻孔 l

51
软骨鱼多样性：鲨鱼

目前，世界上大约有250种鲨鱼，它们广泛分布在全球海洋之中。本节要介绍的鲨鱼成员，有的外观奇特，有的“恶名远扬”。

请根据介绍顺序给每一种动物上色，先从姥鲨开始。大部分鲨鱼的体色都为灰色。姥鲨底图里的箭头表示其摄食过程中产生的水流的运动方向。注意，受视角所限，在双髻鲨的特写图里，其颌/口部没有体现出来；此外，双髻鲨和长尾鲨一侧的棱脊也未绘出。为了展现自然条件下鲨鱼体色的反荫蔽效果，噬人鲨的下半部分不需要涂色。

姥鲨（basking shark）的体积在所有鱼类当中排名第二，它们的体长可达9米，甚至更长。姥鲨是滤食性鲨鱼，往往张着血盆大口，缓慢地在水中遨游，将大型浮游动物和小型鱼类吞入嘴里。海水进入姥鲨口中之后，通过**鳃裂**流出，而小型的猎物则被鳃耙截留，随后被姥鲨吞进肚子里。一般来说，姥鲨对人类并无威胁。它们分布于赤道两侧大西洋和太平洋的温带水域，常集结成群，一个集群的个体数量最多可达100条。人们有时会捕杀姥鲨，获取鱼肝油，因为鱼肝油含有丰富的维生素。

双髻鲨（hammerhead shark）的体形也较大，体长在6米左右。双髻鲨具有典型的鲨鱼体态特征，但它的头部与众不同。双髻鲨的头部扁平，向两侧突出，呈矩形，就像一把锤子的头（因此，双髻鲨又叫作锤头鲨）。双髻鲨的**眼睛**和**鼻孔**位于头部两侧突起的侧叶端部。当双髻鲨游泳的时候，它会前后摇摆头部。人们认为，双髻鲨摆动头部是为了扩大头部与海水的接触面积，增加感受器探测到海水中的食物的概率。此外，双髻鲨扁平的头部或许能提高身体的可控性。双髻鲨生活在热带和亚热带的海洋里，曾出现过袭击人类的行为。

噬人鲨（great white shark，又叫大白鲨）广泛分布在世界上的暖水海域及部分冷水海域（如美国加利福尼亚州中部的离岸海域）之中。在已证实的鲨鱼袭击人类的案例里，噬人鲨是主要的袭击者，至于袭击原因，尚存争议。一些专家认为，噬人鲨具有强烈的领地意识，会将水中的人类视为领地的入侵者，从而发动袭击；一些人则认为，噬人鲨之所以会发动袭击，是因为其误将潜水和冲浪的人当成了海豹或是其他海洋哺乳动物；还有人认为，噬人鲨把水中的人们当成了游泳缓慢的状态不佳的鱼类，这给其提供了捕食的机会；此外，一种较为合理的解释是，噬人鲨袭击人类主要是因为对人类好奇，不过与大部分鲨鱼不同，噬人鲨并不是通过用口鼻部撞击未知事物这种方式来了解对方，而是通过啃咬来“认知”未知事物。然而，噬人鲨长满钉子状牙齿的**颌**不论如何“触碰”或是“品尝”人类，对人类来说都是致命的。通过观察噬人鲨捕食海豹和海狮的行为，人们发现，噬人鲨会突然冲向猎物大咬一口，接着游离猎物，避免被猎物挥舞着的鳍肢拍打到，随后噬人鲨便静静等待着猎物流血过多死亡，最后再去吞食猎物。如果“猎物”是正在潜水或者冲浪的人，那么人还是有机会在鲨鱼返回之前离开海水。或许正因如此，才留下了许多被鲨鱼袭击的人仍然存活下来的案例。噬人鲨拥有一双大眼睛。它的尾鳍呈新月形，与之相比，大部分鲨鱼的**尾鳍**则呈歪尾状，是上下不对称的。噬人鲨的身体比大部分鲨鱼更为粗壮。人们曾经在古巴附近的离岸海域中捕捉到一条体长超过6米的噬人鲨，这条噬人鲨的体重超过了1 600千克。

长尾鲨（thresher shark）是一类易于辨认的鲨鱼，其尾鳍上叶十分狭长。尾鳍整体的长度可占整条鱼体长的一半，底图中的弧形长尾鲨（*Alopias vulpinus*）体长可达6米，体重可达450千克。目前，未曾出现长尾鲨袭击人类的记录。长尾鲨分布于大西洋和太平洋的亚热带与温带水域，通常集群捕食小型鱼群。长尾鲨会围绕着鱼群游动，用它们巨大的尾鳍将猎物逼到一起，或是甩动尾鳍将猎物拍昏。这样一来，猎物的分布会更为集中，更方便长尾鲨直接捕食。因为长尾鲨用尾巴抽打猎物的样子好似农夫拿着连枷打谷，所以长尾鲨的英文名意为“打谷的人”，长尾鲨的捕食行为也被称为“打谷行为”（threshing behavior）。

鲨 鱼

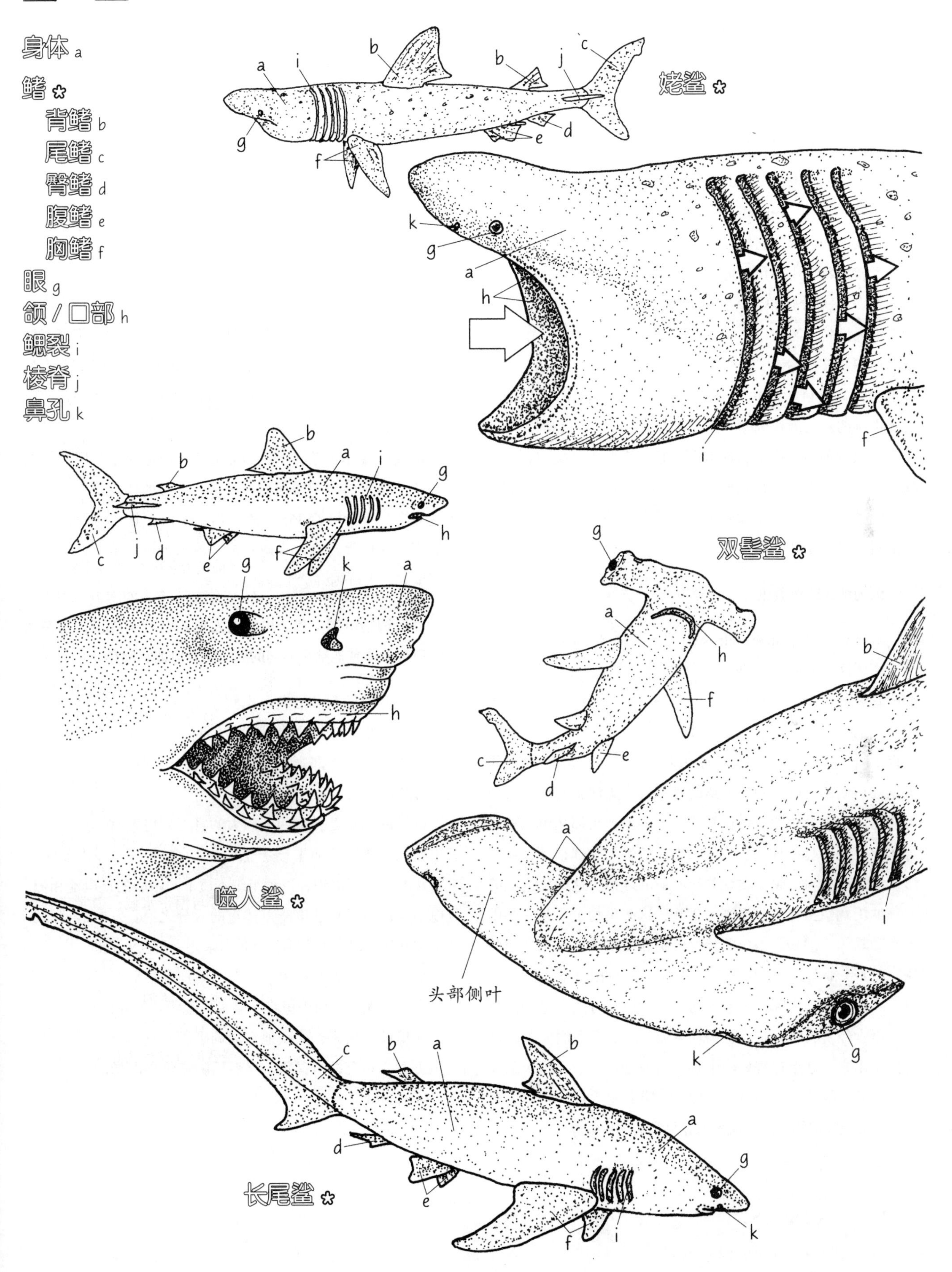
身体 a
鳍 ✿
背鳍 b
尾鳍 c
臀鳍 d
腹鳍 e
胸鳍 f
眼 g
颌 / 口部 h
鳃裂 i
棱脊 j
鼻孔 k
姥鲨 ✿
双髻鲨 ✿
噬人鲨 ✿
长尾鲨 ✿
头部侧叶

52
魟鱼及其亲戚

首先，请为页面顶端的双吻前口蝠鲼上色。

双吻前口蝠鲼（manta ray）与所有蝠鲼一样，**口部**两侧长着奇特的**头鳍**（cephalic fin）。这两只头鳍其实是双吻前口蝠鲼的**胸鳍**的前部，它们可以卷起来形成一个漏斗状的结构，引导浮游生物和小型鱼类进入滤食性的双吻前口蝠鲼的口中。因为两只头鳍分得很开，且位于双吻前口蝠鲼**身体**的前侧，所以渔民们将双吻前口蝠鲼的头鳍视为魔鬼头上的“角”，双吻前口蝠鲼又被称作“魔鬼鱼”。双吻前口蝠鲼在行动时会缓慢地上下扇动巨大的犹如翅膀一般的胸鳍，动作十分优雅。底图中画的双吻前口蝠鲼的体宽在 6 米以上，体重超过 1 360 千克。双吻前口蝠鲼的背面呈深灰色，腹侧则是奶白色。双吻前口蝠鲼以擅长跃出水面再快速冲入水中而闻名，人们认为，此类行为可能表示双吻前口蝠鲼在试图摆脱寄生虫，或者试图在捕食过程中将猎物撞晕。

请为纳氏鹞鲼着色。

纳氏鹞鲼（spotted eagle ray）生活于热带和暖温带的海域近岸。这种大型鹞鲼的体长超过 2 米，体重可达 230 千克。纳氏鹞鲼很活跃，通常与其他魟鱼一起在靠近海底的区域里游泳。纳氏鹞鲼的尾巴长度为体长的 3 倍以上，尾巴的基部发育 1 ~ 5 支**棘刺**，棘刺直直朝向身体后方。比起其他棘刺位于尾巴后侧的刺魟，纳氏鹞鲼的棘刺或许无法很好地施展防御能力。纳氏鹞鲼的身体比其他刺魟要厚，头部从由胸鳍和身体组成的基盘中伸出。此外，纳氏鹞鲼的头部很厚，呈箱形，颌强而有力，颌上发育着碎石般的牙齿。这些牙齿能够碾碎纳氏鹞鲼摄食的底层潜居猎物，这些猎物主要是一些甲壳类和软体类动物。纳氏鹞鲼的**眼睛**和**喷水孔**位于头部的两侧，而非头部上方。纳氏鹞鲼的体色偏绿，身上有深色斑点。

当高潮来临之际，大量的纳氏鹞鲼会随着潮水进入河口区，摄食经济贝类。它们会扇动胸鳍，将躲藏在洞穴里的贝类挤压出来，这个过程好似水管工疏通管道一般。纳氏鹞鲼所到之处如爆炸了的雷区。因此，贝类养殖人员常常建造栅栏或是其他障碍物，阻挡前来掠夺贝类的纳氏鹞鲼。

请为锯鳐上色。

锯鳐（sawfish）体表呈灰色，看起来一点也不像一条鳐鱼（见第 50 节）。然而，锯鳐也和其他魟鱼一样生活在海底表面，其鳃裂同样位于腹侧。锯鳐的头部向前延伸，好似一根长长的桨，“桨”的两侧排布着**牙齿**（这些牙齿实际上是由皮齿鳞特化成的类似鲨鱼牙或刺魟棘刺的小齿）。在摄食的时候，锯鳐会用这把“锯子”将躲在海底的贝类挖出来，再把贝类拍晕。锯鳐也会游进鱼群之中，粗暴地挥舞“锯子”，将鱼刺穿或是打昏，然后把猎物吃掉。此外，锯鳐还会用“锯子”来抵御捕食者和人类。

锯鳐的身体更像鲨鱼，而非魟鱼。游泳时，其**尾鳍**的摆动姿势与鲨鱼的典型摆尾方式相似。锯鳐的体积很大，体长可达 6 米，重量可达 365 千克。锯鳐生活在热带海域的近岸区域里，它们常常进入半咸水甚至淡水水域，生活在尼加拉瓜湖里的一大群锯鳐就是如此。

最后请给电鳐上色。电鳐的发电器官位于皮下，请在图中使用与身体其他结构不同的颜色为发电器官涂色。

相比其他鳐鱼和魟鱼，电鳐（electric ray）的身体厚实，形态几近圆形，身体边缘没有棱角或突起，很光滑。电鳐的体色为深灰色，腹部则是白色的。它的尾部也较厚，尾上有两只**背鳍**和一只明显的尾鳍。

电鳐的胸鳍处长有两个硕大的肾形**发电器官**。这两个器官由肌肉组织特化而来，受电鳐大脑直接控制。发电器官含有特殊的六角形组织，这种组织本质上与串联的蓄电池相似。发电器官的重量可达电鳐总体重的六分之一。发电器官能够产生 200 伏特以上的电压，这足以杀死一条巨大的鱼。

鱼类科学家曾在夜里潜入美国南加利福尼亚州的近海珊瑚礁中，发现原本白天里将一半身体隐藏在海底休息的电鳐，到了夜里就会出来，活跃地在珊瑚礁中猎食。当电鳐遇到其他鱼类时，它会电击猎物，然后用胸鳍将被电晕的猎物送入位于腹侧的口中。

虹鱼及其亲戚

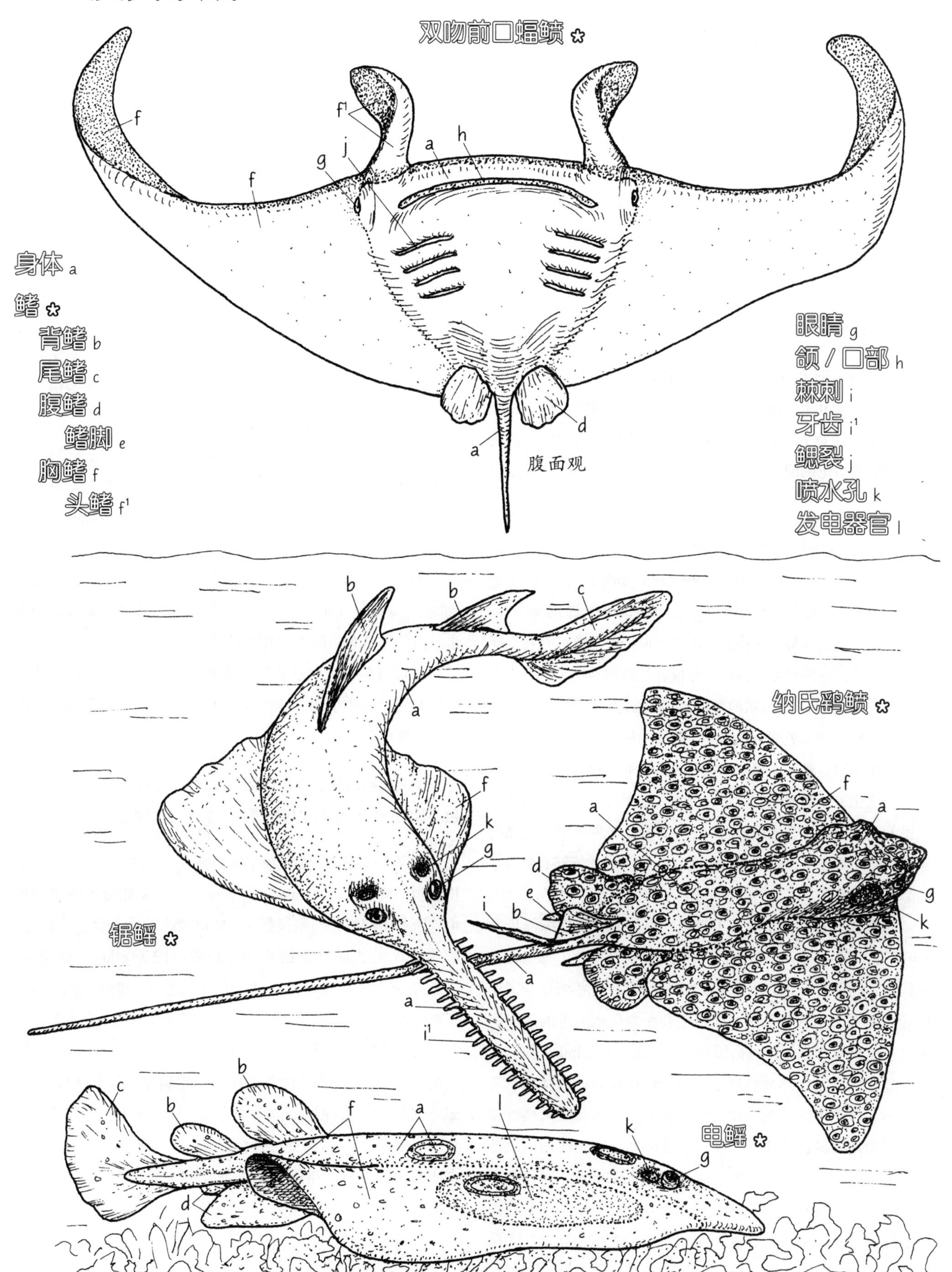
双吻前口蝠鲼
身体 a
鳍
背鳍 b
尾鳍 c
腹鳍 d
鳍脚 e
胸鳍 f
头鳍 f1
眼睛 g
颌／口部 h
棘刺 i
牙齿 i1
鳃裂 j
喷水孔 k
发电器官 l
腹面观
纳氏鹞鲼
锯鳐
电鳐

53
海洋爬行动物：海龟和海蛇

迄今为止，无论是从个体数量还是物种数量来看，鱼类都是海洋中最具优势的脊椎动物。反观海洋中的爬行纲动物（Reptilia），种类则较少。许多海洋爬行动物的生活习性依然受到陆地的束缚，这是因为它们必须在岸上产卵。在本节和第54节中，我们将要介绍四种海洋爬行动物，其中三种都具有在陆地上产卵的习性。在本节中，我们先介绍两种爬行动物——绿海龟和长吻海蛇。

请先从页面上方的成年绿海龟开始上色，然后给描绘绿海龟产卵、孵化和幼年海龟（稚龟）的四幅底图上色。在上色过程中，注意为龟道涂上与海龟的前肢相同的颜色，因为龟道正是由海龟的前肢挖出来的。

绿海龟（green sea turtle）是生活在海洋中的几种龟类之一，也是加勒比海、大西洋和太平洋中的濒危物种。生活在海洋中的龟类还有玳瑁（*Eretmochelys imbricata*）、棱皮龟（*Dermochelys coriacea*）和红海龟（*Caretta caretta*，即蠵龟）等，它们的名字都很有趣。早在恐龙出现之前，海龟就已经在海洋之中遨游了，它们曾是生活得十分惬意的海洋动物，直至人类出现。许多海龟以凝胶状的海洋浮游动物为食，如水母。因此，海龟常常把人类遗弃的漂浮在海面上的塑料袋和漏气的氦气球当作猎物吞进肚子里。这些不可食用的塑料和乳胶阻塞了海龟的消化道，致使它们饿死。此外，许多海龟死在了捕虾的渔民的拖网内，尽管人们研制出了一种装在拖网上的海龟隔离器（turtle exclusion device，简称TED），这种装置能够有效地帮助海龟逃出拖网，但是仍然有许多海龟被拖网缠住而死。

海龟选择在广阔的沙滩上筑巢产卵。成年雌性绿海龟每3年产1次**卵**（egg），每次都会回到曾经的产卵地，那里也是它们出生的地方，它们不再重新选择他处[①]。有些海龟为了返回产卵地要游上数百公里。绿海龟会在群聚地附近的离岸海域进行交配。雄性绿海龟会用硕大的**前肢**（forelimb）抓住雌性，如底图所示，然后将自己的精子转移到雌性的体内。几天之后，雌性绿海龟会在夜间爬到沙滩上，用前肢向高处爬去，因为高处的沙子更为干燥。雌性绿海龟会先使用前肢挖出一个宽敞的凹陷，然后用灵活的**后肢**（hind limb）继续向下挖，制作一个精致的瓶状**洞穴**（burrow），如页面中部最左侧的底图所示。雌海龟每次能在洞穴中产下大约100个外壳厚实且具有韧性的海龟卵。产卵后，雌海龟会小心翼翼地用沙子将洞穴和海龟卵完完全全地盖好，而后在巢穴及其周围撒上沙子，进行伪装。此后，雌海龟便返回海中。其所爬之处留下了一条**龟道**（track），龟道体现了海龟在陆地上爬行的困难性（页面中部左二底图）。海龟的前肢早已特化成了能够高效游泳的蹼状结构，但此类结构无法在沙滩上支撑雌海龟的身体。同样地，海龟**背甲**（carapace）的体积也变小了，并且形成了流线型的易于游泳的形态；陆地和淡水中的龟类背甲能够帮助龟类在遇到危险时躲藏起来，但是海龟的背甲并不能起到“堡垒”似的保护作用。

在离开繁殖场之前，雌性绿海龟每隔15天左右就返回沙滩上产1次卵，繁殖期间，产卵次数累积可达5次。海龟卵在温暖的沙滩中孵化大约需要60天，所有的**小海龟**会同时破壳而出，从巢穴中爬出来（页面中部右二底图）。入夜后，小海龟们来到沙滩上，本能地向着大海爬去（页面中部最右侧底图）。绿海龟在巢穴里与爬向大海时最容易遭到捕食者的袭击，因此这是它们最为脆弱的时候。

幼年海龟一直生活在海水里，直到1年多后，它们才会出现在海草床生境中。雌性绿海龟会在4~6岁时回到出生的沙滩上繁衍下一代[②]。

请为长吻海蛇的浅色区涂上金黄色，然后给深色区涂上黑色。长吻海蛇扁平的尾巴则要涂上另外一种颜色。

大部分动物学家认为蛇源自蜥蜴，是最年轻的爬行动物类群。海蛇（sea snake）生活在热带和亚热带的浅水海域中。所有的海蛇都与眼镜蛇（cobra）相关。海蛇体内有剧毒，能够对人类造成严重的伤害。**长吻海蛇**（yellow-bellied sea snake）分布于巴拿马至墨西哥位于太平洋一侧的离岸海域。长吻海蛇常出现在海水表面，而且通常集结成数百条的群体。

海蛇十分适应海洋环境。许多海蛇在海里产下幼体，新生的小海蛇很快便能独立游泳。海蛇**扁平的尾巴**（flattened tail）如同桨。海蛇主要以鱼类为食，可以在水中屏住呼吸至少30分钟。大部分海蛇的性情温顺，但偶尔也会出现海蛇攻击潜水员的报道。建议大家在潜水的时候与海蛇保持一定的距离。

① 成年雌性绿海龟产卵期之间一般相隔2~9年，不一定是3年。此外，若栖息地遭到破坏或改变，绿海龟也会选择其他地方作为产卵地。——译者注

② 据资料，绿海龟性成熟需要20~50年的时间。——译者注

海龟和海蛇

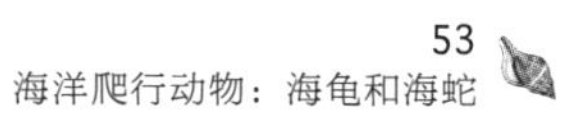

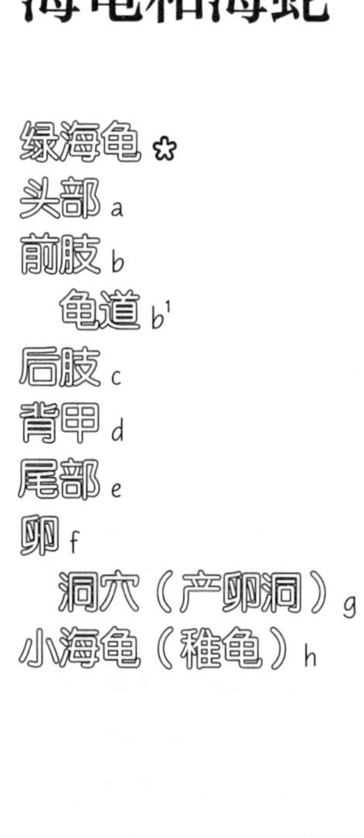
绿海龟 ✿
头部 a
前肢 b
龟道 b1
后肢 c
背甲 d
尾部 e
卵 f
洞穴（产卵洞）g
小海龟（稚龟）h

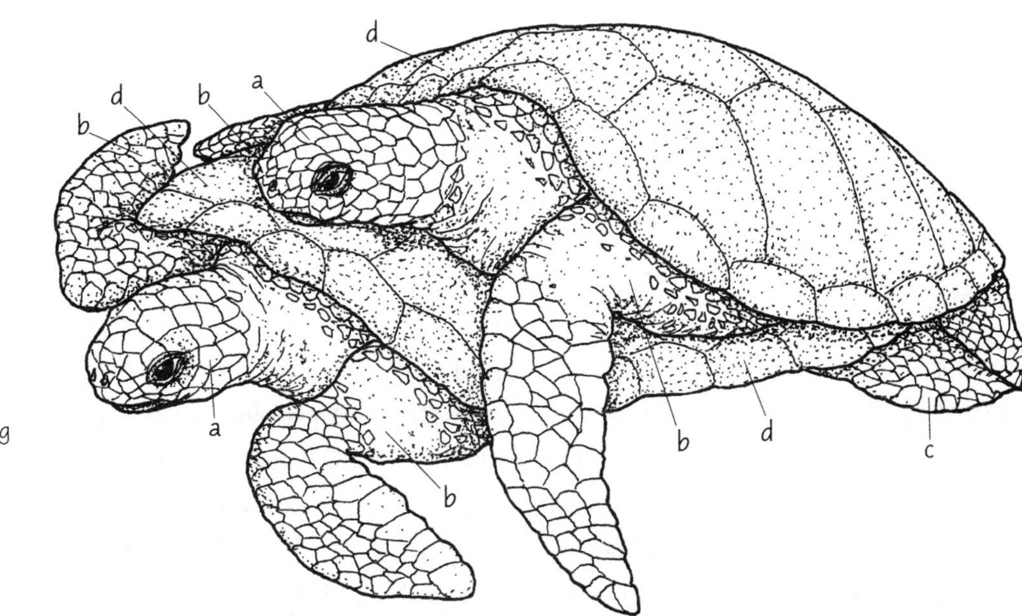

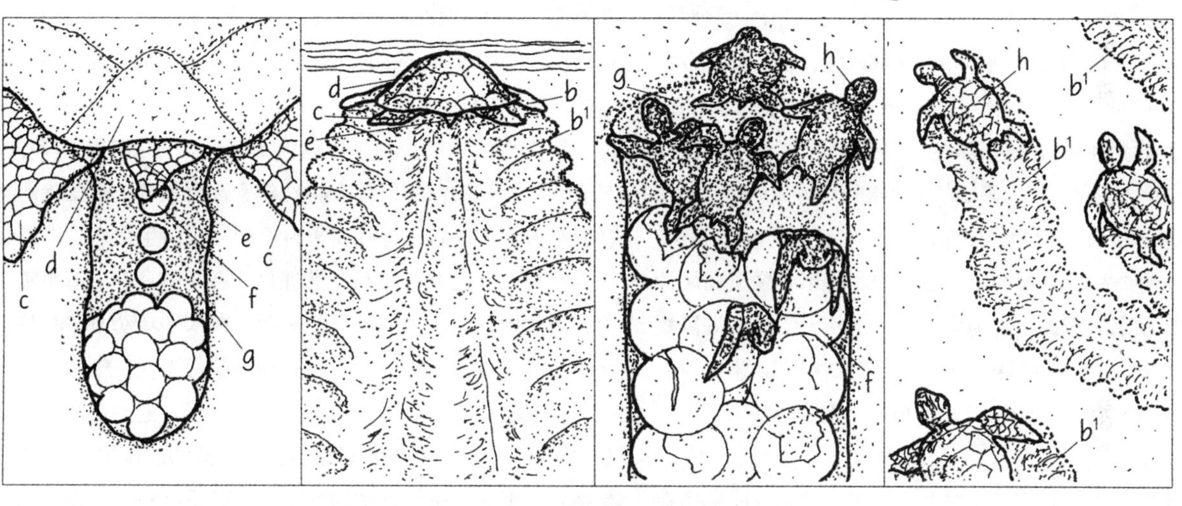

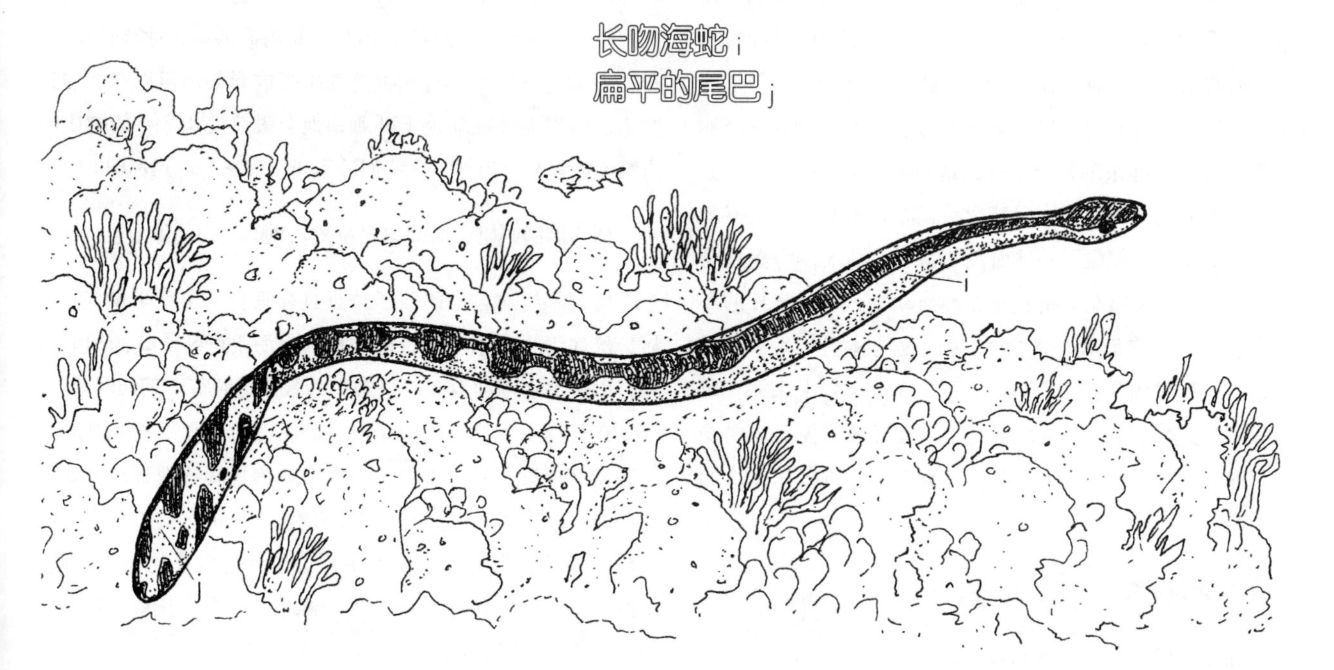
长吻海蛇 i
扁平的尾巴 j

54
海洋爬行动物：鬣蜥和鳄鱼

在本节中，我们将要介绍两个现生的爬行动物类群——鬣蜥和鳄鱼。我们将分别从这两个类群里挑选一个物种作为代表，即海鬣蜥和湾鳄。

请为岩石上和水中的海鬣蜥着色。

海鬣蜥（marine iguana）仅分布在太平洋东南部的科隆群岛上。据估计，其种群数量一度在20万只到30万只之间。那个时候，沿着火山岩潮间带望去，约1 600米内就能有4 500只左右的海鬣蜥。不幸的是，由于人类将野生的犬猫引入了群岛，如今海鬣蜥的数量已急剧下降。

虽然海鬣蜥的外表狰狞，但是它的性情很温和，人们很容易接近它。雄性海鬣蜥的体形较大，某些岛屿上的雄性海鬣蜥的体长可达60厘米。海鬣蜥的**头部**较钝，从头部后方中央至**尾部**的基部，生有一排浅色的尖硬的**棘刺**。海鬣蜥的体色为深色，部分种群的海鬣蜥的**身体**上还会出现绿色或是红色的斑点。据人们估计，海鬣蜥的寿命最长可达20年。

海鬣蜥是植食性动物，以潮间带和潮下带的**藻类**为食。它们偶尔也会吃一些草蜢和甲壳类动物。幼年海鬣蜥和雌性海鬣蜥主要以潮间带的食物为食，而年纪较大的雄性海鬣蜥还会爬入水中，用巨大的尾巴划水，潜入水深达14米的地方觅食，雄性海鬣蜥可在水中逗留60分钟，不过通常每次潜水只待6 ~ 10分钟。

海鬣蜥在水中觅食需要克服两个难题。首先，海鬣蜥在海水中觅食时会吞下咸水，因此其必须清除体内过量的盐。海鬣蜥的**眼睛**上方生有十分有效的盐腺（salt gland），带入的海水会被储存在盐腺里，然后流进**鼻孔**中。海鬣蜥会频繁地打喷嚏，将聚集起来的盐分排掉，这些被排出的盐水一部分落回了海鬣蜥的头部，在水分蒸发后，海鬣蜥的头部就留下了雪白的海盐，好似戴了一顶白色的帽子。其次，海鬣蜥身体的热量会在水中散失。海鬣蜥是冷血动物，每在寒冷的海水中觅食1次，它们就会散失10摄氏度的体温。为了恢复正常体温，海鬣蜥会在热带的烈日下，在火山岩上来回“散步”。海鬣蜥会通过扩张和收缩胸部的血管来调控身体的受热。黄昏时刻，海鬣蜥就会聚集在一起取暖，以抵御冰冷的夜晚。

请为湾鳄着色。

和进化历史较短的鬣蜥相比，鳄目（Crocodilia）动物在恐龙时代就已经演化得十分完整了。鳄目动物的主要成员包括鳄（crocodile）、短吻鳄（alligator）、凯门鳄（caiman）和长吻鳄（gharial）。虽然鳄和短吻鳄的一些种类生活在河口和半咸水环境中，但是只有生活在澳大利亚北部和东南亚的湾鳄才被认为是真正的“海生鳄鱼”。湾鳄（saltwater crocodile，别名为咸水鳄）的舌头上生有高效的分泌盐分的腺体。湾鳄的分布范围甚广（可延伸1 000多千米），印度洋中部的塞舌尔群岛上也有它们的踪迹。

湾鳄被澳大利亚人称为“小咸咸”（Saltie），是现生爬行动物中体积最大的物种。已有记录显示，雄性澳洲湾鳄的体长可达7 ~ 8米，尽管这些被人类记录过的大湾鳄可能都被猎杀殆尽了。在现代，一条雄性澳洲湾鳄的体长在5米左右，雌性澳洲湾鳄的体长较小，约为2.5米。据人们估计，澳洲湾鳄的寿命为70 ~ 90年。

湾鳄生活在潮汐河（感潮河）和河口内。交配季期间，具有领地意识的湾鳄成体会将幼体驱逐出领地，被驱逐的幼体会沿着海岸爬行，寻找属于自己的潮汐河生活区。湾鳄会用强有力的尾巴左右扫动，推进自己巨大的身躯。湾鳄实际上很不活跃，无法进行持续的运动。在水里浮动时，其只会将长长的吻部露出水面，将鼻孔和眼睛暴露在空气中。湾鳄的猎食策略侧重于“出其不意，攻其不备”，它会趁猎物不注意的时候迅速出击，动作简洁且流畅。湾鳄的食物十分丰富，包括鱼、蟹、野猪、野牛和家牛。湾鳄还有一个广为人知的称呼——食人鳄。事实上，该名字将湾鳄的威胁性夸张化了，虽然澳大利亚每年都有人被湾鳄杀死或弄伤，但湾鳄并非只吃人。湾鳄能够在陆地上冲刺，但会很快疲惫，一般健康的人都能跑赢它。当然了，我们并不建议大家与湾鳄赛跑。

请给湾鳄妈妈、湾鳄巢穴及巢穴里的湾鳄幼体上色。

湾鳄妈妈对自己的孩子总是过分溺爱。在求偶和交配过后，雌性湾鳄会用泥或者植物在高于海水可及之处的地方筑巢，以免海水淹没巢穴。**巢穴**里，雌性湾鳄可产下40 ~ 60枚卵。在长达3个月的护卵期内，雌性湾鳄会紧紧地依偎着巢穴，而筑成巢穴的植物腐化释放出的热量能够为正在发育的胚胎保暖。湾鳄妈妈会耐心倾听**幼体**（young）的鸣叫声，在听到声音后将巢穴挖开，把小鳄鱼送到海水里的安全区域。小湾鳄刚出生的时候体长为30厘米左右，它成长得很快，大约2年后，体长就可达到1.5米。

鬣蜥和鳄鱼

头部 a
眼睛 b
鼻孔 c
前肢 d
后肢 e
身体 f
棘刺 g
尾部 h
藻类 i

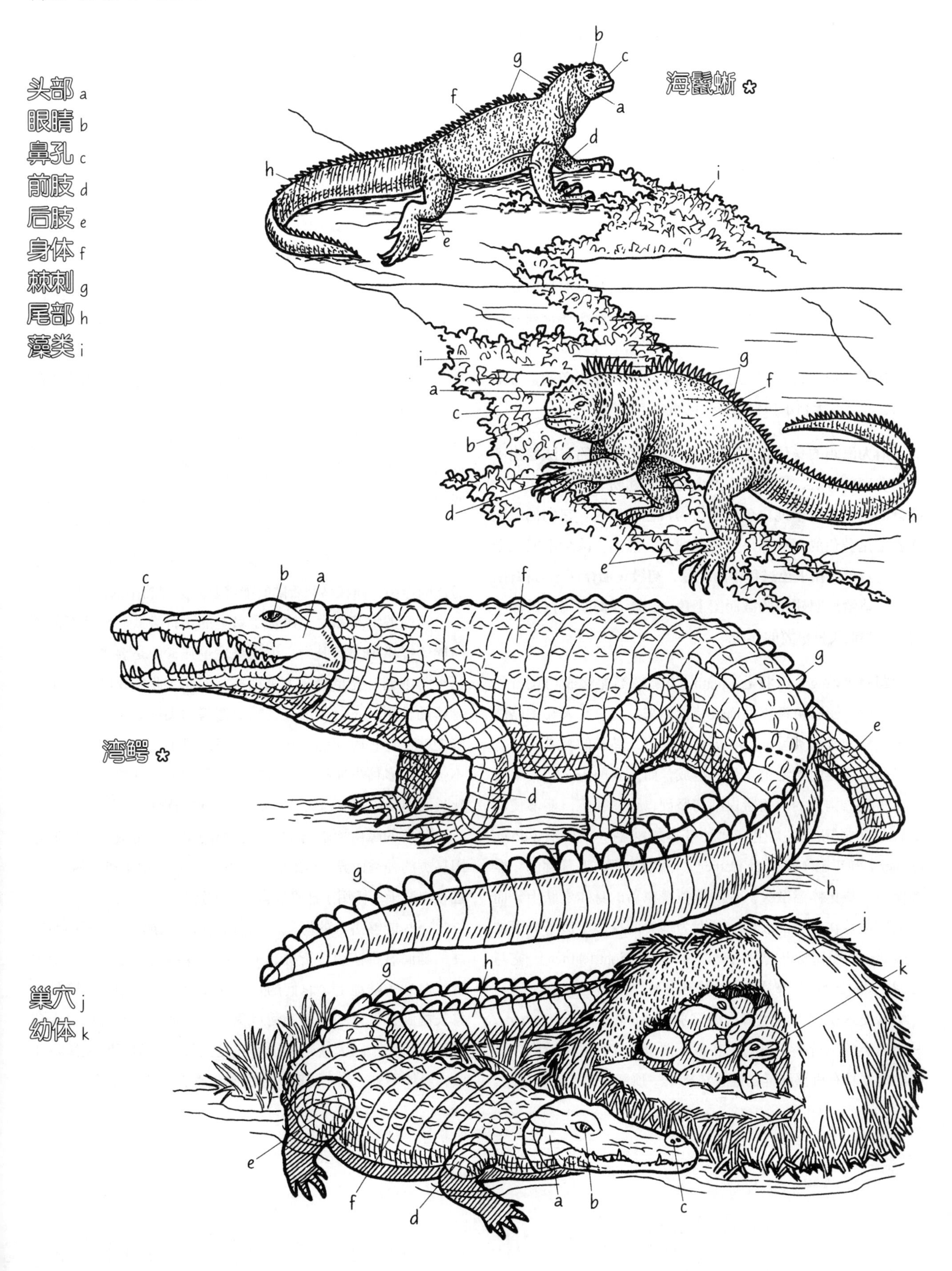

55
海洋鸟类：形态与功能

海鸟与其温血海洋动物同伴鲸类一样，可以利用超强的运动能力移动很远的距离，前往高生产力的区域觅食。鸟儿好似一台飞行机器，其身体的每个构造都是为了适应飞行而生。这些构造必须轻盈，尽可能地符合空气动力学，同时还须维持飞行力。鸟类的骨骼是中空的，坚硬强力，犹如刚性的空气框架。为了加强支撑力，有的骨骼还与其他骨骼相融合。鸟类生有发达的气囊（air sac），气囊与肺相通，在身体里呈分支状，这能够增加空气的流通率和空气容量。鸟类的新陈代谢很快，食物消化速率也高。因此，除非必要，否则它们在飞行时无须承担食物带来的重量。

请为海鸥的身体着色。注意，图中用透视的方法绘出了海鸥右翼的骨头，请给骨头涂上与海鸥翅膀一样的颜色。大部分海鸥的体色呈纯白色，翅膀为灰色或黑色。它们的喙和腿通常是黄色的，头部呈黑色或白色。然后，请给不同类型的羽毛着色。在上色过程中请注意，初级飞羽存在不对称性。最后，请给海鸥翅膀的截面图上色，翅膀在海鸥飞行过程中起到了类似飞机机翼的作用。

翅膀（wing）和**羽毛**（feather）是鸟类能够成功飞行的关键结构。翅膀由鸟类的前肢特化而来，具有与人类的胳膊完全一样的骨骼类型。为了提高支撑力，鸟类的腕骨和指骨已融合。鸟类的羽毛由角蛋白组成，而人类的头发和指甲也是由角蛋白构成的。角蛋白结构坚硬，用途甚广，能够使羽毛轻盈却强韧。鸟类生有两种基本的羽毛——绒羽（down feather）和正羽（contour feather）。**绒羽**很短，毛茸茸的，能够保温，防止体温散失。绒羽就覆盖在鸟的身体皮肤上，而正羽则覆盖在绒羽的表面。**正羽**为鸟类的**身体**塑造了光滑的外表面。鸟类翅膀上的羽毛被称为飞羽（flight feather），它与**尾羽**（tail feather）都是正羽的特殊类型。

鸟类翅膀的内侧生有**次级飞羽**（secondary flight feather），其为鸟类的飞行提供升力。在截面图里，我们可以看到，鸟类的内翼具有机翼那样的经典结构——顶部弯曲，底部平坦。当空气从翅膀上部经过时，翅膀顶部的曲面提高了空气的流速，减小了翅膀上部的空气压强；而翅膀下部流过的空气则没有受到来自曲面的阻力，气压也就没有减小，如此一来，鸟类就能够在飞行时维持向上的升力。

鸟类的外翼则长着**初级飞羽**（primary flight wing），其为鸟类的飞行提供了推进力。在初级飞羽的前缘，羽毛的侧分支都很短；后缘的侧分支较长，这使得后缘具有较大的表面积。在飞行时，鸟类会使用初级飞羽的后缘划动空气，获得向后和向下的力；而初级飞羽前缘的较短分支制造的阻力较小，为鸟类提供了向上和向前的拉力。如果从侧面观察一只鸟，你会发现鸟类的翼梢在飞行过程中向逆时针方向划动，此时初级飞羽的作用好似飞机的推进器。一些鸟类能够在起飞时快速拍动翅膀，产生足够的升力；而一些鸟类则必须在起飞前沿着陆地或者海面做好冲刺准备，或是从高处跳下，才能获得足够的飞行升力。尾巴在鸟类飞行时能够起到稳定身体的作用，而在鸟类着陆时能够起到类似刹车的作用。

翅膀的形状和大小决定了鸟类的飞行方式。短而宽的翅膀能够提供很大的升力，可操纵性也强，但是要求鸟类在飞行过程中拥有充足的体力来把控。因此，此类翅膀不适用于持续的长距离飞行。细长狭窄的翅膀的尖端呈锥形，这种翅膀能够支持长时间的快速飞行，但是对于鸟类来说可操纵性不强。许多鸟类懂得在飞行过程中利用上升气流，它们会用狭长的翅膀在空中翱翔，无须频繁地拍动翅膀。

鸟类的**喙**由覆盖着上下颌骨骼的角质鞘组成。喙的形态因鸟类的种类而异，既有像苍鹭那样长长的用于捕鱼的尖喙，也有像凿子一样用于捕食软体动物的钝喙。

一些能够潜水的海鸟会用后肢在水里游泳。其短小而坚硬的**腿**向着身体后方折叠起来。虽然这些海鸟是出色的游泳者，但到了陆地上，它们的行动便显得十分笨拙。苍鹭具有修长的腿，可以在池塘和河口里涉水，陆地上的行动也十分敏捷。然而，因为苍鹭的腿实在是太长了，所以它无法将腿收在身体下方，在飞行时，它的腿就直直地放在身后。

形态与功能

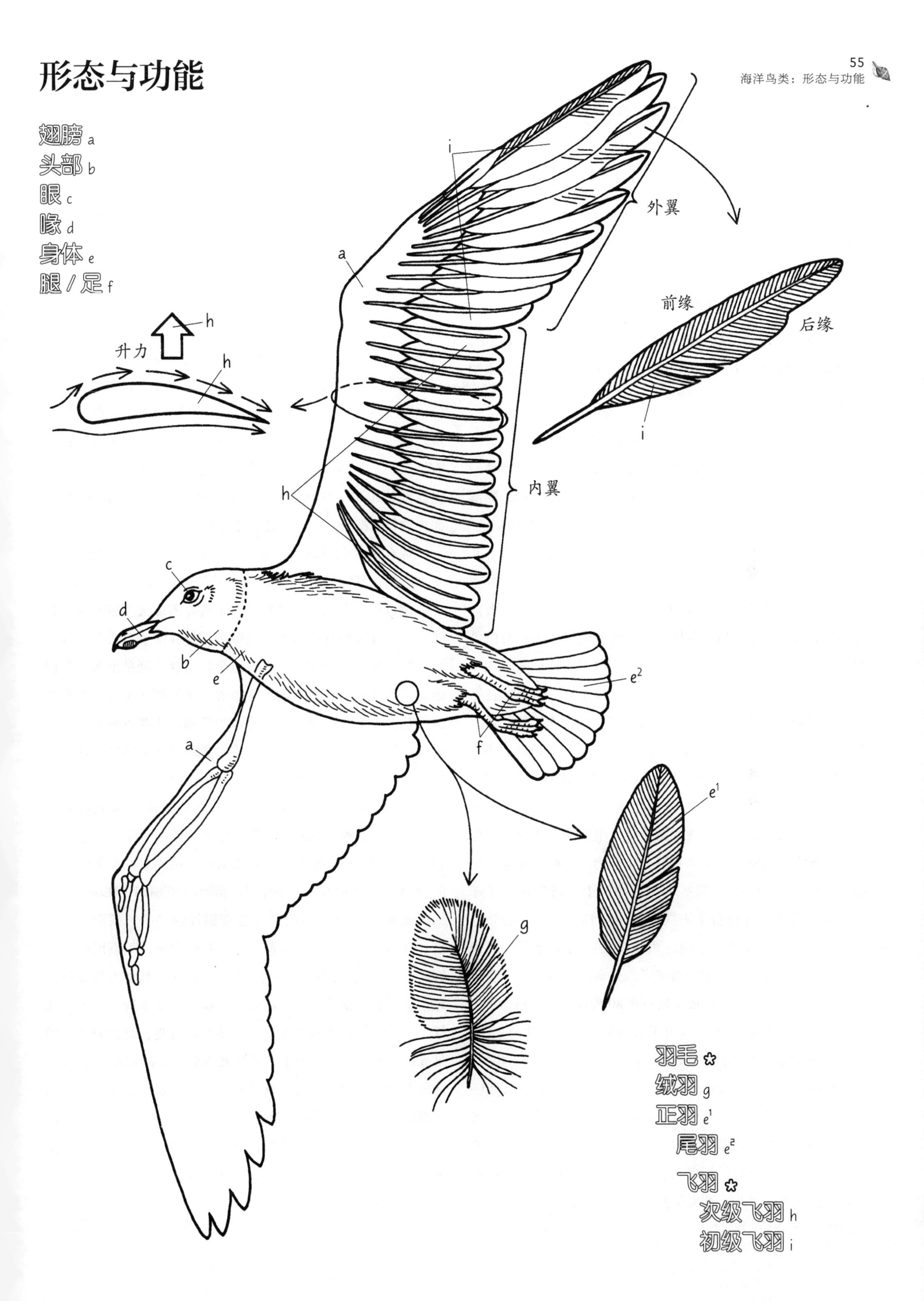
翅膀 a
头部 b
眼 c
喙 d
身体 e
腿 / 足 f
升力
外翼
内翼
前缘
后缘
羽毛
绒羽 g
正羽 e1
尾羽 e2
飞羽
次级飞羽 h
初级飞羽 i

56
海洋鸟类：海岸鸟类

通过观察特定海洋环境里的海鸟，我们可以发现，地球上的海鸟种类繁多，它们利用海洋资源的方式也各不相同。在本节中，我们将要调查潮间带生境里的鸟类，这些鸟类统称为海岸鸟类（shore bird）。

请根据介绍顺序给每种海岸鸟类上色。在上色过程中，请留意文中每种鸟类出众的特征。底图中的部分鸟类并未绘出完整的结构。

苍鹭（heron）和白鹭（egret）是近岸生境里常见的大型鸟类，它们通常独立生活。大蓝鹭（great blue heron）便是其中一种体形巨大的鸟类，体长可超过 1 米，**身体**呈蓝灰色，**腿部**呈浅黄色。大蓝鹭常在近岸环境（如潮池和河口区的盐沼地）里觅食。捕食的时候，大蓝鹭会竖起脖子静待猎物，随时准备出击。人们也能在内陆地区发现大蓝鹭的踪迹，大蓝鹭通常出现在湖泊和溪流旁、牧场中，甚至是空地上。由于大蓝鹭的体态特征明显，巨大的体形、流线型的黑色头羽与白色的头部互相衬托，很容易被辨识。大蓝鹭迈着长长的腿在浅水区中行走，连接着细长脖子的头部末端生有一个锋利且笔直的浅黄色**喙**，大蓝鹭就用这只喙捕捉小鱼、螃蟹等猎物。一旦被外界打扰，大蓝鹭就会恼火地“抱怨”，张开巨大的蓝灰色**翅膀**，收起脖子，将长腿拖在身下，飞离此地。

事实上，大蓝鹭并不会独占生境，它与许多鸟类共享河口区的资源。这些鸟类在暴露于空气中的泥滩和沙滩里觅食，寻找穴居的蠕虫、蛤蜊和甲壳类动物。它们的喙适宜挖掘埋在潮滩里的猎物，这些鸟类在潮滩上来回巡逻，将喙探入泥沙之中，寻找位于不同深度的食物。与那些能够进入浅水区的“大长腿”不同，短腿鸟类的活动范围只能局限于退潮时暴露在空气中的潮滩了。许多海岸鸟类属于鹬科（Scolopacidae），这一科的成员数量在 80 种以上。鹬科动物一生中要经历长距离的迁徙，其中许多种需要飞越南北两半球。它们的翅膀狭窄呈锥形，非常适宜长距离的飞行。

长嘴杓鹬（long-billed curlew）的喙呈深棕色，修长似镰刀，可以很轻松地刺入沙中，取出躲藏在基质深处的贝类和甲壳类动物。长嘴杓鹬纤细的腿呈浅蓝灰色，体色则是斑驳的褐色，整只鸟只有鸽子那么大。当潮水退去的时候，长嘴杓鹬会在潮滩上漫步，捕捉那些来不及把自己完全埋在沙子里的猎物。

当大部分鹬科鸟类在潮滩上忙碌地觅食时，翻石鹬（ruddy turnstone）却不走寻常路，用一种与众不同的方法来觅食。翻石鹬的个体大小与长嘴杓鹬差不多，但翻石鹬的腿更短，且呈橘红色。在潮水退去的河口潮滩上，翻石鹬有条不紊地翻转它所看到的每一颗小石头，用短小尖锐的黑色喙啄食躲在石头下的小动物。小型蟹类等甲壳类动物原本以为退潮时躲在小石头下面就是躲在了安全的“乐园”里，没想到，它们的“乐园”不仅被翻石鹬摧毁，自己也被一口吞进了肚子里。翻石鹬也会出现在岩岸潮间带生境里，在那里，它也用同种方法觅食。繁殖季期间，翻石鹬的体色会变得特别，让人一眼就能认出来。其间，新生的羽毛赋予了它们全白的身躯，而头部和翅膀上的花纹好似小丑图案。

翻石鹬常独处或三五成群。然而，三趾鹬（见第 9 节）与之不同，其常以 10 ~ 100 只（甚至以上）的个体集结成群。三趾鹬也是鹬科动物。这种与知更鸟差不多大小的鸟常沿沙滩觅食，喙和腿均短且黑。三趾鹬选择在潮水退去时寻找蟹类、蠕虫和小型蛤蜊，一旦在觅食时遭遇上涌的波浪，三趾鹬就会迅速躲避，然后继续紧追着退去的潮水觅食，看起来就像是上了发条的玩具鸟一样。当活动被干扰的时候，三趾鹬会成群起飞，深灰色翅膀上的白色线条十分耀眼，这使得它们在空中的姿态十分美丽，让人叹为观止。

我们将要介绍的最后一类海岸鸟类是蛎鹬（oystercatcher）。正如其名，这种黑色的短腿鸟类身体结实，它们以贝类为食，包括牡蛎、蛤蜊、贻贝、帽贝等有贝壳的动物。底图中绘制的蛎鹬是来自北美洲太平洋沿岸的北美黑蛎鹬（*Haematopus bachmani*），其最鲜明的特征是亮橘红色的喙。蛎鹬的喙很长，且相对其他鸟类的喙重一些，尖端平钝。只需快速一凿，蛎鹬就可以用喙砸碎猎物的贝壳，让猎物柔软的身体暴露出来。康拉德·洛伦茨（Konrad Lorenz）是动物行为学家的先锋，他研究了欧洲蛎鹬的行为。洛伦茨发现，蛎鹬砸开贝类外壳的能力并非与生俱来，刚长大的小蛎鹬必须同父母学习，才能获得此技能。此外，洛伦茨认为不同血缘的蛎鹬掌握的针对特定贝类的开壳技能也不同，但都由上一代传给下一代。例如，某一“血缘”的蛎鹬通过对着贝类的背面铰合部猛凿来打开贝壳，而另一“家族”的蛎鹬在面对同一种蛤蜊时，则是敲碎开合面来开壳。

海岸鸟类

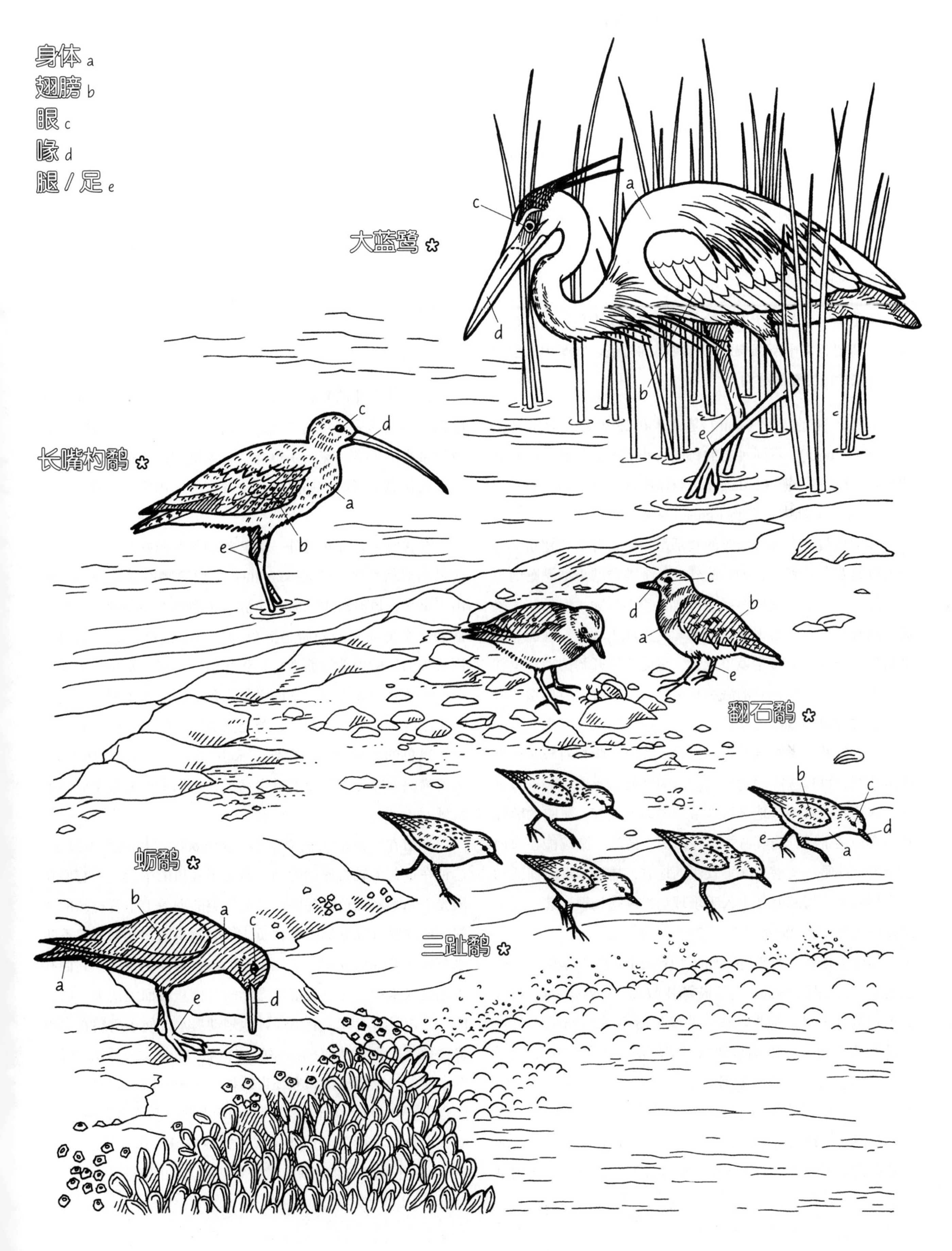
身体 a
翅膀 b
眼 c
喙 d
腿 / 足 e
大蓝鹭 ✲
长嘴杓鹬 ✲
翻石鹬 ✲
蛎鹬 ✲
三趾鹬 ✲

57
海洋鸟类：近岸鸟类

与潮间带生境和滨岸生境里的海岸鸟类不同，其他海鸟类群难以辨别。在海上或空中，任意一块空间内都可能同时出现近岸鸟类和远洋鸟类。不过，近岸鸟类常见于海岸或大陆架，它们与陆地保持着频繁的接触。远洋鸟类则常见于大陆架外侧，它们一生中大都待在海上，有的种类可能只在繁殖时才前往海岸。

请依据文中的介绍顺序给每种近岸鸟类上色。在上色过程中，请留意文中所强调的每种鸟类的特征。底图中的部分鸟类并未绘出完整的结构。

无处不在的海鸥（gull）是北半球最常见的近岸鸟类（near-shore bird）。不同种类的海鸥大小不一，体长 25 厘米、体重 4.5 千克的小鸥（little gull）与体长超过 75 厘米、体重超过 22 千克的欧洲大黑背鸥（great black-backed gull），都是海鸥家族的成员。大部分海鸥的腹部呈白色，背上和**翅膀**上的羽毛则是灰色或者黑色的。此外，某个类群的小型海鸥的头部是黑色的。雏鸥的体形通常与成体差不多大，但是体表呈斑驳的灰色。海鸥出现在多种多样的海洋生境中，既能与海岸鸟类一起在潮间带生境里觅食，也能飞到开阔的大洋里找东西吃。虽然有些种类的海鸥是可怕的掠食者，但典型的海鸥是杂食动物，食物类型广泛，包括活的猎物、腐肉、鱼类的内脏，以及人类野餐携带的食物。海鸥的**喙**相对较长，末端呈钩状，可以撕碎动物的肉。海鸥的翅膀长度中等，似锥形，这让它能够持久地飞行，滑翔能力也很好。海鸥的**腿**强壮结实，**足**带蹼，能够有力地在海面上游泳。海鸥能在海面上浮潜，或是一头潜入水下较浅的地方，捕捉靠近海面活动的小型鱼类。海鸥时常出入于填埋场，挑拣垃圾，甚至还会跟在犁地的农民后面觅食。

相比于海鸥，鹈鹕（pelican）用餐的举止更“高雅”，食性也更专一。底图中画的鹈鹕是褐鹈鹕（*Pelecanus occidentalis*），其通过俯冲入水来捕食。鹈鹕的喙长而扁平，上部为灰色，下部则为深色，喙末端呈钩状。鹈鹕喙的下部连接着可折叠的具有弹性的皮肤，这片皮肤撑开后可以形成一个深深的袋囊，即喉囊（throat pouch）。在高处锁定了猎物的位置后，鹈鹕便会螺旋形下降，在落地前一秒将自己的腿和巨大的翅膀向后展，然后潜入水中，喙部直冲猎物而去。鹈鹕可潜入水下几米深处，将喙当作勺子把鱼类舀起来。褐鹈鹕的喉囊可以装下 10 升左右的海水。喉囊的皮肤能够收缩，将海水倾倒出去，只在嘴里留下鱼类。回到海面后，鹈鹕就会扬起头，将食物吞进肚子里。做好跑跳准备后，翅膀便能够产生足够的升力，让鹈鹕飞到空中巡视海里的猎物。然而，并非所有的鹈鹕都是潜水狩猎者。美洲白鹈鹕（*Pelecanus erythrorhynchos*）会以小群体的形式沿着马蹄形的路线游动，将小鱼成群驱赶至水体的表面，随后用嘴巴把小鱼舀进自己的喉囊里。

没有什么比欣赏日落时的鹈鹕更令人内心平静的了。鹈鹕巨大的翅膀展开可达 3 米，它们排成一排，在海面上乘着海浪带来的上升气流自由翱翔。毫无疑问，壮观的鸟群正前往夜间栖息的场所，那可能是一处宁静的码头，亦可能是某处堤坝。

黄昏时分是寻找另外一类有趣的鸟儿的好时段，这类鸟儿名叫黑剪嘴鸥（black skimmer）。黑剪嘴鸥在傍晚和夜间出来觅食，该时段中，海面宁静，小型鱼类会游到海水表面活动。黑剪嘴鸥的翅膀是黑色的，呈尖锥形。黑剪嘴鸥会用长长的翅膀沿着海面滑行，将喙的下部浸入水中。黑剪嘴鸥的独特之处在于喙，它的喙是黑色的，形状尖利，下喙要长于上喙。在觅食过程中，若是黑剪嘴鸥的喙部触碰到了小鱼，黑色的头部便会快速伸入水中，合上喙部，含住小鱼。黑剪嘴鸥并非分布广泛的近岸鸟类，它们主要分布于亚热带区域。

生活在沿海的人们对鸬鹚（cormorant）再熟悉不过了。这种在进化上较为原始的鸟类常见于建筑的平台上，它们在阳光下晾晒着黑色的翅膀。其他鸟类的羽毛上生有特殊的油腺，该油腺可以分泌防水物质，但鸬鹚不同，其羽毛并不防水。鸬鹚是潜水高手，可以潜入水深达 50 米的地方。它们利落地跳入水中，黑色的富有光泽的身体从海面上消失。巨大的深色双足带有蹼，能够很好地划动海水，便于鸬鹚在水中追逐鱼类。人类从鸬鹚高超的捕鱼能力里发现了利用价值。东南亚的渔民用皮带和喉环束缚住了鸬鹚，防止它们捕猎后将猎物直接吞下，以此获得鸬鹚的渔获物。和许多海鸟一样，鸬鹚会选择陡峭的悬崖或是鲜有天敌的海岛作为繁殖场所，在那里，它们不会被打扰，常常集结成巨大的群体。

近岸鸟类

身体 a
翅膀 b
眼 c
喙 d
腿 / 足 e

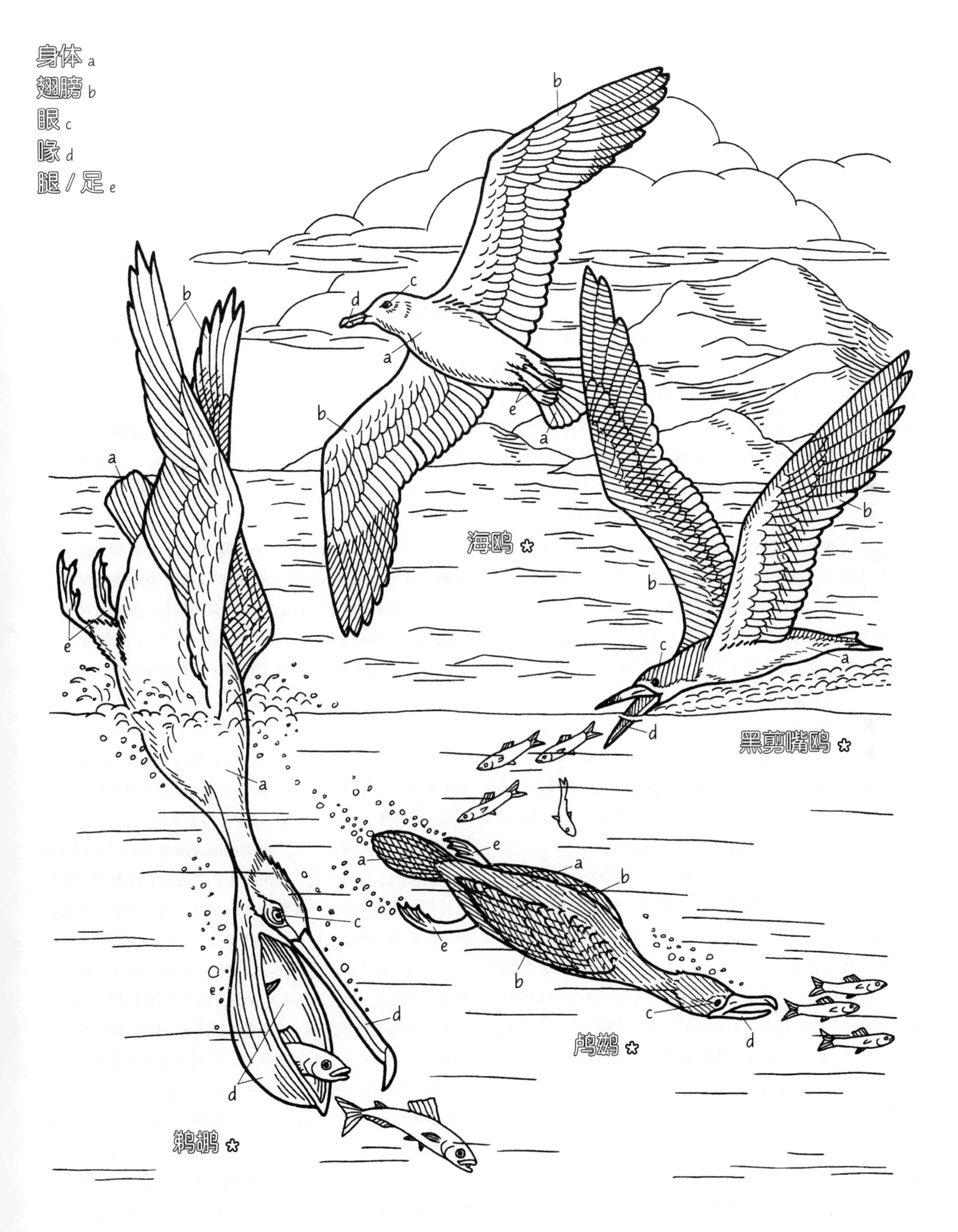

58
海洋鸟类：远洋鸟类

平时，我们很难见到大部分的远洋鸟类，除非我们身处大洋之中，或是生活在远洋海岛之上。这些鸟类大半生都生活在远洋生境里，可以连续好几个月不与陆地接触。

请依据介绍顺序给每种远洋鸟类上色。在上色过程中，请注意文中所强调的每种鸟类的特征。底图并未绘出部分鸟类的完整结构。图中，正被贼鸥追赶的海鸥无须上色。

最典型的远洋鸟类当属南大西洋的南方皇信天翁（southern royal albatross）了。华丽地翱翔在高空中的南方皇信天翁的**翅膀**窄长，向末端逐渐变尖，翅展可超过 3 米。南方皇信天翁拥有一般远洋鸟类的主要特征。它们通常在黄昏时分落到海面上捕食，或是直接在海面上捕捉小型鱼类和鱿鱼，抑或是潜入浅水中进行捕猎。夜晚，南方皇信天翁漂浮在水面上睡觉；白天，它们则在高空中乘着海上剧烈的风滑翔。南方皇信天翁的**身体**是白色的，翅膀外侧是深色的，内侧则是白色的。其**喙**很大，呈钩状，颜色为浅粉色。两只管状的鼻孔位于上喙的两侧，这两只鼻孔还是分泌盐分的器官，能够将南方皇信天翁摄入的多余盐分排出来。信天翁科（Diomedeidae）动物十分长寿，一些信天翁可活到 50 岁。

在热带地区或太平洋海域的天空中，丽色军舰鸟（magnificent frigatebird）的身姿令人瞩目，其拥有巨大的黑色双翼，双翼上分布着斑点。丽色军舰鸟是一种特征很明显的远洋鸟类，细长的尾巴形似剪刀。军舰鸟（frigatebird）的身体很奇妙，黑色的羽毛并不防水，且足之间几乎没有蹼。虽然军舰鸟不会游泳，但它们可以生活在远离陆地的海洋上空。那么，它们是如何做到这点的呢？“军舰”一词或许能够为我们提供线索。军舰鸟极具掠夺性，它们会化身烦人的“强盗”，高速追逐其他鸟类，逼迫其他鸟类扔掉自己的食物或是把已经吞进肚子里的食物吐出来，然后它们会快速抢走这些食物。此外，军舰鸟也会贴近海水表面飞行，低头用强壮的钩状喙捕捉猎物，其常能使用这种方法捕捉飞到空中的飞鱼。军舰鸟的身形苗条，腿很纤细，无法在陆地上支撑身体。军舰鸟会在树上筑巢，一棵树上往往栖息着不少同类，整棵树显得很吵闹。

分布于南大西洋的北贼鸥（great skua）是一种可怕且难以对付的海鸟。与军舰鸟相同，这种棕色的身形和海鸥差不多大的海鸟以掠夺其他海鸟的食物为生，给其他海鸟带来了不少的麻烦。贼鸥（skua）常追逐其他海鸟，有时还会抓住其他海鸟的翅膀或是尾巴。贼鸥具有高超的飞行技术，在陆地上行动敏捷，因此它们对陆地上的海鸟群来说也是一场噩梦。贼鸥会从其他海鸟的巢穴里盗取蛋，掠夺其他海鸟的宝宝，例如海鸥、燕鸥（tern）或企鹅的宝宝。一些种类的贼鸥还会在陆地上觅食，猎食小型哺乳动物，如旅鼠（lemming）。贼鸥的捕猎效率极高，这得益于其巨大的钩状喙、短短的腿、带蹼的足，以及锋利的爪。

生活在北太平洋的角海鹦（horned puffin）便是被贼鸥骚扰的对象之一。这种海鸟外观易于辨认，其拥有一对黑色的短翼，黄色的喙很大，尖端为红色，喙整体呈三角形。角海鹦在陆地上休息时的姿势显得十分笨拙，它的双腿位置靠后，即使身体站得笔直，也仿佛是蹲着的。然而，在角海鹦回到海上或是潜入水中后，它独特的身姿会非常瞩目。角海鹦会潜入水中追逐猎物，每次都能用喙捕到好几只小鱼，当其浮上水面时，我们能看到这些小鱼在角海鹦的喙里排成一排。海鹦（puffin）是指海雀科（Alcidae）动物，该类群总共有 21 个物种，包括海鸦（murre）、刀嘴海雀（razorbill）、斑海雀（murrelet）、扁嘴海雀（ancient murrelet）、角嘴海雀（auklet）等。这些海雀科动物生活在北半球，与角海鹦一样具有非凡的游泳技巧和卓越的水下捕猎技术。

企鹅（penguin）也是优秀的游泳健将。其丧失了飞行能力，翅膀已退化，仅用于游泳，功能类似于海狮的鳍肢。企鹅的翅膀已无法像其他鸟类那样向后收折，只能放在身体的两侧。足带蹼（webbed feet）可在企鹅游泳时充当掌控方向的舵。企鹅生活在南极洲及其周围的南大洋海域里，这个物种分布范围的北界位于南非和南美洲的西海岸，以及加拉帕格斯群岛。企鹅能够忍受极低温度的海水，因为它的皮下储存着一层厚厚的脂肪，而且短短的正羽下还长着一层致密的防水（油质）绒羽。企鹅的大小因种而异，体形最大的种是底图中绘制的帝企鹅（*Aptenodytes forsteri*），帝企鹅的身高可达 1.2 米；最小的企鹅则是小蓝企鹅（*Eudyptula minor*），身高在 40 厘米左右。在大多数的时间里，企鹅在海洋中生活，以鱼类、鱿鱼和浮游甲壳类动物——磷虾（见第 14 节）为食。即便是在海中，企鹅们也保持着密切的联系。目前已知的帝企鹅群体能够为了追逐猎物而潜到 240 米深处，并逗留 15 分钟以上。与大部分的企鹅近亲相同，帝企鹅的繁殖与筑巢行为也发生在陆地上，它们会抚养后代直至幼崽长出羽毛，然后再返回海里生活。

远洋鸟类

身体 a
翅膀 b
眼 c
喙 d
腿／足 e

59
海洋哺乳动物：形态与功能

在进化历史中，至少四类陆生温血动物迁移到了海洋里生活。在相对较短的一段时间（5 000 万年）内，其中一类温血动物进化成了海洋里最大的生物——大型鲸类。在本节中，我们将分别介绍这四类海洋哺乳动物的代表。

请为海獭及其轮廓图上色。

海獭（sea otter）是海洋哺乳动物当中特化最不明显的物种，也是与其原始陆生祖先形态差异最小的物种。海獭与体积更小的水獭（river otter）亲缘关系很近，它们与獾、貂熊和水貂都属于鼬科（Mustelidae）。

尽管海獭已完全改变了陆生祖先留下来的生活习性，适应了终生的水上生活，但其仍生有四肢。海獭的**前肢**又粗又短，爪圆圆的，趾不发达，但它能挑拣水底的岩石作为自己进食的工具。海獭的**后肢**很短，脚掌很大，长有蹼。海獭会用生有蹼的脚掌和**尾部**游泳，它的背腹扁平，躯体较为宽阔，方便划水。海獭通常仰卧着划水，不论休息、睡觉还是进食，都保持着仰卧的姿势，四肢离开水面，这或许是为了减少体温散失。与大部分海洋哺乳动物不同，海獭的体表并没有一层厚厚的用以保暖的脂肪，因此其必须依赖细密紧致的皮毛来隔绝空气，维持身体温度。海獭的皮毛有多种颜色，从红棕色到黑色都有，很受皮货商们的喜爱，基于商业利益的杀戮几乎令海獭绝种。海獭的体形较大，雄性海獭的体长一般能达到 1.35 米，尾长通常为 25 ~ 35 厘米，体重超过 36 千克。

请给加州海狮上色。

加州海狮（California sea lion）是鳍足类动物（见第 60 节）的代表，鳍足类动物包括海豹、海狮和海象。熊和犬是与鳍足类动物亲缘关系相近的陆地生物。海狮（sea lion）的前肢已经特化成了**鳍肢**（flipper），这让它能够在海里“翱翔”。海狮的后肢也像鳍一样，但是不像前肢那么有力；尾部则短短的。海狮的体色呈棕褐色。为了更高效地在水中游泳，海狮进化出了流线型的外形。其体表的脂肪层将身体与寒冷的海水隔离，减少了散热。

请为儒艮上色。

儒艮（dugong）生活在非洲和南太平洋地区，它与生活在大西洋中的海牛（manatee）是近亲，两者同为海牛目（Sirenia）动物。海牛目动物能够长到 3 米长，体重可超过 400 千克。海牛目动物几乎没有毛发，体表覆盖着一层可以保暖的脂肪。传说，水手们看到的美人鱼的原型就是海牛目动物，其拉丁学名就源于希腊神话中引诱奥德赛船员的美丽海妖“塞壬”（Siren）。

大象（elephant）是与儒艮亲缘关系最近的陆地生物。儒艮以海草为食，只生活在海洋中[①]。浅浅的海湾和河口生境分布着海草，在这里，儒艮会用长着短毛的嘴巴把稚嫩的海草连根拔起，然后吃掉。在美国的佛罗里达州，海牛能够吃掉堵塞航道的水葫芦（water hyacinth），但是它们很容易被快艇撞死。如今，海牛已是濒危物种。

儒艮的前肢也特化成了鳍肢状，但后肢已退化消失。儒艮的尾部则进化成了宽宽的中央有缺口的**尾叶**（fluke），尾叶能够成为儒艮的动力来源，推动它前行，最大游速能够达到每小时 21 千米。尽管儒艮平时的动作显得有些迟缓，但是它们的警惕性其实很高，行为活跃，智商与鹿相当。儒艮没有耳郭，耳部只有一个小小的开孔，不过听觉很好。

最后，请给瓶鼻海豚上色。

瓶鼻海豚（bottlenose dolphin，又叫宽吻海豚）是最常见的鲸目（Cetacea）动物的代表，鲸目动物包含鲸（whale）和海豚（dolphin）。与其他海洋哺乳动物相比，这些鲸目动物高度适应海洋生活。鲸目动物和儒艮具有相似之处，它们都未发育外耳郭，且后肢均已退化消失，它们依靠水平的尾叶推进身体。海豚背上还有刚硬直立的**背鳍**，背鳍能保持游泳的稳定性。从流体动力学的角度来看，海豚流线型的**身体**非常符合高效运动的标准，已知的海豚的最高游速可达每小时 39 千米。和所有的海洋哺乳动物一样，海豚和鲸都必须呼吸空气，它们的**鼻孔**都带有肌肉瓣，肌肉瓣能在水中闭合。

① 儒艮偶尔会进入淡水流域，但淡水流域并非其长期生活区。——译者注

形态与功能

身体 a
前肢 b
　鳍肢 b1
后肢 c
尾部 d
　尾叶 d1
眼 e
耳 f
鼻子 / 鼻孔 g
背鳍 h

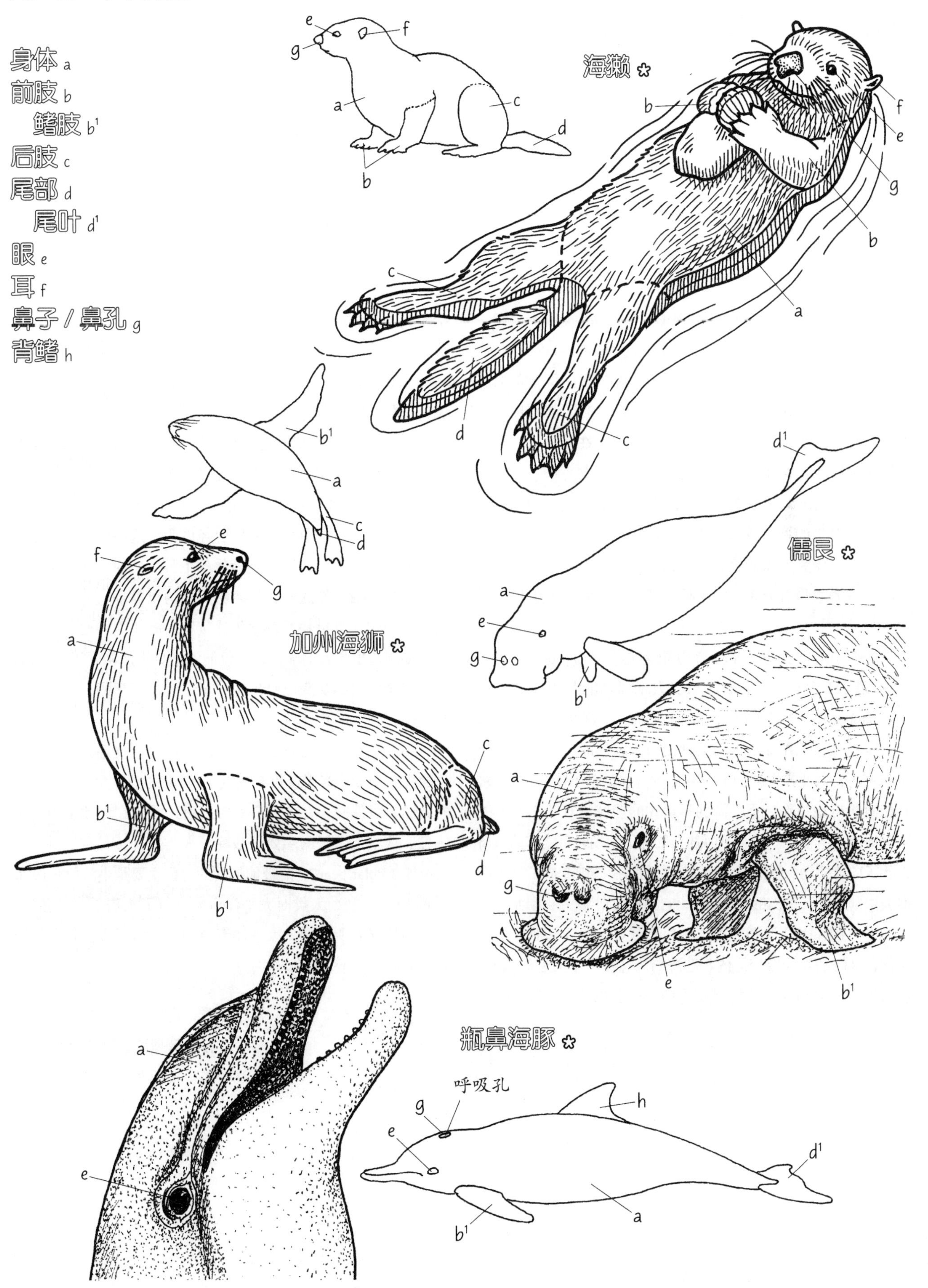

60
海洋哺乳动物：鳍足类

鳍足类（pinniped，又名鳍脚类“feather-foot”）动物是人们最容易观察到的海洋哺乳动物，因为它们体形很大，而且经常来到海岸上休息、晒日光浴。在本节中，我们将介绍海狗、港海豹、象海豹和海象。

请在阅读文字后给相应的动物上色。

在底图中，一头雄性北海狗（*Callorhinus ursinus*）和一头雌性北海狗在某处岩石平台上休憩。海狗（fur seal）的特征在于生有一对**外耳郭**或者外耳瓣（海狮也一样）。海狗的**后肢**能够向前折叠，在其休息时支撑**身体**。而海狗的**前肢**比海豹的前肢更大、更强壮，可以保持上身直立。在陆地上，海狗能够相对灵活地活动。

北海狗的皮毛非常细致紧密，能够保持身体干燥和温暖。雄性成年海狗的体形较大，体色为深棕色；雌性成年海狗的体形较小，体色为深灰色。北海狗在美国下加利福尼亚至白令海一带海域均有分布，除了繁殖期间，北海狗极少到陆地上来。

海狗在陆地上的活动能力跟港海豹（harbor seal）恰恰相反，后者在陆地上的活动能力很弱。港海豹和象海豹（elephant seal）同属于海豹科（Phocidae）。这些银灰色的海豹缺少外耳郭，在陆地上的活动受限。它们的踝关节不能弯曲和突出，因此，在陆地上时它们的身体后部不能向前折叠，只能直挺挺地拖在后面。海豹科动物的前肢相对较小，不能完全地支撑上半身。于是，海豹在陆地上活动时只能笨拙地倚着肚子向前挪动。然而在水中，港海豹的后肢则变成了身体的推进器。当两只后肢互相靠近时，它们会像划桨一样运动。

港海豹在大西洋和太平洋中均有分布，相较其他鳍足类动物，港海豹较少四处漂泊。港海豹栖息在离岸很近的地方，常出现在海湾和河口的沙洲处休息。其主要以近岸海水中的小型鱼类、软体动物和甲壳动物为食。

底图中深灰色的北象海豹（*Mirounga angustirostris*）是现今体形最大的鳍足类动物。成年雄性北象海豹的身长往往能超过 6 米；成年雌性北象海豹的个头则小多了，身长一般为 3.5 米左右。象海豹最突出的特征为巨大的**鼻子**（proboscis），这也是它的第二性征。当雄性象海豹开始性成熟时，它的鼻子也会开始生长，大约在其 8 ~ 10 岁发育完全。到了交配季节，成年雄性象海豹之间会通过互相吼叫并展示自己的鼻子（姿势如底图所示）的方式来挑战对方。对许多鳍足类动物来说，交配季包含着许多复杂的社交活动（见第 90 节）。

海象（walrus）的肤色通常为黄褐色，其分布于大西洋和太平洋北部的冷水海域，靠近北极冰盖边缘。成年雄性海象通常可达 3.6 米长，成年雌性海象的个头则稍微小一点。雌雄海象都长有明显的**象牙**。人们曾经以为，这些巨大的牙是海象用来挖掘底泥中的甲壳类食物的工具。然而，水下影像显示，进行挖掘工作的器官是海象宽阔的口鼻部，海象坚硬的胡须则用作探测猎物的触觉传感装置。海象能够通过喉部和口鼻部制造出强大的吸力，不仅能够把贝类从洞穴里吸出来，还能完全将贝类从壳里吸出来！至于海象象牙的长度，似乎与其社会地位有关。

小海象刚出生时就长有一层薄薄的红色皮毛，但成年海象的皮肤则较为光滑（没有皮毛）。海象的身体含有一层厚厚的脂肪，可保暖。在大部分的时间里，海象在浮冰上睡觉和休息。这些大个子的主要天敌除了人类之外，只有一种——北极熊（polar bear）。北极熊捕食的对象主要是小海象。19 世纪和 20 世纪初，人类对太平洋海象进行了大屠杀式的猎捕。目前的情况有所好转，太平洋海象的种群数量逐渐恢复，但总体上该种群还是很脆弱。

鳍足类

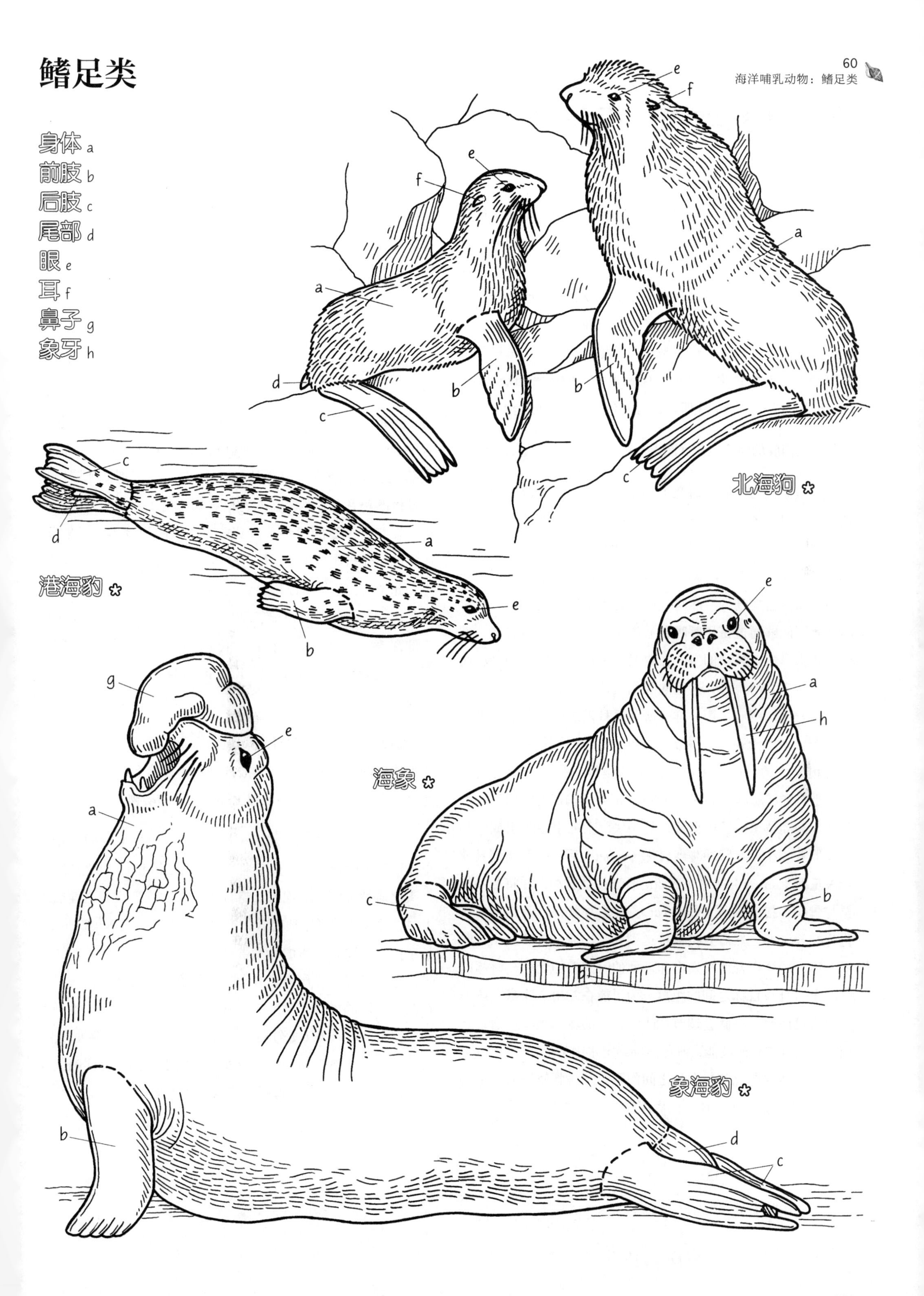
身体 a
前肢 b
后肢 c
尾部 d
眼 e
耳 f
鼻子 g
象牙 h
北海狗
港海豹
海象
象海豹
a
b
c
d
e
f
g
h

61
海洋哺乳动物：齿鲸和回声定位

目前世界上大约有 74 种齿鲸（toothed whale），包括鼠海豚（porpoise）、海豚、抹香鲸、喙鲸（beaked whale）等鲸目动物。齿鲸都具齿，并且只有单一的呼吸孔。此外，齿鲸都是捕食性动物，它们猎食鱼类、鱿鱼，极偶尔会捕食其他海洋哺乳动物。齿鲸已经失去了嗅觉，但拥有较好的视力，不过对于能够潜入深海的齿鲸来说，视觉在黑暗的深海里并不能为捕食活动提供多少帮助。齿鲸最发达的感官当属听觉，许多种类的齿鲸都能利用听觉进行复杂的回声定位活动。

请给海豚的回声定位底图上色。

科学家们已彻底地研究了小型齿鲸的回声定位系统，尤其是海豚身上的。在水下，小型齿鲸能够发出多种叫声，如尖叫声、啾啾声、呻吟声、脉冲似的叫声或一连串短促的"咔嗒"（click）声。前面提到的那些声音一般是齿鲸用于交流的，而最后提到的"咔嗒"声则是齿鲸用于进行回声定位的。海豚能够通过挤压**呼吸孔**通道中的小气囊之间的空气发出"咔嗒"声。移动的空气在收紧的鼻道中产生振动，从而发出"咔嗒"的声音，这就同我们掐住（压缩）气球的颈部使气球发出"吱吱"声一样。海豚每秒发出的"咔嗒"声少则五个，多则上百个。其实，"咔嗒"声并不是从海豚的呼吸孔里发出的，而是由海豚凹形的**颅骨**（头骨）反射出来的，是声音在海豚的**额隆**（melon）汇聚后**输出**的定向波束声脉冲。额隆位于海豚的前额，是一块巨大的由脂肪组成的晶状体器官。在声音脉冲碰到**目标**（target）后，一系列信号就会被**反射**（reflect）回来。**下颌**的骨骼接受脉冲，并将脉冲传至与骨头连接的**内耳**（inner ear）。在内耳处，声音脉冲被转化为神经脉冲，然后直接被传送到大脑。通过持续发出"咔嗒"声，计算声音信号发出和返回的时间差的变化，海豚能够确定自身与目标之间的距离。为了能在发出"咔嗒"声的间隙听见回声，海豚会调节"咔嗒"声的输出频率。通过运用这一高度进化的技能，海豚能够确定水中某个物体的大小、形状、运动方向及其与自身之间的距离。海豚使用低频率的"咔嗒"声扫描整个水体，然后用高频率的"咔嗒"声进行更精细的判断。

请给抹香鲸上色。为达到更直观的效果，底图中绘制了原本位于抹香鲸体内的鲸蜡器。接着，请为页面左下角的猎物鱿鱼上色。

抹香鲸（sperm whale）呈深褐灰色（接近黑灰色），是世界上最大的齿鲸。雄性成年抹香鲸的体长可超过 17 米，重达 47 000 千克。抹香鲸巨大的头部的长度可达到其体长的三分之一，头部内生有一个硕大的**鲸蜡器**（spermaceti organ，重达 11 000 千克）。该器官的物理结构十分复杂，其外部包裹着层层的肌肉和鲸脂，内部则填充着饱含鲸脑油的结缔组织，该器官的功能或许与海豚的额隆相似[①]。对于海豚来说，用于定位的声音脉冲的来源与呼吸孔通道有关。对于抹香鲸来说，在集中声音的过程中，其会将凹形的颅骨当作反射器，而将鲸蜡器当作晶状体。抹香鲸可以发出非常响亮的"咔嗒"声，此类低频信号可以传递到几千米远的地方。有些人认为，这些响亮的"咔嗒"声能够帮助抹香鲸探测猎物（鱿鱼）所在的深度。一旦确定了猎物的位置，抹香鲸就会下潜捕猎。已有的记录显示，抹香鲸曾下潜至 1 134 米深，且停留了 90 分钟。

请为虎鲸及其猎物上色。页面右下角是几种齿鲸和蓝鲸的等比例图。蓝鲸是一种濒危的须鲸（见第 62 节），体长可达 33 米，被认为是目前地球上体形最大的动物。

黑白相间的虎鲸（killer whale）是海豚科（Delphinidae）里体形最大的物种（体长 9 米）。与抹香鲸相同，雄性虎鲸的个头比雌性虎鲸大。虎鲸长有许多巨大的锥形齿，当嘴巴闭上时，牙齿能够紧紧地闭合，不留一点空隙。虎鲸集群生活，是个体之间联系紧密的母系群体。此外，虎鲸是老练的捕猎者，它们靠群体合作来搜寻和捕食猎物。北美洲的西海岸存在两类不同的虎鲸族群。一类族群驻留在一个特定的地理区域中，主要以鱼类（如鲑鱼）为食；另一类族群则四处流浪，沿着海岸（从热带到极区）分布，它们主要捕食海洋哺乳动物，如海豹、海狮、鼠海豚，甚至是个体极大的须鲸。

① 鲸蜡器的功能还与抹香鲸强大的潜水能力有关。——译者注

齿鲸和回声定位

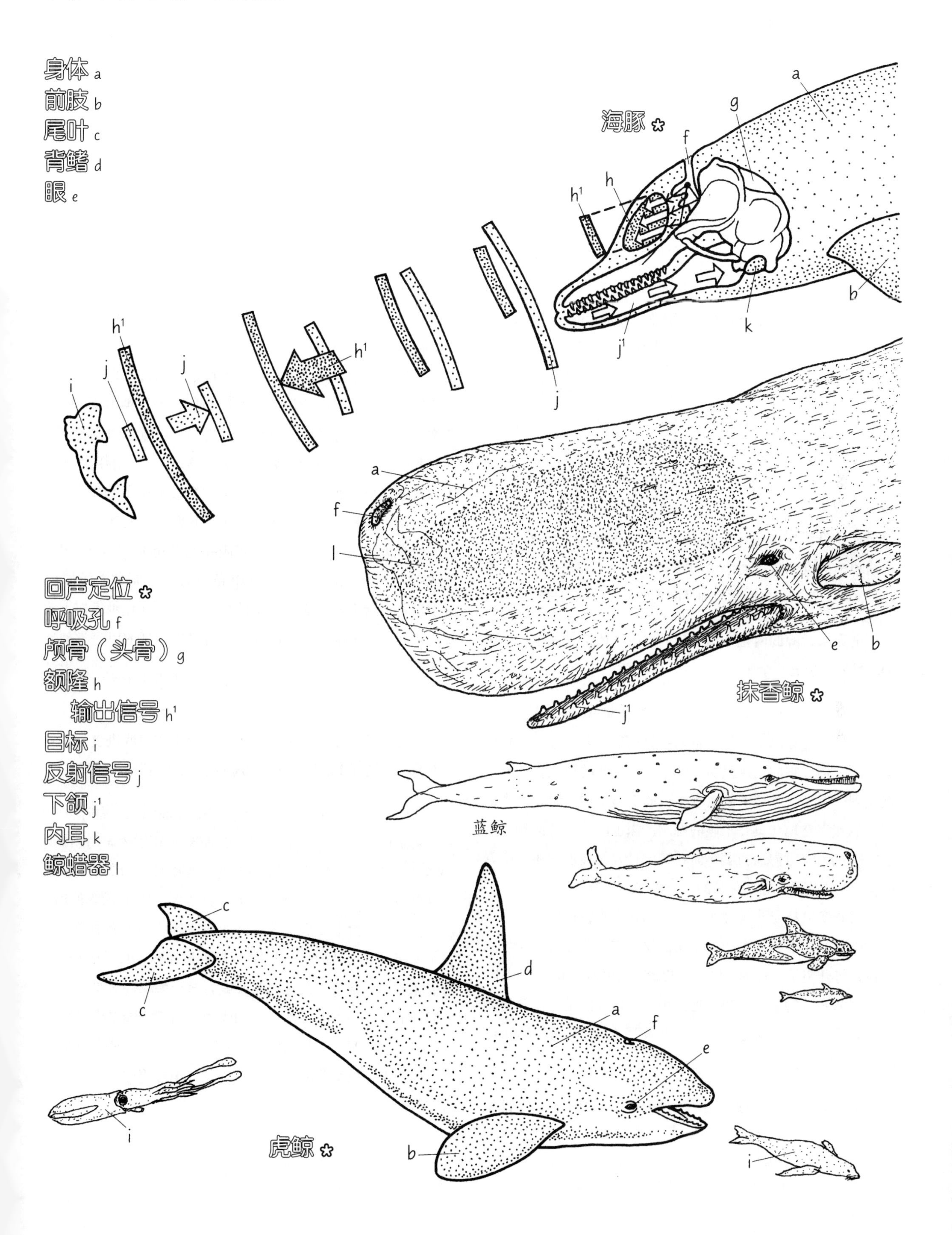
身体 a
前肢 b
尾叶 c
背鳍 d
眼 e
海豚 ✿
回声定位 ✿
呼吸孔 f
颅骨（头骨）g
额隆 h
输出信号 h1
目标 i
反射信号 j
下颌 j1
内耳 k
鲸蜡器 l
抹香鲸 ✿
蓝鲸
虎鲸 ✿

62
海洋哺乳动物：须鲸

须鲸是地球上最大的动物，然而我们对其知之甚少。由于历史上曾经发生过大量的捕鲸活动，一些鲸类物种在我们尚未有机会了解它们之前就已经濒临灭绝，甚至已经灭绝。须鲸和齿鲸的不同之处有很多：头部形状不同；呼吸孔数量不同，须鲸有两个呼吸孔；须鲸有鲸须板，没有牙齿；须鲸前额没有巨大的额隆。

请从页面上方开始上色。仔细数一数须鲸前肢骨的数量。注意，须鲸头骨的上颌左端有一个单独绘出的鲸须板。

须鲸（baleen whale）的名字源于其**上颌**的纤维状角质**鲸须板**（baleen plate）。这些鲸须板和牙齿完全不同，它们是从表皮组织里长出来的，就像毛发一样。一块鲸须板大约6毫米厚，由角质板片和板片上长长的粗糙的纤维状刚毛组成。鲸须板沿着上颌间隔排列。每一块鲸须板的外表面光滑，而内表面的纤维状刚毛十分粗糙，覆盖了鲸须板之间的空隙。这些粗糙的刚毛是过滤海水的有效工具。鲸须板的颜色、形状、大小，鲸须板之间的空间及刚毛的粗糙程度因种而异。

请为露脊鲸的两幅底图上色。用深灰色给身体上色，因为这种鲸体色近乎全黑。

露脊鲸（早期的捕鲸者将其命名为 right whale，因为露脊鲸死后能够浮在水面上，正是理想的捕猎对象）拥有最精致的鲸须结构。它的上颌呈明显的拱形，悬挂的鲸须板的长度能达到4米。虽然其**下颌**生有相似的拱形结构，但是巨大的下唇能够完整地包裹住上颌的鲸须。深色的灵活的鲸须板能够在嘴巴闭合时向后折叠，而在嘴巴打开时向前弹出。露脊鲸头部的长度几乎占了体长的三分之一。

露脊鲸以桡足类等浮游甲壳类动物为食，这些浮游甲壳类动物在海水表面及其下方聚集成群。露脊鲸穿过浮游生物群体，打开勺子一样的嘴巴，将食物连同海水一起含入口中，然后将海水从鲸须板压出，把浮游生物留在刚毛上。露脊鲸的外表漆黑，体长能达到20米，北大西洋露脊鲸（*Eubalaena glacialis*）在北极圈和南极圈之间的所有海域中均有分布。

请给大翅鲸的底图上色。大翅鲸上部呈深灰色，下部呈白色，鳍肢也是白色的。

大翅鲸（Humpback whale）等须鲸科（Balaenopteridae）动物，如长须鲸（fin whale）、塞鲸（sei whale）、蓝鲸、小须鲸（minke whale）或布氏鲸（bryde's whale），和非须鲸科动物的不同之处在于——喉部生有许多褶沟。一对长长的长有瘤突的前肢是大翅鲸的形态特征。此外，每年繁殖季期间，雄性大翅鲸都会在繁殖场中吟唱悦耳的鲸歌，这也是它们的一大特色（见第71节）。

大翅鲸等须鲸科动物的鲸须又黑又短，广泛分布于上颌。这些鲸以多种多样的浮游甲壳类动物为食，一些物种还食用鱼类和鱿鱼。穿过浮游生物群时，它们会用宽阔的大嘴巴含住好几吨的海水。它们巨大的舌头能够作为一个活塞把海水压到鲸须之外，而小小的甲壳类动物会被困在嘴里，然后被吞进肚中。观察大翅鲸的进食行为，我们可以发现，大翅鲸会先缓缓地盘旋上游，同时从**呼吸孔**喷出气体，这些气体会形成一圈气泡屏障，恫吓浮游甲壳类动物。通过这一方法，浮游动物们就会被赶到气泡屏障中心的平静区域中，而大翅鲸会张开大大的嘴巴，一跃而上，将聚集起来的甲壳类动物吞入口中。大翅鲸懂得合作捕猎，它们会将猎物赶到圆形区域内，然后一同跃起进食。

请为灰鲸的底图上色。图中的灰鲸正在海底进食。灰鲸身上的斑块是寄生的甲壳类动物藤壶，因此须为斑块留白。

灰鲸（gray whale）是灰鲸科（Eschrichtiidae）的唯一物种。灰鲸体形中等（长15米），是活跃在北太平洋中的鲸类（见第89节）。它们的鲸须是所有鲸类当中最短的，进食的方式也很独特。灰鲸主要以底栖甲壳类动物，特别是端足类动物为食。灰鲸游向海底，向一面倾斜，然后用头部前后拖扫海床表面，这么做的目的是惊扰端足类动物，让猎物从沉积物中漂起来。接着，灰鲸会张开藏着黄色鲸须的大嘴，用舌头抵着下颌，扩大喉褶沟以增加吸力，而后把端足类动物吸进嘴巴里。灰鲸的鲸须通常一侧较短，这一侧皮肤上寄生的藤壶也较少，说明灰鲸一般在进食过程中使用固定的一侧拖扫海床表面。

须　鲸

身体 a
前肢 b
尾叶 c
眼 d
呼吸孔 e
背鳍 f

头部 ✿
上颌 g
鲸须板 h
下颌 i
舌头 j

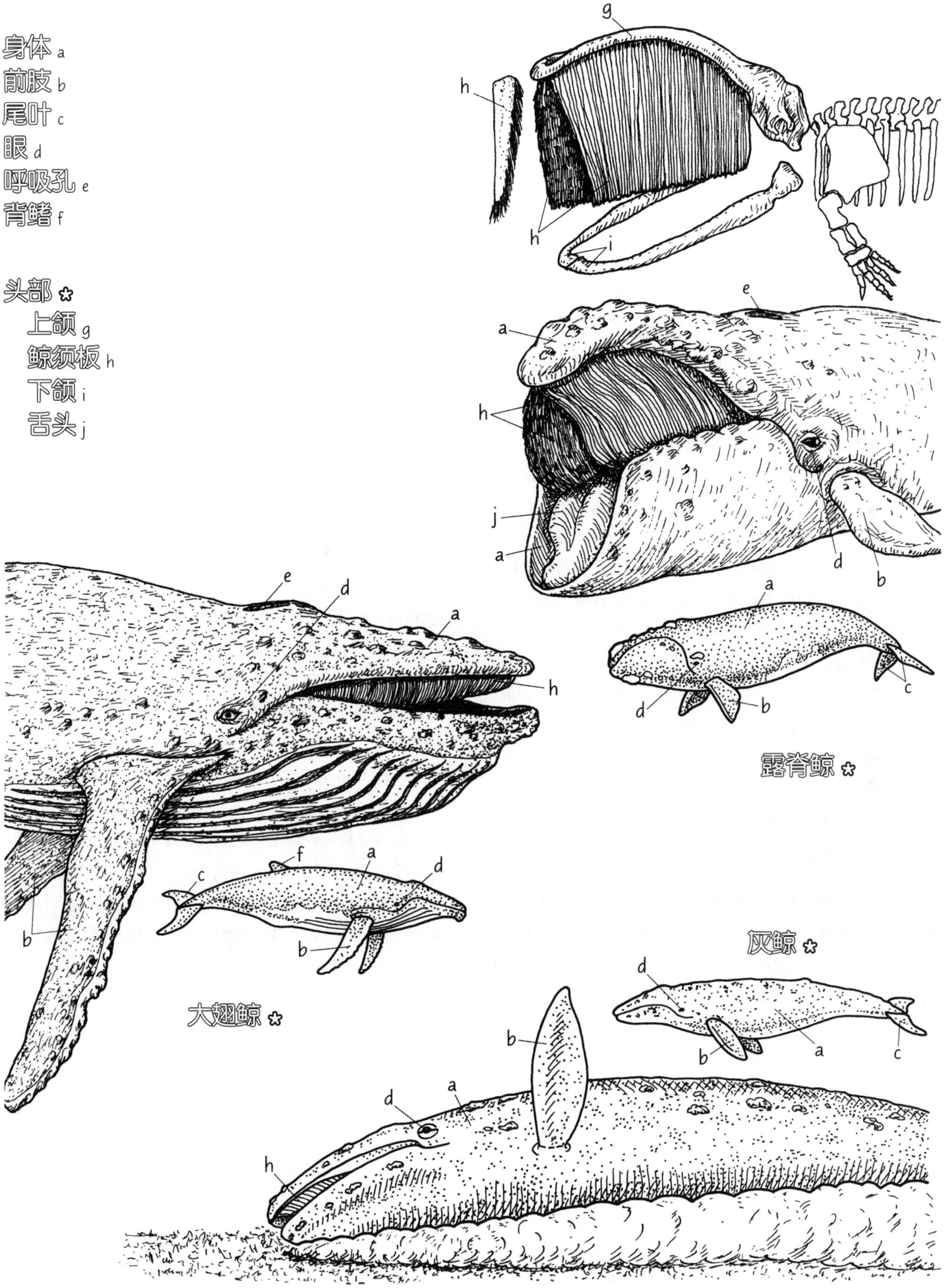

露脊鲸 ✿

大翅鲸 ✿

灰鲸 ✿

63
鱼类的色彩：展示色

鱼类（及许多动物）拥有的色彩具有诸多重要的功能。我们将在接下来的7节里讨论这些功能，同时为您提供使用各种亮色彩笔的机会。本节将要介绍鱼类试图让自己引起注意（自我展示）的色彩。

请为红尾高欢雀鲷和狮子鱼上色。给整只红尾高欢雀鲷包括鱼鳍涂上亮橘红色或亮黄色，然后为鱼右侧的交通信号灯的中间灯（黄灯）上色。请给狮子鱼身上带点的条纹区域涂上红色，不必为易引起混乱的区域涂太复杂的颜色。请为底图中的骷髅图案（毒药警示图标）涂上红色。

美国加利福尼亚州南部的**红尾高欢雀鲷**（garibaldi）身上的亮橘红色就是一种特意展示的警戒色。这种亮色宣告了自己的存在，警告其他的红尾高欢雀鲷不要侵犯其严密看守的领地。雄性红尾高欢雀鲷的领地中央会有一小片红藻，那里是吸引雌性红尾高欢雀鲷产卵的地方，雄性红尾高欢雀鲷会竭力守护领地直到鱼卵孵化（见第87节）。许多亮色的珊瑚礁鱼类都会用这种展示自己体色的方法保护领地。

展示色也能在不同的物种之间起作用，比如第47节讲到的粒突箱鲀，再如位于热带太平洋海域的**狮子鱼**（lionfish），狮子鱼的身体、胸鳍和有毒的背棘上都生有红白相间的条纹。色差明显的条纹能够恫吓捕食者，尤其是那些曾经被有毒棘刺扎过的"倒霉蛋"。种间的色彩展示并非总是出于消极的目的，作为一类清洁鱼（见第92节），隆头鱼身上生有亮色图案就是为了让其他动物接近自己。

请为半环刺盖鱼和钻嘴鱼上色。位于左侧的比较大的是成年半环刺盖鱼，其标示（c）的部位为黄色，与页面中部右方的军官肩章的颜色相同；标示（d）的部位为亮蓝色。位于右侧的是半环刺盖鱼的幼体，请用亮蓝色在标示（d）的细线轮廓条纹位置上色；粗线轮廓的条纹请留白；剩下的部分请涂黑。请给钻嘴鱼身上标示（e）的条纹涂上粉色或者橙色；给它靠近尾部的显眼的假眼斑涂黑；鱼身上的其他部分请留白。瓶子下方的空白处表示，这个瓶子表面上可盛装的量与实际可盛装的量不同。

色彩在种内也起到了重要的辨识作用，特别是当许多同种的鱼类紧凑地生活在一起时。生活在太平洋珊瑚礁中的鱼类就是例子。许多鱼类在幼年阶段中的体色和图案与成年时不同，有的鱼甚至具有非常明显的差异。底图中绘制的是**半环刺盖鱼**（*Pomacanthus semicirculatus*，别名为蓝纹神仙鱼，koran angelfish），幼年阶段的半环刺盖鱼体色为黑色，身上分布着蓝色和白色的半圆形条纹；成年后的半环刺盖鱼体色则为浅黄色，身上分布着深色的斑点，鱼鳍和鳃盖上生有浅蓝色的斑点。这些不同色彩的图案能够帮助半环刺盖鱼快速辨识同类，阐明了一种社会行为。对许多种类的神仙鱼（angelfish）来说，雌雄个体之间明显的体色差异是联结配偶身份的纽带，配对后的神仙鱼的体色差异会更大[①]，且配对后的神仙鱼总是成对活动，很少落单。

色彩的变化还能够让鱼类模仿别的物体。通常鱼类会运用假眼斑、宽条纹及其他方法误导敌方。漂亮的**钻嘴鱼**（copperband butterflyfish，蝴蝶鱼的一种）靠近尾部的地方生有一个黑色的眼斑，能够让捕食者误将眼斑认作眼睛。捕食者会"引导"猎物行动（就像猎人诱捕并预估目标的下一步动作一样），然后试图攻击猎物的头部。不过，捕食者常常被钻嘴鱼的眼斑误导，扑了个空，或者只咬到了钻嘴鱼可再生的背鳍。许多种鱼类和其他动物（如飞蛾和章鱼）都会运用眼斑实施诡计。

① 这种雌雄成体之间明显的体色差异叫作"婚姻色"。——译者注

展示色

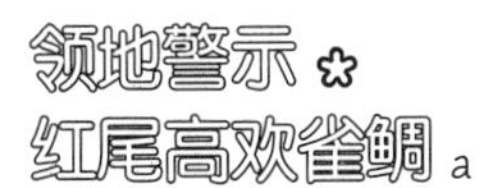

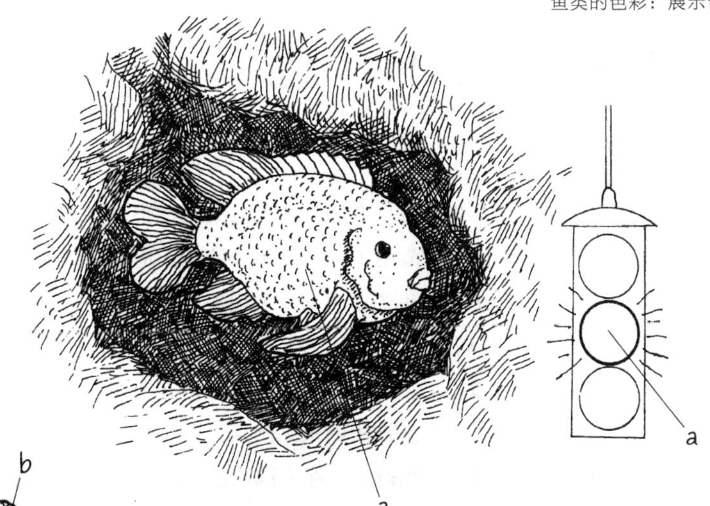

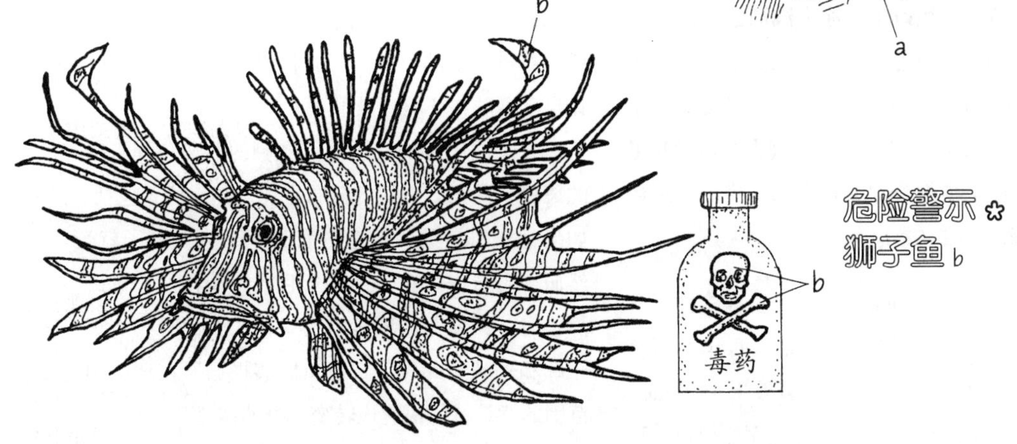

危险警示
狮子鱼 b

社会地位展示
半环刺盖鱼 c、d

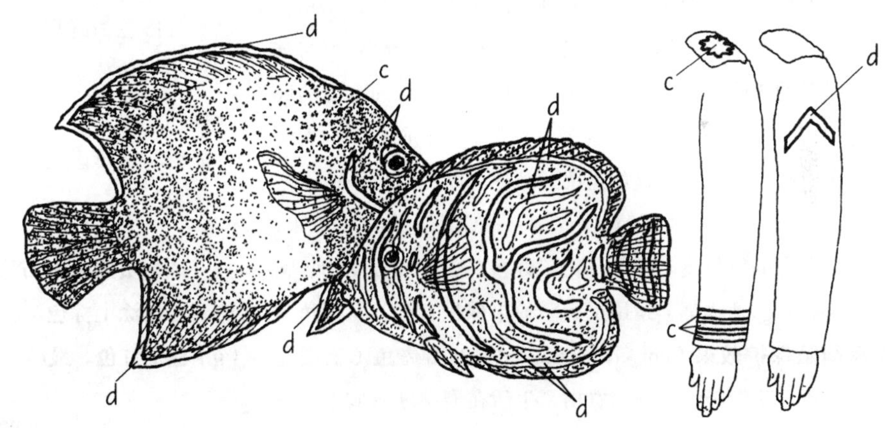

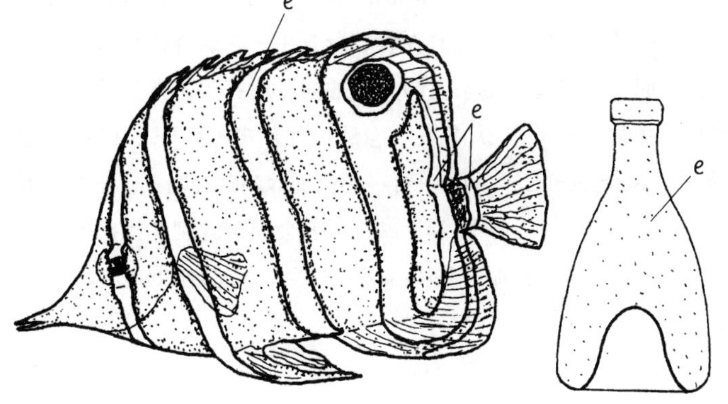

误导展示
钻嘴鱼 e

64
鱼类的色彩：保护色

请给页面顶端（矩形框上方）右侧鲭鱼的反荫蔽保护效果上色，为相应的名称涂上深蓝色（a）。请不要给鲭鱼的下半部分涂色，一般情况下，鲭鱼的下半部分为银白色。请给左侧的整只石斑鱼和相应的名称涂上橘色（b）。接着，请给矩形框里代表海水的背景涂上蓝绿色（d），请注意，在上色过程中，不要让蓝绿色覆盖矩形框里的鱼。然后，请为矩形框里的石斑鱼的上半部分（虚线以上）涂上浅橘色（b），或者在着色区域中留下小面积的白色，以体现从海水上方投下的光线打在了鱼的上半部分上。请给石斑鱼的下半部分涂上纯橘色（b），再用灰色（c）覆盖橘色，以体现光在鱼的身上留下的阴影。请为鲭鱼的上半部分涂上和海水一样的蓝绿色（d），然后为下半部分涂上阴影（c）。

鱼类的保护色（cryptic coloration）的模式多种多样。许多生活在海水上层中的鱼类，例如常见于北大西洋的鲭鱼（common mackerel），就有产生封闭性**反荫蔽效果**（countershading）的体色和图案。鲭鱼背面的颜色为绿色至蓝黑色，腹部则逐渐变为银色乃至白色。从其背部上方往下看，鲭鱼会与昏暗的海底融为一体；而从腹面下方往上看，鲭鱼就与被日光照射的耀眼海面融为一体了。从侧面看（页面上方的底图），很明显，鲭鱼背上向着光的一面呈深色，而通常向着阴影的腹面则是浅色的，这就是反荫蔽色。鲭鱼的上下两面之间呈过渡色。因此，整只鲭鱼制造了一种光学上的平面效果，降低了自身的能见度。除了鱼类，许多鸟类、哺乳动物、爬行动物和两栖动物都会运用反荫蔽效果保护自己。将鲭鱼与**无反荫蔽保护效果**（non-countershaded）的石斑鱼（上图左侧）相比，我们能够清晰地看出，生活在珊瑚礁海域里的石斑鱼一旦在开阔的大洋中活动，很容易就会暴露行踪。

在标着“干扰色”的矩形框内，请给右侧的小丑鱼（包括鱼鳍）涂上亮橘色（b¹），但是不要为小丑鱼身上的两个条带上色，也不要给周围的管状珊瑚上色。请为左侧的石斑鱼身上的点状斑块和条带（e）涂上棕色，给石斑鱼的身体（f）涂上淡黄色。给标着（g）的珊瑚涂上红色，（h）涂上粉色，（e）涂上棕色，（i）涂上淡绿色。请给海水涂上蓝绿色（d）。

干扰色（disruptive coloration）是另一种广泛出现在鱼类身上的保护色。我们在辨认一个熟悉的物体时，往往是根据其清晰的轮廓所展现的表面连续性来判断的。例如，我们能够快速地从深色的海底背景中认出亮橘红色的红尾高欢雀鲷。干扰色的作用就是运用由差异明显的色彩组成的大小不同的斑块，有效地把清晰的轮廓变“混乱”，原理与军用装备上使用的迷彩色一样。生活在表面起伏明显的栖息地（如珊瑚礁或海草丛）中的鱼类，能够利用外形、阴影和体色的多样性，让自己藏匿在环境背景里。

在页面中部的底图里，左侧的石斑鱼浑身覆盖着不规则的斑块状图案，斑块的分布也无规律，位置包括鱼鳍和嘴唇。如果把石斑鱼放入纯色的背景里，它一下子就会凸显出来。然而，当石斑鱼在一个多彩且极不规则的珊瑚礁生境里保持静止时，其便与珊瑚礁融为一体了，此时我们很难辨别它的轮廓和外观。此外，石斑鱼能够根据所在环境的亮度及活动范围的背景特征快速地转变自身的体色。

小丑鱼（clown anemonefish）同样能够利用干扰色隐藏自己。其体色为鲜亮的橘色，身上生有明显的白色条带。当我们把小丑鱼放在纯色的背景中时，它完全无法隐藏自己。但在珊瑚礁里，管状珊瑚和手指状海绵之间，小丑鱼白色的条带能够与环境融为一体，有效地掩盖自身的轮廓，让敌人难以分辨。

请为页面最下方底图中央的毒鲉涂上棕色（e），给周围的岩石也涂上棕色（e¹），然后请为岩石上用粗线圈出的区域（g）涂上红色。最后给底面（f）涂上淡黄色。

毒鲉（deadly stonefish）具有致命的毒性，其善于凭借具有伪装性的体色隐藏在岩石背景中。它的身体长满疙瘩，表面也不光滑，整条鱼静止时如同一块石头，人类及毒鲉的猎物都很难将其认出来。这是一种攻击型拟态。和其他鲉科（Scorpaenidae）的鱼一样，毒鲉的棘刺含有剧毒。正在踏浪的人们若是不小心踩到毒鲉，可能会因被棘刺扎到而死亡，目前，在太平洋珊瑚礁浅海域中已经发生过类似的案例。

保护色

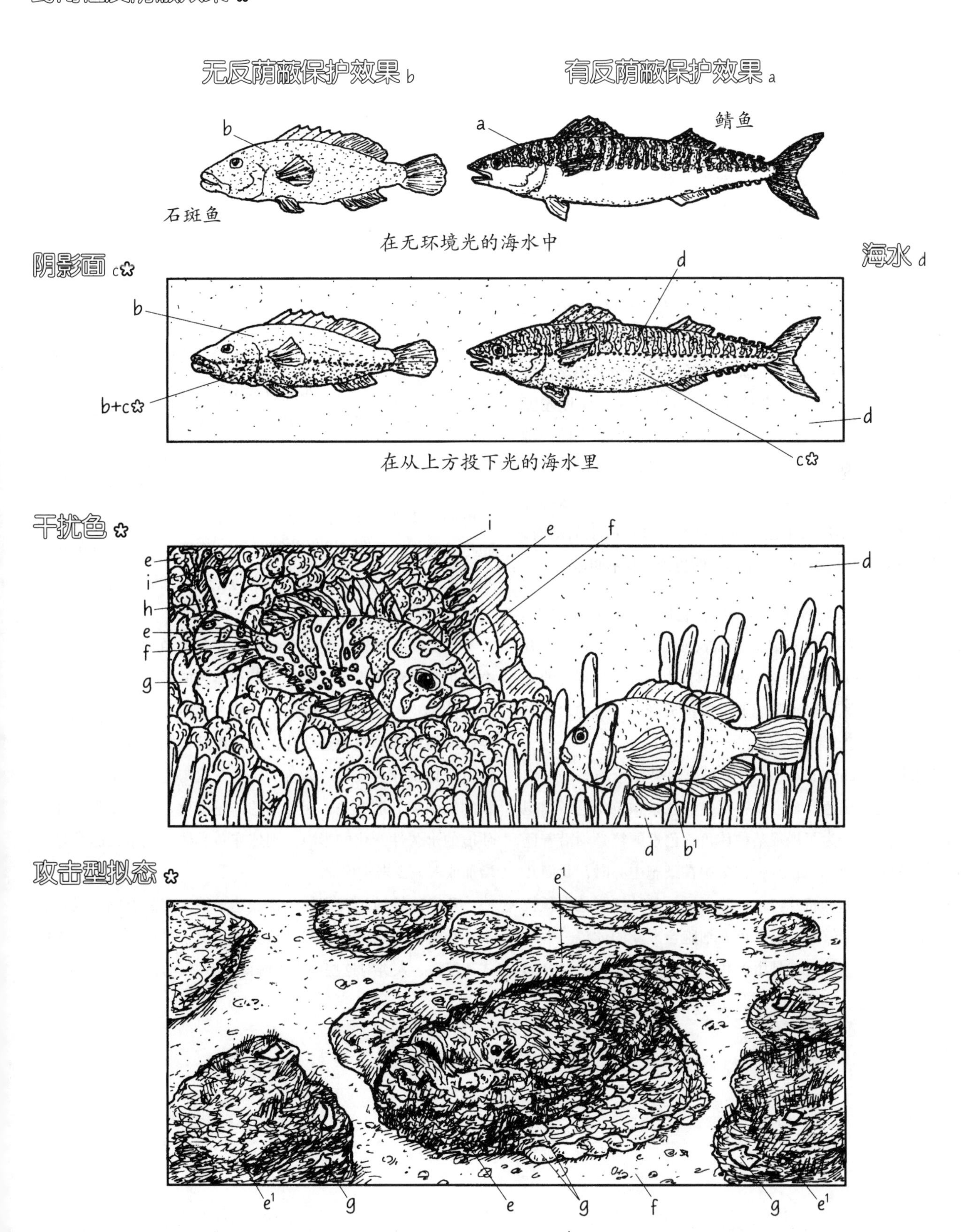
封闭性反荫蔽效果
无反荫蔽保护效果 b
有反荫蔽保护效果 a
b
a
鲭鱼
石斑鱼
在无环境光的海水中
阴影面 c
海水 d
d
b
b+c
d
c
在从上方投下光的海水里
干扰色
i
e
f
e
i
h
e
f
g
d
d
b^1
攻击型拟态
e^1
e^1
g
e
g
f
g
e^1

65
鱼类的色彩：体色转变

这一节将要探讨鱼类体色的来源，以及在特定的情况下鱼类的体色是如何变化的。

请从页面下方画着鱼类皮肤的斑纹的底图开始上色。方框里是放大后的皮肤色素细胞，两幅底图的放大倍数是相同的。请选择浅黄色、棕黄色或者浅灰色作为皮肤的基色（a）。然后，请给色素细胞分别涂以下颜色：（b）红色，（c）橘色，（d）黄色，（e）黑色。

在绘制着比目鱼的方框中，请从左半部分开始上色，只需给比目鱼涂上与（a）一样的颜色。此时，比目鱼的颜色通常与沙质底的颜色相近，因此建议给沙质底涂上和比目鱼相同的颜色。因为卵石底的卵石之间存在沙子，所以左图的底质基色也适用于右图，请为整个方框的背景涂上同一种基色。然后，将（b）（c）（d）或者（e）的颜色自由组合，给比目鱼和卵石上色。如果不想为整幅插画上色，那么给每幅底图中相邻的小区域上色即可。鱼类在沙质底上活动时，体表的色素颗粒高度集中，因此体表的色素区并不明显。

鱼类的体色来自两种色素细胞，它们位于多层皮肤上。其中一种细胞被称作虹彩细胞（iridocyte），虹彩细胞中含有鸟嘌呤（guanine），鸟嘌呤是一种能够反射鱼类体外环境的光线和颜色的物质。虹彩细胞能够形成鱼类身上常见的珍珠白色、银色、虹蓝色或者虹绿色。

色素细胞（chromatophore）是形成鱼类体色的另一种细胞，内含红色、橘色、黄色或者黑色的色素颗粒。色素细胞本身呈高度分岔，为了展现某种体色，色素颗粒必须沿着色素细胞的分支扩散。当色素颗粒集中在细胞中心时，我们几乎看不到鱼类展示的特殊体色。除了展示某种细胞色素颗粒的颜色，鱼类还能够通过混合色素细胞合成新的体色。举个例子，鱼类的绿色体表就是由黑色和黄色的色素细胞混合形成的。

鱼类会根据周围环境的颜色、自身生活史阶段，甚至是精神状态来改变体色。一条受惊的鱼往往会变成白色，仿佛体色被洗掉了一样，这其实是因为色素细胞里的色素颗粒集中了起来。一条愤怒的鱼可能会展示出亮红色的体色，这是因为色素细胞里的红色颗粒扩散开来了。一些鱼类会在夜间和白天里变换不同的体色和图案。此外，一条求偶的雄鱼或许会“穿上一套炫目的礼服”来吸引异性。旗鱼（billfish）在上钩时尾巴会狂摆不止，且体色会快速变亮。

目前，人们对于鱼类体色对环境变化的反应研究得较为透彻。入射光线和反射光线的变化，或是鱼类在栖息地之间的迁徙，都会导致鱼类周围环境的变化。许多鱼类能够模仿自己所在环境的背景色，一些鱼类甚至能完全模仿背景的纹路。比目鱼（flatfish）就精通对环境背景的模拟。我们可以从左侧的底图中看到，在沙质底环境里，比目鱼将自身色素细胞里的色素颗粒集中在了细胞中央，意图模仿沙质底的色彩和图案。当它进入卵石底环境中时，色素细胞里的色素颗粒会扩散，模拟与环境中的卵石相符的图案。

与需要几分钟乃至几天来转变体色的鱼类相比，一些鱼类体色的转变快得令人吃惊。鱼类体色的转变受神经系统或者内分泌（激素）系统的调节。被直接传导给色素细胞的神经脉冲能够让体色快速变化，而由血源性脑垂体激素调控的体色变化得较为缓慢。体色的短期变化与色素细胞内色素颗粒的集中和分散有关；而长期的体色变化，比如受到了周围环境的永久性变化的影响，则依靠鱼类体内色素细胞数量的增加或者减少来实现。

鱼类能够通过转变体色来表达情绪和交配意图，或者展示社会地位，这种能力帮助鱼类进化出了高度复杂的行为模式，然而，人类对这些内容了解得还不够全面。

体色转变

皮肤的基色 a
色素细胞 b、c、d、e

沙质底 a[1]　　卵石底 b、c、d、e

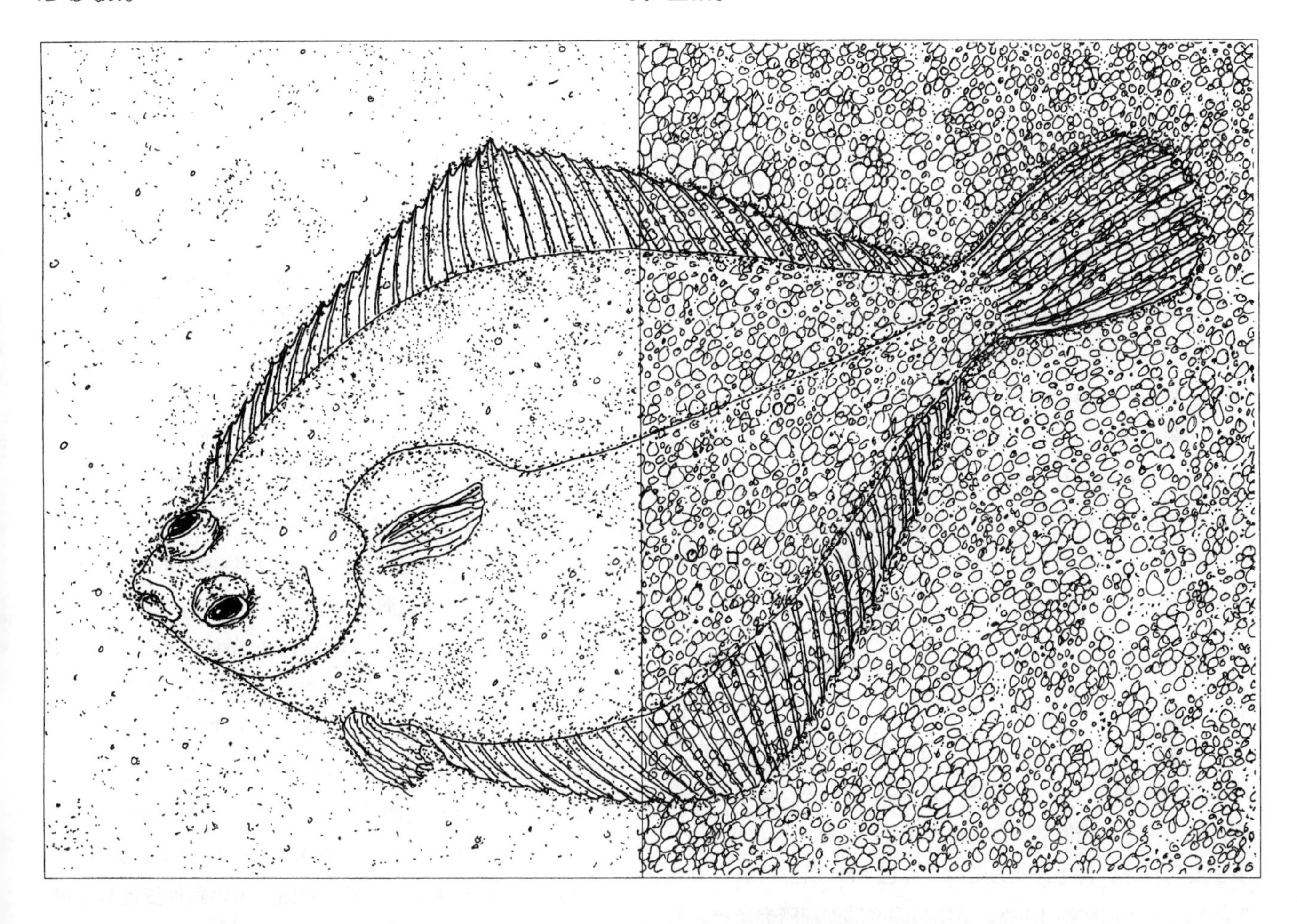

色素收缩 ✿　　色素扩散 ✿

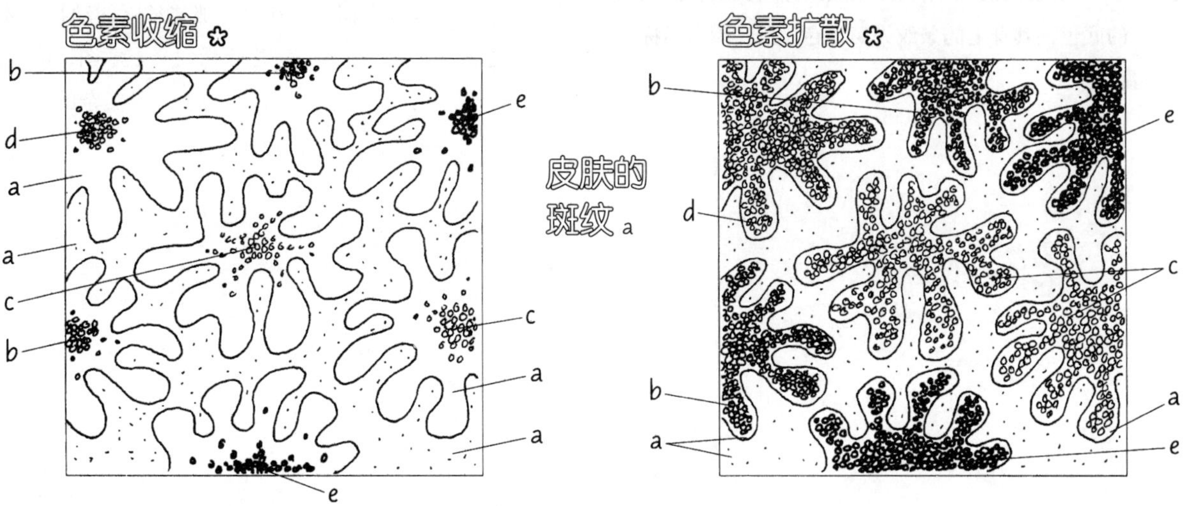

66
海洋无脊椎动物的色彩：展示色

我们已经见识过许多鱼类具有的为了吸引注意而展示缤纷色彩的能力。同样地，我们也能在海洋无脊椎动物身上找到类似的例子。

在本节中，请尽可能精细地按照指示给底图上色，以体现动物在自然界中的真实体色。首先，请为薄荷虾上色。薄荷虾的触须及沿着后背中部发育的条带都是白色的，因此留白。请给与白色条带相邻的区域（a）涂上亮红色，然后给虾的下半部分（b）涂上金黄色。建议给薄荷虾的名称涂上醒目的红白间色（白色留白即可）。

薄荷虾（peppermint shrimp）是鱼类的“清洁工”（又叫清洁虾），身上明亮的色彩和图案展示了它的身份。在加勒比海域，薄荷虾栖息在珊瑚礁的缝隙中，它长长的白色触须和红白相间的条纹能够吸引附近的鱼类。一旦被吸引过来，鱼类就会把身体展示给薄荷虾，用复杂的行为表达“清洁”的意愿，然后薄荷虾就开始挑拣鱼类身上的寄生虫。一些观察者认为，薄荷虾等清洁虾（见第 92 节）通常会建立一个日常的“清理工作站”，以便“顾客”频繁光顾。

页面中央右侧画了两只正在交配的乌贼，左边为雌性乌贼，它的体色呈棕色或者棕黄色（c），身上分布着深棕色（d）的斑点；右边为雄性乌贼，它的体色为白色（请留白），身上布有深棕色（d）的条纹。在捕食过程中，为了迷惑猎物，处于攻击状态的乌贼会快速改变体色，从深棕色（d）一下子变为白色，再迅速变为带有淡棕色（c）斑点且斑点中央为深棕色（d）图案的体色。请给页面底端的裸鳃类动物涂上蓝紫色（e）的底色，其身上的条纹为黄橘色（f）。请为名称涂上相应的颜色。

乌贼（cuttlefish）是擅长变换体色的大师。它与近亲鱿鱼和章鱼一样，能够在一秒之内迅速变换体色（见第 68 节）。乌贼变换体色的目的有很多，此处简单介绍其中两个。在大部分时间里，乌贼倾向于独处，但在繁殖期间，雄性的乌贼会寻找异性。如果不在求偶过程中改变体色，那么乌贼之间很难辨识异性。处于求偶状态的雄性乌贼会长有明显的斑纹条带，然后它会接近另一只乌贼。如果对方也是一只雄性的乌贼，那么对方就会展现和这只雄性乌贼相同的体色来表明自己的性别。接下来，一场短暂的冲突在所难免，战斗会持续至一方逃跑。然而，若雄性乌贼靠近的对象是一只雌性乌贼，则雌性乌贼不会变换体色，雄性乌贼会从正面抓住雌性乌贼，然后两者开始交配，如底图所示。

乌贼还会利用体色的变化来眩惑自己的猎物。它会接近猎物，之后快速变换体色，从深色变成浅色，再变为杂色。如此一来，注意力被分散的猎物会放松警惕，接着，乌贼就会快速地伸出两条长长的触手将猎物捉住。

我们已在第 32 节中讨论了裸鳃类动物展示的多种多样的警戒色。本节底图里的**海蛞蝓**（多彩海牛属，*Chromodoris*）的体色为亮紫色，身上生有鲜艳的黄色条纹，其仿佛在对其他动物暗示——自己是美味的食物。许多裸鳃类动物是有毒的，基本上，它们的捕食者已经非常了解裸鳃类动物各种显眼的体色和图案的意义了：一些物种（如底图中的海蛞蝓）会分泌难闻的或具有刺激性的化学物质；一些物种的表皮中隐藏着蜇人的刺胞囊（见第 101 节）；一些物种会从自己猎物的体内收集并积累有毒物质。然而，一些物种虽色彩鲜艳，却没有危险性，或许它们只是在模仿那些危险的动物的体色来保护自己。

展示色

薄荷虾 a+b
乌贼 c+d
海蛞蝓 e+f

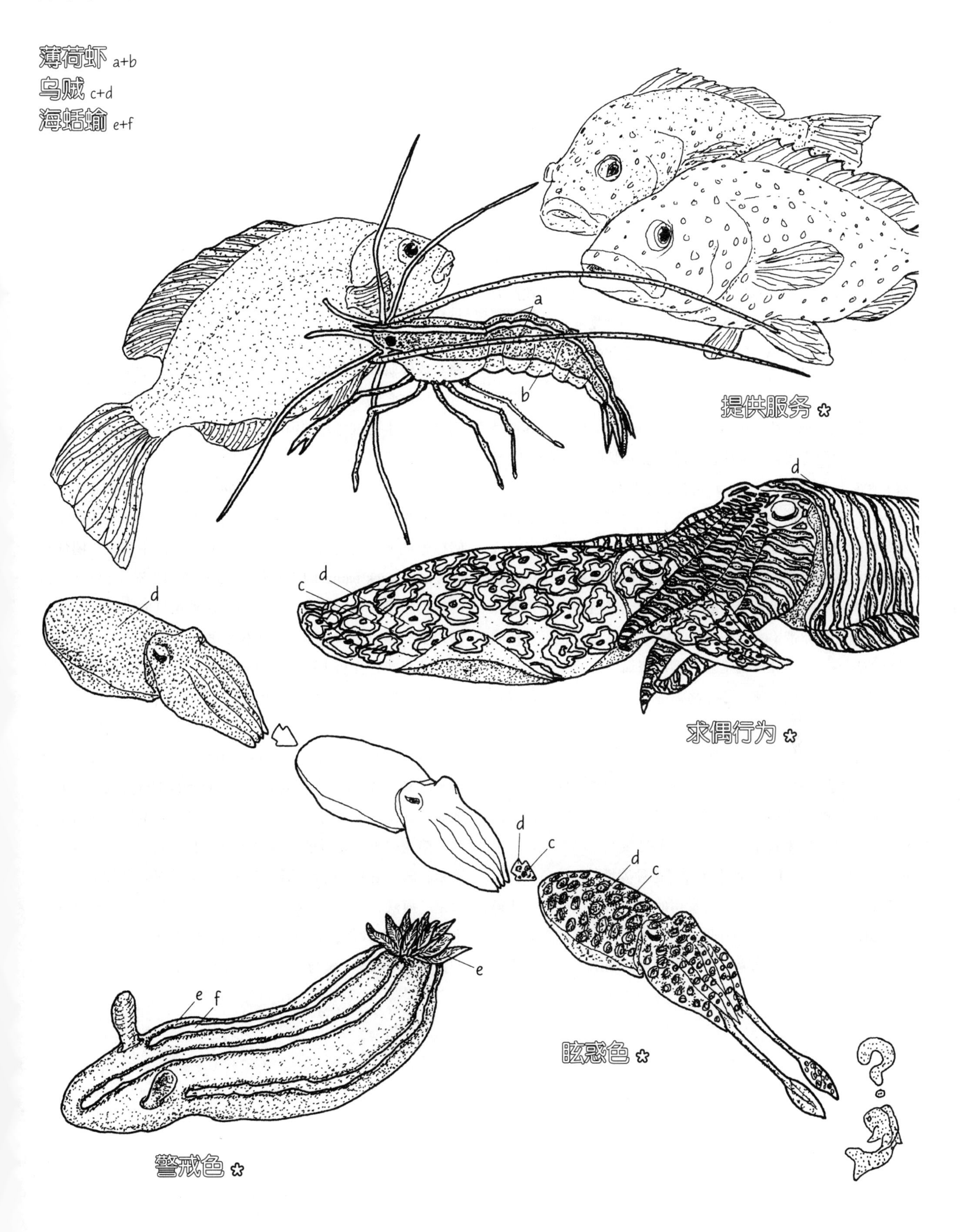

67
海洋无脊椎动物的色彩：伪装色

许多海洋无脊椎动物都会利用色彩伪装自己，将身体隐藏在环境背景中以躲避捕食者。本节将以北美洲西部海岸岩岸潮间带中的四种动物为例，介绍海洋无脊椎动物的色彩伪装技能。

在给本节的底图上色时，请根据文中的内容，给海洋无脊椎动物及其对应的基底涂上自然条件下的颜色。请按照介绍的顺序，为页面中央全景图里的每一种动物及其周边的特写图上色。请用红色、绿色或者棕色给隐秘矶蟹身上的藻类（f）上色。

当**红色海绵海牛**（red sponge nudibranch）出现在其他生境中时，我们能够迅速发现它；但当这个小家伙（体长10毫米）在它日常生活、觅食、产卵的**红色海绵**（red sponge）上活动时，亮红色的身躯就完美地隐匿在生境之中了。红色海绵海牛会用齿舌来刮食海绵（见第106节）。如此一来，海绵的色素就被这种**裸鳃类**动物吸收到了自己的身体组织中，进而捕食者及其猎物就拥有了相同的体色。红色海绵海牛的卵形成了**螺旋形卵带**（egg spiral），卵带也带有红色色素，如同红色的果冻，分布在海绵上。许多以海绵为食的裸鳃类动物不仅会利用海绵的色素，还会将海绵自身合成的防御性有毒化学物质吸收到自己的表皮和螺旋形卵带中。

本节还要介绍一种体形很小的甲壳类动物（体长15～20毫米），这是一种特别的等足类动物，其能够伪装成自己生活的基底的模样。这种等足虫既以潮间带较低处的绿色**拍岸浪草**为食，也食用生长于地势较高处的**红藻**（见第20节）。韦尔顿·李（Welton Lee）博士研究了这种等足虫的体色变换过程及其意义，发现它的体色与食用的植物的颜色相同。**成年等足虫**以拍岸浪草为食，因此体色为绿色。在等足虫幼体被成年雌性等足虫孵化出来后，由于海浪的冲刷力太强，这些幼体无法紧紧地附着在拍岸浪草上，它们会被海浪冲到潮间带较高处，然后依附在红藻上。随后，**幼年等足虫**在红藻上蜕皮（褪去外骨骼），换上新的“红衣裳”。其红色外骨骼之下生有带有色素细胞的组织（见第65节），这些色素细胞能够根据等足虫所依附的红藻类型和环境精细地调整颜色，以达到虫体与背景相融合的目的。这种幼体等足虫以红藻为食，逐渐成长，成年后再迁移到较低处的拍岸浪草区。在那里，等足虫再次蜕皮，换上和新环境颜色相近的绿色外骨骼。成体阶段和幼体生长阶段中的体色变换能够让等足虫适应不同的食物和环境，从而不被捕食者发现。与上文中会利用猎物色素的红色海绵海牛不同，这种等足虫能够自己产生伪装色。

底图中带有棱纹的**帽贝**（*Lottia digitalis*）是高潮带中一种常见的腹足类动物（见第5节）。这种帽贝通常出没于裸露的暗棕色或灰色的岩石上。然而，在潮间带的中部，与**鹅颈藤壶**（gooseneck barnacle）（见第98节与第112节）生活在一起的这种帽贝会呈现出另一种颜色。这种帽贝的壳通常是灰色的，生有黑色条纹。当帽贝附生在鹅颈藤壶上时，条纹就与鹅颈藤壶灰色壳板上的深色区域混为一体了。即使凑近了观察，也很难看出鹅颈藤壶身上藏着这种帽贝。

一些种类的长腿蜘蛛蟹（spider crab）能够“装饰”自己的身体，藏匿在环境背景中。小小的**隐秘矶蟹**（decorator crab）（体宽3～4厘米）生活在潮间带下部的碎石区或潮下带的海藻区里。这些生境中通常分布着密集的生长缓慢的动植物。隐秘矶蟹的外骨骼多呈褐绿色，上面结结实实地钩着一些粗壮的“毛发”或者“刚毛”——生境中的植物和动物（如海草、海藻、海绵、水螅等）。这些“装饰物”在隐秘矶蟹身上生长，成为鲜活的伪装外衣。当隐秘矶蟹一动不动时，我们很难发现隐秘矶蟹与其所在的环境背景的区别。

伪装色

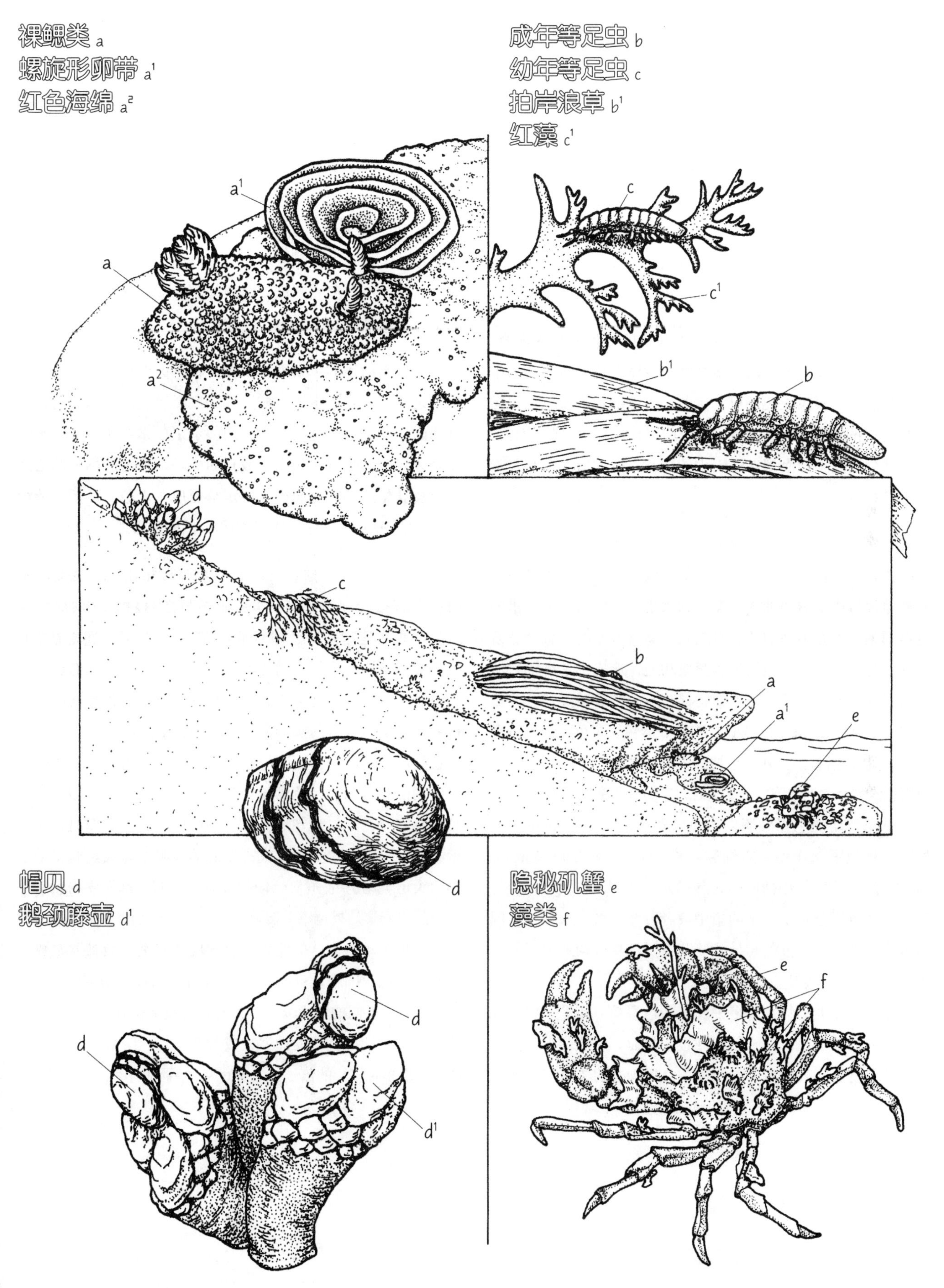
裸鳃类 a
螺旋形卵带 a1
红色海绵 a2
成年等足虫 b
幼年等足虫 c
拍岸浪草 b1
红藻 c1
帽贝 d
鹅颈藤壶 d1
隐秘矶蟹 e
藻类 f

68
海洋无脊椎动物的色彩：甲壳类和头足类

海洋无脊椎动物改变体色的行为，既能够展示自己的存在，也能够将自己隐藏起来。甲壳类动物（虾、蟹等）及头足类软体动物（如鱿鱼、章鱼）能够利用包含着特殊色素的色素细胞来改变体色。不过，这两类动物在色素细胞的结构及控制色素细胞的方法方面存在很大的差异，对此，我们将在这一节中进行介绍。

首先，请阅读文中关于甲壳类动物的色素细胞的内容。然后，请给页面右上方的色素细胞示意图上色，为图中集中的和分散的色素粒上色即可。接着，请给细胞里控制色素运动的激素的通道上色。最后，请为招潮蟹的左半部分上色，左半部分展现了招潮蟹在白天中的样貌，因此请涂上和色素粒一样的颜色。

许多甲壳类动物的体色（至少一部分颜色）源于外骨骼里的色素，外骨骼的颜色保持的时间较久。然而，对于一些外骨骼很薄或呈透明的甲壳类动物来说，体色来自组织里的**色素细胞**。甲壳类动物的色素细胞是高度分岔的。每个色素细胞都与多个相似的色素细胞紧紧相连，形成了具有辐射形态的多细胞器官。每个色素细胞都含有一种或多种颜色的**色素粒**（pigment granule）（黑色、白色、蓝色、黄色、红色或者棕色）。当色素粒集中在色素细胞中央的时候，它们并不明显，但当色素粒分散到细胞的分支上时，它们就非常显眼了。

甲壳类动物色素细胞内的色素粒由**激素**（hormone）调控，这种激素叫作促色素细胞激素（chromatophorotropins），通常分泌自动物的**眼柄**或者**大脑**里的特殊细胞。很明显，每种颜色的色素分别由特定的集中或者分散的激素来调控。因为激素必须经过血液的传导才能到达发挥功效的地方，所以甲壳类动物体色变化得相对缓慢。

虾等甲壳类动物拥有多种颜色的色素粒，几乎可以在几个小时内调节体色，融入任何环境。然而，大部分甲壳类动物的体色变化比较简单，如招潮蟹。招潮蟹的体色变化涉及深颜色的色素粒。白天，这些色素粒会分散，使招潮蟹的体色变暗，与其日常栖息地的泥沙背景一致；夜晚，这些色素粒会集中，招潮蟹的体色在月光下变浅。这种体色变化对招潮蟹来说十分关键，尤其是在低潮期时，泥沙滩完全暴露，在泥沙滩上活动的招潮蟹很容易被借助视觉进行捕食活动的鸟类发现；而到了高潮期，招潮蟹会躲在洞穴里，此举很可能是为了躲避鱼类的捕食。

头足类动物的色素细胞由神经和肌肉调控。在阅读相关文字之后，请给展示了调控过程的底图上色。接着，请为方框内的底图上色，这三张图分别展示了色素粒所在的色素囊完全收回、部分收回和完全散开的样子。请为被标记的活跃神经及其相连的收缩肌肉（更短且更厚）上色。最后，请给页面底部的幼体章鱼体内集中的和分散的色素细胞上色。

与甲壳类动物见效较慢的激素调控相比，头足类动物的体色直接受神经系统的调控，一秒之内就能显现变色效果。这些快速起效的色素细胞在结构上也与甲壳类动物的色素细胞不同。头足类动物的色素粒位于具有弹性的**色素囊**（pigment sac）中。色素囊连接着**肌肉**，肌肉从色素囊内向外辐射，分别由各自的**神经**调控。其中，部分肌肉的收缩会带动色素囊伸展，进而部分色素粒也会散开。当所有肌肉同时受到刺激而收缩时，色素囊会被完全拉伸成一个平面，色素粒就会完全散开；当神经受到的刺激停止时，肌肉放松，色素囊会将色素粒拉回，形成凝聚的不显眼的斑点。即使是小小的头足类动物的幼体（体长 3 毫米），其色素细胞内色素粒的分散与凝聚效果也十分明显。

头足类动物成体的体表斑纹和皮肤层里可能排列着数以百万计的色素细胞（黄色、橘色、红色、蓝色、黑色）。通过精确地调控不同的色素细胞，头足类动物能够快速改变体色和花纹，匹配环境背景的图案，或者在求偶、防御与进攻过程中，闪现多种多样的信号（见第 66 节、第 80 节和第 104 节）。

甲壳类和头足类

眼柄 a
大脑 b
激素 c
血流 d
色素细胞 e
色素粒 e1

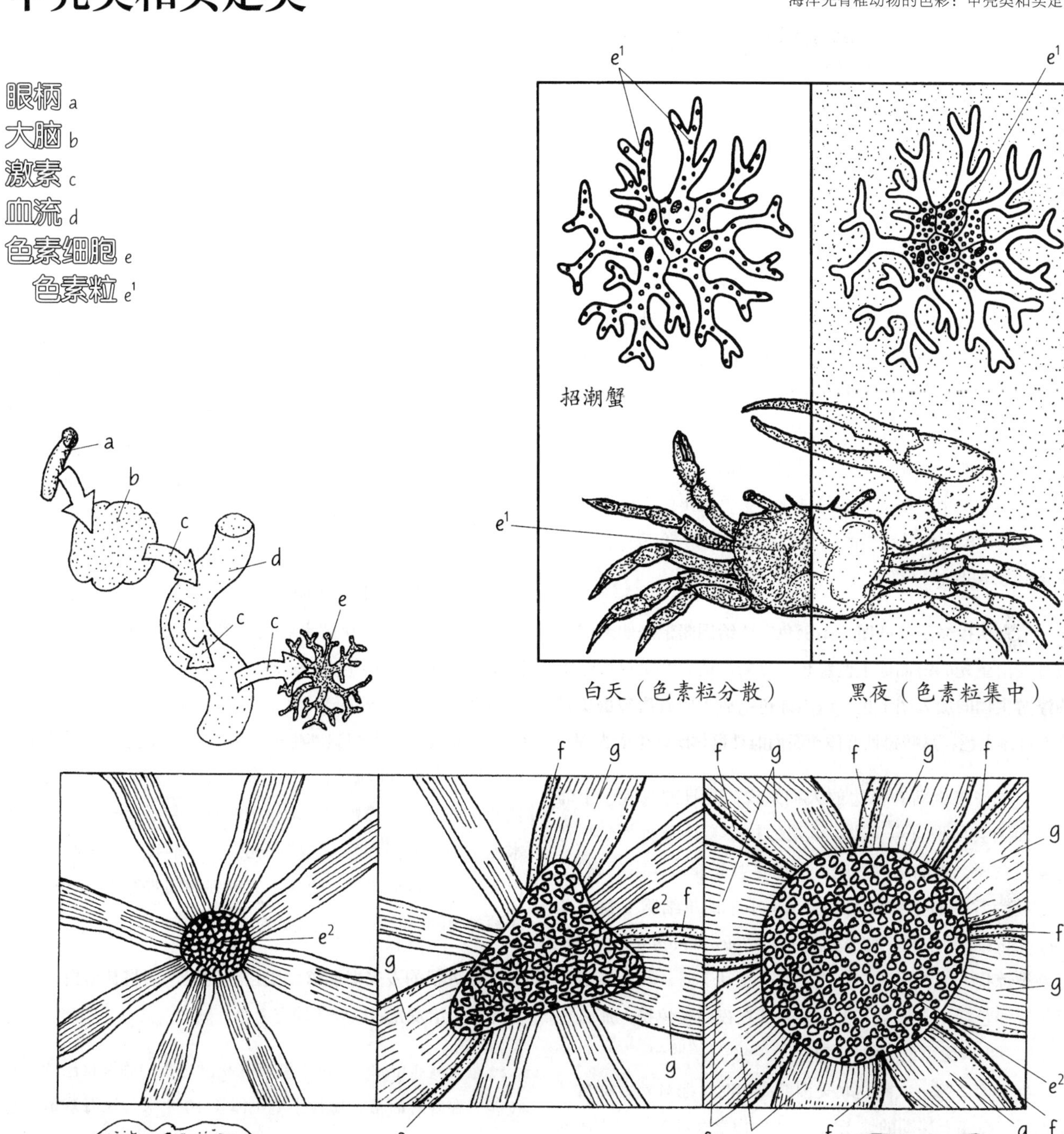

眼 a1
大脑 b1
神经 f
肌肉 g
色素细胞 e
色素囊 e2

69
海洋生物的生物发光现象

许多海洋生物都具有能发光的特点。在浅层可透光的海水（透光带，见第 14 节）中，很少有生物会发光，发光生物大概只占到该层生物总量的 5% ~ 10%。在中层海水（见第 15 节）中，会发光的生物则占了该层生物总量的 70% ~ 80%。生物发光（bioluminescence）由化学反应产生，这一化学反应需要的材料包括一种名为萤光素（luciferin）的底物、一种叫作萤光素酶（luciferase）的酶，以及氧气。萤光素会在萤光素酶的作用下氧化，释放光子。不同生物类群在底物和酶分子化学结构方面的差异相当大，这说明生物的发光能力在生物进化的过程中发生了多次独立的进化。生物发出的光可能是短暂的闪光，也可能是持续的亮光。在本节及第 70 节中，我们将介绍海洋里的一些发光生物。

请先从夜光藻的底图开始上色。请给因船带来的波浪而被激发出萤光的海面涂上蓝绿色。接着，请为产生这种萤光的浮游生物的放大图上色。请用绿色给放大的武齿裂虫及其雄性群体上色，这些雄性群体正游向雌性群体所产生的光圈。

对于许多生活在海边的人们来说，夏日的夜晚，宁静的海面上会出现点点萤光。波浪的拍打会让海面泛起神奇的蓝色萤光，当船只驶过时，海面更会亮起一连串的闪光。这是较为常见的生物发光现象，由小小的单细胞生物甲藻（dinoflagellate）引起，如**夜光藻**（*Noctiluca scintillans*）。当夜光藻被惊扰（如被海浪拍打或被船只扰动）时，其会发出短暂的蓝绿色闪光。如果一大片夜光藻在夜间被惊扰，那么它们能够发出肉眼可见的成片萤光。

当哥伦布第一次到达北美洲的海岸时，他对外宣称自己见到了“在海上移动的烛光”。一些生物学家对哥伦布描述的景象提出了质疑，他们认为哥伦布看到的是多毛虫的求偶现象，这种多毛虫被称为**武齿裂虫**（Bermuda fireworm，又叫百慕大火刺虫）。这种体形很小的底栖生物会在夏季满月后的几个夜晚里蜂拥至海面。**雌性**武齿裂虫会独自绕着圈游动，释放绿色的**萤光分泌物**（luminous secretion）；而**雄性**武齿裂虫会被发光的圆圈吸引，游向圆圈，其间发出短暂且明亮的光，一些雄性武齿裂虫可能会游向同一个圈。很快，雌雄个体就会将配子（精子和卵子）释放到海水里，开始受精过程。

请给栉水母的阴影部分涂上红色。请为磷虾群和放大的磷虾体内的发光器涂上亮蓝色。

底图中的**栉水母**（*Euplokamis dunlapae*，属于栉水母动物门）是一种小小的圆圆的浮游动物。图里画出了栉水母的栉板，栉板上发育着一排排的纤毛，纤毛是栉水母的运动器官；长长的触手则是捕捉猎物的武器。栉水母的生物发光能力很强，其具有特殊的发光细胞——光细胞（photocyte）。这些光细胞位于栉水母栉板的下方和触手上，当栉水母被惊扰时，光细胞能够产生惊艳的猩红色光亮。这种光和栉板摆动的节奏相映，产生了一种美丽而炫目的效果。目前，栉水母发光的目的尚不清楚，据猜测，其目的可能是迷惑、震慑捕食者，或者让捕食者暂时性地失明。

另一种发光的浮游动物是小型甲壳类动物（体长 2 ~ 4 厘米）**磷虾**（见第 14 节）。磷虾的希腊文名称“euphausiid”即意为“真正闪烁的光”，这种光是动物体内不同**发光器**（photophore）的光细胞产生的蓝光。这些发光器通常位于动物腹部、胸部和眼睛周边。许多种类的磷虾常常在白天里成群地在深海和光线昏暗的水层中栖息，到了夜晚则上浮到海水上层中。人们认为，这些甲壳类动物的发光行为便于它们白天在海水深处集群，也便于它们在夜间进行集群迁移。一些种类的磷虾的发光行为能够对交配过程产生影响。

萤火鱿的发光器能够发出白色的光，请将其留白，然后用深灰色给发光器以外的地方上色。

萤火鱿（firefly squid）能够在交配过程中施展自己的发光技能。在晚春时节，这种小型（体长 10 厘米）深海鱿鱼会迁移到海面上繁殖后代。其外套膜上、眼睛周围及腹侧的腕上布满了发光器。这些发光器能够发出明亮的白光，让萤火鱿在夜间交配的过程中闪烁不已。

大部分鱿鱼能够通过神经对发光器的开闭及强度进行调控。一些集群生活的深海鱿鱼可能会运用发光能力与群体成员联系。在夜间迁移到海面上觅食的物种，可能会利用发光器制造“逆向发光”现象，这将在下一节的内容中介绍。

海洋生物的生物发光现象

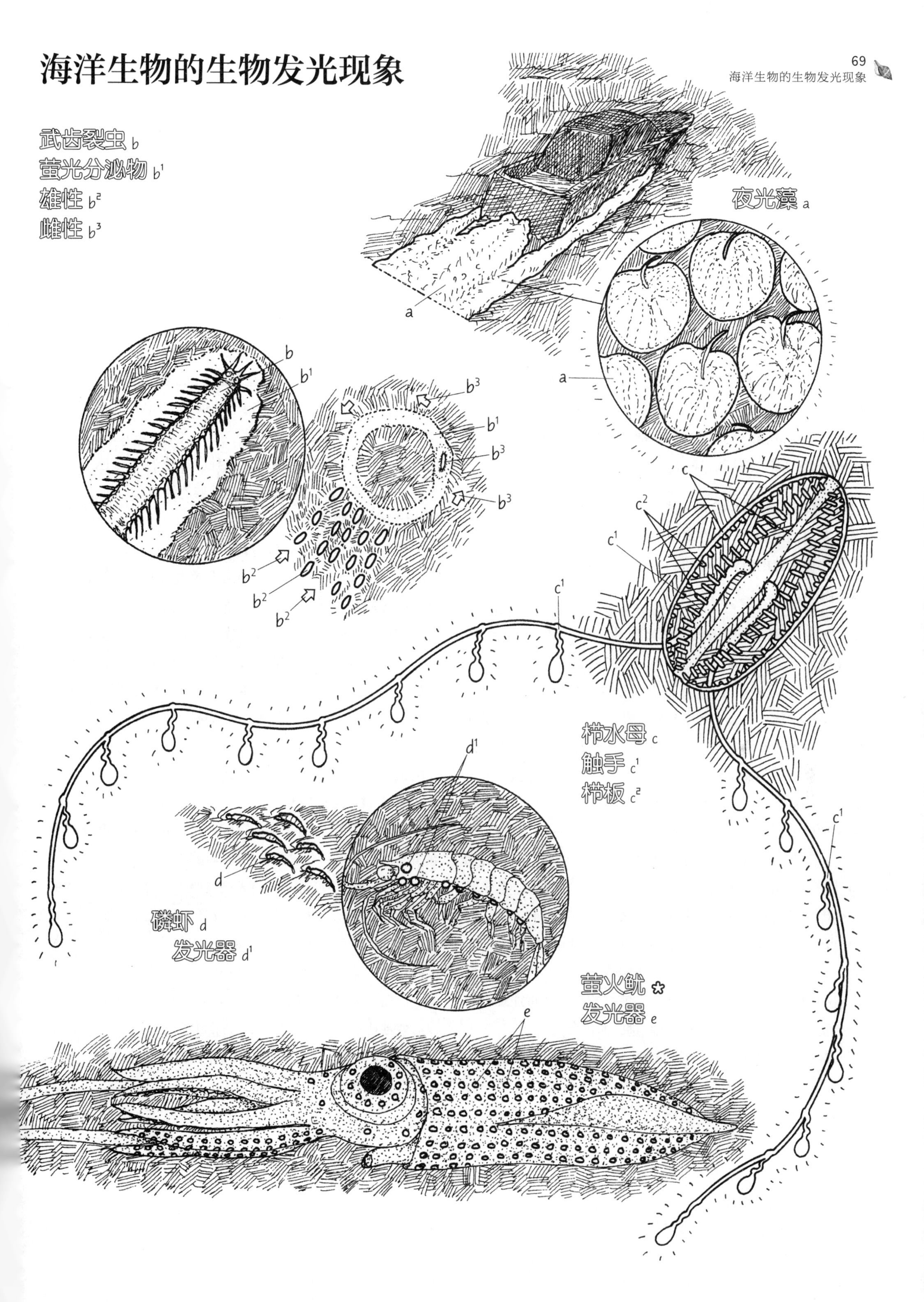

70
海洋鱼类的生物发光现象

太阳光只能穿透上层海水，在中层海水和黑暗的深渊里，许多鱼类会自主发光，它们的生物发光现象由体内特殊的产光结构实现，这类结构被称为发光器。

请给页面左上角放大的发光器上色。请为发光细胞涂上淡蓝色。图中的长条（a^2）表示的是生物发出的萤光。

这些鱼类的**发光器**通常为杯状结构，具有精准的**晶状体细胞**（lense）和**反射镜结构**（reflector），它们能够集中和引导**光细胞**产生的**光**。发光器通常由**神经**控制，**血管**会为发光器输送化学反应所需的氧气和能量。

请按照介绍顺序给每一种鱼上色。注意，灯笼鱼尾部发光器发出的闪光（a^2）在底图中被一圈刺状的图案代替。在为灯眼鱼上色的时候，请留心，灯眼鱼的发光器藏在皮肤褶皱的内部。

目前，研究海洋中深层内的活体生物还存在一定的困难，因此我们尚不能完全了解这些鱼类发光的意义。**灯笼鱼**（见第 48 节）的发光器沿着其腹部表面分布。夜晚，这种鱼类迁移到上层水体中，觅食浮游动物。从下方往上看，没有发光的灯笼鱼的轮廓会被经月光照亮的水体清楚地映衬出来。如此一来，下方的捕食者就能清晰地看到上方的灯笼鱼，因此灯笼鱼极易遭到攻击。然而，灯笼鱼的生物发光技能可以隐去这种轮廓，让自己与上层的光亮水体融为一体。这种现象叫逆向发光（counterlighting），在许多鱼类、鱿鱼和甲壳类动物身上均会出现（见第 69 节）。不同种类的灯笼鱼，甚至是不同性别的同种灯笼鱼，发光器的数量和图案各有不同，因此发光行为在集群识别和交配识别上均能发挥作用。

为了躲避捕食者，许多灯笼鱼能够通过尾部的发光器发出明亮的**闪光**，同时快速逃跑。受惊的捕食者会将注意力集中在发光点上，这给了灯笼鱼成功逃脱的机会。

银斧鱼（见第 48 节）的腹部长有能够发挥保护性逆光作用的发光器，同时银斧鱼拥有独特的朝向上方的眼睛，并且长有**黄色晶状体**（yellow lense）。这种晶状体能够帮助鱼类在宽色彩范围的正常背景光里分辨出窄色彩范围的生物萤光。从被月光照耀的海面下方向上看，银斧鱼能够辨别出自身上方的逆向发光的猎物，即它可以反向利用猎物的防御机制来捕食对方。

底图中绘制的深海掠食性鱼类是**巨口鱼**（奇棘鱼属，*Idiacanthus*）。这种巨口鱼下巴上的**鱼须**（barbel）末端长有发光器，发光器能够作为诱饵吸引猎物。对奇棘鱼属的巨口鱼而言，只有**雌性**才拥有鱼须。该种的**雄性**个体较小，但眼部下方长有一个巨大的发光器。发光器能够帮助雌雄个体在黑暗环境中识别对方。

生活在红海浅水区中的**灯眼鱼**（flashlight fish）个头较小（体长 7 ~ 8 厘米），但它拥有所有发光生物中最大的能够发出最亮的光的发光器。然而，这种发光器发出的蓝绿光并不是由鱼类自身产生的，而是由生活在灯眼鱼发光器内数以亿计的发光细菌所产生的。**细菌发光器**（bacterial photophore）又被称为腺体发光器，在鱼类体内很常见，有时还出现在鱿鱼体内。灯眼鱼的血液为这些微小的栖居者供应养分和氧气。发光细菌躲在灯眼鱼深色皮肤上的发光囊里，这样一来，闪光的细菌不会对灯眼鱼本身造成伤害。灯眼鱼眼部下方有一块**皮肤褶皱**（skin fold），它能够盖住发光囊，然后“关掉”闪光。在白天和月光充足的夜间，灯眼鱼会藏在珊瑚礁里；在黑暗的深夜里，几只到 60 只不等的成群的灯眼鱼会聚集到海面上来。它们共同发出的光亮能吸引小型浮游动物上钩。若体形更大的捕食者受到光亮的吸引前来此地，那么灯眼鱼就会实施“声东击西”的防御策略：“开灯”，同时游向某一个方向，再“关灯”，转而游向另一个方向。每条灯眼鱼都遵循这个策略，每分钟实施行动的次数最多可达到 75 次。此举可以有效地迷惑捕食者，为灯眼鱼们提供逃跑机会。

海洋鱼类的生物发光现象

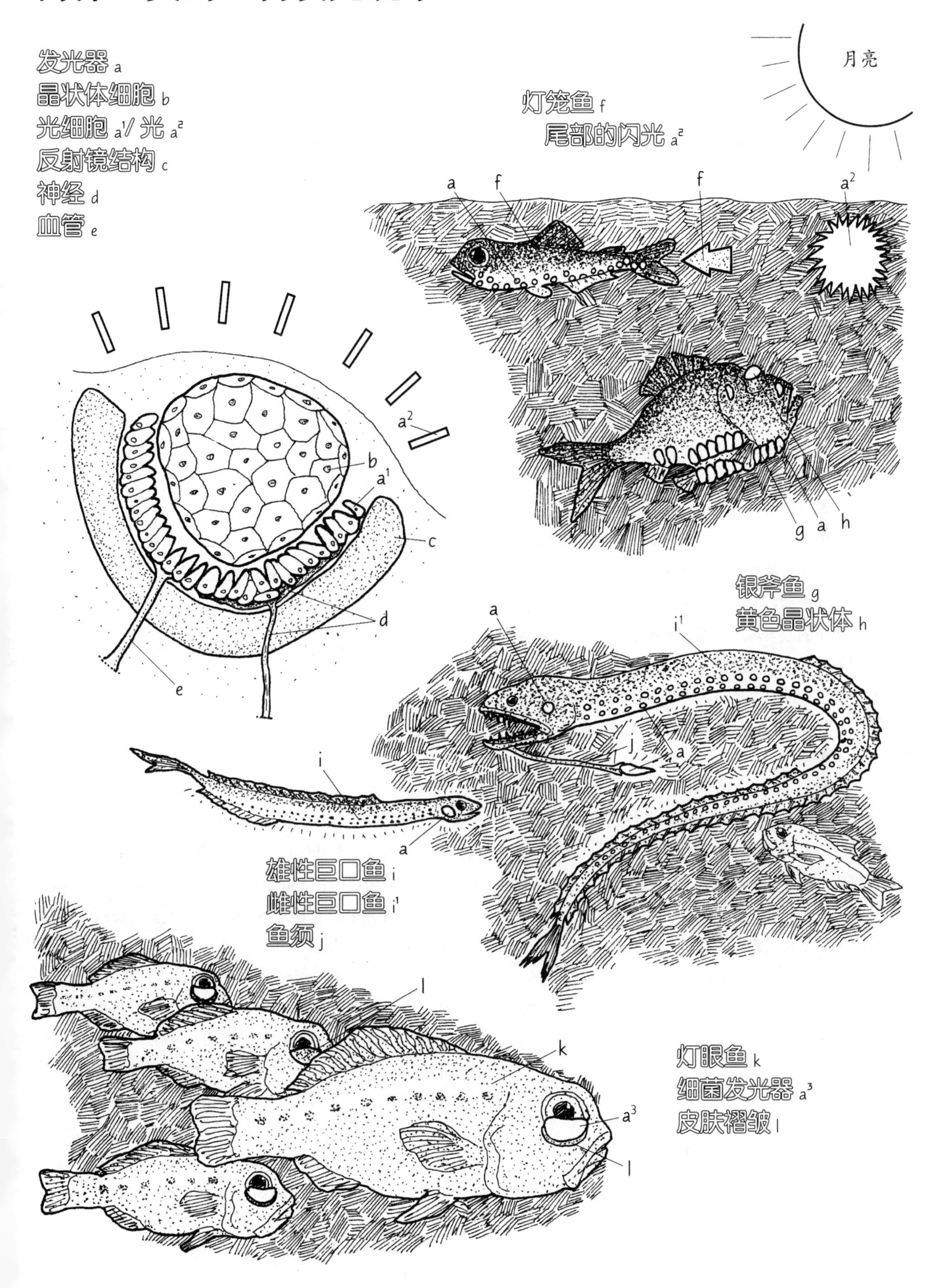

71
海洋里的声音

从第63节至第70节的内容中我们可以看出，海洋生物运用色彩和光亮的现象十分普遍，其中涉及的身体结构和行为较为复杂。然而，光亮在海水中会随着水深的增加而迅速减弱，色彩的视觉效果仅适用于短距离的情况。相比之下，声音在水里的传播速度约为空气中的5倍，生物即使相隔很远，也能够听见彼此。因为光在海里的传播范围有限，所以声音的作用更强，声音能够帮助动物在更大范围的环境中确定方向。在这一节中，我们将介绍声音在海里的用途。

请给正在唱歌的大翅鲸上色。

海洋哺乳动物是海洋里最富有经验的声音的制造者和利用者。关于齿鲸对回声定位的利用，请参阅本书第61节。其他海洋哺乳动物同样具有回声定位的能力，包括海狮和一些种类的须鲸。实际上，所有的海洋动物都会利用声音进行种内和种间交流。雄性**大翅鲸**吟唱**鲸歌**就是典型的一例，这种现象体现了海洋哺乳动物使用声音进行交流的复杂天性。雄性大翅鲸只在冬季的繁殖场里唱歌。大部分研究者认为，鲸歌是由位于大翅鲸肺部和呼吸孔之间的鼻腔通道产生的，咏唱鲸歌是大翅鲸求爱的一个环节；雄性大翅鲸通过唱歌吸引雌性的注意力，并且表达自己对雌性的期待。唱着鲸歌的雄性大翅鲸会在水中悬浮，头部朝下一动不动。撩人的歌声在海水里环绕，“乐曲”跨越了许多音阶，结构丰富，能够持续10分钟以上，而且大翅鲸可在数几小时内循环演唱。在一个繁殖场内，并非所有的雄性大翅鲸都会唱歌，只有固定出现在这个繁殖场内的雄性才唱歌，而且每次都唱同一首歌。随着繁殖季节的变化，鲸歌的主题会改变，同时雄性大翅鲸们吟唱的歌也会发生变化。此外，日本—夏威夷—墨西哥一线的太平洋繁殖场中，雄性大翅鲸咏唱的鲸歌会同时发生同样的改变。至于它们是如何联系、如何改变主题及为何这么做，至今仍是谜。然而，位于北大西洋和南大洋的大翅鲸群则咏唱不同的鲸歌。

请给位于石堆巢里的斑光蟾鱼上色。注意，斑光蟾鱼的某些部分为透视图视角，这是为了体现斑光蟾鱼体内用以发声的鱼鳔。

爱情也是鱼类发出声音的动力，有一种为爱而唱歌的鱼类是**斑光蟾鱼**（singing toadfish）。斑光蟾鱼的脑袋大大的，呈银灰色，腹部发育一排排的发光器，这样的造型让鱼类学家们想到了海军军校学员的裤子，因此斑光蟾鱼又被称为“海军军校学员”（midshipman）。春季，在东太平洋温带地区，斑光蟾鱼会来到河口和海湾的浅水区的平静处，占领并建造繁殖用的领地，这块领地由许多外观相似的石头堆成。天黑以后，雄性斑光蟾鱼开始吟唱“小夜曲”，希望借此引来繁殖力强的雌性斑光蟾鱼。雌性会在石堆上留下黏糊糊的**卵子**，而后雄性就会让卵子受精，接着雄性会守卫这些受精卵，直到几周之后受精卵孵化。

雄性斑光蟾鱼通过快速挤压鱼鳔使鱼鳔中的肌肉组织振动，制造出有节奏的机械化声响。振动发出的声音在充满空气的**鱼鳔**里共鸣，就像提琴基座的传声结构板里发生的共鸣一样，这种共鸣能够将声音放大到令人惊异的程度，而且能让声音传播相当远的距离。斑光蟾鱼的求偶声非常大，能够穿透船体，让生活在船上的人无比困惑和好奇。

请给鼓虾和发出声音的大螯的放大图上色。

除了求偶，海洋生物发出声音还有其他的目的。**鼓虾**（pistol shrimp）是一种小型（体长2~6厘米）甲壳类动物，它的发声工具既能攻击，还能防御（见第94节）。鼓虾常出现于浅海的礁石区和珊瑚礁区，它发出的声响能够形成一道连续的“噪声墙”，“陪伴”水肺潜水员整整一夜。鼓虾能够用特殊的大螯发出刺耳的爆裂声。大螯可移动的**指节**的基部有一个巨大的**瘤状结构**（tuberculate process），该瘤状结构恰好能嵌入鼓虾**掌节**的**窝槽**（socket）里。大螯会在两个特化的圆盘结构接触时竖起来，其中一个圆盘在瘤状结构的基部，另一个在掌节中。两个圆盘间由表面张力所产生的黏合力，能够防止大螯在肌肉收缩之前闭合。接着，大螯以极大的速度和极强的力量合拢，制造出“砰”的声响及一小股喷射而出的水流。一些种类的鼓虾会利用这种方法来钳碎小蛤蜊或是将鱼类震晕。此外，闭合大螯发出的声音能够警告入侵鼓虾领地的其他同类，保护鼓虾的居所。鼓虾生活在贝壳堆、岩石堆和珊瑚碎石堆的洞穴和裂缝中。它们还能够掘穴生活，或是生活在大型的海绵、背囊动物和珊瑚体内。

海洋里的声音

大翅鲸 a
鲸歌 b

斑光蟾鱼 c
鱼鳔 d
婚巢 e
卵子 f

鼓虾 g
大螯 ✿
指节 h
瘤状结构 h¹
掌节 i
窝槽 i¹

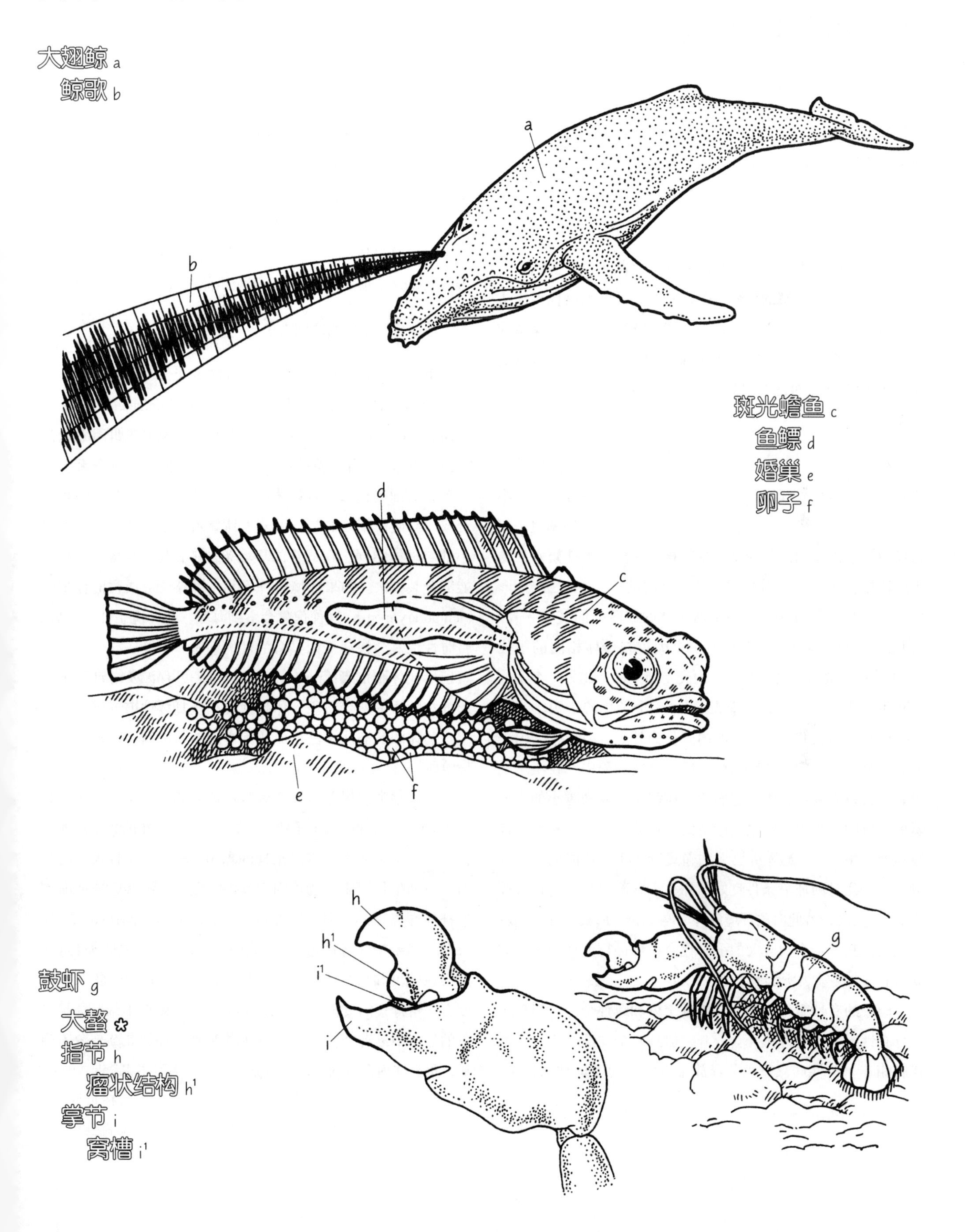

72
浮游植物的繁殖：硅藻和甲藻

硅藻和甲藻是大量分布于温带沿海海域的浮游植物。这两类单细胞生物既能够进行有性繁殖，也能够利用有利的环境条件（阳光、营养等）进行无性繁殖，无性繁殖能快速增加种群的数量。

请给页面左上方绘有完整硅藻的大底图上色。然后，请为正在进行无性繁殖的硅藻上色，整个无性繁殖过程用箭头（e）指示。在阅读完文字内容后，请继续给进行有性繁殖的硅藻上色，整个有性繁殖过程用箭头（f）指示。请给箭头（e）和（f）涂上对比明显的色彩，给配子（g^1）和（h^1）涂上浅色。

在众多浮游生物中，外观呈圆形（或者说中心对称形）的硅藻非常典型，其细胞或原生质体的外部包裹着两片大小不同的硅质互嵌细胞壳[①]（见第19节）。在本节的底图里，我们只画出了硅藻的两片壳壁及**细胞核**。在硅藻无性繁殖的初始阶段中，细胞核会分裂成两个，互嵌的硅藻壳也会分开。分开的两片壳壁分别成为两个新个体的硅藻壳的其中一片。因此，硅藻每次分裂都会产生一个大小与**母体**相同的子代（该子代的外壳即母体的外壳，内壳是新生的，比另一个子代的新生内壳要大，暂称**大内壳**）。另一个子代的个头小于母体，这是因为其利用了母体的内壳作为外壳，而新生的内壳更小，暂称为**小内壳**（b）。在随后的分裂过程中，较小子代的后裔会越来越小，因为它们的母体都是由越来越小的壳壁模板合成的。当由无性繁殖产生的后代的大小只有初始母体的60%~80%时，硅藻壳已无法包裹行使正常功能的必要细胞团。若此时的环境条件良好，那么小硅藻们就会进行有性繁殖[②]。反之，若此时的环境条件非常不利，那么小硅藻们就会死亡，其他（个头较大的）子代会继续进行无性繁殖（如页面上方右侧箭头所示）。

硅藻的有性繁殖过程涉及**雄性**个体和**雌性**个体。当硅藻进行有性繁殖时，硅藻壳会分开，但是两个硅藻壳仍然由**细胞膜**相连。雄性硅藻产生并释放带有纤毛的可运动的**精子**，精子会游向含有单一**卵子**的雌性硅藻。此时，雌性硅藻的细胞膜会裂开，精子进入细胞为卵子授精。受精卵，又叫作**合子**（zygote），它会膨胀成球状，使旧的硅藻壳脱落。新的硅藻壳随着受精卵的发育逐渐成形。新的受精卵及硅藻壳能够发育至硅藻母体的大小。至此，无性繁殖周期重新开始。倘若阳光和养分充足，则硅藻每天至少能进行一次无性繁殖。

请给具甲甲藻的底图上色。

甲藻的无性繁殖过程是——成熟的个体一分为二，形成两个个体。底图中，具甲甲藻（armored dinoflagellate）是膝沟藻属（*Gonyaulax*）生物，外部长出一层刚硬的纤维素**板片**（见第19节）。当甲藻的细胞核分裂时，板片也会分开。每一个新的细胞核保留着母体的一半板片，另一半板片须重新合成。与硅藻不同的是，甲藻无性繁殖产生的两个后代的大小都与母体相同。在适宜的环境条件下，甲藻每8~12小时能够分裂1次。如果环境条件不利，甲藻会形成**暂时性孢囊**（temporary cyst），这种孢囊会落到海底。在环境条件改善后，暂时性孢囊会快速变回具有活性的细胞。甲藻还能通过有性繁殖形成**休眠孢囊**（resting cyst），这一过程涉及游动配子的形成和随后的融合阶段。休眠孢囊在恢复活性前可维持好几个月的休眠状态。甲藻形成的孢囊能够帮助其度过恶劣的环境阶段。

一些种类的甲藻能够产生数量惊人的子代（每升水中含有1 000万~2 000万个子代），这使得它们所在的海水的颜色被改变。整个北美洲沿岸出现的**赤潮**（red tide）现象，就是由一系列生物因素与物理因素共同引发的。一些甲藻能够产生神经性毒素，这类毒素被称为**石房蛤毒素**（saxitoxin）。如果贻贝和蛤蜊在海里滤食这些甲藻，那么甲藻里的神经毒素就会在贻贝和蛤蜊的组织中聚集。人类一旦食用聚集了高浓度石房蛤毒素的贝类（无论是否是熟食），就会中毒，情况严重的话，中毒者会在12~24小时内死亡。即使赤潮现象不明显，**贝类**体内含有的石房蛤毒素也可能让人类中毒。

① 这种互嵌的硅质藻壳又被称为“壳壁”，是硅藻的细胞壁。——译者注

② 有性繁殖会产生比小硅藻大得多的细胞。——译者注

硅藻和甲藻

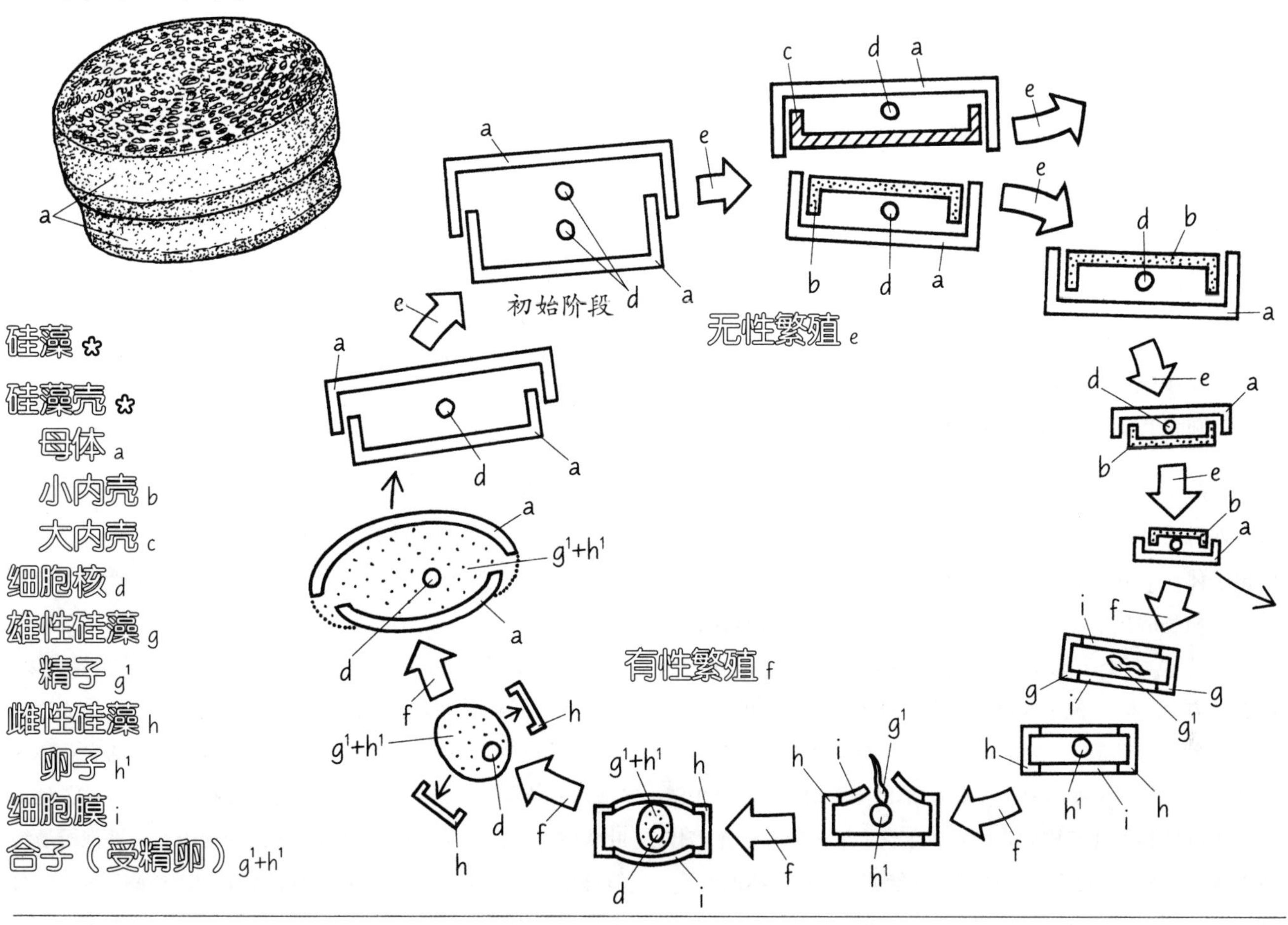
硅藻 ✿
硅藻壳 ✿
母体 a
小内壳 b
大内壳 c
细胞核 d
雄性硅藻 g
精子 g¹
雌性硅藻 h
卵子 h¹
细胞膜 i
合子（受精卵）g¹+h¹
初始阶段
无性繁殖 e
有性繁殖 f

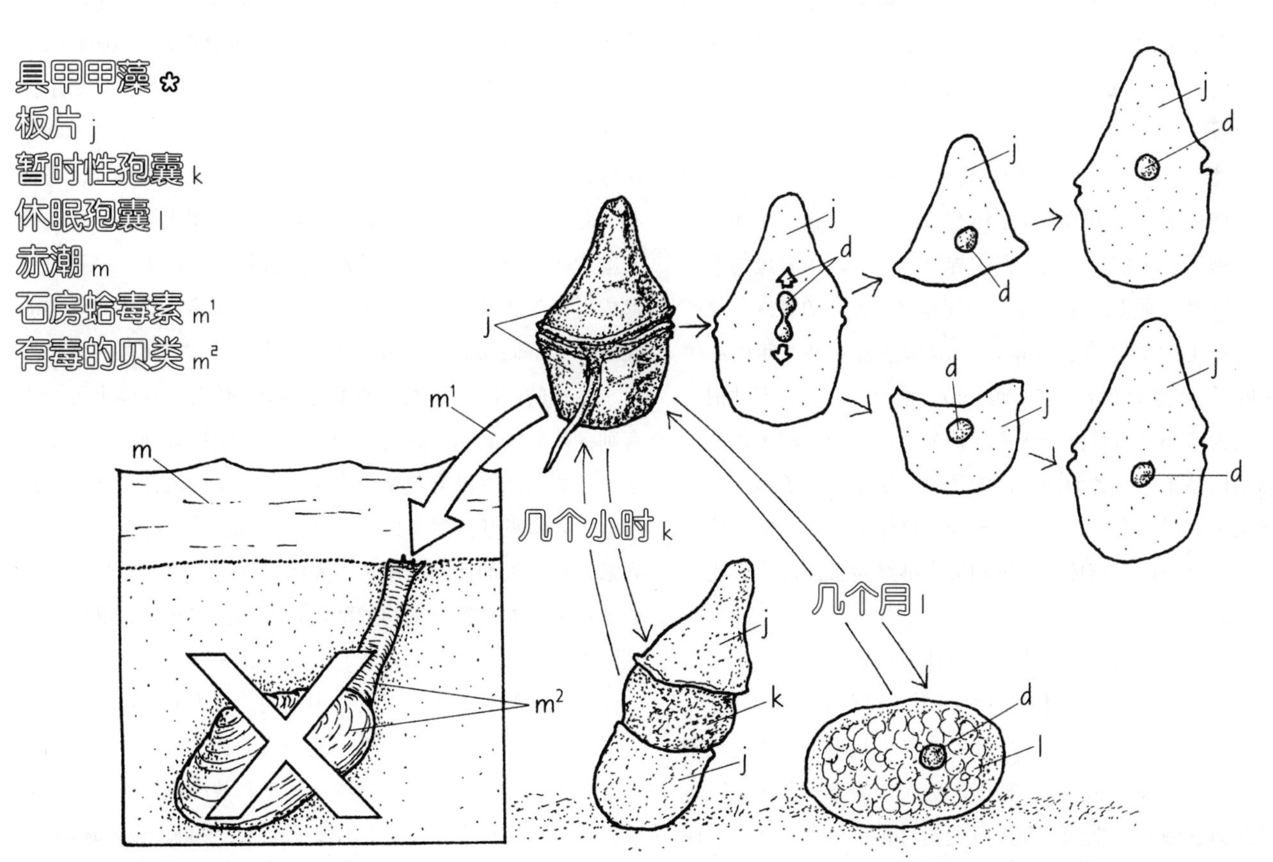
具甲甲藻 ✿
板片 j
暂时性孢囊 k
休眠孢囊 l
赤潮 m
石房蛤毒素 m¹
有毒的贝类 m²
几个小时 k
几个月 l

73
海洋藻类的生活史

许多海洋藻类的生长和增殖都是无性的，或者采取与高等植物相同的方式。然而，大部分藻类都会在生活史中经历一个有性繁殖阶段，该阶段与藻类的生存策略紧密相关。

请先从石莼属植物生活史里的二倍体阶段开始上色。请找到每个生活史阶段，然后根据介绍顺序为各阶段着色。底图中，圆圈里显示的是将显微镜视角放大后的图像。

石莼属（见第 20 节）植物是常见的绿藻，它们的生活史包含两种形态交替出现的过程，这两种形态分别是产生孢子的**孢子体**（sporophyte）和产生配子的配子体（gametophyte）。石莼属植物的配子体和孢子体形态完全一样，辨认两者必须借助显微镜。孢子体的每个细胞里都有一套完整的染色体（被称为二倍体）。孢子体通过细胞的减数分裂产生可运动的带有鞭毛的游动孢子（zoospore），每个游动孢子里只含有一半数量的染色体（被称为单倍体）。单倍体游动孢子在水中游动，在触碰到硬底基质后开始固着生长，形成完整的单倍体**雄性**或者**雌性**的**配子体**。这些配子体能够产生单倍体的配子，即精子或卵子，并将配子释放到水中。**精子**和**卵子**在水中相遇，发生受精过程，产生二倍体的**合子**（两个单倍体融合成一个二倍体）。合子落到海底后便开始生长，形成另一株二倍体的孢子体。至此，一个完整的生活史完成。

海囊藻（见第 21 节）是一类大型褐藻，其生活史也包含二倍体孢子体与单倍体配子体交替发育的过程。然而，海囊藻的孢子体和配子体的形态差异十分明显。海囊藻的孢子体体形巨大，藻柄长达 30 米。孢子体会在藻叶的特殊部位产生具有鞭毛的单倍体游动孢子。1 株海囊藻可在 1 年内产生 350 000 亿个游动孢子。在海底分散“落户”之后，游动孢子便成长为微小的雄性配子体和雌性配子体。雄性配子体产生可活动的精子，后者游向雌性配子体，使雌性配子体产生的卵子受精，形成合子，进而合子的染色体恢复成正常二倍体的数量。合子以二倍体孢子体的形态继续生长，最终长成一株巨大的海囊藻。

为什么海囊藻的孢子体和配子体的形态差异如此巨大？在这里，我们必须要考虑时间的问题。在春季和夏季期间，由于环境条件十分优越，孢子体海囊藻生长得十分迅速。到了夏末，海囊藻成熟，产生孢子。然而，由孢子形成的微小配子体海囊藻在产生配子和进行受精时正值冬季，环境条件较为恶劣。到了次年初春，幼年孢子体继续生长，开始了新的一轮与季节气候紧密相关的生活史周期。虽然海囊藻个头巨大，但它是一年生植物。大约一年之后，完成生活史周期的孢子体海囊藻会老化。在秋季或冬季暴风雨来袭时，抓着基底的固着器不得不松开，让老化的孢子体海囊藻随波远去。而配子体和幼年孢子体能够在这个没有亲代保护的阶段中，利用个头小的优势，躲在岩石的裂缝或洞穴中逃过一劫。当春季来临时，温暖的阳光照耀大海，这些小海囊藻便开始了新一轮的生活。

紫菜属（*Porphyra*）植物是一类红藻，在日本常用作料理的材料，人们将某些种类的紫菜进行干燥处理，然后进一步烹调，制成美味的“海苔”。海苔每年能够为食品产业创造数百亿美元的收入。人们对紫菜有性繁殖过程的细节了解得不算彻底。即便如此，依据目前掌握的生活史信息来养殖紫菜，依旧让人们获得了大丰收，这使得紫菜成为世界上最成功的海洋经济作物之一（人们将养殖和收获海洋生物的农业称为“海水养殖业”）。紫菜可食用的部分是**叶状体**（foliose）。处于叶状体形态的紫菜可以产生两种形式的孢子，一种孢子最终能够增殖产生更多的叶状体（如底图中的循环圈所示）；另一种孢子则直接落到海底，钻入软体动物的空壳中生活，这一生活在空壳内的阶段被称为紫菜的**丝状体阶段**（conchocelis phase）。丝状体阶段英文中的“conch”意为“贝壳”，源于壳斑藻（*Conchocelis rosea*）。当时，科学家们误将紫菜的丝状体认作一个物种，即壳斑藻。直到后来科学家们才发现，壳斑藻实际上是紫菜的孢子钻到贝壳罩内萌发而成的丝状体。处于丝状体阶段的紫菜也能够产生两种形式的孢子：一种是可形成更多丝状体的增殖孢子；另一种是能够转变为叶状体的**壳孢子**（conchospore）。在自然条件下，叶状体阶段的紫菜发育于冬季的潮间带高处，那里的环境条件对叶状体来说较为有利：叶状体能够得到雨水的滋润，也能接触到海浪带来的水分；那里几乎没有与紫菜产生竞争关系的其他植物；植食动物（如帽贝和滨螺）的活跃性也不强。随着春季和夏季的到来，在白天的低潮期中，干燥的空气与直射的阳光产生的威胁更为强烈，植食动物的活动也开始变得频繁，潮间带高处不再适宜紫菜的叶状体生存。因此，紫菜便开始转变成丝状体，躲在海底的贝壳里度过困难期。日本的海水养殖人员充分利用了紫菜的这种习性，他们将丝状体紫菜放在封闭的水缸里，诱导丝状体在特制的绳子上释放壳孢子。然后，养殖人员会将这些沾着壳孢子的绳子转移到平静的海水环境里，诱导这些紫菜变成叶状体，待其长大后收割，将紫菜制成食用海苔。

海洋藻类的生活史

孢子体 a
游动孢子 b
配子体 ✿
雄性 c
精子 c^1
雌性 d
卵子 d^1
合子 c^1+d^1
幼年孢子体 a^1

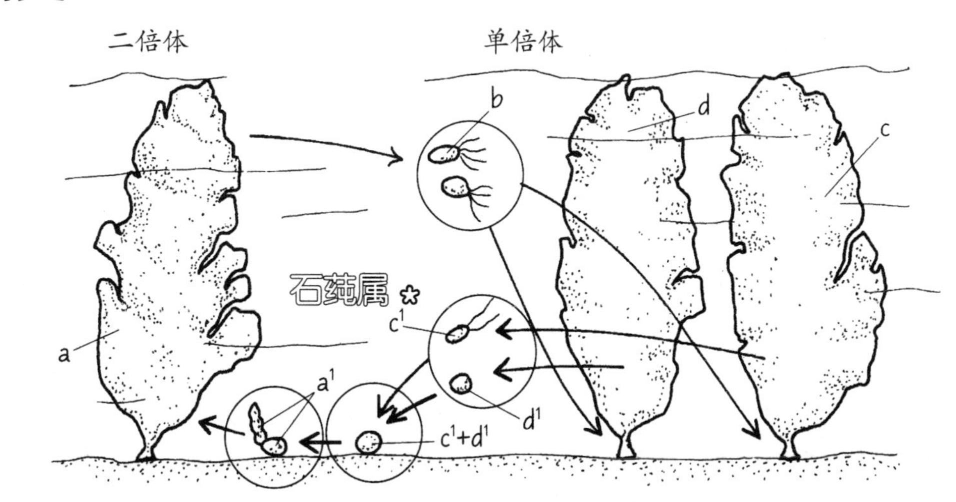

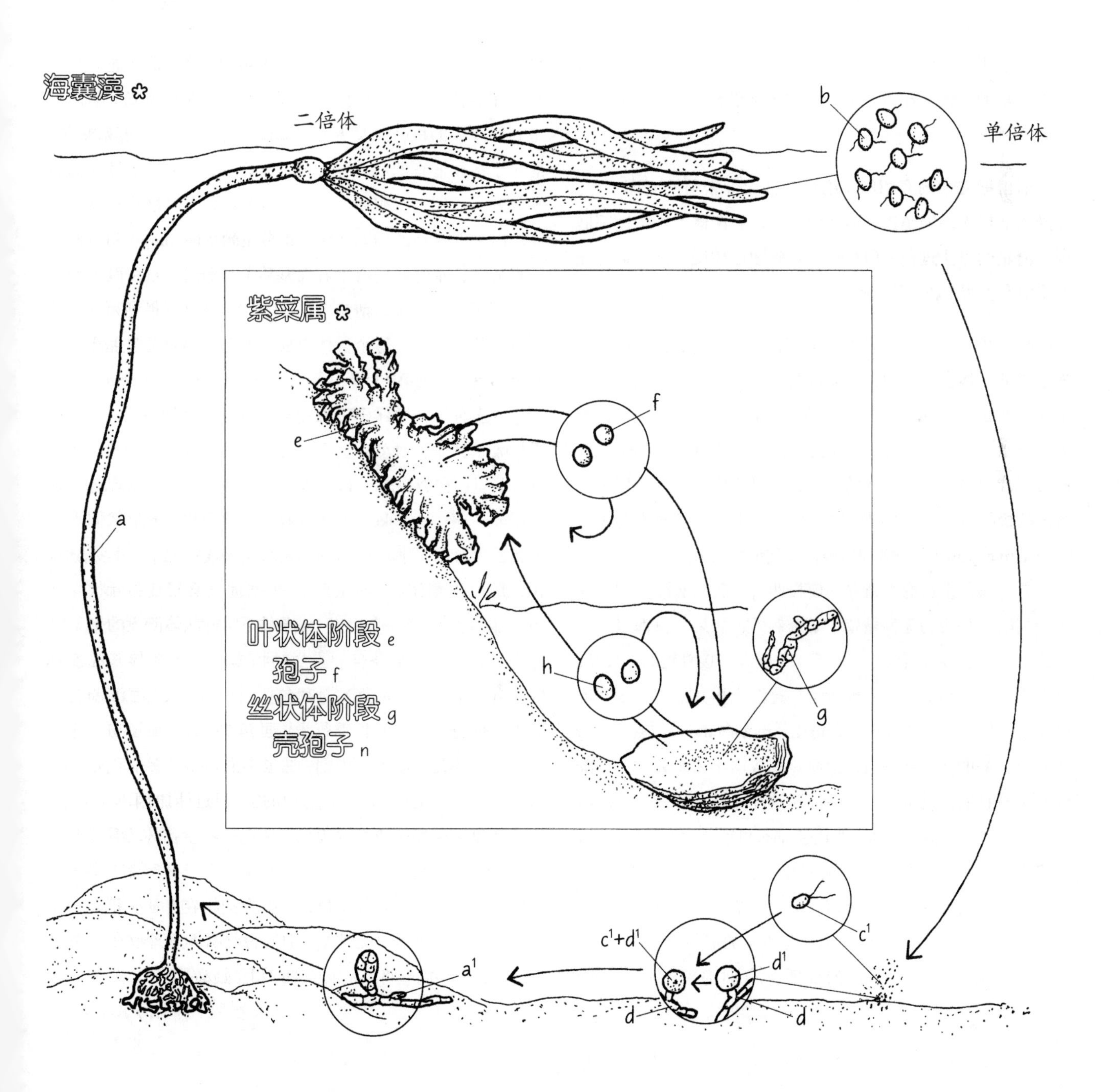

74
无性繁殖

生物细胞内储藏遗传信息的材料（染色体）被一分为二，随后染色体进入不同的性细胞（配子，即精子或卵子），这个过程宣告了有性繁殖的开始。精子和卵子的结合（受精）将遗传材料的总量复原，并将来自双亲的遗传特征相结合，产生了新的个体。这样的遗传变异或许可使生物更加适应其所在的环境或新的环境条件。利用有性繁殖延续下来的物种，获得了一大优势——提高了潜在的环境适应性。在接下来的几节中，我们将会介绍有性繁殖的典型例子及其过程。

然而，为了更好地利用适宜且快速变化的环境条件，许多物种采用无性繁殖方式。无性繁殖能够比有性繁殖更快地获得大量的后代。在本节中，我们将介绍5个海洋生物无性繁殖的例子。

请根据文中的介绍顺序给每一例无性繁殖的底图上色。在描绘海星无性繁殖过程的底图里，左右两侧的步骤图都展现了海星的再生过程，但右侧的步骤图还体现了海星通过无性繁殖产生两个新个体的过程。

在第73节中，我们介绍了海洋藻类是如何通过产生孢子来形成新个体的，这便是藻类进行无性繁殖的方法之一。而单细胞的硅藻和甲藻（见第72节）常通过简单的分裂来进行无性繁殖。以**泰来藻**为例，底图介绍了海洋有花植物是如何通过无性繁殖产生新个体的。在这个过程中，泰来藻埋于底质内的**根状茎**（见第18节）起到了重要作用。这种**营养生长**（vegetative growth）方式同样被许多陆地植物采用。

有时候，生物的繁殖方式模棱两可，我们必须多加思考才能判断其是否为无性繁殖。举个例子，如果一只**海星**失去了几乎所有的身体结构，只留下一条腕和连接着腕的中央盘，那么它就有可能如底图左侧所示，逐渐生出其他腕，直到形成完整个体。这一过程被称为**再生**（regeneration）。然而，一些养殖牡蛎的渔民试图通过把海星切成两半来杀死它，以降低海星对牡蛎床的危害，结果证明这样做是徒劳的。如果海星被均等地一分为二，每一半海星都有可能再生原有的部位，最终形成新的完整的海星。很明显，该过程涉及再生现象，但再生也应当被视为无性繁殖，因为一个海星通过无性过程产生了两个个体，这符合我们对无性繁殖的定义。

刺胞动物是无性繁殖的能手。**白羽海葵**（*Metridium farcimen*，见第23节细指海葵属）具有**足盘断裂生殖**（pedal laceration）的能力。当白羽海葵用足盘在基质上缓缓爬行时，其足盘偶尔会被岩石割裂，遗留下的小块组织将逐渐形成新的白羽海葵。一些种类的海葵，如华丽黄海葵，可以进行纵向分裂，通过将自身从上往下撕裂的行为形成分裂体，然后再生为完整个体（见第5节与第96节）。

无性繁殖能够帮助生物个体充分地利用生境的条件。例如，如果一只浮游生物的幼体找到一处适宜附着和生长的环境，那么同一物种的生物必然也能够在该地茁壮成长。若这只浮游生物能够通过无性繁殖产生新的个体，它就能帮助自身所在的种群在短时间内获得环境方面的最大利益。珊瑚便是利用环境的机会主义者。当珊瑚的浮浪幼虫（见第76节）落户于某处适宜的底质并长成水螅体时，倘若它的生长过程十分顺利，那么**水螅体**不会继续生长，而是像底图中画的那样，出芽形成新的珊瑚幼体。**出芽生殖**（budding）过程将会一直持续，水螅体们会附着在基质上，通过一层薄薄的组织相连（图中未画出，请参考第23节）。该过程最终可以产生一整片的珊瑚群，这个群体由成千上万的通过无性繁殖形成的个体组成（见第13节）。

许多种类的海洋多毛虫能够在进行有性繁殖之前，通过无性繁殖产生一种变体，为有性繁殖做准备。在一年的大部分时间里，**自裂虫属**（*Autolytus*）动物均为非性成熟状态，成体以非生殖体（atoke）的形式存在。自裂虫属动物一旦开始为繁殖做准备，非生殖体的后部就会发生一系列的性成熟变化，形成**生殖体区**（epitoke），生殖体区会形成头部（见底图）。以上结构会一直相连，直到自裂虫属动物开始繁殖。研究人员曾发现，某条自裂虫属动物体后连接着29个生殖体区。自裂虫属动物的繁殖过程包括同步释放大量的具有性别的生殖体行为，以及群浮行为（见第77节）。大部分多毛虫仅在每年的几个晚上（少则一夜）进行释放生殖体与群浮的活动。群浮的时间与月相紧密相关，但具体原因不得而知。群浮现象最终发生于海水表面，因此这些生殖体容易受到鸟类、鱼类和人类的捕食。例如，对南太平洋萨摩亚群岛上的人们来说，多毛虫颇具价值，人们会捕捞在海面上群浮的多毛虫食用。这种通过无性繁殖产生新个体且新个体放出配子的行为，似乎能够将繁殖的成功率提至最高。

无性繁殖

营养生长 a
泰来藻 b
根状茎 a1

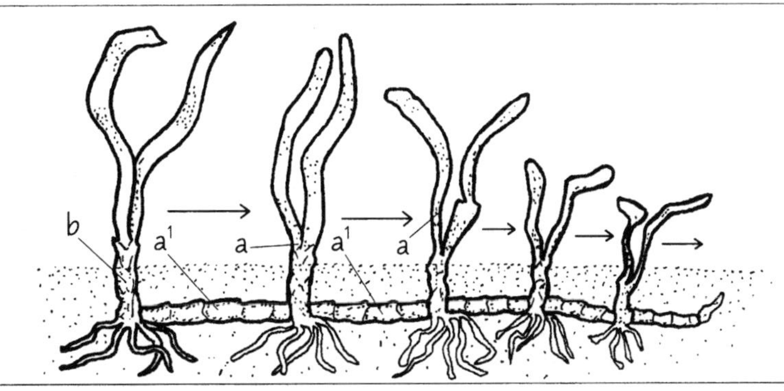

再生 c
无性繁殖 a2
海星 d

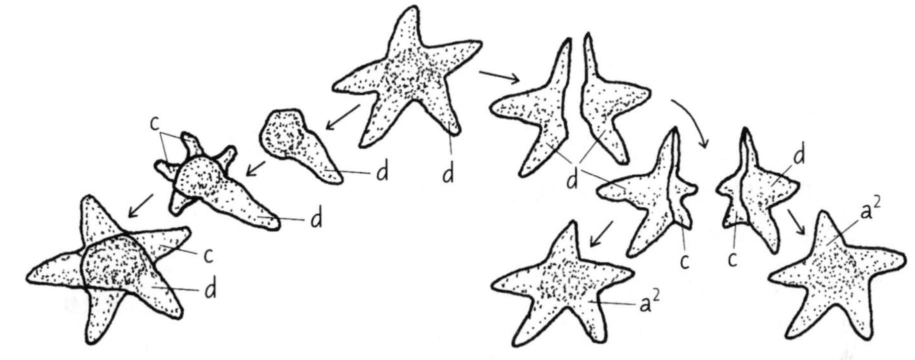

足盘断裂生殖 a3
白羽海葵 e

出芽生殖 a4
珊瑚虫 f

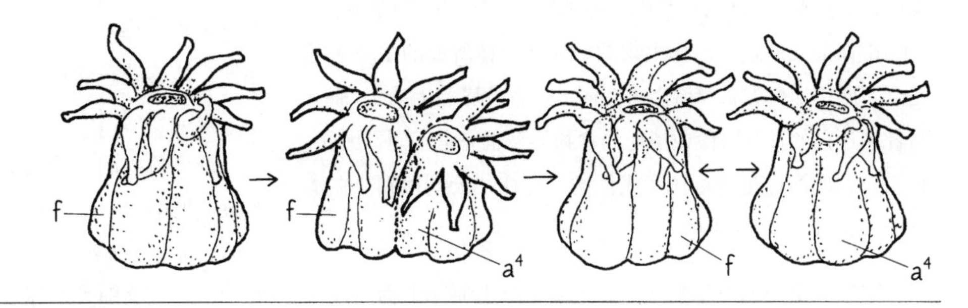

生殖体区的形成 a5
自裂虫属 g

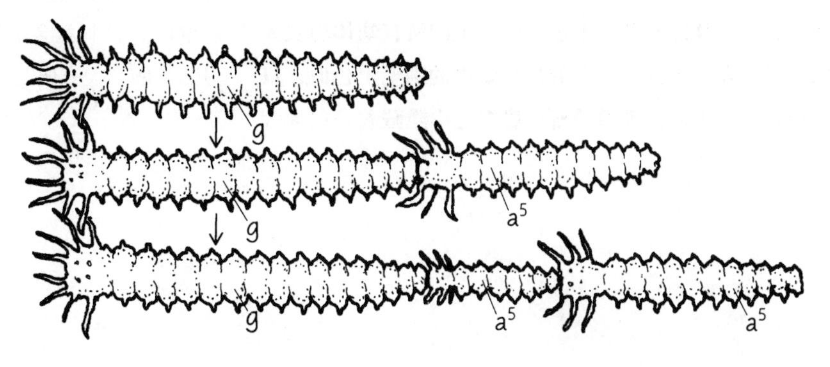

75
海洋生物的繁殖：浮游幼体形态

许多海洋生物在发育胚胎的过程中都经历过一段浮游幼体形态时期。“浮游”一词意味着幼体在这一阶段中是自由漂浮的，并且不具备抵挡洋流的强游泳能力。既然那么多种类的海洋动物都经历过浮游幼体阶段，就说明这种选择还是具有诸多优点的。首先，幼体以浮游形态生活，能够获得摄食海洋当中最丰富的食物资源（浮游植物）的机会（见第19节）。其次，洋流能够把浮游幼体扩散到很远的地方，此举既可以将一些幼体带到新的生境中去开拓领地，又可以将一些幼体带到同一物种已占据的旧生境里补充种群数量。最后，经历浮游阶段意味着成体与幼体之间基本不存在竞争，因为两者生活在不同的环境中。

成体产生浮游幼体的行为并非没有代价，因为许多幼体在扩散过程中并未找到适合栖居和生长的生境，它们在长成成体之前就已死去。浮游生物的生活充满危机。不适宜的水流条件，以及捕食者和食物短缺带来的不利因素，极易影响微小的浮游幼体的生活。为了改善幼体在浮游阶段中的高死亡率现象，成体会产生大量的幼体，以提高存活幼体的数量，一只雌性成体可产生数万个或数十万个幼体。此外，海洋生物成体释放浮游幼体的时间，往往是在浮游植物大量增殖期间（一般为春季和夏季），或者之前（稍微提前）。然而，良苦用心有时会事与愿违。一旦大量幼体在同一个生境里顺利生存且健康成长，待它们长大之后，栖息地中的种群数量就可能过高，造成个体间太过激烈的竞争（如藤壶，见第97节）。

正如前文所述，海洋生物的幼体和成体所处的生境通常完全不同（如一方营浮游生活，而另一方营底栖生活），而且两者在各自的发育阶段中消耗的食物类型也完全不同。因此，我们看到的海洋生物幼体和成体的形态往往天差地别。在本节中，我们将介绍几例。

请根据文中的介绍顺序，给页面上每类海洋生物的成体及幼体上色。请从蛇尾开始上色。底图中的所有幼体均被大幅度放大了。在给页面最下方的疣足幼虫的刚毛上色时，只需用浅色覆盖刚毛簇的大致轮廓。底图之中隐藏着一只大大的成年翻车鱼，我们仅简单勾勒出了这只翻车鱼眼睛的轮廓，若要了解翻车鱼的详细外观，请参阅第45节。

蛇尾（棘皮动物门，见第16节）的幼体被称为“**长腕幼虫**”（ophiopluteus），样子十分古怪。长腕幼虫有8条**幼虫长腕**（larval arm），这种长腕由内部骨棒支撑，较为刚硬。长腕幼虫的体形很小，体长小于0.5毫米，其依靠腕和躯体上的纤毛游泳。长腕幼虫以浮游植物为食，浮游植物通过发育纤毛的通道进入幼虫的口中。长长的腕可以增加表面积，防止幼虫的身体下沉。虽然蛇尾的成体呈五辐对称，但是它的幼虫却是两侧对称。躯体的对称性发生如此之大的变化，意味着幼虫在变态为成体的过程中需要极大程度地改变自己的模样。

底图中的**溞状幼虫**（zoea larva）是**瓷蟹**（porcelain crab）的幼虫。溞状幼虫发育长长的**幼虫棘刺**（larval spine），这些棘刺不仅可以增大个体的表面积，帮助虫体浮在水中，还具有防止虫体被捕食的作用。成年瓷蟹的形态与幼虫（长1.5毫米）形态完全不同，让人无法将两者联想到一起。在变态阶段，幼体的棘刺会消失，且腹部会折叠到躯干的下方：幼体的躯干很长，若保留下来，将会妨碍底栖生活，成体一般躲藏在狭窄的空隙里或岩石下方。

疣足幼虫（nectochaete larva）是**沙蚕属**多毛虫（见第27节和第77节）的幼体形态之一，体长仅为0.25毫米。幼体和成体的差异主要为——成体的分节特征更为明显。疣足幼虫的身上长着许多棘刺状的**刚毛**，刚毛的作用和上文中的棘刺相同，能够防止幼虫在浮游阶段里下沉。此外，刚毛还可用作“桨”，为水中的幼虫提供前进的动力。

许多鱼类的生活史都包括浮游阶段。生活在大洋里的**翻车鱼**（见第45节）的仔鱼平均体长仅为3毫米，看起来与巨大的成体毫无血缘关系。长到约1.3厘米时，仔鱼身上会出现棘刺，棘刺会随着幼体的成长而发育。当幼体展现出成体的轮廓时，棘刺就会消失。这种小小的仔鱼最终可长成体长超过3米的“大家伙”，其体重可超过2 000千克！

浮游幼体形态

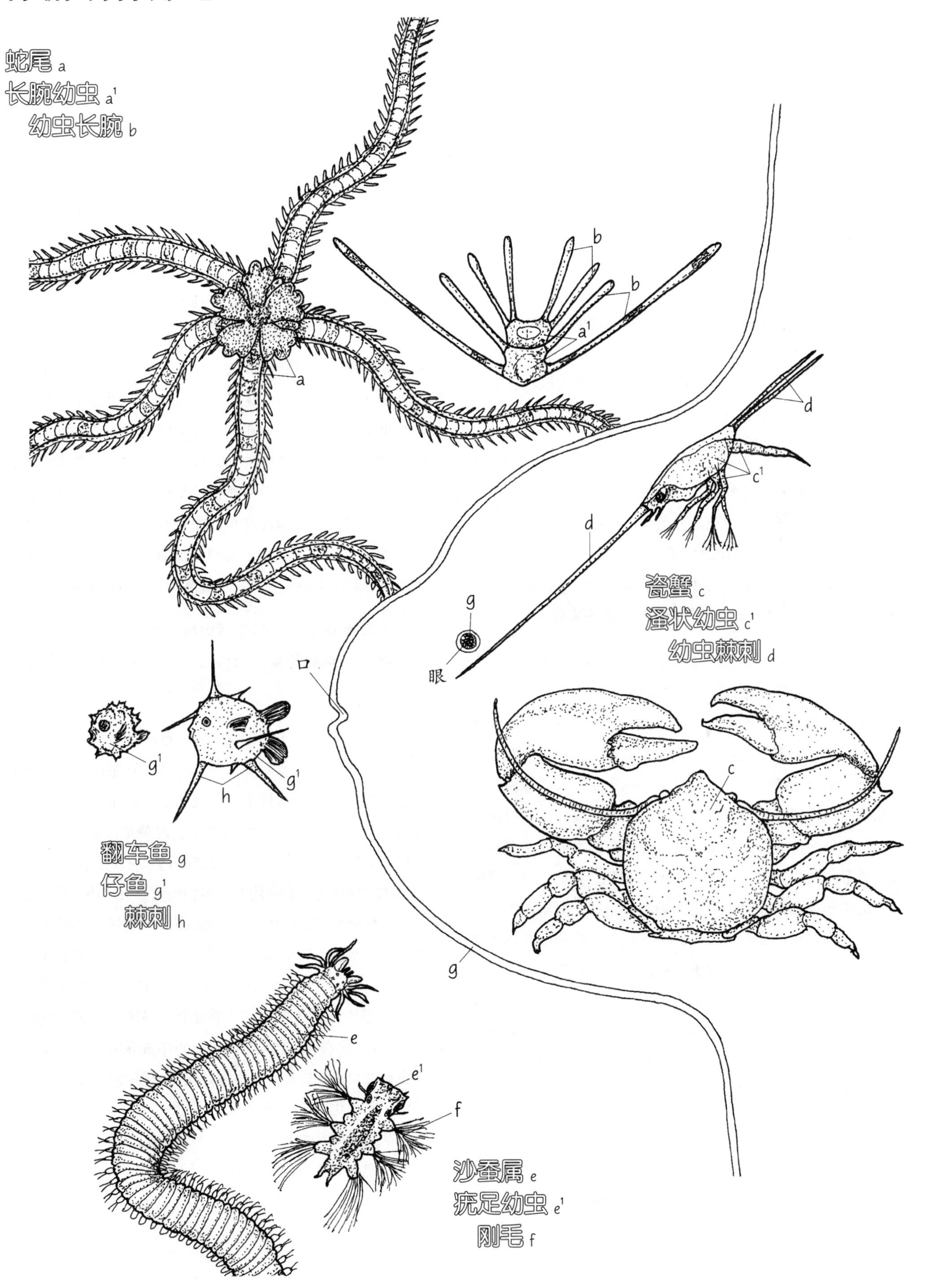
蛇尾 a
长腕幼虫 a1
幼虫长腕 b
b
b
a1
a
d
c1
d
瓷蟹 c
溞状幼虫 c1
幼虫棘刺 d
g
眼
口
g1
g1
h
翻车鱼 g
仔鱼 g1
棘刺 h
c
g
e
e1
f
沙蚕属 e
疣足幼虫 e1
刚毛 f

76
刺胞动物的繁殖：刺胞动物生活史

刺胞动物（也称“腔肠动物”）具有两种基本的身体形态（变体）——水螅体和水母体（见第 23 节和第 24 节）。一般来说，刺胞动物的水螅体固着生长，通过无性繁殖的方法（出芽生殖）产生后代；而水母体能够在水中漂流、浮动，通过有性繁殖的方法产生后代。然而，这种说法只是对大部分刺胞动物生活史（生命周期）的简单概括，许多刺胞动物的生活史不遵循这一基本规则。在一些刺胞动物的生活史里，两种形态均有出现；在另一些刺胞动物的生活史中，两种形态仅出现一种。此外，大部分刺胞动物的生活史里既存在有性繁殖，也存在无性繁殖。在本节中，我们将要介绍刺胞动物门下各纲的代表动物的生活史。

请先从薮枝螅属动物的生活史底图开始上色。首先，请为底图左侧的水螅群体上色。而后，请根据箭头的指向，依序给薮枝螅属生活史各阶段的小图上色。在底图中，水母体、精子、卵子和浮浪幼虫的尺寸均已放大。请注意，左侧的水螅群体的外部包裹着一层透明的螅鞘，螅鞘不需要上色。

以薮枝螅（见第 23 节）为例，摄食营养的个体被称为**水螅体**。对一些物种来说，水螅体是单独的个体，但对大部分由无性繁殖产生的群生水螅来说，水螅体是由分支的**螅茎**（stalk）相连的群体，螅茎包含着它们共用的消化循环腔（或称原肠，见第 23 节）。以人眼看来，一个薮枝螅群体就像一小丛浓密的海藻，但若将它们放在显微镜下观察，我们就会发现，薮枝螅群体分支的顶端生长着微小的水螅体，它们的长度通常为 0.2 毫米。在一年的某些时段内，我们可以观察到水螅的**生殖体**散布在营养体之间的现象。在底图里，生殖体可以产生许多**水母芽**（medusa bud）。这些水母芽是通过无性繁殖产生的，它们逐渐长成**水母体**，随后被释放，在水中自由浮游。水母体（雌雄异体）或为雄性，或为雌性。发育成熟的水母体就会产生**精子**或者**卵子**，然后精卵结合，形成**合子**。受精卵会发育成浮游生活的**浮浪幼虫**（planula larva），最后落在坚固的基质上固着下来，形成小水螅体，并通过无性的出芽生殖产生一个新的水螅群体。

请给海月水母属动物的生活史底图上色，从左侧的雄性和雌性成体水母开始。接着，请依照文中的介绍顺序给每个生活史阶段上色。

海月水母属隶属于钵水母纲（见第 24 节），是一类常见的水母。在海月水母的生活史中，水母体的体形最大，且水母体阶段居主要地位。海月水母的直径为 10～20 厘米，它们常常在北美洲的沿岸海域中大量聚集。海月水母也是雌雄异体的动物，雌性会用**口腕**孵化受精卵，直到受精卵发育成浮浪幼虫。浮浪幼虫会营短暂的浮游生活，直到落户至坚硬的基质上。在那里，它将营固着生活，发育成水螅状幼虫，即**钵口幼虫**（scyphistoma）或螅状幼虫。钵口幼虫在一段时间内跟典型的水螅一样，以小型浮游植物为食，它也可以通过无性繁殖（出芽）产生新的钵口幼虫。最终，每个水螅体会将自己的身体分裂成一叠小小的碟状幼虫。这一过程被称为“横裂”，此时的水螅体就被称为**横裂体**（strobila）。横裂体上的碟状幼虫会被一个接一个地释放，而后，这些由无性繁殖产生的水母幼体会游走，在发育成熟后进入新一轮的生活史。

请给多育皮上海葵的生活史底图上色。底图中的箭头（e+f）指示受精卵从雌性海葵的口中转移到海葵柱体基部的路径。

海葵和珊瑚隶属于珊瑚纲，它们的生活史中仅存在水螅体。尽管如此，大多数海葵和珊瑚仍然能够采取有性繁殖和无性繁殖两种方式。页面下方的底图绘制的是小型的多育皮上海葵（*Epiactis prolifera*），多育皮上海葵是一种分布于北美洲西海岸的海葵。过去，人们对这种海葵存在误解。多育皮上海葵成体的**柱体**基部常常附着许多小小的海葵**幼体**。由于海葵多通过无性繁殖产生后代，人们曾认为这些小小的幼体是成体海葵出芽生殖的产物，多育皮上海葵之名便意为“自我增殖的海葵”。几年后，这一认知被证实是错误的。在伯克利的加利福尼亚大学专门研究多育皮上海葵的达夫妮·方丹（Daphne Fautin）博士发现，这些幼体并非无性繁殖的产物，相反，它们是由有性繁殖产生的。成体多育皮上海葵会将受精卵存放在肠腔中，并孵化一段时间。最终，胚胎在多育皮上海葵的口部出现，从口中爬到柱体的基部，然后附着在上面，逐渐生长。当幼体底盘长到大约 4 毫米时，它们就会离开成体自力更生，开始成年生活。

刺胞动物生活史

薮枝螅 ✿

群体 ✿
- 水螅体 a
- 螅茎 b
- 生殖体 c
  - 水母芽 d

水母体 d^1
- 精子 e
- 卵子 f
- 合子（受精卵）e+f

浮浪幼虫 g

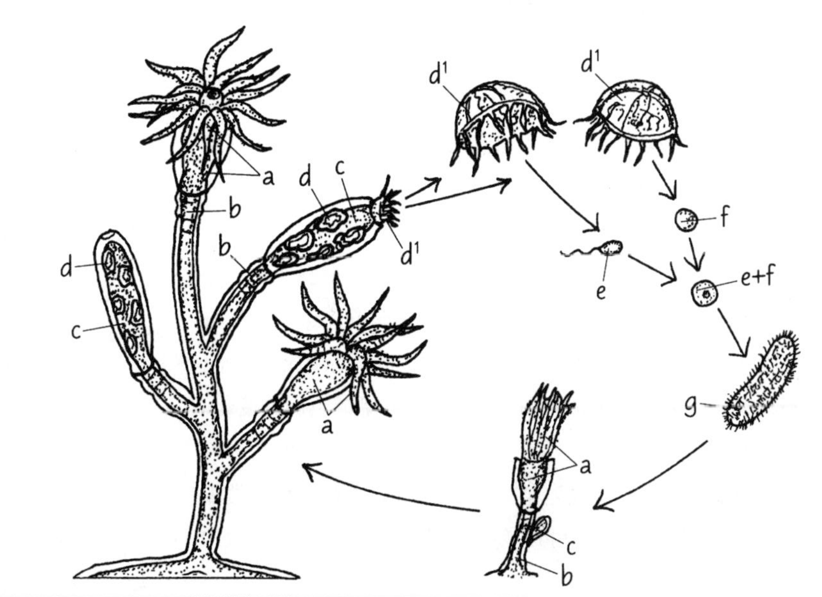

海月水母属 ✿

水母体 d^1
- 口腕 h
  - 精子 e
  - 合子 e+f

浮浪幼虫 g

钵口幼虫 i
- 横裂体 i^1

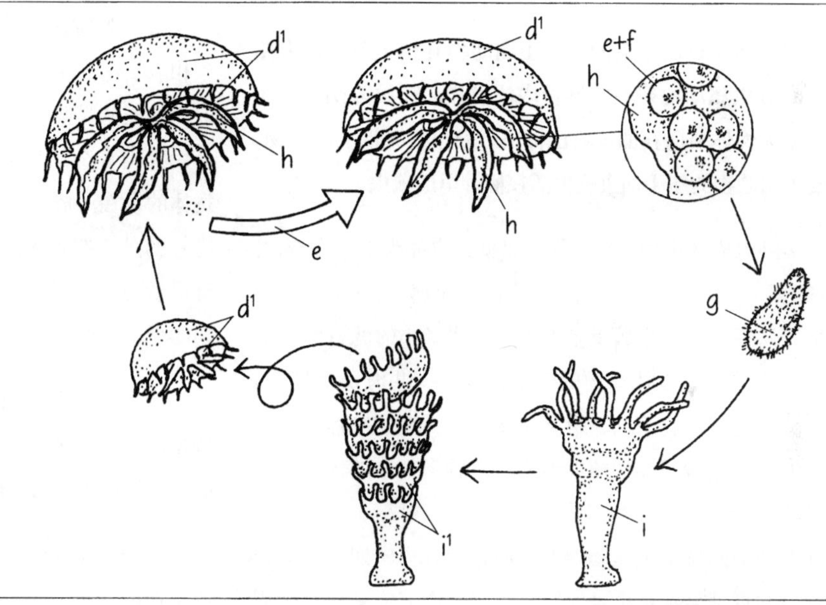

多育皮上海葵 ✿

成体 ✿
- 口盘 j
- 口 k
- 触手 l
- 柱体 m

精子 e

合子 e+f

幼体 n

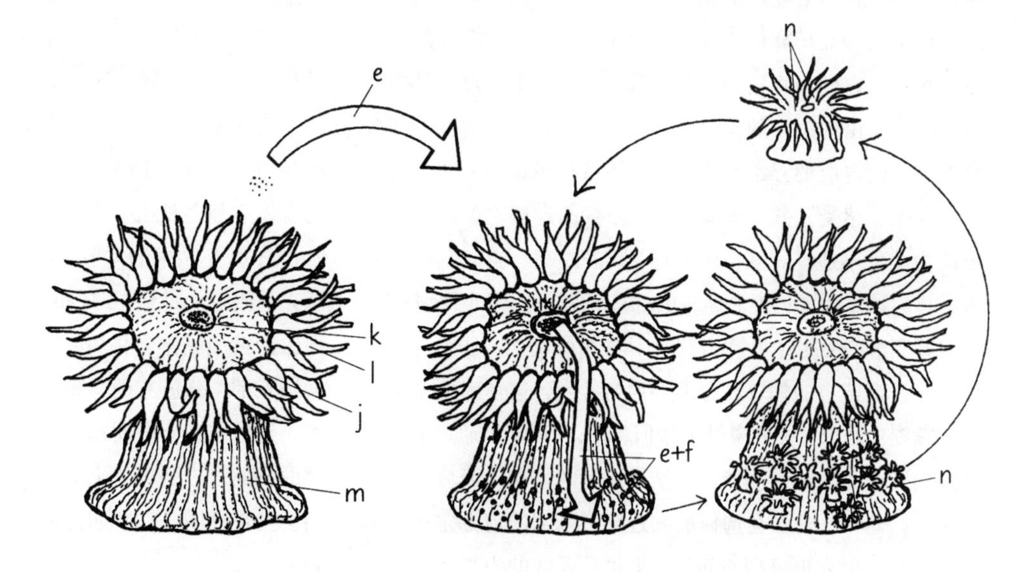

77
海洋蠕虫的繁殖：多毛虫生活史

对于许多种类的多毛虫及其他无脊椎动物而言，尤其是对大堡礁里的珊瑚来说，产卵周期与月相具有密不可分的联系。因此，某些地方同一物种不同种群的产卵行为具有同步性。通过研究多毛虫和海星的繁殖习性，科学家们发现，这些无脊椎动物的体内存在着一种机制——能够追踪生境里昼夜长度的变化，并且可以据此调整自身的年繁殖周期。研究人员认为，随着产卵期的到来，月相引起的潮差范围的变化、月光总量的变化等，都是引发无脊椎动物群体的产卵行为与月相变化同步的外界因素。在本节中，我们主要介绍 3 类多毛虫的繁殖行为，以及月相在每类多毛虫的生活史中扮演的角色。

首先，请从页面中央的螺旋虫属动物开始上色。放大图画出了螺旋虫属动物躲在其栖管内的模样。在放大图中，雄性体节和雌性体节所在的位置已标出。分布在海带上的生物，是螺旋虫属动物的新生幼虫及生活在栖管里的成虫。

在多种海底环境中，我们都可以见到直径为 1～2 毫米的螺旋形钙质（石灰质）管，这些管是**螺旋虫属**（*Spirorbis*）动物的**栖管**。螺旋虫属隶属于多毛纲，这些微小的滤食性多毛虫生活在岩石上、软体动物的壳上，以及一些海藻的体表。与大部分多毛纲动物不同，螺旋虫属动物为雌雄同体。其前半部分的体节包含了**雌性**的性器官，而后半部分的体节则包含了**雄性**的性器官。

许多种类的螺旋虫属动物都遵循着与月相密切相关的繁殖规律，并且都会在每个月的同一月相期中完成一次繁殖周期。螺旋虫的**受精卵**留在成虫的栖管之中，而大部分的多毛虫则相反，它们会将精子与卵子散播到海水里。每个月的特定时期内，由螺旋虫的受精卵孵化而成的**幼虫**会被释放到海水之中，营自由的浮游生活。一只幼虫若想在某块基质上落户，要先“感受”并“体验”一下心仪的定居之处。倘若幼虫认为此处不适宜定居，那么它会离开这里，游到其他地方再进行尝试。不同种类的螺旋虫对基质的要求不同。底图中，覆盖着栖管的海带（见第 21 节）体现了螺旋虫定居行为的两个方面。螺旋虫的栖管在海带上均匀排列，这是因为考虑定居的螺旋虫幼虫会先在藻叶上来回爬动，（可能）通过某种回避机制确认此处的空间能否容纳其成体的体积，而后决定是否落户。此外，幼虫会选择最靠近叶子基部的地方定居，也就是藻叶上最靠近藻柄的部分，那里是藻叶的生长点。在此处定居的螺旋虫能够最低限度地与其他附着生物接触。而且，由于藻叶通常从最末端开始磨损，最靠近基部的区域也是维持时间最久的栖息之处。

请为页面右下方的沙蚕上色。接着，请给位于页面顶端的正在水面上游泳的异沙蚕体上色。

许多底栖多毛虫选择在海面上而不是其生活的底栖环境中产卵。沙蚕属动物（见第 27 节）的成体营底层潜居生活。在繁殖之前，它们的身体形态会发生彻底的变化，为接下来的繁殖做准备。它们会由非生殖个体转变为有性生殖个体，即**异沙蚕体**（heteronereid）。沙蚕属动物的**眼**会变大，身体后部体节的附肢功能会由爬行转变成游泳，附肢的形态也会发生相应变化。原本尖锐的**爬行刚毛**（crawling seta）会被舍弃，取而代之的是桨状的**游泳刚毛**（swimming seta）。沙蚕的疣足会发育出复杂的化学感受器官，以探测周围环境中其他异沙蚕体的存在。成熟的异沙蚕体含有成熟的性细胞（配子）。在适宜的月相期到来之际，异沙蚕体会群浮至海水表面。雄性会适量释放精子，刺激雌性排放卵子。由此可见，沙蚕属动物的受精过程发生在海水之中。

请为页面左下角的绿矶沙蚕及其生殖根上色。接着，请依据箭头指示的方向给群浮到海面上的生殖根上色。页面顶部的异沙蚕体（与绿矶沙蚕的生殖根相比）被放大了许多。

群浮（swarming）是指多毛虫在特定的时期中同时离开栖息地的现象，是一种由基质上浮至海面排精放卵的生殖习性。许多种类的多毛虫为了保证繁殖的同步性，都会进行群浮行为。其中，**绿矶沙蚕**（*Palola viridis*）的群浮习性广为人知。这种多毛虫分布于萨摩亚、斐济，以及南太平洋其他岛屿的周边海域，生活在浅海珊瑚礁的缝隙中。成年绿矶沙蚕的身体后部会长出一个长长的结构，这一结构被称为**生殖根**（stolon）。生殖根的体节又窄又长，每个体节的腹面发育一个感光的**眼点**。每到 10 月和 11 月满月之后的第 8 天和第 9 天，绿矶沙蚕的成体会将头部朝向岩缝深处，而将身体后方朝向岩缝外部，释放它的生殖根。大量的生殖根会游到海水的表面，然后破裂，进而释放性细胞。受精卵可以覆盖几千平方米的海面。一些岛屿上的居民将绿矶沙蚕视为美味佳肴，他们会携带抄网，在黎明前的海上满心欢喜地等待绿矶沙蚕的到来。

多毛虫生活史

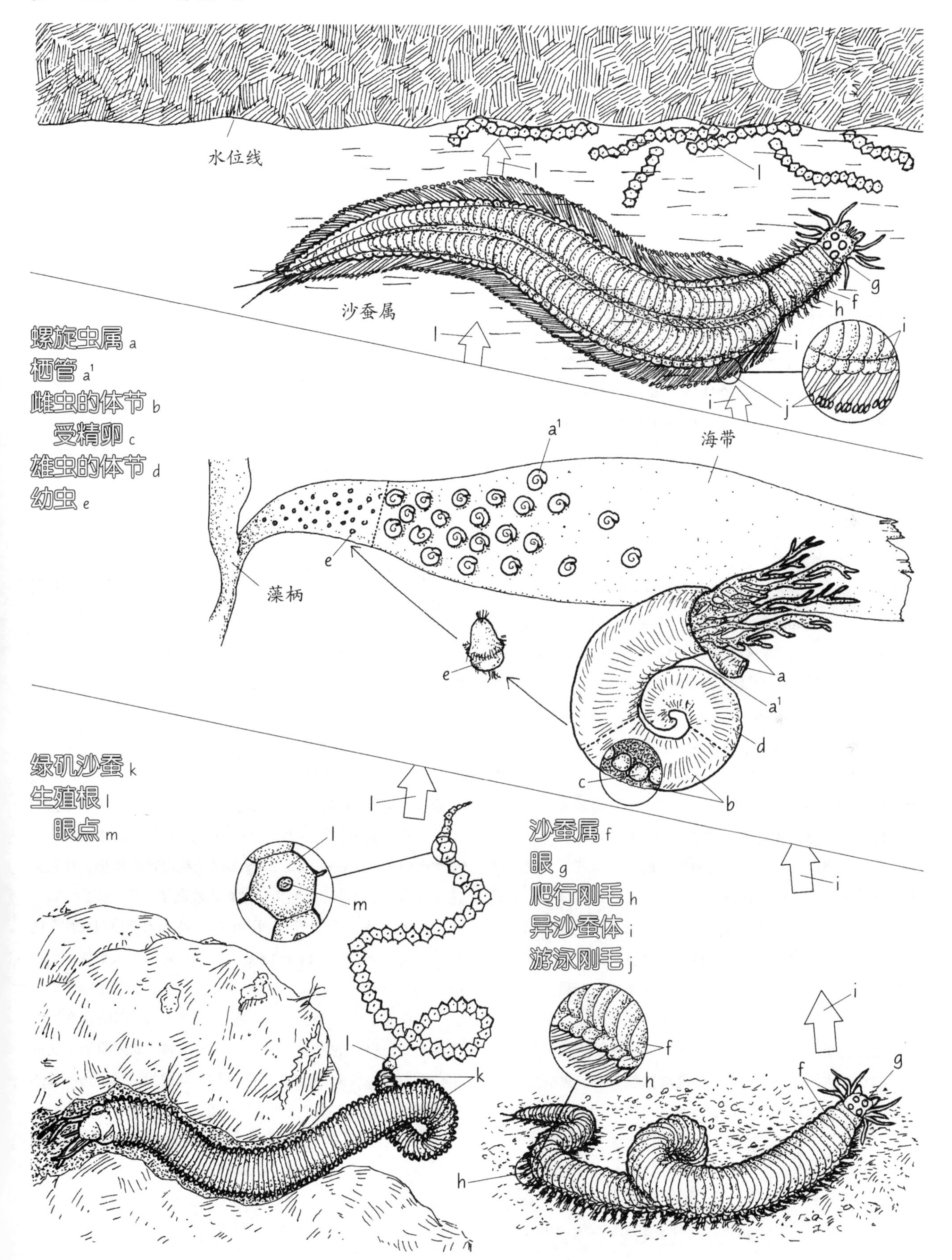

螺旋虫属 a
栖管 a¹
雌虫的体节 b
受精卵 c
雄虫的体节 d
幼虫 e

绿矶沙蚕 k
生殖根 l
眼点 m

沙蚕属 f
眼 g
爬行刚毛 h
异沙蚕体 i
游泳刚毛 j

78
软体动物的繁殖：双壳类生活史

许多双壳类动物都是雌雄异体的，它们会将自己的性细胞（配子）散播到海水中来繁殖。雌雄配子的受精过程发生在水里，随后受精卵会发育成浮游形态的幼虫（见第75节）。在本节中，我们将要介绍美洲牡蛎的生活史，并让大家了解美洲牡蛎的经济养殖方法。

首先，请给正在释放精子和卵子的雌雄牡蛎及其配子上色。配子的受精过程发生在海底的上覆水体中。然后，请参考文字介绍，按照受精卵的发育顺序给每个阶段涂上颜色。美洲牡蛎的面盘幼虫会选择一处空壳作为自己的落脚点，而后继续生长。牡蛎幼体的新生贝壳与定居的稚贝颜色相同。

因为牡蛎倾向于群居，所以野外环境中的**雄性**牡蛎和**雌性**牡蛎之间的距离往往十分近，它们只需同步释放配子，就能确保完成**受精**过程。之后，受精卵进行细胞分裂，在水体中进一步发育。只要发育中的受精卵依旧位于卵膜之中，它就被视为**胚胎**（embryo）。如果胚胎继续发育，冲破卵膜，开始自由地生活，那么它会被视作牡蛎的“幼虫”或“稚贝”，这个称呼会依据发育阶段的不同而改变。牡蛎的胚胎先发育为具有纤毛的**担轮幼虫**（trochophore larva），随后再发育成面盘幼虫（veliger larva）。面盘幼虫具有初步发育的铰合双**壳**及用于游泳的具纤毛的**面盘**（velum）结构。面盘幼虫以**浮游植物**（见第19节）为食，继续生长。在2~4周之后，面盘幼虫会长出一只**足**，随后它会用足接触并不断地探测海底，直至找到一处坚固的基质，而后便开始爬行。倘若面盘幼虫认为基质质地不良、过于拥挤等，不适宜定居，那么它会离开此地，继续在海里游泳，直至找到合适的基质。在找到合适的基质（如一块**空壳**）后，面盘幼虫会使用足部的足腺分泌黏合剂，用左侧的壳面接触基质，定居下来。随后，面盘幼虫的面盘会消失，足也会缩小，幼虫开始长大。定居下来的牡蛎被称为**稚贝**（spat），鳃随之发育，由此，稚贝开始了附着、滤食的生活（见第30节）。随着牡蛎长大，贝壳会逐渐形成与基质相似的轮廓，形状也会变得不规则。例如，底图中画的这两只美洲牡蛎（*Crassostrea virginica*）成体的贝壳形状就相当不规则。

美洲牡蛎可以忍受生境中海水盐度减小的情况，也能够忍受潮间带内频繁暴露于空气之中的生存环境。因此，牡蛎能够生活在河口区中，那是河流与海洋的交汇之处。河口区会形成平静的海湾和潟湖，周边发育出广阔的滩涂（见第8节）。牡蛎的幼虫会在河口生境中找寻可栖息的硬质基底并定居，它们的数量往往十分惊人。牡蛎幼虫倾向于定居在成体牡蛎或其他双壳类动物的贝壳上，随着时间流逝，牡蛎幼虫的定居之处会形成厚厚的牡蛎床。人们在很久之前就发现了这个规律，早在罗马帝国时期，人们就懂得利用该规律来养殖牡蛎。如今，牡蛎养殖已成为一项重要的商业活动。正是由于人们充分掌握了牡蛎在自然环境中的生活史和定居习性，才有了培养牡蛎的尝试。

请为附着了牡蛎稚贝的扇贝壳上色。请在阅读文字后给牡蛎筏上色。

牡蛎养殖户们会在海水中培养性成熟的雄性牡蛎和雌性牡蛎，并且利用突然提高水温这种方法来诱导它们同步释放配子。之后，养殖人员会将受精卵收集起来，放入水箱之中。在水箱里，牡蛎幼虫可以摄食大量的浮游植物，然后发育成面盘幼虫。成熟的面盘幼虫会被转移到其他水箱之中，新的水箱内放有空的**扇贝壳**（scallop shell），以便牡蛎稚贝附着。随后，养殖人员会将这些扇贝壳及附生于其上的牡蛎转移到牡蛎床中。这些牡蛎可在2~5年内长到可观的大小，在它们达到市场标准之后，养殖人员便可以收获了。

此外，有一种比上述养殖方式更为高产的牡蛎养殖法——筏式养殖法（raft culture），该方法能够增加单位面积内的牡蛎产量。养殖人员将附着了牡蛎稚贝的扇贝壳挂在**绳子**上，再将绳子垂在**浮筏**下方。筏式养殖法既可以防止底栖捕食者（如海星）的骚扰，还可以缓解牡蛎在低潮期间遭受的生存压力（缺水），而且在浮游植物丰富的海域里，这些牡蛎能够获得大量的食物并快速生长，可谓一举三得。

双壳类生活史

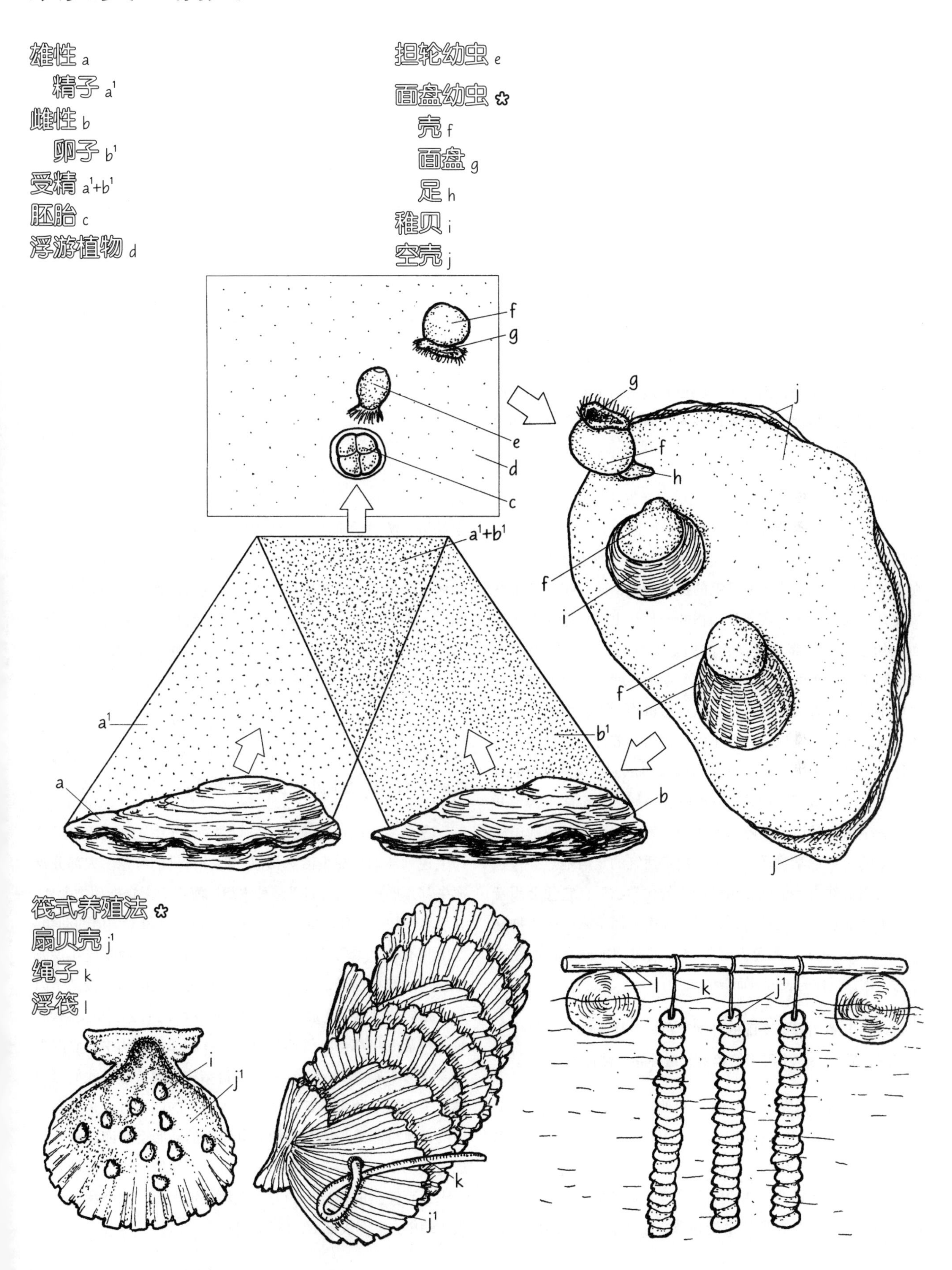
雄性 a
精子 a1
雌性 b
卵子 b1
受精 a1+b1
胚胎 c
浮游植物 d
担轮幼虫 e
面盘幼虫 ✿
壳 f
面盘 g
足 h
稚贝 i
空壳 j
筏式养殖法 ✿
扇贝壳 j1
绳子 k
浮筏 l

79 软体动物的繁殖：腹足类生活史

腹足类动物是软体动物当中最为多样化的一个类群，包括大型的植食性鲍鱼、无壳的裸鳃类动物（或称海蛞蝓），以及我们熟悉的花园里的蜗牛、鼻涕虫等。在本节的内容里，我们选取了 4 类具有代表性的例子，来介绍腹足类动物的生活史。

请阅读文字，根据介绍顺序给每类动物的生活史上色。请为底图中（a）~（d）结构涂上浅色。先从鲍鱼开始上色，请注意，图中每只鲍鱼出水孔的颜色必须与其释放出的精子或卵子的颜色相同，而合子的颜色必须是精子颜色与卵子颜色的混合色。与现实情况相比，图中的担轮幼虫和面盘幼虫被放大了许多。

鲍鱼的生活史与第 78 节介绍的双壳类动物的生活史颇为相似。鲍鱼也是雌雄异体的动物，其壳面上长有出水孔，鲍鱼体内的**精子**和**卵子**就经由这些出水孔进入海水之中。**合子**在水中发育，先长成具有纤毛的**担轮幼虫**，而后担轮幼虫继续发育成**面盘幼虫**。腹足类动物的面盘幼虫与双壳类动物的面盘幼虫不同，腹足类动物的面盘幼虫的壳呈螺旋状。此外，鲍鱼的面盘幼虫与其他腹足类动物的面盘幼虫所需的营养源不同，后者在发育过程中以浮游植物为食，而鲍鱼的幼体在发育过程中则以受精卵中的卵黄为营养源（这种幼体又被称为"卵黄营养幼体"，lecithotrophic larva）。只需很短的时间，鲍鱼幼体就可以成熟，它能够在一周之内定居下来，开始附着生活。珊瑚藻是鲍鱼幼体的食物，鲍鱼能够识别珊瑚藻产生的一种化学物质，并由此选定适宜的定居地点。一旦鲍鱼的面盘幼虫接触到珊瑚藻产生的化学物质，它便会用带有纤毛的**面盘**与基质接触，在岩石表面定居下来，成为**稚鲍**（juvenile abalone）。鲍鱼需要 2 ~ 5 年的时间才能发育成性成熟的个体，具体时长因种而异。

请为玉螺和聚集交配的骨螺上色。雌性玉螺在与雄性玉螺交配之后，会产生碗形的卵块，这种卵块被称为"沙碗"。

相比鲍鱼，玉螺（见第 31 节）的生活史要复杂一些。虽然玉螺也是雌雄异体的动物，但其并不会将配子散播到海水之中。**雄性**玉螺具有将精子转移到雌性玉螺体内的阴茎结构，因此卵子会留在**雌性**玉螺的体内受精。在交配完成之后，雌性玉螺会制造卵块，卵块由受精卵、黏液和沙子混合形成，这种碗状的卵块被称为**沙碗**或**沙领**（sand collar）。之所以又被称为"沙领"，是因为卵块形似老式衬衫的塑料衣领。玉螺的胚胎就在沙子与黏液形成的"子宫"里发育。最后，沙碗会老化损坏，将玉螺的面盘幼虫释放入海水之中。面盘幼虫会在水中成长，然后找到一处沙质细密的海底定居，开始以稚贝的形态生活。

骨螺是一类相对高等的有壳腹足类动物，同样为雌雄异体，且受精方式为体内受精。骨螺的生殖行为一般具有季节性，在骨螺的繁殖期内，我们不难在岩岸潮间带里看见几十个骨螺聚集在一起繁殖的景象。当交配完成时，雌性骨螺会将受精卵放入黄色的花瓶状**卵囊**（egg capsule）中，卵囊附着在岩石的阴暗面上，避免阳光直射。骨螺的卵囊不大，一般只有 5 毫米长。受精卵会在卵囊内度过特定的发育时期，不会经历浮游生活阶段。当骨螺的幼体在卵囊内发育至一定阶段时，它们开始互相蚕食。最后，每个卵囊里仅有一只骨螺幼体存活下来。骨螺幼体的发育方式与前面介绍的软体动物相比，更为简单，而且没有很强的迁移性，它放弃了作为浮游幼虫的扩散历程和原本的摄食习性（见第 75 节），以确保骨螺一出生便拥有适宜的生境。

最后，请给盘海牛上色。需要为成体盘海牛同时涂上雄性和雌性的颜色，因为盘海牛为雌雄同体动物，身上具有雌、雄两种性器官。底图中的多疣海牛属动物正在相互授精。

盘海牛（或称裸鳃类动物，见第 32 节）的生活史虽然与上述软体动物的生活史相似，但有自己的特色。大部分盘海牛都是捕食者，它们以多种水螅、海绵等无脊椎动物为食，在生境中往往以独居的形式存在。盘海牛是雌雄同体的动物，身上具有雌、雄两种性器官。在繁殖的时候，两只成年盘海牛会同时交换精子，并在获得精子后为自己的卵子授精。因此，独居的盘海牛在遇到同类且双向交配之后会获得受精卵。每一种盘海牛都会将受精卵放在特殊的卵群结构中，底图中的多疣海牛属（*Doris*）动物的卵群结构呈螺旋形，我们可以称它为**螺旋形卵带**。其他种类的盘海牛的卵群可能是一串一串的，也可能是平铺开来的。盘海牛的胚胎会在卵群中发育成面盘幼虫，然后被释放出来，每只面盘幼虫身上都带着一个未发育完全的螺旋形的壳。在幼虫定居后，这个螺壳会消失，幼虫会发育成稚虫，继续生长。

腹足类生活史

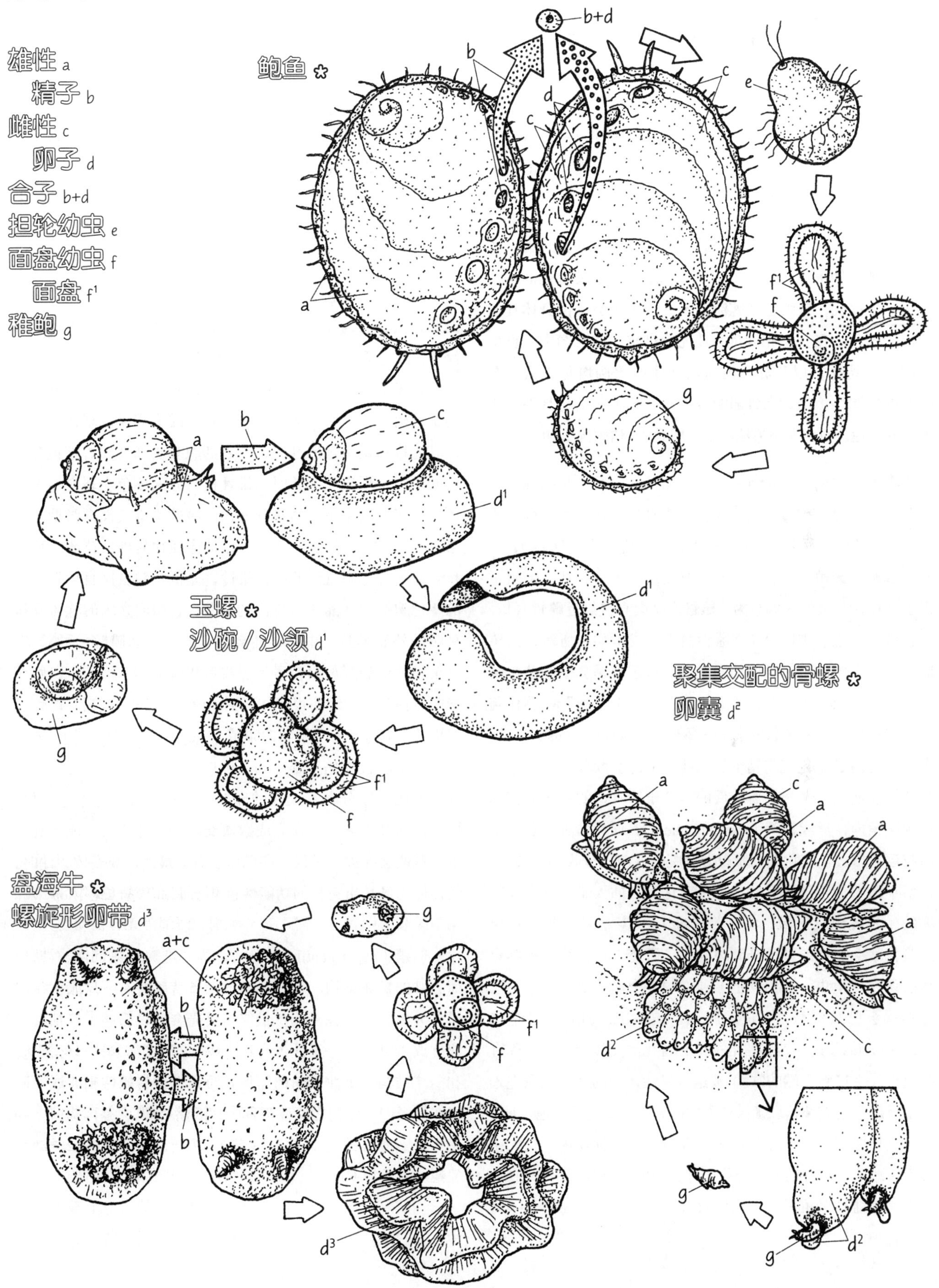
雄性 a
精子 b
雌性 c
卵子 d
合子 b+d
担轮幼虫 e
面盘幼虫 f
面盘 f^1
稚鲍 g
鲍鱼
玉螺
沙碗 / 沙领 d^1
聚集交配的骨螺
卵囊 d^2
盘海牛
螺旋形卵带 d^3

80
软体动物的繁殖：头足类生活史

头足类动物的繁殖习性相当复杂，其中涉及一些特殊的生殖结构。在本节中，我们将要介绍三种头足类动物的繁殖习性，以及它们的一些生殖特征。

请先从正在交配的真蛸开始上色，然后根据介绍顺序依次给每种动物上色。雄性头足类动物发育出一条特化的生殖腕——茎化腕，请给这条腕涂上不同于头足类动物身体其他部位的颜色。在真蛸和鱿鱼（乳光枪乌贼）的底图中，真蛸的精荚、幼体，以及乳光枪乌贼幼体的比例均有放大。在船蛸的底图中，请给雌性船蛸分泌贝壳的膜涂上与其他结构不同的颜色。页面左下方绘制了被船蛸的卵群附着的贝壳。

真蛸（*Octopus vulgaris*）又称“普通章鱼”，是欧洲和美国东海岸浅海区中常见的章鱼。因为真蛸的适应力很强，能够在圈养条件下存活得很好，所以相对于其他头足类动物，人们对真蛸的繁殖习性更为了解。真蛸通常独来独往，繁殖过程中不存在复杂的求偶行为，**雄性**真蛸会直接靠近**雌性**真蛸，并且试图交配。雄性会骑在雌性身上，或是如图所示，简单地将自己右侧的第三条腕伸向雌性。这条腕是真蛸的**茎化腕**（hectocotylized arm，又称“交接腕”或“生殖腕”）。茎化腕的尖端特化成了勺子状的掌——**茎化掌**（hectocotylus）。雄性真蛸就是通过茎化腕将精子送入雌性的外套膜腔内的。茎化腕的后表面生有一条沿腕伸展的沟。雄性真蛸的精子被包裹在胶质鞘内，形成**精荚**（spermatophore），而后精荚顺着这条沟被运送出去。茎化腕的肌肉沿着腕的方向逐步收缩、蠕动，将精荚沿着沟输送到茎化掌上，茎化掌则插入雌性外套膜腔中的生殖孔附近区域，将精荚送进去。（某些种类雄性章鱼的茎化掌会留在雌性的外套膜腔内，研究人员曾将这种茎化掌误认作寄生虫，还给其定了独立的一个属“*Hectocotylus*”。虽然误会已被澄清，对应的属也已被撤销，但人们还是将“hectocotylus”这一名称留给了这种特化的交接腕，该名称有时也指代交接腕尖端的掌。）被送入雌性体内的精荚只在进入生殖道后才会破裂，以确保精子们能够顺利抵达目的地。1 只雄性真蛸能够在 1 小时内将 50 个精荚送入雌性体内。交配完成后，雌性会离开交配地自行产卵，产卵的过程缓慢而细致，每次经由雌性的**漏斗**产下的卵只有少数，因此大约需要一周的时间才能完成全部的产卵过程。雌性真蛸会将包含成千上万个卵的**卵群**（egg cluster）串成串挂在洞穴内的岩壁上，就像在架子上挂葡萄串一样。在几周之内，雌性会守护受精卵，不断地轻轻拉动卵群，或是用漏斗鼓出的柔和水流晃动卵群，保持卵群的清洁，让受精卵获得更多的氧气。雌性在护卵期间不进食，因此它们会在**幼体**孵化后不久死亡。真蛸幼体一经孵化便具有与成体相同的形态，只是体形较小。幼体会以浮游方式生活几周，然后栖居于海底。

乳光枪乌贼（见第 34 节）是太平洋里常见的一种鱿鱼。到了繁殖季，它们会为了交配而集结成大规模的群体。当雄性乳光枪乌贼接近雌性时，前者的腕和头部会闪着红色和白色的斑纹；当交配开始时，雄性枪乌贼的体色会转变为红褐色。在交配过程中，两只乳光枪乌贼的头部会面向彼此（见第 68 节），或者如底图所示，雄性会抓住雌性，让雌性位于自己左侧腕部附近。此时，雄性乳光枪乌贼就用身体左下方的茎化腕拾起从漏斗口排出的精荚，将精荚送入雌性乳光枪乌贼的外套膜腔之中。雄性会一直握住外套膜腔内的精荚，直至精荚破裂释放出精子，才将茎化腕撤回。事实上，整个交配过程持续的时间很短，不到 10 秒。交配完成后，雌性会产出长长的包含着受精卵的**卵鞘**（egg case）。卵鞘在接触海水之后会膨胀且硬化。雌性乳光枪乌贼会将卵鞘粘在海底，因此，海底往往分布着大片的卵鞘群，它们就像拖把布一样，面积可达几平方米。在完成数次交配和产卵之后，成年乳光枪乌贼便会死去。子代在卵鞘中发育，最终形成幼体，此时，幼体体内已长出完整的功能性色素细胞和墨囊（见第 68 节和第 104 节）。

船蛸（paper nautilus）又被称为“纸鹦鹉螺”，拥有精致而巧妙的护卵结构。雌性船蛸的两条背腕各有一层**膜**，每层膜会分泌出半个**壳**结构。最终，贝壳会变得完整，雌性会将卵群放入贝壳中。雌性本身也会躲在这个贝壳里，只露出腕和漏斗结构。雄性船蛸的体形较小，也常与雌性和卵群一同躲在贝壳中。船蛸之所以被称为“纸鹦鹉螺”，是因为薄薄的壳形似鹦鹉螺的壳（见第 33 节），然而，这两种头足类动物的亲缘关系并不近①。

① 船蛸属于八腕目，而鹦鹉螺属于鹦鹉螺目。——译者注

头足类生活史

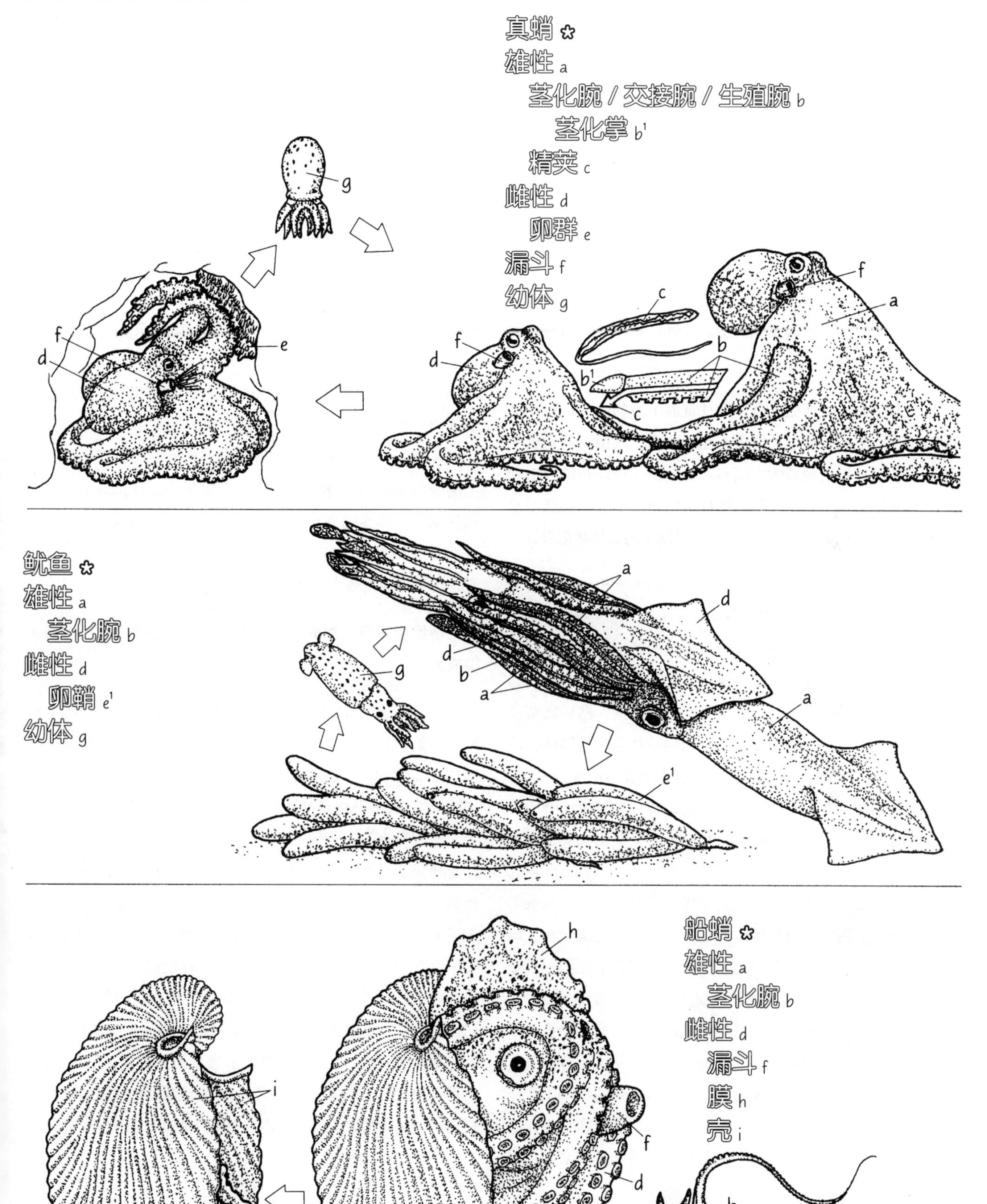
真蛸
雄性 a
茎化腕 / 交接腕 / 生殖腕 b
茎化掌 b1
精荚 c
雌性 d
卵群 e
漏斗 f
幼体 g
g
f
a
c
b
b1
c
f
d
f
d
e
鱿鱼
雄性 a
茎化腕 b
雌性 d
卵鞘 e1
幼体 g
a
d
d
b
a
g
a
e1
船蛸
雄性 a
茎化腕 b
雌性 d
漏斗 f
膜 h
壳 i
h
i
f
d
b
a
a
e
i
卵群 e

81 甲壳动物的繁殖：藤壶和桡足类生活史

附着生活的动物如何繁殖呢？我们不禁会问，它们如何找到同类，并且与其交配，产生后代？一些种类的附生动物，如我们在第 78 节中介绍的牡蛎，选择直接把配子散播到海水之中，这样一来，成体在配子受精的过程中无须相互接触。然而，这种繁殖方式的代价很大，因为许多配子还未受精就随水流漂走，白白浪费了。在本节中，我们将要介绍藤壶这类附生动物的繁殖方式及生活史。此外，我们会介绍桡足类动物的繁殖习性和生活史。

请为藤壶的生活史上色，先从页面上方的藤壶成体的截面图开始，然后给藤壶的幼虫上色。注意，底图中的幼虫相对于成体已被极大地放大。接着，请选择一种浅色给介形幼虫的头胸甲结构上色，在自然条件下，介形幼虫的头胸甲是透明的，我们可以透过头胸甲看见介形幼虫的身体和附肢。

与牡蛎不同，藤壶不会将配子释放到海水里。性成熟的藤壶成体会伸展灵活的管状**交接器**（penis），探寻周遭可交配的对象。因为藤壶是集群生活的，它们的幼虫会定居在同类群体的周边，所以探寻交配对象的过程还是相对容易的。如底图中所示，藤壶会将交接器插入配偶的体内，然后将精子转移给配偶。大部分藤壶与裸鳃类动物一样是雌雄同体，因此任何藤壶成体都可作为同种的其他藤壶成体的交配对象。藤壶的**受精卵**会在成体的壳板内孵化，直到发育成无节幼虫（nauplius larvae）。1 个藤壶成体可孵化并释放出大约 13 000 只幼虫。

无节幼虫是具有**单眼**（又称无节幼体眼，naupliar eye）、**触角**、分节的**附肢**，而且**身体**外观呈盾形的甲壳类动物。与其他甲壳类动物一样，藤壶的无节幼虫会随着个体的生长经历蜕皮（外骨骼脱落）。历经几次蜕皮之后，无节幼虫就发育成了介形幼虫（cyprid larva）。在这个阶段中，介形幼虫不摄入外界食物。介形幼虫具有巨大的触角，以及比无节幼虫数量更多的附肢，它的躯体外面包裹着一层铰合的**头胸甲**。介形幼虫在短暂地营浮游生活后，开始在基质上爬动，寻找适宜附着生活的地方。它会借助触角和化学感受器官来寻找粗糙的基质，找到靠近同种成体藤壶群的地方附着。倘若未寻觅到合适的基质，介形幼虫就会离开此处，向更远的地方游去，再次寻找可附着之地。如果找寻落脚点的过程太过曲折，那么介形幼虫的附着生活要推迟好几天才能开始（见第 97 节）。

在介形幼虫确定了定居地后，它会用触角上特殊的胶黏腺将自己固定在落脚点上。随后，介形幼虫开始蜕皮，扭曲自己的躯体，将附肢朝向上方。此时，附肢伸长，形成**蔓足**（见第 35 节），蔓足上生有刚毛。藤壶成体使用蔓足过滤水中的食物，将食物送入**口**中。介形幼虫的头胸甲成为藤壶壳板的初步模板，随后分泌的物质包裹着头胸甲形成壳板。触角上的胶黏腺如锚一样钩住底质，让**基板**（basal plate）牢牢地抓住基质。藤壶的**固定壳板**（fixed plate）与**基板**相连，也与**可移动壳板**（movable plate）铰接，可移动壳板平时可以打开，让蔓足伸出藤壶体外。[①]

请给桡足类动物的生活史上色。底图中的幼虫已被极大地放大。

桡足类动物的幼体在成长过程中也要经历无节幼虫阶段。在繁殖过程中，雄性桡足类动物会用巨大的触角抓住雌性桡足类动物，然后将精子转移到雌性的生殖孔里（底图中未画出）。大部分桡足类动物会用特殊的卵袋将受精卵带在身上（抱卵行为），直至幼虫孵化而出。然而，对于一些常见的浮游桡足类动物（哲水蚤）而言，**合子**尚未经历成体的抱卵行为，就被直接释放到了海水之中。幼虫在海水里孵化，进入无节幼虫的第 I 阶段。随后，无节幼虫会经历几次蜕皮（经过第 II 阶段等），进入桡足幼虫阶段。桡足幼虫的形态与成体十分相似，但体形更小，附肢的数量也更少，腹部也未生出明显的分节（见第 35 节）。大多数种类的桡足类幼体在经过 5 个桡足幼虫阶段（底图中只画出了第 V 阶段的桡足幼虫形态）之后，便会变成成体。不同种类的桡足类动物所需的发育时间不同，从受精卵发育为成体，短则一周，长则一年。

① 藤壶的固定壳板就是藤壶的壁板，最基本的壁板由峰板、吻板、侧板、峰侧板、吻侧板组成。藤壶的可移动壳板即为背板与盾板。——译者注

藤壶和桡足类生活史

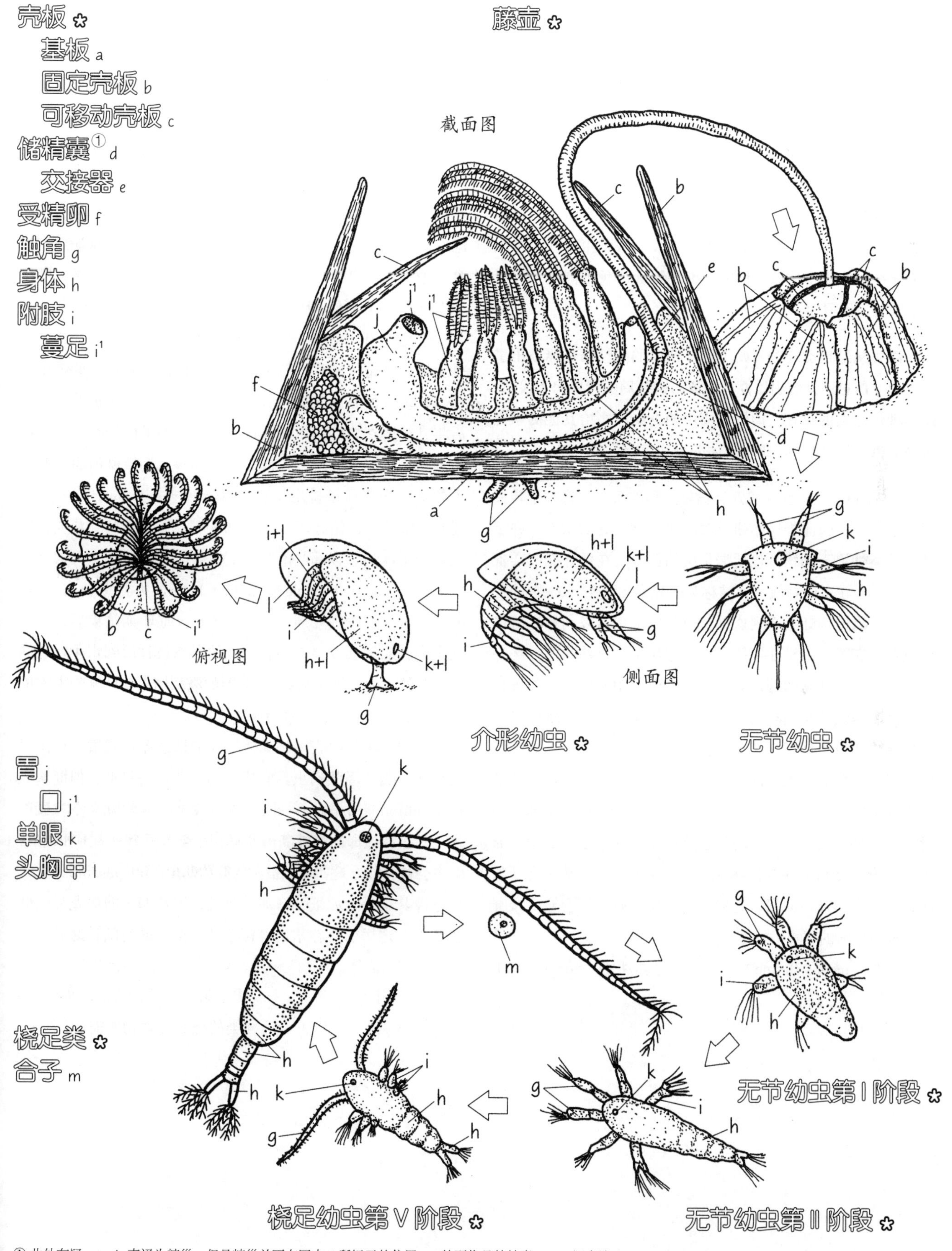

① 此处存疑，testis 直译为精巢，但是精巢并不在图中 d 所标示的位置，d 处更像是储精囊。——译者注

82

甲壳动物的繁殖：端足类、口足类和十足类生活史

大部分甲壳动物的繁殖习性与藤壶和桡足类动物一样（见第81节），都要经历雄性将精子转移到雌性体内，以及亲代在受精卵形成后继续抱卵的过程，只是这些过程所耗费的时间各有差异。携带胚胎的雌性在胚胎发育为早期无节幼虫后就结束抱卵行为，或是在幼虫进入较晚的发育阶段后再结束抱卵行为，抑或是在胚胎已经完全发育成稚虫后才将稚虫放入水中。在本节中，我们将要介绍抱卵时长不同的几种甲壳动物的繁殖习性。

请先从端足类动物开始上色。图中的雌性钩虾释放出了一种化学信息素来吸引雄性。建议给钩虾周围背景涂上浅色，以体现信息素的存在。请依照文中的介绍顺序给其他的甲壳动物上色。底图中，幼虫与成体的尺寸有所放大。

雄性必须在雌性性成熟且做好产卵准备时，将精子转移到雌性体内，因此雄性必须及时了解雌性所处的状态。许多种类的**雌性**甲壳动物，包括端足类的钩虾，在做好交配准备的时候，会在水中释放一种被称为**信息素**（pheromone）的化学物质。**雄性**钩虾会受到这种信息素的吸引，来到雌性所在的位置。底图中，雄性钩虾牢牢地抱住了性成熟的雌性钩虾并交配，许多种类的端足类动物正是以图中绘出的姿势进行交配的。当雌性端足类动物完成最后一次蜕皮时，雄性会放开配偶，然后将精子转移到雌性的体内。之后，雌性会将雄性的精子收集到**孵囊**（brood pouch）中。在高度特化的端足类**麦秆虫属**（*Caprella*）动物的底图中，我们可以清楚地看到孵囊。此外，雌性端足类动物也将**卵子**产在这个孵囊里，卵子会在囊中受精，并且最终发育为稚虫。因此，端足类动物的幼体不存在浮游阶段，它们发育至一定阶段便会被直接释放到成体生活的环境中。

虾蛄（mantis shrimp）是一种口足类动物（stomatopod），同样具有护幼行为。在雄性虾蛄将精子放入雌性体内特殊的囊袋中后，雌性就会将**卵子**也放入囊袋（卵子数量可达50 000个），把卵子粘成一团，制成大小约等于一个胡桃的卵块。雌性虾蛄会用前肢携带卵块，并小心翼翼地清洁、转动它们。雌性在护卵期间暂停进食，这一过程将持续几周的时间。孵化期过后，胚胎会发育成口足类动物的**溞状幼虫**，掠食其他的浮游动物。几个月后，溞状幼虫会定居下来，经历变态过程，以成体的形态开始在海底生活。

十足类甲壳动物（如蟹、虾或龙虾）在交配过程中，也是由雄性将精子转移到雌性的体内。雄性与雌性会如图中所示，以垂直的姿态触碰对方。雄性会将精子打包成**精荚**，然后将其粘附在雌性的生殖孔周围。一些种类的雌虾具有特殊的囊结构，该结构可以存放精子，以备后期授精；而一些种类的雌虾会将卵子排出，使之与转移过来不久的精子结合。还有一个特例，即对虾（Penaeidae）。对虾的雌虾会将受精卵放置于游泳足（腹部的附肢）上抱卵。抱卵的雌虾又被称为“抱卵虾”（berried female或in berry）。不同种类的雌虾的抱卵期时长不同，少则几周，多则几个月。抱卵期结束后，发育完全的胚胎就会以浮游溞状幼虫的形态被释放到水中。底图中绘制的七腕虾属（见第36节）的溞状幼虫会营几周左右的浮游生活，随后变态发育为成体。

不同阶段的甲壳动物幼体之间的形态差异很大。口足类动物和虾类的溞状幼虫具有成体的一些显著特征，但断沟龙虾（California spiny lobster）的幼虫则不然。页面左下方画的是一只正在抱卵的**雌性断沟龙虾**。在经历两个月的抱卵期后，幼虫会被释放。这些幼虫被称为**叶状幼虫**（phyllosoma larva），形态极其扁平，如纸一样薄，而且几近透明。断沟龙虾的叶状幼虫在定居前会在水中漂浮多达6个月的时间，之后才会变态发育为成体。

端足类、口足类和十足类生活史

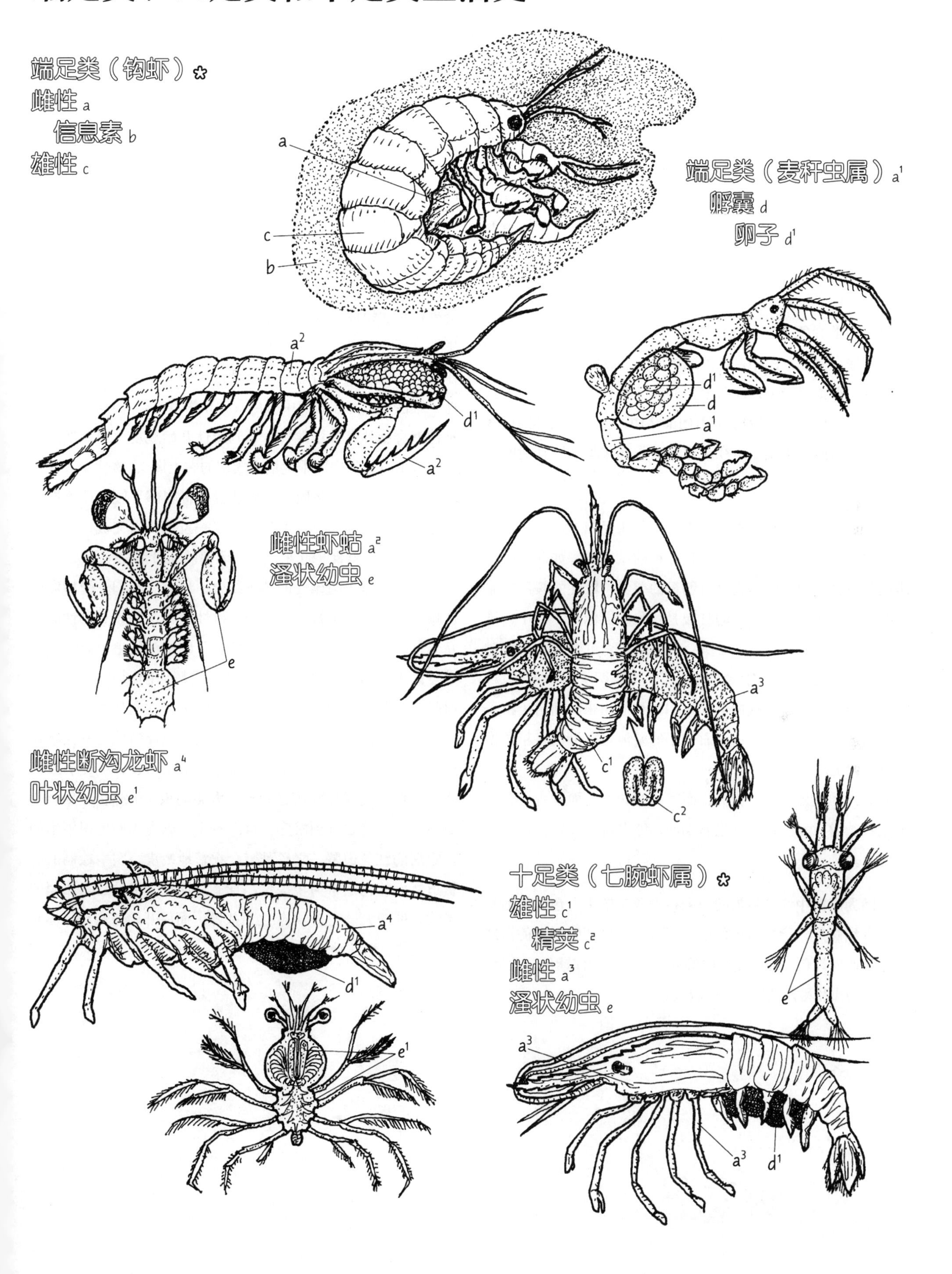

83
甲壳动物的繁殖：蟹类生活史

人们将十足类动物的部分成员视为“真正的”蟹类（见第37节，短尾派动物），这些蟹类被认为是高等的甲壳动物，它们的繁殖生物学过程也十分复杂。在本节中，我们将以红黄道蟹（*Cancer productus*）为例，讨论短尾派动物的繁殖策略与生活史。

请先从页面顶端雌蟹、雄蟹腹面观的两幅底图开始上色，依照文中的介绍顺序，在这两幅图中找到对应的身体结构，为它们涂上颜色。图中，红黄道蟹的一部分结构已用阴影着重表现。正常状态下，红黄道蟹的腹部折叠于胸部下方（位置已用阴影标出），但为了突出内部结构，图中的腹部向后展开了。请用同一种颜色给红黄道蟹的腹部和腹部展开前所在的位置上色。

蟹类的腹部结构与龙虾、虾类不同（见第36节），蟹类的**腹部**已折叠至**胸部**下方，并且体积缩减。尽管如此，成年**雄性**与**雌性**的腹部形态仍具有明显的差异，雄性的腹部比雌性的腹部要窄许多。蟹类的腹肢是特化的**游泳足**。其中，雄性的游泳足有两对，形似矛头，较小的一对可嵌入较大那对的沟内。雄性最后一对步足的基部发育了两个小小的开口，精子会经由生殖道从这两个开口中被释放出来。随后，精子被运送至大游泳足的沟内，而较小的游泳足会沿沟将精子推入雌性的**生殖孔**。

雌性的生殖孔位于胸部，而宽阔的腹部上面发育了数对羽毛状的游泳足。在雌性抱卵期间，**卵群**就被放置在这些游泳足上。

请为底图中红黄道蟹的交配行为及生活史上色。根据文中的介绍顺序，给生活史每个阶段上色。早期的卵群的自然颜色为珊瑚红色，而晚期的卵群的自然颜色为棕紫色。此外，图中的幼虫和稚蟹的尺寸有所放大。

红黄道蟹需要经历**蜕皮**阶段，才能变得更大。红黄道蟹会重新吸收旧骨骼中的钙盐，让自己的身体充满海水，而后，它会将旧骨骼撑碎。新的外骨骼很软，以便红黄道蟹从旧骨骼当中爬出来。蜕皮之后，红黄道蟹会继续往体内灌海水，使自己的体积增大。随着红黄道蟹储存的钙盐再次沉积，新的骨骼也会逐渐变硬。通常在交配季之前，雄性红黄道蟹会进行一次蜕皮；雌性红黄道蟹则会在交配季期间进行蜕皮。雄性必须在雌性真正开始蜕皮之前找到伴侣，否则雄性无法在雌性新形成的外骨骼完全变硬前为卵子授精。为了吸引雄性，雌性有可能在尿液中分泌一种化学信号。一旦找到雌性，雄性就会抱住并抓牢雌性，直到雌性开始蜕皮。当雌性从旧壳中爬出时（见底图中生活史周期的右上图），雄性会放开雌性。在新外壳足够坚固后，雌性就会将腹部下倾，让雄性将特化的游泳足插入自己的生殖孔。一旦该步骤完成，雄性就会用臂弯将雌性保护起来，直到雌性的新骨骼完全变硬。

雌性的卵子与雄性的精子结合，形成受精卵，受精卵会从雌性的生殖孔中被释放出来。雌性则将这些具有黏性的相互连接的受精卵挂在自己“毛茸茸”的游泳足上。雌性红黄道蟹的卵群可包含几千个受精卵。受精卵刚形成时为浅色，但随着内部胚胎的发育，受精卵的颜色会逐渐变深。几周之后，红黄道蟹的胚胎会破卵而出，发育成浮游状态的**溞状幼虫**。溞状幼虫在海水中游动，以浮游植物为食，在经历数次蜕皮之后，变成外观接近螃蟹的**大眼幼虫**（megalops larva）。最终，大眼幼虫沉到海底，再次蜕皮，成为我们可识别出的**新定居的红黄道蟹**，之后**稚蟹**会频繁地蜕皮。图中绘制的红黄道蟹的体色通常为浅棕色，身上常带有鲜艳的红黑相间的条纹。稚蟹大概在3～4年之后成熟，而后开始与亲代一样参与复杂的繁殖活动。

蟹类生活史

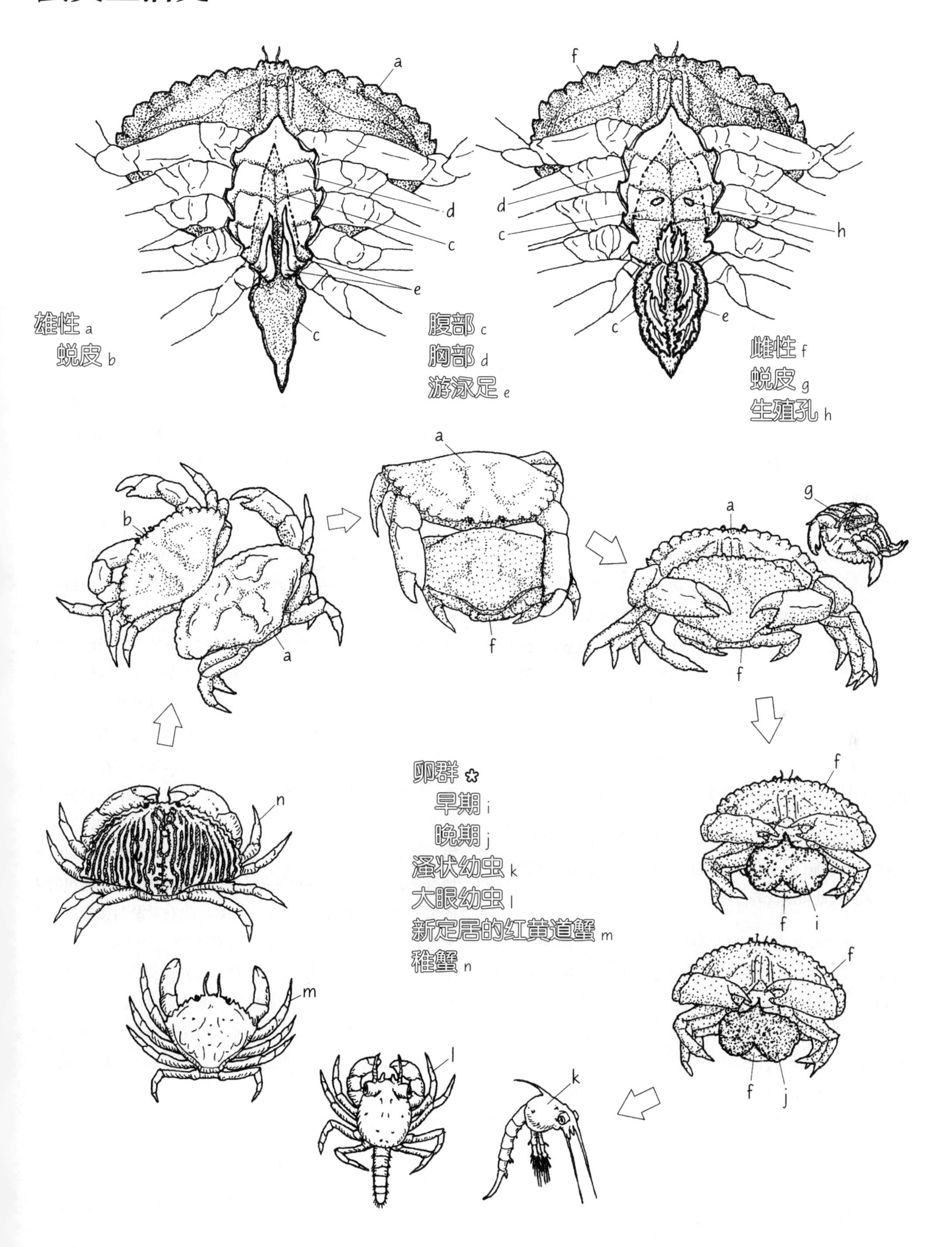
a
d
c
e
c
f
d
c
h
e
c
雄性 a
蜕皮 b
腹部 c
胸部 d
游泳足 e
雌性 f
蜕皮 g
生殖孔 h
b
a
a
f
a
g
f
卵群 ✿
早期 i
晚期 j
溞状幼虫 k
大眼幼虫 l
新定居的红黄道蟹 m
稚蟹 n
n
f
f
i
f
m
f
j
l
k

84
棘皮动物的繁殖：棘皮动物生活史

几乎所有的棘皮动物都是底栖动物，行动较为缓慢。通常，棘皮动物的生活史包含浮游幼体阶段，它们会利用该阶段帮助自己的种群扩大分布范围。然而，也存在几个值得注意的特例。在本节中，我们将要介绍海胆的典型生活史，以及一种小型海星的相当不寻常的生活史。

请先为海胆的生活史上色。根据文中的介绍顺序，给每个阶段的海胆着色。

海胆通常在海底聚集，以大型群体的形式生活（见第5节）。在生境中集群生活，便于海胆将**精子**和**卵子**散播进水中受精，反过来也能够激发同类散播配子。

受精过后，**受精卵**以浮游生物的形式在水里自由漂浮。几天后，受精卵孵化并发育，形成**早期海胆幼虫**（early echinopluteus larva）。早期海胆幼虫具有细长且带有纤毛的**腕**，这种海胆幼虫不仅可以使用腕运动，还可以使用腕来收集浮游植物（作为自己的食物）。早期海胆幼虫的形态能维持几天到几个月的时间，具体时长取决于海胆的种类。随后，早期海胆幼虫开始变态，形成**晚期海胆幼虫**（late echinopluteus larva）。在这个阶段中，腕逐渐缩短，被海胆幼虫的身体吸收，而海胆幼虫逐步成为**稚胆**。稚胆渐渐发育，向海胆成体的形态靠拢。当稚胆结束浮游生活定居下来时，其直径只有1毫米，身上仅发育少数的棘刺和管足。不过，定居后的稚胆成长迅速，很快就长得像一个小型的海胆成体了。

请给页面中部多边形区域里典型海星的幼虫上色。对于大部分海星而言，幼虫无须经历孵化阶段，底图中的海星幼虫就是此类幼虫的代表。

大部分海星的生活史与海胆的生活史十分接近。首先，海星由受精卵（图中未画出）发育为**羽腕幼虫**（bipinnaria larva），羽腕幼虫具有折叠的翼状结构，其上布满了用以游泳的纤毛。而后，羽腕幼虫逐步发育，变成结构更为复杂的**短腕幼虫**（brachiolaria larva）。短腕幼虫发育出可伸长的腕，以及3条较短的**口前腕**（pre-oral arm），作为吸附器官，口前腕的功能是帮助短腕幼虫在定居时吸住基质。此后，短腕幼虫会变态发育成幼海星。

请为六辐海星特有的生活史上色，按照介绍顺序给每个阶段的个体上色。请注意，在画着正在孵卵的雌性六辐海星的图中，被覆盖在雌性身体下方的是稚海星，请给这些稚海星涂上雌性颜色与其他小海星颜色的混合色。

此处，我们要介绍一种特殊的海星——六辐海星（见第6节），其受精卵在发育过程中会得到母亲的孵化与照顾。母亲将6条腕的尖端附着于海底或者岩石的一侧，形成一个杯形结构，其中央空出的部位就是孵化区，孵化区正对着六辐海星的口面。雌性六辐海星会将卵子放入孵化区中，而周边的雄性六辐海星则会把精子散播给这些卵子。卵子受精之后，雌性会守护孵化区长达2个月之久。其间，雌性偶尔活动，以便受精卵保持清洁并与水中的氧气充分接触。从受精卵中孵化出来的胚胎“绕过”了羽腕幼虫阶段，完全发育成了短腕幼虫。这种短腕幼虫与典型海星的短腕幼虫有所不同，前者缺少可伸长的腕，仅发育了3个用于附着的口前腕。在该阶段中，幼虫的形态必定从两侧对称发育成辐射对称。当幼虫的形状开始改变时，其身上会出现5个突起，这些突起发育成了海星的5条腕。不久后，第6条腕也出现了，幼虫成为稚海星。**稚海星**开始发育管足，幼虫结构逐步被吸收。在母体的孵化区内经历了2个月的发育期之后，稚海星开始活动。**孵幼的母体**也开始变换动作，将自己的整个口面贴在基底上，只为孩子们留出一些空间，这个过程将持续几天。很快，小小的稚海星（直径1毫米）的行动力增强，它们永久地离开了“巢穴”。这种复杂的生活史能够确保六辐海星的幼体稳定进入成体期，却牺牲了一般海星在浮游幼体阶段中能够获得的好处（见第75节）。除此之外，为了孵化这些卵，雌性六辐海星必须提供足量的富含营养物质的卵黄，这意味着其与一般海星相比，产出的卵子数量不多。因为一般海星无须对受精卵进行孵化，所以雌性不用准备充足的营养供幼体吸收，只需将卵子散布到海里，让发育后的受精卵在浮游阶段中自行寻找食物。

棘皮动物生活史

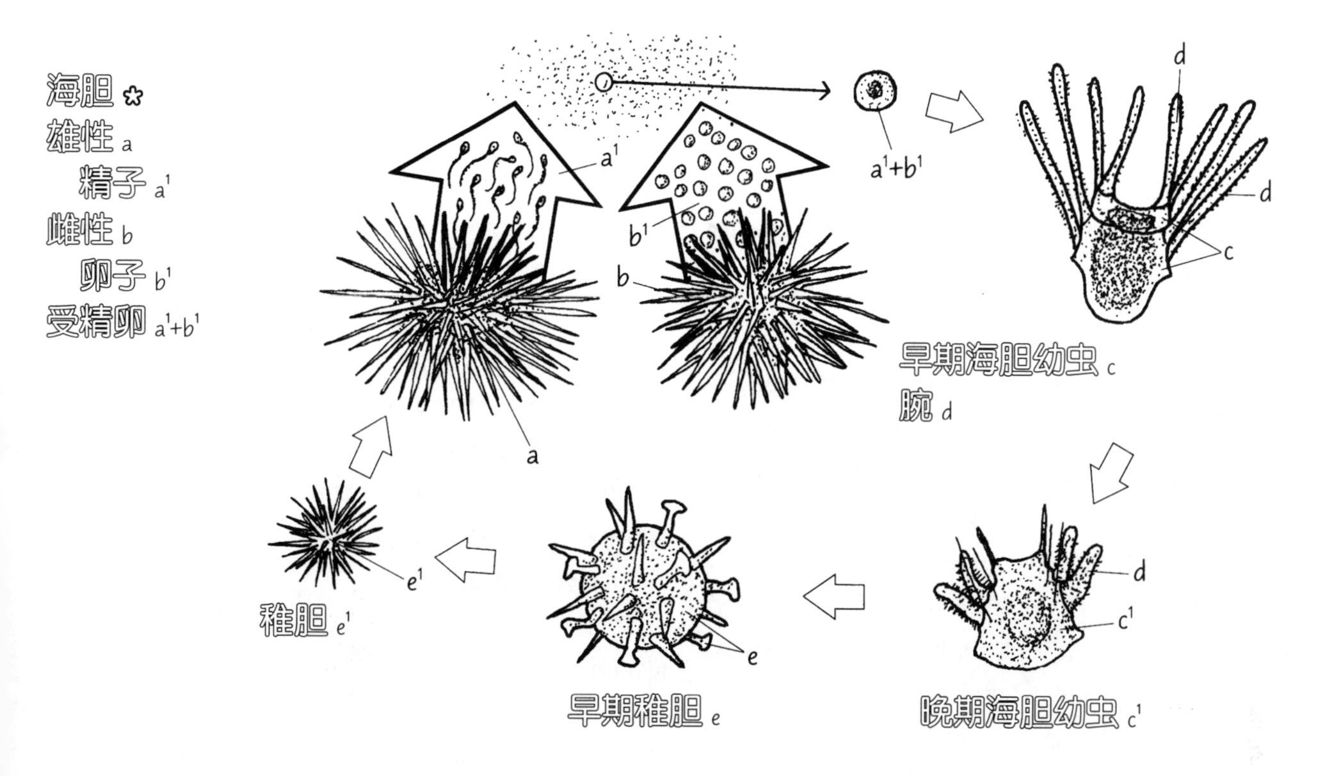
海胆
雄性 a
精子 a1
雌性 b
卵子 b1
受精卵 a1+b1
早期海胆幼虫 c
腕 d
晚期海胆幼虫 c1
早期稚胆 e
稚胆 e1

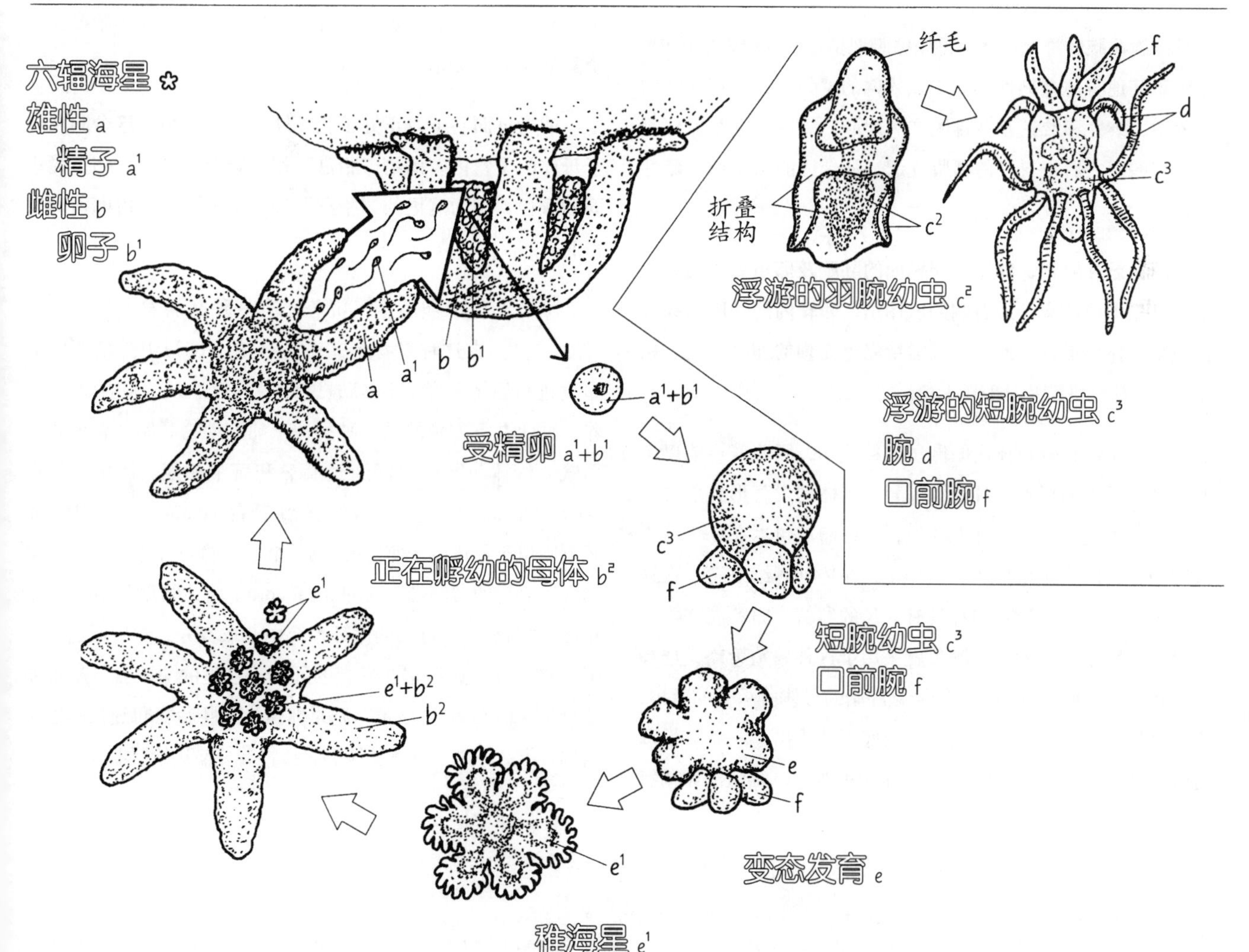
六辐海星
雄性 a
精子 a1
雌性 b
卵子 b1
纤毛
折叠结构
浮游的羽腕幼虫 c2
浮游的短腕幼虫 c3
腕 d
口前腕 f
受精卵 a1+b1
正在孵幼的母体 b2
短腕幼虫 c3
口前腕 f
变态发育 e
稚海星 e1

85
软骨鱼的繁殖：鲨鱼和鳐鱼生活史

请先给页面最上方的虎鲨的腹鳍和鳍脚上色。然后，为虎鲨的身体涂上与其他雄性（c）一样的颜色。接着，请给底图中正在交配的小点猫鲨上色。

鲨鱼、鳐鱼和魟鱼与其他体外受精的硬骨鱼类不同，它们依靠体内受精完成繁殖行为。与将许多配子释放到海水中的体外受精方法相比，软骨鱼的体内受精繁殖方式更为高效。**雄性**软骨鱼身上长有特殊的插入器官，能够将自身的精子转移到雌性体内，这种器官名为**鳍脚**（见第 50 节）。页面最上方的底图画了一头雄性虎鲨属（*Heterodontus*）动物的鳍脚，这条鳍脚由**腹鳍**基部生出。在交配过程中，雄性会将鳍脚插入**雌性**的生殖器中。鳍脚上长有一根**倒刺**（spur），倒刺在交配时呈直立状，以保证鳍脚不会滑出雌性的体外。如此一来，雄性能够有充足的时间将精子顺利地送入雌性体内。在小点猫鲨（*Scyliorhinus canicula*）交配的过程中，雄性会将自己的身体缠在雌性身上，然后再用鳍脚把精子注入雌性的体内。而对于其他身体柔韧性不如小点猫鲨的鲨鱼来说，在交配的过程中，雄性和雌性是并排躺在一起的。雄性会紧紧抓住雌性的胸鳍，然后将自己的鳍脚立起，从合适的角度插入雌性体内。

请为雌性鳐鱼、卵鞘、卵鞘内的胚胎及卵黄囊上色。在上色过程中请注意，最右侧的底图里，卵鞘内的胚胎已经发育完全，体形很大。此外，只需给完整无损的卵鞘上色。接着，请为雌性虎鲨及其卵鞘上色。

一旦雌性软骨鱼体内的卵子受精成功，胚胎就可能以下面三种形式中的任意一种继续发育，具体的发育形式取决于软骨鱼的种类。在第一种形式里，受精卵被包裹在一个特殊的**卵鞘**中，而后从雌性体内被排出，在体外继续发育。在这种情况下，每一个受精卵都具有充足的卵黄，卵黄能够为继续发育的**胚胎**提供营养。鳐鱼就采用了这种繁殖策略，选择这种胚胎发育形式有助于减轻照顾胚胎的母体所承受的负担，缩短育幼周期。页面中部最左侧的底图就绘出了一条雌性**双斑鳐**（见第 50 节）在产下卵鞘后游走的画面。鳐鱼的卵鞘有时被称为“美人鱼的钱包”。图中的这种卵鞘一般长 23 厘米，其内部常常储存着一个或多个正在发育的胚胎。而右侧的两幅底图画的是打开的卵鞘，其中包含正在发育的胚胎及其**卵黄囊**（yolk sac）。从这三幅图中我们可看出，胚胎逐渐长大，而卵黄囊逐渐变小，这说明卵黄囊提供的营养逐渐被胚胎吸收。正常情况下，在鳐鱼的幼鱼成形并可以独立生活后，卵鞘会逐渐老化，最后破裂。

有些鲨鱼也会产生卵鞘，如图中的雌性**虎鲨**，其产下了螺旋形卵鞘。当幼鱼体长达到 12 厘米且与成体具有相似形态时，它们就会从卵鞘里钻出来。

软骨鱼胚胎的第二种发育形式为：在受精之后，卵子会留在母体的生殖道内发育（底图中未画出这种发育方法）。一旦发育完全，胚胎就会以完全成形的稚鱼形态从母体中产出。这种胚胎发育形式为卵胎生（ovoviviparity）。卵胎生的受精卵也长有提供营养的卵黄囊；母体的作用仅仅是为胚胎提供一个安全的发育场所。

请为页面右下方正处于胎儿期的星鲨上色，这个胎儿位于母体的子宫内。请给“胎盘”和“脐带”涂上与卵黄囊相同的颜色，因为这里的“胎盘”和“脐带”也是由卵黄囊发育而来的。

除了卵生和卵胎生，鲨鱼还有一种胚胎发育形式——“胎生”[①]。在这种发育形式中，母体不仅利用受精卵内的卵黄进行营养供给，还会通过许多其他途径为胚胎提供营养。页面右下方画的是一种类似于哺乳动物胚胎发育模式的形式，母体与胚胎之间通过胎盘和脐带相连。图中，星鲨（smoothhound shark）的胚胎正位于**胚囊**（embryo sac）中，而胚囊则位于母体的**子宫**（uterus）里。胚胎与母体的子宫壁由包含着血管的**“脐带”**（umbilical cord）与**“胎盘”**（placenta）相连。“胎盘”从母体的循环系统中获取养分，然后通过“脐带”将养分输送给正在发育的胚胎。这里的“胎盘”是由卵黄囊特化而来的，“脐带”则是卵黄囊与胚胎之间延长的连接结构。由此一来，母体就能够直接将养分输送给胚胎。

① 这种“胎生”严格意义上为假胎生，与哺乳动物胎生的营养供给结构和方式不同。在鲨鱼的“胎生”胚胎发育形式中，“胎盘”为假胎盘，“脐带”亦为假脐带。因此，译文中使用了引号。——译者注

鲨鱼和鳐鱼生活史

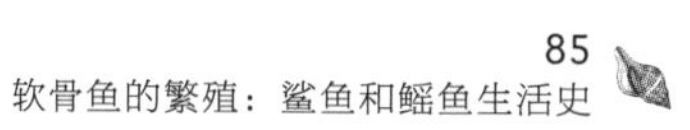

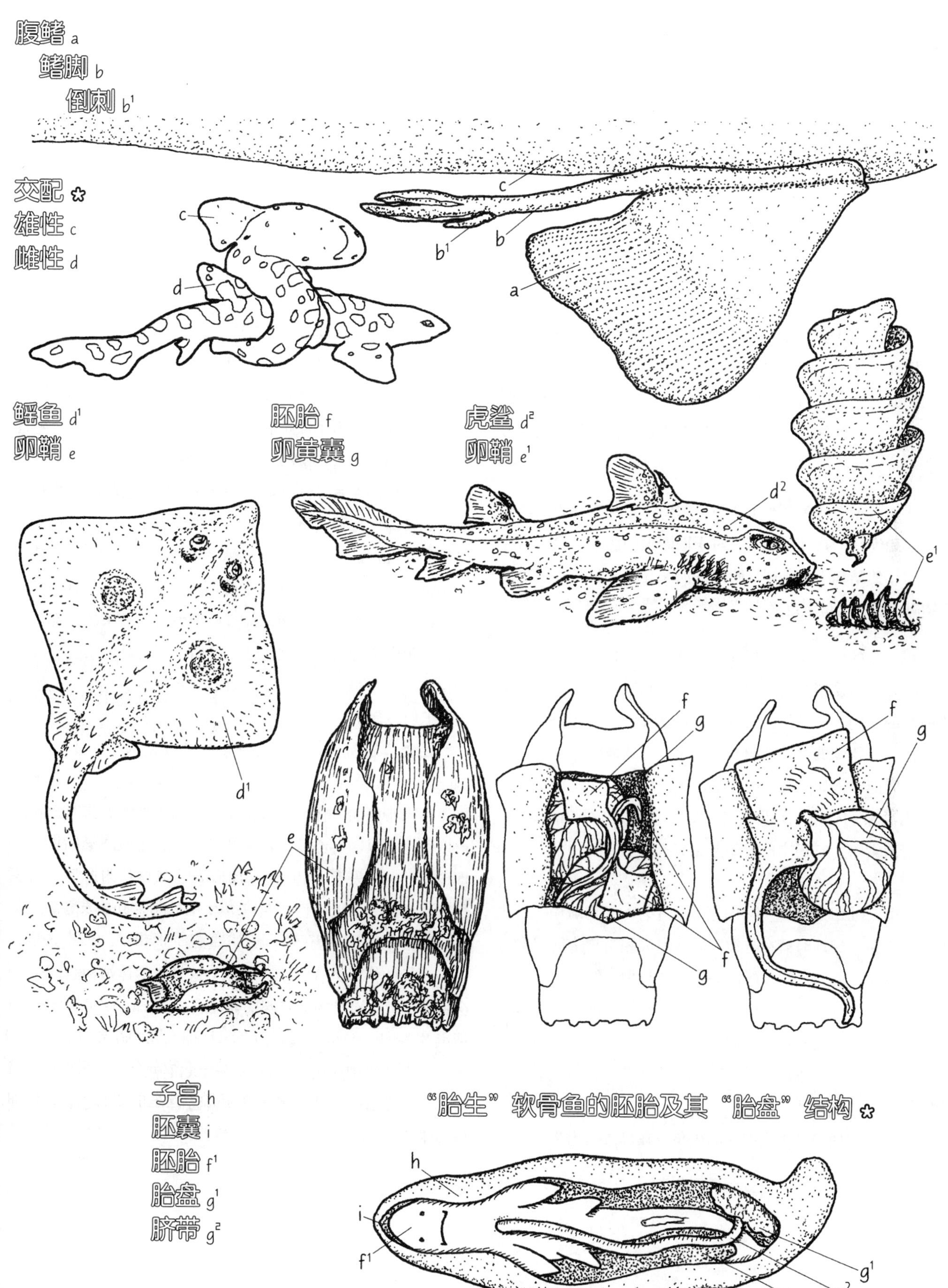
腹鳍 a
鳍脚 b
倒刺 b1
交配 ✿
雄性 c
雌性 d
鳐鱼 d1
卵鞘 e
胚胎 f
卵黄囊 g
虎鲨 d2
卵鞘 e1
子宫 h
胚囊 i
胚胎 f1
胎盘 g1
脐带 g2
“胎生”软骨鱼的胚胎及其“胎盘”结构 ✿

86
硬骨鱼的繁殖：胎生鱼与怀卵鱼

为了保证自身物种的延续，硬骨鱼采取了多种多样的繁殖策略。在第86节至第88节中，我们将要介绍硬骨鱼的几种繁殖方法。

亲代抚育的繁殖策略十分消耗亲代的时间和能量，但是这种策略确保了极高的后代存活率。选择亲代抚育的物种，产生的子代数量相对较少——保证亲代有精力照顾到所有子代。此外，亲代会在子代能够独立生活之前一直保护它们。这种情况与我们前面提到的许多无脊椎动物的繁殖方式相当不同，那些无脊椎动物选择在繁殖时大量产卵，而且不会照顾后代。亲代抚育方式可以让后代在适宜的生境里活得游刃有余。

请为底图中的鱼都涂上灰色，但请注意，不要将圆圈中的图案和海马的育儿袋涂灰。对于圆圈里的图案，只需给轮廓为粗线的结构上色。请从胎生的海鲫开始上色，然后根据介绍顺序给每条鱼上色。

在之前的内容里，我们介绍了软骨鱼（鲨鱼、魟鱼和鳐鱼）运用体内受精繁衍后代的方式，以及直接由雌性或者结构精妙的卵鞘来保护幼鱼的过程。将发育中的子代保留在亲代的体内或特殊的育幼结构内的方法，有效地确保了子代的安全。然而，正如上文所述，亲代参与育幼过程的繁衍方法要付出高昂的代价。在硬骨鱼中，一些科的鱼类就采用了这种繁殖策略，它们中的大部分鱼类被称为**“胎生鱼”**（live bearer）。[①]

海鲫（surfperch）生活在北美洲太平洋一侧海域中，是典型的胎生鱼。雌性海鲫在与雄性海鲫完成相当复杂的交配行为之后受孕，受精卵留在雌性海鲫的卵巢内继续发育，并在雌性经历5个月的孕期后成形。在发育期间，母体会将营养丰富的分泌物经密布血管的卵巢壁输送给子代。子代的后肠（hindgut）和大大的鳍上也布满了血管，子代就通过这些结构来吸收母体的分泌物。

相比于同期的其他类群的胎生鱼，在母体内出生的海鲫稚鱼个头可不小，平均体长大约为5厘米。平鲉属（*Sebastes*）动物也被称为岩鱼（rockfish），它们也是胎生鱼，但是稚鱼的体长仅有5毫米，比海鲫稚鱼小得多，因此人们常认为岩鱼的稚鱼只是仔鱼。雌性海鲫产出的卵的数量很少，因为胚胎在雌性体内会发育得很大，倘若卵的数量过多，则母体内为子代留存的空间容易不足。一条2岁的雌性银双齿海鲫（*Amphistichus argenteus*）可以产下20个左右的胚胎，一条4岁的雌性可产下约70个胚胎，而一条雌性岩鱼一次可产下上千个胚胎。

有些硬骨鱼为了保护胚胎，在选择繁殖策略时，会考虑巢穴（见第87节）或是成体身上特殊的怀卵结构。生活在墨西哥湾中的海鲶（gafftopsail catfish）将自己的嘴巴当作怀卵工具。雄性海鲶会将受精卵含在口中孵化，因此其被称为**口孵鱼**（mouthbrooder）。雄性海鲶口中的受精卵的数量为40~60个，怀卵时间为9周左右。在孵化之后，稚鱼会与父亲继续待上一个月。其间，稚鱼可自由出入父亲的口部。此后，稚鱼会离开父亲独立生活。我们可以明显地感受到海鲶“血浓于水”的亲子关系，因为雄性海鲶在怀卵期中未无情地将孩子们吞食。

硬骨鱼还有许多怀卵方法。生活在南太平洋中的钩鱼（nurseryfish）会将头部的特定位置用作怀卵场所。钩鱼也是由雄性携带胚胎，怀卵位置位于雄性的头部上方，因此我们可以称这类以额孵卵的雄鱼为**额孵鱼**（forehead brooder）。雄性钩鱼的前额发育了特殊的钩状结构，该结构附着了一团受精卵。如此一来，雄性成鱼可以在怀卵过程中继续摄食，并保护胚胎直到它们孵化。

海马的怀卵方式也十分有效。这种鱼的体形细长，雌性会将卵子放入雄性腹面特殊的**育儿袋**（pouch）中，而雄性会帮助这些卵子受精，随后担负起怀卵和保护受精卵的义务。子代在育儿袋中时由父亲的血液提供营养，完全成长为年轻的稚鱼。随后，雄性会来回挤压自己的育儿袋，将小宝宝们抛出体外，迫使它们开始独立生活。

① 本节中“胎生鱼”的意义同第85节。——译者注

胎生鱼与怀卵鱼

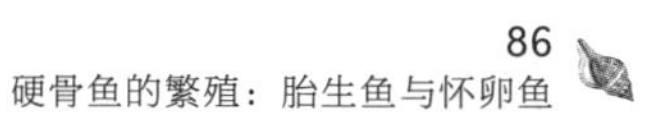

胎生鱼 a
口孵鱼 b
额孵鱼 c
育儿袋孵化型 d

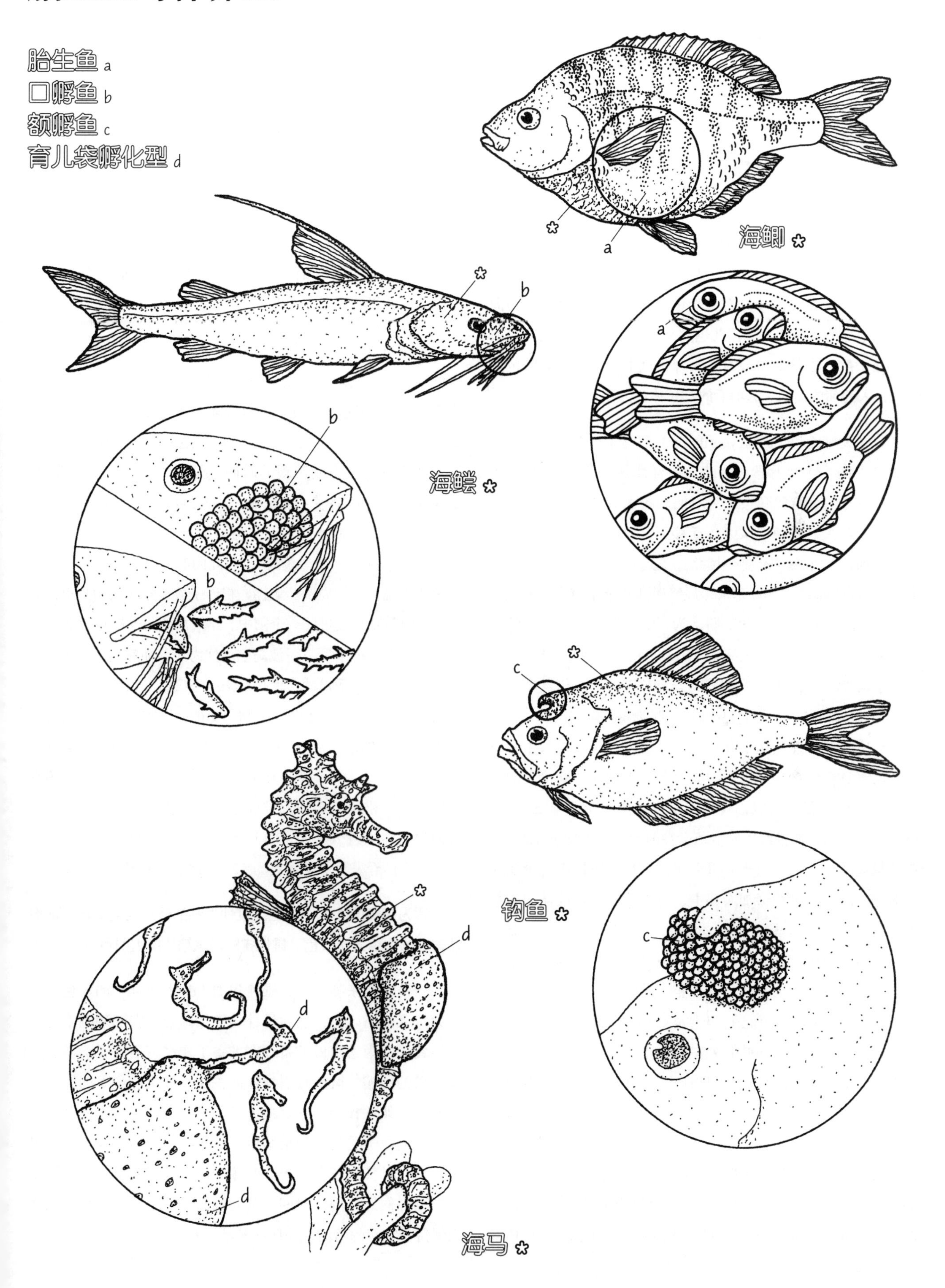

87
硬骨鱼的繁殖：筑巢的鱼

对于硬骨鱼而言，将受精卵存放于自制巢穴或安全地带也是一种常用的繁殖策略。在本节中，我们将会介绍硬骨鱼的三种筑巢行为，这三种行为截然不同。

请先为正在筑巢的雌性红大麻哈鱼和正前往产卵场的雄性红大麻哈鱼上色，给它们的身体（a）涂上亮红色，为头部（b）涂上灰绿色。成年红大麻哈鱼的颌、腹鳍、胸鳍、腹面和尾鳍边缘的颜色很浅，因此这些部位可以不用上色。然后，请给处于生活史其他阶段的红大麻哈鱼上色。红大麻哈鱼的仔鱼、入海前的幼鱼、入海后的幼鱼体色为浅灰色。

对红大麻哈鱼（sockeye salmon）来说，筑巢只是其宏大生活史中的一个小片段。在北太平洋海域里生活了2~4年之后，成年红大麻哈鱼会在夏末回到淡水故乡，完成繁衍的“使命”。红大麻哈鱼要从大洋迁移至河口区，再从河口区进入淡水河流和小溪，那是一场路途遥远的征程。一些红大麻哈鱼甚至可以洄游2 400千米，最终回到若干年前出生的地方（河流的小支流中）。科学家们认为，红大麻哈鱼在洄游的路上借助了许多“指路”的线索，其中包括地球的磁场，以及故乡水流所具有的独特的化学成分。对于后者，科学家们认为，红大麻哈鱼能够凭借自身敏锐的嗅觉将其闻出。

当成年红大麻哈鱼沿着小溪逆流而上时，原本为银蓝色的体色将逐渐转变为婚姻色的亮红色。**雄性**红大麻哈鱼的颌开始发育成夸张的钩状，其背鳍前方长出一个明显的驼峰。在回到故乡后，**雌性**红大麻哈鱼会在河流的砾石底面上筑巢。在筑巢过程中，雌性会来回甩动尾巴，在河底扫出一个浅浅的槽来。随后，雄性会加入其中，与雌性同时释放体内的精子和**卵子**，并将这些配子放入巢里。一小段时间之后，雌性红大麻哈鱼会继续往上游，挖掘另一个巢穴；挖掘过程中产生的“建筑废料”会被水流携带至下游，覆盖上一个巢里的鱼卵。雌性红大麻哈鱼能在产卵期内产下3 000多个卵，为了盛装这些卵，雌性会筑造6个左右的巢穴。红大麻哈鱼的多个巢穴及受精卵被合称为“产卵床”（redd）。在产卵和洄游之后，原本状态很好的红大麻哈鱼会变得十分虚弱，一旦繁殖任务完成，它们就会很快死去。

而那些被埋藏在几厘米厚的沙砾下的受精卵，将会在巢穴中度过一个冬季。在春季到来之前，每个胚胎都会发育成2.5厘米长的**仔鱼**（alevin）[①]，仔鱼的身上发育着**卵黄囊**，囊里还有可供应营养的卵黄。此后，仔鱼会继续成长为**入海前的幼鱼**（parr），这种幼鱼会在淡水里生活2年左右。随着淡水生活的结束，幼鱼逐渐成长为体长约为15厘米的**幼鱼**（smolt），溯河而下，直奔大海，在海中继续发育为成年体。

请为银汉鱼的繁殖周期上色。底图以俯视的视角画出了沙滩边缘的景象。

春季与夏季，美国加利福尼亚州的**银汉鱼**（grunion）会将卵产在沙滩的高地上，让温暖的阳光来孵化正在发育的胚胎。为完美地达到这一目的，产卵行动必须考虑到潮汐的影响，鱼卵必须产在最高潮（即大潮）能到达的地方。在加利福尼亚州的南部，最高潮出现的时间总是在春季和夏季的夜间。银汉鱼会选择3个或4个夜晚，乘着**高潮**顶峰的**波浪**来到海岸的沙滩上。在潮水退去后，雌性银汉鱼会先将尾巴插入沙子中蠕动，制造一个“巢穴”。与此同时，一条或几条雄性银汉鱼会围绕在雌性周围。雌性先将卵子放入隧道状的窝里，而后雄性也将精了放进同一个窝中。结束放卵与受精过程后，成年银汉鱼会“搭乘”下一波高潮返回海里，而它们筑造的窝则会在波浪的作用下被沙子保护起来。银汉鱼必须在一个潮汐周期内大潮出现时及时地完成产卵和受精，以防同一周期内与最高潮同高或更高的海浪冲刷、破坏巢穴，下一轮同高的高潮至少要在10~12天后到来。届时，大潮的海浪会将银汉鱼的窝冲刷出来，**稚鱼**就会从保护膜中钻出，在沙子表面蠕动，随着回退的海浪进入大海。等到下一年，轮到它们上岸产卵之时，它们已经发育成了体长为12.5~15厘米的成体。

请为雀鲷的生活史上色。雄性雀鲷的体色为亮蓝色，而雌性雀鲷的体色为深蓝色。雄性雀鲷的尾鳍边缘需要留白。

当繁殖季来临之时，**雄性雀鲷**（damselfish）的体色会转变为鲜艳的婚姻色，然后雄性会忙忙碌碌地在珊瑚礁上寻找一丛**红藻**，为繁殖做准备。在准备工作结束后，雀鲷就会扭动雪白的尾鳍，试图吸引异性的关注。被雄性身下的红藻吸引而来的**雌性雀鲷**会在红藻上产下卵子，随后，雄性会释放精子，让卵子受精。受精结束后，雌性会主动离开这个红藻巢穴，有时甚至还会被雄性驱逐。而雄性雀鲷会继续在受精卵周围守候好几周的时间，其间雄性会时不时扇动自己的鳍来保持受精卵的清洁，并保证充足的氧气。

① “alevin”特指已孵化但卵黄囊尚未消失的红大麻哈鱼的仔鱼状态。——译者注

筑巢的鱼

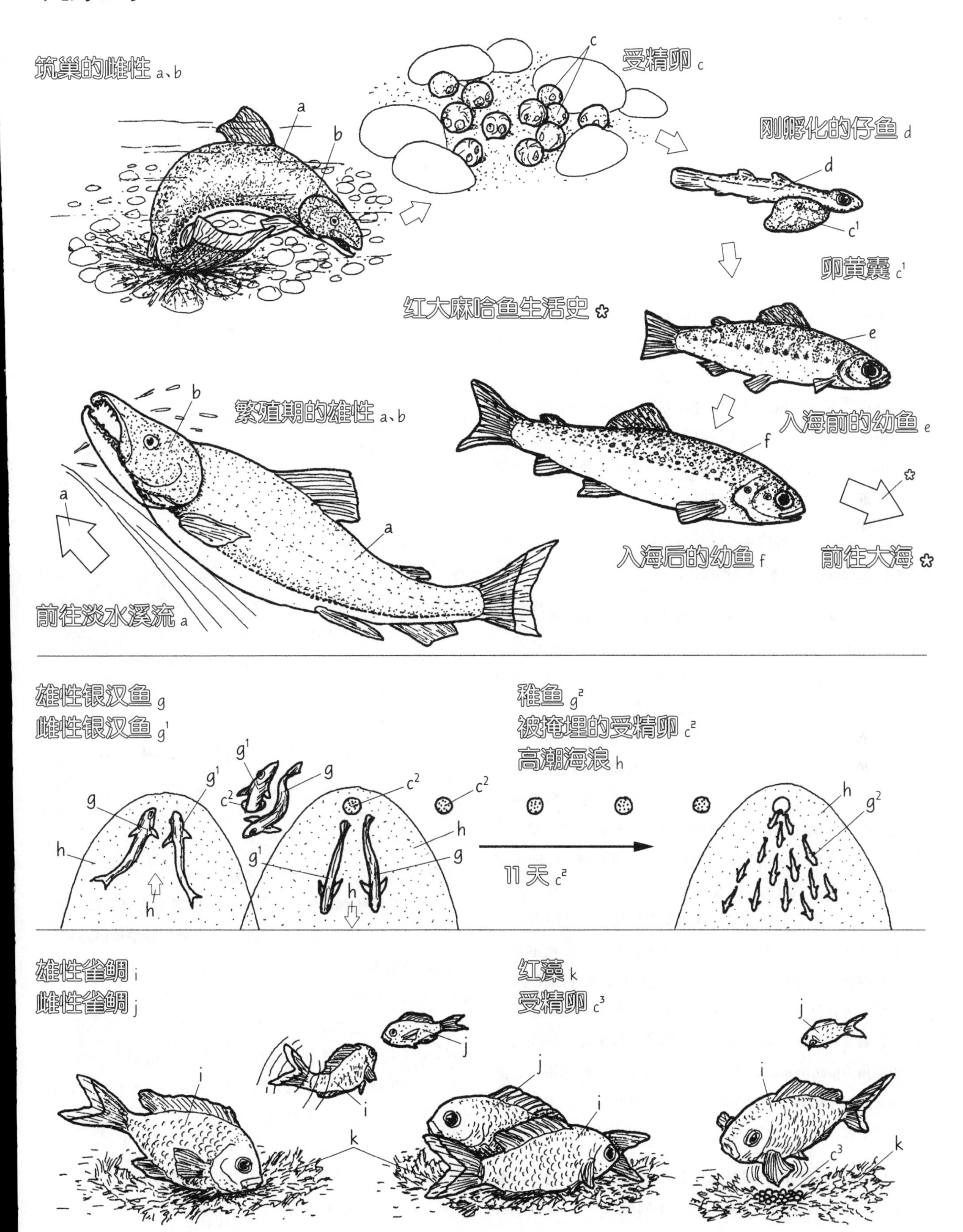
筑巢的雌性 a、b
受精卵 c
刚孵化的仔鱼 d
卵黄囊 c1
红大麻哈鱼生活史 *
繁殖期的雄性 a、b
入海前的幼鱼 e
入海后的幼鱼 f
前往大海 *
前往淡水溪流 a
雄性银汉鱼 g
雌性银汉鱼 g1
稚鱼 g2
被掩埋的受精卵 c2
高潮海浪 h
11天 c2
雄性雀鲷 i
雌性雀鲷 j
红藻 k
受精卵 c3

88
硬骨鱼的繁殖：撒卵的鱼

我们已在之前的内容里介绍了几种鱼类保护子代的繁殖策略——怀卵、育幼及筑巢。事实上，还有许多海洋鱼类在繁殖过程中不采取以上策略，只是简单地将配子释放到海里，让配子随机受精和发育，而且亲代不会对子代进行进一步的照料。这种鱼类通常被称为“撒卵的鱼”（broadcaster），其配子被亲代播撒之后，会随着海浪和洋流飘散。

播撒配子这种方法之所以能成为高效率且十分必要的繁殖策略，缘于诸多因素。海洋中上层鱼类（见第45节）无法接触到合适的底质（筑巢），也无法为了怀卵而停止游泳。因此，通过将配子播撒到海水中这种方法，孵化后的子代可以将海浪与洋流当作扩散动力，以上层海水里丰富的浮游生物为营养（见第75节），生存下来。在本节中，我们将要介绍两种播撒配子的鱼类的繁殖习性。

请给雄性和雌性鲱鱼，以及精子和卵子上色。图中，鲱鱼的仔鱼与成体未按同等比例绘出。

大西洋鲱（见第45节）生活在大西洋里，其与生活在太平洋中的亚种亲缘关系很近。鲱鱼在太平洋和大西洋内分布广泛，鱼群的规模普遍很大，一个鱼群往往有几百万乃至上千万条鱼。鲱鱼是大洋鱼类，以浮游动物为食，生活在深层海水之上。鲱鱼采用的就是直接播撒鱼卵的繁殖策略，它们通常会在繁殖季游到浅水海域里产卵。其间，美国的太平洋海岸一侧，鲱鱼会游到近岸的河口和浅海湾之中。**雌性**会在**雄性**周围释放**卵子**，而后雄性会在卵子上释放**精子**。鲱鱼受精卵的密度比水大，因此受精卵被称为“沉性卵”（demersal egg），它们会沉到海底，附着在**藻类**和大叶藻上。在10～15天的时间内，**附着的胚胎**孵化成**卵黄囊仔鱼**，体长约为6～8毫米。卵黄囊仔鱼会在孵化处逗留几天，其间，仔鱼主要以卵黄囊内残留的卵黄为营养来源。当它们长成更大的**仔鱼**时，体长平均可达到29毫米。此时，仔鱼向上游入洋流之中，让洋流带着自己漂泊。在该阶段中，鲱鱼的仔鱼会继续成长为**前期稚鱼**（prejuvenile），体长大约为40毫米，前期稚鱼会很快加入大洋里的鱼群。鲱鱼幼鱼在2～7年的时间里成熟并达到繁殖年龄。

请给欧洲鳗鲡的洄游路线和生活史的各阶段上色。需要用不同的颜色展示欧洲鳗鲡的三个不同阶段——玻璃鳗期、黄鳗期和银鳗期。欧洲鳗鲡生活在欧洲沿海的河流内及河流周边。底图中还画出了美洲鳗鲡生活的沿海水域及淡水河流。

欧洲鳗鲡（European eel）是一种降海产卵鱼（catadromous fish），在大部分的时间里，它们生活在淡水之中，只在产卵季期间游到大洋里。这种洄游形式与第87节介绍的红大麻哈鱼正好相反，红大麻哈鱼的洄游形式被称为溯河洄游（anadromous migration）。欧洲鳗鲡的洄游过程十分奇妙。在欧洲的**沿海河流**之中，当成体欧洲鳗鲡开启洄游征程时，它们会由普通的**“黄鳗”**（yellow eel，性成熟前阶段）转变为银白色的**“银鳗”**（silver eel，性成熟阶段）。欧洲鳗鲡的眼睛会变大，口部则会变小。银白色的欧洲鳗鲡将横跨大西洋，到达位于百慕大附近的大西洋西部，那里有一片平静的**马尾藻海**（Sargasso Sea），大片的**马尾藻**（一类褐藻）漂浮在海面上，犹如一座寂静的浮岛。人们对于欧洲鳗鲡洄游的细节了解得不多，只知道它们一旦到达目的地，就会在海域的深处（大约500米深）放卵，而后死去。**受精卵**会缓缓漂到海面上，孵化出**柳叶状幼体**（leptocephalus），这种柳叶状幼体的头部很细。随后，透明的柳叶状幼体前往欧洲，开始一段长达4 000千米的征程，耗时至少两年。在随着墨西哥湾流向东游去的过程中，欧洲鳗鲡的体长会增加不少，到达欧洲海岸时，它们可以长成体长约为7.5厘米的**玻璃鳗**（glass eel）或幼鳗苗。而在进入沿海河流之后，玻璃鳗的体色会变成黄色。年轻的欧洲鳗鲡溯河而上，有时要在河流中游上很长一段距离，甚至几千米之远。当新一代的欧洲鳗鲡长到4～20岁时，它们开始像亲代一样履行繁殖义务，回到马尾藻海繁育后代。

对于欧洲鳗鲡的生活史，人们了解得不充分。根据柳叶状幼体的分布，研究人员推测出了欧洲鳗鲡的整个洄游路线。人们在马尾藻海中发现了更小的鳗鲡幼体，也逐渐在前往欧洲的路线上找到了更大的个体。然而，在根据理论推测出的洄游路线（特定时间内，大西洋离岸海域中欧洲鳗鲡可能出现的区域）上，几乎找不到鳗鲡成体。**美洲鳗鲡**（American eel）与欧洲鳗鲡一样，也在马尾藻海中产卵，但美洲鳗鲡的仔鱼在一年内就到达了北美洲的沿岸。人们对于欧洲鳗鲡和美洲鳗鲡是否属于同一物种也存在疑问。不过最近的研究发现，DNA的分子变异结果支持了“这两种鳗鲡在遗传上存在隔离，应当被视为两个物种”的说法。

撒卵的鱼

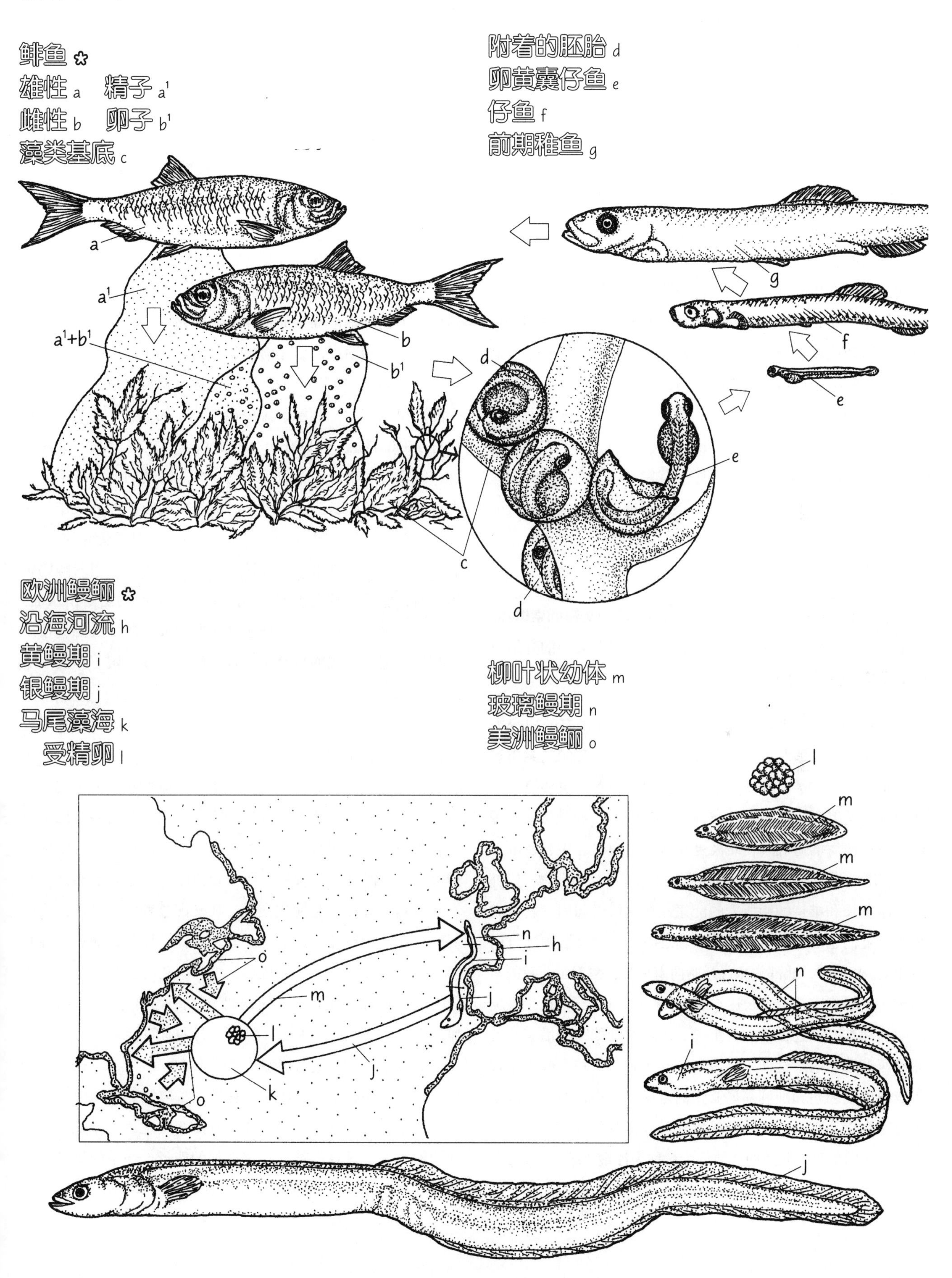
鲱鱼 ✿
雄性 a 精子 a¹
雌性 b 卵子 b¹
藻类基底 c
附着的胚胎 d
卵黄囊仔鱼 e
仔鱼 f
前期稚鱼 g
a
a¹
a¹+b¹
b
b¹
c
d
e
f
g
欧洲鳗鲡 ✿
沿海河流 h
黄鳗期 i
银鳗期 j
马尾藻海 k
受精卵 l
柳叶状幼体 m
玻璃鳗期 n
美洲鳗鲡 o
h
i
j
k
l
m
n
o

89
加利福尼亚灰鲸的迁徙

许多种类的鲸每年都会迁徙。作为温血动物的它们需要大量的食物为巨大的身躯和新陈代谢提供能量。在春季和夏季期间，它们会游到极地海区的索饵场，那里有丰富的食物来源；当寒冷的冬季到来之时，这些鲸会跟随温暖的海水向赤道方向游去，到达暖和的地方繁殖。因此，鲸的繁殖周期与气候的年变化紧密相连。在这一节里，我们将介绍加利福尼亚灰鲸（California gray whale）每年的迁徙行为。许多迁徙鲸类的活动范围仅局限在远海海域，这大大提高了科学家们研究这些鲸类迁徙习性的难度。与此相比，加利福尼亚灰鲸的迁徙行为则广为人知，因为灰鲸常常在冬季里来到沿海近岸或是浅海潟湖中，人们很容易目击到它们。由于人类的猎捕行为，灰鲸一度十分稀少，甚至面临着灭绝的危险。幸运的是，在1946年国际捕鲸委员会颁布了捕鲸禁令之后，灰鲸的数量得到了极大的恢复，该物种也于1993年脱离了濒危动物名录。

请先给灰鲸的迁徙路线上色。然后，请为灰鲸的索饵场、繁殖（交配）场和育幼场上色。最后，请根据文中的介绍顺序给描绘灰鲸行为的底图上色。

每年的晚春之际，加利福尼亚灰鲸会向北方的白令海与北冰洋游，到达北极冰盖的边缘区，那里是灰鲸的**索饵场**（feeding ground）。灰鲸以底栖无脊椎动物为食，主要摄食小型的端足类甲壳动物（见第35节与第62节），而且摄食范围仅局限在浅海的海底。在北极夏季漫长的白昼之中，灰鲸几乎不间断地进食，其每天能消耗重达1 000千克的食物，以补充个体生长和维持鲸脂所需的能量。在这段时间内，新生的灰鲸宝宝们也断奶了，当秋季来临之时，它们就必须独自向南迁徙。9月份，北部的冰盖开始向南扩张，覆盖了灰鲸的索饵场，于是灰鲸开始了长达6 500千米的“长征”，这是人类已知的哺乳动物迁徙的最长距离。灰鲸的**迁徙路线**沿着北美洲的西部海岸向南延伸，12月至次年1月，灰鲸会频繁出现在美国俄勒冈州和加利福尼亚州的近岸海域中，通常与海岸离得非常近。有时，人们会观察到灰鲸将头部以一定角度斜露出水面的场景，灰鲸的这种行为被称为**浮窥**（spyhopping）。人们推测，灰鲸在观察岸上的陆标。此外，人们还能观察到迁徙的灰鲸**跃身击浪**（breach）的身姿，灰鲸的身躯会完全跃出海面。目前，人们无法确切地解释鲸类跃身击浪的原因。此举或许是为了观察、搜寻食物，或许是为了甩掉身上的寄生物，或许只是单纯的玩耍行为。

迁徙的灰鲸在整个白天里都在“赶路”，或许夜里也没有休息。3个月之后，灰鲸会到达目的地——墨西哥西海岸。它们会在下加利福尼亚半岛西岸某个温暖的潟湖里休息，或是在墨西哥大陆西部的沿岸海域里活动。怀孕的灰鲸会选择相对平静的潟湖作为生产的地点。雌性灰鲸每次只产一胎，极少能产出双胞胎。灰鲸幼崽一出生体长便达到了5米，体重将近1 000千克。**幼崽**在出生后的两个月内以**母鲸**的乳液为食，乳液营养丰富，脂肪含量达50%。鲸类的哺乳结构与人类不同，母鲸的乳头没有外露，而是藏在腹面的乳裂中。乳裂是一对连接着乳腺的狭缝，狭缝中的乳头具备特殊的肌肉，能够主动挤压出乳液，将乳液射入幼崽的嘴里。当灰鲸妈妈哺乳时，它会将腹面倾向一侧，并将该侧的胸鳍露出水面。通常在这个时候，另一头处于妊娠期的成年雌性灰鲸会帮助灰鲸妈妈哺乳，我们称这头雌性灰鲸为“**姨（娘）**”。成年雌性灰鲸一般每两年生一次宝宝。

雌性灰鲸在11月左右开始排卵，并在秋季迁徙过程中或是在冬季栖息于潟湖时与雄性交配。在交配之前，偶尔会出现两头甚至更多头的雄性灰鲸追求一头雌性灰鲸的情况。若**雌性**灰鲸同意了某头**雄性**灰鲸的交配请求，它会将自己倒过来，背朝海底。而与雌性交配的雄性也会倒过来，与配偶并排分布。此时，雄性灰鲸的阴茎距离雌鲸的生殖裂很近，它们会紧紧纠缠在一起完成交配。在交配过程中，另一头雄性灰鲸会在一旁待命，帮助交配的灰鲸保持姿势，如在雌性灰鲸下方将其顶起。交配完成后，这三头灰鲸会共处至少一天的时间。灰鲸的怀孕期（妊娠期）将持续13个月；而育幼、哺乳直至幼崽断奶，则另需6~8个月的时间。

早春之际，新生的灰鲸幼崽的体长为6~8米，体重每天最多可增加100千克。此时，它做好了与妈妈一同前往位于北极的索饵场的准备。历经3个月的奔波之后，雌鲸和幼崽到达索饵场，进食以补充一路消耗的能量。怀孕的雌鲸也会通过进食来为自己和腹中的胎儿补充营养。

加利福尼亚灰鲸的迁徙

迁徙路线 a
索饵场 b
繁殖（交配）场/育幼场 c
摄食 b¹
浮窥 d
跃身击浪 e
正在哺乳的母鲸 c¹
正在接受哺乳的幼崽 c²
正在帮助哺乳的雌鲸 c³
正在交配的雄鲸 f / 正在交配的雌鲸 c⁴
正在迁徙的母鲸 a¹
正在迁徙的幼崽 a²

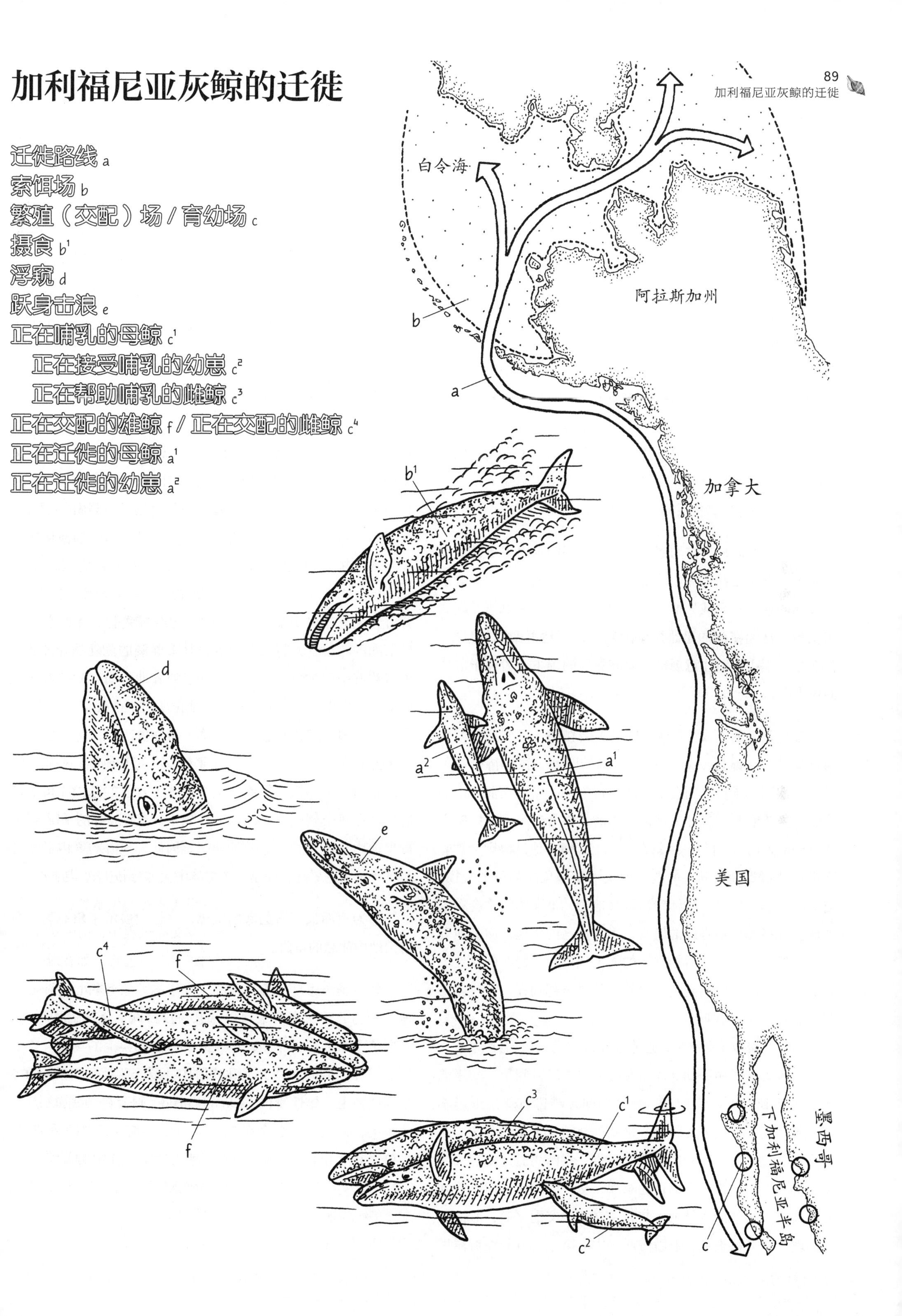

90
象海豹群聚地

在一年的大部分时间里，成年象海豹通常独自生活在海中。其间，象海豹群体分散开来，以个体的形式觅食（见第 115 节）。然而，在特定的时间段中，象海豹会聚集在某些地点进行繁殖，这种特定的地点就是象海豹的群聚地（rookery）。与大部分鳍足类动物（海狮、海象、其他种类的海豹等，见第 60 节）相同，象海豹的幼崽出生在陆地上。象海豹群聚地常位于远离大陆的海岛上，以避免入侵者和捕食者干扰繁殖过程。一个象海豹群通常能够覆盖一整片沙滩，在冬季繁殖期的高峰时段，整个沙滩上挤满了象海豹。象海豹的繁殖行为相当复杂，最终目的是确保每年都能繁衍出体格健壮且具有竞争力的后代。

请先给页面最上方的底图上色，这幅图画出了雄性象海豹为了建立自己在群体中的地位而斗争的景象。其中，竞争力最强的象海豹会成为群聚地的领主。然后，请给第二幅底图上色，这幅图画的是雌性象海豹陆续到达群聚地的景象。在上色过程中，请注意观察，象海豹群的领主一般位于群体的正中央。

雄性象海豹（或称**雄兽**“bull”）会在初冬时到达象海豹的群聚地，比**雌兽**（cow）提前几周的时间。在等待雌性象海豹的期间，雄兽之间会不断地进行争斗，以建立群体中的等级。争斗的胜利者即是雄兽之中的最强者，其将能以**领主**（beachmaster）的身份继续留在沙滩上，而其他雄兽则会被驱逐出这片群聚地。领主的数量取决于整个象海豹群的规模。当象海豹群中的雌兽陆续到达群聚地时，最强的领主会在群聚地内选择雌兽最青睐的场所，建立自己的领地，而其他等级较低的领主则分别占据剩下的群聚地。并非所有的雌性象海豹都会在同一时间到达群聚地，若要全部到齐，一般需要花上 2 ~ 3 个月的时间。

到达群聚地不久之后，通常于 1 月初①，雌兽会产下 1 头**幼崽**。雌兽需要照顾幼崽 4 周左右，在这段时间里，幼崽的体重可达到 140 ~ 180 千克。育幼期间，雌兽与幼崽形影不离，雌兽几乎不摄入食物。若是雌兽与幼崽不小心分离，两者能够通过特殊气味和叫声找到对方。在断奶后，幼崽会聚集到群聚地的边缘，远离正在求偶、交配的雄兽；而雌兽则会继续进入短暂的发情期，与领主交配。交配之后，雌性象海豹就会离开群聚地，返回海洋之中。至于象海豹在海洋里是如何生活的，人们知之甚少。

请给第三幅底图上色，第三幅图描绘了繁殖季期间象海豹群聚地的繁盛景象。群聚地的领主正与一头前来挑战自己地位的雄兽对峙。远处，群聚地的边缘，另一头雄兽正等待“战斗”。

在等待所有雌兽到齐的 2 ~ 3 个月内，雄兽既不摄食，也不返回海中。在繁殖季的高峰期中，象海豹群里有新来的准备产子的雌兽、已经在育幼的雌兽，以及进入发情期正在交配的雌兽。雌兽们紧密地聚集在一起，仿佛形成了一片海，它们多样的行为让这片“象海豹海”泛起了“涟漪”。不过，其他雄兽对领主的不断挑战让群聚地本已复杂的局面更加混乱，雄兽挑战领主的目的是取而代之，夺取领主的交配权。此外，一些雄兽会偷偷溜进群聚地内，试图获得雌兽的芳心，背着领主与雌兽交配。领主必须时刻保持警惕，紧盯着处于发情期的雌兽，并将入侵的雄兽赶出群聚地，以维持自己在象海豹群中的主导地位。许多处于哺乳期的幼崽时常被卷入此类纷争当中。领主为维护自己地位所付出的代价十分高昂，在繁殖季节，其体重会迅速下降。研究发现，作为领主的雄性象海豹往往只能存活 1 ~ 2 个繁殖季，与其他雄兽相比，领主的寿命大大缩短。然而，领主延续了自己的基因，留下了后代。在每个繁殖季里，3 ~ 4 头领主的交配次数总和占到了群聚地内象海豹交配总数的 90%。因此，象海豹群内最强且最具竞争力的雄兽，便是这个群体中大部分新生幼崽的父亲。

请为页面最下方的底图上色，这幅图展示了象海豹们在群聚地中休息的景象。

繁殖季结束后，春季来临，成年雄性象海豹会离开群聚地。断奶的幼崽在群聚地里休息一段时间后返回海中觅食。非繁殖季时期的群聚地，是象海豹休息和换毛的场所。象海豹会用几周的时间褪去毛和皮肤的外层。雌性象海豹会在 3 月到此换毛，**雄性雏兽**（juvenile male）则会在 5 月和 6 月到此换毛，而成年雄兽会在 7 ~ 9 月到群聚地换毛。换毛期间，雄兽之间互相容忍或互不干涉，我们可以看到成堆的象海豹“叠”在沙滩上的景象。当冬季到来时，雄兽就会回到群聚地，继续为地位和交配权而互相争斗。

① 象海豹有两个物种。其中，北象海豹分布于北太平洋东部一带，包括阿拉斯加南部、加拿大西部、美国西部和墨西哥西部的海域；而南象海豹分布于南半球。本节中，作者介绍的是北象海豹（见第 60 节），因此其提到的季节是北半球的季节，月份亦然。——译者注

象海豹群聚地

成年雄兽 a
领主 b
成年雌兽 c

幼崽 d
雄性雏兽 e

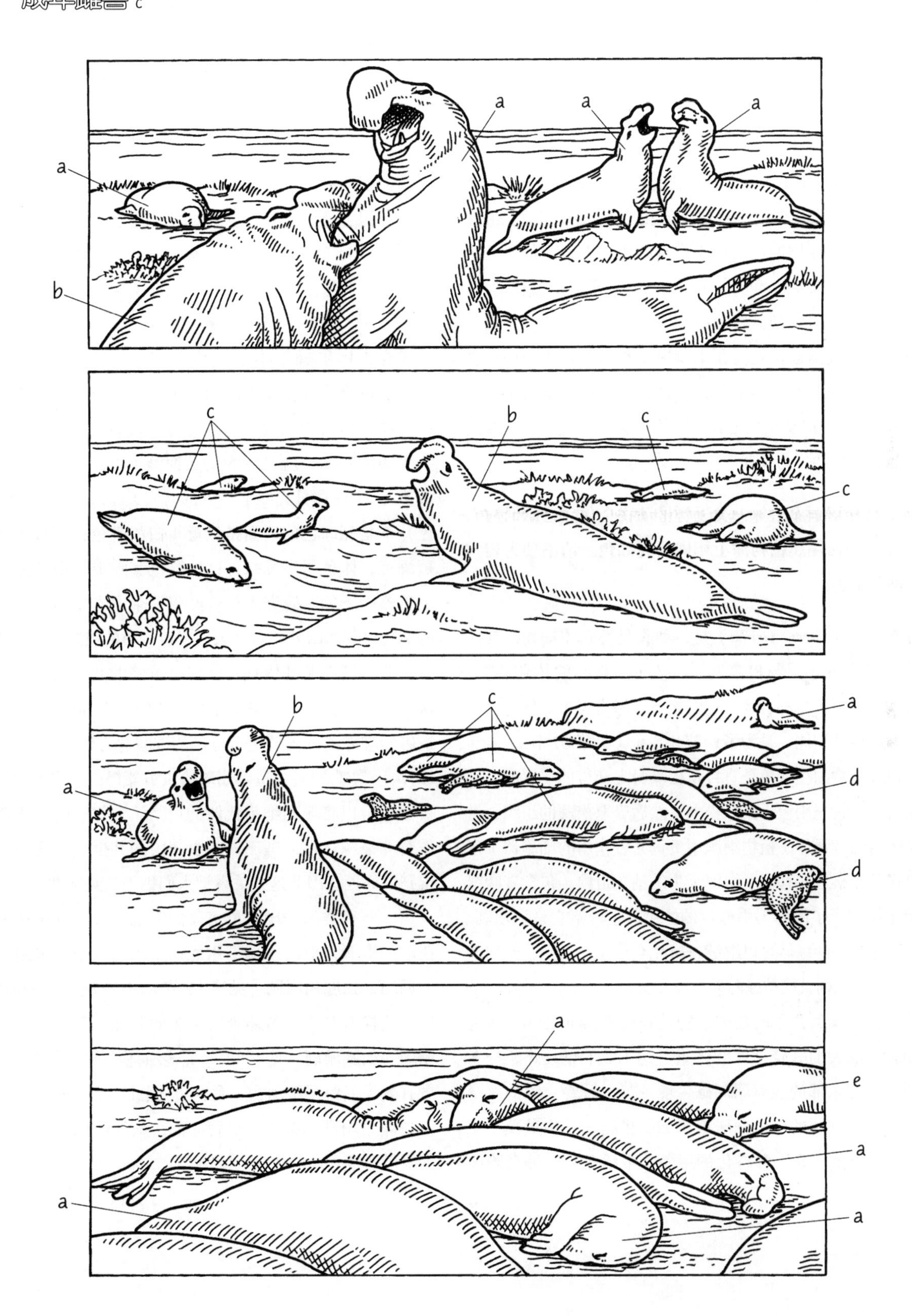

91
共生关系：互利共生——与藻类共生的无脊椎动物

可进行光合作用的植物是海洋中大部分食物链的基础，除了光合作用，生物也能从化能自养的细菌身上获得能量。然而，依赖化能自养的生物都生活于深海的热液喷口和冷泉区（见第17节）。光合作用的化学过程相当复杂，其间需要太阳光提供能量，还需要作为材料的捕光叶绿素分子、二氧化碳（CO_2）、水（H_2O）和多种无机物营养（主要是含氮、磷的物质）。光能可将水和二氧化碳转化为氧气和单糖。虽然植物直接将光合作用的产物用于自身的生长发育，但是几乎所有的动物最终都要依赖光合作用的产物。不仅是植食动物，整条食物链上的生物都需要这些产物，光合作用的产物随着食物链的传递逐渐被消耗。在本节中，我们将介绍一些在食物链中“走捷径”的海洋无脊椎动物，它们在自身的组织中“养殖”植物，直接从植物的光合作用产物中获益，不需要食物链中的其他生物作为媒介。

请根据介绍顺序给每一类无脊椎动物上色。请给绿海天牛和绿藻门的松藻属植物涂上相同的亮绿色。请不要为岩穴里的黄海葵上色。

绿海天牛（*Elysia viridis*）是一种腹足类软体动物，其体色为鲜艳的亮绿色，与松藻属（*Codium*）植物的体色相同，而后者就是绿海天牛的食物。乍看之下，绿海天牛的体色之所以与松藻属植物相同，是为了伪装和隐藏（见第67节）。实际上，这种海蛞蝓的亮绿色是直接从松藻身上获得的。绿海天牛以松藻为食，它先用齿舌撕开松藻，然后吸取松藻的组织，进而松藻体内的叶绿体（植物细胞中负责光合作用的细胞器）以某种形式被完整地转移到了绿海天牛的消化道内。包含着叶绿素的叶绿体赋予了绿海天牛绿色的体色，也带给它许多便利。绿海天牛体内的叶绿体可以继续进行光合作用，而光合作用产生的糖类和氧气则直接被绿海天牛吸收。

另一种与藻类共生的软体动物是砗磲（giant clam，属为*Tridacna*）。最大的砗磲个体的体重可达182千克。砗磲分布于太平洋热带东部的浅海珊瑚礁生境。与之后要介绍的海葵和珊瑚一样，砗磲的体内栖居着单细胞植物——**虫黄藻**（见第12节）。虫黄藻是一种特化的甲藻，生活在砗磲**外套膜**内的特殊细胞中。通常，砗磲生活在珊瑚礁岩之间，它的铰合部径直朝下，双壳向上张开。包裹着虫黄藻的厚厚的外套膜向外翻出，覆盖纯白的**贝壳**，外套膜上的色素投射出炫目的蓝色、绿色、紫色和棕色。这些色素不仅赋予了砗磲漂亮的色彩，还帮助虫黄藻遮挡热带正午的阳光（太过强烈的光线反而会抑制虫黄藻的光合作用）。每到夜晚，砗磲会用特殊的变形细胞（一种活动的摄食细胞）“收割”一部分日益增长的虫黄藻，补充营养。虽然砗磲也与普通的双壳类动物一样，滤食水中的悬浮物，但其大部分的营养是从虫黄藻中获得的。有趣的是，这种“养殖”藻类的双壳类动物，本身也被南太平洋群岛上的人们当作新近水产养殖项目的对象。

虫黄藻为许多刺胞动物提供了不可或缺的营养。在研究刺胞动物体内的虫黄藻的功能时，人们最先发现的与虫黄藻共生的动物之一就是巨大的**黄海葵**（见第6节，别名为巨绿海葵）。生活在日光照射不到的岩穴或是缝隙里的黄海葵，体色并不是亮绿色的，而是接近雪白的颜色；而日光照射下的黄海葵，体色明显发绿，这种绿色实际上是由其体内共生的虫黄藻赋予的。研究人员曾经将一朵原本生活在光照下的黄海葵转移到黑暗处，若干天后，黄海葵的组织就明显褪色了。

造礁珊瑚尤其依赖自己与虫黄藻的共生关系。造礁珊瑚从共生的虫黄藻中获得了相当重要的营养和能量，如此一来，造礁珊瑚才能分泌、建造自己的碳酸盐骨骼（见第12节与第23节）。作为回报，造礁珊瑚给虫黄藻提供了安全的居所，虫黄藻还可以将珊瑚细胞代谢的产物（含氮、磷的化合物）当作营养来源。在造礁珊瑚与虫黄藻的共生关系之中，双方都得到了好处，因此这种关系被人们称为“互利共生”。

一些种类的珊瑚对虫黄藻的需求较多。珊瑚从虫黄藻中获取的资源量取决于珊瑚**水螅体**个体的大小。水螅体个体小的珊瑚，如**鹿角珊瑚**（见第13节），具有较大的表面积–体积比，这样有利于虫黄藻吸收更多的阳光；而水螅体个体大的珊瑚，如**脑珊瑚**（见第13节），表面积–体积比较小，这样能更有效地截留浮游动物（食物），因此脑珊瑚对虫黄藻的依赖不如鹿角珊瑚那么强。尽管如此，脑珊瑚仍然需要虫黄藻为其提供形成骨骼的能量。

与藻类共生的无脊椎动物

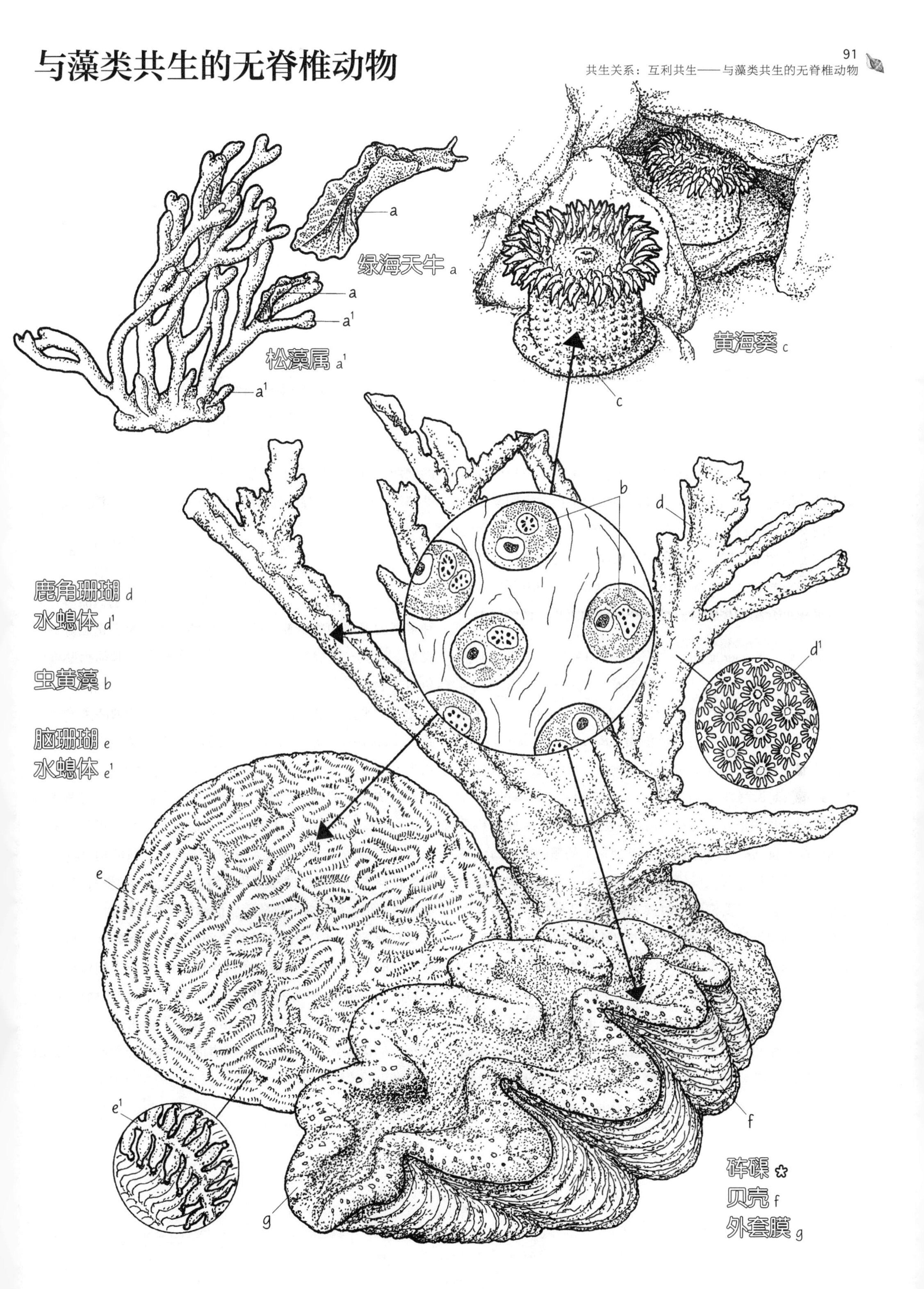

92
共生关系：互利共生——清洁虾和清洁鱼

许多海洋鱼类与陆生动物一样，饱受寄生虫和疾病的折磨。寄生虫主要是一些小型的甲壳动物（等足类和桡足类）及一些蠕虫，它们会附生在鱼类的体表、鳃上或是口中。这种寄生行为会给宿主带来不利的影响，以不同的程度损害宿主的健康。鱼类的鳍、体表及鳃部还会遭受细菌感染。寄生虫和细菌在鱼的身上如此常见，以至于海洋中存在着专门扮演“清洁医生”的鱼类，它们会清理宿主鱼类的身体，以寄生虫和细菌为食。一些种类的鱼和虾就负责此类清洁工作。在本节的内容里，我们将介绍几个例子。

请从页面左上方的底图开始上色，图中画了一只附在海葵上的清洁虾，请为清洁虾的身体和触角上色。底图绘制的这种海葵通体为白色，仅触手的尖端为紫色。在给右上角清洁虾的放大图上色时，请为它的螯也涂上颜色。然后，请给右上方的底图上色，只需给图中最大的鱼的鳃盖和口部上色，身体留白。最后，请为其他鱼的身体涂上颜色。

清洁虾（cleaner shrimp）常出现在加勒比海的珊瑚礁生境里。这种虾身体透明，身上分布着紫色的斑点，体长为4厘米左右。清洁虾以个体或成对的状态出现，而且人们发现，它的身边总是存在一种特别的**海葵**（*Bartholomea annulata*）。清洁虾或附在海葵身上，或出现在海葵生活的岩石缝隙中。清洁虾不仅对海葵刺丝囊的毒性免疫，还得到了海葵的保护。许多研究人员相信，清洁虾会占据一处显眼的具有地标性质的地点作为自己的“**清洁站**”，如某处特别的珊瑚岬。清洁虾会在清洁站中待上很长一段时间。珊瑚礁鱼类显然认识这个地方，并且会在需要清洁的时候来此找寻清洁虾。当某条鱼靠近清洁站时，清洁虾会摇摆身体和长长的白色**触角**，表示自己已准备就绪。于是，作为“患者”的鱼类游向清洁虾，在距离清洁虾几厘米的地方停下，清洁虾也离开保护自己的海葵，然后开始探查鱼的**身体**，寻找寄生虫。清洁虾会运用它的**螯**将寄生虫逐出鱼的身体，有时甚至会在鱼的身上划出切口，把躲在鱼皮肤下方的寄生虫除去。当清洁虾靠近鱼的头部时，鱼会张开鳃盖，允许清洁虾进入**鳃室**清洁。随后，鱼还会张开自己的**口**，以便清洁虾钻进去清洁。

在清洁过程中，清洁虾通常是十分安全的，患者并不会将它吞食，即便这位患者是以小型甲壳类动物为生的肉食者。对珊瑚礁的鱼类来说，清洁虾的工作必不可少，倘若某条鱼被寄生或感染得很严重，那么它在一天内可能要光顾清洁站好几次。

请给页面下方的底图上色。为清洁鱼和冒名顶替的假清洁鱼身上的黑色横条上色。请注意，横条间的区域不用上色，因为这两种鱼的体色本身就是白色。接下来，与页面右上角的底图一样，请给正被清洁的鱼类的口部和鳃盖上色，为其他部位留白，而给等待被清洁的鱼类的整个身体都涂上颜色。

鱼类也能进行“清洁医生”的工作。在某些情况下，一些年轻的鱼类（如蝴蝶鱼、神仙鱼）在养成成体摄食习惯之前，也扮演着清洁鱼（cleaner wrasse）的角色。它们能够为多种多样的海洋动物服务，而且服务对象不局限于硬骨鱼。据观察，刺魟、鬼蝠鲼、绿海龟，甚至是鳄鱼，都关照过清洁鱼的“生意”。

东太平洋的珊瑚礁中存在一种“全职”的**清洁鱼**——裂唇鱼（*Labroides dimidiatus*），其外观十分亮眼。裂唇鱼体长约为8厘米，身上发育横向的粗黑条纹，这样便于其他鱼类识别其清洁鱼的身份。清洁鱼常常成对生活在显眼的清洁站附近，它们会用特殊的身体摆动方式和点头的动作邀请鱼类光顾。有清洁需求的鱼类会来到清洁站，停在清洁鱼面前，通常还会先打开自己的鳃盖和口部。与清洁虾的患者们一样，清洁鱼的患者们也常常排队等候清洁鱼服务。

有趣的是，一种**假清洁鱼**（false cleaner blenny）利用了患者们的信任，伪装成清洁鱼的模样趁机“打劫”。这种假清洁鱼身上的显眼条纹与清洁鱼相似。然而，这种假清洁鱼并不会挑拣鱼类身上的寄生物，相反，它们会借机大口啃食鱼类身上的健康组织。而这些不知情的患者们，还以为自己正在被真正的清洁鱼清洁身体呢！

清洁虾和清洁鱼

海葵 a

清洁虾 ✿

身体 b

触角 c

螯 d

清洁站 e

顾客（患者）✿

鳃盖 f

口 g

身体 h

清洁鱼 i

假清洁鱼 j

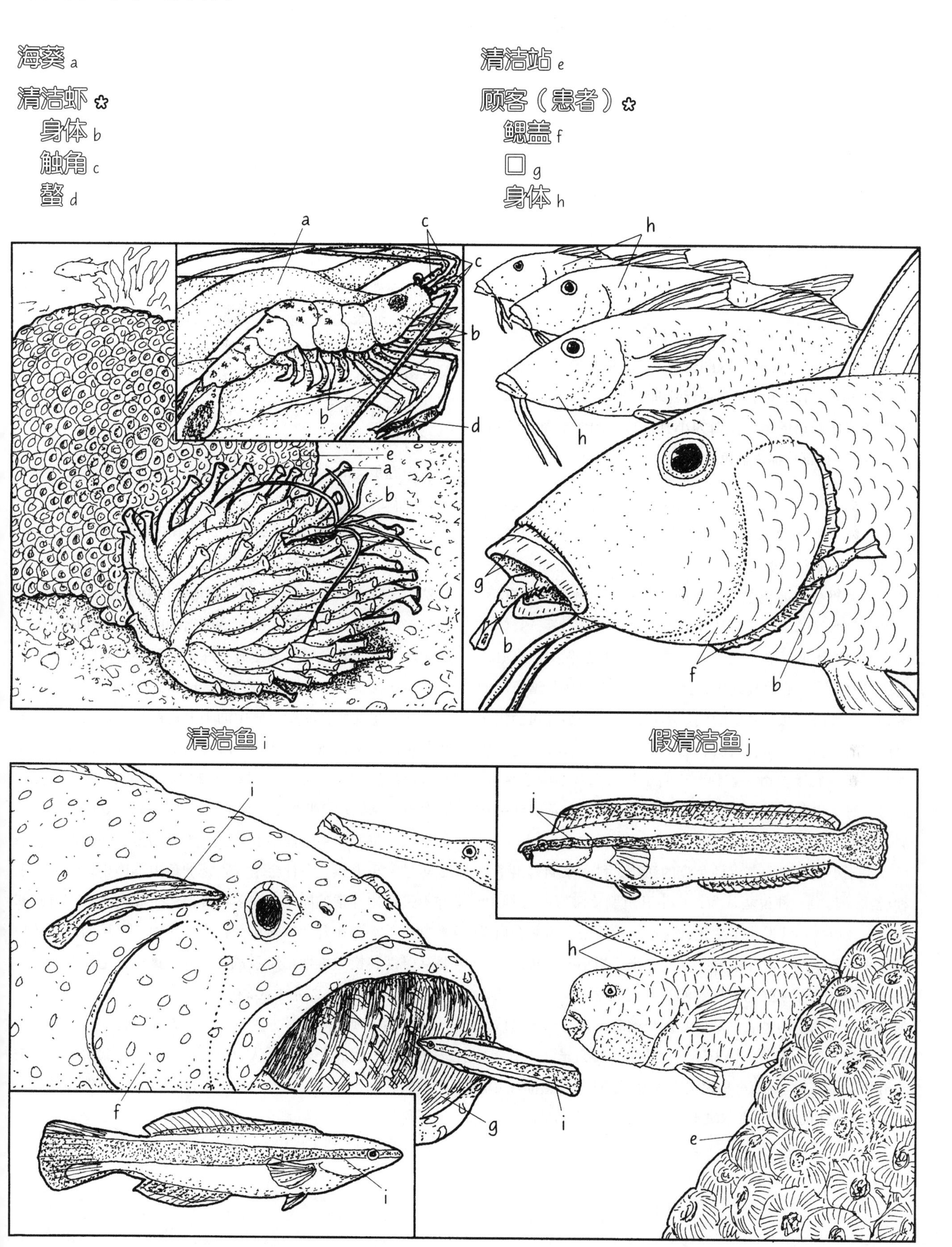

93
共生关系：互利共生——小丑鱼和海葵

小丑鱼又被称为“海葵鱼”，在太平洋西部与印度洋海域中十分常见，其体长为6~14厘米，体色鲜艳。小丑鱼与雀鲷（见第13节与第87节）、生活在美国加利福尼亚州海藻林里的红尾高欢雀鲷（见第63节）是近亲。海葵能够为小丑鱼提供庇护所，在自然条件下，人们观察到的小丑鱼往往与海葵形影不离。

请从页面的顶部开始着色。图中的海葵具有绿色的触手和粉色的柱体。四幅方形底图介绍了小丑鱼驯化海葵的过程。前两幅图中，小丑鱼在面对带有刺细胞的海葵触手的攻击时，采取了快速撤退的策略。请为小丑鱼身上的两个条带留白，然后给剩下的部位涂上橘色。

海葵是肉食性动物，会用分布在**触手**上的有毒刺丝囊将猎物制伏（见第23节）。而**小丑鱼**会采取一系列的驯化措施让海葵适应自己，然后生活在海葵的触手之中。如此一来，小丑鱼既不会被海葵蜇伤，还能利用海葵的触手保护自己。小丑鱼对海葵的驯化耗时从几分钟到几个小时不等，具体时长主要取决于海葵和小丑鱼的种类。在驯化过程中，小丑鱼会接近海葵，小心翼翼地用自己的尾部或是腹面磨蹭海葵的触手。在被海葵触手发射的刺丝囊蜇伤之前，小丑鱼会快速躲开。随后，小丑鱼会再次返回，重复刚才的步骤，进一步地与海葵的触手接触，直到整个身子没入海葵的触手丛里。此时，海葵也适应了小丑鱼的接触，不会对小丑鱼启动刺丝囊发射机制。

关于小丑鱼对海葵毒性免疫的话题，科学家们提出了几种说法。其中一种说法认为，在小丑鱼驯化海葵的过程中，小丑鱼体表的黏液发生了变化，这种变化除去了海葵会启动刺丝囊发射机制的化学成分，如此一来，当小丑鱼再次与海葵接触时，毒性极强的刺丝囊便不会被触发。另一种说法认为，小丑鱼原本的体表黏液已经逐步被海葵黏液与自身体表黏液的混合物所取代，海葵不再将小丑鱼视为异己，不会对小丑鱼发起攻击。还有一种说法则认为，前两种观点都有可能发生，但发生的前提主要取决于共生的海葵-小丑鱼的种类。

许多种类的小丑鱼常以结构紧密的家庭形式共同生活在一朵海葵之中。这个家庭包含一条成年**雌性**小丑鱼和一条成年**雄性**小丑鱼，两者会在连接着海葵**柱体**的基底上建立**巢穴**，借由从上方垂下的海葵触手保护家庭成员。这对小丑鱼先将巢穴周边的所有藻类和其他底栖生物清理掉，然后雌性会将**卵**粘附在裸露的基质上。雄性小丑鱼负责扇动尾巴来保持卵的清洁，而雌性小丑鱼则继续进行日常的觅食工作，在海葵周围寻找藻类，或是捕捉浮游动物。当以海葵为食的**蝴蝶鱼**靠近时，雌性小丑鱼还可能表现出领地行为，保护为自己提供住所的海葵。这种保护行为说明海葵和小丑鱼之间存在着互利的共生关系。

小丑鱼会时常重建自己与海葵的关系。在觅食或育巢期间，小丑鱼会频繁地磨蹭海葵的触手。

卵的孵化需要6~8天的时间，小丑鱼幼鱼以浮游体的形式生活、摄食和成长。几周之后，幼鱼脱离浮游生活，在海葵中寻找庇护所，它们会直接以海葵的触手或排泄物为食。当年轻的小丑鱼留在原来的海葵中活动时，它会被同一个海葵中的成体与**幼鱼**警告和驱赶。许多幼鱼都会被驱逐，不得不重新寻找一朵海葵，将其驯化成自己的新“家”。

让新生儿留在原始家庭中的小丑鱼群体存在着复杂的等级制度。通常，在该群体中，雌性成体个头最大，也是群体里等级最高的“长老”。一旦这条雌性成体消失，那么群体中就会有一条雄鱼转变性别，变成雌性小丑鱼，取代原“长老”的地位。位于成年雌性小丑鱼下一等级的是它的配偶，一条成年雄性小丑鱼。在社会结构紧密的鱼类群体中，转换性别并不是非比寻常的能力，许多鱼类群体（如隆头鱼、海鲈和鹦嘴鱼）都存在着性别转换的行为。然而，常见的性别转换是从雌性转换为雄性，而不是像小丑鱼这样，由雄性转变为雌性。

在共生现象中，一方受益而另一方不受害的现象被称为偏利共生。因此，有些人认为小丑鱼与海葵的共生关系应被归为偏利共生。不过，另一些人则认为两者之间的关系应属于互利共生。

小丑鱼和海葵

驯化 ✿

海葵 ✿

触手 a

柱体 b

雄性小丑鱼 c

雌性小丑鱼 d

巢穴 e

卵 f

幼鱼 g

蝴蝶鱼 h

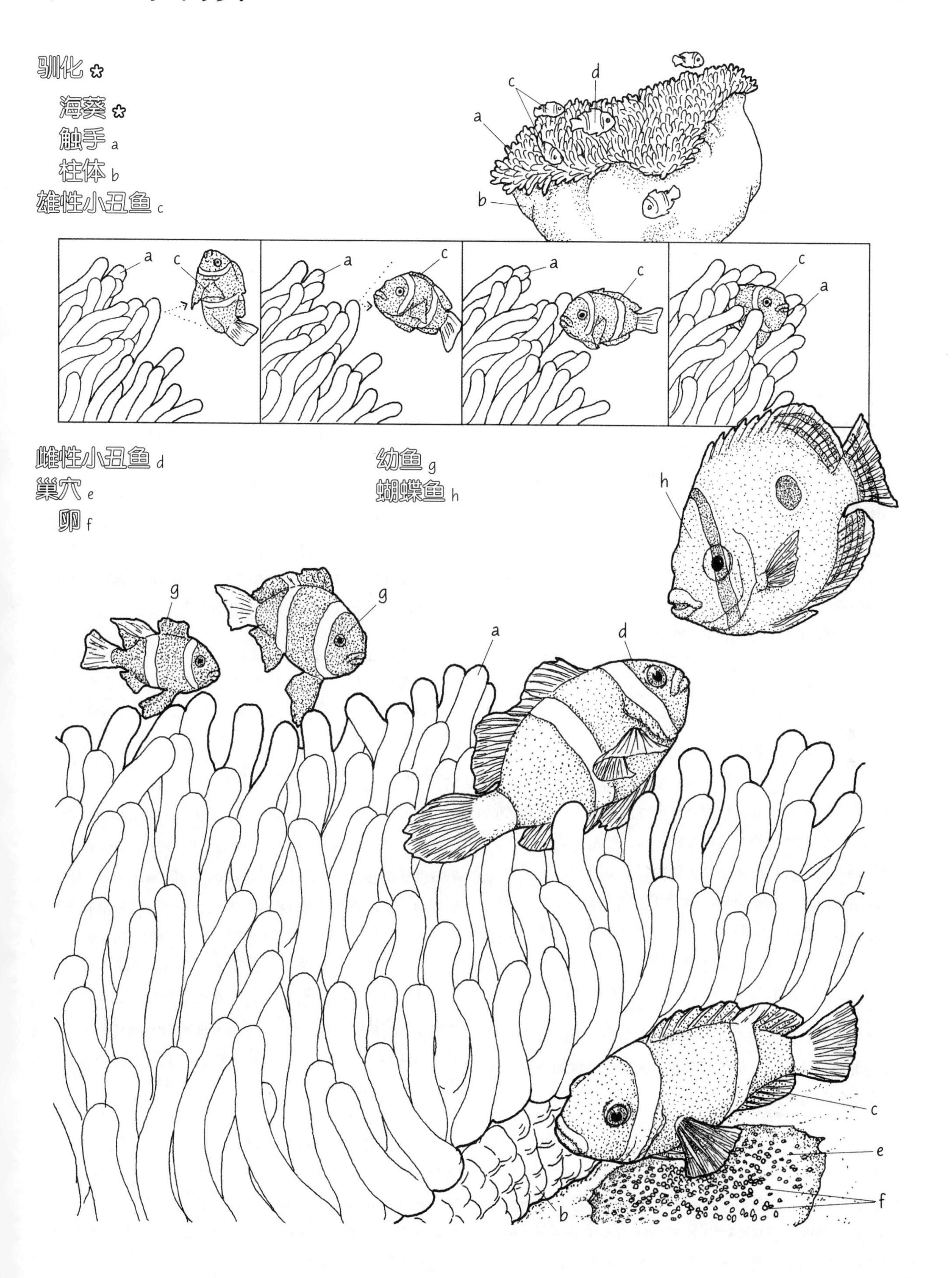

94
共生关系：互利共生和共栖

请给寄居蟹涂上浅棕色。请为海葵涂上浅灰色，在浅灰色之上添加红色条纹。

许多种类的**寄居蟹**都会和海葵以共生的形式生活在一起，这种共生关系的互惠性十分明显。**海葵**附着在寄居蟹壳上的行为能够有效地隐藏寄居蟹的踪迹，防止捕食者轻易地发现它们；在一定程度上，海葵也成了寄居蟹震慑捕食者的武器。对于海葵而言，其不仅拥有了稳固的附着地点，还搭上了“便车”，不必亲自移动就有了更多的觅食机会。当寄居蟹（见第36节）的个头大到现有的壳无法容纳它时，寄居蟹便会“搬家”，寻找一个更大、更合适的壳。人们曾观察到，在换壳时，寄居蟹将原本固着在旧壳上的海葵也搬到了新壳上。这清楚地说明了，对寄居蟹来说，与海葵共生能给自己带来好处。人们还观察到，海葵偶尔会在寄居蟹换壳时主动移动，将自己的触手附着在寄居蟹的新壳上，并把自身的基部从旧壳上挪走。这种行动，表明了海葵与寄居蟹的共生意愿。在夏威夷海域的深海区中，存在着一个关于共生的奇妙故事。故事的主角是一种海葵（*Stylobates aeneus*）与一种小小的寄居蟹（*Sympagurus dofleini*）。当这种寄居蟹长大且需要栖居在更大的壳中时，这种海葵就会从自己的基部分泌几丁质，将寄居蟹原本居住的小壳扩大。海葵的基部会将寄居蟹的整个壳包裹起来，分泌的几丁质会依据旧壳的螺旋形态向开口的一侧继续延伸。几丁质最后形成了金黄色的**伪壳**（false shell），这种伪壳与螺壳的模样非常相似，足可以假乱真。一位著名的软体动物学家就曾把伪壳认作某种软体动物的贝壳，并且为其定了种，命了名。海葵与寄居蟹的共生关系与两者所处的深海环境相适应，因为生活在深海海底的寄居蟹所需的贝壳并不像在浅海区里一样容易获得；深海的软泥质底质也不利于海葵固着，因此寄居蟹的壳对海葵而言非常重要。这样一来，它们就能互相帮助、互相利用，从共生行为中各自获益。

请给美洲魟涂上浅棕色。红鲹通体为银灰色，背鳍的下方至尾鳍下叶生有一个黑色的条纹，而黑色条纹的下方还长着一个亮蓝色的条纹。

在加勒比海中，**美洲魟**（Southern stingray）与**红鲹**（bar jack）之间存在着明显的共栖关系（commensalism）。红鲹的游泳速度很快，是出色的掠食者（见第109节），而美洲魟常常出现在红鲹的“副驾驶室”（riding shotgun）。在美洲魟沿着海底表面游泳时，红鲹通常会在美洲魟上方跟着它游动。当美洲魟停下来觅食时，其会将巨大的胸鳍插入柔软的底质中，挖掘潜藏在沉积物里的猎物。此时，红鲹会快速地冲向被美洲魟翻出的食物碎屑，大快朵颐。在其他热带海区里，鲹鱼和魟鱼之间也存在着类似的共栖关系。

请给海燕及与它共生的深棕色多毛虫上色。虽然海燕的体色因种而异，但是一般都呈橘红色。

沿着北美洲的西部海岸漫步，我们时常可以看见**海燕**（见第11节）的身影，其生活在浅海岩岸的底部。在这种杂食性动物管足间的步带沟（见第39节）里，常常栖居着一条至多条瘦长的**共生多毛虫**——泥蛇潜虫（*Ophiodromus pugettensis*）。当海燕在进食过程中将胃外翻时，泥蛇潜虫就会进入海燕的胃，分得一杯羹。这种共生行为是兼性的，也就是说，泥蛇潜虫并不一定要同海燕相依为命，它们离开海燕也能够独立生存。我们将这种共生生物可离开彼此独立生活的关系称为“兼性共生”或者“共栖”；将生物离开共生对象无法独立生活的关系称为“专性共生”。

请给页面下方的杯形珊瑚属动物、鼓虾、梯形蟹属动物和长棘海星上色。其中，杯形珊瑚属动物由浅棕色过渡至白色；梯形蟹属动物的身上生有网状的斑纹，网状斑纹由橘色和灰色组成，底色为红色；鼓虾的颜色为红色、棕色等；长棘海星的身体为灰色，棘刺为棕色。

许多小型无脊椎动物常生活在大型无脊椎动物的身体上、贝壳上，或是挖掘的洞穴中。例如，小型的豆蟹和某些种类的鳞虫就生活在穴居蠕虫（见第26节）的洞穴中，与蠕虫共享食物。大型的群居无脊椎动物尤其容易被喜欢共生的底栖动物选中，这如同“一群饿狼同时看中了一块食物”。在巴拿马太平洋一侧沿岸，**鼓虾**（见第71节）与**梯形蟹属**（*Trapezia*）动物都生活在**杯形珊瑚属**（*Pocillopora*）种群中。然而，当以珊瑚为食的**长棘海星**（crown-of-thorns sea star）靠近杯形珊瑚时，与珊瑚存在“简单”共栖关系的甲壳动物们，反应尤为激烈。看来它们与杯形珊瑚之间并非单纯的共栖关系，而是互利共生的关系。在活跃于杯形珊瑚枝丫尖端的甲壳动物中，鼓虾会用其具有冲击性的大螯反复地攻击长棘海星，梯形蟹也会试图夹断长棘海星的管足。遭到这些甲壳动物的反抗之后，长棘海星便开始撤退，不得不将目标转向另一丛珊瑚。想象一下，如果没有这些小型无脊椎动物的反抗，杯形珊瑚早就被长棘海星吃掉了。

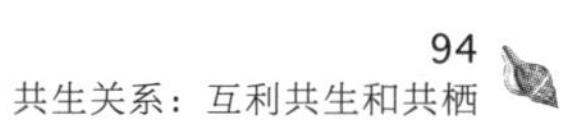

互利共生和共栖

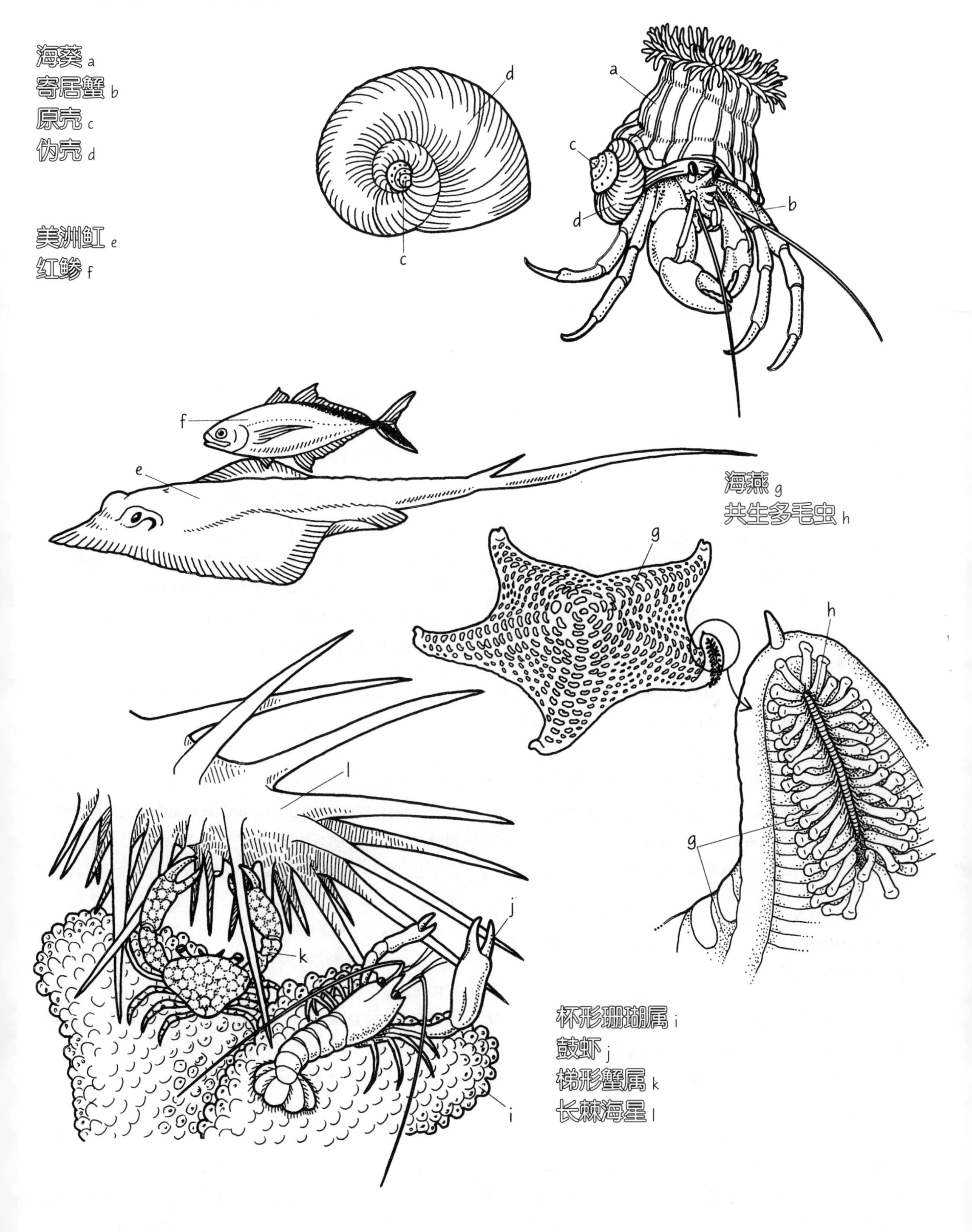
海葵 a
寄居蟹 b
原壳 c
伪壳 d
美洲魟 e
红鲹 f
海燕 g
共生多毛虫 h
杯形珊瑚属 i
鼓虾 j
梯形蟹属 k
长棘海星 l
a
b
c
d
e
f
g
h
i
j
k
l

95
共生关系：寄生

寄生（parasitism）现象发生在两种生物之间。其中，一方作为寄生者从中获益；另一方则作为宿主被寄生者的寄生行为所害。海洋中有许多以海洋脊椎动物为宿主的寄生动物。在这一节的内容里，我们将要介绍一些独特的海洋寄生动物。外寄生动物生活在宿主的身体表面，而内寄生动物生活在宿主体内，尤其是宿主的循环系统或某个器官内。通常，外寄生动物与非寄生动物（亲缘关系相近）在形态结构方面的差异并不大；而内寄生动物生活在宿主体内，为了适应宿主的身体结构，其形态会发生一定的特化。

请给飞鱼及其外寄生动物（桡足类动物）上色。飞鱼的体色呈银灰色，而桡足类动物的体色为棕色。图中的共生茗荷是白色的，身上带有紫色的条纹图案。

桡足类动物有的属于浮游类群，有的属于底栖类群，它们是海洋当中最重要的植食性动物（见第14节与第35节）。然而，1 000种以上的桡足类动物（达到了桡足类所有物种数目的25%）都是寄生动物。底图中的**桡足类**动物（*Pennella exocoeti*）就寄生在**飞鱼**（见第45节）的身体上。它的头部和口器（图中未画出）已经特化，能够刺穿并附着在飞鱼的身体上，其主要以飞鱼的体液为食。这种桡足类动物的**身体**呈球根状，经由**颈部**与鱼体相连，身后还拖着两条长长的**卵囊**。与大部分寄生动物一样，这种桡足类动物总是在寻找下一个宿主，这是其生命中的“头等大事”。寄生动物的大部分能量用于繁殖后代。图中的这种桡足类动物自身也存在负担，其身上挂着一些附着的**共生茗荷**（*Conchoderma virgatum*）。平日里，共生茗荷就搭着这辆“顺风车”滤食水中的生物。

请给百慕大潜鱼及其宿主（海参）上色。底图中，百慕大潜鱼的体色为银白色与蓝色，海参的体色则为橙色、棕色和黄色相间的颜色。

许多种类的寄生无脊椎动物以鱼类为宿主，很少存在相反的情况。然而，**百慕大潜鱼**（*Carapus bermudensis*）就是一个反例。百慕大潜鱼生活在**辐肛参**（*Actinopyga agassizii*）和部分双壳类动物的体内。百慕大潜鱼又被称为“珍珠鱼”，因为这种苍白的半透明小鱼常出现在珍珠贝的贝壳内。百慕大潜鱼会从海参肛门进入，然后寄生在海参的泄殖腔（cloaca）中。这种入侵让海参备受折磨，因为海参以肛门为入口吸入海水，通过将海水送到泄殖腔内的一对呼吸树来呼吸（见第41节）。换而言之，百慕大潜鱼的入侵会影响海参的呼吸行为。百慕大潜鱼会在夜里游到海参的体外觅食；在觅食结束后，它会根据海参肛门分泌的化学气味找到海参，重新钻入海参体内。百慕大潜鱼会先用头部触碰海参的肛门，而后迅速掉头，以后退的方式“入住”海参体内。百慕大潜鱼的体态也因寄生环境的影响而高度特化，能够适应狭窄的居所入口——身体瘦长，鳞片已退化，腹鳍也已消失，肛门位置十分靠前，以防在宿主的体内排便。一条巨大的加勒比海参的体内常寄生着好几对百慕大潜鱼。人们曾经在一条海参的体内找到10条百慕大潜鱼，每条鱼的体长为10~15厘米。乍一看，百慕大潜鱼对海参来说仅仅是个占便宜的共生对象，住在海参的肛门里是贪图方便而已。然而，百慕大潜鱼会吃掉海参的生殖腺和呼吸组织，因此其确实是一种寄生动物。

请先阅读文字内容，再为蟹奴的生活史图上色。请给宿主（蟹）涂上浅色，而后（从雌性的介形幼体阶段开始）给雌性蟹奴的生活史图涂色，再给雄性蟹奴的生活史图涂上另一种差异明显的颜色。请为蟹奴在宿主体内的寄生结构涂上与雌性蟹奴相同的颜色，然后给位于宿主体外的寄生结构涂上雌性蟹奴体色与雄性蟹奴体色的混合色。

蟹奴（sacculinid barnacle）是一类寄生在螃蟹身上的可怕的海洋动物。在无节幼体阶段和介形幼体阶段中，它看起来与其他藤壶的幼体没什么不同（见第81节）。但在**雌性介形幼体**（female cyprid）发现**宿主蟹**的身体之后，它会进入另一个幼体阶段——**有刺胞幼体**（kentrogon）。有刺胞幼体将蟹外骨骼的薄弱部分刺穿，将自己的部分细胞注入到蟹体内，这些细胞用以寄生。寄生细胞在蟹的性腺中定居，历经若干个月成长为**内寄生体**（interna）。内寄生体在蟹体内扩散并扎根。之后，蟹体内的新陈代谢被寄生体完全“接管”，进而蟹无法再繁殖或蜕皮。当寄生体性成熟时，它会在蟹的腹部外生出一个用以孵化受精卵的腔室，该结构被称为**外寄生体**（externa）。雌性蟹奴会在水体里释放一种信息素，吸引**雄性介形幼体**（male cyprid）。被吸引来的雄性会进入外寄生体中，释放最终可产生精子的细胞。如此一来，雌性放出的卵子在腔室内受精，而后发育为介形幼体的前身——**无节幼体**（nauplius larva）。无节幼体会离开腔室进入水体，继续发育成介形幼体。雌性介形幼体会在水中寻找宿主，开始新一轮的寄生生活；雄性幼体则与父代一样，在水体中搜寻雌性放出的信息素。雌性蟹奴完成繁殖后，宿主就可以蜕皮并摆脱蟹奴的外寄生体了。然而，受到寄生蟹奴的影响，宿主已经失去了繁殖能力。

寄 生

宿主 ✿
飞鱼 a
寄生动物 ✿
颈部 b
身体 c
卵囊 d
共生茗荷 e

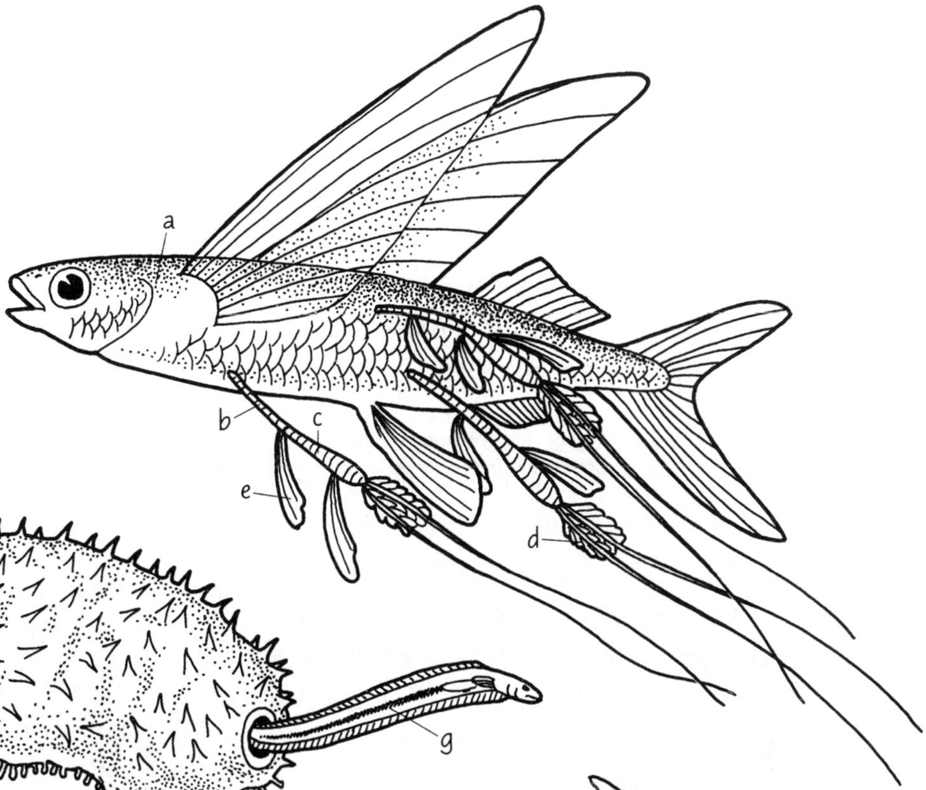

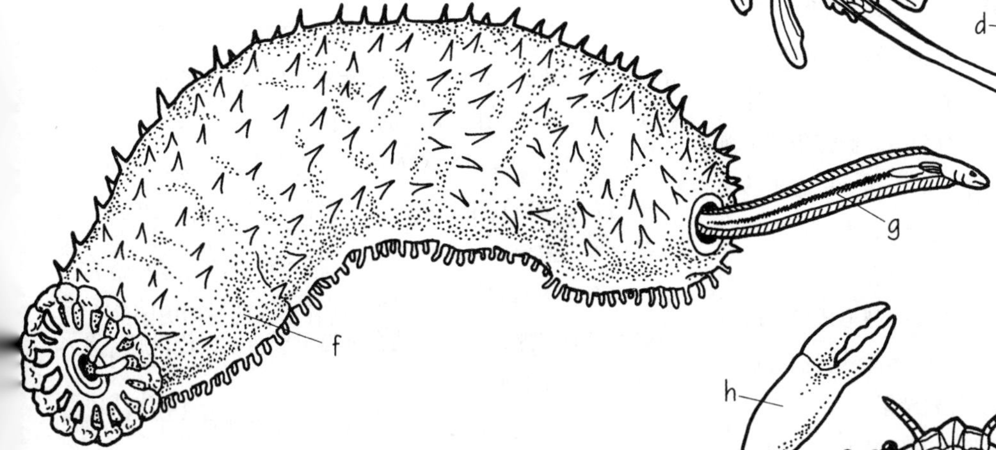

宿主 ✿
辐肛参 f
寄生动物 ✿
百慕大潜鱼 g

宿主 ✿
蟹 h
寄生动物 ✿
♀ 雌性介形幼体 i
有刺胞幼体 j
内寄生体 k
外寄生体 l
♂ 雄性介形幼体 m
♀ 雌性无节幼体 n
♂ 雄性无节幼体 o

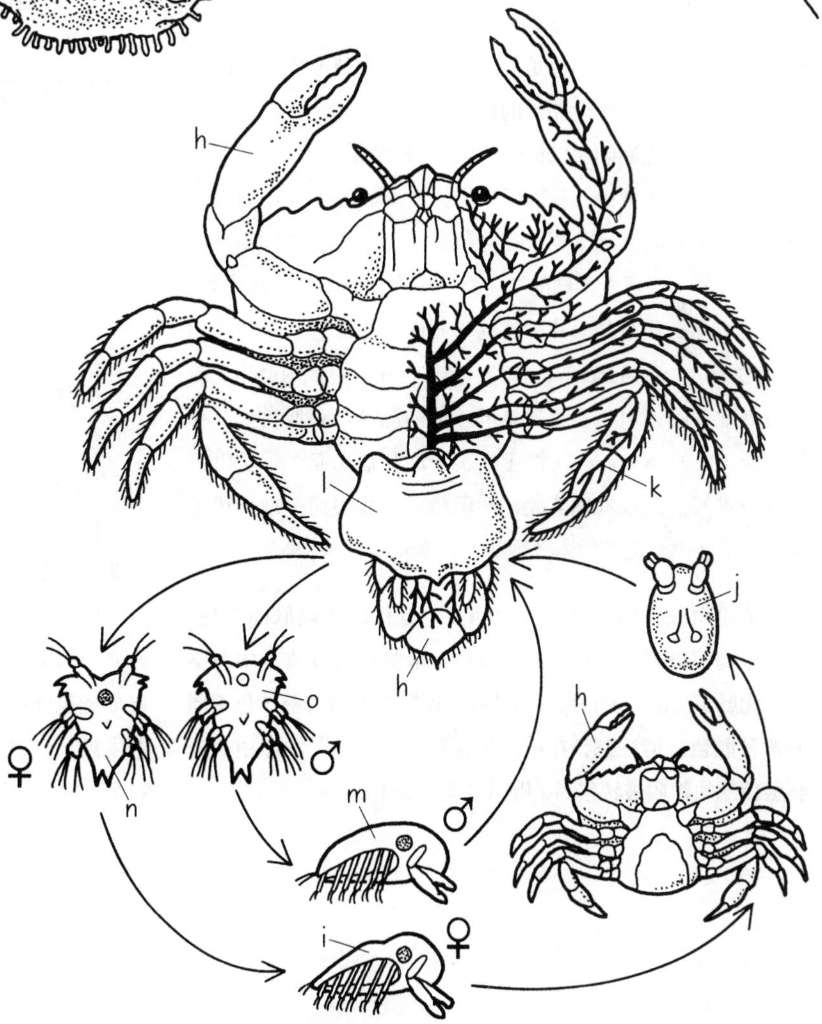

96
海葵的种内侵略行为：克隆群体之间的战争

请先给页面最上方正在进行无性繁殖的海葵上色。接着，请为矩形框中两个海葵的克隆群体涂上颜色。在上色过程中请注意，克隆群体 1 由上图中的海葵进行多次无性繁殖所产生，因此克隆群体 1 的颜色必须与上图中海葵的体色相同。最后，请给两个克隆群体之间的空地涂上灰色。

小小的灰绿色的华丽黄海葵（aggregating anemone）生活在北美洲太平洋沿岸的岩岸潮间带中部，其通过二分裂（binary fission）这种无性繁殖的方式产生个体。二分裂伊始，华丽黄海葵**足盘**的两端会向着相反的方向运动，不断拉伸，最终将一朵华丽黄海葵分成两半。华丽黄海葵的两个残体会分别生成完整的新个体，然后再次进行分裂。倘若华丽黄海葵所处的环境非常适宜生长（既有丰富的食物，也有足够的生存空间），那么华丽黄海葵就会持续进行无性繁殖，在短时间内形成一大片的海葵群体。该群体里的所有个体都长得一模一样，这是因为它们都是由同一个母体分裂形成的，所有个体都与母体拥有完全相同的遗传物质。因此，我们将这种海葵群体称为**克隆群体**（clone，即无性繁殖系）。

在同一片区域中，我们可以根据海葵的**触手**或是**口盘**的斑纹颜色来判断其属于哪个克隆群体，每个克隆群体都拥有自己的特征。当两个不同的克隆群体出现在同一片区域中时，二者的交界处往往是一片裸露的岩石区，这片岩石区被称为“**无海葵区**”（anemone-free area）。偶尔，无海葵区内会出现藤壶或其他动物，但不会出现集群生活的海葵。利斯贝思·弗朗西斯（Lisbeth Francis）博士在美国加利福尼亚大学圣巴巴拉分校进行了一项室内实验，实验结果为我们详细地讲述了在无海葵区中及克隆群体之间发生的故事。

请给页面下方讲述海葵之间竞争过程的四幅底图上色。这两朵海葵分属于不同的克隆群体。请给克隆群体 1 中海葵的特化触手“acrorhagi”和外胚层顶端涂上与海葵体色不同的两种颜色。请注意，在第四幅标题为“撤退”的图中，外胚层顶端的物质被转移到了败退的海葵身上。

当属于同一克隆群体的两朵海葵的触手接触时，触手会先收缩，再逐渐伸展、交错，之后它们便不会再互动。

如果触手互相接触的两朵海葵来自不同的克隆群体，那么两者的触手会先各自收缩，再伸展，再收缩。这样的伸展和收缩过程会发生数次。最终，其中一朵海葵会伸出特化的膨胀的**触手结构**——acrorhagi[①]，位于海葵口盘的下方。海水进入中空的触手结构，使其膨胀，变成锥形。此时，这朵海葵也可能压缩柱体内的环肌，将柱体拉长、升高。这位高耸的“侵略者”开始伸展触手结构，突袭另一朵海葵。这些特化触手的**外胚层**（ectoderm）顶端发育巨大的可贯穿物体的刺丝囊，刺丝囊可以刺入目标的体内。

侵略者会反复用这种方法攻击受害者，而受害者也能用同样的方法进行反击。不过，受害者通常会将自己的身体远离侵略者，避免进一步的接触。如果身后已无退路，那么受害者就会脱离基底，顺着海水逃走；如果脱离基底后的受害者仍然没有退路，那么它就会被迫跟侵略者保持接触，在几天之内被对方杀死。

克隆群体之间的这种互动解释了在自然环境下，为何两个不同的海葵克隆群体之间存在着一片无海葵区。简单说来，位于交界处的海葵试图避免与对方群体发生竞争和对抗，尽可能地将自己的身体往后退。因此，两个克隆群体之间的交界处就空出了一块裸露的岩石区。

研究人员对华丽黄海葵的克隆群体进行了深入的研究，发现海葵的种内侵略行为十分复杂，而且不同海葵群体的攻击方式也不一样。有些海葵会直接攻击非己方的克隆群体，而一些海葵直到被攻击才发出反击，还有一些海葵则不会攻击非己方的克隆群体。除此之外，研究人员还提出了一种观点，即海葵的攻击性强弱因接触到的敌方克隆群体的不同而改变。目前，华丽黄海葵的种内竞争行为引发了人们对其他可形成克隆群体的刺胞动物的研究热潮。迄今为止，人们已经发现，许多海葵都表现出了不同克隆群体之间的种内侵略行为。此外，珊瑚虫也存在着强烈的种内与种间侵略行为。

① “acrorhagi”无标准的中译名，此处暂保留英文名。——译者注

克隆群体之间的战争

海葵 ☆
触手 a
口盘 b
身体（柱体）c
足盘 d

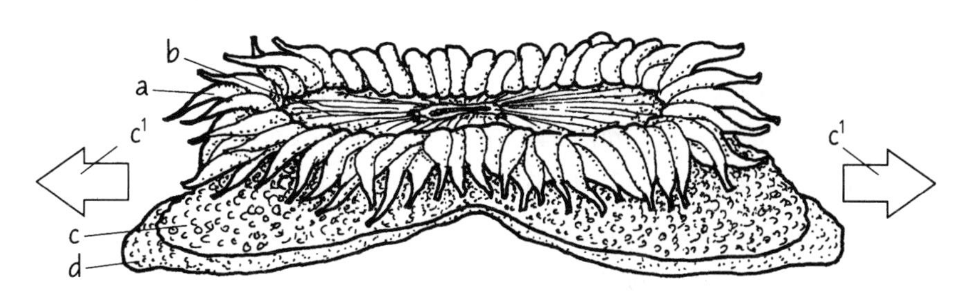

克隆群体 1 c1
（特化的攻击性触手）e
外胚层 f
克隆群体 2 g

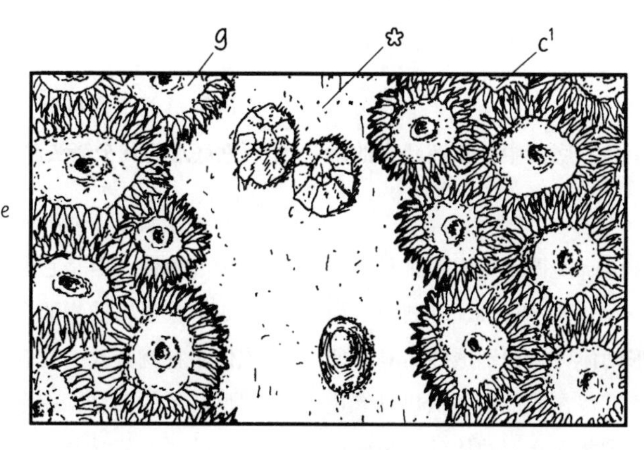

无海葵区 ☆

接触 ☆

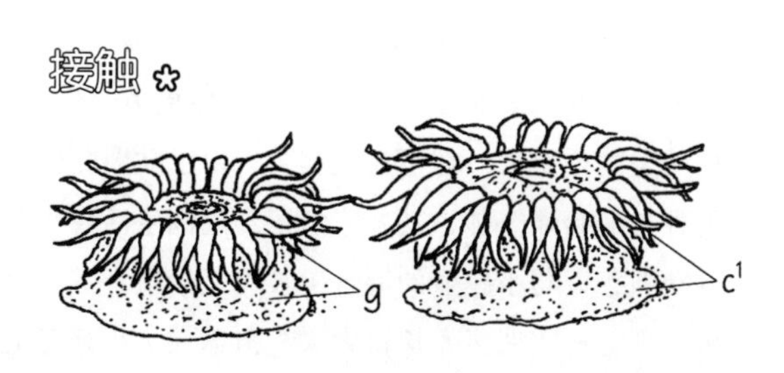

膨胀 ☆

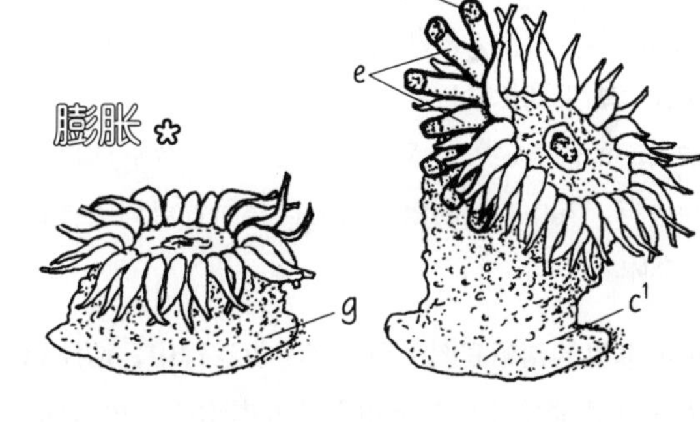

攻击 ☆

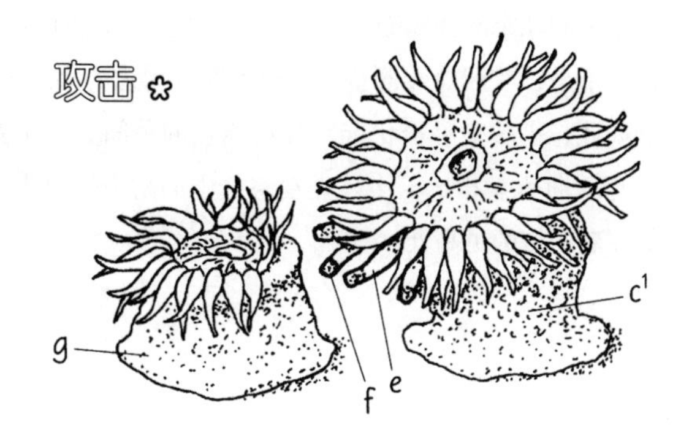

撤退 ☆

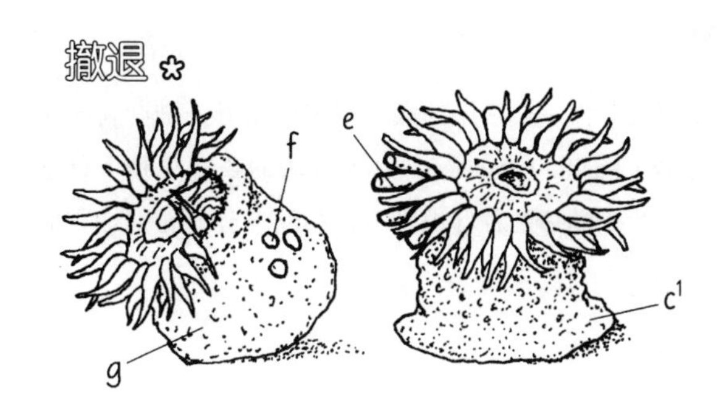

97
竞争：藤壶之间的相互作用

藤壶算是人们较为熟悉的一类海洋生物了。虽然藤壶的成体是固着生长的，但其在幼体阶段中先经历了游动和爬行这两个过程。因此，处于介形幼体阶段时，藤壶对固着地点的选择关乎成体的存亡。一个适宜的固着地点，既要有稳定的食物来源，也要与同一物种的其他成员保持足够近的距离（见第 81 节）。因此，藤壶进化出了复杂的机制，以确保幼体选择的固着点能够成功维系成体的生存。在这一节的内容里，我们将要介绍藤壶选择固着点的方法，以及该选择对不同种类藤壶之间的相互作用（如对空间的竞争）产生的影响。

请从页面顶部的底图开始上色。底图中，欧洲藤壶的幼体正在寻找合适的固着点。

丹尼斯·克里斯普（Dennis Crisp）博士等人对常见于美国大西洋沿岸潮间带的欧洲藤壶（Atlantic barnacle）进行了研究。结果表明，欧洲藤壶的**介形幼体**可以识别**成体**所具有的蛋白质物质，即使成体被移除，其留在原地的**基板**仍具有这种物质。在爬行过程中，一旦欧洲藤壶介形幼体的触角碰到了这种蛋白质，它就会绕圈爬行。在确认行动范围附近存在数个与自己同种的欧洲藤壶成体之后，介形幼体会进入邻近的空地里，缩小爬行范围，判断这片空地的面积是否足够自身生长为成体。如果幼体对该地点满意，那么它就会在此定居（见第 81 节）。这个定居过程能确保欧洲藤壶今后的摄食与繁殖顺利进行，其中，顺利繁殖的前提是固着点周围存在成熟的同种个体。

请给矩形框里的两幅底图上色。在上色过程中，请注意左图里的太平洋藤壶幼体与左下角人类大拇指的大小对比。右图展现了铅笔状的太平洋藤壶成体，以及成体被移除后留下的基板。

在美国太平洋一侧沿岸的潮间带中生活着一种藤壶——**太平洋藤壶**（Pacific barnacle）。这种群居的藤壶总是十分紧凑。太平洋藤壶**幼体**的种群识别方式与欧洲藤壶相似，它们会在固着前用（类似于）前文所讲的方法找到同类。然而，太平洋藤壶幼体在固着时总是挨得很近，个体之间的空隙很小，不足以让幼体横向生长。因此，太平洋藤壶只有选择向上生长，才能长为成体。由于空间拥挤且向上生长，太平洋藤壶长成了铅笔形成体，而不像其他藤壶那样长成火山形成体。与火山形藤壶相比，**铅笔形藤壶**附着在基质上的面积较小，因此其更容易被捕食者或者漂浮物带走，只留下空空的基板。

请给页面下方种间定居的案例上色。在上色过程中，请给页面底端的几个箭头涂上与欧洲藤壶成体相同的颜色。

虽然藤壶属（*Balanus*）动物会在选择固着点时识别与自己同种的个体，但是它们不会识别与自身不同种的个体。因此，如果藤壶属动物的介形幼体无法在周围找到与自己同种的成体，它就会找一处表面粗糙的基质作为固着点。我们在底图里展示的案例，就是以太平洋藤壶的幼体找不到同伴为前提，幼体最终选择了比自身大得多的**鳞笠藤壶**（*Tetraclita squamosa*）的壳板作为固着点。

约瑟夫·康奈尔（Joseph Connell）博士发现了一个更有趣的藤壶种间竞争的案例。在苏格兰大西洋岩岸潮间带的高处，生活着欧洲藤壶和一种**小藤壶**（*Chthamalus stellatus*）。虽然两者可以混合生长，但是欧洲藤壶的个体更大，生长得更快，占据的空间也更大。在生长过程中，由于欧洲藤壶无法识别其他种类的藤壶个体，其并未意识到周围生活着小藤壶。因此，欧洲藤壶与小藤壶的混合生长可能给后者带来以下三种结果：第一，欧洲藤壶长得太大，覆盖在了小藤壶上方；第二，小藤壶与基质的接触面被生长的欧洲藤壶连根铲除；第三，相邻的几个欧洲藤壶快速生长，造成生长于其间的小藤壶死亡。于是，欧洲藤壶群基本将生活在其周边的小藤壶消灭。尽管如此，小藤壶种群仍能在如此激烈的种间竞争中繁衍后代。与欧洲藤壶相比，小藤壶在空气中的耐受性更强，可以生活在潮间带的更高处。

藤壶之间的相互作用

欧洲藤壶的定居行为 ✿

介形幼体 a

运动 a^1

固着点 a^2

成体 b

基板 b^1

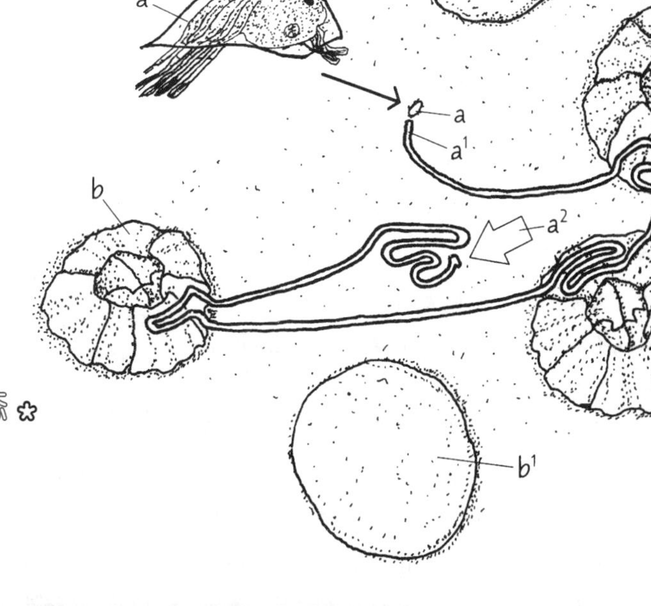

太平洋藤壶之间过度拥挤的状态 ✿

幼体 c

铅笔形成体 d

基板 d^1

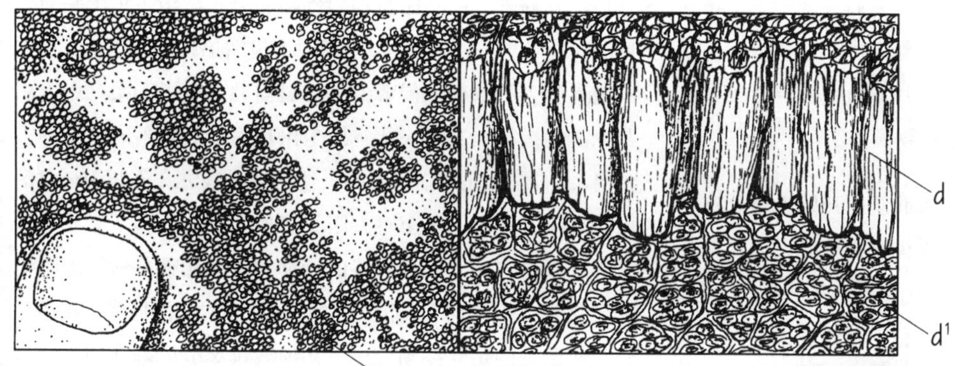

种间定居行为 ✿

鳞笠藤壶 e

太平洋藤壶 c^1

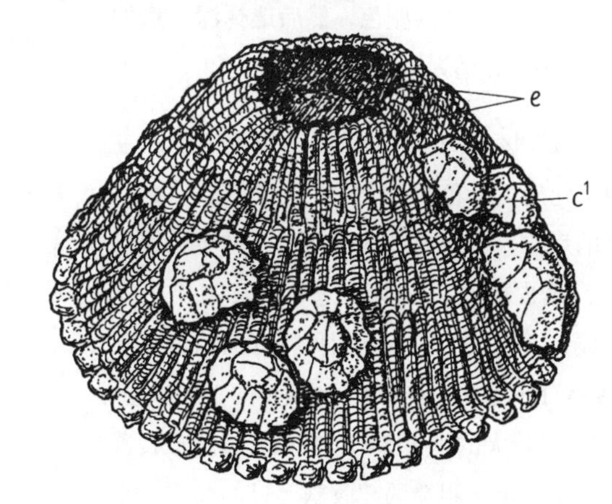

欧洲藤壶 ✿

小藤壶 f

覆盖 ✿

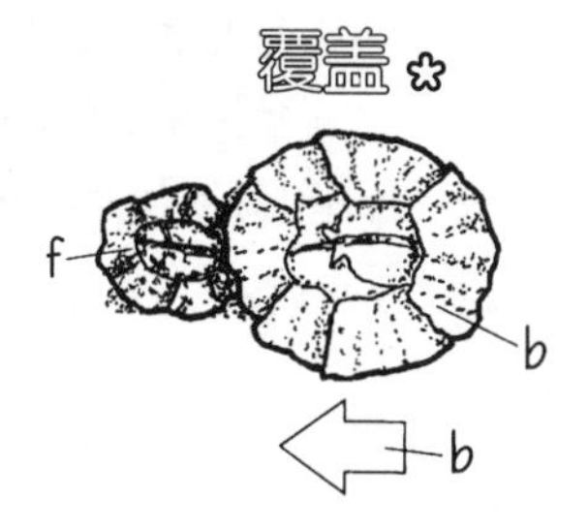

根除 ✿

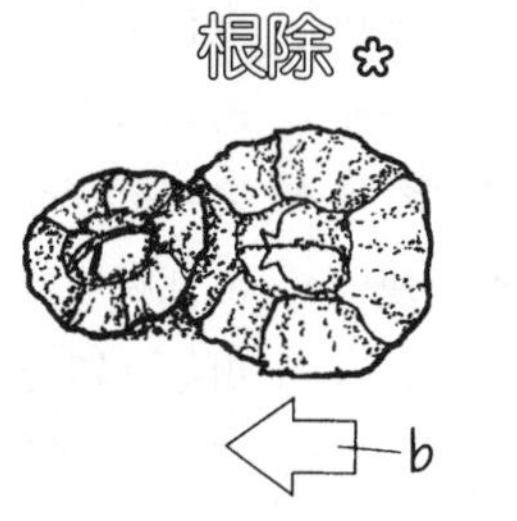

挤压 ✿

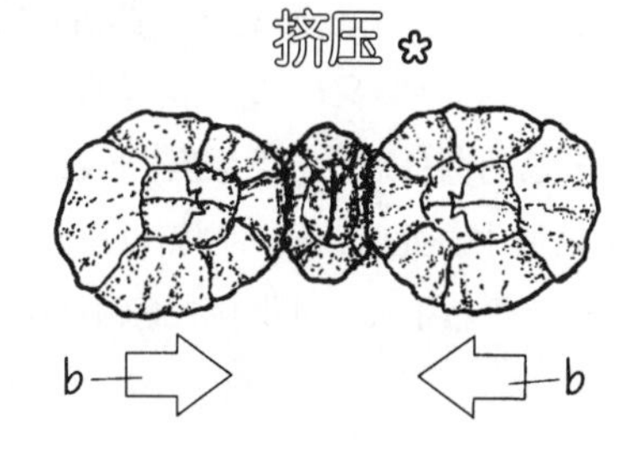

98
“放牧”的帽贝

在海洋环境中，如果某处的资源单一，那么不少生物会为了这一资源进行激烈的争夺。进而，相互竞争的生物之间常常衍生出复杂的关系。对此，我们将要介绍一个十分吸引人的例子，其体现了美国太平洋沿岸的**猫头鹰帽贝**（owl limpet）①及其在潮间带中的竞争者为了争夺“空间”这一最基础的资源而产生的复杂关系。来自美国加利福尼亚州圣巴巴拉的约翰·斯廷森（John Stimson）博士致力于研究这种帽贝，其发现了一些有趣的现象。猫头鹰帽贝体长可达 8 厘米，常见于岩岸潮间带的中潮带，那里的海浪活动往往很强。贻贝和鹅颈藤壶占据着中潮带的亚生境，霸占了所有的开阔空间，排挤其他的生物。在这种情况下，人们会惊讶地发现，密集的贻贝群和鹅颈藤壶群（见第 112 节）中间仍然存在着裸露的斑块状空地。如果凑近一点看，人们就会发现，每块干净的小空地上都有一个大大的猫头鹰帽贝。斯廷森博士认为，生活在此的猫头鹰帽贝是在对这些空地进行“放牧式管理”，它会保护这片空地，避免其他动物入侵。

请从页面顶端的猫头鹰帽贝的腹面观图开始上色。这幅图绘出了猫头鹰帽贝的实际大小。猫头鹰帽贝的壳为深灰色或浅棕色。接着，请给生出藻皮的空地上的猫头鹰帽贝上色，为藻皮涂上浅绿色或黄绿色。在页面右下角的放大图里，请给整个圆圈涂上与“藻皮”一样的颜色，然后选择深一点的颜色给齿舌刮痕上色。最后，请为巢痕也涂上颜色。

猫头鹰帽贝“放牧”区域的平均面积为 900 平方厘米左右，这些斑块状的空地呈黄绿色，与附近相连的岩石裸露区的颜色形成了鲜明的反差。黄绿色来自空地上一种生长缓慢的**藻皮**（algal turf），藻皮的高度约为 1 毫米，其主要由丝状的蓝绿色藻类组成，上部可见猫头鹰帽贝特有的**齿舌刮痕**（radular scraping，见第 106 节）。这些齿舌刮痕呈约 1 毫米宽、3 毫米长的矩形。当体形较大的猫头鹰帽贝在藻皮上边摄食藻类边移动时，其身后就会留下粗糙的“收割”过的藻皮。小一些的猫头鹰帽贝（小于 20 毫米）的齿舌能够将藻皮刮得更深，留下近乎裸露的岩石。每次高潮来临时，这种牧食的帽贝会离开自己的栖息地，留下**巢痕**（home scar），转移到空地的另一个区域中。此时，猫头鹰帽贝所到之处的藻类即使曾被啃噬，也已重新生长，可供猫头鹰帽贝食用。循环往复，这种场景就好像牧场主领着牛到牧场的不同区域里食草一样。经过 4 年的研究，人们发现，许多猫头鹰帽贝在这 4 年里都待在同一块斑块状空地内，对于生活在风浪频繁冲击的生境里的生物来说，这算是很长的时间了。

请给矩形框内位于藻皮之上的贻贝、鹅颈藤壶及捕食性骨螺上色。然后，请为矩形框周围体现猫头鹰帽贝与其他动物之间相互作用的底图上色。在自然条件下，贻贝是蓝色的，鹅颈藤壶为浅灰色或黄褐色，捕食性骨螺则为棕色或橙色。

研究者发现，如果将斑块状空地里的猫头鹰帽贝取走，那么更小的帽贝就会在这块藻皮上摄食藻类，两周之内，它们能将整块藻皮吃成裸露的岩石，让猫头鹰帽贝无法继续“放牧”。此外，由于**贻贝**和**鹅颈藤壶**经常试图占据猫头鹰帽贝的“牧场”，不断挑衅，它们逐步包围了斑块状空地，制造了边界。为了抵御入侵者，猫头鹰帽贝采取了一系列令人眼花缭乱的措施。当斑块状空地上出现另一只帽贝时（图中未画出），居住在此的猫头鹰帽贝便会背对敌方，不断用自己的**贝壳**猛撞入侵者，直至对方因无法抓牢基底而落下岩石或从斑块区撤退。对于逐步入侵的贻贝和鹅颈藤壶，猫头鹰帽贝则会化身“推土机”，用巨大的贝壳将对方推出去，此举可能会使贻贝的**足丝**挪动，或者切掉鹅颈藤壶的**基质附着结构**（basal attachment）。不过，猫头鹰帽贝对付捕食性腹足类动物的手段最为神奇。若是遇上一只偶尔以小型帽贝为食的**骨螺**（见第 79 节），猫头鹰帽贝就不会撞击对方，而是将壳从基底上高高抬起，然后快速地用贝壳的前缘压住骨螺足的前部。为了躲避贝壳的重压，骨螺只能放弃基底，收回自己的足。随后，猫头鹰帽贝便会抬起贝壳，任凭海浪将不具备抓地力的捕食者冲走。

在莫斯兰丁海洋实验室（Moss Landing Marine Laboratories）与斯克里普斯海洋学研究所（Scripps Institution of Oceanography）工作期间，威廉·赖特（William Wright）博士对猫头鹰帽贝进行了诸多研究。他发现，几乎所有大个头的占据一定领地的猫头鹰帽贝都是雌性的。然而，一开始在鹅颈藤壶和贻贝之间落户的猫头鹰帽贝的幼体是雄性。雄性幼体会逐渐长大，离开贻贝群寻找领地，其在长到一定大小之后就会转换性别，由雄性转变为雌性。

① *Lottia gigantea* 无对应的中文物种名，此处按英文俗名“owl limpet”直译。——译者注

“放牧”的帽贝

猫头鹰帽贝 a
贝壳 a¹
足 b
头部 c
口 d
齿舌 e
外套膜 f

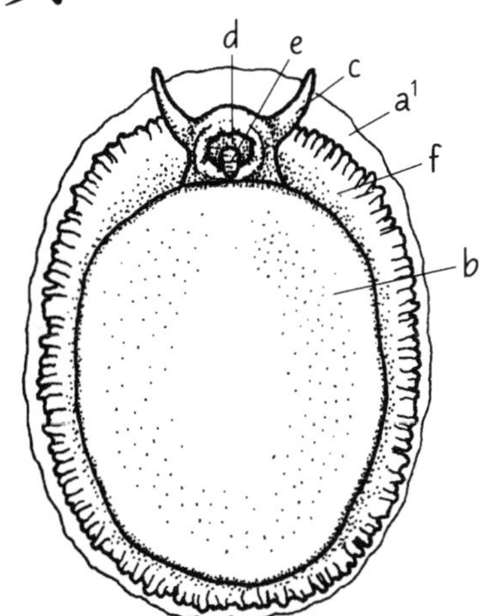

藻皮 g
齿舌刮痕 e¹
巢痕 h
贻贝 i
足丝 j
鹅颈藤壶 k
基质附着结构 l
捕食性骨螺 m
身体 n

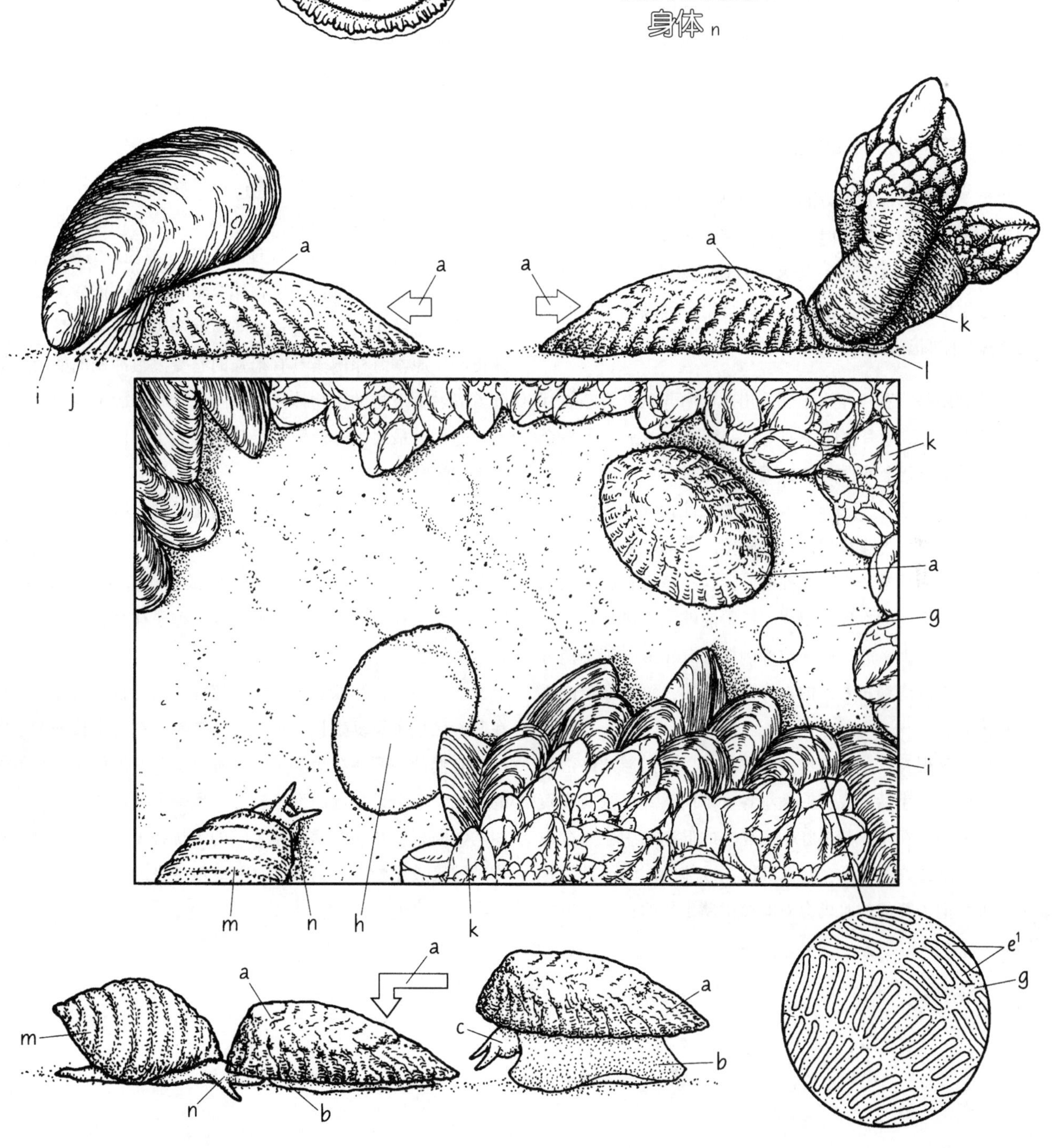

99
海棕榈藻的策略

在岩岸潮间带地区里，每天都发生着植物与固着动物争夺生存空间的故事。在美国西北部的海岸，加州贻贝（California sea mussel）与海棕榈藻（sea palm，一种褐藻）常为了在被巨浪冲刷的中潮带里“扎根”而竞争。贻贝在潮间带中是一种显眼的优势物种，它们可以沿着海岸线大量繁殖，形成长长的贻贝带，这种景观可维持多年。在固着于岩石底质的同时，贻贝会通过坚韧的足丝与其他贻贝个体相连（见第 30 节和第 112 节）。那么，一年生的海棕榈藻是如何在这种环境下与加州贻贝竞争并且存活下来的呢？答案包含了生物因素与物理因素之间有趣的相互作用。

首先，请给页面左上方的海棕榈藻上色。接着，请为页面底部的场景上色。涂色时请注意，倒伏在沙滩上的海棕榈藻的固着器上还长着藤壶，以及一片附生的海藻群。最后，请给矩形框里的图上色。请注意，只需用一种颜色为矩形框中的整株海棕榈藻上色。

海棕榈藻是一种一年生植物，出现在每年的 2 月至 3 月间，然后在 4 月到 6 月之间快速生长。海棕榈藻熬过了整个夏天，到了秋天就会死亡，在 11 月结束之前，所有的海棕榈藻都会“消失殆尽”。每株海棕榈藻都被一个巨大的**固着器**固定在海浪时常光顾的生境里。海棕榈藻的**藻柄**沿着固着器斜向生长，藻柄的顶端长有许多**藻叶**，让这种藻类看起来就像是棕榈树。棕榈树的柔韧性很强，树干能够承受热带狂风的吹扫，在这一点上，海棕榈藻与棕榈树十分相似，其藻柄可以被冲刷上岸的海浪折弯，但在海浪退去后，藻柄又会恢复直立的状态。

海棕榈藻很少以单独一株的形式出现，它们通常以密集成簇的群体形式生活，成员的大小各有不同。海棕榈藻成簇出现的部分原因在于，其在春季和夏季的低潮期中会通过**孢子**来繁殖，因此许多孢子会在海棕榈藻成体的周围或是固着器上生长。孢子释放的时机会对海棕榈藻生长的位置产生重要影响。

在潮间带中广泛分布的**贻贝**，生长过程中主要受到两方面的不利影响：一方面是天敌**赭色豆海星**（purple sea star）带来的威胁（见第 112 节），另一方面则是被海浪冲刷而来的大型物体（如木头）带来的威胁。木头会冲撞贻贝群，挤压、撞开贻贝个体，使得海藻床的底部进一步被海浪侵蚀。大片的底质因此暴露出来，许多种类的**海藻**和**藤壶**会趁机快速地**占据**（colonize）新的空地，建立自己的种群。此时，如果周围恰好一丛海棕榈藻释放孢子，或者携带着海棕榈藻孢子的结构漂到了这片空地上，那么海棕榈藻的幼体会很快占据领地，开始生长。

从某些角度来看，海棕榈藻可以被当作清洁岩石基底的“功臣”，因为它还可以生长在其他生物体上，包括其他藻类和藤壶。海棕榈藻的固着器能够牢牢地抓住下方的生物体，随着固着器生长，下方的生物体会窒息死亡。而后，海棕榈藻的藻柄继续生长，只是长高的藻柄会越来越容易受到波浪的影响。原本海棕榈藻具有很强的忍受波浪冲刷的能力，但随着固着器下方的生物体死亡、腐化，海棕榈藻的固着之处不再稳固。最终，海棕榈藻及其固着的生物体都会倒下，露出下方的岩石。

作为显眼的孢子体，海棕榈藻常常被早秋的风暴刮扯得一塌糊涂。随后，岩石基底在整个冬季中都是光秃秃的。尽管如此，小小的配子体还是有可能继续在这片区域中繁殖，它们或许会在下一年的春季成长为大孢子体植物，建立新的种群（见第 73 节）。

如此一来，海棕榈藻群体每年可以进行自我移除，并且在某一区域中反复生长多年，直到缓慢而稳定生长的贻贝床挤占它们的空间。在潮间带中，海棕榈藻的生长受两个条件的影响：一个是附近的孢子资源；另一个是当地的贻贝对空间的垄断程度及对海棕榈藻生长的干扰程度。后者主要受到物理因素或生物因素的影响，如海浪带来的冲刷物，或是海星对贻贝的捕食。

海棕榈藻的策略

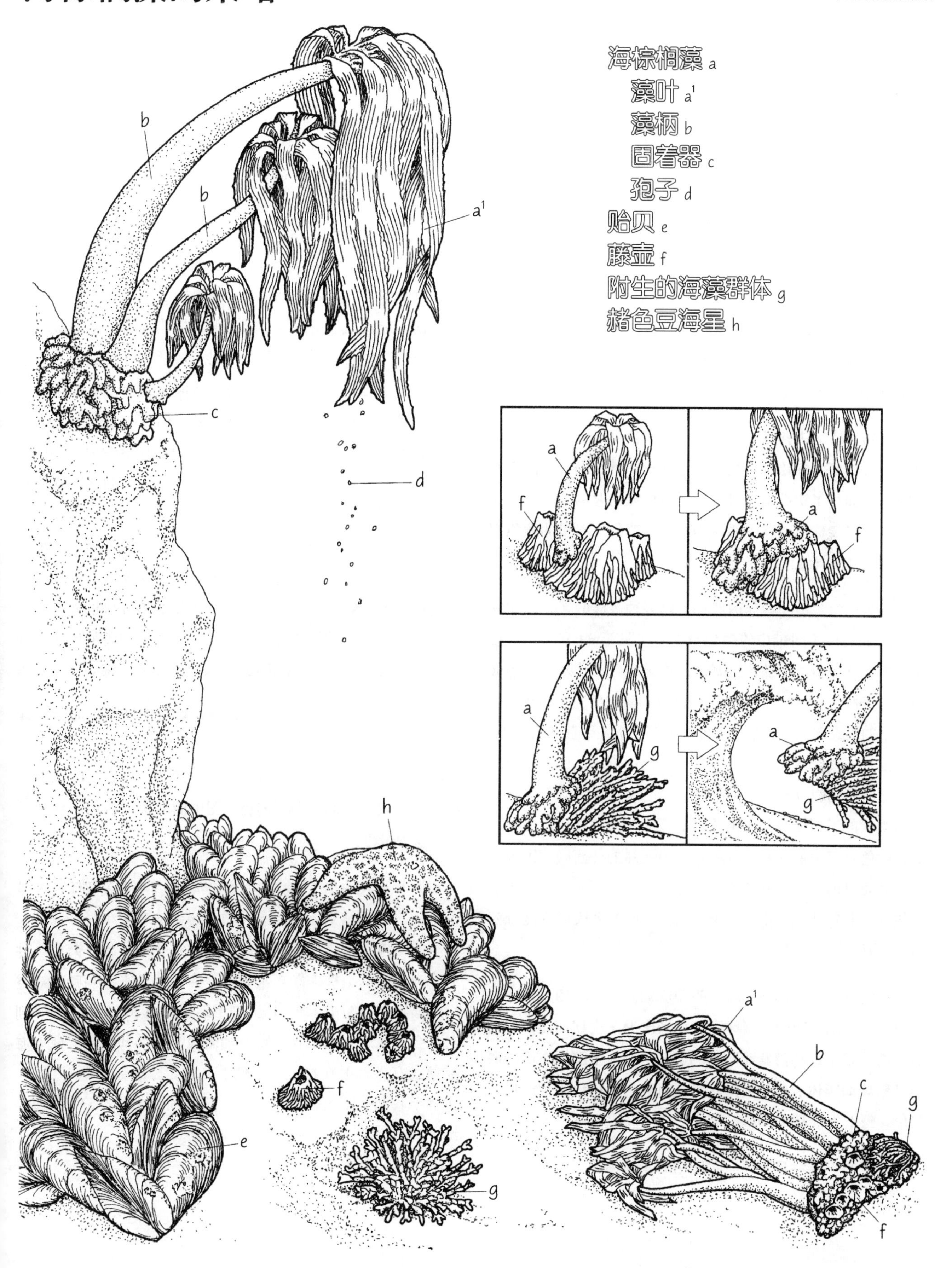
海棕榈藻 a
藻叶 a1
藻柄 b
固着器 c
孢子 d
贻贝 e
藤壶 f
附生的海藻群体 g
赭色豆海星 h

100
海洋无脊椎动物的防御反应

在研究海洋无脊椎动物防御反应的过程中，人们发现了不少有趣的防御方式。某些种类的海洋无脊椎动物会对当地的捕食者表现出防御反应，却对未曾见过的捕食者无动于衷，哪怕这些未曾见过的捕食者与自己的劲敌亲缘关系相近。一些同属于一个类群的海洋无脊椎动物的防御行为十分相似，但该类群中的其他动物则有可能完全不表现出这种防御行为。更有趣的是，亲缘关系相差很远的一些物种却有可能表现出相似的防御反应。在第 100 节至第 103 节中，我们将要介绍海洋动物的几种防御行为。

首先，请给钥孔蝛及其捕食者（赭色豆海星）上色。页面左上方的底图描绘了钥孔蝛在正常状态下的模样，而上方中间的图描绘了钥孔蝛遭遇赭色豆海星攻击时的反应。钥孔蝛的贝壳呈浅棕色，软体部为奶白色。赭色豆海星的颜色则为紫色或是橘黄色。

海星广泛生活于海洋的底部，以多种多样的无脊椎动物为食。生活在潮间带中的**赭色豆海星**（见第 99 节）是常见的海星家族成员。当赭色豆海星用**管足**触碰钥孔蝛（keyhole limpet）时，后者会表现出快速而高效的防御反应。钥孔蝛会将自己的**贝壳**向上推，把一层**外套膜**向上折叠，盖在壳周围，再将另一层外套膜向下折叠，覆盖在**足**的周围。此外，钥孔蝛还会将**水管**直立起来，交叠在壳顶。这样的防御行为有效地用柔软的组织覆盖住了钥孔蝛的壳，让赭色豆海星无从下手。赭色豆海星似乎总是避免触碰钥孔蝛的外套膜，因为当赭色豆海星的管足碰到覆盖在贝壳上的外套膜时，管足无法吸住并举起钥孔蝛。由此看来，钥孔蝛的外套膜或许能分泌赭色豆海星排斥的物质。

请给页面中部体现紫球海胆和皮韧海星互动场景的底图上色。请注意，图中的紫球海胆已经击退了皮韧海星，皮韧海星的管足上还粘着紫球海胆的叉棘。页面中部最左侧的底图是紫球海胆体表的放大图。紫球海胆为紫色；皮韧海星为灰色，身上分布着红色斑块。

接下来，请将目光移向底图中的**紫球海胆**（见第 5 节）。看到它如此“棘手”的模样，我们会好奇是否有动物会捕食这种外表尖锐的猎物。然而，“勇士”的确存在，只要有机会，许多海星就会摄食海胆。其中一种海星便是**皮韧海星**（leather star）。皮韧海星生活在北美洲的西部海岸，以海胆为食，特别是那些生活在美国加利福尼亚州南部离岸浅水海底的紫球海胆。当皮韧海星接触紫球海胆的体表时，紫球海胆会根据情况做出以下反应：第一种，快速逃走，据观察，在接触企图进攻的皮韧海星的管足之后，紫球海胆会以平时行动的三倍速度逃离危险。第二种，紫球海胆会运用叉棘进行防御。**叉棘**是海胆的带柄的特殊附肢，拥有两种或更多种形态，它们遍布海胆的身体，每根叉棘具有三个粗壮的带关节的颚片（见第 41 节）。当捕食者靠近时，海胆会将**管足**拉回，把**棘刺**摊平，再将叉棘竖起来，用叉棘的末端抓住海星的皮肤狠掐。在某些情况下，海胆还会用叉棘的颚片划伤海星，利用毒腺分泌有毒液体，并将毒液注入到海星身上的伤口中。如此一来，海星的捕食意志便被削弱了，海胆顽固的反击将海星折磨得筋疲力尽，海星会主动缩回自己的管足，管足上往往还带着被连根拔起的海胆的叉棘。

请给页面底部的图片上色，这两幅底图展现了海葵和真旋虫的防御反应。左图展示了它们未受干扰时的正常状态；右图则展现了它们遭遇干扰时的防御状态。真旋虫的触手为橘色或红褐色，栖管为黄褐色。图中的海葵呈灰色，其触手和口盘为绿色。

海葵和真旋虫（feather-duster worm）面对危险时会表现出更为直接的防御行为——单纯地躲避起来。正常状态下，海葵的身体保持直立。一旦被打扰，海葵就会将**触手**缩回中央腔内；如果干扰未停止，那么海葵会排空体内的海水，然后逃离现场（图中未画出）。对于真旋虫而言，只要被触碰，它就会快速地将鳃冠收回碳酸钙**栖管**中。当虫体周围有阴影掠过或有光直射在身上时，触手上的光感受器会获取信息，让触手收回。不过，真旋虫很少长时间将触手缩在栖管内，每次缩回没多久，鳃冠就会再次伸开。

海洋无脊椎动物的防御反应

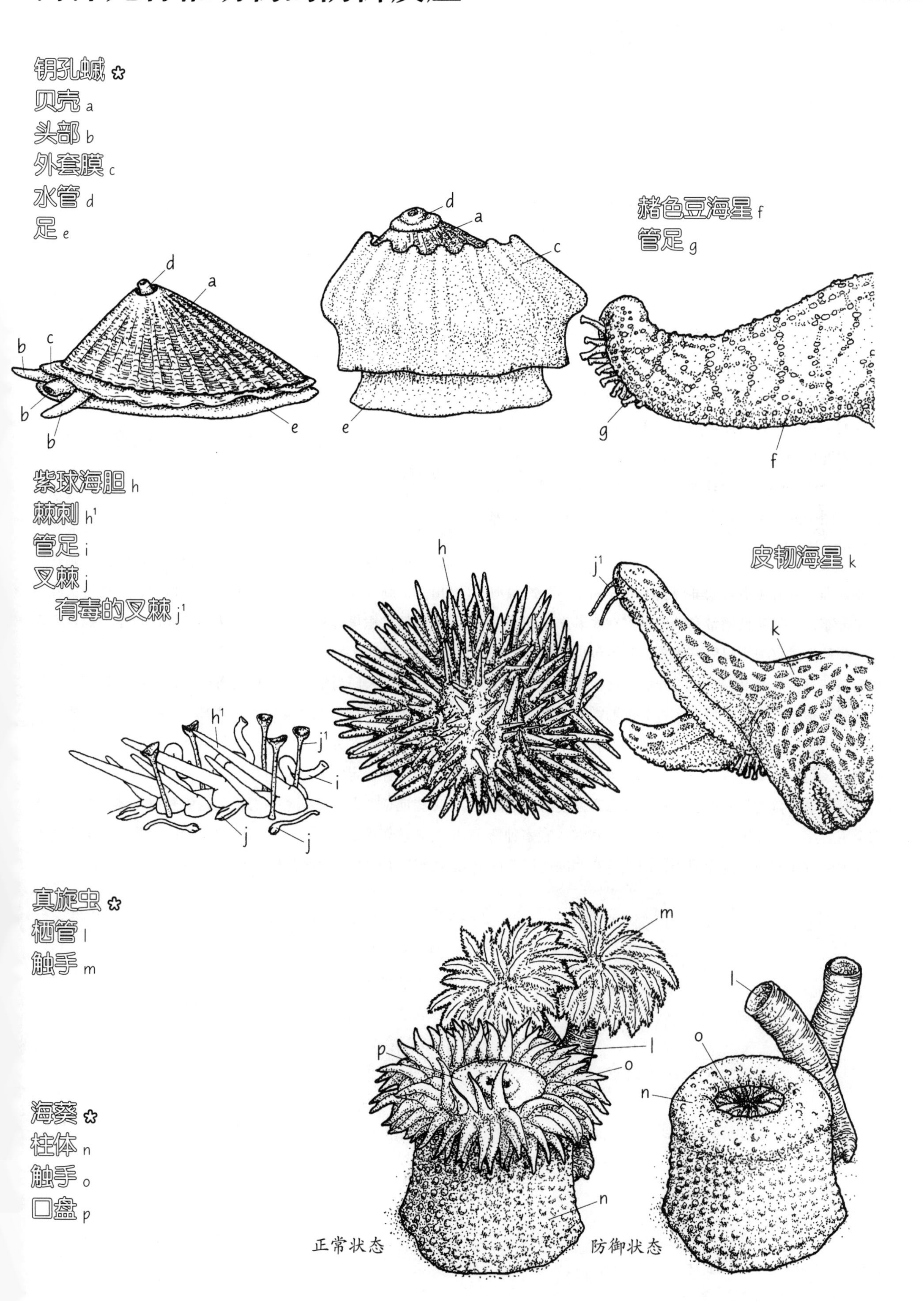

101
防御机制：盗取刺丝囊

大多数蓑海牛（见第32节）主要以刺胞动物为食，它们钟爱水螅和海葵。蓑海牛对刺胞动物的刺丝囊具有抵抗能力，因此刺胞动物的武器对蓑海牛来说形同虚设。有趣的是，蓑海牛不仅能将刺胞动物布满刺丝囊的触手吃掉，还可以把这些刺丝囊回收利用，反过来用刺丝囊保护自己。在本节中，我们将要讲述这种裸鳃类动物是如何实现这个过程的。

首先，请给页面左上方的海葵的触手涂色。然后，请为页面中所有的箭头（b）涂色，箭头指示了蓑海牛将海葵触手上的刺丝囊吞入消化道后刺丝囊的运送方向。接着，请为蓑海牛的露鳃上色，其在自然环境下呈浅粉色。然后，请给页面左侧的蓑海牛的消化道上色。最后，为页面下方的刺胞囊的放大图、盘绕着刺丝的刺丝囊，以及排空刺丝的刺丝囊上色。建议给图中的鱼类捕食者涂上灰色，它正在躲避由蓑海牛露鳃尖端的刺丝囊发射的刺丝。

在北美洲，蓑海牛沿着大陆两侧大西洋和太平洋冷温海域的沿岸分布，常见于低潮带和潮下带。在太平洋一侧的海岸上，一些种类的蓑海牛以海葵为食，其中包括我们之前介绍的华丽黄海葵（见第96节）。一开始，这种裸鳃类动物会接近、触碰海葵，接着它会后退，将头部的**露鳃**竖起来。下一步，蓑海牛会再次前进，开始摄食海葵。蓑海牛之所以要将露鳃直立，把身体藏在露鳃下方，是因为它试图将自己伪装成另一朵海葵，降低猎物的警惕性。蓑海牛偏爱海葵的**触手**，它会用刀片一样的颚[①]将海葵的触手切成碎片。在多种情况下，蓑海牛并未将海葵完全吃掉，因此这些残缺的海葵能再生为完整的个体。当蓑海牛吞下带有**刺丝囊**（见第23节）的部位时，刺丝囊会完好无损地进入蓑海牛体内，而且不会触发刺丝发射机制。直到现在，人们仍未明白为何蓑海牛在吞食海葵时不会触发刺丝囊。或许蓑海牛分泌了一种特殊的黏液，该物质可以抑制刺丝囊的发射机制。在被蓑海牛吞下之后，刺丝囊会沿着蓑海牛体内特殊的纤毛通道从**消化道**被运至**消化囊**（gut diverticula）。消化囊位于蓑海牛的露鳃之中，用以消化食物。然而，刺丝囊不会被消化囊消化，它们会被继续运送到露鳃的尖端。这种尖端生有一个袋状结构——**刺胞囊**（cnidosac），其中排列着特殊的**刺胞囊细胞**（cnidosac cell），细胞收集了尚未被触发的刺丝囊。刺胞囊的开口直接通向蓑海牛的体外。

倘若蓑海牛的捕食者（通常是鱼类）前来觅食，当捕食者粗暴地触碰或者拉扯蓑海牛的露鳃时，刺胞囊周围的环肌就会收缩，然后**排出**刺丝囊。刺丝囊会迅速将囊内的刺丝发射出去，刺丝往往被直接射入捕食者的口中，刺进舌头及周围柔软的组织里。只要遭受过一两次这样的攻击，捕食者就再也不敢招惹蓑海牛了。

目前，人们尚未完全掌握蓑海牛的这种防御机制，只知道，在刺胞囊排出刺丝囊之后，需要3～12天，新的刺丝囊才会出现。大部分蓑海牛仅从它们猎物（刺胞动物）的身体中选择几种特定的刺丝囊留作己用。此外，研究人员还发现了一些证据，那些证据暗示着被运送到蓑海牛体内的刺胞囊里的刺丝囊均是未成熟的结构，这或许能解释为何蓑海牛在运送刺丝囊的过程中没有触发刺丝的发射机制。

① 理论上，蓑海牛没有“颚”，文中的这个身体结构可能偏向于齿舌。——译者注

盗取刺丝囊

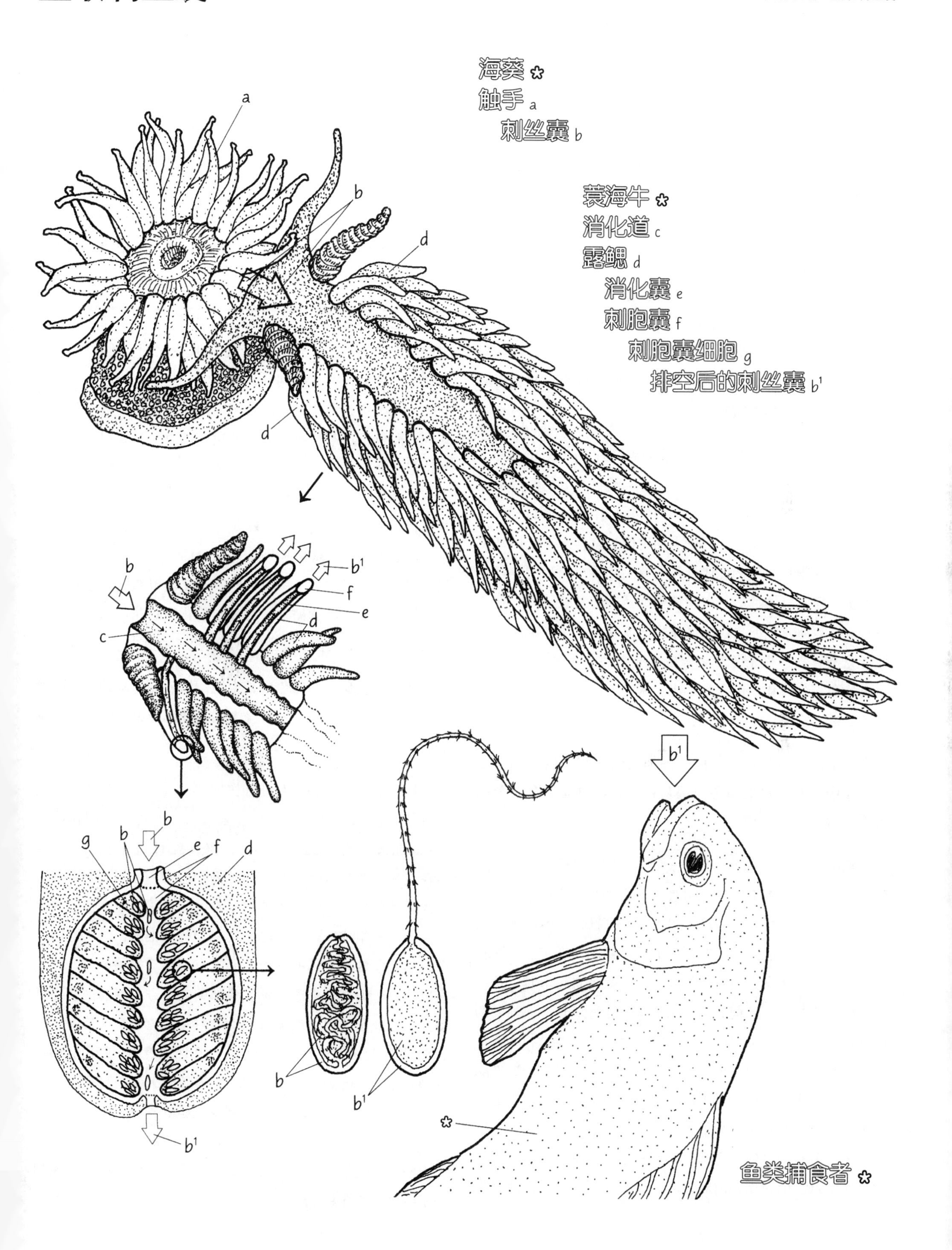
海葵
触手 a
刺丝囊 b
蓑海牛
消化道 c
露鳃 d
消化囊 e
刺胞囊 f
刺胞囊细胞 g
排空后的刺丝囊 b1
a
b
d
d
b
b1
f
e
d
c
b
g
b
e
f
d
b
b1
b1
b1
鱼类捕食者

102
防御机制：带刺的诡计

许多鱼类会选择棘刺作为自己的防御武器。在前面的内容里，我们已经介绍了带有毒刺的狮子鱼（见第63节）、毒鲉（见第64节）和星鰧鱼（见第46节），这些鱼类的防御机制十分有效，它们的毒刺对天敌和猎物来说都是致命的。在本节中，我们将要介绍几种能够灵活运用棘刺保护自己的鱼类。

页面右上方的底图展示了正常状态下和膨胀状态下的刺鲀，请从它们开始上色。膨胀状态下，刺鲀身上的棘刺都立起来了，请为刺鲀的棘刺和身体涂上相同的颜色——浅灰褐色；正常状态下，棘刺均倒伏，请给这些倒伏的棘刺和刺鲀的身体涂上一样的浅褐色。

说到带刺的鱼，人们可能最先想到刺鲀（porcupinefish），它是长有最多棘刺的鱼类。刺鲀广泛生活在全球的温暖水域中，体长可达1米。通常情况下，刺鲀会在珊瑚礁的石头缝间搜寻软体类、甲壳类和棘皮类动物作为食物，它会用坚硬的鸟喙状的**颌**将猎物的壳或骨骼咬碎。此时，刺鲀的**棘刺**呈倒伏状，朝向身体后方。当刺鲀受到骚扰或是威胁时，它会快速地吞咽海水，使自己的**身体**膨胀成球状。原本倒伏的棘刺会完全直立，整条鱼看起来极具威胁性。一旦危险消失，刺鲀就会立刻将体内的海水排出，恢复正常状态。南太平洋岛屿上的居民一度用刺鲀带刺的皮肤制作头盔。

请给刺尾鱼及从它的体壁内伸出的棘刺（放大图）上色。图中，刺尾鱼的体色为银灰色，棘刺周围生有一个亮橘色的圈。

刺尾鱼（surgeonfish）也是一类常见的珊瑚礁居民。这类鱼的体形中等，体长为15~60厘米。它平时主要用小而突出的**口部**啃食丝状藻类。一旦入侵者前来打扰，原本性情温和的刺尾鱼就会竖起位于尾柄两侧的一对棘刺。事实上，这对棘刺是铰接在鱼尾端的特化的鱼鳞。当棘刺立起来时，其锋利的内缘会朝向鱼体前方；当刺尾鱼平静下来时，棘刺会倒伏，收回体表的沟里。刺尾鱼的棘刺像刀刃一样锋利，常常划伤粗心的渔民。棘刺可能是挥砍其他鱼类的武器，也可能只是吓唬敌人的摆设。对于许多种类的刺尾鱼而言，体色与棘刺所在位置的颜色差异很大，发育棘刺的部分常有一个颜色与体色差别明显的实心圆。如果刺尾鱼想发出警告，那么它会摆动自己的鱼尾，向对方展示尾部的颜色，并将棘刺竖起，震慑入侵者。

请给花斑拟鳞鲀上色，在上色过程中请注意，文中讨论的花斑拟鳞鲀的棘刺实际上是背鳍的一部分。花斑拟鳞鲀上方的圆形底图展现了这种坚硬的棘刺收敛时的状态。请给花斑拟鳞鲀的身体涂上黑色，同时为其身上的圆圈和条带留白。花斑拟鳞鲀的嘴部呈橘色，背部则发育了黄黑相间的网状马鞍形图案。

花斑拟鳞鲀（clown triggerfish）生活在热带太平洋海域的珊瑚礁里，其体长介于25厘米到50厘米之间。遇到麻烦时，花斑拟鳞鲀会快速地找到一处小洞穴或是缝隙躲起来。与此同时，花斑拟鳞鲀会直立起**背鳍**上的第一条长棘刺，即第一硬棘，而位于这条长棘刺后方的短棘刺也会紧紧地嵌入指定的位置。如此一来，直立的第一硬棘将花斑拟鳞鲀固定在了小小的洞穴之中，除非捕食者拔掉这根背棘，否则其无法将花斑拟鳞鲀从洞里拖出。而花斑拟鳞鲀若要将第一硬棘折回原位，必须先将短棘刺撤回（短棘刺的作用与手枪的扳机相似，因此鳞鲀又被称为“扳机鲀”）。花斑拟鳞鲀能够在攻击或防御状态下竖起背鳍，因为竖起的背鳍令花斑拟鳞鲀看起来难以对付，也让整条鱼显得更大，更具威慑力。

请给虾鱼身上的黑色条带上色，然后为冠刺棘海胆的棘刺涂上黑色。请注意，虾鱼身上的其他部位是透明的，无须上色。

最后要介绍的将棘刺当作武器的鱼类非比寻常，因为其用以防御的棘刺并不长在自己身上。这类鱼叫作虾鱼（shrimpfish）。虾鱼的体形不大，体长在15厘米左右。其生活在热带太平洋的珊瑚礁区和海草床里。虾鱼的口鼻部很长，身体长而侧扁。它的身体外部生有一层透明的鞘，这层鞘由分离的骨板组成。虾鱼背鳍的第一硬棘呈锥形，位于身体末端，第一硬棘与身体的骨板之间生有可移动的关节。虾鱼一直以垂直于海底的姿态游泳，头部朝向下方，鳍的摆动提供动力。当虾鱼摄食小型无脊椎动物时（虾鱼通常保持静止状态），其看起来就像是一片海草叶。在珊瑚礁内，虾鱼会借冠刺棘海胆（long-spined sea urchin）的棘刺来保护自己。虾鱼瘦长的身体非常适合躲藏在冠刺棘海胆的棘刺之中，如此一来，大部分的捕食者都不敢靠近它。虾鱼的形态和颜色不仅便于躲藏，也便于隐藏自己。由此看来，冠刺棘海胆的棘刺是相当适宜的防御武器。

带刺的诡计

身体 a

鳍 ✿

背鳍 b

尾鳍 c

臀鳍 d

腹鳍 e

胸鳍 f

眼 g

颌／口部 h

棘刺 i

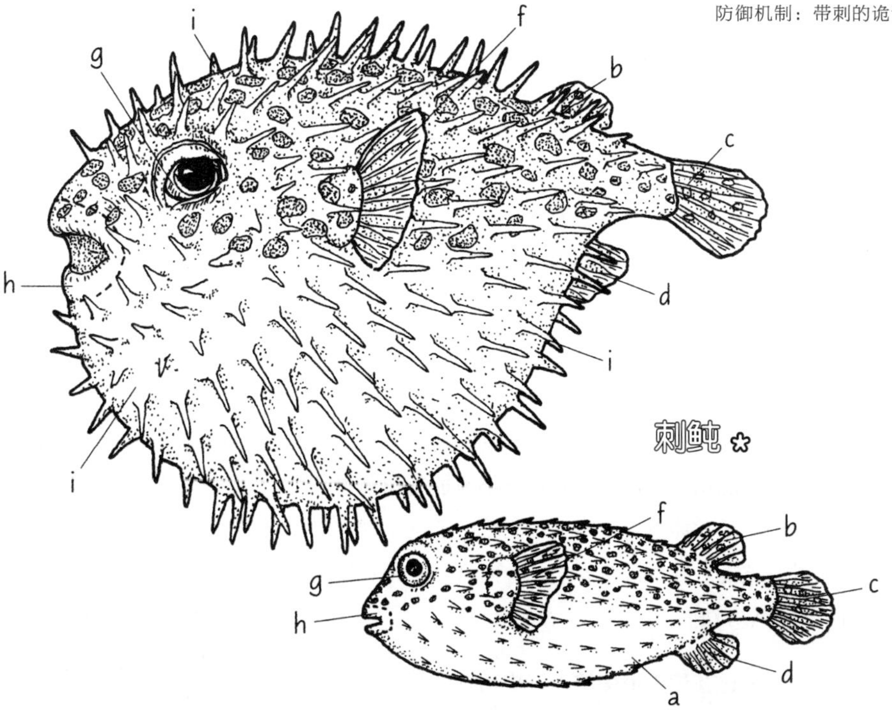

刺鲀 ✿

虾鱼 ✿

冠刺棘海胆 ✿

棘刺 i[1]

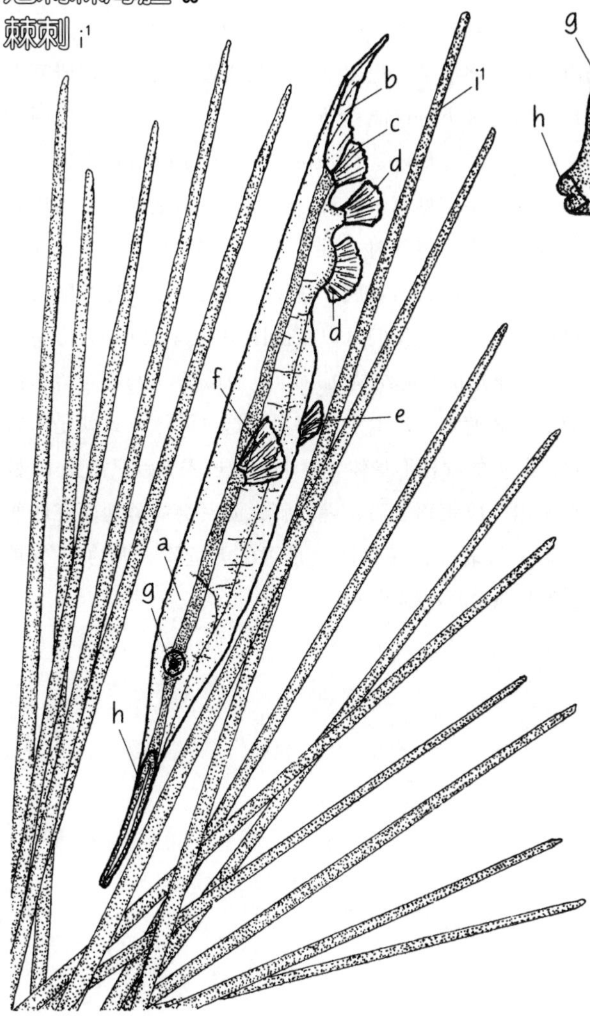

刺尾鱼 ✿

花斑拟鳞鲀 ✿

103
防御机制：向海星说不

我们似乎很难将海星当作具有威胁性的捕食者。潮水退去后，我们在沙滩上看到的海星好像一动不动。此外，水下的海星似乎行动缓慢，好像一点威慑力也没有。然而，如果我们用延时摄影技术捕捉海星的动作并加速观看的话，那么它的捕食行为就变得十分明显了。虽然海星行动缓慢，但是它生有多条腕，与自己的猎物相比，海星的确具有压倒性的力量与优势，它能用数量颇多的管足牢牢地控制住猎物。因此，许多比海星活动能力更强的猎物演化出了一系列应对海星捕食的逃脱技能。在本节内容中，我们将介绍无脊椎动物躲避海星的三种方法。

请给底图中正在逃脱追捕的无脊椎动物及其对应的捕食者海星上色，先从扇贝开始上色，最后给猩红膨大海葵上色。在上色的过程中请注意，粉色的短刺豆海星既是扇贝的捕食者，也是大篮鸟蛤的捕食者，它的捕食行为会引发两类动物的逃逸反应。

与大部分人的想象不同，虽然扇贝是双壳类无脊椎动物，但它的活动性并不是很差。扇贝的闭壳肌既是人们可食用的美味，也是其用来关闭贝壳的工具（见第 29 节）。闭壳肌位于扇贝**壳**的中央，它可以快速收缩，将壳里的海水排出。肌肉质的**外套膜**沿着扇贝的边缘形成排出海水的开口，海水以**喷射**的方式被排出，将扇贝向相反的方向推动。一般情况下，扇贝在游泳时铰合部朝向后方，而开合面则朝前，橘色的双壳一开一合地向前运动，如同“吃豆子”游戏里的主角正向着它的运动方向“咬”海水。而当捕食者（如**短刺豆海星**，见第 8 节）靠近并触碰正在休息的扇贝时，受惊的扇贝就会像底图中画的那样，从身体前端射出水柱，借助水柱从基底一跃而起。扇贝跳起的高度可达 1 米，甚至更高，因此它可以远离海星能够触及的范围。

可惜，这样的逃逸反应并非万无一失。例如，扇贝有时候会垂直于底面一跃而起，随后便落回“原地”，掉在海星身上。

位于北美洲太平洋沿岸的大篮鸟蛤（见第 8 节和第 29 节）是另一种能够“跳”得很高的软体动物。大篮鸟蛤掘穴的深度不大，即使自己被海浪冲刷出来，它也能用巨大的**足**再次挖掘沉积物，隐藏踪迹。倘若海星触碰到它的外套膜、足或是水管，大篮鸟蛤的反应会十分迅速。大篮鸟蛤会将足从米色的壳中伸出，向壳的后下方卷曲。此时，肌肉质的足完全拉长，向地面施加了一个巨大的推力，足如同一个弹簧，能将大篮鸟蛤弹出几厘米远。大篮鸟蛤可以重复这种抛物线式的弹跳动作，直至自己远离危险所在。如果触碰大篮鸟蛤的是人类的手指，或是其他非海星的物体，那么它并不会逃跑，而是闭上双壳，待在原地不动。由此看来，似乎只有海星能够触发大篮鸟蛤的逃逸反应。

虽然海葵看起来像一种不会“行动”的动物，但几乎所有的海葵都能够在某些程度上用**足盘**缓慢地爬行。据研究人员测量，海葵每小时仅能移动几毫米。然而，生活在美国西北部沿海的猩红膨大海葵（*Stomphia coccinea*）在面对以海葵为食的**皮韧海星**（见第 100 节）时可以灵敏地逃脱。当皮韧海星接触猩红膨大海葵时，后者会收回奶白色的**触手**，同时将足盘收起，远离岩石基底。在短短的几秒内，猩红膨大海葵就可以离开底面（我们可以在底图中看到猩红膨大海葵足盘中央呈倒锥形的突起结构）。而后，猩红膨大海葵会以笨拙但有效的方式游走，逃离皮韧海星。这种游泳方式就是前后扭动自己灰色的圆柱形**身体**。整个逃跑过程大致只需要 10 秒钟！在游出一段距离之后，猩红膨大海葵会静静地落在底面上，停留一段时间，探察周边是否已无危险。大约 15 分钟后，它的足盘会再次附着在底面上。

向海星说不

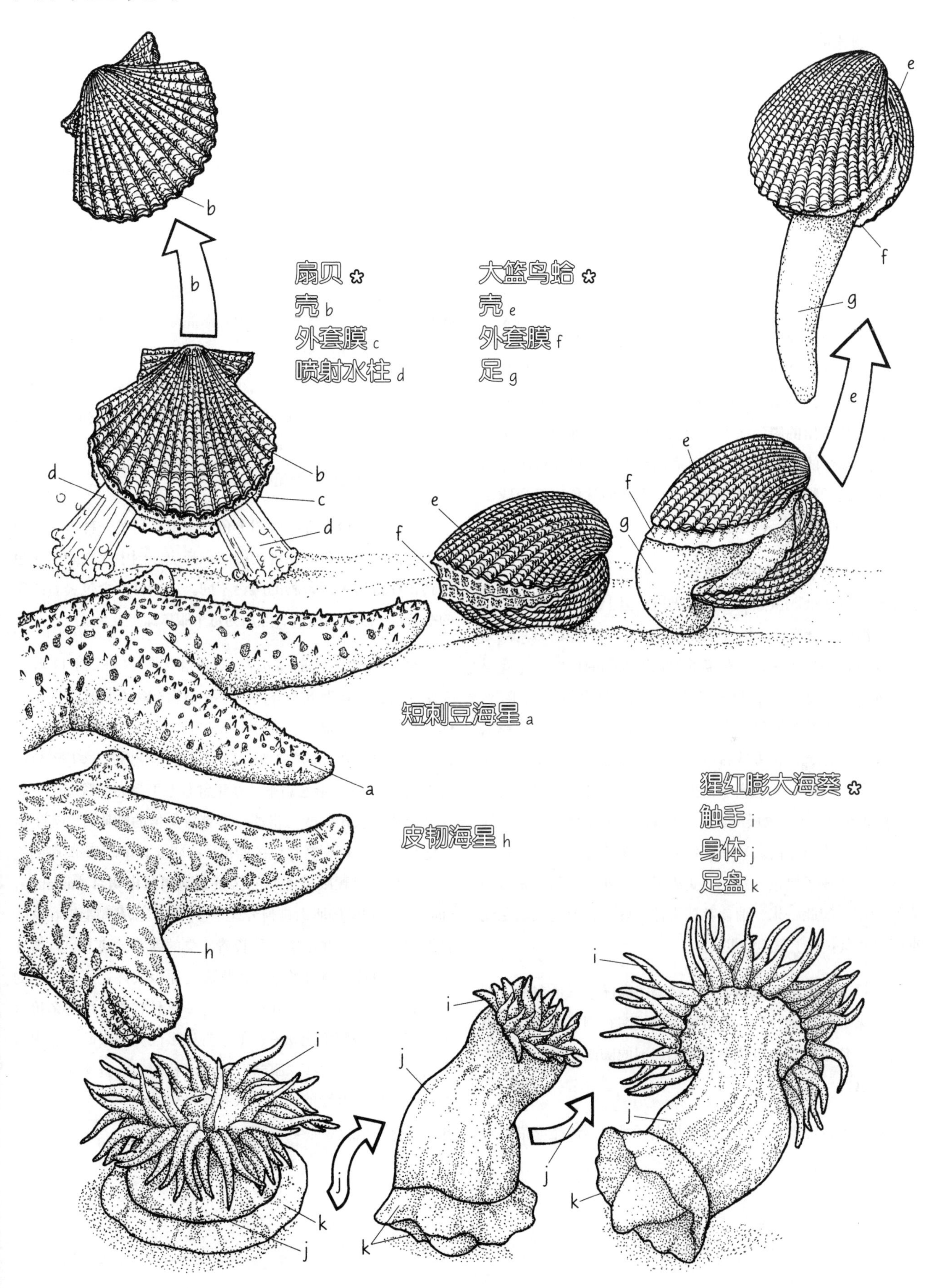
扇贝 ✿
壳 b
外套膜 c
喷射水柱 d
大篮鸟蛤 ✿
壳 e
外套膜 f
足 g
短刺豆海星 a
皮韧海星 h
猩红膨大海葵 ✿
触手 i
身体 j
足盘 k

104
逃逸反应：头足类动物的魔术

在介绍海洋动物的防御机制时，人们定然会提到头足纲软体动物。它们具备无与伦比的急速变换体色的能力。头足类动物既能在抓捕猎物和争夺配偶时主动地运用体色变换技能，也能在保护自己时被动地迅速改变体色。在这一节中，我们将要介绍三种头足类动物的逃脱技能，我们将它们的逃脱技能称为“头足类动物的魔术”。

请从最上方的一排底图开始上色，这一排图体现的是鱿鱼在面对海豚捕食时所运用的防御方法。请先不要使用红色彩笔，将红色留给最下方的一排底图。接着，请为鱿鱼的漏斗结构及其喷出的墨汁涂上相同的深色（灰色或黑色均可）。然后，给墨汁的外缘绘出参差不齐的轮廓线，以体现墨汁无明确形态这一特点。注意，图中正在逃跑的鱿鱼已经变成了白色，因此请留白，不要为其上色。

生活在上层海水中的**鱿鱼**与潜居在海底的章鱼不同，鱿鱼没有藏身之处。虽然鱿鱼行动迅速，但上层海水里的捕食者，如**海豚**或金枪鱼，仍然可以追上鱿鱼，并将其一口吞下。鱿鱼与章鱼和乌贼一样，在接近消化道末端的位置处生有一个墨囊（ink sac）。墨囊里的墨汁会经由直肠和肛门被排出，进入鱿鱼的外套膜腔里。当鱿鱼被海豚追赶时，前者会**释放**胃囊里的**墨汁**，将包裹着黏液的墨汁通过**漏斗**射入水中。同时，鱿鱼会将体表的色素细胞扩散开来，使自己的体色变暗（见第 68 节）。在释放墨汁之后，鱿鱼就会收缩体表的色素细胞，使体色快速变白。这一系列的动作在捕食者看来，就是猎物突然变成了黑色，然后又变成了一团外观与猎物相似的未知物质。如此一来，捕食者被墨汁迷惑，犹豫不决。在此期间，鱿鱼获得了逃跑的机会。

请给页面中部的底图上色，这幅图描述了章鱼在面对石斑鱼时采取的防御行为。请给位于这幅图右侧正表现出震慑行为的章鱼留白，但是请为其眼睛周围的圆圈和腕足的外缘涂上深色。

章鱼不仅能够变换体色融入周围环境中，还能够借助自身特殊的肌肉更改皮肤纹理，使皮肤纹理与周围不规则的背景更加相符。章鱼的隐藏能力十分有效，但是很少使用。

真蛸（见第 80 节）是一种隐秘的潜居**章鱼**，常常潜伏在岩石基底之中，神出鬼没。然而，当面前出现个头更大的移动物体时，真蛸往往会表现出**震慑行为**（dymantic display）。此时，真蛸会在基底上摊平身体，将较深的体色转变为不寻常的苍白颜色，仅在眼部周围和鳃间网（鳃间网连接着章鱼腕的上部）的边缘保留原色。在敌方看来，猎物的眼睛尤为惊悚，而且深色的身体轮廓线让猎物显得特别高大。捕食者（以**石斑鱼**为例）一旦看到这种形象的真蛸，会顿感迷惑而暂停攻击。在此期间，真蛸会迅速喷出一股墨汁，然后躲进岩石裂缝里，消失得无影无踪。

请给页面最下方的底图上色，图中展示了一种水孔蛸属动物在面对金枪鱼时表现出的防御反应。图中水孔蛸的体色与其正在自切的两条腕的颜色不同。请给每一个包裹着眼斑的窄条带（腕节）留白，然后为每个眼斑涂上红色。

水孔蛸属（*Tremoctopus*）动物的体形不大，体长为 20 厘米左右，但在遇到危险时，水孔蛸属动物会拉长自己的身体，避免被天敌捉住。这种生活在大洋上层中的浮游章鱼可以将长在自己背部的一对腕切下来，躲避敌害。这对**可自切的腕**长 15 厘米，形态扁平，在正常状态下呈卷曲状态。一旦受到威胁，水孔蛸就会将这一对色彩鲜艳的腕伸直，亮出沿着腕排列的一颗颗亮红色的**眼斑**（ocellus），而这些眼斑的边缘呈白色。两颗眼斑之间的区域是脆弱的**自切带**（autotomy plane）。自切带的肌肉排列方式十分特殊，水孔蛸能够在这些自切带处自切，并依次释放长着眼斑的腕节。腕节一旦离开水孔蛸的身体，就开始增大，增大的原因或许是原本收缩的肌肉离开主体后舒张。在底图里，一只具有攻击性的**金枪鱼**被眼前怪异的景象迷惑——似乎有许多巨大的眼睛正怒视着自己。事实上，这些“眼睛”是由水孔蛸的腕自切形成的结构。在金枪鱼迟疑的瞬间，水孔蛸已经逃脱。不久之后，水孔蛸特化的腕的基部会重新长出腕节。

头足类动物的魔术

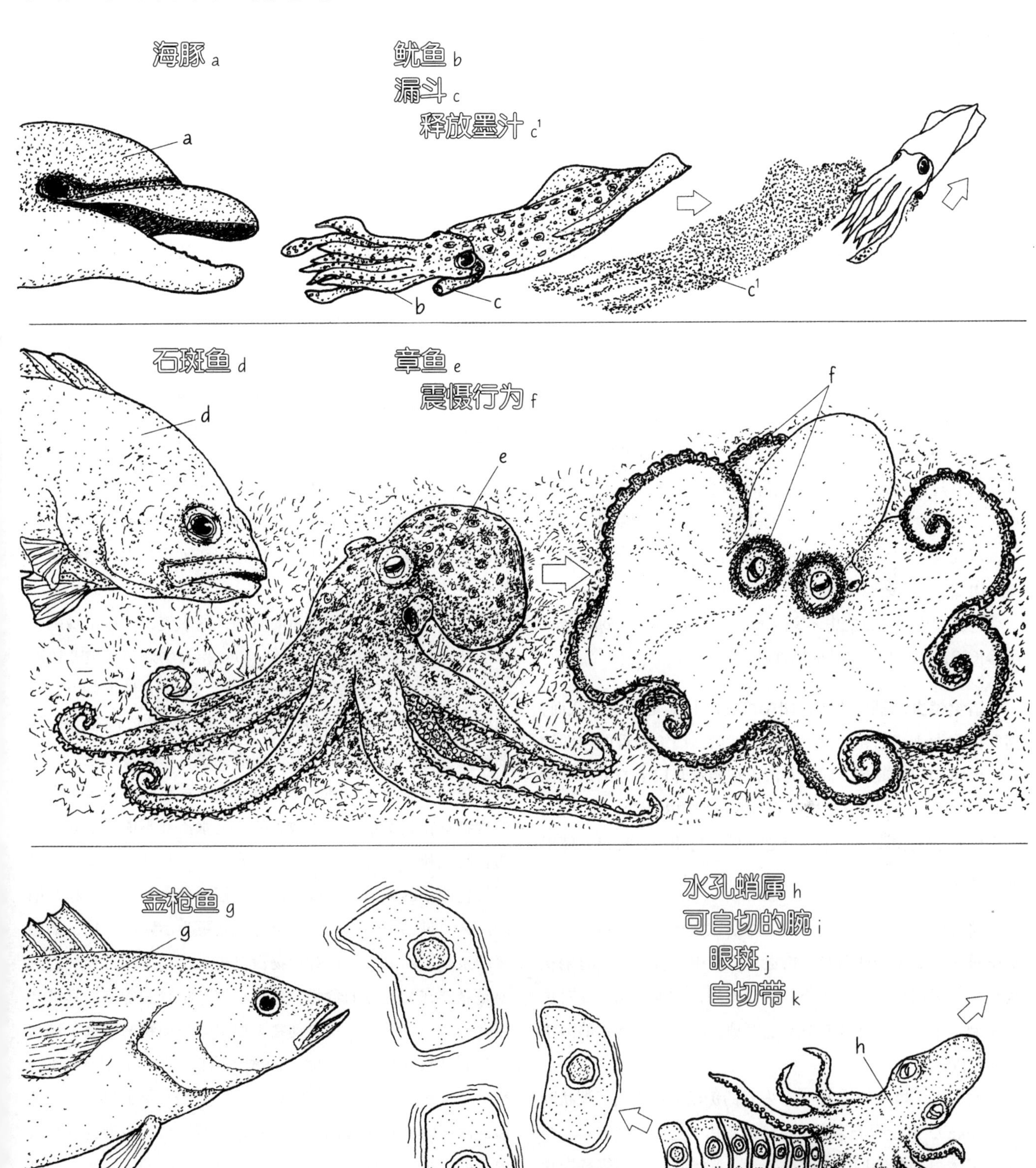
海豚 a
鱿鱼 b
漏斗 c
释放墨汁 c1
a
b
c
c1
石斑鱼 d
章鱼 e
震慑行为 f
d
e
f
金枪鱼 g
水孔蛸属 h
可自切的腕 i
眼斑 j
自切带 k
g
h
k
i
j

105
摄食：滤食形式

对海洋生物来说，许多近岸海洋生境里的海水好似营养丰富的浓汤，“浓汤”中悬浮着浮游动植物，以及一些被海浪打碎的动植物的碎屑颗粒。因此，许多浅海生境里的生物演化出了多种截留悬浮营养的手段。由于这些动物能够从海水中过滤出食物，它们被人们称为“滤食性动物”。在这一节的内容里，我们要介绍两种有趣的滤食性动物。

为了达到从水中滤取食物颗粒的目的，滤食性动物要做两方面的准备。首先，它们必须生活在海水长期流动之处，或是自身能够制造出水流，许多滤食性动物的体表具有纤毛，在海水中快速摆动纤毛就能产生水流。其次，这些动物身上必须长有过滤结构，其上覆有黏液，这样才能粘住悬浮的食物。这种滤食形式被称为“纤毛–黏液式”。在众多海洋动物里，双壳类软体动物、海鞘和许多滤食性多毛虫均是能够完美采用“纤毛–黏液式”滤食的典范（见第 28 节）。

在滤食性多毛虫之中，燐沙蚕（*Chaetopterus variopedatus*）虽然长相古怪，却是高效的滤食者。

请给燐虫的栖管上色，图中绘制的其实是栖管的截面，因此只需为栖管的轮廓涂上颜色。然后，请给栖管的内部涂上与海水相同的颜色，同时为覆盖在栖管开口上方的区域涂上海水的颜色。接着，请挑选 6 种浅色给燐虫上色。请注意，燐虫的黏液网位于躯干前三分之一处，与躯干、疣足、杯形器和纤毛沟重叠。

燐虫属（*Chaetopterus*）动物生活在黄色的牛皮纸状的 U 形**栖管**中，**躯干**为浅灰色。燐虫身体的中后段长有 3 对**扇状疣足**。与运用纤毛制造水流的方法不同，燐虫利用这 3 对疣足来制造水流。扇状体有节奏地摆动，驱使含有食物的**海水**流入管内。

底图中，燐虫的第 12 体节发育的**疣足**则特化成了**翼状叶**（winglike），其上分布着形成黏液的腺体。这些黏液腺体参与制造了燐虫的**黏液网**（mucous net）。翼状叶对着栖管壁向虫体上方拱起，分泌黏液膜，黏液膜则随水流向虫体后方运动，形成了一张网。黏液网的末端与带纤毛的**杯形器**相连，杯形器就位于扇状疣足的前部。当燐虫将海水泵入栖管中时，黏液网能截留海水里的浮游生物。在黏液网的末端，杯形器会将食物颗粒聚集成直径约为 3 毫米的球。接着，翼状疣足会释放黏液网的前端，杯形器会将网与食物一同打包成**食物球**，并将食物球送入背部特殊的**纤毛沟**中。食物球沿着纤毛沟被运送到燐虫的**口部**，然后被燐虫吞食。每吞下一颗食物球，燐虫就会再次形成黏液网，重复前述的步骤。

请给沙钱上色。请为页面中部和左侧底图里的沙钱的口面、口部和食物沟涂上颜色，然后给左侧的沙钱的棘刺和管足上色。最后，请给右侧沙钱床里的沙钱上色。

沙钱的滤食方式比燐虫更高级，沙钱利用生境里的水流运动（例如潮汐水流）来运送食物。在**水流**运动稳定的沙地上，沙钱会将自己的一部分身体掩埋在沉积物中，然后将身体的另一部分立起来，这样一来，它的身体就能与海底表面垂直。沙钱会将扁平的**口面**面向袭来的水流，然后用**棘刺**基部的纤毛制造微弱的摄食水流，以截留食物颗粒。被截留的颗粒会被黏液打包，转运到食物沟里，最后到达沙钱的口部。因此，科学家们曾经认为沙钱也是一种严格意义上的“纤毛–黏液式”滤食者。然而，在仔细研究摄食中的沙钱之后，帕特里夏 · 蒂姆科（Patricia Timko）博士发现，沙钱消化道内的食物颗粒其实很大，而微弱的纤毛水流并不能运送如此大的食物颗粒。经过更为深入的观察，蒂姆科博士又发现，除了打包微小的碎屑，沙钱的确能够捕捉较大的食物颗粒，如硅藻链（见第 19 节），它甚至能捕获更为活跃的猎物，如藤壶幼虫。实际上，沙钱对食物没有表现出明显的选择性，只要是悬浮在其上方的食物，包括浮游动植物和碎屑，其都会摄食。当一只活跃的浮游动物（如甲壳类动物的幼虫）被水流带到沙钱的口面处之时，沙钱会用自己的紫色棘刺（长 4 毫米）将幼虫折叠并包裹起来，制作一个锥形的“囚笼”。随后，沙钱的棘刺和**管足**会将猎物运到距离口面最近的食物沟内。一旦被送入食物沟，猎物就会被短而粗的管足吸住，进而被传送至沙钱的口部。这些管足沿着食物沟的两侧排列，能够协调且整齐地传递猎物。进入沙钱口部的猎物会被彻底咀嚼，吞入消化道中。

滤食形式

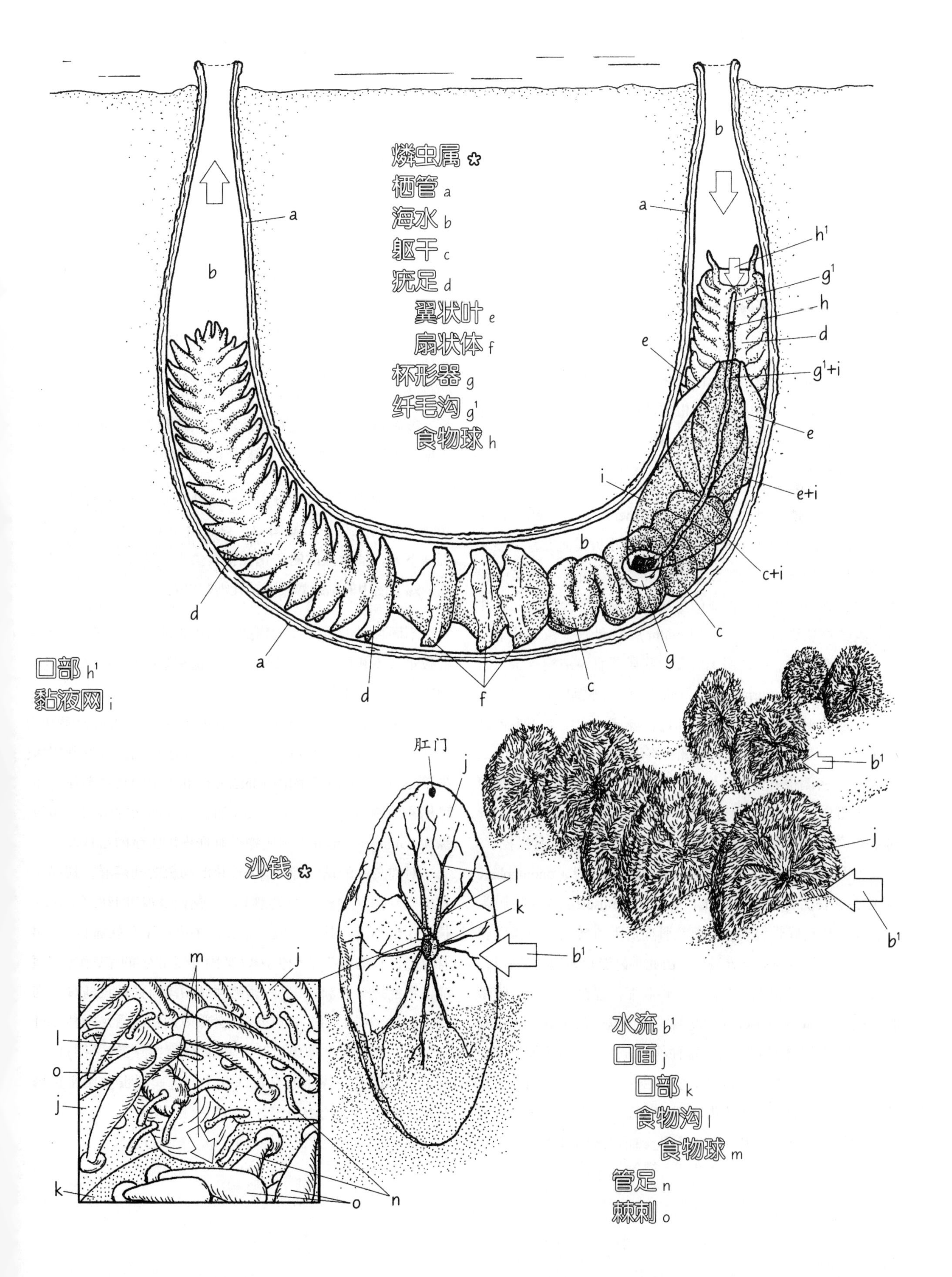
燐虫属 ✿
栖管 a
海水 b
躯干 c
疣足 d
翼状叶 e
扇状体 f
杯形器 g
纤毛沟 g¹
食物球 h
口部 h¹
黏液网 i
h¹
g¹
h
d
g¹+i
e
e+i
c+i
c
g
f
i
肛门
沙钱 ✿
k
l
m
n
o
水流 b¹
口面 j
口部 k
食物沟 l
食物球 m
管足 n
棘刺 o

106
摄食：软体动物的齿舌

齿舌（radula）是动物界中最为非凡的摄食结构之一。除了以原始的滤食方式摄食的双壳类动物（见第30节），其他软体类动物都能够灵活使用齿舌，将齿舌当作最基本的摄食工具。腹足类软体动物能够将齿舌多样的功能发挥得淋漓尽致（见第31节和第32节）。腹足纲的成员不仅能够利用齿舌洗刷基底，还可以使用齿舌捉住、啃咬和吸取食物。此外，它们还能利用齿舌将物体撕碎、在贝壳上钻洞，甚至叉捕猎物（见第108节）。

请给页面左上角紫金丽口螺体内齿舌的大致区域涂上颜色。接着，请给页面中部矩形框内的图案上色，该图为齿舌区域的放大图。在上色过程中，请注意识别功能相反的肌肉，给每条肌肉及其控制的结构涂上相同的颜色。

常见的齿舌结构由坚韧的**膜带**（membranous belt）和锋利的**齿舌小齿**（radula teeth）组成。齿舌小齿横向发育，连续且紧密地排列成行，均匀分布于膜带之上。齿舌小齿是由碳水化合物和蛋白质共同组成的生物聚合物，十分坚固，这种生物聚合物被称为“几丁质”（chitin）。膜带则是位于紫金丽口螺**口**（消化道）中的用于摄食的附属器官，结构复杂。图中的紫金丽口螺（purple-ring topsnail）是一种腹足类丽口螺属动物，常见于美国加利福尼亚州的巨藻床之中。由于齿舌过于锋利，未摄食时，紫金丽口螺会将齿舌收进**齿舌囊**（radula sac）中，密闭保管，以免伤到自己的口部；当紫金丽口螺想用齿舌摄食时，布满小齿的膜带就会从齿舌囊内被拉出，背对基质。齿舌的整个摄食装置都由特殊的肌肉和软骨操控。

如图所示，小齿-膜带结构位于**舌突起软骨**（odontophore cartilage）表面。**膜带伸展肌**（protractor muscle）连接着膜带的底端，拉动膜带绕着舌突起软骨向后下方转动。小齿面朝前方，随着膜带向后下方运动，由此小齿能轻易地向后收折，划过基质。膜带会先完全伸展，再收缩，连接着上端的**膜带收缩肌**（retractor muscle）会将膜带拉回软骨后上方。图中画出了小齿-膜带的收缩方向，这种伸缩方式对于齿舌而言十分有效。当膜带收缩时，齿舌小齿接触到了基底，它们会因摩擦作用而被拉直，齿舌小齿锋利的尖端便会刮锉底表，将底表上的物质撕碎。碎片会被送入紫金丽口螺的口中，进而被吞下。当紫金丽口螺停止进食时，连接着舌突起软骨的膜带收缩肌便会收缩，将齿舌收入齿舌囊中。

连接着膜带的伸展肌与收缩肌持续地对抗，这让膜带进行往返运动，齿舌因此成为一把灵活的“锉刀”，在基质表面来回摩擦。这把不可思议的“锉刀”辅助腹足类动物成了高效的捕食者——家中花园里有蜗牛出没的朋友想必很认同这点吧。

随着摄食次数的增加，齿舌上的小齿会逐渐老化。在这些软体动物的生活史中，若小齿损毁，齿舌囊内则会生出新的排状小齿。每日，膜带会依据横排小齿的生长速度向前生长一段距离。而那些分布在前端的损毁齿舌会不断掉落，位于损毁齿舌下方的膜带也会被软体动物吸收（同化）。

请分别给两个长条框内的植食性软体动物和肉食性软体动物的齿舌上色，每幅图中，只需给一个横排的小齿上色。页面下方，植食性的鲍鱼正在摄食藻类。钻蚝螺是一种肉食性的螺，图中的钻蚝螺正在钻牡蛎的贝壳，打算美餐一顿。

不同种类的腹足类动物拥有的齿舌的大小和形状、小齿的数量各不相同，甚至差别很大。这在某些程度上与腹足类动物的摄食习性有关。

鲍鱼（见第31节）的齿舌可作为介绍植食性腹足类动物摄食工具的范例。鲍鱼齿舌上每排小齿的数量很多。其**中央齿**（central teeth）和**侧齿**（lateral teeth）呈钩状，十分尖锐，可用来切割藻类食物，一般是巨藻。而位于横排小齿外侧的**缘齿**（marginal teeth）则能将割碎的藻类扫入鲍鱼口中。

对肉食性的**钻蚝螺**（oyster drill）而言，齿舌是用来钻凿牡蛎等软体动物外壳的关键工具。钻蚝螺齿舌上每个横排仅长有3个小齿。其中，位于中央的中央齿十分巨大，其上生有3个长长的齿尖，齿尖用以穿凿贝壳。在穿凿工作开始之前，钻蚝螺会先利用蝿足上特殊腺体分泌的酸性物质软化贝壳。每排小齿上的2个侧齿呈钩状，与中央齿的齿尖方向垂直。这些侧齿是“钩肉齿”，一旦钻蚝螺钻穿了牡蛎的贝壳，制造了**穿凿孔**，齿舌就会探入孔中，进而侧齿会抓住猎物，并将猎物身体上的组织碎片拉入钻蚝螺的口中。要钻穿2毫米厚的贝壳，钻蚝螺需要持续工作8个小时左右。

软体动物的齿舌

口 / 消化道 a
齿舌囊 b
齿舌小齿 c
中央齿 d 侧齿 e 缘齿 f
膜带 g
膜带伸展肌 g^1
膜带收缩肌 g^2
舌突起软骨 h
软骨伸展肌 h^1
软骨收缩肌 h^2
穿凿孔 i

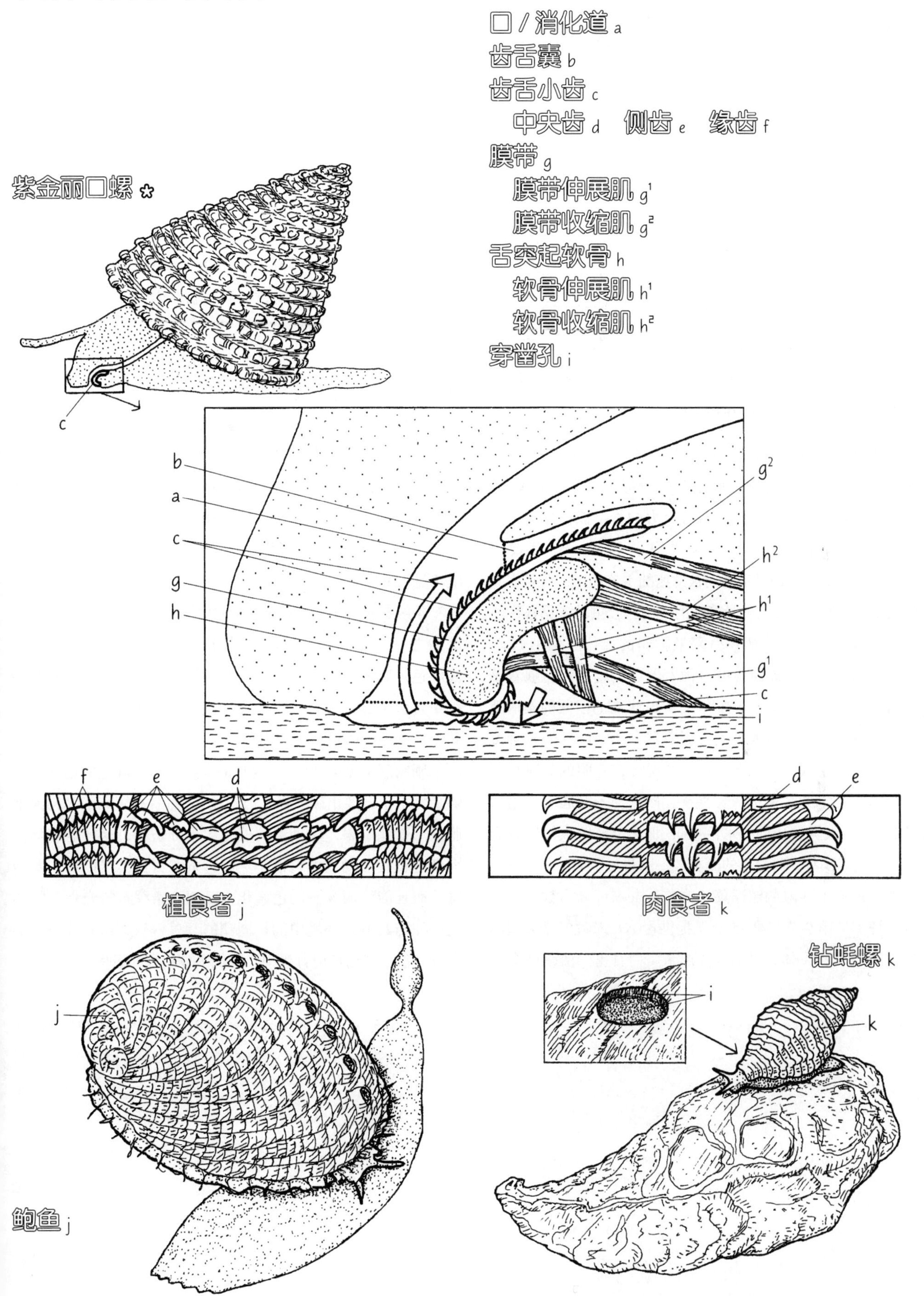

107
摄食：植食性无脊椎动物

大型海洋植物为海洋里的植食性无脊椎动物提供了丰富的食物来源。在本节中，我们将介绍来自北美洲西部海岸的4种植食性无脊椎动物。

请从页面最左侧的海胆和巨藻开始上色。接着，请为右上方的漂浮藻和滩跳虾上色。在上色的过程中请注意，这些漂浮的藻类是从海底的巨藻上分离出来的。然后，请按照文中的介绍顺序给右侧的其他植食性无脊椎动物上色。条纹石鳖的壳板与珊瑚藻的颜色相同。可以将壳板上的细线条留白，因为它们在现实生活中通常是白色的。

海胆是美国加利福尼亚州南部海藻林里的常见物种之一。其常出没于岩石的表面和缝隙之中，静待自由漂浮的藻类。一旦有藻类经过，海胆就会用具有吸力的管足抓住藻类，然后用“五辐形”的亚里士多德提灯结构（见第41节）吞噬食物。如果漂浮的藻类因风暴潮而被急速的水流冲走，或是因其他情况而供应不足，那么饥肠辘辘的海胆就会主动寻觅食物。

位于固着器上的藻柄是**巨藻**最脆弱的部位（见第11节和第21节）。饥饿的海胆会沿着固着器往上爬，然后顺着藻柄一路啃食。有时，海胆能够将一株20米高的巨藻的藻柄啃掉相当大的一部分，导致藻柄与固着器分离。巨藻偶尔会被海浪冲到海洋中或是沙滩上。通常情况下，海胆的数量与其所需的藻类食物的数量维持着平衡，然而，若海胆大量增殖（诱因通常为人类造成的海水污染），那么“海胆大军”就会遍布广阔的海藻林，将林里的藻类“一网打尽”。

被海浪冲上沙滩的**漂浮藻**（drift algae）可以为数量庞大的**滩跳虾**（见第9节和第35节）提供食物。滩跳虾是大型的端足类甲壳动物，体长可达到4厘米。白日里，滩跳虾会在沙滩的高处挖掘洞穴；入夜后，滩跳虾则在低潮期间出来觅食。滩跳虾具有强壮的咀嚼式口器，能够在一个低潮期内吃掉大量的漂浮藻。滩跳虾似乎很喜欢摄食大型褐藻，这或许是因为大型褐藻更嫩，易于咀嚼。此外，滩跳虾还喜欢吃沙滩上最新鲜的藻类。滩跳虾能够把大型海藻分解成小碎片，这些小碎片可以被其他海洋动物摄食。因此，在分享食物这方面，滩跳虾可是“大功臣”。

另一种偏爱摄食大型褐藻的无脊椎动物是一种小型**帽贝**，这种帽贝体长为15毫米左右。其既以**优秀藻**（feather-boa kelp）为食，也以该种藻类为家。优秀藻生活在岩岸潮间带的低潮区和潮下带生境中。其藻柄呈条带状，长度可达6米。这种帽贝会沿着藻的中线开始啃食，留下带有痕迹的**啃食区**（grazed area）。实际上，啃食区是由帽贝的齿舌开凿出来的，而帽贝本身就生活在啃食区中的某处，开凿的痕迹被称为巢痕（见第98节）。

条纹石鳖（lined chiton）是北美洲西海岸最显眼的潮间带动物之一。这种小型软体动物体长约为5厘米，**壳板**通常呈浅红色，其上长有“之”字形的色彩交替的线条，线条的颜色组合包括深红色-浅红色、深蓝色-红色和浅蓝色-红色等，其中最常见的颜色组合为白色-红色。条纹石鳖是少有的以坚硬的**珊瑚藻**（见第20节）为食的动物之一。红色的珊瑚藻能够从海水中分离出碳酸钙（石灰质），然后利用碳酸钙构建细胞壁。如此一来，珊瑚藻的外壳会十分坚固，这样能够降低大部分植食性动物的食欲。然而，条纹石鳖不仅以珊瑚藻为食，而且能将珊瑚藻的色素化为己用。条纹石鳖壳板上的颜色往往与其所处环境中的珊瑚藻的颜色一致，这有效地帮助条纹石鳖隐藏在环境背景中，降低了被捕食的概率。

植食性无脊椎动物

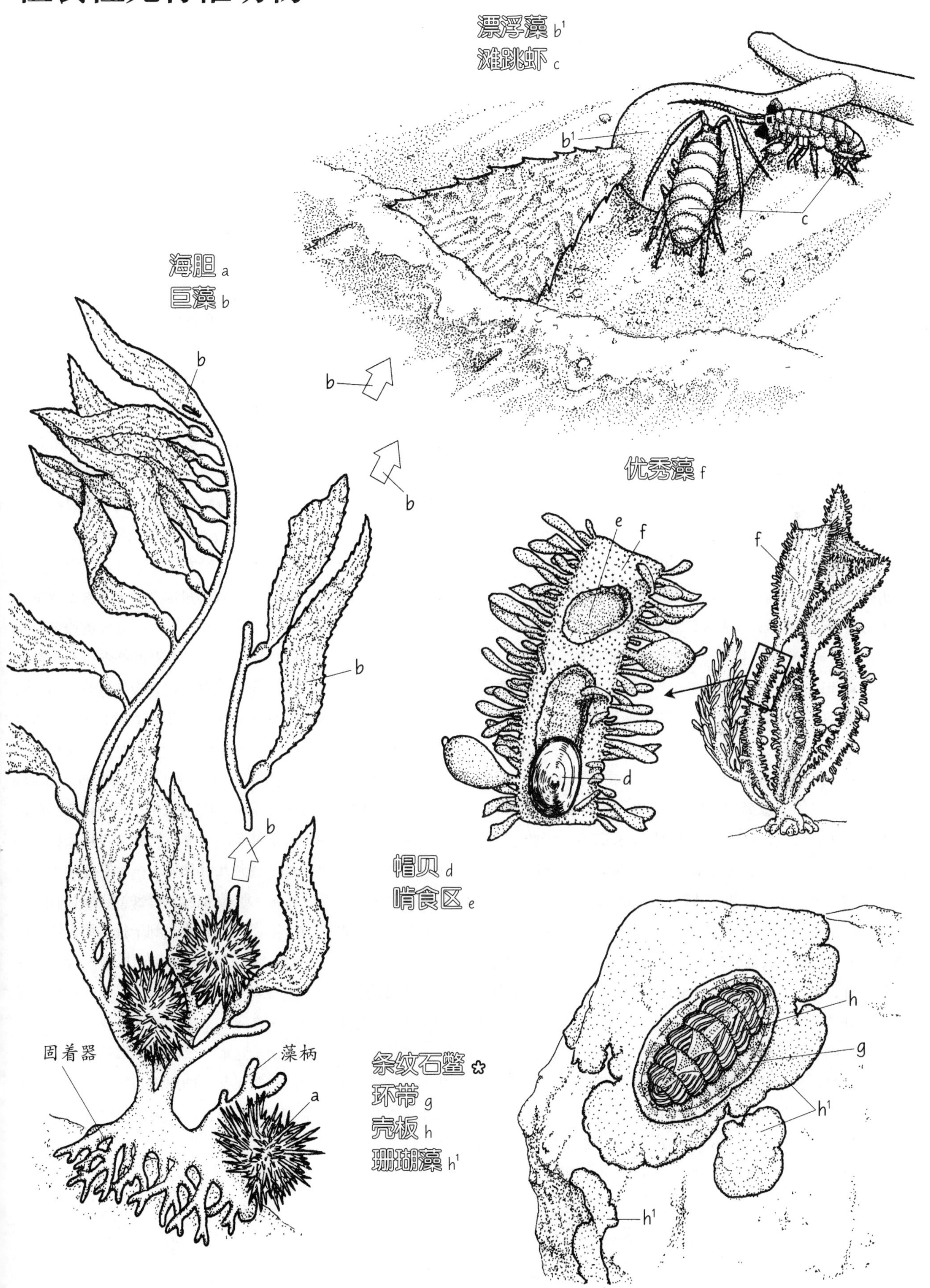
漂浮藻 b¹
滩跳虾 c
b¹
c
海胆 a
巨藻 b
b
b
b
b
b
优秀藻 f
e
f
f
d
帽贝 d
啃食区 e
固着器
藻柄
a
条纹石鳖 ✿
环带 g
壳板 h
珊瑚藻 h¹
h
g
h¹
h¹

108
摄食：掠食性无脊椎动物

人们似乎倾向于将所有的无脊椎动物视为行动迟缓、乏味的动物。然而，许多例子都能够证明这种观点是错误的，如掠食性无脊椎动物。这些无脊椎动物具备的掠食技术能够与掠食性脊椎动物相匹敌，甚至比脊椎动物的技术更加高超。

请从芋螺开始上色，然后根据文中的介绍顺序给捕食者们上色。至于这5个例子中的猎物，可以将它们留白，或者涂上灰色。

芋螺（cone snail）是热带和亚热带太平洋与大西洋浅海生境里数量最多的类群之一，其种类繁多，体长为2～25厘米。芋螺的猎物也十分多样化，小至多毛虫，大至小型鱼类。芋螺猎捕所使用的工具是“鱼叉”，这种“鱼叉”实际上是它特化的**齿舌**，齿舌尖端长有矛枪状的倒钩。齿舌中央有一道沟，沟直通连接着齿舌囊的腺体，腺体能够将有毒物质顺着齿舌注入猎物体内。当芋螺发现猎物时，它会将自己的**吻部**靠近猎物，然后通过收缩肌肉球向猎物发射“鱼叉”。被“鱼叉”击中的猎物会被毒液迅速制伏。之后，芋螺会将自己的吻部收回，把猎物拖入口中。以鱼类为食的芋螺能将整条鱼吞下，吞下猎物后，它的身体可以膨胀得相当大。芋螺所具有的毒性对人类来说可能是致命的。因此，在野外遇到芋螺时，我们最好与这种带有美丽**螺壳**的动物保持一定的距离。

虾蛄（见第82节）是另一种具有攻击性的无脊椎动物。虾蛄属于甲壳类，又称“螳螂虾”，之所以得名“螳螂虾”，主要是因为其特别的形态。虾蛄的眼睛长有柄，而且它时常高举**螯**，如此具有震慑力的样子让人不禁联想到陆地上的螳螂。目前，世界上已知的虾蛄种类约有300种。虾蛄的体长为5～30厘米。它们生活在软质底的洞穴中，或者岩石与珊瑚礁石的缝隙里。大部分虾蛄以身体较软的无脊椎动物为食，如螺或虾，但一些虾蛄也会捕食鱼类。虾蛄通常在自己洞穴的入口处等待猎物。一旦猎物到来，虾蛄就会快速游出，然后向猎物挥砍巨大的螯肢。虾蛄螯肢的最后一节已特化为扁平的刀片状，其边缘排布着锋利的棘或是刀刃结构。这种扁平的“刀片”可以向螯肢的后方折叠，钳住猎物。对渔夫们来说，虾蛄的“名声”并不怎么好，因为它们常常缠在渔网上。若要将虾蛄弄下来，渔夫们的手指总要吃不少苦头，因此虾蛄又被渔夫们戏称为“拇指切割器”。

底图中的**海葵**是一类较为温柔却同样致命的捕食者。其体形较大，直径为15厘米左右。图中，这种海葵正用**触手**缠绕着一只海燕。这种海葵会等待猎物靠近自己，然后将触手上成千上万的刺丝囊射向猎物。其能够快速地制伏大个头的猎物，如海星，尽管这种海葵捕食海星的情况很少见。

页面下方绘制了一条大型**章鱼的腕**，腕正缠着一只螯龙虾。八腕章鱼的主要食物是蟹类和龙虾类。一旦章鱼带有**吸盘**的腕捉住了猎物，猎物就会被牵制住，动弹不得。此时，章鱼就会用形似鸟喙的嘴啃咬猎物。接着，由章鱼特化的唾液腺分泌的毒液就会从伤口处流入猎物体内。章鱼利用消化酶消化猎物，而后一点点吸出已被消化的组织，最后只留下猎物的一层空壳。对于捕捉章鱼的人而言，被章鱼的触手缠住并不算什么，因为被章鱼咬到的情况要严重得多。

科学家们十分关注生活在热带太平洋里的**长棘海星**（见第94节）的捕食习性，因为这种海星以食用珊瑚为生，而且尤为喜爱造礁珊瑚（见第12节和第13节）。与许多种类的海星一样，长棘海星可以将胃外翻，并用胃覆盖猎物（底图中以脑珊瑚为例），而后会分泌消化酶，消化珊瑚虫的组织。因此，猎物在海星的体外被海星外翻的胃消化和吸收。长棘海星行动敏捷，可以消化生长速度很快的鹿角珊瑚。一般情况下，10 000平方米的珊瑚礁里仅生活着几只长棘海星。然而，20世纪50年代左右，长棘海星的数量大增，随后，它们在整个西太平洋海域内不断地繁殖。在曾经仅有一两只长棘海星出没的地区中，我们可以找到几百只。这一现象导致珊瑚礁生境遭到了大规模的破坏。珊瑚礁生态系统的恢复时间很长，少则7年，多则40余年，如果珊瑚礁遇到干扰，那么恢复时间将更长。科学家们对长棘海星突然增殖的原因进行了颇为激烈的讨论，但至今未有人对这一现象做出明确的解释。有些人认为，这是长棘海星在自然条件下的种群变动循环；有些人则指出，这是人类活动造成热带陆地和热带海洋生境退化的表现。无论长棘海星数量猛增的原因是什么，全球珊瑚礁生境退化的现象确实存在。目前，人类亟须对珊瑚礁生境进行保育和修复。

掠食性无脊椎动物

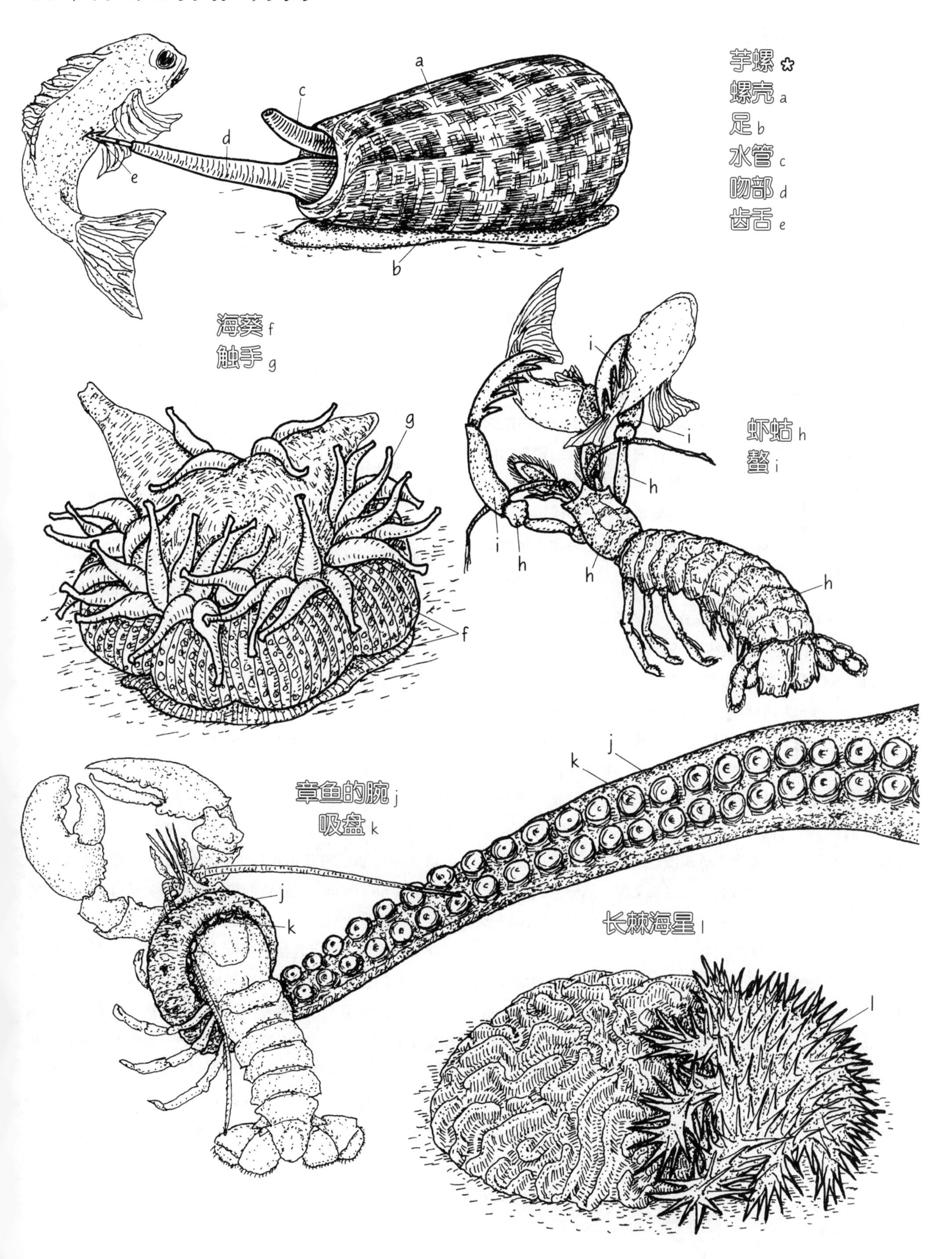
芋螺 ✿
螺壳 a
足 b
水管 c
吻部 d
齿舌 e
海葵 f
触手 g
虾蛄 h
螯 i
章鱼的腕 j
吸盘 k
长棘海星 l
a
b
c
d
e
f
g
h
i
j
k
l

109
硬骨鱼的摄食：进击与伏击

第一次看到珊瑚礁这类海洋生境时，你一定会被美丽的景象和丰富的生物惊艳到（见第47节）。在那里，你能够看到大量形态各异的鱼类。鱼类如此之多，让人不禁好奇，珊瑚礁生境中的生物多样性是如何在激烈的种间竞争中维持下来的，其中一种答案就藏在珊瑚礁鱼类的摄食方式里。在第109节至第111节中，我们将要探索海洋鱼类多样的摄食策略，以及为了适应相应的摄食策略，这些鱼类的行为和形态发生了何种变化。

请按照文中的介绍顺序给每一种掠食性鱼类上色。建议为掠食性鱼类的猎物留白，或者涂上灰色。至于页面右侧的鲨鱼，尽管它是进击型捕食者，但因为本文未介绍鲨鱼的掠食行为，所以请不要给它上色。鲑背面的体色为蓝绿色，腹面则呈灰白色。请注意，底图中的躄鱼长着一个诱饵状的结构，该结构由背鳍棘特化形成，因此请给该结构涂上与背鳍相同的颜色。

人们最了解的鱼类摄食策略是，看到猎物，冲向猎物，攻击并吞食猎物。这些猎物通常是其他鱼类或者活跃的无脊椎动物。掠食性鱼类的视力非常好，大鳞魣（great barracuda）便是其中一例。大鳞魣广泛生活在除了太平洋东部和地中海以外的暖温水域中。这种银白色的鱼体长可达3米，身体呈流线型，肌肉发达。大鳞魣的**尾鳍**巨大，犹如一把镰刀，可用于加速，帮助大鳞魣在短距离内冲刺。大鳞魣是一种狡猾又好奇的鱼类，它们经常主动接近潜水员，却总是与潜水员保持一定的距离。一旦潜水员试图靠近大鳞魣，它们便马上逃之夭夭。大鳞魣的**颌**很长，牙又长又尖，部分牙齿还能向后弯曲，可以牢牢咬住猎物。如果猎物太大，那么大鳞魣会将它咬成两截，然后逐口吞掉。

出没于大西洋西部的鲑（bluefish）也会使用这种凶残的捕食手法。作为中等大小（体长75厘米）的鱼类，鲑的行动十分迅猛，极具威胁性。鲑会冲进目标鱼群中，吓得鱼儿四散逃窜。不少鱼会遭受鲑的袭击而死去，但鲑其实吃不了那么多的猎物。

鰤鱼也是一种进击型掠食性鱼类，它的加速时间很短，速度奇快，令人惊叹。人们观察到，当人们从船上扔饵料给鲨鱼吃时，鰤鱼能够快速地从正在进食的鲨鱼口中把食物“偷”出来。图中绘制的鰤鱼是广泛生活在热带和亚热带海域中的杜氏鰤（greater amberjack）。杜氏鰤的身上通常长有一条黄铜色的条带，该条带贯穿头尾，与鱼眼平齐。条带上方的体色为橄榄色或者褐色，而条带下方的体色则是银白色。杜氏鰤可以长得非常大，据钓鱼记录，最大的杜氏鰤体长达1.4米，重63.5千克以上。杜氏鰤是游速极快的海洋上层鱼类的代表，它具有鱼雷形的**躯体**和巨大的半月形尾鳍。鰤鱼一般集群游动，活动范围很广。虽然它们并不是珊瑚礁里的居民，但是它们会游到珊瑚礁中摄食其他鱼类。

比起直接掠食，“守株待兔”的摄食策略似乎轻松了许多。外观怪异的管口鱼（见第47节）和狗母鱼（lizardfish）就采用此类猎食策略。狗母鱼的英文俗名意为“蜥蜴鱼”，这个称呼的确与它的外观相称。狗母鱼的身形细长，如同蜥蜴，其**口部**很大，口内长有与爬行动物相似的牙齿。底图中画的狗母鱼为红狗母鱼（*Synodus synodus*），其生活在大西洋的东西两侧，体长可达33厘米。红狗母鱼的体色为银白色，身上分布着红色和棕色的斑点。红狗母鱼常出现在泥沙滩中，这种体色可以帮助它“隐身”，让它不易被其他生物发现。狗母鱼会静静地待在海底，有时会把一部分身体埋在沉积物中，等待小型鱼类靠近。当猎物游到自己的上方时，狗母鱼就会跳起，用特殊的牙咬住猎物。

除了直接攻击，运用拟态陷阱伏击猎物也是一种有效的捕食手段（见第64节）。躄鱼（frogfish）就是一类可以灵活运用拟态陷阱伏击猎物的鱼，底图中画的是带纹躄鱼（*Antennarius striatus*）。躄鱼的第一背鳍棘位于口鼻上方，特化成了被称为“吻触手”（illicium）的结构。吻触手如同一根可移动的钓竿，其上连接着**诱饵**。诱饵能灵活地摆动，吸引警惕性差的鱼类上钩。躄鱼在诱捕猎物时保持静止状态，它倚靠在自己又短又粗的**臀鳍**上，看上去就像一丛附着在长满珊瑚藻的石头上的浅棕色黑条纹海绵。一旦鱼类试图捕食诱饵，躄鱼就会快速张开嘴巴，将整只猎物吸入大大的口中。通过研究，科学家们发现，躄鱼可以在6~10毫秒内张嘴12次（正常幅度），这是动物界中最迅速的猎食动作。

进击与伏击

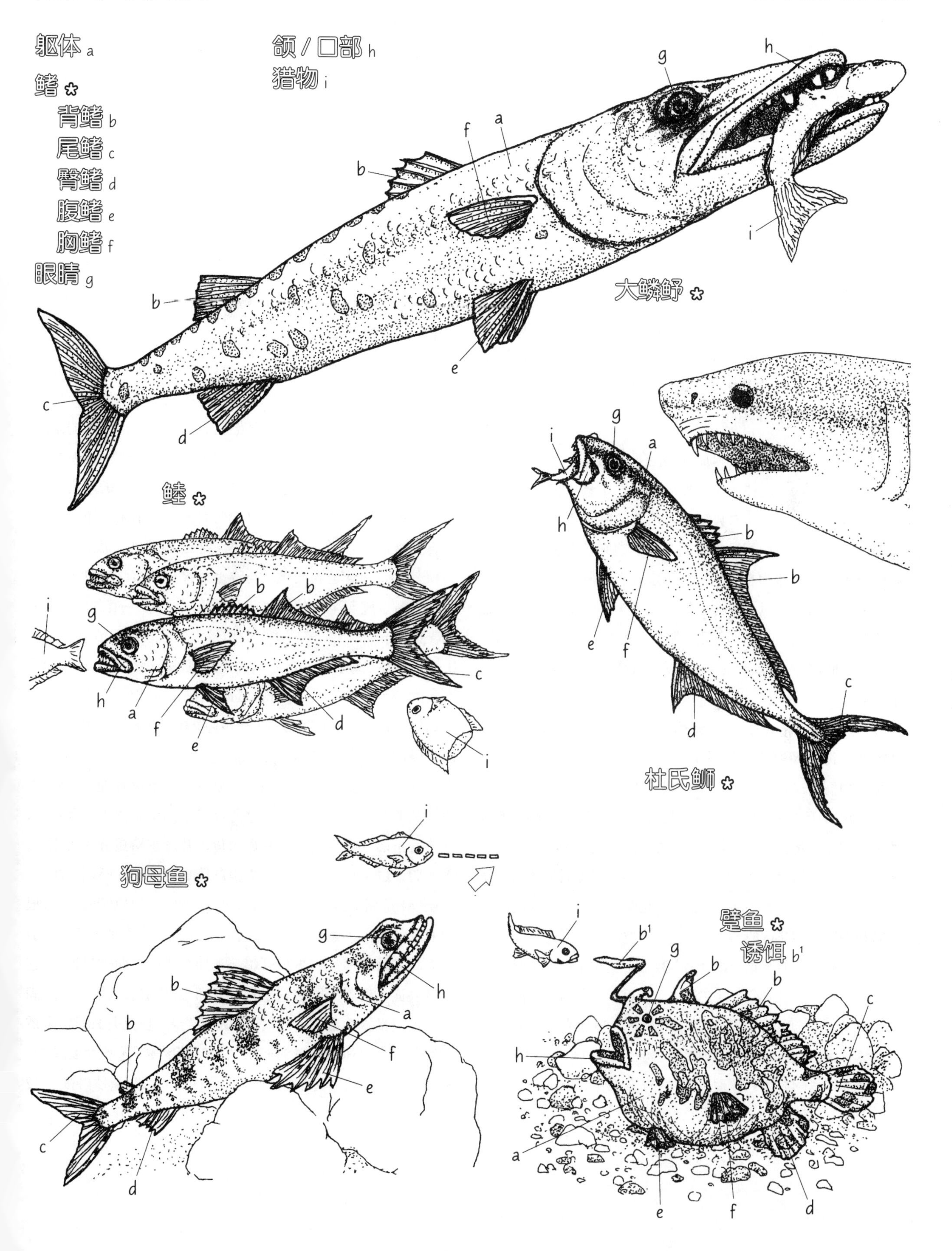
躯体 a
鳍 ✿
背鳍 b
尾鳍 c
臀鳍 d
腹鳍 e
胸鳍 f
眼睛 g
颌 / 口部 h
猎物 i
大鳞魣 ✿
鲑 ✿
杜氏鰤 ✿
狗母鱼 ✿
躄鱼 ✿
诱饵 b¹

110
硬骨鱼的摄食：挑选、探寻和吸食

在本节和下一节中，我们会继续介绍鱼类的摄食方法。下文中的这些鱼以除鱼类之外的生物为食。大多数鱼类运用机会主义者的摄食手段，即它们对食物的选择性不强，能吃就吃。此外，虽然许多鱼类只摄食一小部分的生物类群，但它们偶尔也会捕食其他鱼类。如此一来，不同鱼类的食谱中会出现同样的生物。

请先为美丽突额隆头鱼和它的猎物上色。然后，请给海龙上色，页面中部左侧画的是海龙的嘴部及食物。接着，请按照同样的步骤给尖吻鲀和镊口鱼上色。最后，请给所有的姬鳞鲀和它的猎物（海胆）上色。

美丽突额隆头鱼在美国加利福尼亚州的海藻林中十分常见（见第 11 节）。这种大型鱼类体长可达 1 米。它以无脊椎动物为食，摄食习性非常典型。雄性美丽突额隆头鱼的身体呈深灰色，身体的中间段为粉橘色，下颌则是白色；雌性美丽突额隆头鱼通体为粉橘色。隆头鱼具有坚硬的**颌**及长长的向外突出的**齿**，可以咬碎许多**猎物**。隆头鱼主要以海藻生境里的海胆、沙钱、贻贝、扇贝、鲍鱼、龙虾、螃蟹、寄居蟹、章鱼、管栖–掘穴型多毛虫，或者任何小型至中型的海洋无脊椎动物为食。

与隆头鱼相比，海龙（见第 44 节）对食物的选择性更强一些。海龙及其近亲海马精通“吸食法”，它们的口鼻部很长，如同管子，**口部**小小的，只能吸取海水里的食物，就像我们用吸管吸食一样。海龙的尾部长而灵活，可缠绕在藻类等基质上，将自己固定住。海龙的两只**眼睛**可以各自转动，就像变色龙，如此一来，它就能停留在某处扫视周围环境，寻找小型猎物。海龙的游泳能力很弱，**尾鳍**已经退化，其仅依靠**背鳍**和**胸鳍**提供前行的动力，此外，海龙没有腹鳍。目前，世界上大约有 150 种海龙，其中大多数种类生活在热带和亚热带的浅海区中，还有一些生活在淡水生境里。海龙的平均体长为 15 厘米左右，据记录，最大的海龙体长达 50 厘米。大部分海龙的体背为棕色或者绿色，腹面则为奶白色。

生活在热带太平洋珊瑚礁里的尖吻鲀（orange spotted filefish）通常将自己的吻部伸入岩缝中探寻食物。尖吻鲀的口鼻部很长，牙小而尖，能够把缝隙里的食物挑出来。这种小型鱼类的体长为 10 ~ 30 厘米，浑身色彩鲜艳，绿色的身体上点缀着橘色的斑点。我们常常可以在多种珊瑚丛中看见尖吻鲀的身影，它主要以珊瑚虫为食。尖吻鲀与鳞鲀的亲缘关系很近，它们生有相似的第一硬棘，但尖吻鲀的背鳍棘缺少鳞鲀那样的“扳机”（见第 102 节）。尖吻鲀的体表很粗糙，曾经被人类用作砂纸的原材料。

亮黄色的镊口鱼（forceps butterflyfish，属于蝴蝶鱼科）生活在太平洋的珊瑚礁里，其也能够用嘴巴挑拣和搜寻食物。与其他蝴蝶鱼一样，镊口鱼身上也有一个具有迷惑性的眼斑（见第 63 节）。镊口鱼个头娇小，体长在 10 厘米与 15 厘米之间。长长的吻部呈灰褐色，尖尖的下颌长着锋利的牙齿，如同一把小镊子，可以将缝隙里的碎屑颗粒夹出来。镊口鱼的主要食物是管栖–掘穴型多毛虫的触手、珊瑚虫，以及藏在海胆棘刺之间的管足和叉棘。与许多蝴蝶鱼类似，镊口鱼在遇到危险时会竖起坚硬的背鳍棘，警告捕食者——它的背鳍锋利，难以下咽。

生活在加勒比海中的姬鳞鲀（queen triggerfish）是一种体形相对较大的鲀形目（Tetraodontiformes）动物，一般以无脊椎动物为食，体长可达 26 厘米。姬鳞鲀的体色为黄褐色，口部和眼部周围的条带则呈亮蓝色。姬鳞鲀没有隆头鱼那样的大颌，它的口部小小的，颌短而坚硬，上下颌各伸出 8 颗类似门牙的牙齿。姬鳞鲀就用这些牙齿来搞定软体动物和甲壳动物身上的硬质部位，将它们咬成碎片。姬鳞鲀喜欢食用长棘海胆，尽管后者有着令人畏惧的防御性武器。姬鳞鲀生有一层坚韧的由骨鳞形成的皮，这层皮能够保护姬鳞鲀不被海胆的棘刺戳伤。通常情况下，姬鳞鲀会咬住海胆的一根棘刺，然后将其拉离海底，再松开嘴将海胆扔下。海胆的口面一般向着底面，但若海胆被反复抛起，那么脆弱的口面总会翻过来，被迫暴露给敌人。这时，姬鳞鲀会冲进海胆口面周围的短棘刺中，快速地啃咬海胆柔软的口部区域，它会以此为突破口，将海胆从里到外彻底吃掉。

挑选、探寻和吸食

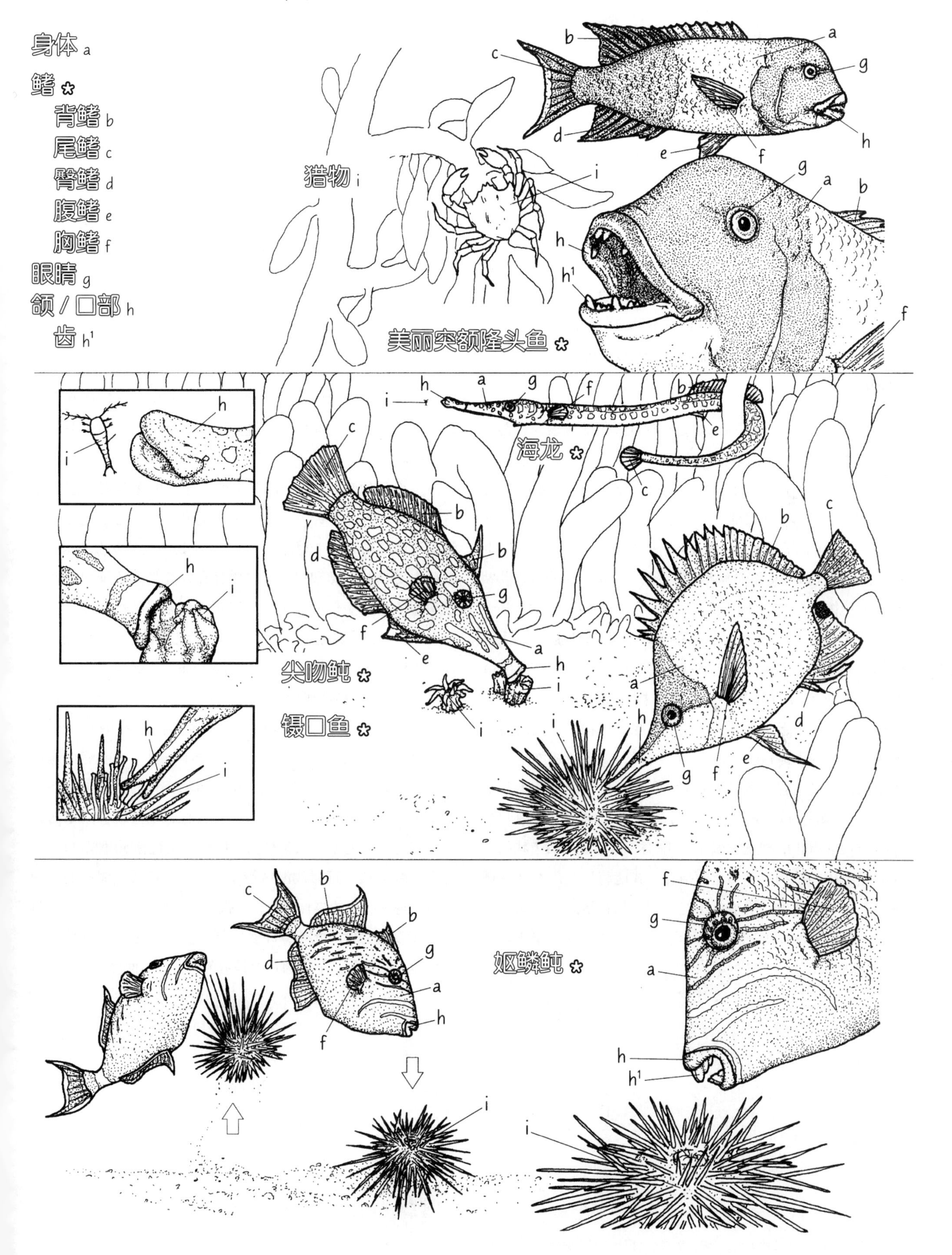
身体 a
鳍 ✿
背鳍 b
尾鳍 c
臀鳍 d
腹鳍 e
胸鳍 f
眼睛 g
颌 / 口部 h
齿 h¹
猎物 i
美丽突额隆头鱼 ✿
海龙 ✿
尖吻鲀 ✿
镊口鱼 ✿
妪鳞鲀 ✿

111
硬骨鱼的摄食：植食与掘食

一些种类的鱼，如梭鱼或隆头鱼，袭击、追逐、抓捕猎物，并将猎物整个吞下消化；另一些鱼类，如珊瑚礁里的鲀和嘴巴像钳子一样的蝴蝶鱼，会先探察，叼走猎物身体的一部分食用。在本节中，我们将介绍植食性鱼类（就像每天都在吃草的牛或羊），以及挖掘软质海底找寻猎物的掘食者。

请给每种鱼及其口部的特写图上色。请注意，箱鲀没有腹鳍。鲼鱼的口部在宏观图中是看不见的；在特写图里，我们可以从腹面观看到它的口部。与其他鱼类相比，鲼鱼缺少尾鳍和臀鳍。

美洲鳀（northern anchovy）是植食性鱼类的代表，对它们来说，漂满浮游生物的水层就是一座辽阔的“牧场”。这种小型鱼类（体长最大为22.5厘米）在富含浮游生物的水域里漫游，同时大大地张开**口部**。浮游生物被动地进入美洲鳀的口中，随后被困在了鳃耙上。美洲鳀有时会尾随一个大的浮游生物群，然后通过进食将浮游生物群打散。鳀鱼广泛分布在世界各大洋之中，是人类生活里重要的饵料和食物来源。[①]

生活在加勒比海和太平洋中珊瑚礁里的鹦嘴鱼（见第13节）同样是植食性动物。这种体形中等偏大的钢青色鱼类（体长为2～100厘米）主要以植物为食。鹦嘴鱼的**齿**融合在了一起，形成了锋利又坚硬的鸟喙状结构，这种结构便于刮食生长在珊瑚礁岩上的藻类。有时，鹦嘴鱼还能吃掉活体珊瑚，不过，它可能只是为了吞食珊瑚虫体内的共生藻细胞（见91节）。被吞食的藻类和珊瑚会进入鹦嘴鱼的“咽磨”（pharyngeal mill），进而被碾碎。“咽磨”是由底部臼齿状的齿和喉顶组成的结构。鹦嘴鱼的摄食方式能将珊瑚礁石变成珊瑚砂，在一些地方，鹦嘴鱼还能造成沉积物增加和珊瑚礁破坏。一条鹦嘴鱼可在一年的时间内，将1 000千克的珊瑚礁石变成珊瑚砂。

许多海洋无脊椎动物生活在软质沉积物中，而大洋海底主要是由软质沉积物构成。底内生活型动物（见第10节）包括蛤、甲壳类、多毛类等动物。只要能找到它们，捕食者接下来的进食过程就会变得容易。以底内生活型动物为食的鱼类通常被称为掘食者，“掘食”一词说明了它们的日常工作——挖掘沙质和泥质基底，从中挑出食物。

棕色的箱鲀（见第47节）就是老练的掘食者。它并不是直接把底质搅得一团乱，而是游到底质的上方，以几乎垂直于底质的姿势，从口中向底质喷出一小股水流。这样一来，底表上层的沉积物就会被吹跑，掩埋在其中的猎物便暴露了踪迹，马上被箱鲀捕食。箱鲀主要以小型甲壳类和多毛类动物为食。

灰褐色的鲼鱼（bat ray）是彻彻底底的掘食者。这种体宽达1米、体重达95千克的大型软骨鱼类具有翅膀一样的**胸鳍**，胸鳍能够扇走沉积物，让躲藏在其中的猎物暴露出来。鲼鱼主要以双壳类和甲壳类动物为食，其坚硬的**颌**和排列得像平坦的小路一样的牙齿，可以轻松地碾碎猎物的壳。据研究，鲼鱼也曾将胸鳍下表面当作吸盘，把猎物从洞穴中吸出。

生活在热带海域里的羊鱼（goatfish）能展现更多的掘食狩猎技巧。这种体形中等的鱼类（体长为25～50厘米）具有一对鱼须，这对鱼须是羊鱼的化学感受器，悬挂在下颌上，看起来好似鱼儿的胡须。羊鱼的**鱼须**十分灵活，能够快速扫过沉积物表面，探测掩藏在其中的猎物，它的**猎物**包括一些小型甲壳类动物和蠕虫。一旦锁定目标，羊鱼就会用小而朝下的嘴迅速地挖掘和吞食猎物。世界上大约有50种羊鱼，其中大多数生活在近岸浅海区域中。羊鱼对沙质或泥质的底栖环境表现出明确的摄食倾向，对摄食时间也有偏好，一些羊鱼选择在夜间觅食。此外，许多羊鱼喜欢聚集成25～50条的中型群体一同觅食。羊鱼的背面是黄色的，而腹面呈银白色。

① 美洲鳀更偏向于滤食性鱼类，浮游动物与浮游植物都是它的食物，因此美洲鳀并非单纯的植食性动物。——译者注

植食与掘食

- 身体 a
- 鳍 ✿
  - 背鳍 b
  - 尾鳍 c
  - 臀鳍 d
  - 腹鳍 e
  - 胸鳍 f
- 眼睛 g
- 颌/口部 h
  - 齿 h^1
- 鱼须 i
- 猎物 j

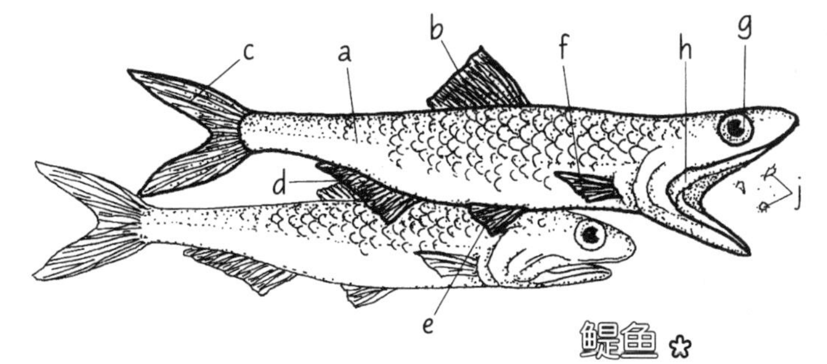

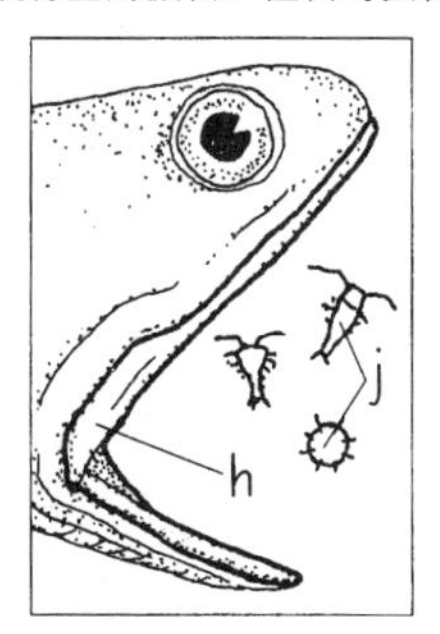

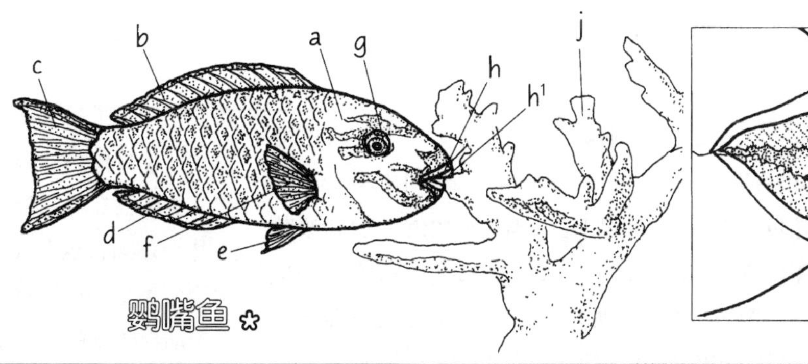

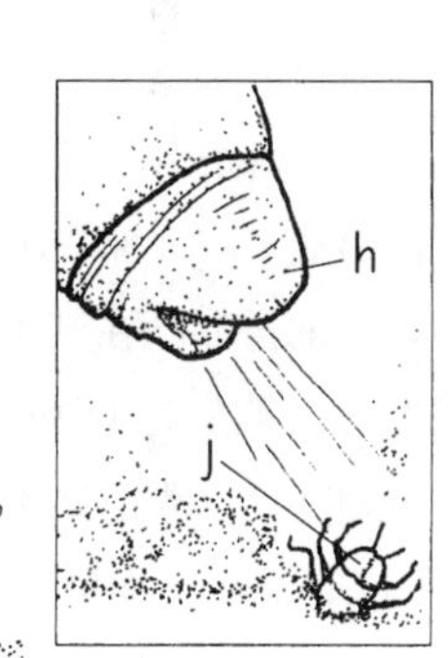

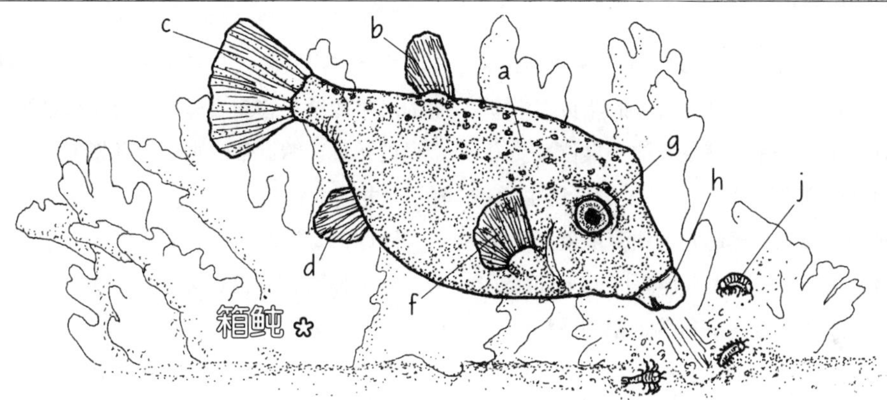

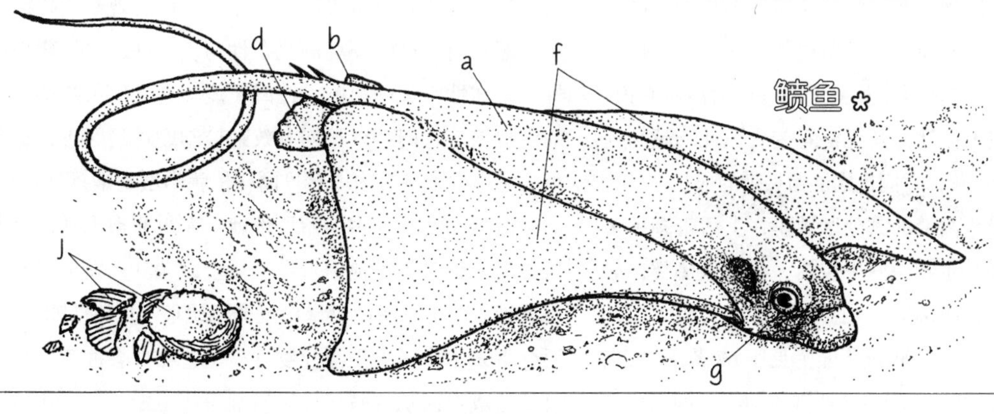

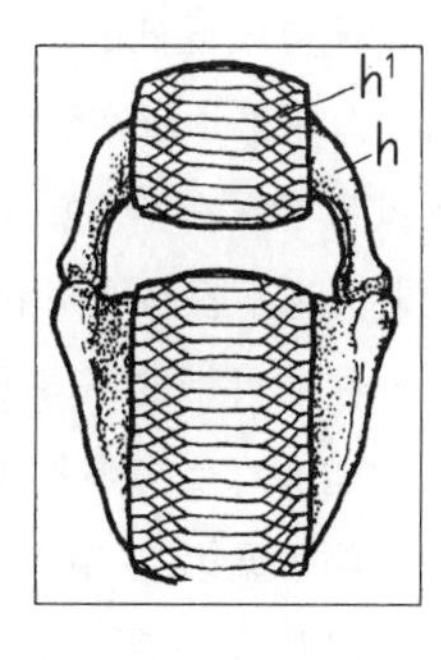

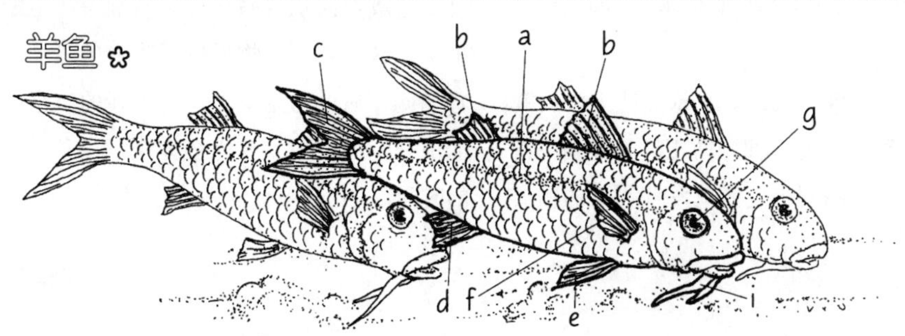

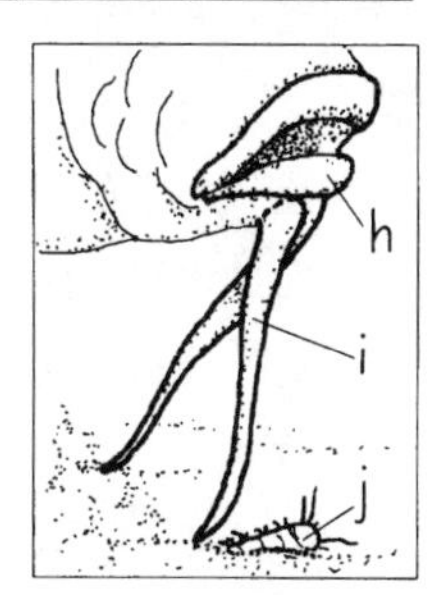

112
海星与贻贝

在这一节中，我们会介绍海星与贻贝之间的关系。其中，海星是贻贝的捕食者，而贻贝是海星喜爱的食物。二者之间的关系在潮间带的发育和维持方面发挥着举足轻重的作用。生活在岩岸潮间带格局（见第 4 节）里的生物均能够经受严酷的物理条件和种间竞争的考验，海星与贻贝就是这些生物的代表。

请阅读全文。底图分别展示了相同生境里有海星出没（上图）和没有海星出没（下图）的景象。请分别给两幅图里的海星和贻贝上色，先为海星上色（紫色或橘色），然后给贻贝上色（深蓝色）。接着，请依据文中的介绍顺序给剩下的生物上色。两幅图里生物多样性的差异（包括颜色上的差异），能够体现海星作为该生境里的捕食者的重要性。

加州贻贝（见第 99 节）分布于北美洲太平洋一侧沿岸，只出现在海浪可及之处，即中潮带区域。大量的**贻贝**在中潮带内形成了一道独特而显眼的条带，该条带的上界位置受海浪作用的限制。在潮水不常光顾之处，贻贝无法长期生活，因为其暴露在空气中的时间过长，远超它的耐受限度。而贻贝带的下界位置则受到其捕食者——太平洋海星（Pacific sea star），即**赭色豆海星**（见第 99 节）——行为的限制。海星能够猎食生活在中潮带内的几乎所有的无脊椎动物，其中，贻贝是海星的最爱。当潮水来临时，海星会向岸上移动，而后捕食地势较低处的贻贝。然而，在成功找到并食用完贻贝之后，海星必须赶在潮水退去前及时回到低地——对海星来说，贻贝带暴露在空气中的时间让海星无法忍受。因此，越高处的贻贝越不容易被海星捕获，它们也成了贻贝带的成员。

在贻贝带的下方及中潮带的其他区域里，生活着多种多样的能够忍受海浪作用的生物，其中包括一些大型藻类，如**优秀藻**（见第 21 节）和**海棕榈藻**（见第 99 节）。此外，我们还可以找到一簇簇固着生长的**鹅颈藤壶**（见第 67 节）、巨大的**黄海葵**（见第 6 节），以及一些植食性软体动物，如**帽贝**和**石鳖**。

华盛顿大学的罗伯特·佩因（Robert Paine）博士已研究海星与贻贝之间的捕食关系 30 余年。佩因博士沿着美国华盛顿州的海岸考察，挑选了岩岸潮间带生境里发育明显的贻贝带。佩因博士在一些区域（实验区）中移走了所有的海星，而未触碰与这些区域相连的区域（对照区），以此来研究海星的缺失对贻贝带的生长造成的影响。

实验结果表明，在海星均被移走的潮间带中，贻贝带开始向下方蔓延，其宽度因贻贝数量的增长而增加（见第 75 节）。贻贝的幼虫落在成体的外壳上或者贻贝带附近的**红藻**的藻丝之间，最后变态为**贻贝幼体**。因此，在无海星威胁的区域中，贻贝的种群数量明显增加，且贻贝带有向下扩张的趋势。当贻贝在低潮带中聚集时，鹅颈藤壶或海葵之类的固着生物会逐渐被这些贻贝包围，之后因环境太过拥挤而死亡。大型藻类也会逐渐被贻贝遮盖，进而死亡。因此，植食性无脊椎动物会被剥夺食物和生存空间。

至于未移除海星的相连区域，贻贝带的宽度仍然保持原样。而且，当实验区与对照区之间的隔离物被移走、对照区里的海星能够迁移到实验区中时，海星开始捕食实验区低潮带里的贻贝，贻贝带的宽度逐渐恢复，变成了与对照区里的贻贝带相同的状态。

因此，海星对贻贝的捕食限制了贻贝向低潮区蔓延的行为。这一捕食作用能够阻止贻贝同时垄断中潮带与低潮带，确保其他潮间带生物拥有足够的附着和生存空间。

海洋生态学的数据收集工作耗时很长，佩因博士所做的研究就是这些难能可贵的工作之一。他的观察成果揭示了岩岸中潮带内贻贝带环境的复杂性与多变性，这种环境受区域性及全球性因素的影响。在海星能够通过幼虫维持种群数量的前提下，它们可以长期有效地控制贻贝的数量，将贻贝约束在海岸的中潮带内。贻贝同样依赖幼虫来维持种群的数量。如果产生的幼虫太多，贻贝带就会变得非常厚，最后无法在风暴潮来临时牢牢地附着在基质上，尤其是在（由厄尔尼诺现象带来的）高密度风暴出现的年份里（见第 2 节）。风暴潮还会带来木头等大型漂浮物件，这些物件会冲撞贻贝，对贻贝带造成大面积的破坏。风暴潮毁坏了贻贝带，让基质裸露出来，这为其他生物提供了附着的机会。佩因博士认为，尽管如此，贻贝的竞争力还是极强的，它们最终会重新占据先前被夺走的生境。要完全地恢复一条贻贝带，平均需要 7 年的时间。

海星与贻贝

海星 a
贻贝 b
贻贝幼体 b[1]
优秀藻 c
海棕榈藻 d
鹅颈藤壶 e
黄海葵 f
帽贝 g
石鳖 h
红藻 i

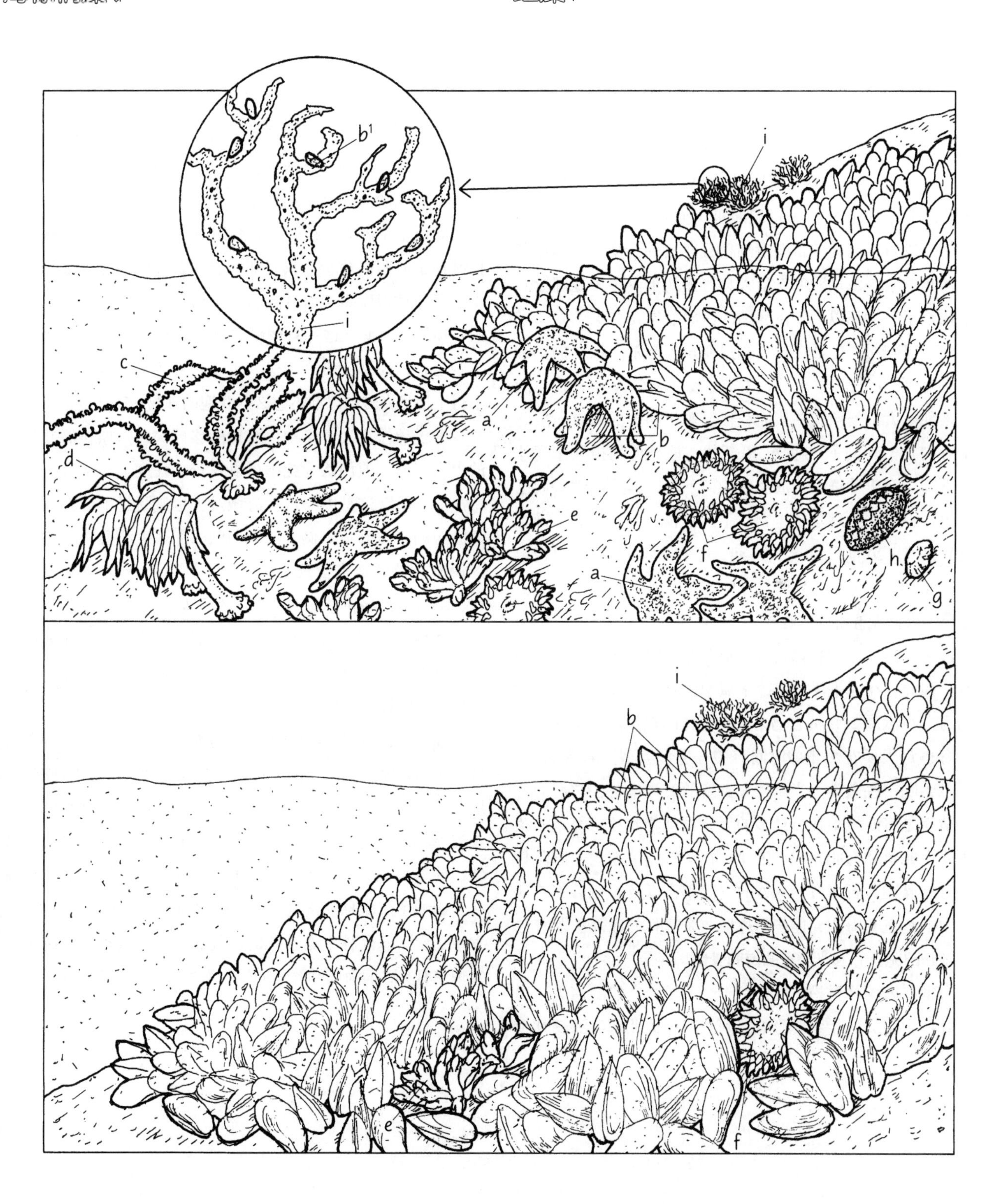

113
海　獭

请在上色前仔细阅读本节的文字内容。页面左侧的底图展示了海獭在海藻林里“工作”的场景。右侧的底图展现的是海藻出现之前的生境。

在美国加利福尼亚州中部沿海的**海藻**林中经常可以看到**海獭**（sea otter）。这种长着胡子的海洋哺乳动物十分有趣，不论是在生态学方面，还是在历史演化方面，海獭都扮演着重要的甚至占据主导地位的角色。海獭曾经分布在北美洲西岸（下加利福尼亚半岛至阿拉斯加州）的弧形海岸周围，以及阿留申群岛上。18 世纪至 19 世纪期间，沙皇俄国（俄罗斯的旧称）的毛皮贸易商为获得海獭细密且厚实的毛皮，对其进行了无休止的猎杀活动。毛皮猎人将海獭从不少历史地理分布区中抹杀了。从那以后，在美国的西部沿岸几乎见不到海獭的踪影，仅剩一个生活在加利福尼亚州大瑟尔海域中的小种群。一直到 20 世纪 30 年代，人类才留意到这个小种群。随后，该种群大量繁殖，并从加利福尼亚州的中部海岸向南北两个方向扩散。到了 20 世纪 70 年代，该种群的扩散速度才逐步下降。至于种群的扩散速度为何下降，虽然科学家们已经提出了一系列物理学和生物学上的解释，但目前尚未确定真正的原因。20 世纪 90 年代末期，这个种群的数量明显稳定在了 2 000～2 500 只。然而，21 世纪初，海獭的种群数量似乎经历了人们无法解释的衰减。

许多海洋哺乳动物都长有一层厚厚的隔热脂肪，海獭却没有。因此，在太平洋的寒冷水域中，海獭每天必须摄入重量约为自身体重 25% 的食物来维持身体的热量。出于这一需求，海獭每天要花大量的时间狩猎、进食大型无脊椎动物，偶尔也会吃一些鱼类。当海獭来到新的海域里时，它们的首要事情就是将海域中数量最多的无脊椎动物吃掉。海獭的菜谱主要由**鲍鱼**和**海胆**组成。因此，在海獭经常光顾的海藻林中，只有躲在岩石下方、深处的缝隙里，以及海獭够不着的区域中的鲍鱼和海胆，能侥幸逃脱。海藻林的底部散落着被海獭敲碎的鲍鱼壳和光秃秃的**海胆骨骼**。

海獭在海藻林里扮演的角色十分重要，它们的消失会对海藻林产生很大的生物学影响。阿拉斯加湾北部的海藻林中曾经栖息着一些海獭，但如今它们已经消失，未再出现。潜水者们发现，海胆及呈斑块状分布的结壳状**珊瑚藻**出现在了这一贫瘠的海域中，后者并非海胆的美味佳肴（见第 20 节）。很明显，在 19 世纪猎人们将此处的海獭捕杀殆尽后，这片海藻林里的海胆大量繁殖，将海藻林变成了优势物种单一的“海胆荒地”。在将海藻啃食彻底之后，海胆的捕食行为并没有停止，其完全剥夺了海藻林生态系统重建的机会。生活在阿拉斯加群岛上的海獭曾经消失过一段时间，后来被重新引入群岛周围的海藻林。结果证明，关于“海胆荒地”形成过程的假说是正确的。在引入海獭的 10～15 年之后，海獭已经控制住了海胆的数量，只有那些躲在石缝中的海胆逃脱了捕食。海藻林得以重生，并且再次“繁荣”起来。然而，近期的一项研究表明，这些海獭被虎鲸盯上了，成了后者的猎物。虎鲸通常以海狮为食，不过，由于海狮数量急剧减少，虎鲸不得不把目光转向以前不怎么受欢迎的食物——海獭。

许多环保主义者希望，海獭能够再次回归加利福尼亚州的沿岸海域，他们认为此举可以在较大程度上改善目前的近岸浅海环境。这是因为这片海域过去也遭受过不受天敌束缚的海胆的大肆破坏，倘若海獭回归，那么生活着大量微生物的海藻林及其他富含藻类的生境（见第 11 节）便有可能重建。不过，海獭的扩散速率已有所下降，因此上述情况实现的可能性似乎不太大。在加利福尼亚州的中部，海獭重新迁入，改善生境的机会的确出现了，而且海胆的数量已经下降，海藻林也恢复了以往的生机。

发生于 1982 年至 1983 年间的强厄尔尼诺现象（见第 2 节）表明，海藻林生境的最终命运与全球性大尺度事件有关。厄尔尼诺现象引发的冬季风暴摧毁了大片的海藻林生境。次年春季，上升流没有出现，本应由上升流带来的营养物质稀缺，使得海藻无法获得所需的养分。而海藻数量的下降则进一步影响了海藻林的恢复。这种极端的天气现象大约每 10 年发生 1 次。海藻林生态系统的恢复和群落的重建均与这些天气现象有关，而海胆和海獭同样与海藻林的命运息息相关。

海 獭

海獭 a
海藻 b
鲍鱼 c

海胆 d
海胆骨骼 d^1
珊瑚藻 e

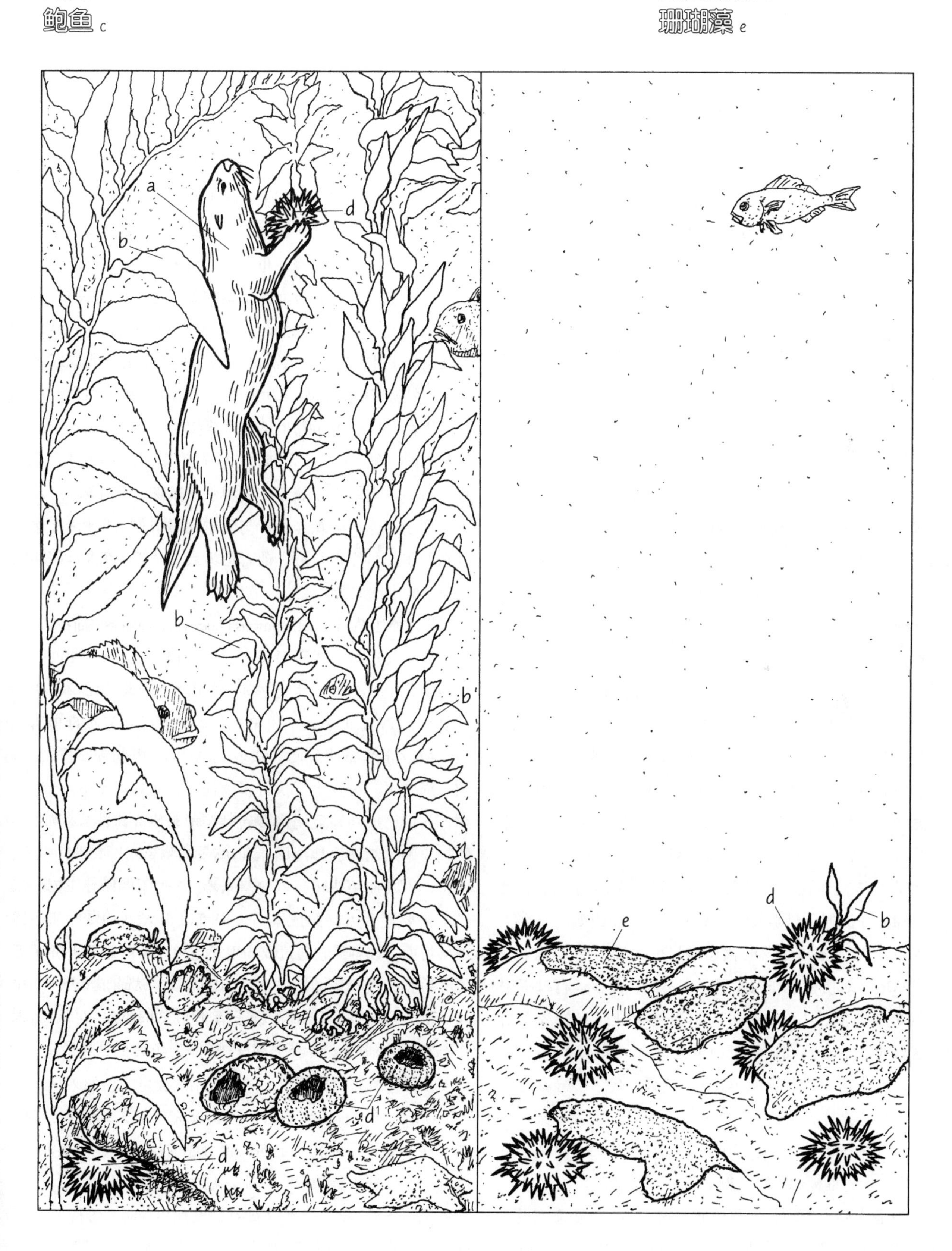

114
研究海洋的新型工具

过去，研究海洋的科学家们利用拖网和捞网等采样工具，间接地探索了不同深度的海水所蕴藏的奥秘。为了采集大洋最深处的样品，科学家们必须将笨重的工具缓缓放入水中，让工具经过相当长的距离到达海底，然后再把工具拉回船上。有时，为了获取一份样品，科学家们不得不等待24个小时之久。由于海水压强的变化及采样网的磕碰，生物样品会遭受不同程度的损伤。而更软、更小的生物体往往在采集过程中就已经分解，漏出网外了。

请给漂在海面上的科考母船上色。接着，请按照文中的介绍顺序为每一种海洋科考设备上色。请注意，图中的设备并未按照同一比例绘制。

自1975年起，科学家们发明了许多新型的工具来研究海洋。小型深潜器能够潜到极深的海底，为科学家们观察深海动物并收集第一手资料提供了机会。隶属于伍兹霍尔海洋研究所（Woods Hole Oceanographic Institution）的**阿尔文号**（*Alvin*）是重负荷深潜器的先锋，它于1964年正式建成并下水。此后，新的深潜器陆陆续续加入了队伍。阿尔文号服役至今，经历了多次重大的修建、改造。在它漫长的“工作生涯”里，人们对它进行了完善，甚至在一次事故中将其挽救了回来。事故的原因是，下放阿尔文号的过程中发生了意外，这导致海水从打开的舱门灌了进去。事后，美国海军的核潜艇回收了被困在海底的阿尔文号。在那之后，阿尔文号继续工作，还取得了不少成就，其中包括发现了位于加拉帕戈斯深海海底的热液喷口生物群落（见第17节），以及找到了命途多舛的泰坦尼克号（*Titanic*）的沉落地。

除了阿尔文号这样的重负荷深潜器，人们还使用了更小、更轻的深潜器，科学家们主要用它们开展浅海的研究工作，代尔塔海洋公司研发的**代尔塔号**（*Delta*）便是其中一例。代尔塔号对协助工作的船只要求不高，其在运行过程中无须科考船监测、下放和回收，只需要标准船只的绞车协助。这台小小的深潜器的电量由电池提供，只需充电一晚，它就可以在水深400米的地方工作一整天。代尔塔号参与了多次海洋科考工作，帮助人们找到了卢西塔尼亚号皇家邮轮（*Lusitania*）的沉落地点，这艘邮轮于1915年5月7日在苏格兰的离岸海域附近被德国的U型潜艇击沉。

遥控潜水器（ROV，又称“水下机器人”，见第15节）与深潜器不同，它是一种无人水下航行器。作为新型海洋科考设备，ROV是科学家们研究海洋的“王牌”。据研究人员估算，新型ROV可以帮助人类探索地球上大约98%的海洋。ROV配备小型电力发动机，可调速，操作性强。工作时，ROV由**科考母船**（tending vessel）上的驾驶员遥控，设备与母船通过一条电缆相连。而且ROV配备高分辨率的摄像机镜头，能够为驾驶员和科学家提供清晰的实时影像。与此同时，ROV还可以将影像录制下来，以便科研人员后期分析。此外，它还能够捕捉中深层海域和海底的动物，被捕获的海洋动物会被关在一个特制的笼子里，笼子可维持相应的水压，使这些动物的躯体在离开海面后依然完整，便于后续研究。服务于蒙特雷湾水族馆研究所（Monterey Bay Aquarium Research Institute）的**本塔纳号**（*Ventana*）就是典型的ROV设备。畅游在未知的海域中，ROV成功地成为观察海洋中深层动物行为的先锋代表。在ROV的帮助下，人类发现了许多新的海洋物种。

有时，科学家们会将ROV与载人深潜器搭配使用。**杰森号**（*Jason*）是一台隶属于伍兹霍尔海洋研究所的ROV，体积小且便于操作。杰森号经常与阿尔文号合作，工作时，杰森号和阿尔文号靠得很近，前者可为后者“看见”的影像提供更清晰的成像记录。

自主水下载具（autonomous underwater vehicle，简称AUV）是新投入使用的海洋科考设备，成本相对较低（价格通常在16 000美元到50 000美元之间，或者更多，具体成本取决于安装在AUV上的装备的价格；与动辄上百万美元的ROV相比，AUV的价格明显便宜许多）。AUV由电脑程序控制，无须缆绳牵引，可在水下执行多项任务，并观察水下环境。如今，人们已成功地运用诸多新型技术来研究海洋，例如，用侧扫声呐绘制海底地形图，利用荧光计探测水体里的叶绿素含量，以及使用热传感器测量水温。与之前相比，探索海洋已不需要耗费太高的成本。人们可以为AUV编程，指挥它返回海面，或者让它通过双向卫星与地面上的研究人员联系，传送数据并接收新的工作指令。1996年，人们成功地使用一对AUV设备对两团海流的混合情况进行了研究。在每日的工作结束后，研究人员会下载AUV传来的数据，将数据整合到复杂的洋流系统模型里。随后，系统会生成新的采样计划，为AUV编制次日工作内容。为实施完整的工作计划，AUV需要在海底长期驻扎，定期回到海底的停泊地进行充电，然后继续按计划收集数据。目前，AUV操作的初期试验已能保证系统顺畅地运行，人们主要在研究如何控制和维持AUV与陆地之间的长距离通信。如今，AUV正“跃跃欲试”，为今后成为海洋研究的“主角”做充分的准备。

研究海洋的新型工具

经以下人士与机构许可重新绘制：© 杰恩·杜塞特（Jayne Doucette），伍兹霍尔海洋研究所

115
研究海洋动物的新型工具

在上一节中，我们介绍了几种科学家们用来研究海洋的载人 / 无人科考设备。事实上，研究海洋动物的新一代工具与新型海洋科考设备一样受人瞩目。过去，科学家们研究鲑鱼和海洋哺乳动物的方法主要是观察目标的繁殖习性——它们会在特定的时间段内游到繁殖场和聚居地。因此，研究人员可以在某个繁殖季里给目标动物做上标记，然后在接下来的季节中监测其回程动向。这种方法能够为研究人员提供关于动物出生率和死亡率的信息，但是无法指示动物的行动轨迹，也无法告诉研究人员动物在消失的时间段内做过什么。因此，按照传统的研究方式，要搜集剑鱼或是金枪鱼这类高度洄游的动物的全部信息几乎是不可能的。然而，依托现代追踪技术，科学家们不仅能够监测更多的海洋动物的种群变动，还可以追踪它们的行为和生理机能的变化。

请按照文中的介绍顺序，给海洋动物和研究海洋动物的现代数据收集设备上色。

科学家们将一个小型信号发射包放入一大块象海豹或者马的肉中，引诱**噬人鲨**（见第 51 节）吞下，以此收集更多的关于噬人鲨的信息。这个信号发射包内含一个**热敏传感器**（thermistor）和一个深度记录仪，整个包只有雪茄大小（长为 22 厘米，直径为 3.5 厘米）。一旦被吞下，它就会发射信号，信号能够被水听器接收到，如此一来，科学家们就能坐在小船上追踪噬人鲨。信号内容包括鲨鱼的深度位置及体温。这些工具收集到的数据让科学家们第一次了解到了噬人鲨的觅食习性和领地行为。有人曾经假设，噬人鲨能够维持自身的核心温度，该温度远高于周围海水的温度，而测量的噬人鲨体温就帮助研究人员验证了这一假设。

来自美国加利福尼亚州蒙特雷的金枪鱼研究与保育中心（该中心的建立受斯坦福大学霍普金斯海洋研究站和蒙特雷湾水族馆的共同项目的支持）的科学家与工程师共同研发了一种可用于研究大型远洋鱼类的巧妙工具。该工具被称为**弹出式卫星标志**（pop-up tag，又称“分离式卫星标志”），是一种装在动物体外的工具，重量仅为 70 克，它由一个小标枪发射，可钩住目标鱼类第二背鳍下方的肌肉。这个工具包含微处理器和卫星传输装置，后者可以将数据储存并传输给特定的卫星。工具上有一个金属卡环，能将弹出式卫星标志固定在目标鱼类的身上。在既定的时间中，装置会产生一股电流，加速腐蚀金属卡环，使弹出式卫星标志脱离鱼体。这种具有浮力的工具在离开鱼体后会上浮到水面，然后通过卫星将位置信息传送给地面上的研究人员。这些数据为科学家们提供了宝贵的研究资料，进而科学家们第一次了解到了这个具有经济价值且正面临严重威胁的物种的大规模迁移模式。一个曾放置在**大西洋蓝枪鱼**（Atlantic blue marlin）身上的弹出式卫星标志，跟着鱼体在 90 天内从夏威夷迁移到了加拉帕戈斯群岛，在海里漫游了 4 500 多千米。研究人员可以设置弹出式卫星标志固定在鱼体上的时间，最长为一整年。在弹出式卫星标志试验阶段的开始，研究人员与美国北卡罗来纳州哈特拉斯角的渔民合作，将 37 个弹出式卫星标志固定在了蓝鳍金枪鱼身上。最终，有 35 个成功地传回了数据。

另一种用来研究金枪鱼的工具是**档案式标志**（archival tag）。这种工具最初用于研究海洋哺乳动物，之后，研究人员将其设计得更小，用其研究大型远洋鱼类，如**北方蓝鳍金枪鱼**（Atlantic bluefin tuna）、小一点的金枪鱼和比目鱼。档案式标志的主体为 10 厘米长，可被植入鱼的体腔内，而 15 ~ 20 厘米长的外柄则露于鱼体外。档案式标志能够收集和记录鱼类的深度位置、鱼的体温、周围海水的温度，以及光照强度。光照强度数据能够告诉科学家们日出和日落的位置，进而科学家们能计算出鱼所在位置的经纬度（地理位置）。档案式标志可在一定的时间范围内工作，工作时间最长可达一年。与弹出式卫星标志不同，档案式标志的数据只能通过捕回鱼体来回收。尽管如此，档案式标志还是为科学家们提供了有关北方蓝鳍金枪鱼的洄游历程和鱼群结构的重要信息。最终，凭借持续的标志实验和回收的数据，研究人员制定了更科学的管理措施，使这些极具价值的鱼类资源得到了更合理、更有效的管理。

海洋哺乳动物学家早已知晓，许多大型鳍足类动物，如象海豹和毛皮海狮（即海狗，见第 60 节），会在一年的大部分时间里赴远海寻觅食物，但研究人员只能推测它们的狩猎习性。如今，借助长时间运作的**时间–深度记录仪**（time and depth recorder），我们对这些海洋哺乳动物的习性有了深入的了解。该记录仪比饮料罐还小，却能够带来奇妙的研究结果。研究人员用环氧树脂将记录仪粘在**象海豹**的头上，等象海豹回到海岸后再回收记录仪。研究人员根据记录仪提供的数据发现，象海豹能够下潜到 900 米深的水域，而且下潜总时长可达 45 分钟，象海豹会上浮到海面，停留几分钟，随后重新入水。这种觅食行为十分消耗体能，但人们曾经记录到——一头雌性象海豹可以连续好几周维持这种觅食行为，其间仅偶尔上浮到水面休息半小时。

研究海洋动物的新型工具

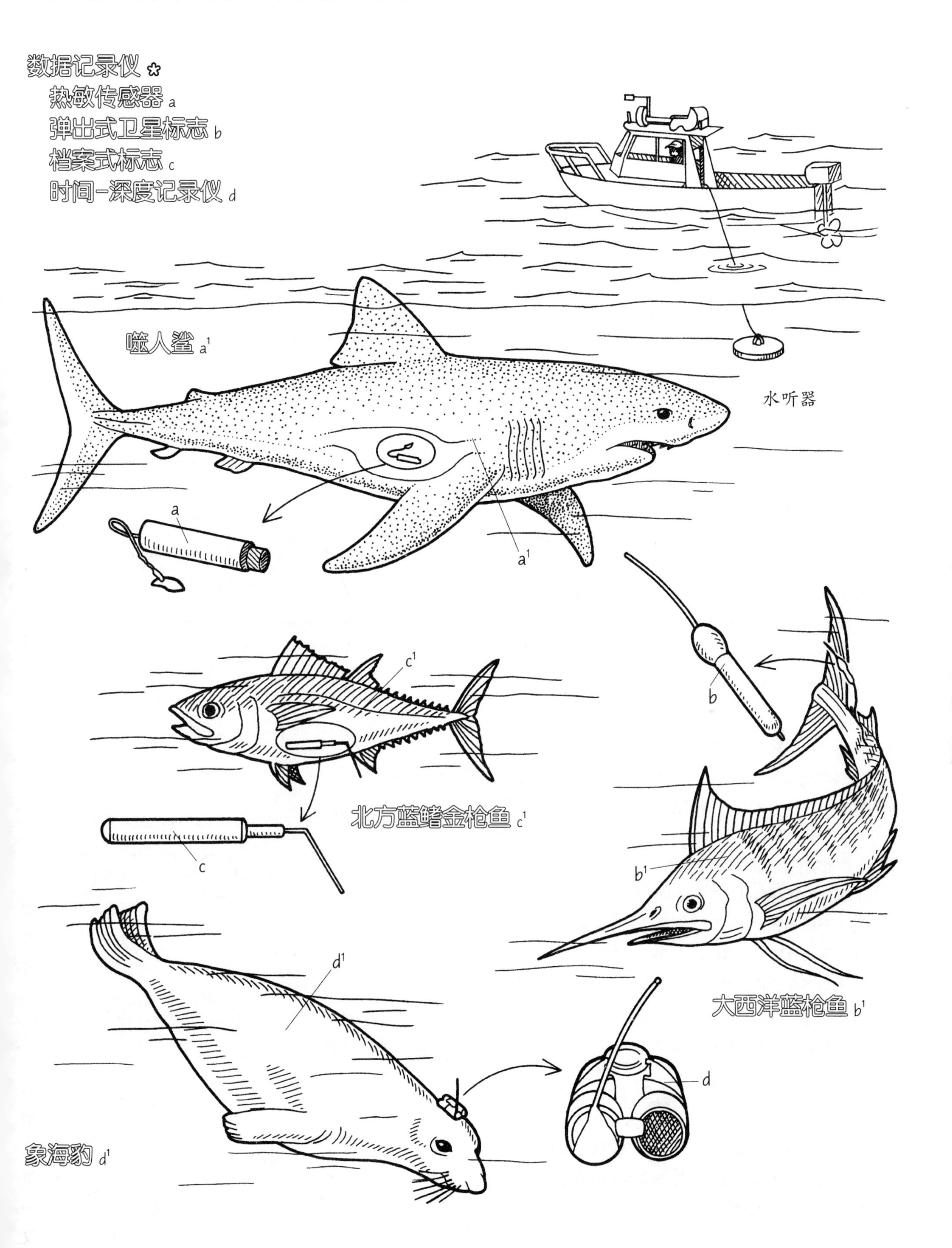

最佳色彩使用指南

本书的大部分内容涉及着色。你将通过上色来识别某个结构，掌握其对应的名称。色彩可以帮助你区分不同的结构，并显示各结构之间的联系。应用得当的色彩会使图案富有美感。而亲自涂色能够让生物结构深深扎根在你的记忆中。这份涂色指南简要地介绍了色彩的使用方法和特性，能够帮助你了解色彩及颜色搭配方面的基础知识。此外，本节内容可以提高你对颜色的认知，使你的选择从基本的 12 色扩充到 36 色（或者更多）。

你会选择什么颜色来为图案着色呢？你又是基于什么原因选择这种颜色呢？你需要多少种颜色，而手头又拥有多少种颜色呢？你将如何运用手中的彩笔 / 彩铅来创造出更多的色彩呢？最后，你将如何计划上色过程，以此获得满意的效果呢？请往下阅读。

色彩的原理

阳光是白光，白光包含了可见光谱里所有的颜色。可见光代表的是极广阔的辐射能带中一个非常狭窄的区域，而广阔的辐射能带里的大部分光谱，人类是无法用肉眼看见的。如果将一个棱镜放置在阳光下，那么会出现一段色谱。光是色彩的本质，但光本身并非一种颜色。没有光，就无法看到色彩。黑夜之中没有光，因此黑夜中也就看不到色彩。

彩色视觉是以反射为基础的。正如我们之前提到的，白光是所有颜色的混合体。当光线照射到某些物体上时，比如柠檬，大部分的颜色都被柠檬吸收了，仅有少量的颜色被柠檬表面反射。反射光包含的颜色就是我们能感知到的色彩，它们体现了物体的颜色。在这个例子中，柠檬反射的颜色是黄色，因此我们认为柠檬是黄色的。

倘若你想观察光谱或是色带的序列的话，不妨看看彩虹。彩虹与太阳雨相伴而生。当太阳的白光穿过雨滴时，光线会被雨滴弯曲或者折射。当白光被折射（可通过棱镜或者雨滴）时，光谱的颜色会被分离，并且变得可见。光谱上的每种颜色都有不一样的波长和特性。简单来说，彩虹的色谱从紫色开始向红色变化，而后依次为橙色、黄色、绿色、蓝色，最后再回归紫色。如果我们将彩虹弯成一个圆环，然后将紫色区域连接在一起，便可得到一个色环。

为了更好地欣赏色彩的变化，请依据图中提示来为彩虹上色。随后，请按照彩虹的颜色顺序为下面的色环着色，先从色环缺口处的紫色开始。

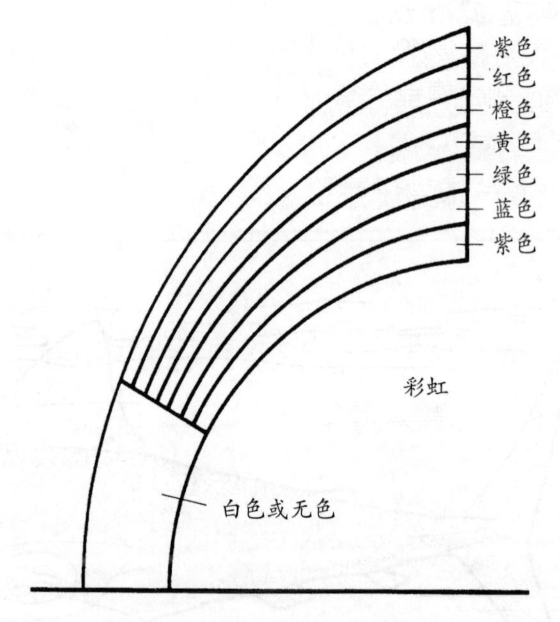

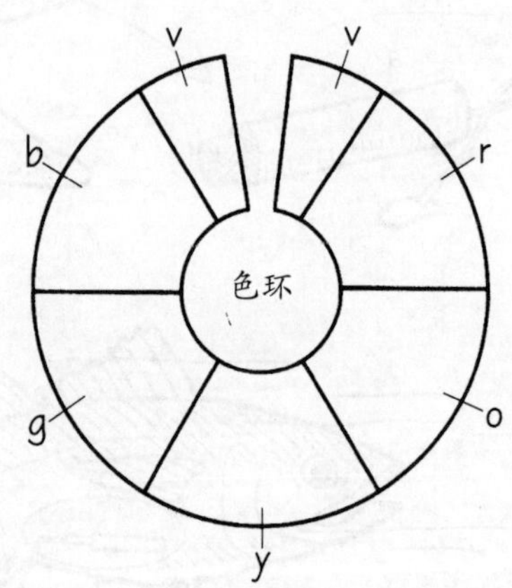

光谱中的三原色（three primary colors）分别是：

红色 ◯　　黄色 ◯　　蓝色 ◯

这三种色彩无法由其他颜色混合形成，但是它们可以相互混合，形成其他颜色。

将两种原色混合，你就能够创造出被称为**二次色**（secondary color，也称“副色”）的色彩：

红色 ◯ + 黄色 ◯ = 橙色 ◯

黄色 ◯ + 蓝色 ◯ = 绿色 ◯

红色 ◯ + 蓝色 ◯ = 紫色 ◯

你还可以继续将原色和二次色混合，创造出三**次色**（tertiary color，亦称“复色”）。三次色的命名方式较为简单，主要基于参与混色的色彩。因此，我们将由红色和橙色混合形成的三次色称为“红橙色”。三次色总共有六种。

接下来，我们要认识一种由三个同心圆组成的色环。这个色环可分为六个扇形，每一个扇形都包含一种原色或是二次色。

请根据颜色指示为每一个扇形着色，从原色开始。接着，在给二次色上色的过程中，请先使用三原色来调色。如果你的彩笔混色效果不好，那么建议你直接使用现有的二次色彩笔上色。

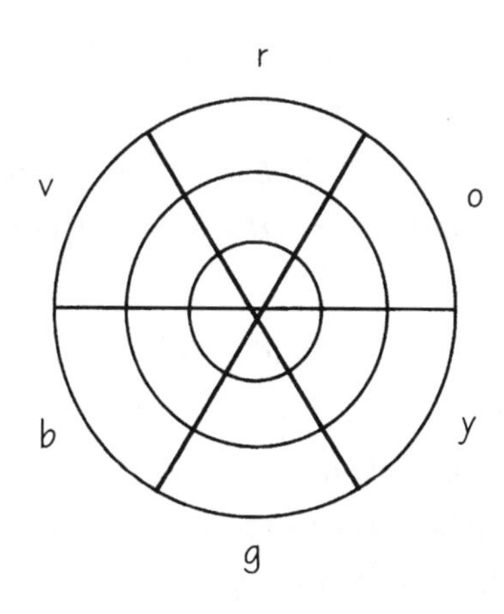

色彩具有**色相**（hue）。纯色意味着该颜色拥有最大**亮度**（intensity）或者最大**饱和度**（saturation）。

每一种纯色色相（颜色）都具有另外一组被称为**明度**（value）的特征。明度指的是色彩的明暗（浓淡）程度。每种颜色都有一个明度值域，从非常淡（接近白色）到非常浓（接近黑色）。如果我们想让某个颜色变亮，我们就将它画得浅一些；而如果我们想让它变暗，我们就应该将它画得深一些。举个例子，红色是一种具有最大亮度的饱和色，粉红色是红色的浅色，而紫红色则是红色的深色。

请为色环的外圈涂上白色（或是接近白色的颜色）。本次练习中，彩铅的效果比彩色水笔要好。然后给色环内圈的所有颜色涂上黑色，注意不要完全覆盖原本的色彩。

现在，你已经懂得如何调整原色和二次色的明度了。色环上的每种色相都包含三种颜色。你可以通过改变某个色彩的明度来获得同一色相的不同效果。在给每节的底图上色时，这将有助于你利用不同明度的同一色彩将文中介绍的相似结构或过程联系起来。

每种纯色都有不同的明度。现在请观察色环上的纯色，你会发现蓝色的明度比黄色更深。每种色彩都有属于自身的特定的明度值。

下面是水平排列的由 11 个具有不同黑 / 白明度值（灰度）的颜色所组成的方格栏（我们将该方格栏定为 1 号）。从最左边的白色（w）开始，每个方格的灰度以 10% 递增，最后得到最右边方格内 100% 的纯黑色（b）。

根据以上规则，我们在 1 号方格栏下面放置了 2 号方格栏。2 号中的 11 个方格全部是空白的。请暂时将你刚才认识的原色和二次色放在一边。观察 1 号的每个方格，找到与其明度相同的铅笔或水笔，然后在 2 号对应的方格中填上明度一致的颜色。如果你发现多种色彩具有同一明度，那么请将这些色彩涂在 2 号方格栏下方的空白处。

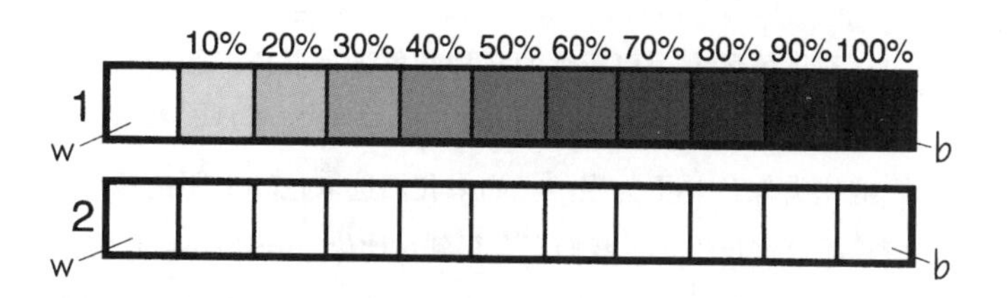

你可以选择三种颜色，在编号为 3、4、5 的三条方格栏中，依据自己的想法分别为它们设定明度级别。请不要给每栏最左边的方格着色（保持其为白色），然后将最右边的方格涂成黑色。以 3 号方格栏为例，在第二个方格中（从左侧或右侧开始均可）填充一种纯色。若是从右侧的第二个方格往左上色，那么请逐步将色彩淡化；若是从左侧的第二个方格开始，请逐步将色彩加深，直至最右侧的黑色。请选择另外两种不同的纯色，分别在 4 号和 5 号方格栏中重复 3 号方格栏的上色步骤。

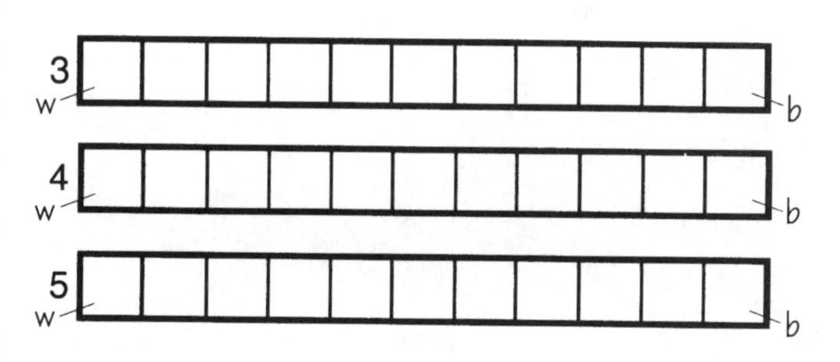

如何使用色彩

下面我们继续讲解如何使用色彩。色彩可以对人类的视觉和心理产生影响。色彩能够为我们创造出放松、紧张或是兴奋的感觉。通过色彩组合，艺术家们可以使某种色彩看上去像另一种色彩，或者使某种色彩看起来更明亮。

我们容易将颜色与自然现象联系起来。我们把与太阳和火相关的颜色称为“暖色”，例如红色、黄色和橙色。无论是在某个场景还是某幅画中，暖色在视觉上都能够最先吸引人的注意力。而与冰和水联系在一起的色彩被我们称为“冷色”，例如蓝色和绿色。冷色在视觉上带有弱化效果，并不像暖色那么博人眼球。人们常常会在绘画的时候将远景涂上渐变的冷色调，来营造一种**大气透视**（atmospheric perspective）视觉效果。

颜色的不同组合会形成多种效果。当我们使用色环上彼此相邻的色彩来配色时，这些被称为**类似色**（analogous color，又叫相似色）的颜色将会创造出一种协调的效果。类似色令人感到平静。举例来说，红色、紫色和蓝色便是色环上的一组类似色，建议你在本页该文段旁边的空白处涂上这些色彩，观察它们的协调效果。请再选择两组以上的类似色，并将它们涂在本页的空白处。

若将色环上距离较远的几种颜色进行混合，创造出的色彩将与原本的色彩产生鲜明的对比。这类颜色对人类情感的影响比类似色要更为强烈。如果我们选取色环上距离相等的三种颜色进行组合，我们便会得到**对比色**（triad color）。三原色便是一组对比色，红、黄、蓝三种颜色之间产生了强烈的反差。此外，二次色也是对比色。

在色环上，圆环直径两端的两种颜色是一组互补色（complementary color），例如红色和绿色，以及黄紫色和蓝橙色。当我们将一组互补色放在一起的时候，它们会增强彼此的色彩感——红色会变成“亮红色”，绿色会变成“亮绿色”，这种效果被称为**同时对比**（simultaneous contrast）。

下图是三个矩形大框，请分别在每个大框的上长条内涂上一种原色，然后在下长条内涂上与该原色互补的二次色。

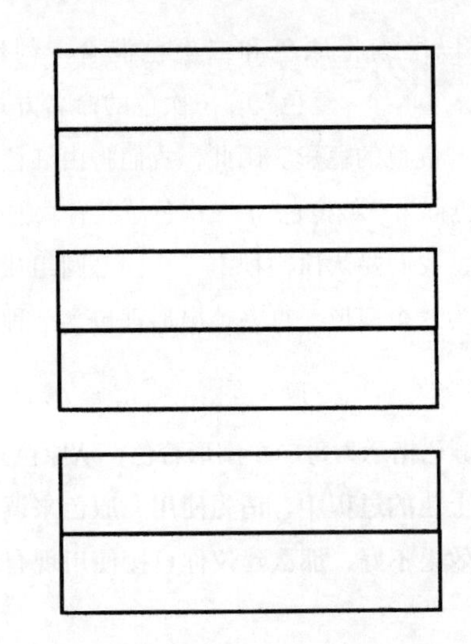

如果你使用的是纯色，那么你应该能观察到同时对比的效果。文森特・梵高（Vincent van Gogh）、保罗・高更（Paul Gauguin）、土鲁斯-劳特累克（Toulouse-Lautrec）等艺术家都是善用同时对比的大师。黑色和白色同样能产生同时对比效应。

十分有趣的是，当我们把互补色放在相邻位置时，它们会使彼此显得更为亮丽；而当我们将互补色混合在一起时，它们则会互相抵消或中和。

希望你能够通过以上内容进一步激发自己的上色兴趣，提高着色技能。享受涂色的乐趣吧！

杰伊・戈利克（Jay Golik）

与克里斯汀・戈利克（Christine Golik）

纳帕谷学院，美国加利福尼亚州

海洋生物学名附录

* 为保证生物中文学名的权威性与可靠性，翻译时以《中国海洋生物物种名录》《海洋无脊椎动物学》《拉汉世界鱼类系统名典》为主要参考资料，辅以国内发表的中文文献。

* 对于分类尚不清楚的物种，保留门、纲、属，省略目和科。对于查不到专业译名的物种，直接保留了其拉丁文学名。

* 原作者列出种名 + 属名且有对应中文学名的生物，附录中不再单独翻译属名；原作者列出种名 + 属名且无对应中文学名的生物，则不翻译；原作者仅列出属名的生物，仅翻译属名。

* 冒号前为正文中使用的泛指名，冒号后为具体的物种名或类群名，以及其分类地位。

2

Anchovy, *Engraulis*, Family Engraulidae, Order Clupeiformes, Class Actinopterygii, Phylum Chordata
鳀鱼：鳀属，鳀科，鲱形目，辐鳍鱼纲，脊索动物门

Sardine, *Sardinops sagax*, Family Clupeidae, Order Clupeiformes, Class Actinopterygii, Phylum Chordata
沙丁鱼：远东拟沙丁鱼，鲱科，鲱形目，辐鳍鱼纲，脊索动物门

4

Isopod, *Ligia*, Family Ligiidae, Order Isopoda, Class Malacostraca, Phylum Arthropoda
等足类：海蟑螂属，海蟑螂科，等足目，软甲纲，节肢动物门

Green alga, *Enteromorpha*, Family Ulvaceae, Order Ulvales, Class Ulvophyceae, Phylum Chlorophyta
绿藻：浒苔属，石莼科，石莼目，石莼纲，绿藻门

Periwinkle, *Littorina*, Family Littorinidae, Order Mesogastropoda, Class Gastropoda, Phylum Mollusca
滨螺：滨螺属，滨螺科，中腹足目，腹足纲，软体动物门

Barnacle, *Balanus*, Family Balanidae, Order Sessilia, Class Maxillopoda, Phylum Arthropoda
藤壶：藤壶属，藤壶科，无柄目，颚足纲，节肢动物门

Brown alga, *Alaria*, Family Alariaceae, Order Laminariales, Class Phaeophyceae, Phylum Phaeophyta
褐藻：翅藻属，翅藻科，海带目，褐藻纲，褐藻门

Brown alga, *Laminaria*, Family Laminariaceae, Order Laminariales, Class Phaeophyceae, Phylum Phaeophyta
褐藻：海带属，海带科，海带目，褐藻纲，褐藻门

5

Limpet, *Lottia digitalis*, Family Lottiidae, Order Patellogastropoda, Class Gastropoda, Phylum Mollusca
帽贝：*Lottia digitalis*，莲花青螺属，莲花青螺科，笠螺目，腹足纲，软体动物门

Shore crab, *Pachygrapsus crassipes*, Family Grapsidae, Order Decapoda, Class Malacostraca, Phylum Arthropoda
厚纹蟹：粗腿厚纹蟹，方蟹科，十足目，软甲纲，节肢动物门

Mussel, *Mytilus*, Family Mytilidae, Order Mytiloida, Class Bivalvia, Phylum Mollusca
贻贝：贻贝属，贻贝科，贻贝目，双壳纲，软体动物门

Aggregating anemone, *Anthopleura elegantissima*, Family Actiniidae, Order Actiniaria, Class Anthozoa, Phylum Cnidaria
华丽黄海葵，海葵科，海葵目，珊瑚纲，刺胞动物门

Mossy chiton, *Mopalia*, Family Mopaliidae, Order Chitonida, Class Polyplacophora, Phylum Mollusca
鬃毛石鳖：鬃毛石鳖属，鬃毛石鳖科，石鳖目，多板纲，软体动物门

Hydroid, *Aglaophenia latirostris*, Family Aglaopheniidae, Order Leptothecata, Class Hydrozoa, Phylum Cnidaria
水螅：*Aglaophenia latirostris*，羽螅属，羽螅科，软水母目，水螅纲，刺胞动物门

Purple sea urchin, *Strongylocentrotus purpuratus*, Family Strongylocentrotidae, Order Camarodonta, Class Echinoidea, Phylum Echinodermata
紫球海胆，球海胆科，拱齿目，海胆纲，棘皮动物门

6

Surf grass, *Phyllospadix*, Family Zosteraceae, Order Alismatales, Class Monocotyledoneae, Phylum Liliopsidal
拍岸浪草：虾海藻属，大叶藻科，泽泻目，单子叶植物纲，被子植物门

Solitary coral, *Balanophyllia elegans*, Family Dendrophylliidae, Order Scleractinia, Class Anthozoa, Phylum Cnidaria
单体珊瑚：橙杯珊瑚，木珊瑚科，石珊瑚目，珊瑚纲，刺胞动物门

Giant green anemone, *Anthopleura xanthogrammica*, Family Actiniidae, Order Actiniaria, Class Anthozoa, Phylum Cnidaria
黄海葵（别名为巨绿海葵），海葵科，海葵目，珊瑚纲，刺胞动物门

Hermit crab, *Pagurus*, Family Paguridae, Order Decapoda, Class

Malacostraca, Phylum Arthropoda
寄居蟹：寄居蟹属，寄居蟹科，十足目，软甲纲，节肢动物门

Tidepool sculpin, *Oligocottus*, Family Cottidae, Order Scorpaeniformes, Class Actinopterygii, Phylum Chordata
寡杜父鱼：寡杜父鱼属，杜父鱼科，鲉形目，辐鳍鱼纲，脊索动物门

Brittle star, Class Ophiuroidea, Phylum Echinodermata
蛇尾，蛇尾纲，棘皮动物门

Broken-back shrimp, *Heptacarpus*, Family Hippolytidae, Order Decapoda, Class Malacostraca, Phylum Arthropoda
七腕虾：七腕虾属，藻虾科，十足目，软甲纲，节肢动物门

Dunce cap limpet, *Acmaea mitra*, Family Acmaeidae, Order Patellogastropoda, Class Gastropoda, Phylum Mollusca
小螺笠贝（别名为高帽青螺），青螺科，笠螺目，腹足纲，软体动物门

Six-rayed sea star, *Leptasterias hexactis*, Family Asteriidae, Order Forcipulatida, Class Asteroidea, Phylum Echinodermata
六辐海星，海盘车科，钳棘目，海星纲，棘皮动物门

Polychaete worm, *Amphitrite*, Family Terebellidae, Order Terebellida, Class Polychaeta, Phylum Annelida
多毛虫：叶蛰虫属，蛰龙介科，蛰龙介目，多毛纲，环节动物门

Rock crab, *Cancer*, Family Cancridae, Order Decapoda, Class Malacostraca, Phylum Arthropoda
黄道蟹：黄道蟹属，黄道蟹科，十足目，软甲纲，节肢动物门

7

Smooth cordgrass, *Spartina alterniflora*, Family Poaceae, Order Poales, Class Monocotyledoneae, Phylum Liliopsidal
互花米草，禾本科，禾本目，单子叶植物纲，被子植物门

Mussel, *Ischadium*, Family Mytilidae, Order Mytiloida, Class Bivalvia, Phylum Mollusca
贻贝：*Ischadium* 属，贻贝科，贻贝目，双壳纲，软体动物门

Menhaden, *Brevoortia tyrannus*, Family Clupeidae, Order Clupeiformes, Class Actinopterygii, Phylum Chordata
鲱鱼：大西洋油鲱（别名为暴油鲱），鲱科，鲱形目，辐鳍鱼纲，脊索动物门

Oyster, *Crassostrea virginica*, Family Ostreidae, Order Pterioida, Class Bivalvia, Phylum Mollusca
牡蛎：美洲牡蛎，牡蛎科，珍珠贝目，双壳纲，软体动物门

Clam, *Mya arenaria*, Family Myidae, Order Myoida, Class Bivalvia, Phylum Mollusca
蛤：砂海螂，海螂科，海螂目，双壳纲，软体动物门

Grass shrimp, *Palaemonetes pugio*, Family Palaemonidae, Order Decapoda, Class Malacostraca, Phylum Arthropoda
小长臂虾：短刀小长臂虾，长臂虾科，十足目，软甲纲，节肢动物门

Striped bass, *Morone saxatilis*, Family Moronidae, Order Perciformes, Class Actinopterygii, Phylum Chordata
条纹狼鲈，狼鲈科，鲈形目，辐鳍鱼纲，脊索动物门

Blue crab, *Callinectes sapidus*, Family Portunidae, Order Decapoda, Class Malacostraca, Phylum Arthropoda
蓝蟹，梭子蟹科，十足目，软甲纲，节肢动物门

Fiddler crab, *Uca*, Family Ocypodidae, Order Decapoda, Class Malacostraca, Phylum Arthropoda
招潮蟹：招潮蟹属，沙蟹科，十足目，软甲纲，节肢动物门

8

Lug worm, *Arenicola*, Family Arenicolidae, Order Capitellida, Class Polychaeta, Phylum Annelida
沙蠋：沙蠋属，沙蠋科，小头虫目，多毛纲，环节动物门

Gaper clam, *Tresus*, Family Mactridae, Order Veneroida, Class Bivalvia, Phylum Mollusca
马珂蛤：脊蛤蜊属，马珂蛤科（蛤蜊科），帘蛤目，双壳纲，软体动物门

Bent-nosed clam, *Macoma*, Family Tellinidae, Order Veneroida, Class Bivalvia, Phylum Mollusca
弯鼻樱蛤：白樱蛤属，樱蛤科，帘蛤目，双壳纲，软体动物门

Mud snail, *Tritia obsoleta*, Family Nassariidae, Order Neogastropoda, Class Gastropoda, Phylum Mollusca
织纹螺：东泥织纹螺，织纹螺科，新腹足目，腹足纲，软体动物门

Ghost shrimp, *Neotrypaea californiensis*（*Callianassa californiensis*）, Family Callianassidae, Order Decapoda, Class Malacostraca, Phylum Arthropoda
加州美人虾（别名为幽灵虾），美人虾科，十足目，软甲纲，节肢动物门

Moon snail, *Polinices*, Family Naticidae, Order Mesogastropoda, Class Gastropoda, Phylum Mollusca
玉螺：乳玉螺属，玉螺科，中腹足目，腹足纲，软体动物门

Basket cockle, *Clinocardium nuttallii*, Family Cardiidae, Order Veneroida, Class Bivalvia, Phylum Mollusca
大篮鸟蛤，鸟蛤科，帘蛤目，双壳纲，软体动物门

Short-spined sea star, *Pisaster brevispinus*, Family Asteriidae, Order Forcipulatida, Class Asteroidea, Phylum Echinodermata
短刺豆海星，海盘车科，钳棘目，海星纲，棘皮动物门

9

Sand crab, *Emerita*, Family Hippidae, Order Decapoda, Class Malacostraca, Phylum Arthropoda
蝉蟹：鼠蝉蟹属，蝉蟹科，十足目，软甲纲，节肢动物门

Bean clam, *Donax variabilis*, Family Donacidae, Order Veneroida,

Class Bivalvia, Phylum Mollusca
斧蛤：蝴蝶斧蛤，斧蛤科，帘蛤目，双壳纲，软体动物门

Razor clam, *Siliqua*, Family Cultellidae, Order Veneroida, Class Bivalvia, Phylum Mollusca
刀蛏：荚蛏属，刀蛏科，帘蛤目，双壳纲，软体动物门

Bristle worm, *Nereis*, Family Nereidae, Order Phyllodocida, Class Polychaeta, Phylum Annelida
刚毛蠕虫（即多毛虫）：沙蚕属，沙蚕科，叶须虫目，多毛纲，环节动物门

Rove beetle, Family Staphylinidae, Order Coleoptera, Class Insecta, Phylum Arthropoda
隐翅虫：隐翅虫科，鞘翅目，昆虫纲，节肢动物门

Ghost crab, *Ocypode*, Family Ocypodidae, Order Decapoda, Class Malacostraca, Phylum Arthropoda
沙蟹：沙蟹属，沙蟹科，十足目，软甲纲，节肢动物门

Swimming crab, *Portunus*, Family Portunidae, Order Decapoda, Class Malacostraca, Phylum Arthropoda
梭子蟹：梭子蟹属，梭子蟹科，十足目，软甲纲，节肢动物门

Surfperch, *Amphistichus argenteus*, Family Embiotocidae, Order Perciformes, Class Actinopterygii, Phylum Chordata
海鲫：银双齿海鲫，海鲫科，鲈形目，辐鳍鱼纲，脊索动物门

Beach hopper, *Megalorchestia*, Family Talitridae, Order Amphipoda, Class Malacostraca, Phylum Arthropoda
滩跳虾（别名为沙蚤）：*Megalorchestia* 属，跳钩虾科，端足目，软甲纲，节肢动物门

Sanderling, *Calidris alba*, Family Scolopacidae, Order Charadriiformes, Class Aves, Phylum Chordata
三趾鹬，鹬科，鸻形目，鸟纲，脊索动物门

10

Pacific sand dollar, *Dendraster excentricus*, Family Dendrasteridae, Order Clypeasteroida, Class Echinoidea, Phylum Echinodermata
太平洋沙钱：*Dendraster excentricus*，枝星海胆科，楯形目，海胆纲，棘皮动物门

Sand star, *Astropecten*, Family Astropectinidae, Order Paxillosida, Class Asteroidea,Phylum Echinodermata
槭海星：槭海星属，槭海星科，柱海星目，海星纲，棘皮动物门

Moon snail, *Polinices*, Family Naticidae, Order Mesogastropoda, Class Gastropoda, Phylum Mollusca
玉螺：乳玉螺属，玉螺科，中腹足目，腹足纲，软体动物门

Elbow crab, *Heterocrypta*, Family Parthenopidae, Order Decapoda, Class Malacostraca, Phylum Arthropoda
菱蟹：异隐蟹属，菱蟹科，十足目，软甲纲，节肢动物门

Pacific sanddab, *Citharichthys sordidus*, Family Paralichthyidae, Order Pleuronectiformes, Class Actinopterygii, Phylum Chordata
太平洋副棘鲆，牙鲆科，鲽形目，辐鳍鱼纲，脊索动物门

Angel shark, *Squatina californica*, Family Squatinidae, Order Squatiniformes, Class Chondrichthyes, Phylum Chordata
扁鲨（别名为天使鲨）：加州扁鲨，扁鲨科，扁鲨目，软骨鱼纲，脊索动物门

Brittle star, Class Ophiuroidea, Phylum Echinodermata
蛇尾，蛇尾纲，棘皮动物门

Hermit crab, *Pagurus armatus*, Family Paguridae, Order Decapoda, Class Malacostraca, Phylum Arthropoda
寄居蟹：武装寄居蟹（别名为黑眼寄居蟹），寄居蟹属，寄居蟹科，十足目，软甲纲，节肢动物门

Pismo clam, *Tivela stultorum*, Family Veneridae, Order Veneroida, Class Bivalvia, Phylum Mollusca
墨西哥三角文蛤（别名为皮斯莫蛤），帘蛤科，帘蛤目，双壳纲，软体动物门

Sea cockle, *Amiantis callosa*, Family Veneridae, Order Veneroida, Class Bivalvia, Phylum Mollusca
海鸟蛤，帘蛤科，帘蛤目，双壳纲，软体动物门

Heart urchin, *Lovenia*, Family Loveniidae, Order Spatangoida, Class Echinoidea, Phylum Echinodermata
心形海胆：拉文海胆属，拉文海胆科，心形目（猬团目），海胆纲，棘皮动物门

Polychaete worm, *Nephtys*, Family Nephtyidae, Order Phyllodocida, Class Polychaeta, Phylum Annelida
多毛虫：齿吻沙蚕属，齿吻沙蚕科，叶须虫目，多毛纲，环节动物门

11

Giant kelp, *Macrocystis pyrifera*, Family Laminariaceae, Order Laminariales, Class Phaeophyceae, Phylum Phaeophyta
巨藻，海带科，海带目，褐藻纲，褐藻门

Palm kelp, *Eisenia*, Family Lessoniaceae, Order Laminariales, Class Phaeophyceae, Phylum Phaeophyta
棕榈海带：爱氏藻属，巨藻科，海带目，褐藻纲，褐藻门

Red algae, Phylum Rhodophyta
红藻，红藻门

Sea urchin, *Strongylocentrotus*, Family Strongylocentrotidae, Order Camarodonta, Class Echinoidea, Phylum Echinodermata
海胆：球海胆属，球海胆科，拱齿目，海胆纲，棘皮动物门

Sea hare, *Aplysia*, Family Aplysiidae, Order Anaspidea, Class Gastropoda, Phylum Mollusca
海兔：海兔属，海兔科，无楯目，腹足纲，软体动物门

Abalone, *Haliotis*, Family Haliotidae, Order Archaeogastropoda, Class Gastropoda, Phylum Mollusca
鲍鱼：鲍属，鲍科，原始腹足目，腹足纲，软体动物门

Sea bat, *Asterina*, Family Asterinidae, Order Valvatida, Class Asteroidea, Phylum Echinodermata
海燕：海燕属，海燕科，瓣海星目，海星纲，棘皮动物门

Sunflower sea star, *Pycnopodia helianthoides*, Family Asteriidae, Order Forcipulatida, Class Asteroidea, Phylum Echinodermata
多腕葵花海星，海盘车科，钳棘目，海星纲，棘皮动物门

California sheephead, *Semicossyphus pulcher*, Family Labridae, Order Perciformes, Class Actinopterygii, Phylum Chordata
美丽突额隆头鱼，隆头鱼科，鲈形目，辐鳍鱼纲，脊索动物门

California sea lion, *Zalophus californianus*, Family Otariidae, Order Carnivora, Class Mammalia, Phylum Chordata
海狮：加州海狮，海狮科，食肉目，哺乳纲，脊索动物门

Rockfish, *Sebastes*, Family Scorpaenidae, Order Scorpaeniformes, Class Actinopterygii, Phylum Chordata
平鲉：平鲉属，鲉科，鲉形目，辐鳍鱼纲，脊索动物门

Sea otter, *Enhydra lutris*, Family Mustelidae, Order Carnivora, Class Mammalia, Phylum Chordata
海獭，鼬科，食肉目，哺乳纲，脊索动物门

13

Elkhorn coral, *Acropora palmata*, Family Acroporidae, Order Scleractinia, Class Anthozoa, Phylum Cnidaria
鹿角珊瑚：掌状鹿角珊瑚，鹿角珊瑚科（轴孔珊瑚科），石珊瑚目，珊瑚纲，刺胞动物门

Star coral, *Montastrea annularis*, Family Faviidae, Order Scleractinia, Class Anthozoa, Phylum Cnidaria
星珊瑚：圆菊珊瑚属，蜂巢珊瑚科（菊珊瑚科），石珊瑚目，珊瑚纲，刺胞动物门

Brain coral, *Colpophyllia*, Family Mussidae, Order Scleractinia, Class Anthozoa, Phylum Cnidaria
脑珊瑚：脑珊瑚属，褶叶珊瑚科，石珊瑚目，珊瑚纲，刺胞动物门

Plate coral, *Agaricia*, Family Agariciidae, Order Scleractinia, Class Anthozoa, Phylum Cnidaria
盘状珊瑚：菌珊瑚属，菌珊瑚科，石珊瑚目，珊瑚纲，刺胞动物门

Sea fan, *Gorgonia*, Family Gorgoniidae, Order Gorgonacea , Class Anthozoa, Phylum Cnidaria
海扇：柳珊瑚属，柳珊瑚科，柳珊瑚目，珊瑚纲，刺胞动物门

Grouper, Family Serranidae, Order Perciformes, Class Actinopterygii, Phylum Chordata
石斑鱼：鮨科，鲈形目，辐鳍鱼纲，脊索动物门

Butterflyfish, Family Chaetodontidae, Order Perciformes, Class Actinopterygii, Phylum Chordata
蝴蝶鱼：蝴蝶鱼科，鲈形目，辐鳍鱼纲，脊索动物门

Damselfish, Family Pomacentridae, Order Perciformes, Class Actinopterygii, Phylum Chordata
雀鲷：雀鲷科，鲈形目，辐鳍鱼纲，脊索动物门

Parrotfish, Family Scaridae, Order Perciformes, Class Actinopterygii, Phylum Chordata
鹦嘴鱼：鹦嘴鱼科，鲈形目，辐鳍鱼纲，脊索动物门

Cleaner shrimp, *Stenopus*, Family Stenopodidae, Order Decapoda, Class Malacostraca, Phylum Arthropoda
清洁虾：猬虾属，猬虾科，十足目，软甲纲，节肢动物门

Squirrelfish, Family Holocentridae, Order Beryciformes, Class Actinopterygii, Phylum Chordata
金鳞鱼：金鳞鱼科，金眼鲷目，辐鳍鱼纲，脊索动物门

Grunt, Family Haemulidae, Order Perciformes, Class Actinopterygii, Phylum Chordata
石鲈：仿石鲈科，鲈形目，辐鳍鱼纲，脊索动物门

Moray eel, Family Muraenidae, Order Anguilliformes, Class Actinopterygii, Phylum Chordata
海鳝：海鳝科，鳗形目，辐鳍鱼纲，脊索动物门

Feather star, Class Crinoidea, Phylum Echinodermata
海百合（别名为羽毛海星），海百合纲，棘皮动物门

Caribbean spiny lobster, *Panulirus argus*, Family Palinuridae, Order Decapoda, Class Malacostraca, Phylum Arthropoda
眼斑龙虾，龙虾科，十足目，软甲纲，节肢动物门

Sea urchin, *Diadema*, Family Diadematidae, Order Diadematoida, Class Echinoidea, Phylum Echinodermata
海胆：冠海胆属，冠海胆科，冠海胆目，海胆纲，棘皮动物门

14

By-the-wind sailor, *Velella velella*, Family Porpitidae, Order Anthomedusae, Class Hydrozoa, Phylum Cnidaria
帆水母，银币水母科，花水母目，水螅纲，刺胞动物门

Portuguese man-of-war, *Physalia physalis*, Family Physaliidae, Order Siphonophorae, Class Hydrozoa, Phylum Cnidaria
僧帽水母（别名为葡萄牙战舰水母），僧帽水母科，管水母目，水螅纲，刺胞动物门

Violet snail, *Janthina*, Family Janthinidae, Order Heterogastropoda, Class Gastropoda, Phylum Mollusca
海蜗牛（别名为紫螺）：海蜗牛属，海蜗牛科，异腹足目，腹足纲，软体动物门

Copepod, *Calanus*, Family Calanidae, Order Calanoida, Class Maxillopoda, Phylum Arthropoda
桡足类：哲水蚤属，哲水蚤科，哲水蚤目，颚足纲，节肢动物门

Krill, *Euphausia*, Family Euphausiidae, Order Euphausiacea, Class Malacostraca, Phylum Arthropoda
磷虾：磷虾属，磷虾科，磷虾目，软甲纲，节肢动物门

Arrow worm, *Sagitta*, Family Sagittidae, Order Aphragmophora, Class Sagittoidea, Phylum Chaetognatha
箭虫：箭虫属，箭虫科，无横肌目，箭虫纲，毛颚动物门

Herring, *Clupea harengus*, Family Clupeidae, Order Clupeiformes, Class Actinopterygii, Phylum Chordata
鲱鱼：大西洋鲱，鲱科，鲱形目，辐鳍鱼纲，脊索动物门

Albacore, *Thunnus alalunga*, Family Scombridae, Order Perciformes, Class Actinopterygii, Phylum Chordata
长鳍金枪鱼，鲭科，鲈形目，辐鳍鱼纲，脊索动物门

Blue shark, *Prionace glauca*, Family Carcharhinidae, Order Carcharhiniformes, Class Chondrichthyes, Phylum Chordata
大青鲨，真鲨科，真鲨目，软骨鱼纲，脊索动物门

Blue whale, *Balaenoptera musculus*, Family Balaenopteridae, Order Cetacea, Class Mammalia, Phylum Chordata
蓝鲸，须鲸科，鲸目，哺乳纲，脊索动物门

Squid, *Loligo*, Family Loliginidae, Order Teuthoida, Class Cephalopoda, Phylum Mollusca
鱿鱼：枪乌贼属，枪乌贼科，枪形目，头足纲，软体动物门

15

Calycophoran siphonophore, *Muggiaea*, Family Diphyidae, Order Siphonophorae, Class Hydrozoa, Phylum Cnidaria
钟泳亚目的管水母：五角水母属，双生水母科，管水母目，水螅纲，刺胞动物门

Lobate ctenophore, *Deiopea*, Family Eurhamphaeidae, Order Lobata, Class Tentaculata, Phylum Ctenophora
叶状栉水母：*Deiopea* 属，长瓣水母科，兜水母目，触手纲，栉水母动物门

Polychaete, *Tomopteris*, Family Tomopteridae, Order Phyllodocida, Class Polychaeta, Phylum Annelida
多毛虫：浮蚕属，浮蚕科，叶须虫目，多毛纲，环节动物门

Cock-eyed squid, *Histioteuthis heteropsis*, Family Histioteuthidae, Order Teuthoida, Class Cephalopoda, Phylum Mollusca
异帆乌贼（别名为斗鸡眼鱿鱼），帆乌贼科，枪形目，头足纲，软体动物门

16

Brittle star, *Ophiomusium*, Family Ophiosphalmidae, Order Ophiurida, Class Ophiuroidea, Phylum Echinodermata
蛇尾：瓷蛇尾属，瓷蛇尾科，真蛇尾目，蛇尾纲，棘皮动物门

Sea cucumber, *Scotoplanes*, Family Elpidiidae, Order Elasipodida, Class Holothuroidea, Phylum Echinodermata
海参：*Scotoplanes* 属，Elpidiidae 科，平足目，海参纲，棘皮动物门

Amphipod, *Hirondellea*, Family Hirondelleidae, Order Amphipoda, Class Malacostraca, Phylum Arthropoda
端足类：*Hirondellea* 属，Hirondelleidae 科，端足目，软甲纲，节肢动物门

Vampire squid, *Vampyroteuthis infernalis*, Family Vampyroteuthidae, Order Vampyromorphida, Class Cephalopoda, Phylum Mollusca
幽灵蛸（别名为吸血鬼鱿鱼），幽灵蛸科，幽灵蛸目，头足纲，软体动物门

17

Vent clam, *Calyptogena magnifica*, Family Vesicomyidae, Order Veneroida, Class Bivalvia, Phylum Mollusca
热泉蛤：壮丽伴溢蛤，囊螂科，帘蛤目，双壳纲，软体动物门

Deep water mussel, *Bathymodiolus thermophiles*, Family Mytilidae, Order Mytiloida, Class Bivalvia, Phylum Mollusca
深海贻贝：嗜热深海偏顶蛤，贻贝科，贻贝目，双壳纲，软体动物门

Vent shrimp, *Alvinocaris*, Family Alvinocarididae, Order Decapoda, Class Malacostraca, Phylum Arthropoda
热泉虾：阿尔文虾属，阿尔文虾科，十足目，软甲纲，节肢动物门

Vent crab, *Bythograea thermydron*, Family Bythograeidae, Order Decapoda, Class Malacostraca, Phylum Arthropoda
热泉蟹：深洋热泉蟹，深洋蟹科，十足目，软甲纲，节肢动物门

Pompeii worm, *Alvinella pompejana*, Family Alvinellidae, Order Terebellida, Class Polychaeta, Phylum Annelida
庞贝虫，Alvinellidae 科，蛰龙介目，多毛纲，环节动物门

Giant tube worm, *Riftia pachyptila*, Family Siboglinidae, Order Sabellida, Class Polychaeta, Phylum Annelida
巨型管虫：*Riftia pachyptila*，拟西伯加虫科，缨鳃虫目，多毛纲，环节动物门

18

Red mangrove, *Rhizophora mangle*, Family Rhizophoraceae, Order Myrtales, Class Magnoliopsida, Phylum Magnoliophyta
大红树，红树科，桃金娘目，双子叶植物纲，被子植物门

Turtle grass, *Thalassia testudinum*, Family Hydrocharitaceae, Order Alismatales, Class Monocotyledoneae, Phylum Liliopsidal
泰来藻（别名为海龟草），水鳖科，泽泻目，单子叶植物纲，被子植物门

Surf grass, *Phyllospadix*, Family Zosteraceae, Order Alismatales, Class Monocotyledoneae, Phylum Liliopsidal
拍岸浪草：虾海藻属，大叶藻科，泽泻目，单子叶植物纲，被子植物门

19

Pennate diatom, *Pleurosigma*, Family Naviculaceae, Order Naviculales, Class Pennatae, Phylum Bacillariophyta
羽纹硅藻：斜纹藻属，舟形藻科，舟形藻目，羽纹硅藻纲，硅藻门

Centric diatom, *Coscinodiscus*, Family Coscinodiscaceae, Order

Coscinodiscales, Class Centricae, Phylum Bacillariophyta
中心硅藻：圆筛藻属，圆筛藻科，圆筛藻目，中心硅藻纲，硅藻门

Centric diatom, *Chaetoceros*, Family Chaetoceraceae, Order Biddulphiales, Class Centricae, Phylum Bacillariophyta
中心硅藻：角毛藻属，角毛藻科，盒形藻目，中心硅藻纲，硅藻门

Armored dinoflagellate, *Peridinium*, Family Peridiniaceae, Order Peridiniales, Class Dinophyceae, Phylum Dinoflagellata
具甲甲藻：多甲藻属，多甲藻科，多甲藻目，甲藻纲，双鞭毛虫门（甲藻门）

Naked dinoflagellate, *Gymnodinium*, Family Gymnodiniaceae, Order Gymnodiniales, Class Dinophyceae, Phylum Dinoflagellata
裸甲藻：裸甲藻属，裸甲藻科，裸甲藻目，甲藻纲，双鞭毛虫门（甲藻门）

20

Green algae, Phylum Chlorophyta
绿藻，绿藻门

Sea lettuce, *Ulva*, Family Ulvaceae, Order Ulvales, Class Chlorophyceae, Phylum Chlorophyta
石莼（别名为海莴苣）：石莼属，石莼科，石莼目，绿藻纲，绿藻门

Red algae, Phylum Rhodophyta
红藻，红藻门

Salt sac, *Halosaccion glandiforme*, Family Palmariaceae, Order Palmariales, Class Florideophyceae, Phylum Rhodophyta
盐囊藻：*Halosaccion glandiforme*，红囊藻属，掌形藻科，掌形藻目，真红藻纲，红藻门

Red alga, *Smithora naiadum*, Family Erythrotrichiaceae, Order Erythropeltidales, Class Compsopogonophyceae, Phylum Rhodophyta
红藻：*Smithora naiadum*，似紫菜属，星丝藻科，星丝藻目，复丝藻纲，红藻门

Coralline red algae genera: *Lithothanium*, *Corallina*, *Calliarthron*
珊瑚藻类（属于红藻门）：石枝藻属，珊瑚藻属，粗珊藻属

Pepper dulce, *Laurencia spectabilis*, Family Rhodomelaceae, Order Ceramiales, Class Florideophyceae, Phylum Rhodophyta
胡椒藻：*Laurencia spectabilis*，凹顶藻属，松节藻科，仙菜目，真红藻纲，红藻门

21

Brown algae, Phylum Phaeophyta
褐藻，褐藻门

Rockweed, *Fucus*, Family Fucaceae, Order Fucales, Class Phaeophyceae, Phylum Phaeophyta
墨角藻：墨角藻属，墨角藻科，墨角藻目，褐藻纲，褐藻门

Oarweed, *Laminaria*, Family Laminariaceae, Order Laminariales, Class Phaeophyceae, Phylum Phaeophyta
海带：海带属，海带科，海带目，褐藻纲，褐藻门

Bull kelp, *Nereocystis luetkeana*, Family Laminariaceae, Order Laminariales, Class Phaeophyceae, Phylum Phaeophyta
海囊藻：*Nereocystis luetkeana*，海囊藻属，海带科，海带目，褐藻纲，褐藻门

Feather-boa kelp, *Egregia menziesii*, Family Lessoniaceae, Order Laminariales, Class Phaeophyceae, Phylum Phaeophyta
优秀藻：*Egregia menziesii*，优秀藻属，巨藻科，海带目，褐藻纲，褐藻门

Kelp, *Lessoniopsis*, Family Alariaceae, Order Laminariales, Class Phaeophyceae, Phylum Phaeophyta
巨藻：拟巨藻属，翅藻科，海带目，褐藻纲，褐藻门

22

Encrusting sponge, *Haliclona permollis*, Family Chalinidae, Order Haplosclerida, Class Demospongiae, Phylum Porifera
结壳海绵：等格蜂海绵，指海绵科，简骨海绵目，寻常海绵纲，海绵动物门

Pecten encrusting sponge, *Mycale adhaerens*, Family Mycalidae, Order Poecilosclerida, Class Demospongiae, Phylum Porifera
在扇贝上结壳的海绵：粘附山海绵，山海绵科，繁骨海绵目，寻常海绵纲，海绵动物门

Tubular sponge, *Callyspongia*, Family Callyspongiidae, Order Haplosclerida, Class Demospongiae, Phylum Porifera
管状海绵：美丽海绵属，美丽海绵科，简骨海绵目，寻常海绵纲，海绵动物门

Boring sponge, *Cliona celata*, Family Clionaidae, Order Hadromerida, Class Demospongiae, Phylum Porifera
穿孔海绵：隐居穿孔海绵，穿孔海绵科，韧海绵目，寻常海绵纲，海绵动物门

23

Giant green anemone, *Anthopleura xanthogrammica*, Family Actiniidae, Order Actiniaria, Class Anthozoa, Phylum Cnidaria
黄海葵（别名为巨绿海葵），海葵科，海葵目，珊瑚纲，刺胞动物门

Sea anemone, *Metridium*, Family Metridiidae, Order Actiniaria, Class Anthozoa, Phylum Cnidaria
海葵：细指海葵属，细指海葵科，海葵目，珊瑚纲，刺胞动物门

Hydranth, *Tubularia*, Family Tubulariidae, Order Anthoathecata, Class Hydrozoa, Phylum Cnidaria
水螅体：筒螅属，筒螅水母科，花水母目，水螅纲，刺胞动物门

Coral polyp, Phylum Cnidaria
珊瑚虫，刺胞动物门

24
Hydromedusa, *Polyorchis*, Family Corynidae, Order Anthoathecata, Class Hydrozoa, Phylum Cnidaria
水螅水母：发水母属，棍螅水母科，花水母目，水螅纲，刺胞动物门

Jellyfish, *Aurelia*, Family Ulmaridae, Order Semaeostomeae, Class Scyphozoa, Phylum Cnidaria
水母：海月水母属，羊须水母科，旗口水母目，钵水母纲，刺胞动物门

Jellyfish, *Pelagia*, Family Pelagiidae, Order Semaeostomeae, Class Scyphozoa, Phylum Cnidaria
水母：游水母属，游水母科，旗口水母目，钵水母纲，刺胞动物门

Jellyfish, *Haliclystus*, Family Lucernariidae, Order Stauromedusae, Class Staurozoa, Phylum Cnidaria
水母：喇叭水母属，高杯水母科，十字水母目，十字水母纲，刺胞动物门

25
Flatworm, *Notoplana*, Family Notoplanidae, Order Polycladida, Class Turbellaria, Phylum Platyhelminthes
涡虫：薄背涡虫属，薄背涡虫科，多肠目，涡虫纲，扁形动物门

Ribbon worm, *Tubulanus sexlineatus*, Family Tubulanidae, Order Palaeonemertea, Class Anopla, Phylum Nemertea
纽虫：*Tubulanus sexlineatus*，管栖纽虫属，管栖纽虫科，古纽目，无针纲，纽形动物门

Peanut worm, Phylum Sipuncula
星虫，星虫动物门

Nematode/Round worm, Phylum Nematode
线虫，线虫动物门

26
Innkeeper worm, *Urechis caupo*, Family Urechidae, Order Echiuroidea, Class Echiurida, Phylum Echiura
穴居螠虫（别名为看护虫）：美洲刺螠，棘螠科，螠目，螠纲，螠虫动物门

Pea crab, *Scleroplax granulata*, Family Pinnotheridae, Order Decapoda, Class Malacostraca, Phylum Arthropoda
豆蟹：*Scleroplax granulata*，豆蟹科，十足目，软甲纲，节肢动物门

Polychaete worm, *Hesperonoe adventor*, Family Polynoidae, Order Phyllodocida, Class Polychaeta, Phylum Annelida
多毛虫：*Hesperonoe adventor*，夜鳞虫属，多鳞虫科，叶须虫目，多毛纲，环节动物门

Arrow goby, *Clevelandia ios*, Family Gobiidae, Order Perciformes, Class Actinopterygii, Phylum Chordata,
箭虾虎鱼：加拿大箭虾虎鱼，虾虎鱼科，鲈形目，辐鳍鱼纲，脊索动物门

Clam, *Cryptomya californica*, Family Myidae, Order Myoida, Class Bivalvia, Phylum Mollusca
蛤：加州隐海螂，海螂科，海螂目，双壳纲，软体动物门

27
Polychaete worm, Class Polychaeta, Phylum Annelida
多毛虫，多毛纲，环节动物门

Clam worm, *Nereis*, Family Nereidae, Order Phyllodocida, Class Polychaeta, Phylum Annelida
沙蚕：沙蚕属，沙蚕科，叶须虫目，多毛纲，环节动物门

Carnivorous worm, *Glycera*, Family Glyceridae, Order Phyllodocida, Class Polychaeta, Phylum Annelida
肉食性蠕虫：吻沙蚕属，吻沙蚕科，叶须虫目，多毛纲，环节动物门

Lug worm, *Arenicola marina*, Family Arenicolidae, Order Capitellida, Class Polychaeta, Phylum Annelida
沙蠋：海沙蠋，沙蠋科，小头虫目，多毛纲，环节动物门

28
Fan worm, *Sabella*, Family Sabellidae, Order Sabellida, Class Polychaeta, Phylum Annelida
缨鳃虫：缨鳃虫属，缨鳃虫科，缨鳃虫目，多毛纲，环节动物门

Tentacle-feeding polychaete worm, *Amphitrite*, Family Terebellidae, Order Terebellida, Class Polychaeta, Phylum Annelida
以触手摄食的多毛虫：叶蛰虫属，蛰龙介科，蛰龙介目，多毛纲，环节动物门

29
Basket cockle, *Clinocardium nuttallii*, Family Cardiidae, Order Veneroida, Class Bivalvia, Phylum Mollusca
大篮鸟蛤，鸟蛤科，帘蛤目，双壳纲，软体动物门

30
Scallop, *Pecten*, Family Pectinidae, Order Pterioida, Class Bivalvia, Phylum Mollusca
扇贝：扇贝属，扇贝科，珍珠贝目，双壳纲，软体动物门

Mussel, *Mytilus edulis*, Family Mytilidae, Order Mytiloida, Class Bivalvia, Phylum Mollusca
贻贝：紫贻贝，贻贝科，贻贝目，双壳纲，软体动物门

Basket cockle, *Clinocardium nuttallii*, Family Cardiidae, Order Veneroida, Class Bivalvia, Phylum Mollusca
大篮鸟蛤，鸟蛤科，帘蛤目，双壳纲，软体动物门

Bent-nosed clam, *Macoma*, Family Tellinidae, Order Veneroida, Class Bivalvia, Phylum Mollusca
弯鼻樱蛤：白樱蛤属，樱蛤科，帘蛤目，双壳纲，软体动物门

Soft-shell clam, *Mya arenaria*, Family Myidae, Order Myoida, Class Bivalvia, Phylum Mollusca
蛤：砂海螂，海螂科，海螂目，双壳纲，软体动物门

31

Tulip snail, *Fasciolaria tulipa*, Family Fasciolariidae, Order Neogastropoda, Class Gastropoda, Phylum Mollusca
郁金香旋螺，旋螺科，新腹足目，腹足纲，软体动物门

Abalone, *Haliotis*, Family Haliotidae, Order Archaeogastropoda, Class Gastropoda, Phylum Mollusca
鲍鱼：鲍属，鲍科，原始腹足目，腹足纲，软体动物门

Moon snail, *Polinices lewisii*, Family Naticidae, Order Mesogastropoda, Class Gastropoda, Phylum Mollusca
玉螺：李氏乳玉螺，玉螺科，中腹足目，腹足纲，软体动物门

Cowry, *Cypraea*, Family Cypraeidae, Order Mesogastropoda, Class Gastropoda, Phylum Mollusca
宝贝（别名为宝螺）：宝贝属，宝贝科，中腹足目，腹足纲，软体动物门

32

Dorid nudibranch, *Diaulula sandiegensis*, Family Discodorididae, Order Nudibranchia, Class Gastropoda, Phylum Mollusca
盘海牛：*Diaulula sandiegensis*，盘海牛科，裸鳃目，腹足纲，软体动物门

Aeolid nudibranch, *Hermissenda crassicornis*, Family Facelinidae, Order Nudibranchia, Class Gastropoda, Phylum Mollusca
蓑海牛：*Hermissenda crassicornis*，多列鳃科，裸鳃目，腹足纲，软体动物门

Sea hare, *Aplysia*, Family Aplysiidae, Order Anaspidea, Class Gastropoda, Phylum Mollusca
海兔：海兔属，海兔科，无楯目，腹足纲，软体动物门

33

Chambered nautilus, *Nautilus pompilius*, Family Nautilidae, Order Nautilida, Class Cephalopoda, Phylum Mollusca
鹦鹉螺：珍珠鹦鹉螺，鹦鹉螺科，鹦鹉螺目，头足纲，软体动物门

34

Squid, *Loligo opalescens*, Family Loliginidae, Order Teuthoida, Class Cephalopoda, Phylum Mollusca
鱿鱼：乳光枪乌贼，枪乌贼科，枪形目，头足纲，软体动物门

Octopus, *Octopus*, Family Octopodidae, Order Octopoda, Class Cephalopoda, Phylum Mollusca
章鱼（别名为蛸）：章鱼属，章鱼科，八腕目，头足纲，软体动物门

35

Barnacle, *Balanus*, Family Balanidae, Order Sessilia, Class Maxillopoda, Phylum Arthropoda
藤壶：藤壶属，藤壶科，无柄目，颚足纲，节肢动物门

Copepod, *Calanus*, Family Calanidae, Order Calanoida, Class Maxillopoda, Phylum Arthropoda
桡足类：哲水蚤属，哲水蚤科，哲水蚤目，颚足纲，节肢动物门

Stalked barnacle, *Lepas*, Family Lepadidae, Order Pedunculata, Class Maxillopoda, Phylum Arthropoda
茗荷：茗荷属，茗荷科，有柄目，颚足纲，节肢动物门

Amphipod (generalized gammaridian), Family Gammaridae, Order Amphipoda, Class Malacostraca, Phylum Arthropoda
端足类（以一般形式的钩虾为例）：钩虾科，端足目，软甲纲，节肢动物门

Isopod, *Ligia pallasii*, Family Ligiidae, Order Isopoda, Class Malacostraca, Phylum Arthropoda
等足类：*Ligia pallasii*，海蟑螂属，海蟑螂科，等足目，软甲纲，节肢动物门

36

Shrimp, *Heptacarpus*, Family Hippolytidae, Order Decapoda, Class Malacostraca, Phylum Arthropoda
虾：七腕虾属，藻虾科，十足目，软甲纲，节肢动物门

Hermit crab, *Pagurus*, Family Paguridae, Order Decapoda, Class Malacostraca, Phylum Arthropoda
寄居蟹：寄居蟹属，寄居蟹科，十足目，软甲纲，节肢动物门

Sand crab, *Emerita*, Family Hippidae, Order Decapoda, Class Malacostraca, Phylum Arthropoda
蝉蟹：鼠蝉蟹属，蝉蟹科，十足目，软甲纲，节肢动物门

Lobster, *Homarus americanus*, Family Nephropidae, Order Decapoda, Class Malacostraca, Phylum Arthropoda
螯龙虾：美洲螯龙虾，海螯虾科，十足目，软甲纲，节肢动物门

37

True crab, Infraorder Brachyura, Order Decapoda, Class Malacostraca, Phylum Arthropoda
螃蟹，短尾下目，十足目，软甲纲，节肢动物门

Cancer crab, *Cancer antennarius*, Family Cancridae, Order Decapoda, Class Malacostraca, Phylum Arthropoda
黄道蟹：触角黄道蟹（别名为太平洋黄道蟹），黄道蟹科，十足目，软甲纲，节肢动物门

Shore crab, *Pachygrapsus crassipes*, Family Grapsidae, Order Decapoda, Class Malacostraca, Phylum Arthropoda
厚纹蟹：粗腿厚纹蟹，方蟹科，十足目，软甲纲，节肢动物门

Blue crab, *Callinectes sapidus*, Family Portunidae, Order Decapoda, Class Malacostraca, Phylum Arthropoda
蓝蟹，梭子蟹科，十足目，软甲纲，节肢动物门

Box crab, *Calappa*, Family Calappidae, Order Decapoda, Class Malacostraca, Phylum Arthropoda
馒头蟹：馒头蟹属，馒头蟹科，十足目，软甲纲，节肢动物门

38

Phoronid worm, Phylum Phoronida
帚虫，帚虫动物门

Lamp shell, Phylum Brachiopoda
腕足动物（别名为灯贝），腕足动物门

Bryozoan, Phylum Bryozoa
苔藓虫，苔藓虫动物门

39
Giant sea star, *Pisaster giganteus*, Family Asteriidae, Order Forcipulatida, Class Asteroidea, Phylum Echinodermata
巨型豆海星，海盘车科，钳棘目，海星纲，棘皮动物门

40
Brittle star, Class Ophiuroidea, Phylum Echinodermata
蛇尾，蛇尾纲，棘皮动物门

Feather star, Class Crinoidea, Phylum Echinodermata
海百合（别名为羽毛海星），海百合纲，棘皮动物门

41
Sea urchin, *Strongylocentrotus*, Family Strongylocentrotidae, Order Camarodonta, Class Echinoidea, Phylum Echinodermata
海胆：球海胆属，球海胆科，拱齿目，海胆纲，棘皮动物门

Sand dollar, *Dendraster excentricus*, Family Dendrasteridae, Order Clypeasteroida, Class Echinoidea, Phylum Echinodermata
沙钱：*Dendraster excentricus*，枝星海胆科，楯形目，海胆纲，棘皮动物门

Sea cucumber (deposit feeder), *Apostichopus*, Family Stichopodidae, Order Aspidochirotida, Class Holothuroidea, Phylum Echinodermata
食碎屑的海参：拟刺参属，刺参科，楯手目，海参纲，棘皮动物门

Red sea cucumber (filter feeder), *Cucumaria*, Family Cucumariidae, Order Dendrochirotida, Class Holothuroidea, Phylum Echinodermata
滤食性海参：瓜参属，瓜参科，枝手目，海参纲，棘皮动物门

42
Sea squirt (solitary), *Ciona intestinalis*, Class Ascidiacea, Phylum Chordata
海鞘（单体）：玻璃海鞘，海鞘纲，脊索动物门

Sea grape, *Molgula manhattensis*, Class Ascidiacea, Phylum Chordata
海葡萄海鞘：乳突皮海鞘，海鞘纲，脊索动物门

Compound tunicate, *Botryllus*, Class Ascidiacea, Phylum Chordata
复海鞘（群体）：菊海鞘属，海鞘纲，脊索动物门

Larvacean tunicate, *Oikopleura*, Class Appendicularia, Phylum Chordata
住囊虫（别名为幼形虫）：住囊虫属，尾海鞘纲，脊索动物门

43
Sea bass, Family Serranidae, Order Perciformes, Class Actinopterygii, Phylum Chordata
海鲈：鮨科，鲈形目，辐鳍鱼纲，脊索动物门

44
Sea bass, Family Serranidae, Order Perciformes, Class Actinopterygii, Phylum Chordata
海鲈：鮨科，鲈形目，辐鳍鱼纲，脊索动物门

Moray eel, Family Muraenidae, Order Anguilliformes, Class Actinopterygii, Phylum Chordata
海鳝：海鳝科，鳗形目，辐鳍鱼纲，脊索动物门

Tuna, Family Scombridae, Order Perciformes, Class Actinopterygii, Phylum Chordata
金枪鱼：鲭科，鲈形目，辐鳍鱼纲，脊索动物门

Barracuda, *Sphyraena*, Family Sphyraenidae, Order Perciformes, Class Actinopterygii, Phylum Chordata
金梭鱼：魣属（金梭鱼属），魣科（金梭鱼科），鲈形目，辐鳍鱼纲，脊索动物门

Butterflyfish, Family Chaetodontidae, Order Perciformes, Class Actinopterygii, Phylum Chordata
蝴蝶鱼：蝴蝶鱼科，鲈形目，辐鳍鱼纲，脊索动物门

Triggerfish, Family Balistidae, Order Tetraodontiformes, Class Actinopterygii, Phylum Chordata
扳机鲀：鳞鲀科，鲀形目，辐鳍鱼纲，脊索动物门

Naked-back knifefish, Family Gymnotidae, Order Gymnotiformes, Class Actinopterygii, Phylum Chordata
裸背电鳗：裸背电鳗科，电鳗目，辐鳍鱼纲，脊索动物门

Seahorse, *Hippocampus*, Family Syngnathidae, Order Gasterosteiformes, Class Actinopterygii, Phylum Chordata
海马：海马属，海龙科，刺鱼目，辐鳍鱼纲，脊索动物门

45
Flying fish, *Cypselurus*, Family Exocoetidae, Order Beloniformes, Class Actinopterygii, Phylum Chordata
飞鱼：燕鳐鱼属，飞鱼科，颌针鱼目，辐鳍鱼纲，脊索动物门

Northern herring, *Clupea harengus*, Family Clupeidae, Order Clupeiformes, Class Actinopterygii, Phylum Chordata
大西洋鲱，鲱科，鲱形目，辐鳍鱼纲，脊索动物门

Swordfish, *Xiphias gladius*, Family Xiphiidae, Order Perciformes, Class Actinopterygii, Phylum Chordata
剑鱼，剑鱼科，鲈形目，辐鳍鱼纲，脊索动物门

Ocean sunfish, *Mola mola*, Family Molidae, Order Tetraodontiformes, Class Actinopterygii, Phylum Chordata
翻车鱼，翻车鲀科，鲀形目，辐鳍鱼纲，脊索动物门

Albacore, *Thunnus alalunga*, Family Scombridae, Order Perciformes, Class Actinopterygii, Phylum Chordata
长鳍金枪鱼，鲭科，鲈形目，辐鳍鱼纲，脊索动物门

46
Tidepool sculpin, *Oligocottus maculosus*, Family Cottidae, Order

Scorpaeniformes, Class Actinopterygii, Phylum Chordata
寡杜父鱼：斑纹寡杜父鱼，杜父鱼科，鲉形目，辐鳍鱼纲，脊索动物门

Sea robin, *Prionotus*, Family Triglidae, Order Scorpaeniformes, Class Actinopterygii, Phylum Chordata
魴鮄：锯魴鮄属，魴鮄科，鲉形目，辐鳍鱼纲，脊索动物门

Stargazer, *Astroscopus*, Family Uranoscopidae, Order Perciformes, Class Actinopterygii, Phylum Chordata
星螣鱼：星螣属，螣科，鲈形目，辐鳍鱼纲，脊索动物门

Starry flounder, *Platichthys stellatus*, Family Pleuronectidae, Order Pleuronectiformes, Class Actinopterygii, Phylum Chordata
星斑川鲽，鲽科，鲽形目，辐鳍鱼纲，脊索动物门

47
Chinese trumpetfish, *Aulostomus chinensis*, Family Aulostomidae, Order Gasterosteiformes, Class Actinopterygii, Phylum Chordata
中华管口鱼，管口鱼科，刺鱼目，辐鳍鱼纲，脊索动物门

Coral hind (coral grouper), *Cephalopholis miniata*, Family Serranidae, Order Perciformes, Class Actinopterygii, Phylum Chordata
青星九棘鲈，鮨科，鲈形目，辐鳍鱼纲，脊索动物门

Golden boxfish, *Ostracion cubicus*, Family Ostraciidae, Order Tetraodontiformes, Class Actinopterygii, Phylum Chordata
粒突箱鲀，箱鲀科，鲀形目，辐鳍鱼纲，脊索动物门

Moray eel, *Gymnothorax*, Family Muraenidae, Order Anguilliformes, Class Actinopterygii, Phylum Chordata
海鳝：裸胸鳝属，海鳝科，鳗形目，辐鳍鱼纲，脊索动物门

Threadfin butterflyfish, *Chaetodon auriga*, Family Chaetodontidae, Order Perciformes, Class Actinopterygii, Phylum Chordata
丝蝴蝶鱼（别名为扬幡蝴蝶鱼），蝴蝶鱼科，鲈形目，辐鳍鱼纲，脊索动物门

48
Hatchetfish, *Argyropelecus*, Family Sternoptychidae, Order Stomiiformes, Class Actinopterygii, Phylum Chordata
银斧鱼：银斧鱼属，褶胸鱼科，巨口鱼目，辐鳍鱼纲，脊索动物门

Lanternfish, *Myctophum*, Family Myctophidae, Order Myctophiformes, Class Actinopterygii, Phylum Chordata
灯笼鱼：灯笼鱼属，灯笼鱼科，灯笼鱼目，辐鳍鱼纲，脊索动物门

Pacific viperfish, *Chauliodus macouni*, Family Stomiidae, Order Stomiiformes, Class Actinopterygii, Phylum Chordata
马康氏蝰鱼，巨口鱼科，巨口鱼目，辐鳍鱼纲，脊索动物门

Black devil, *Melanocetus johnsonii*, Family Melanocetidae, Order Lophiiformes, Class Actinopterygii, Phylum Chordata
约氏黑犀鱼，黑犀鱼科（黑鮟鱇科），鮟鱇目，辐鳍鱼纲，脊索动物门

Pelican gulper, *Eurypharynx pelecanoides*, Family Eurypharyngidae, Order Saccopharyngiformes, Class Actinopterygii, Phylum Chordata
宽咽鱼（别名为吞鳗），宽咽鱼科，囊鳃鳗目，辐鳍鱼纲，脊索动物门

Tripodfish, *Bathypterois viridensis*, Family Ipnopidae, Order Aulopiformes, Class Actinopterygii, Phylum Chordata
深海狗母鱼：绿深海狗母鱼，深海狗母鱼科，仙女鱼目，辐鳍鱼纲，脊索动物门

49
Grouper/Sea bass, Family Serranidae, Order Perciformes, Class Actinopterygii, Phylum Chordata
石斑鱼 / 海鲈：鮨科，鲈形目，辐鳍鱼纲，脊索动物门

Dogfish shark, Family Squalidae, Order Squaliformes, Class Chondrichthyes, Phylum Chordata
角鲨：角鲨科，角鲨目，软骨鱼纲，脊索动物门

50
Spiny dogfish shark, *Squalus acanthias*, Family Squalidae, Order Squaliformes, Class Chondrichthyes, Phylum Chordata
白斑角鲨，角鲨科，角鲨目，软骨鱼纲，脊索动物门

Big skate, *Raja binoculata*, Family Rajidae, Order Rajiformes, Class Chondrichthyes, Phylum Chordata
双斑鳐，鳐科，鳐目，软骨鱼纲，脊索动物门

Southern stingray, *Dasyatis americana*, Family Dasyatidae, Order Myliobatiformes, Class Chondrichthyes, Phylum Chordata
美洲魟，魟科，鲼目，软骨鱼纲，脊索动物门

51
Basking shark, *Cetorhinus maximus*, Family Cetorhinidae, Order Lamniformes, Class Chondrichthyes, Phylum Chordata
姥鲨，姥鲨科，鼠鲨目，软骨鱼纲，脊索动物门

Hammerhead shark, *Sphyrna*, Family Sphyrnidae, Order Carcharhiniformes, Class Chondrichthyes, Phylum Chordata
双髻鲨（别名为锤头鲨）：双髻鲨属，双髻鲨科，真鲨目，软骨鱼纲，脊索动物门

Great white shark, *Carcharodon carcharias*, Family Lamnidae, Order Lamniformes, Class Chondrichthyes, Phylum Chordata
噬人鲨（别名为大白鲨），鼠鲨科，鼠鲨目，软骨鱼纲，脊索动物门

Thresher shark, *Alopias vulpinus*, Family Alopiidae, Order Lamniformes, Class Chondrichthyes, Phylum Chordata
长尾鲨：弧形长尾鲨，长尾鲨科，鼠鲨目，软骨鱼纲，脊索动物门

52
Manta ray, *Manta birostris*, Family Myliobatidae, Order Myliobatiformes, Class Chondrichthyes, Phylum Chordata
双吻前口蝠鲼（别名为鬼蝠魟），鲼科，鲼目，软骨鱼纲，脊索动物门

Spotted eagle ray, *Aetobatus narinari*, Family Myliobatidae, Order

Myliobatiformes, Class Chondrichthyes, Phylum Chordata
纳氏鹞鲼，鲼科，鲼目，软骨鱼纲，脊索动物门

Sawfish, *Pristis*, Family Pristidae, Orde Pristiformes, Class Chondrichthyes, Phylum Chordata
锯鳐：锯鳐属，锯鳐科，锯鳐目，软骨鱼纲，脊索动物门

Electric ray, *Torpedo nobiliana*, Family Torpedinidae, Order Torpediniformes, Class Chondrichthyes, Phylum Chordata
电鳐：珍电鳐，电鳐科，电鳐目，软骨鱼纲，脊索动物门

53
Green sea turtle, *Chelonia mydas*, Family Cheloniidae, Order Testudines, Class Reptilia, Phylum Chordata
绿海龟，海龟科，龟鳖目，爬行纲，脊索动物门

Yellow-bellied sea snake, *Pelamis platurus*, Family Hydrophiidae, Order Squamata, Class Reptilia, Phylum Chordata
长吻海蛇（别名为黄腹海蛇），海蛇科，有鳞目，爬行纲，脊索动物门

54
Marine iguana, *Amblyrhynchus cristatus*, Family Iguanidae, Order Squamata, Class Reptilia, Phylum Chordata
海鬣蜥，美洲鬣蜥科，有鳞目，爬行纲，脊索动物门

Saltwater crocodile, *Crocodylas porosus*, Family Crocodylidae, Order Crocodilia, Class Reptilia, Phylum Chordata
湾鳄（别名为咸水鳄），鳄科，鳄目，爬行纲，脊索动物门

55
Sea gull, *Larus*, Family Laridae, Order Charadriiformes, Class Aves, Phylum Chordata
海鸥：鸥属，鸥科，鸻形目，鸟纲，脊索动物门

Heron, *Ardea*, Family Ardeidae, Order Ciconiiformes, Class Aves, Phylum Chordata
鹭：鹭属，鹭科，鹳形目，鸟纲，脊索动物门

Oystercatcher, *Haematopus*, Family Haematopodidae, Order Charadriiformes, Class Aves, Phylum Chordata
蛎鹬：蛎鹬属，蛎鹬科，鸻形目，鸟纲，脊索动物门

56
Great blue heron, *Ardea Herodias*, Family Ardeidae, Order Ciconiiformes, Class Aves, Phylum Chordata
大蓝鹭，鹭科，鹳形目，鸟纲，脊索动物门

Sanderling, *Calidris alba*, Family Scolopacidae, Order Charadriiformes, Class Aves, Phylum Chordata
三趾鹬，鹬科，鸻形目，鸟纲，脊索动物门

Long-billed curlew, *Numenius americanus*, Family Scolopacidae, Order Charadriiformes, Class Aves, Phylum Chordata
长嘴杓鹬，鹬科，鸻形目，鸟纲，脊索动物门

Ruddy turnstone, *Arenaria interpres*, Family Scolopacidae, Order Charadriiformes, Class Aves, Phylum Chordata
翻石鹬，鹬科，鸻形目，鸟纲，脊索动物门

Black oystercatcher, *Haematopus bachmani*, Family Haematopodidae, Order Charadriiformes, Class Aves, Phylum Chordata
北美黑蛎鹬，蛎鹬科，鸻形目，鸟纲，脊索动物门

57
Double crested cormorant, *Phalacrocorax auritus*, Family Phalacrocoracidae, Order Pelecaniformes, Class Aves, Phylum Chordata
角鸬鹚（别名为双冠鸬鹚），鸬鹚科，鹈形目，鸟纲，脊索动物门

Black skimmer, *Rynchops niger*, Family Rynchopidae, Order Charadriiformes, Class Aves, Phylum Chordata
黑剪嘴鸥，剪嘴鸥科，鸻形目，鸟纲，脊索动物门

Great black-backed gull, *Larus marinus*, Family Laridae, Order Charadriiformes, Class Aves, Phylum Chordata
大黑背鸥，鸥科，鸻形目，鸟纲，脊索动物门

Little gull, *Larus minutus*, Family Laridae, Order Charadriiformes, Class Aves, Phylum Chordata
小鸥，鸥科，鸻形目，鸟纲，脊索动物门

Brown pelican, *Pelecanus occidentalis*, Family Pelecanidae, Order Pelecaniformes, Class Aves, Phylum Chordata
褐鹈鹕，鹈鹕科，鹈形目，鸟纲，脊索动物门

58
Southern royal albatross, *Diomedea epomophora*, Family Diomedeidae, Order Procellariiformes, Class Aves, Phylum Chordata
南方皇信天翁，信天翁科，鹱形目，鸟纲，脊索动物门

Magnificent frigatebird, *Fregata magnificens*, Family Fregatidae, Order Pelecaniformes, Class Aves, Phylum Chordata
丽色军舰鸟（别名为华丽军舰鸟），军舰鸟科，鹈形目，鸟纲，脊索动物门

Great skua, *Catharacta skua*, Family Stercorariidae, Order Charadriiformes, Class Aves, Phylum Chordata
北贼鸥（别名为大贼鸥），贼鸥科，鸻形目，鸟纲，脊索动物门

Horned puffin, *Fratercula corniculata*, Family Alcidae, Order Charadriiformes, Class Aves, Phylum Chordata
角海鹦，海雀科，鸻形目，鸟纲，脊索动物门

Emperor penguin, *Aptenodytes forsteri*, Family Spheniscidae, Order Sphenisciformes, Class Aves, Phylum Chordata
帝企鹅，企鹅科，企鹅目，鸟纲，脊索动物门

59
Sea otter, *Enhydra lutris*, Family Mustelidae, Order Carnivora, Class Mammalia, Phylum Chordata
海獭，鼬科，食肉目，哺乳纲，脊索动物门

California sea lion, *Zalophus californianus*, Family Otariidae, Order

Carnivora, Class Mammalia, Phylum Chordata
加州海狮，海狮科，食肉目，哺乳纲，脊索动物门

Dugong, *Dugong dugon*, Family Dugongidae, Order Sirenia, Class Mammalia, Phylum Chordata
儒艮，儒艮科，海牛目，哺乳纲，脊索动物门

Bottlenose dolphin, *Tursiops truncatus*, Family Delphinidae, Order Cetacea, Class Mammalia, Phylum Chordata
瓶鼻海豚（别名为宽吻海豚），海豚科，鲸目，哺乳纲，脊索动物门

60

Fur seal, *Callorhinus ursinus*, Family Otariidae, Order Carnivora, Class Mammalia, Phylum Chordata
海狗：北海狗，海狮科，食肉目，哺乳纲，脊索动物门

Harbor seal, *Phoca vitulina*, Family Phocidae, Order Carnivora, Class Mammalia, Phylum Chordata
港海豹，海豹科，食肉目，哺乳纲，脊索动物门

Walrus, *Odobenus rosmarus*, Family Odobenidae, Order Carnivora, Class Mammalia, Phylum Chordata
海象，海象科，食肉目，哺乳纲，脊索动物门

Elephant seal, *Mirounga angustirostris*, Family Phocidae, Order Carnivora, Class Mammalia, Phylum Chordata
象海豹：北象海豹，海豹科，食肉目，哺乳纲，脊索动物门

61

Toothed whale, Suborder Odontoceti, Order Cetacea, Class Mammalia, Phylum Chordata
齿鲸：齿鲸亚目，鲸目，哺乳纲，脊索动物门

Dolphin, *Tursiops*, Family Delphinidae, Order Cetacea, Class Mammalia, Phylum Chordata
海豚：瓶鼻海豚属，海豚科，鲸目，哺乳纲，脊索动物门

Sperm whale, *Physeter macrocephalus*, Family Physeteridae, Order Cetacea, Class Mammalia, Phylum Chordata
抹香鲸，抹香鲸科，鲸目，哺乳纲，脊索动物门

Blue whale, *Balaenoptera musculus*, Family Balaenopteridae, Order Cetacea, Class Mammalia, Phylum Chordata
蓝鲸，须鲸科，鲸目，哺乳纲，脊索动物门

Killer whale, *Orcinus orca*, Family Delphinidae, Order Cetacea, Class Mammalia, Phylum Chordata
虎鲸，海豚科，鲸目，哺乳纲，脊索动物门

62

Baleen whale, Suborder Mysticeti, Order Cetacea, Class Mammalia, Phylum Chordata
须鲸：须鲸亚目，鲸目，哺乳纲，脊索动物门

Right whale, *Eubalaena glacialis*, Family Balaenidae, Order Cetacea, Class Mammalia, Phylum Chordata
露脊鲸：北大西洋露脊鲸，露脊鲸科，鲸目，哺乳纲，脊索动物门

Humpback whale, *Megaptera novaeangliae*, Family Balaenopteridae, Order Cetacea, Class Mammalia, Phylum Chordata
大翅鲸（别名为座头鲸），须鲸科，鲸目，哺乳纲，脊索动物门

Gray whale, *Eschrichtius robustus*, Family Eschrichtiidae, Order Cetacea, Class Mammalia, Phylum Chordata
灰鲸，灰鲸科，鲸目，哺乳纲，脊索动物门

63

Garibaldi, *Hypsypops rubicundus*, Family Pomacentridae, Order Perciformes, Class Actinopterygii, Phylum Chordata
红尾高欢雀鲷（别名为加里波第鱼），雀鲷科，鲈形目，辐鳍鱼纲，脊索动物门

Lionfish, *Pterois lunulata*, Family Scorpaenidae, Order Scorpaeniformes, Class Actinopterygii, Phylum Chordata
狮子鱼：环纹蓑鲉，鲉科，鲉形目，辐鳍鱼纲，脊索动物门

Koran angelfish, *Pomacanthus semicirculatus*, Family Pomacanthidae, Order Perciformes, Class Actinopterygii, Phylum Chordata
半环刺盖鱼（别名为蓝纹神仙鱼），刺盖鱼科，鲈形目，辐鳍鱼纲，脊索动物门

Copperband butterflyfish, *Chelmon rostratus*, Family Chaetodontidae, Order Perciformes, Class Actinopterygii, Phylum Chordata
钻嘴鱼，蝴蝶鱼科，鲈形目，辐鳍鱼纲，脊索动物门

64

Common mackerel, *Scomber scombrus*, Family Scombridae, Order Perciformes, Class Actinopterygii, Phylum Chordata
鲭鱼，鲭科，鲈形目，辐鳍鱼纲，脊索动物门

Grouper, *Epinephelus*, Family Serranidae, Order Perciformes, Class Actinopterygii, Phylum Chordata
石斑鱼：石斑鱼属，鮨科，鲈形目，辐鳍鱼纲，脊索动物门

Clown anemonefish, *Amphiprion tricinctus*, Family Pomacentridae, Order Perciformes, Class Actinopterygii, Phylum Chordata
小丑鱼：三带双锯鱼，雀鲷科，鲈形目，辐鳍鱼纲，脊索动物门

Horrid stonefish, *Synanceia horrida*, Family Scorpaenidae, Order Scorpaeniformes, Class Actinopterygii, Phylum Chordata
毒鲉（别名为石头鱼），鲉科，鲉形目，辐鳍鱼纲，脊索动物门

65

Flatfish, Family Pleuronectidae, Order Pleuronectiformes, Class Actinopterygii, Phylum Chordata
比目鱼：鲽科，鲽形目，辐鳍鱼纲，脊索动物门

66

Peppermint shrimp, *Lysmata grabhami*, Family Hippolytidae, Order Decapoda, Class Malacostraca, Phylum Arthropoda
薄荷虾（清洁虾）：*Lysmata grabhami*，鞭腕虾属，藻虾科，十足目，软甲纲，节肢动物门

Cuttlefish, *Sepia officinalis*, Family Sepiidae, Order Sepiida, Class Cephalopoda, Phylum Mollusca

乌贼：普通乌贼，乌贼科，乌贼目，头足纲，软体动物门

Nudibrach, *Chromodoris*, Family Chromodorididae, Order Nudibranchia, Class Gastropoda, Phylum Mollusca
裸鳃类：海蛞蝓（多彩海牛属），多彩海牛科，裸鳃目，腹足纲，软体动物门

67

Red sponge nudibranch, *Rostanga pulchra*, Family Rostangidae, Order Nudibranchia, Class Gastropoda, Phylum Mollusca
红色海绵海牛：*Rostanga pulchra*，叉棘海牛属，叉棘海牛科，裸鳃目，腹足纲，软体动物门

Red sponge, *Clathria pennata*, Family Microcionidae, Order Poecilosclerida, Class Demospongiae, Phylum Porifera
红色海绵：*Clathria pennata*，格海绵属，细芽海绵科，繁骨海绵目，寻常海绵纲，海绵动物门

Isopod, *Idothea montereyensis*, Family Idotheidae, Order Isopoda, Class Malacostraca, Phylum Arthropoda
等足类：*Idothea montereyensis*，盖鳃水虱属，盖鳃水虱科，等足目，软甲纲，节肢动物门

Red alga, *Plocamium*, Family Plocamiaceae, Order Gigartinales, Class Florideophyceae, Phylum Rhodophyta
红藻：海头红属，海头红科，杉藻目，真红藻纲，红藻门

Limpet, *Lottia digitalis*, Family Lottiidae, Order Patellogastropoda, Class Gastropoda, Phylum Mollusca
帽贝：*Lottia digitalis*，莲花青螺属，莲花青螺科，笠螺目，腹足纲，软体动物门

Gooseneck barnacle, *Pollicipes polymerus*, Family Pollicipedidae, Order Pedunculata, Class Maxillopoda, Phylum Arthropoda
鹅颈藤壶：*Pollicipes polymerus*，指茗荷属，指茗荷科，有柄目，颚足纲，节肢动物门

Decorator crab, *Pugettia richii*, Family Epialtidae, Order Decapoda, Class Malacostraca, Phylum Arthropoda
隐秘矶蟹（别名为装饰蟹），卧蜘蛛蟹科，十足目，软甲纲，节肢动物门

68

Fiddler crab, *Uca*, Family Ocypodidae, Order Decapoda, Class Malacostraca, Phylum Arthropoda
招潮蟹：招潮蟹属，沙蟹科，十足目，软甲纲，节肢动物门

69

Dinoflagellate, *Noctiluca scintillans*, Family Noctilucaceae, Order Noctilucales, Class Dinophyceae, Phylum Dinoflagellata
甲藻（双鞭毛虫）：夜光藻，夜光藻科，夜光藻目，甲藻纲，双鞭毛虫门（甲藻门）

Bermuda fireworm, *Odontosyllis enopla*, Family Syllidae, Order Phyllodocida, Class Polychaeta, Phylum Annelida
武齿裂虫（别名为百慕大火刺虫），裂虫科，叶须虫目，多毛纲，环节动物门

Comb jelly, *Euplokamis dunlapae*, Family Euplokamididae, Order Cydippida, Class Tentaculata, Phylum Ctenophora
栉水母：*Euplokamis dunlapae*，Euplokamididae 科，球栉水母目，触手纲，栉水母动物门

Krill, *Euphausia*, Family Euphausiidae, Order Euphausiacea, Class Malacostraca, Phylum Arthropoda
磷虾：磷虾属，磷虾科，磷虾目，软甲纲，节肢动物门

Firefly squid, *Watasenia scintillans*, Family Enoploteuthidae, Order Teuthoida, Class Cephalopoda, Phylum Mollusca
萤火鱿，武装鱿科，枪形目，头足纲，软体动物门

70

Lanternfish, *Myctophum*, Family Myctophidae, Order Myctophiformes, Class Actinopterygii, Phylum Chordata
灯笼鱼：灯笼鱼属，灯笼鱼科，灯笼鱼目，辐鳍鱼纲，脊索动物门

Hatchetfish, *Argyropelecus*, Family Sternoptychidae, Order Stomiiformes, Class Actinopterygii, Phylum Chordata
银斧鱼：银斧鱼属，褶胸鱼科，巨口鱼目，辐鳍鱼纲，脊索动物门

Stomiatoid, *Idiacanthus*, Family Stomiidae, Order Stomiiformes, Class Actinopterygii, Phylum Chordata
巨口鱼：奇棘鱼属，巨口鱼科，巨口鱼目，辐鳍鱼纲，脊索动物门

Flashlight fish, *Photoblepharon*, Family Anomalopidae, Order Beryciformes, Class Actinopterygii, Phylum Chordata
灯眼鱼：颊灯鲷属，灯眼鱼科，金眼鲷目，辐鳍鱼纲，脊索动物门

71

Humpback whale, *Megaptera novaeangliae*, Family Balaenopteridae, Order Cetacea, Class Mammalia, Phylum Chordata
大翅鲸（别名为座头鲸），须鲸科，鲸目，哺乳纲，脊索动物门

Singing toadfish, *Porichthys notatus*, Family Batrachoididae, Order Batrachoidiformes, Class Actinopterygii, Phylum Chordata
斑光蟾鱼，蟾鱼科，蟾鱼目，辐鳍鱼纲，脊索动物门

Pistol shrimp, *Alpheus*, Family Alpheidae, Order Decapoda, Class Malacostraca, Phylum Arthropoda
鼓虾（别名为枪虾）：鼓虾属，鼓虾科，十足目，软甲纲，节肢动物门

72

Armored dinoflagellate, *Gonyaulax*, Family Gonyaulaceae, Order Gonyaulacales, Class Dinophyceae, Phylum Dinoflagellata
具甲甲藻：膝沟藻属，膝沟藻科，膝沟藻目，甲藻纲，双鞭毛虫门（甲藻门）

73

Green alga, *Ulva*, Family Ulvaceae, Order Ulvales, Class Chlorophyceae, Phylum Chlorophyta
绿藻：石莼属，石莼科，石莼目，绿藻纲，绿藻门

Bull kelp, *Nereocystis luetkeana*, Family Laminariaceae, Order Laminariales, Class Phaeophyceae, Phylum Phaeophyta

海囊藻：*Nereocystis luetkeana*，海囊藻属，海带科，海带目，褐藻纲，褐藻门

Nori, *Porphyra*, Family Bangiaceae, Order Bangiales, Class Protoflorideophyceae, Phylum Rhodophyta
海苔：紫菜属，红毛菜科，红毛菜目，原红藻纲，红藻门

74
Turtle grass, *Thalassia testudinum*, Family Hydrocharitaceae, Order Alismatales, Class Monocotyledoneae, Phylum Liliopsidal
泰来藻（别名为海龟草），水鳖科，泽泻目，单子叶植物纲，被子植物门

Sea star, Class Asteroidea, Phylum Echinodermata
海星，海星纲，棘皮动物门

White-plumed sea anemone, *Metridium farcimen*, Family Metridiidae, Order Actiniaria, Class Anthozoa, Phylum Cnidaria
白羽海葵：*Metridium farcimen*，细指海葵属，细指海葵科，海葵目，珊瑚纲，刺胞动物门

Coral, Class Anthozoa, Phylum Cnidaria
珊瑚，珊瑚纲，刺胞动物门

Polychaete worm, *Autolytus prolifer*, Familly Syllidae, Order Phyllodocida, Class Polychaeta, Phylum Annelida
多毛虫：多育自裂虫，裂虫科，叶须虫目，多毛纲，环节动物门

75
Brittle star, Class Ophiuroidea, Phylum Echinodermata
蛇尾，蛇尾纲，棘皮动物门

Porcelain crab, *Petrolisthes*, Family Porcellanidae, Order Decapoda, Class Malacostraca, Phylum Arthropoda,
瓷蟹：岩瓷蟹属，瓷蟹科，十足目，软甲纲，节肢动物门

Ocean sunfish, *Mola mola*, Family Molidae, Order Tetraodontiformes, Class Actinopterygii, Phylum Chordata
翻车鱼，翻车鲀科，鲀形目，辐鳍鱼纲，脊索动物门

Polychaete worm, *Nereis*, Family Nereidae, Order Phyllodocida, Class Polychaeta, Phylum Annelida
多毛虫：沙蚕属，沙蚕科，叶须虫目，多毛纲，环节动物门

76
Hydrozoan polyp colony, *Obelia*, Family Campanulariidae, Order Leptothecata, Class Hydrozoa, Phylum Cnidaria
水螅群体：薮枝螅属，钟螅水母科，软水母目，水螅纲，刺胞动物门

Jellyfish, *Aurelia*, Family Ulmaridae, Order Semaeostomeae, Class Scyphozoa, Phylum Cnidaria
水母：海月水母属，羊须水母科，旗口水母目，钵水母纲，刺胞动物门

Sea anemone, *Epiactis prolifera*, Family Actiniidae, Order Actiniaria, Class Anthozoa, Phylum Cnidaria
海葵：多育皮上海葵（别名为殖生海葵），海葵科，海葵目，珊瑚纲，刺胞动物门

77
Polychaete worm, *Spirorbis*, Family Spirorbidae, Order Sabellida, Class Polychaeta, Phylum Annelida
多毛虫：螺旋虫属，螺旋虫科，缨鳃虫目，多毛纲，环节动物门

Clam worm, *Nereis*, Family Nereidae, Order Phyllodocida, Class Polychaeta, Phylum Annelida
沙蚕：沙蚕属，沙蚕科，叶须虫目，多毛纲，环节动物门

Palolo worm, *Palola viridis*, Family Eunicidae, Order Eunicida, Class Polychaeta, Phylum Annelida
绿矶沙蚕（别名为萨摩亚帕罗罗虫），矶沙蚕科，矶沙蚕目，多毛纲，环节动物门

78
Oyster, *Crassostrea virginica*, Family Ostreidae, Order Pterioida, Class Bivalvia, Phylum Mollusca
牡蛎：美洲牡蛎，牡蛎科，珍珠贝目，双壳纲，软体动物门

79
Abalone, *Haliotis*, Family Haliotidae, Order Archaeogastropoda, Class Gastropoda, Phylum Mollusca
鲍鱼：鲍属，鲍科，原始腹足目，腹足纲，软体动物门

Moon snail, *Polinices*, Family Naticidae, Order Mesogastropoda, Class Gastropoda, Phylum Mollusca
玉螺：乳玉螺属，玉螺科，中腹足目，腹足纲，软体动物门

Whelk, *Nucella emarginata*, Family Muricidae, Order Neogastropoda, Class Gastropoda, Phylum Mollusca
骨螺：*Nucella emarginata*，小坚果螺属，骨螺科，新腹足目，腹足纲，软体动物门

Dorid nudibranch, *Doris*, Family Dorididae, Order Nudibranchia, Class Gastropoda, Phylum Mollusca
盘海牛：多疣海牛属（仿海牛属），海牛科，裸鳃目，腹足纲，软体动物门

80
Common octopus, *Octopus vulgaris*, Family Octopodidae, Order Octopoda, Class Cephalopoda, Phylum Mollusca
真蛸（别名为普通章鱼），章鱼科，八腕目，头足纲，软体动物门

Squid, *Loligo opalescens*, Family Loliginidae, Order Teuthoida, Class Cephalopoda, Phylum Mollusca
鱿鱼：乳光枪乌贼，枪乌贼科，枪形目，头足纲，软体动物门

Paper nautilus, *Argonauta argo*, Family Argonautidae, Order Octopoda, Class Cephalopoda, Phylum Mollusca
船蛸，船蛸科，八腕目，头足纲，软体动物门

81
Barnacle, *Balanus*, Family Balanidae, Order Sessilia, Class Maxillopoda, Phylum Arthropoda

藤壶：藤壶属，藤壶科，无柄目，颚足纲，节肢动物门

Copepod, *Calanus*, Family Calanidae, Order Calanoida, Class Maxillopoda, Phylum Arthropoda
桡足类：哲水蚤属，哲水蚤科，哲水蚤目，颚足纲，节肢动物门

82
Generalized gammaridian, Family Gammaridae, Order Amphipoda, Class Malacostraca, Phylum Arthropoda
一般形式的钩虾：钩虾科，端足目，软甲纲，节肢动物门

Amphipod, *Caprella*, Family Caprellidae, Order Amphipoda, Class Malacostraca, Phylum Arthropoda
端足类：麦秆虫属，麦秆虫科，端足目，软甲纲，节肢动物门

Mantis shrimp, *Squilla*, Family Squillidae, Order Stomatopoda, Class Malacostraca, Phylum Arthropoda
虾蛄（别名为螳螂虾）：虾蛄属，虾蛄科，口足目，软甲纲，节肢动物门

California spiny lobster, *Panulirus interruputs*, Family Palinuridae, Order Decapoda, Class Malacostraca, Phylum Arthropoda
断沟龙虾（别名为加州刺龙虾），龙虾科，十足目，软甲纲，节肢动物门

Shrimp, *Heptacarpus*, Family Hippolytidae, Order Decapoda, Class Malacostraca, Phylum Arthropoda
虾：七腕虾属，藻虾科，虾蛄科，十足目，软甲纲，节肢动物门

83
Red rock crab, *Cancer productus*, Family Cancridae, Order Decapoda, Class Malacostraca, Phylum Arthropoda
红黄道蟹，黄道蟹科，十足目，软甲纲，节肢动物门

84
Sea urchin, Class Echinoidea, Phylum Echinodermata
海胆，海胆纲，棘皮动物门

Six-rayed sea star, *Leptasterias hexactis*, Family Asteriidae, Order Forcipulatida, Class Asteroidea, Phylum Echinodermata
六辐海星，海盘车科，钳棘目，海星纲，棘皮动物门

85
Bullhead shark, *Heterodontus*, Family Heterodontidae, Order Heterodontiformes, Class Chondrichthyes, Phylum Chordata
虎鲨：虎鲨属，虎鲨科，虎鲨目，软骨鱼纲，脊索动物门

Small-spotted catshark, *Scyliorhinus canicula*, Family Scyliorhinidae, Order Carcharhiniformes, Class Chondrichthyes, Phylum Chordata
小点猫鲨，猫鲨科，真鲨目，软骨鱼纲，脊索动物门

Big skate, *Raja binoculata*, Family Rajidae, Order Rajiformes, Class Chondrichthyes, Phylum Chordata
双斑鳐，鳐科，鳐目，软骨鱼纲，脊索动物门

Smoothhound shark, *Mustelus manazo*, Family Triakidae, Order Carcharhiniformes, Class Chondrichthyes, Phylum Chordata
星鲨：白斑星鲨，皱唇鲨科，真鲨目，软骨鱼纲，脊索动物门

86
Surfperch, *Amphistichus argenteus*, Family Embiotocidae, Order Perciformes, Class Actinopterygii, Phylum Chordata
海鲫：银双齿海鲫，海鲫科，鲈形目，辐鳍鱼纲，脊索动物门

Gafftopsail catfish, *Bagre marinus*, Family Ariidae, Order Siluriformes, Class Actinopterygii, Phylum Chordata
海鲶，海鲇科，鲇形目，辐鳍鱼纲，脊索动物门

Nurseryfish, *Kurtus*, Family Kurtidae, Order Perciformes, Class Actinopterygii, Phylum Chordata
钩鱼：钩鱼属，钩鱼科，鲈形目，辐鳍鱼纲，脊索动物门

Seahorse, *Hippocampus*, Family Syngnathidae, Order Gasterosteiformes, Class Actinopterygii, Phylum Chordata
海马：海马属，海龙科，刺鱼目，辐鳍鱼纲，脊索动物门

87
Sockeye salmon, *Oncorhynchus nerka*, Family Salmonidae, Order Salmoniformes, Class Actinopterygii, Phylum Chordata
红大麻哈鱼，鲑科，鲑形目，辐鳍鱼纲，脊索动物门

Grunion, *Leuresthes tenuis*, Family Atherinopsidae, Order Atheriniformes, Class Actinopterygii, Phylum Chordata
银汉鱼：细长滑银汉鱼，拟银汉鱼科，银汉鱼目，辐鳍鱼纲，脊索动物门

Damselfish, *Pomacentrus*, Family Pomacentridae, Order Perciformes, Class Actinopterygii, Phylum Chordata
雀鲷：雀鲷属，雀鲷科，鲈形目，辐鳍鱼纲，脊索动物门

88
Herring, *Clupea harengus*, Family Clupeidae, Order Clupeiformes, Class Actinopterygii, Phylum Chordata
鲱鱼：大西洋鲱，鲱科，鲱形目，辐鳍鱼纲，脊索动物门

European eel, *Anguilla Anguilla*, Family Anguillidae, Order Anguilliformes, Class Actinopterygii, Phylum Chordata
欧洲鳗鲡，鳗鲡科，鳗鲡目，辐鳍鱼纲，脊索动物门

89
Gray whale, *Eschrichtius robustus*, Family Eschrichtiidae, Order Cetacea, Class Mammalia, Phylum Chordata
灰鲸，灰鲸科，鲸目，哺乳纲，脊索动物门

90
Elephant seal, *Mirounga angustirostris*, Family Phocidae, Order Carnivora, Class Mammalia, Phylum Chordata
象海豹：北象海豹，海豹科，食肉目，哺乳纲，脊索动物门

91
Sea slug, *Elysia viridis*, Family Elysiidae, Order Sacoglossa, Class Gastropoda, Phylum Mollusca
海蛞蝓：绿海天牛，海天牛科，囊舌目，腹足纲，软体动物门

Green alga, *Codium*, Family Codiaceae, Order Bryopsidales, Class Bryopsidophyceae, Phylum Chlorophyta

绿藻：松藻属，松藻科，羽藻目，羽藻纲，绿藻门

Giant clam, *Tridacna*, Family Tridacnidae, Order Veneroida, Class Bivalvia, Phylum Mollusca
砗磲：砗磲属，砗磲科，帘蛤目，双壳纲，软体动物门

Giant green anemone, *Anthopleura xanthogrammica*, Family Actiniidae, Order Actiniaria, Class Anthozoa, Phylum Cnidaria
黄海葵（别名为巨绿海葵），海葵科，海葵目，珊瑚纲，刺胞动物门

Elkhorn coral, *Acropora palmata*, Family Acroporidae, Order Scleractinia, Class Anthozoa, Phylum Cnidaria
鹿角珊瑚：掌状鹿角珊瑚，鹿角珊瑚科（轴孔珊瑚科），石珊瑚目，珊瑚纲，刺胞动物门

Brain coral, *Colpophyllia natans*, Family Mussidae, Order Scleractinia, Class Anthozoa, Phylum Cnidaria
脑珊瑚：博尔德脑珊瑚，褶叶珊瑚科，石珊瑚目，珊瑚纲，刺胞动物门

92

Cleaner shrimp, *Periclimenes pedersoni*, Family Palaemonidae, Order Decapoda, Class Malacostraca, Phylum Arthropoda
清洁虾：*Periclimenes pedersoni*，岩虾属，长臂虾科，十足目，软甲纲，节肢动物门

Sea anemone, *Bartholomea annulata*, Family Aiptasiidae, Order Actiniaria, Class Anthozoa, Phylum Cnidaria
海葵：*Bartholomea annulata*，固边海葵科，海葵目，珊瑚纲，刺胞动物门

Cleaner wrasse, *Labroides dimidiatus*, Family Labridae, Order Perciformes, Class Actinopterygii, Phylum Chordata
清洁鱼：裂唇鱼，隆头鱼科，鲈形目，辐鳍鱼纲，脊索动物门

False cleaner blenny, *Aspidontus taeniatus*, Family Blenniidae, Order Perciformes, Class Actinopterygii, Phylum Chordata
假清洁鱼：纵带盾齿鳚，鳚科，鲈形目，辐鳍鱼纲，脊索动物门

93

Clown anemonefish, *Amphiprion clarkii*, Family Pomacentridae, Order Perciformes, Class Actinopterygii, Phylum Chordata
小丑鱼：克氏双锯鱼，雀鲷科，鲈形目，辐鳍鱼纲，脊索动物门

Sea anemone, *Heteractis magnifica*, Family Stichodactylidae, Order Actiniaria, Class Anthozoa, Phylum Cnidaria
海葵：公主海葵，列指海葵科，海葵目，珊瑚纲，刺胞动物门

Butterflyfish, *Chaetodon lunula*, Family Chaetodontidae, Order Perciformes, Class Actinopterygii, Phylum Chordata
蝴蝶鱼：新月蝴蝶鱼，蝴蝶鱼科，鲈形目，辐鳍鱼纲，脊索动物门

94

Sea anemone, *Stylobates aeneus*, Family Actiniidae, Order Actiniaria, Class Anthozoa, Phylum Cnidaria
海葵：*Stylobates aeneus*，海葵科，海葵目，珊瑚纲，刺胞动物门

Hermit crab, *Sympagurus dofleini*, Family Parapaguridae, Order Decapoda, Class Malacostraca, Phylum Arthropoda,
寄居蟹：*Sympagurus dofleini*，合寄居蟹属，拟寄居蟹科，十足目，软甲纲，节肢动物门

Southern stingray, *Dasyatis americana*, Family Dasyatidae, Order Myliobatiformes, Class Chondrichthyes, Phylum Chordata
美洲魟，魟科，鲼目，软骨鱼纲，脊索动物门

Bar jack, *Caranx ruber*, Family Carangidae, Order Perciformes, Class Actinopterygii, Phylum Chordata
红鲹，鲹科，鲈形目，辐鳍鱼纲，脊索动物门

Sea bat, *Asterina miniata*, Family Asterinidae, Order Valvatida, Class Asteroidea, Phylum Echinodermata
海燕：*Asterina miniata*，海燕属，海燕科，瓣海星目，海星纲，棘皮动物门

Commensal polychaete, *Ophiodromus pugettensis*, Family Hesionidae, Order Phyllodocida, Class Polychaeta, Phylum Annelida
共生多毛虫：泥蛇潜虫，海女虫科，叶须虫目，多毛纲，环节动物门

Pistol shrimp, *Alpheus lottini*, Family Alpheidae, Order Decapoda, Class Malacostraca, Phylum Arthropoda
鼓虾（别名为枪虾）：珊瑚鼓虾，鼓虾科，十足目，软甲纲，节肢动物门

Crab, *Trapezia*, Family Trapeziidae, Order Decapoda, Class Malacostraca, Phylum Arthropoda
蟹：梯形蟹属，梯形蟹科，十足目，软甲纲，节肢动物门

Stony coral, *Pocillopora*, Family Pocilloporidae, Order Scleractinia, Class Anthozoa, Phylum Cnidaria
石珊瑚：杯形珊瑚属，杯形珊瑚科，石珊瑚目，珊瑚纲，刺胞动物门

Crown-of-thorns sea star, *Acanthaster planci*, Family Acanthasteridae, Order Valvatida, Class Asteroidea, Phylum Echinodermata
长棘海星（别名为棘冠海星），长棘海星科，瓣海星目，海星纲，棘皮动物门

95

Flying fish, *Cypselurus*, Family Exocoetidae, Order Beloniformes, Class Actinopterygii, Phylum Chordata
飞鱼：燕鳐鱼属，飞鱼科，颌针鱼目，辐鳍鱼纲，脊索动物门

Copepod, *Pennella exocoeti*, Family Pennellidae, Order Siphonostomatoida, Class Hexanauplia, Phylum Arthropoda
桡足类：*Pennella exocoeti*，羽肢鱼虱属，羽肢鱼虱科，管口水虱目，颚足纲，节肢动物门

Commensal barnacle, *Conchoderma virgatum*, Family Lepadidae, Order Pedunculata, Class Maxillopoda, Phylum Arthropoda
共生茗荷：条茗荷，茗荷科，有柄目，颚足纲，节肢动物门

Pearl fish, *Carapus bermudensis*, Family Carapidae, Order Ophidiiformes, Class Actinopterygii, Phylum Chordata
百慕大潜鱼，潜鱼科，鼬鳚目，辐鳍鱼纲，脊索动物门

Sea cucumber, *Actinopyga agassizii*, Family Holothuriidae, Order Aspidochirotida, Class Holothuroidea, Phylum Echinodermata
海参：*Actinopyga agassizii*，辐肛参属，海参科，楯手目，海参纲，棘皮动物门

Sacculinid barnacle, *Sacculina*, Family Sacculinidae, Order Rhizocephala, Class Maxillopoda, Phylum Arthropoda
蟹奴：蟹奴属，蟹奴科，根头目，颚足纲，节肢动物门

Crab host, *Carcinus*, Family Portunidae, Order Decapoda, Class Malacostraca, Phylum Arthropoda
蟹奴的宿主：滨蟹属，梭子蟹科，十足目，软甲纲，节肢动物门

96

Aggregating anemone, *Anthopleura elegantissima*, Family Actiniidae, Order Actiniaria, Class Anthozoa, Phylum Cnidaria
华丽黄海葵，海葵科，海葵目，珊瑚纲，刺胞动物门

97

Atlantic barnacle, *Semibalanus balanoides*, Family Archaeobalanidae, Order Sessilia, Class Maxillopoda, Phylum Arthropoda
欧洲藤壶（别名为大西洋藤壶），古藤壶科，无柄目，颚足纲，节肢动物门

Pacific barnacle, *Balanus glandula*, Family Balanidae, Order Sessilia, Class Maxillopoda, Phylum Arthropoda
太平洋藤壶，藤壶科，无柄目，颚足纲，节肢动物门

Thatched barnacle, *Tetraclita squamosa*, Family Tetraclitidae, Order Sessilia, Class Maxillopoda, Phylum Arthropoda
笠藤壶：鳞笠藤壶，笠藤壶科，无柄目，颚足纲，节肢动物门

98

Limpet, *Lottia gigantea*, Family Lottiidae, Order Patellogastropoda, Class Gastropoda, Phylum Mollusca
帽贝：*Lottia gigantea*，莲花青螺属，莲花青螺科，笠螺目，腹足纲，软体动物门

Mussel, *Mytilus californianus*, Family Mytilidae, Order Mytilida, Class Bivalvia, Phylum Mollusca
贻贝：加州贻贝，贻贝科，贻贝目，双壳纲，软体动物门

Gooseneck barnacle, *Pollicipes polymerus*, Family Pollicipedidae, Order Pedunculata, Class Maxillopoda, Phylum Arthropoda
鹅颈藤壶：*Pollicipes polymerus*，指茗荷属，指茗荷科，有柄目，颚足纲，节肢动物门

Whelk, *Nucella emarginata*, Family Muricidae, Order Neogastropoda, Class Gastropoda, Phylum Mollusca
骨螺：*Nucella emarginata*，小坚果螺属，骨螺科，新腹足目，腹足纲，软体动物门

99

Sea palm, *Postelsia palmaeformis*, Family Laminariaceae, Order Laminariales, Class Phaeophyceae, Phylum Phaeophyta
海棕榈藻：*Postelsia palmaeformis*，海棕榈属，海带科，海带目，褐藻纲，褐藻门

Mussel, *Mytilus californianus*, Family Mytilidae, Order Mytilida, Class Bivalvia, Phylum Mollusca
贻贝：加州贻贝，贻贝科，贻贝目，双壳纲，软体动物门

Purple sea star, *Pisaster ochraceus*, Family Asteriidae, Order Forcipulatida, Class Asteroidea, Phylum Echinodermata
赭色豆海星，海盘车科，钳棘目，海星纲，棘皮动物门

Barnacle, *Balanus cariosus*, Family Balanidae, Order Sessilia, Class Maxillopoda, Phylum Arthropoda
藤壶：*Balanus cariosus*，藤壶属，藤壶科，无柄目，颚足纲，节肢动物门

100

Purple sea star, *Pisaster ochraceus*, Family Asteriidae, Order Forcipulatida, Class Asteroidea, Phylum Echinodermata
赭色豆海星，海盘车科，钳棘目，海星纲，棘皮动物门

Keyhole limpet, *Diodora aspera*, Family Fissurellidae, Order Archaeogastropoda, Class Gastropoda, Phylum Mollusca
钥孔蝛（别名为透孔螺、锁孔帽贝）：*Diodora aspera*，孔蝛属，钥孔蝛科，原始腹足目，腹足纲，软体动物门

Leather star, *Dermasterias imbricata*, Family Asteropseidae, Order Valvatida, Class Asteroidea, Phylum Echinodermata
皮韧海星（别名为皮革海星），锯腕海星科，瓣海星目，海星纲，棘皮动物门

Purple sea urchin, *Strongylocentrotus purpuratus*, Family Strongylocentrotidae, Order Camarodonta , Class Echinoidea, Phylum Echinodermata
紫球海胆，球海胆科，拱齿目，海胆纲，棘皮动物门

Feather-duster worm, *Eudistylia*, Family Sabellidae, Order Sabellida, Class Polychaeta, Phylum Annelida
真旋虫，真旋虫属，缨鳃虫科，缨鳃虫目，多毛纲，环节动物门

Giant green anemone, *Anthopleura xanthogrammica*, Family Actiniidae, Order Actiniaria, Class Anthozoa, Phylum Cnidaria
黄海葵（别名为巨绿海葵），海葵科，海葵目，珊瑚纲，刺胞动物门

101

Aeolid nudibranch, *Aeolidia papillosa*, Family Aeolidiidae, Order Nudibranchia, Class Gastropoda, Phylum Mollusca
蓑海牛：乳突多蓑海牛，蓑海牛科，裸鳃目，腹足纲，软体动物门

Aggregating anemone, *Anthopleura elegantissima*, Family Actiniidae, Order Actiniaria, Class Anthozoa, Phylum Cnidaria
华丽黄海葵，海葵科，海葵目，珊瑚纲，刺胞动物门

102

Porcupinefish, *Diodon hystrix*, Family Diodontidae, Order Tetraodontiformes, Class Actinopterygii, Phylum Chordata
刺鲀：密斑刺鲀，刺鲀科，鲀形目，辐鳍鱼纲，脊索动物门

Surgeonfish, *Acanthurus nigricans*, Family Acanthuridae, Order Perciformes, Class Actinopterygii, Phylum Chordata
刺尾鱼：白面刺尾鱼，刺尾鱼科，鲈形目，辐鳍鱼纲，脊索动物门

Clown triggerfish, *Balistoides conspicillum*, Family Balistidae, Order Tetraodontiformes, Class Actinopterygii, Phylum Chordata
花斑拟鳞鲀（别名为小丑扳机鲀），鳞鲀科，鲀形目，辐鳍鱼纲，脊索动物门

Shrimpfish, *Aeoliscus strigatus*, Family Centriscidae, Order Gasterosteiformes, Class Actinopterygii, Phylum Chordata
虾鱼：条纹虾鱼，玻甲鱼科，刺鱼目，辐鳍鱼纲，脊索动物门

Long-spined sea urchin, *Echinothrix diadema*, Family Diadematidae, Order Diadematoida, Class Echinoidea, Phylum Echinodermata
冠刺棘海胆，冠海胆科，冠海胆目，海胆纲，棘皮动物门

103

Scallop, *Pecten*, Family Pectinidae, Order Pterioida, Class Bivalvia, Phylum Mollusca
扇贝：扇贝属，扇贝科，珍珠贝目，双壳纲，软体动物门

Short-spined sea star, *Pisaster brevispinus*, Family Asteriidae, Order Forcipulatida, Class Asteroidea, Phylum Echinodermata
短刺豆海星，海盘车科，钳棘目，海星纲，棘皮动物门

Basket cockle, *Clinocardium nuttallii*, Family Cardiidae, Order Veneroida, Class Bivalvia, Phylum Mollusca
大篮鸟蛤，鸟蛤科，帘蛤目，双壳纲，软体动物门

Sea anemone, *Stomphia coccinea*, Family Actinostolidae, Order Actiniaria, Class Anthozoa, Phylum Cnidaria
海葵：猩红膨大海葵，甲胄海葵科，海葵目，珊瑚纲，刺胞动物门

Leather star, *Dermasterias imbricata*, Family Asteropseidae, Order Valvatida, Class Asteroidea, Phylum Echinodermata
皮韧海星（别名为皮革海星），锯腕海星科，瓣海星目，海星纲，棘皮动物门

104

Squid, *Loligo opalescens*, Family Loliginidae, Order Teuthoida, Class Cephalopoda, Phylum Mollusca
鱿鱼：乳光枪乌贼，枪乌贼科，枪形目，头足纲，软体动物门

Common octopus, *Octopus vulgaris*, Family Octopodidae, Order Octopoda, Class Cephalopoda, Phylum Mollusca
真蛸（别名为普通章鱼），章鱼科，八腕目，头足纲，软体动物门

Pelagic octopus, *Tremoctopus*, Family Tremoctopodidae, Order Octopoda, Class Cephalopoda, Phylum Mollusca
浮游章鱼（别名为毯子章鱼）：水孔蛸属，水孔蛸科，八腕目，头足纲，软体动物门

105

Polychaete worm, *Chaetopterus variopedatus*, Family Chaetopteridae, Order Spionida, Class Polychaeta, Phylum Annelida
多毛虫：燐沙蚕（别名为燐虫），燐虫科，海稚虫目，多毛纲，环节动物门

Sand dollar, *Dendraster excentricus*, Family Dendrasteridae, Order Clypeasteroida, Class Echinoidea, Phylum Echinodermata
沙钱：*Dendraster excentricus*，枝星海胆科，楯形目，海胆纲，棘皮动物门

106

Purple-ring topsnail, *Calliostoma annulatum*, Family Calliostomatidae, Order Archaeogastropoda, Class Gastropoda, Phylum Mollusca
紫金丽口螺，丽口螺属，丽口螺科，原始腹足目，腹足纲，软体动物门

Abalone, *Haliotis*, Family Haliotidae, Order Archaeogastropoda, Class Gastropoda, Phylum Mollusca
鲍鱼：鲍属，鲍科，原始腹足目，腹足纲，软体动物门

Oyster drill, *Urosalpinx cinerea*, Family Muricidae, Order Neogastropoda, Class Gastropoda, Phylum Mollusca
钻蚝螺：*Urosalpinx cinerea*，尾管螺属，骨螺科，新腹足目，腹足纲，软体动物门

107

Sea urchin, *Strongylocentrotus*, Family Strongylocentrotidae, Order Camarodonta, Class Echinoidea, Phylum Echinodermata
海胆：球海胆属，球海胆科，拱齿目，海胆纲，棘皮动物门

Giant kelp, *Macrocystis*, Family Laminariaceae, Order Laminariales, Class Phaeophyceae, Phylum Phaeophyta
巨藻：巨藻属，海带科，海带目，褐藻纲，褐藻门

Beach hopper, *Megalorchestia*, Family Talitridae, Order Amphipoda, Class Malacostraca, Phylum Arthropoda
滩跳虾（别名为沙蚤）：*Megalorchestia* 属，跳钩虾科，端足目，软甲纲，节肢动物门

Limpet, *Notoacmea insessa*, Family Lottiidae, Order Patellogastropoda, Class Gastropoda, Phylum Mollusca
帽贝：*Notoacmea insessa*，花青螺属，莲花青螺科，笠螺目，腹足纲，软体动物门

Feather-boa kelp, *Egregia menziesii*, Family Lessoniaceae, Order Laminariales, Class Phaeophyceae, Phylum Phaeophyta
优秀藻：*Egregia menziesii*，优秀藻属，巨藻科，海带目，褐藻纲，褐藻门

Lined chiton, *Tonicella lineata*, Family Ischnochitonidae, Order Neoloricata, Class Polyplacophora, Phylum Mollusca
条纹石鳖，锉石鳖科，新有甲目，多板纲，软体动物门

108

Cone snail, *Conus*, Family Conidae, Order Neogastropoda, Class Gastropoda, Phylum Mollusca

芋螺：芋螺属，芋螺科，新腹足目，腹足纲，软体动物门

Mantis shrimp, Order Stomatopoda, Class Malacostraca, Phylum Arthropoda
虾蛄（别名为螳螂虾）：口足目，软甲纲，节肢动物门

Sea anemone, *Urticina*, Family Actiniidae, Order Actiniaria, Class Anthozoa, Phylum Cnidaria
海葵：丽花海葵属，海葵科，海葵目，珊瑚纲，刺胞动物门

Sea bat, *Asterina miniata*, Family Asterinidae, Order Valvatida, Class Asteroidea, Phylum Echinodermata
海燕：*Asterina miniata*，海燕属，海燕科，瓣海星目，海星纲，棘皮动物门

Crown-of-thorns sea star, *Acanthaster planci*, Family Acanthasteridae, Order Valvatida, Class Asteroidea, Phylum Echinodermata
长棘海星（别名为棘冠海星），长棘海星科，瓣海星目，海星纲，棘皮动物门

109

Great barracuda, *Sphyraena barracuda*, Family Sphyraenidae, Order Perciformes, Class Actinopterygii, Phylum Chordata
大鳞魣（别名为巴拉金梭鱼），魣科（金梭鱼科），鲈形目，辐鳍鱼纲，脊索动物门

Bluefish, *Pomatomus saltatrix*, Family Pomatomidae, Order Perciformes, Class Actinopterygii, Phylum Chordata
鯥（扁鲹），鯥科（扁鲹科），鲈形目，辐鳍鱼纲，脊索动物门

Greater amberjack, *Seriola dumerili*, Family Carangidae, Order Perciformes, Class Actinopterygii, Phylum Chordata
杜氏鰤（别名为高体鰤），鲹科，鲈形目，辐鳍鱼纲，脊索动物门

Striated frogfish, *Antennarius striatus*, Family Antennariidae, Order Lophiiformes, Class Actinopterygii, Phylum Chordata
带纹躄鱼，躄鱼科，鮟鱇目，辐鳍鱼纲，脊索动物门

Rockspear lizardfish, *Synodus synodus*, Family Synodontidae, Order Aulopiformes, Class Actinopterygii, Phylum Chordata
红狗母鱼，狗母鱼科，仙女鱼目，辐鳍鱼纲，脊索动物门

110

California sheephead, *Semicossyphus pulcher*, Family Labridae, Order Perciformes, Class Actinopterygii, Phylum Chordata
美丽突额隆头鱼，隆头鱼科，鲈形目，辐鳍鱼纲，脊索动物门

Pipefish, *syngnathus*, Family Syngnathidae, Order Gasterosteiformes, Class Actinopterygii, Phylum Chordata
海龙：海龙属，海龙科，刺鱼目，辐鳍鱼纲，脊索动物门

Orange spotted filefish, *Oxymonacanthus longirostris*, Family Monacanthidae, Order Tetraodontiformes, Class Actinopterygii, Phylum Chordata
尖吻鲀，单棘鲀科，鲀形目，辐鳍鱼纲，脊索动物门

Forceps butterflyfish, *Forcipiger flavissimus*, Family Chaetodontidae, Order Perciformes, Class Actinopterygii, Phylum Chordata
镊口鱼：黄镊口鱼，蝴蝶鱼科，鲈形目，辐鳍鱼纲，脊索动物门

Queen triggerfish, *Balistes vetula*, Family Balistidae, Order Tetraodontiformes, Class Actinopterygii, Phylum Chordata
妪鳞鲀（别名为皇后扳机鲀），鳞鲀科，鲀形目，辐鳍鱼纲，脊索动物门

Sea urchin, *Diadema antillarum*, Family Diadematidae, Order Diadematoida, Class Echinoidea, Phylum Echinodermata
海胆：*Diadema antillarum*，冠海胆属，冠海胆科，冠海胆目，海胆纲，棘皮动物门

111

Northern anchovy, *Engraulis mordax*, Family Engraulidae, Order Clupeiformes, Class Actinopterygii, Phylum Chordata
美洲鳀，鳀科，鲱形目，辐鳍鱼纲，脊索动物门

Parrotfish, *Scarus*, Family Scaridae, Order Perciformes, Class Actinopterygii, Phylum Chordata
鹦嘴鱼：鹦嘴鱼属，鹦嘴鱼科，鲈形目，辐鳍鱼纲，脊索动物门

Boxfish (trunkfish), *Ostracion*, Family Ostraciidae, Order Tetraodontiformes, Class Actinopterygii, Phylum Chordata
箱鲀：箱鲀属，箱鲀科，鲀形目，辐鳍鱼纲，脊索动物门

Bat stingray, *Myliobatis californica*, Family Myliobatidae, Order Myliobatiformes, Class Chondrichthyes, Phylum Chordata
加州鲼，鲼科，鲼目，软骨鱼纲，脊索动物门

Goatfish, *Mulloidichthys*, Family Mullidae, Order Perciformes, Class Actinopterygii, Phylum Chordata
羊鱼：拟羊鱼属，羊鱼科，鲈形目，辐鳍鱼纲，脊索动物门

112

Purple sea star, *Pisaster ochraceus*, Family Asteriidae, Order Forcipulatida, Class Asteroidea, Phylum Echinodermata
赭色豆海星，海盘车科，钳棘目，海星纲，棘皮动物门

Mussel, *Mytilus californianus*, Family Mytilidae, Order Mytilida, Class Bivalvia, Phylum Mollusca
贻贝：加州贻贝，贻贝科，贻贝目，双壳纲，软体动物门

Feather-boa kelp, *Egregia menziesii*, Family Lessoniaceae, Order Laminariales, Class Phaeophyceae, Phylum Phaeophyta
优秀藻：*Egregia menziesii*，优秀藻属，巨藻科，海带目，褐藻纲，褐藻门

Sea palm, *Postelsia palmaeformis*, Family Laminariaceae, Order Laminariales, Class Phaeophyceae, Phylum Phaeophyta
海棕榈藻：*Postelsia palmaeformis*，海棕榈属，海带科，海带目，褐藻纲，褐藻门

Gooseneck barnacle, *Pollicipes polymerus*, Family Pollicipedidae, Order Pedunculata, Class Maxillopoda, Phylum Arthropoda
鹅颈藤壶：*Pollicipes polymerus*，指茗荷属，指茗荷科，有柄目，颚足纲，节肢动物门

Giant green anemone, *Anthopleura xanthogrammica*, Family Actiniidae, Order Actiniaria, Class Anthozoa, Phylum Cnidaria
黄海葵（别名为巨绿海葵），海葵科，海葵目，珊瑚纲，刺胞动物门

Chiton, *Katharina tunicata*, Family Mopaliidae, Order Neoloricata, Class Polyplacophora, Phylum Mollusca
石鳖：半隐石鳖，鬃毛石鳖科，新有甲目，多板纲，软体动物门

Limpet, *Lottia*, Family Lottiidae, Order Patellogastropoda, Class Gastropoda, Phylum Mollusca
帽贝：莲花青螺属，莲花青螺科，笠螺目，腹足纲，软体动物门

Red alga, *Endocladia muricata*, Family Endocladiaceae, Order Gigartinales, Class Florideophyceae, Phylum Rhodophyta
红藻：*Endocladia muricata*，内枝藻属，内枝藻科，杉藻目，真红藻纲，红藻门

113

Sea otter, *Enhydra lutris*, Family Mustelidae, Order Carnivora, Class Mammalia, Phylum Chordata
海獭，鼬科，食肉目，哺乳纲，脊索动物门

Sea urchin, *Strongylocentrotus*, Family Strongylocentrotidae, Order Camarodonta, Class Echinoidea, Phylum Echinodermata
海胆：球海胆属，球海胆科，拱齿目，海胆纲，棘皮动物门

Abalone, *Haliotis*, Family Haliotidae, Order Archaeogastropoda, Class Gastropoda, Phylum Mollusca
鲍鱼：鲍属，鲍科，原始腹足目，腹足纲，软体动物门

115

Great white shark, *Carcharodon carcharias*, Family Lamnidae, Order Lamniformes, Class Chondrichthyes, Phylum Chordata
噬人鲨（别名为大白鲨），鼠鲨科，鼠鲨目，软骨鱼纲，脊索动物门

Atlantic blue marlin, *Makaira nigricans*, Family Istiophoridae, Order Perciformes, Class Actinopterygii, Phylum Chordata
大西洋蓝枪鱼，旗鱼科，鲈形目，辐鳍鱼纲，脊索动物门

Atlantic bluefin tuna, *Thunnus thynnus*, Family Scombridae, Order Perciformes, Class Actinopterygii, Phylum Chordata
金枪鱼：北方蓝鳍金枪鱼，鲭科，鲈形目，辐鳍鱼纲，脊索动物门

Elephant seal, *Mirounga angustirostris*, Family Phocidae, Order Carnivora, Class Mammalia, Phylum Chordata
象海豹：北象海豹，海豹科，食肉目，哺乳纲，脊索动物门

出版后记

视觉是人类认识世界的开端，绝大多数的外界信息由视觉器官输入大脑。而视觉形象，如物体的形状、空间位置等，通过色彩和明暗关系来展现。色彩能够将信息快速且准确地传达给受众。瑞士教育家约翰·裴斯泰洛齐（Johann Pestalozzi）与德国教育家弗里德里希·福禄培尔（Friedrich Froebel）认为，涂色书能够加强人们对有形事物的认知，提高创造力，激发人们对枯燥的概念的理解。因此，与绘画相结合的科普教育，不仅是一种审美活动，更是一种促进大脑开发的方式。涂色过程可以让大脑从杂乱的信息中抽离，专注于当下，让知识点在记忆中留下视觉印象。如今，越来越多的人在课堂和治疗中使用涂色书来训练注意力，将涂色当作一种轻松又有效的教育方式。

据此，旧金山州立大学的海洋学副教授托马斯·M. 尼森（Thomas M. Niesen）以自身 40 余年的授课经验为基础，联合《人体解剖学涂色书》《生理学涂色书》《地理学涂色书》等经典畅销书的作者温·卡皮特（Wynn Kapit），推出了以海洋生物学为主题的涂色书，书的内容与质量远超同类著作。全书涵盖 18 类 450 多种海洋动植物的详细介绍，用专业又精美的手绘插图展示了海洋生物的结构、生活方式，以及各生物之间的奇妙关系。同时，本书还讲解了深海潜水研究船等科研技术，为读者呈现了海洋科技的独特魅力。

自第 1 版问世起，历经近 40 年，本书大获好评，成为北美海洋生物学领域的畅销科普书。书中对海洋生物插图的选择和处理十分细腻，对动植物的形状、颜色、质感等细节的还原准确且兼具艺术性。富有场景感的插图与文字有节奏地搭配，引导读者观察知识点、图案与颜色之间的联系，充分调动了读者的联想空间，加深了读者对知识点的理解，增强了互动的趣味性。正文中的加粗文字与插图中的镂空标题相对应，便于读者迅速找到目标生物，避免了注意力的转移。顶视图、侧视图、全景图、细节放大图等不同视角，多方位还原了海洋生境与生物的结构。插图的大小适宜，既方便涂色，又能显示丰富的细节。与此相比，第 2 版完善了书中的海洋生物学知识，为读者展现了一个更为精妙的海洋世界。

海面之下，不仅仅是蓝色的。大多数的生命形式是从海洋栖息地中进化而来的。据科学界估计，人类需要 3 ~ 10 个世纪才能系统地罗列出所有的海洋生物。海洋与陆地并非割裂开来，生活在水下的生物同时也在塑造着水面之上的世界。当你使用涂色书认识这些生物时，你会与关键术语产生视觉上的联系，沉浸在逼真的海洋世界中。无论你是参加学校的课程，还是对海洋生命的运作方式感到好奇，本书都能满足你的求知欲。

服务热线：133-6631-2326　188-1142-1266

服务信箱：reader@hinabook.com

后浪出版公司

2020 年 9 月

图书在版编目（CIP）数据

海面之下：海洋生物形态图鉴 /（美）托马斯·M.尼森著；曾千慧译．-- 福州：海峡书局，2024.3

书名原文：The Marine Biology Coloring Book（2nd）

ISBN 978-7-5567-1185-7

Ⅰ.①海… Ⅱ.①托… ②曾… Ⅲ.①海洋生物—普及读物 Ⅳ.① Q718.53-49

中国国家版本馆 CIP 数据核字 (2024) 第 005879 号

海面之下：海洋生物形态图鉴
HAIMIAN ZHI XIA: HAIYANG SHENGWU XINGTAI TUJIAN

著　　者　［美］托马斯·M. 尼森　　译　　者　曾千慧
出 版 人　林前汐　　选题策划　后浪出版公司
出版统筹　吴兴元　　编辑统筹　费艳夏
责任编辑　廖飞琴　龙文涛　　特约编辑　张晨晨　孟　培
装帧制造　墨白空间·曾艺豪　　营销推广　ONEBOOK

出版发行　海峡书局　　社　　址　福州市白马中路 15 号
邮　　编　350001　　海峡出版发行集团 2 楼

印　　刷　北京盛通印刷股份有限公司　　开　　本　889 mm × 1194 mm 1/16
印　　张　16.5　　字　　数　350 千字
版　　次　2024 年 3 月第 1 版　　印　　次　2024 年 3 月第 1 次印刷
书　　号　ISBN 978-7-5567-1185-7　　定　　价　88.00 元